KB057090

Mechanical Engineering Design

기계요소설계

유진규 지음

머리말

기계설계는 기계공학 전반의 확고한 지식과 기술적인 경험을 토대로 하여 이루어지는 학문이다. 따라서 공학적 실험이라든가, 경험에서 얻은 많은 자료를 충분히 활용하여야 한다. 이 책에서는 최소한의 자료를 참고로 실었다. 그밖에 상세한 것은 많은 문헌, 핸드북 등을 참고하여 항상 새로운 자료에 관심을 가져야 한다. 또한 이 책은 기계를 여러 기계요소로 나누어 그 각각에 대한 설계방법을 기술함으로써 공과대학생, 공업전문대학생 또는 현장실무에 종사하고 있는 기술자들의 알찬 교과서 및 참고서가 되도록 하였다. 이 책을 쓰는데 국내외의 많은 책과 문헌을 참고하고 중요한 자료를 수록하였다. 끝으로 이 책을 출판함에 있어 끝까지 노력을 아끼지 않으신 북스힐 사장님과 협조해주신 여러분들에게 감사의 마음을 전한다.

저자

차 례

Chapter 1 기계설계의 개요

Chapter 2 나사

Chapter 3 용접 이음

Chapter 4 리벳 이음

Chapter 5 키, 코터, 핀의 설계

Chapter 6 축(shaft)

Chapter 7 축이음

Chapter 8

베어링

Chapter 9

마찰전동장치

Chapter 10 기어

Chapter 11 감아걸기 전동장치

Chapter 12 브레이크

Chapter 13

스프링(spring)

1 기계설계의 개요

1.1 기계설계

기계의 계획을 세운 다음, 이에 의하여 공작도를 그릴 때까지의 과정을 설계라 하며 특히 기계에 관한 것을 기계설계(machine design)라 한다.

기계를 분해해 보면, 각종 기계에 공통적으로 사용되는 부품들이 대단히 많다. 즉 볼트, 너트, 키, 축 및 축이음, 베어링, 기어, 스프링 등과 같은 공통부품을 기계요소(machine element)라 하며, 기계는 이러한 요소들을 적당히 조합하여 만든 것이라 해도 과언이 아니다.

기계요소에 대한 설계법을 충분히 연구해 두면, 이들을 적절히 조합하여 더욱 복잡한 기계를 설계할 수 있다는 것이다. 설계에 필요한 자료로서는 기계기초공학뿐만 아니라, 이론으로 해결되지 않는 부분에 대하여는 경험식 · 실험식 등이 큰 역할을 한다.

또 기초공학으로서는 유체역학, 열역학, 기계공작법 등의 지식도 필요하며 유체기계, 공작기계, 열기관과 같은 전문지식도 필요하다. 이와 같이 기계설계는 모든 기계공학을 종합적으로 응용한 것이라고 말할 수 있다. 또한 제조업체의 카탈로그, 기존 기계의 내용도 자료가 되며, 심지어는 사용자의 불평의 소리도 설계 자료가 될 수 있는 것이다. 설계에 있어서는 표준규격이나 오랜 관습 등을 무시한 도면을 그리는 것은 삼가야 하며, 조립, 분해가 불가능한 것, 실제로 제작 불가능한 것 등을 설계해서는 안 된다. 요컨대, 설계자는 항시 자기 자신이 직접 제작한다는 입장에서 설계해야 한다는 것을 잊어서는 안 된다.

1.2 설계상 기본 사항

1.2.1 표준 규격

생산성을 높이기 위하여 각 기계마다 많이 사용하고 있는 기계요소를 될 수 있는 한, 그 형상, 치수, 재료 등을 규격화시켜 놓으면 고정도의 제품을 정확히 신속하게 저렴한 가격으로 제작 가능할 뿐만 아니라, 교환성이 있고 생산자나 수요자가 편리하며 경제적이다.

우리나라에서는 1962년에 규격화가 제정되기 시작했다. 국제적 표준화로서는 1928년 ISA(영국 규격통일협회 : International Federation of the National Standardizing Association)가 설립되고 2차 대전으로 일단 정지되었다가 다시 1949년 ISO(국제 표준화기구 : International Organization for Standardization)가 설립되어 국제규격이 제정되었다. 각국의 규격은 표 1-1을 참고하기 바란다. 표 1-2는 KS에 의한 각 부문별 분류기호를, 표 1-3은 기계 부분의 분류번호를 참조하기 바란다.

| 표 1-1 | 각국의 공업규격

국명	제정연도	규격기호	국명	제정연도	규격기호	국명	제정연도	규격기호
영국	1901	BS	미국	1918	ASA	스웨덴	1922	SIS
독일	1917	DIN	벨기에	1919	ABS	덴마크	1923	DS
프랑스	1918	NF	헝가리	1920	MOSZ	노르웨이	1923	NS
스위스	1918	VSM	이탈리아	1921	UNI	핀란드	1924	SFS
캐나다	1918	CESA	일본	1921	JIS	그리스	1933	ENO
네덜란드	1918	N	오스트레일리아	1921	SAA	대한민국	1962	KS

| 표 1-2 | KS의 부문별 기호

분류기호	부문명칭	분류기호	부문명칭	분류기호	부문명칭
KS A	기 본	KS G	일용품	KS R	수송기계
KS B	기 계	KS H	식료품	KS V	조 선
KS C	전 기	KS K	섬 유	KS W	항 공
KS D	금 속	KS L	요 업	KS X	정보산업
KS E	광 산	KS M	화 학		
KS F	토 건	KS P	의 료		

| 표 1-3 | 기계부문의 분류번호

분류번호	부문명칭	분류번호	부문명칭
B 0001～B 0954	기계기본	B 6003～B 6966	일반기계
B 1001～B 2822	기계요소	B 7001～B 7100	산업기계
B 3001～B 4000	공 구	B 7104～B 7944	농업기계
B 4001～B 4922	공작기계	B 8001～B 8300	수송기계
B 5201～B 5647	측정계산용 기계기구, 물리기계		

1.2.2 재료의 파손

(1) 응력 및 변형률

물체에 외력이 작용하면 물체 내부에 이에 저항하는 내력이 생기는 동시에 물체는 변형된다. 이 내력의 단위 넓이마다의 크기를 응력(stress)이라하며, 변형의 단위 길이마다의 크기를 변형률(strain)이라 한다.

균일단면의 봉을 인장할 때 생기는 응력을 σ, 변형률을 ε이라 하면, 탄성한도 내에서는 σ와 ε 사이에는 소위 'Hooke'의 법칙이 성립되며 $\sigma = E \cdot \varepsilon$의 관계가 있고, $\sigma - \varepsilon$ 선도에서 이 부분은 직선으로 나타난다.

여기서 E를 세로탄성계수라 부른다. 탄성한도보다 약간 위의 응력, 즉 항복점에서는 응력의 증가 없이 변형이 크게 나타나므로, 이때에 재료는 파손(소성)되었다고 말한다. 연성재료에서는 그림 1-1(a)와 같이 항복점이 뚜렷이 나타나나, 취성재료에서는 그림 1-1(b)와

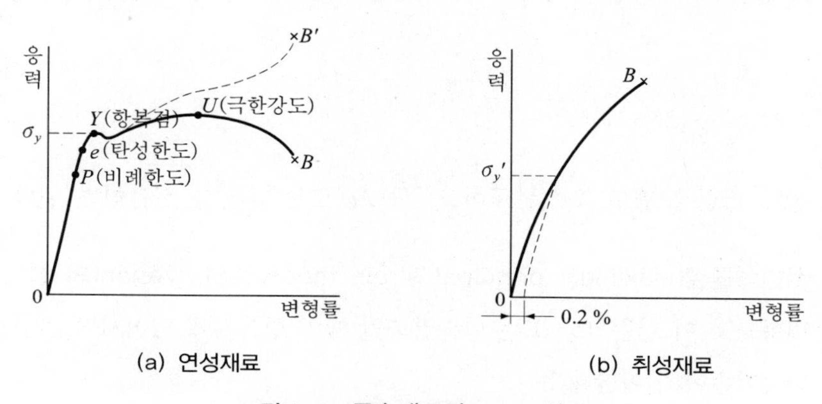

(a) 연성재료 (b) 취성재료

그림 1-1 금속재료의 $\sigma - \varepsilon$ 선도

같이 뚜렷하게 나타나지 않으므로 사용상 지장이 없는 미소한 영구변형을 일으키는 응력을 항복점에 상당하는 것으로 간주하고, 이 응력 $\sigma_y{}'$를 항복강도(yield strength)라고 부른다.

KS에서는 영구변형이 0.2 %가 되는 응력으로 규정하고 있다. 기계부품에 영구변형이 남게 되면 사용상 곤란하므로 응력의 한계로서는 비례한도 또는 탄성한도를 잡는 것이 합리적이나 이들은 매우 불명확하기 때문에 항복점 또는 항복강도를 한계응력으로 생각하여 이들을 설계의 기준응력으로 잡는다.

(2) 파괴의 법칙

기계부품에 단순응력이 작용할 때에는 실험에서 얻어지는 $\sigma-\varepsilon$ 선도로부터 탄성한도, 항복점, 극한강도 등을 알 수 있으므로 그 설계는 쉽게 이루어진다. 일반적으로 기계부품은 조합응력의 상태로 사용되는 수가 많다. 이때의 파손 조건을 제시하는 것이 파괴의 법칙이며, 응력, 변형률 또는 에너지의 조건식으로 표시된다. 정하중, 응력분포가 균일한 경우에 대하여 많은 학설이 제출되어 있다. 이제 설계에 흔히 쓰이는 주요 학설을 설명한다.

1) 최대 주응력설(maximum principal stress theory : Rankine의 설)

"최대 주응력 σ_1이 인장 또는 압축의 한계응력에 이르렀을 때 파손된다."

$$\sigma_1 = \sigma_1(\sigma_1 : \sigma_e,\ \sigma_y,\ \sigma_B) \tag{1-1}$$

여기서 σ_1 : 한계응력, σ_e : 탄성한도, σ_y : 항복점, σ_B : 극한강도

이 학설은 취성재료의 분리파손에 적용된다.

취성재료로 만든 축이 굽힘 모멘트 M과 비틀림 모멘트 T를 동시에 받을 때에는 Rankine의 식

$$M_e = \frac{1}{2}(M + \sqrt{M^2 + T^2}) \tag{1-2}$$

에 의하여 상당 굽힘 모멘트 M_e를 구하고, 이 M_e로부터 σ_1을 산출하면 된다.

2) 최대 주변형률설(maximum principal strain theory : St. Venant의 설)

"최대 주변형률 ε_1이 단순인장 또는 단순압축일 때의 항복점에 있어서의 변형률 ε_y에 이르렀을 때 탄성파손이 일어난다."

$$\varepsilon_1 = \varepsilon_y \tag{1-3}$$

3) 최대 전단응력설(maximum shearing stress theory : Coulomb, Guest의 설)

"최대 전단응력 τ_1이 항복전단응력 τ_y에 이르렀을 때 파손된다."

$$\tau_1 = \tau_y = \frac{\sigma_y}{2} \tag{1-4}$$

이 학설은 연성재료의 미끄럼파손에 적용되는 것이므로 기계요소의 강도설계에 가장 많이 사용된다.

연성재료로 만든 축이 굽힘 모멘트 M과 비틀림 모멘트 T를 동시에 받을 때에는 Guest의 식

$$T_e = \sqrt{M^2 + T^2} \tag{1-5}$$

에 의하여 상당 비틀림 모멘트 T_e를 구하고, 이 T_e로부터 τ_1을 산출하면 된다.

4) 전단변형 에너지설(maximum distortion energy theory : Huber, Mises, Nádái의 설)

"변형 에너지는 체적의 변형 에너지와 전단의 변형 에너지와의 합이다. 이 전단의 변형 에너지가 재료에 고유한 일정한 값, 즉 단순인장의 항복점에 있어서의 전단변형 에너지에 이르렀을 때 파손된다."

$$\sigma_y = \frac{1}{\sqrt{2}}\sqrt{(\sigma_1 - \sigma_2)^2 + (\sigma_2 - \sigma_3)^2 + (\sigma_3 - \sigma_1)^2} \tag{1-6}$$

여기서 $\sigma_1 = \sigma_2$ 또는 $\sigma_2 = \sigma_3$일 때에는 $\sigma_1 - \sigma_3 = \sigma_y$가 되고, $\tau_{max} = \frac{\sigma_1 - \sigma_3}{2} = \frac{\sigma_y}{2}$가 되므로 최대 전단응력설과 일치한다. 이 설은 연성재료의 미끄럼파손에 가장 가깝게 일치한다. 실제로는 식이 약간 복잡하므로 이 설에 가까운 최대 전단응력설이 사용되며, 양 학설의 차는 최대 15 % 정도이다. 이상의 학설 이외에 Mohr의 설, 전변형 에너지설, 내부 마찰설 등의 이론이 제안되고 있다.

1.3 안전계수와 허용응력

기계나 구조물의 각 부재가 오랜 사용 기간 중 아무런 고장이나 파손 없이 그 목적을 달성하기 위해서는 각 부재에 작용하는 응력을 사용 재료의 성질, 하중의 종류 및 사용 상태 등에 따라 어느 값 이하로 제한하여, 영구변형이 생긴다든가 파괴되지 않도록 하여야 한다. 이 한도의 응력을 허용응력(allowable stress)이라 하며, 강도계산의 기초값이 되므로 설계응력(design stress)이라고도 부른다.

허용응력은 재료의 어느 강도를 기준으로 하여 이것의 몇 분의 1과 같이 나타낸다. 이때의 분모의 수치를 안전계수(factor of safety) 또는 안전율이라 한다. 즉,

$$\text{허용응력 } \sigma_a = \frac{\text{재료의 기준강도 } \sigma_B}{\text{안전계수 또는 안전율 } S}$$

다시 말하면, 재료의 기준강도와 허용응력과의 비를 말한다.

실제의 설계에 있어서는 재질・사용조건・요구되는 성능 등에 따라 안전계수를 정하여 기준 강도로부터 허용응력을 산출하는 방법과 여러 조건에 대응하여 직접 허용응력을 선정하는 방법이 있다.

1.3.1 기준강도

기준강도를 선정할 때는 재질, 사용조건, 수명 등을 고려하여 일반적으로 다음과 같은 값을 잡는다.

① 정하중이 연강과 같은 연성재료에 작용하여 탄성파손이 일어날 때에는 일반적으로 항복점 σ_y를 기준강도로 한다.

② 정하중이 주철과 같은 취성재료에 작용하여 취성파손이 일어날 때에는 파괴강도인 극한강도 σ_B를 기준강도로 한다.

③ 반복하중이 작용하면 피로파괴를 일으킨다. 양진하중(alternating loads)에서는 일반적으로 무한수명에 대한 피로한도 σ_w를 기준값으로 한다. 특히 유한수명이 요구될 때에는 필요한 반복횟수 N에 대한 시간강도 σ_{wN}을 채용한다. 또 편진하중(pulsating loads)에는 편진피로강도 σ_u, 임의의 평균 응력이 있는 경우에는 피로한도 선도로부

터 응력진폭 σ_a 또는 최대 응력 $\sigma_{\max}$와 최소 응력 $\sigma_{\min}$을 사용하면 된다.

④ 고온에서 정하중이 작용할 때에는 크리프 한도를 기준강도로 잡는다. 납과 같은 연금속이나 고분자 재료는 상온 근처에서도 크리프를 일으키므로 주의할 필요가 있다.

⑤ 저온, 특히 천이온도 이하의 온도에서 사용되는 경우에는 저온취성에 유의하여 기준강도를 상당히 낮게 잡는다.

⑥ 긴 기둥의 압축이나 편심하중 등에 의한 좌굴이 예상되는 경우에는 좌굴응력을 기준강도로 한다.

1.3.2 안전계수

안전계수를 결정할 때 고려하여야 할 중요한 요인으로서는, 하중 및 응력의 종류와 성질, 재질, 특히 균일성에 대한 신뢰도, 하중계산의 정확도, 응력계산의 정확도, 사용조건의 영향, 즉 사용되는 온도, 습도 고체마찰의 유・무, 부식 등의 영향, 공작 및 조립의 정밀도와 잔류응력, 수명 등의 항목에 대하여 고려할 필요가 있으며, 안전계수는 이들에 대한 부정확성을 보완하며, 각 부분에 필요하고도 충분한 여유를 주기 위한 것이다.

이상과 같이 설계를 합리적으로 또한 안전하게 하기 위하여는 이에 영향을 주는 여러 인자를 검토하여 가장 적당한 안전계수의 값을 결정해야 하므로, 일반적으로 적용되는 안전계수의 확정값을 구하기는 곤란하다. 지금까지 많은 안전계수값이 제안되고 있으며 그 주요한 것을 표시하면 다음과 같다.

① Unwin이 1927년에 쓴 최초의 체계적인 기계설계 입문서[1]에서 제시한 값을 표 1-4에 표시한다.

표 1-4 Unwin의 안전율

재 료	정하중	동 하 중		
		반복하중	교번하중	변동하중 및 충격하중
강・연철	3	5	8	15
주 철	4	6	10	12
목 재	7	10	15	20
석 재	20	30	–	–

1) W.C Unwin; Text-books of Science : The elements of machine design(1927). p.34.

② Cardullo의 계산식 : 신뢰할 만한 안전계수를 얻으려면, 이에 영향을 주는 각 인자를 상세하게 분석하여 이것으로 합리적인 값을 결정하는 것이 바람직하다. Cardullo의 방법은 안전계수에 관계하는 각 인자를 곱하여 그 값을 결정하는 것이며, 재료의 극한강도를 기준으로 하여 다음 식으로 구한다.

$$\text{Cardullo의 안전계수 } S = a \times b \times c \times d \quad (1\text{-}7)$$

여기서 S : 안전계수, a : 탄성비(극한강도 σ_B와 탄성한도 σ_e와의 비), b : 하중계수(탄성한도 σ_e와 피로한도 σ_w와의 비, 정하중에 대하여는 $b = 1$), c : 충격계수(전하중 W 중의 일부 w만이 충격적으로 작용할 때 : $c = 1 + \frac{\omega}{W}$)이다.

정하중일 때는 $c = 1$, 초속도 0으로 갑자기 작용하는 충격하중일 때는 $c = 2$, 어느 초속도를 가지고 작용하는 충격하중일 때는 $c > 2$이지만 충격계수의 계산은 매우 곤란하다. 위의 값은 충격 에너지가 전부 피충격 물체의 변형 에너지로서 흡수된다고 가정하였을 때의 값이다. 실제로는 지지부의 변형으로 어느 정도 충격 에너지를 흡수하고 또 음향, 마찰, 열 등의 에너지로 변환되어 발산한다. 일반적인 값으로서

- 가벼운 충격 : $c = 1.25 \sim 1.5$(레일의 이음매에 의해 차축에 생기는 마찰응력 등)
- 강한 충격 : $c = 2 \sim 3$(단조기계의 받침대, 항공기의 항착장치 등)
- 특히 강한 충격 : $c = 5$ 또는 $c > 5$(충돌 등)

d는 여유계수로서 재료 내의 결함, 미지의 온도변화에 의한 열응력의 발생이나 재료의 성질의 변화, 잔류응력, 하중 및 응력계산의 부정확성, 예측할 수 없는 초과하중 등 각종의 불안감이나 신뢰도의 부족을 보완하기 위한 계수이다. 응력계산이 정확한 경우 재질의 신뢰도에 대하여 다음과 같은 값을 잡는다.

- 강과 같은 균질한 연성재료 : $d = 1.5 \sim 2$
- 주철과 같은 불균질한 취성재료 : $d = 2 \sim 3$
- 목재 : $d = 3 \sim 4$

Cardullo의 안전계수를 해석해 보면 허용응력 σ_a는

$$\sigma_a = \frac{\sigma_B}{S} = \sigma_B \cdot \frac{\sigma_e}{\sigma_B} \cdot \frac{\sigma_w}{\sigma_e} \cdot \frac{1}{c \cdot d} = \frac{\sigma_w}{c \cdot d}$$

로 표시되며, 피로한도를 기준강도로 할 때 $f = c \cdot d$가 마찰계수를 포함한 안전계수를 나타내며, 이 중에서 d가 참된 의미의 안전계수라고 말할 수 있다.

정하중에 대한 S의 최소값을 표 1-5에 표시한다.

|표 1-5| Cardullo의 방법에 따른 정하중에 대한 안전계수의 최소값

재료 \ 계수	a	b	c	d	S
주철 및 주물	2	1	1	2	4
연강 및 연철	2	1	1	1.5	3
니켈강	1.5	1	1	1.5	2.25
담금질강	1.5	1	1	2	3
청동 및 황동	2	1	1	1.5	3

비고 기준강도: 극한강도

1.3.3 허용응력

앞서 말한 바와 같이 정확한 안전계수의 계산은 매우 어려우므로 재질과 하중 등의 작용 조건에 대하여 직접 허용응력 σ_a를 주는 일이 많다. C. Bach는 1879년경, 주철재료에 대하여 표 1-6에 표시한 값을 제안하였다. 허용응력 값은 기계요소의 종류, 작동조건, 파손기구,

|표 1-6| 각종 철강재료의 허용응력

(단위 : kg/cm^2)

응력과 하중의 성격		연 강	중연강	주 강	주 철
인 장	a	900～1200	1200～1300	500～1200	300
	b	540～ 700	700～1080	360～ 720	180
	c	480～ 600	600～ 900	300～ 600	150
압 축	a	900～1200	1200～1800	900～1100	900
	b	540～ 700	700～1080	540～ 900	500
전 단	a	720～1000	1000～1440	480～ 960	300
	b	430～ 560	600～ 860	290～ 580	180
	c	360～ 480	480～ 720	240～ 480	180
비틀림	a	600～1000	1000～1440	480～ 960	300
	b	360～ 560	600～ 860	290～ 580	180
	c	300～ 480	480～ 720	240～ 480	154
굽 힘	a	900～1200	1200～1800	750～1200	450
	b	540～ 700	700～1080	450～ 720	270
	c	450～ 600	600～ 900	375～ 600	190

비고 a : 정하중 b : 반복하중 c : 교번하중 및 가벼운 충격하중

재질의 신뢰성 등 여러 가지 인자에 좌우되므로 일률적으로 표시하기는 곤란하다. 허용응력은 실제로는 시작시험의 축적에 의하여 적정한 값으로 접근해가는 것이다.

1.4 설계상 고려 사항

1.4.1 $S-N$ 곡선

최대 응력 σ_1과 최소 응력 σ_2가 반복해서 작용할 때는

$$\text{평균 응력 } \sigma_m = \frac{\sigma_1 + \sigma_2}{2} \tag{1-8}$$

$$\text{응력진폭 } \sigma_a = \frac{\sigma_1 - \sigma_2}{2} \tag{1-9}$$

로 되며, $\sigma_m = 0$일 때는 양진반복하중, $\sigma_m = \sigma_a$일 때는 편진반복하중이다. 여기서 평균 응력이 일정할 때는 응력진폭을 종축에, 이 응력진폭 하에서 재료가 파괴할 때까지의 반복횟수를 대수 눈금으로 횡축에 잡은 그림을 $S-N$ 곡선이라 한다.

그림 1-2는 회전시험편의 한 평면 내에 이 굽힘 모멘트가 작용할 경우의 $S-N$ 곡선의 예를 표시한 것이다.

$S-N$ 곡선이 수평이 되는 한계의 응력진폭이 피로한도가 되나 부재의 장기 수명을 요하지 않을 때는 피로한도 대신에 시간강도를 사용하면 된다. 시간강도는 필요로 하는 수명시간에 반복되는 횟수에 견디는 강도로서 $S-N$ 곡선의 경사부분상의 응력진폭으로 하여

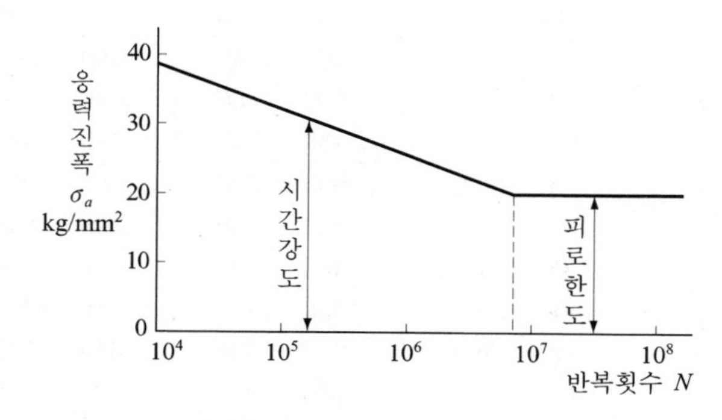

그림 1-2 탄소강의 $S-N$ 곡선(대수 눈금)

구할 수 있다. $S-N$ 곡선이 좀처럼 수평이 안 되는 재료에는 10^7회 또는 10^8회의 시간강도가 이용된다.

1.4.2 응력집중과 놋치효과

단 달린 축이나 나사부와 같이 단면이 심하게 변화되어 있는 부분(놋치 : notch라고 부른다)의 주변에는 보통 계산된 인장응력이나 굽힘응력보다 훨씬 큰 응력이 생기며, 이 현상을 응력집중이라 한다.

단순히 인장하중을 단면의 넓이로 나누거나 굽힘 모멘트를 단면계수로 나누거나 해서 구한 굽힘응력과 같은 외견상의 응력을 σ_n 으로 하고, 응력집중에 의한 최대 응력을 $\sigma_{\max}$ 라고 할 때

$$\alpha_k = \frac{\sigma_{\max}}{\sigma_n} \tag{1-10}$$

의 α_k 를 응력집중계수 또는 형상계수라고 하여 응력집중의 정도를 나타낸다. 이 α_k 의 값은 놋치의 형상이나 하중방법이 기하학적으로 상사한다면 대상물체의 대소나 재질에 관계없는 값이 된다. 그리하여 놋치의 단면변화가 급격할수록 크게 되므로 단 달린 축이나 기타 형상이 변화하는 놋치부에는 충분한 둥금새를 주게 된다. 이 α_k 의 값은 일반적으로 놋치에 대해서 구하므로, 그것을 이용하면 좋다. 그림 1-4~1-6은 α_k 의 값을 나타낸 예이다.

부품에 놋치가 있을 때는 응력집중이 생겨 부품의 피로한도가 내려간다. 여기서

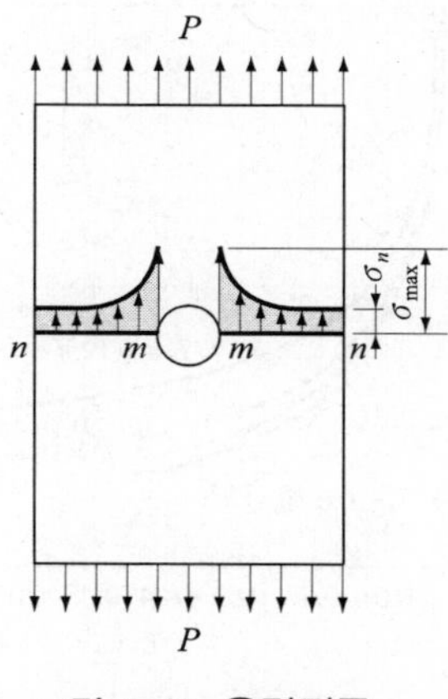

그림 1-3 응력집중

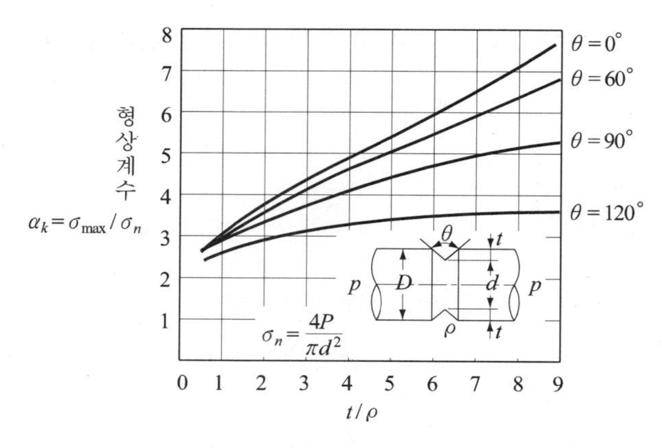

그림 1-4 V형 홈을 갖는 둥근 축의 인장에 있어서의 형상계수

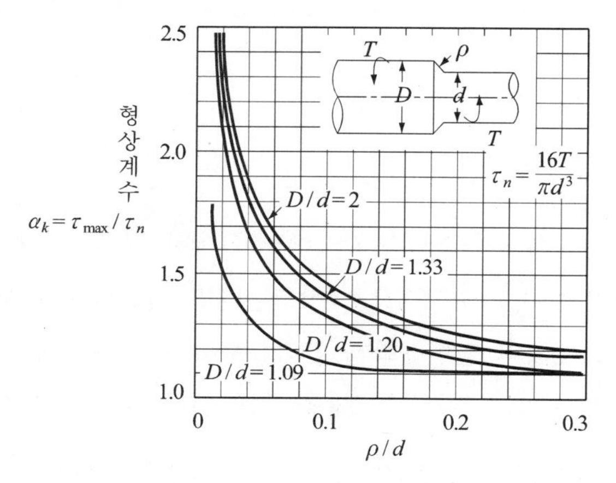

그림 1-5 단 달린 둥근 축의 비틀림에 있어서의 형상계수

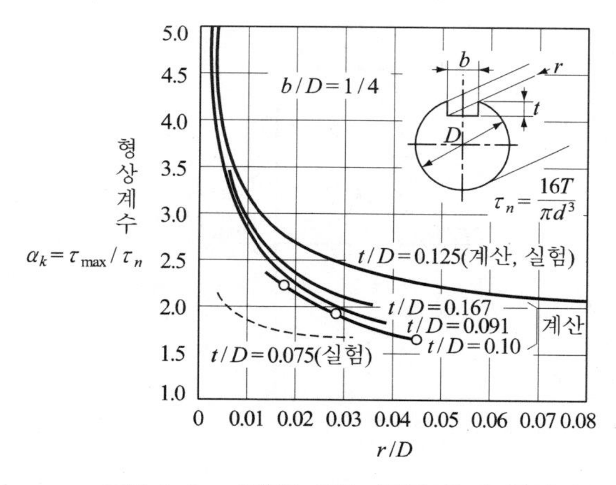

그림 1-6 키홈을 갖는 둥근 축의 형상계수

$$\beta_k = \frac{\text{놋치가 없는 경우의 피로한도}}{\text{놋치가 있는 경우의 피로한도}} \tag{1-11}$$

로 하여 β_k를 놋치계수라 한다.

예로서 단 달린 둥근 축의 굽힘 및 비틀림 놋치계수의 계산용의 그림을 그림 1-7～1-10에 나타낸다.

이 그림에서의 값 ξ_1, ξ_2, ξ_3, ξ_4를 사용해서 다음의 실험식에서 놋치계수 β_k를 구한다.

$$\beta_k = 1 + \xi_1 \cdot \xi_2 \cdot \xi_3 \cdot \xi_4 \tag{1-12}$$

이외에 피로한도에 영향을 주는 효과로서는 치수효과, 다듬질효과 같은 것이 있으며, 부식·열처리·온도 등도 영향을 준다. 예를 들면, 비틀림 및 굽힘이 반복되는 부품의 지름이 크게 되면 동일한 재료에서도 피로한도가 내려간다. 또 다듬질효과로서는 표면 거칠기가 큰 것일수록 V홈의 연속한 면이라고 생각되므로 피로한도가 내려간다. 인장강도가 클수록

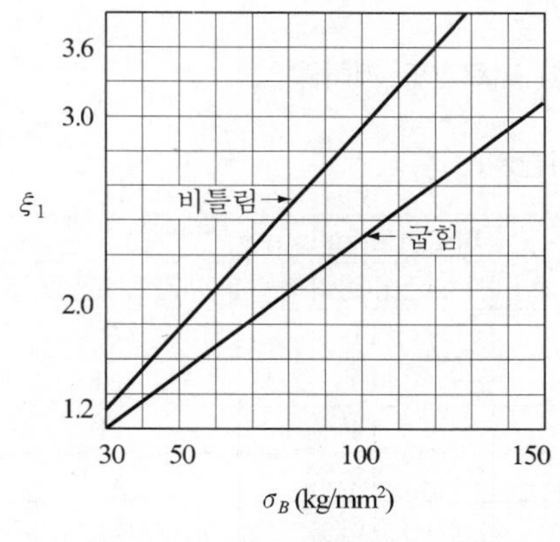

그림 1-7 단 달린 둥근 축의 ξ_1

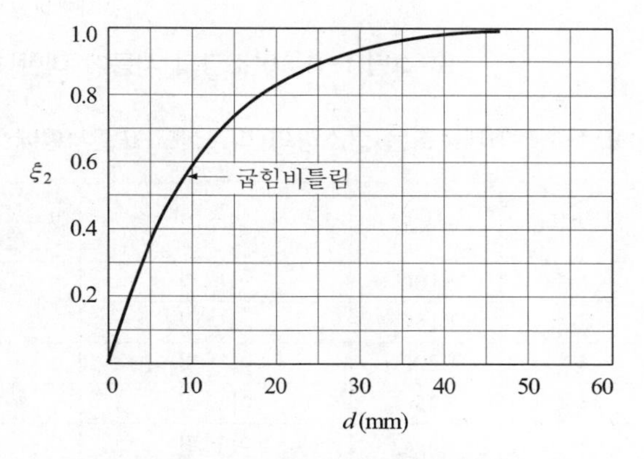

그림 1-8 단 달린 둥근 축의 ξ_2

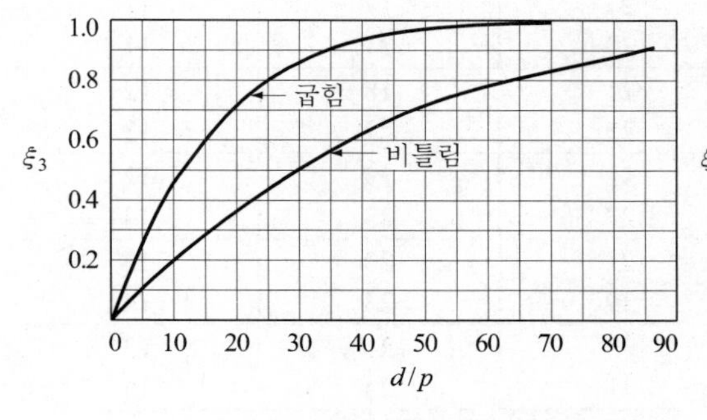

그림 1-9 단 달린 둥근 축의 ξ_3

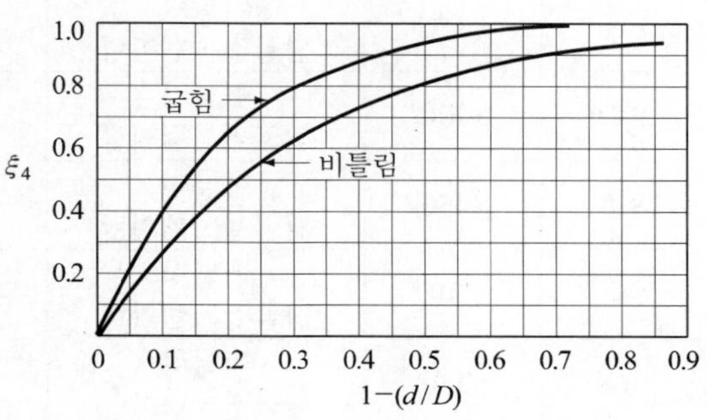

그림 1-10 단 달린 둥근 축의 ξ_4

이 영향이 크다.

한편, 숏트피닝, 질화, 침탄, 고주파 소입 등의 적당한 표면 처리를 함으로써 재료의 피로한도를 향상시킬 수가 있다.

치수효과의 예로서 그림 1-11에 탄소강의 지름에 대한 회전굽힘 피로한도 저하율을 나타낸다. 표 1-7에 기계구조용 탄소강의 피로한도의 예를 나타낸다.

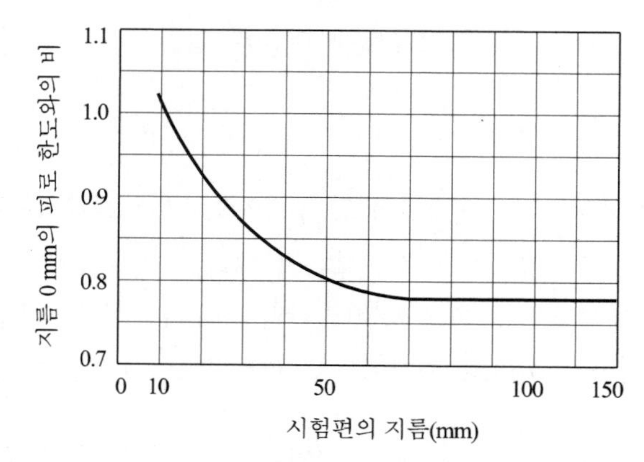

그림 1-11 탄소강의 지름에 대한 회전굽힘 피로한도 저하율

표 1-7 기계구조용 탄소강의 피로한도(표준시편에 의한 하한치)

종류	기호	열처리	피로한도(kg/mm²)		
			회전굽힘	양진인장압축	양진비틀림
1종	S10C	아닐링	14	11	9
2종	S15C	아닐링	16	13	10
3종	S20C	아닐링	18	14	11
4종	S25C	아닐링	19	15	11
5종	S30C	아닐링	20	16	11
		담금질・템퍼링	23	20	11
6종	S35C	아닐링	21	17	11
		담금질・템퍼링	24	21	11
7종	S40C	아닐링	21	18	12
		담금질・템퍼링	25	22	13
8종	S45C	아닐링	22	19	12
		담금질・템퍼링	27	23	14
9종	S50C	아닐링	22	20	13
		담금질・템퍼링	29	23	14
10종	S55C	아닐링	23	21	13
		담금질・템퍼링	31	24	15

기계설계편람에서

1.4.3 크리프 한도

고온에 노출되어 사용되는 부재의 인장강도는 온도에 의해서 변화된다.

또 일정 하중을 작용시킨 부재를 고온 중에 놓으면, 시간이 지남에 따라 부재의 변형률이 증대한다. 이 현상을 재료의 크리프(creep)라 한다. 따라서 이와 같은 경우에는 크리프 변형률이 생기지 않도록 또는 생겨도 필요한 수명기간 내에 기계나 장치에 지장이 없도록 허용응력을 정하지 않으면 안 된다. 하중에 의한 초기 변형률이 생긴 후에 크리프의 진행이 정지하는 응력의 최대값을 크리프 한도라고 한다.

허용응력은 한도 이하가 되지 않으면 안 된다. 더욱이 저온 중에서 사용되는 부재도 그 때의 재료의 성질에 기초하여 설계되지 않으면 안 된다는 것은 말할 나위도 없다.

1.5 끼워맞춤

서로 끼워 맞추는 축과 구멍과의 관계는 기계 부분의 종류에 따라 꼭 끼워져서 놀지 않아야 할 때도 있고, 조금은 놀 수 있도록 하여야 할 때도 있다. 전자의 경우에는 구멍과 축 사이에 틈새가 있어서는 안 되고, 후자의 경우에는 얼마의 틈새가 있어야만 한다. 이와 같이 기계 부분의 서로 끼워지는 구멍과 축과의 끼워지기 전의 치수의 차에 의하여 생기는 관계를 끼워맞춤(fit)이라 한다.

끼워져서 놀 수 있게 하려면 축의 지름을 구멍의 지름보다 작게 하여야 하며, 이때 구멍과 축의 지름의 차를 틈새(clearance)라 한다. 또 끼워져서 놀지 않도록 하려면 축의 지름을 구멍의 지름보다 조금 크게 하여야 하며, 이때 구멍과 축과의 지름의 차를 죔새(interference)라 한다. 이 틈새와 죔새의 대소에 따라 여러 가지 끼워맞춤이 얻어진다. 끼워맞춤을 대별하면 다음과 같다.

① 헐거운 끼워맞춤(clearance fit) : 언제나 틈새가 생기는 끼워맞춤

② 억지 끼워맞춤(interference fit) : 언제나 죔새가 생기는 끼워맞춤

③ 중간 끼워맞춤(transition fit) : 축과 구멍의 다듬질 치수에 따라 틈새가 생기는 때도 있고, 죔새가 생기는 때도 있는 끼워맞춤

그림 1-12는 끼워맞춤의 종류와 계산 예를 나타내었다.

종 류	정 의	설 명	실 예 (mm)
헐 거 운 끼워맞춤	구멍의 최소치수 >축의 최대치수	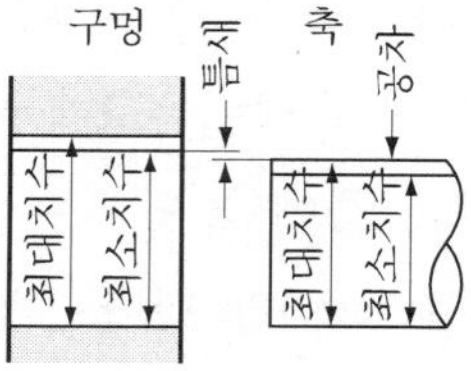 구멍 틈새 축 공차 최대치수 최소치수 최대치수 최소치수	구 멍 축 최대치수 $A=50.025$ $a=49.975$ 최소치수 $B=50.000$ $b=49.950$ 최대틈새 $= A-b = 0.075$ 최소틈새 $= B-a = 0.025$
억 지 끼워맞춤	구멍의 최대치수 ≤축의 최소치수	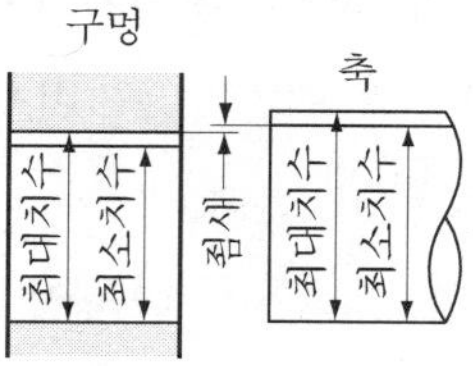 구멍 축 죔새 최대치수 최소치수 최대치수 최소치수	구 멍 축 최대치수 $A=50.025$ $a=50.050$ 최소치수 $B=50.000$ $b=50.034$ 최대죔새 $= a-B = 0.050$ 최소죔새 $= b-A = 0.009$
중 간 끼워맞춤	구멍의 최소치수 ≤축의 최대치수, 구멍의 최대치수 >축의 최소치수	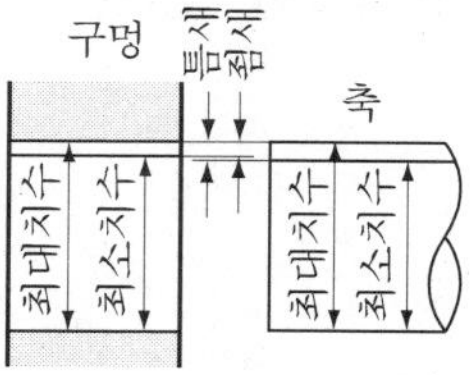 구멍 틈새 죔새 축 최대치수 최소치수 최대치수 최소치수	구 멍 축 최대치수 $A=50.025$ $a=50.011$ 최소치수 $B=50.000$ $b=49.995$ 최대죔새 $= a-B = 0.011$ 최소틈새 $= A-b = 0.030$

그림 1-12 끼워맞춤의 종류와 계산 예

1.5.1 치수공차

어느 기계부품을 공작할 때 도면에 기입되어 있는 치수(기준치수 또는 호칭치수라 부른다)대로 가공한다는 것은 실제로 불가능하며, 또 같은 조건으로 가공하여도 다듬질치수에 흐트러짐이 생기는 것은 부득이한 일이다.

가공오차를 완전히 없앨 수는 없으므로 실용상 허용할 수 있는 오차의 한계를 정하여, 실제로 가공된 치수, 즉 실제치수(actual dimension)가 그 안에 들어가도록 하면 공작상 매우 편리할 뿐만 아니라 호환성(interchangeability)도 얻게 된다. 이 치수를 허용한계치수라 하며, 큰 쪽을 최대 허용치수, 작은 쪽을 최소 허용치수라 한다. 그리고 이 두 치수의 차를 치수공차 또는 단순히 공차(tolerance)라 한다. 그러므로 공차는 제품을 기준치수로 다듬질할 때 허용되는 허용오차의 크기를 말하는 것이다. 또 허용한계치수를 정할 때의 기준이 되는 치수가 기준치수인 것이다. 또한 허용한계치수에서 그 기준치수를 뺀 값을 치수허용차라 하며, 최대 허용치수에서 기준치수를 뺀 값을 위치수 허용차, 최소 허용치수에서 기준

치수를 뺀 값을 아래치수 허용차라 한다.

따라서 공차는 위치수 허용차와 아래치수 허용차와의 차로도 표시된다. 지금까지의 관계를 그림 1-12에 표시한다.

공차의 크기는 제품의 종류에 따라 다르며, 정확성을 필요로 하는 것은 작은 값으로 하고 정확하지 않아도 되는 것은 큰 값을 주는 것이 합리적이다. 또 일반적으로 제품은 그 크기가 커짐을 따라 다듬질 정도가 저하하는 것이 보통이므로 치수 구분에 따라 작은 쪽은 작은 치수공차를, 큰 쪽에 대하여는 큰 치수공차를 주도록 규정되어 있다.

ISO 규격에서는 공차의 등급을 18등급으로 나누어 표 1-8과 같이 공차의 기본수치를 주

표 1-8 IT 기본공차

기준치수의 구분(mm)		공 차 등 급																	
		01	00	1	2	3	4	5	6	7	8	9	10	11	12[1]	13[1]	14[1]	15[1]	16[1]
초과	이하	기본 공차의 수치(μm)											기본 공차의 수치(mm)						
–	3[1]	0.8	1.2	2	3	4	6	10	14	25	40	60	0.10	0.14	0.26	0.40	0.60	1.00	1.40
3	6	1	1.5	2.5	4	5	8	12	18	30	48	75	0.12	0.18	0.30	0.48	0.75	1.20	1.80
6	10	1	1.5	2.5	4	6	9	15	22	36	58	90	0.15	0.22	0.36	0.58	0.90	1.50	2.20
10	18	1.2	2	3	5	8	11	18	27	43	70	110	0.18	0.27	0.43	0.70	1.10	1.80	2.70
18	30	1.5	2.5	4	6	9	13	21	33	52	84	130	0.21	0.33	0.52	0.84	1.30	2.10	3.30
30	50	1.5	2.5	4	7	11	16	25	39	62	100	160	0.25	0.39	0.62	1.00	1.60	2.50	3.90
50	80	2	3	5	8	13	19	30	46	74	120	190	0.30	0.46	0.74	1.20	1.90	3.00	4.60
80	120	2.5	4	6	10	15	22	35	54	87	140	220	0.35	0.54	0.87	1.40	2.20	3.50	5.40
120	180	3.5	5	8	12	18	25	40	63	100	160	250	0.40	0.63	1.00	1.60	2.50	4.00	6.30
180	250	4.5	7	10	14	20	29	46	72	115	185	290	0.46	0.72	1.15	1.85	2.90	4.60	7.20
250	315	6	8	12	16	23	32	52	81	130	210	320	0.52	0.81	1.30	2.10	3.20	5.20	8.10
315	400	7	9	13	18	25	36	57	89	140	230	360	0.57	0.89	1.40	2.30	3.60	5.70	8.90
400	500	8	10	15	20	27	40	63	97	155	250	400	0.63	0.97	1.55	2.50	4.00	6.30	9.70
		[2]																	
500	630	9	11	16	22	30	44	70	110	175	280	440	0.70	1.10	1.75	2.80	4.40	7.00	11.00
630	800	10	13	18	25	35	50	80	125	200	320	500	0.80	1.25	2.00	3.20	5.00	8.00	12.50
800	1000	11	15	21	29	40	56	90	140	230	360	560	0.90	1.40	2.30	3.60	5.60	9.00	14.00
1000	1250	13	18	24	34	46	66	105	165	260	420	660	1.05	1.65	2.60	4.20	6.60	10.50	16.50
1250	1600	15	21	29	40	54	78	125	195	310	500	780	1.25	1.95	3.10	5.00	7.80	12.50	19.50
1600	2000	18	25	35	48	65	92	150	230	370	600	920	1.50	2.30	3.70	6.00	9.20	15.00	23.00
2000	2500	22	30	41	57	77	110	175	280	440	700	1100	1.75	2.80	4.40	7.00	11.00	17.50	28.00
2500	3150	26	36	50	69	93	135	210	330	540	860	1350	2.10	3.30	5.40	8.60	13.50	21.00	33.00

주 (1) 공차 등급 IT 12 ~ IT 16은, 기준 치수 1 mm 이하에는 적용하지 않는다.

(2) 500 mm를 초과하는 기준 치수에 대한 공차 등급 IT 01 ~ IT 3의 공차값은 실험적으로 사용하기 위한 잠정적인 것이다.

고 있다. 이것을 IT 기본공차(ISO tolerance)라 한다. 이들 중 01～4급은 주로 게이지류에, 5～10급은 주로 끼워맞추는 부분에, 11～16급은 주로 끼워맞추지 않는 부분에 적용하도록 되어 있다.

1.5.2 구멍과 축의 종류 및 기호

끼워맞춤에서 구멍과 축은 그 기초가 되는 치수허용차에 따라 수많은 종류로 나누어지며, 그림 1-13과 같이 알파벳 문자를 써서 표시할 수 있다. 구멍에는 대문자를, 축에는 소문자를 사용한다. 그림에서 보는 바와 같이 H는 최소 치수가 호칭치수와 같은 구멍을 나타내고, h는 최대 치수가 호칭치수와 같은 축을 나타낸다. 그리고 구멍의 경우에는 H보다 앞의 문자(A～G)는 큰 구멍을 나타내며, 다시말해 H에서 앞으로 갈수록 실제치수가 호칭치수보다 커지고, H에서 뒤로 갈수록 호칭치수보다 실제치수가 작은 것으로 나타낸다.

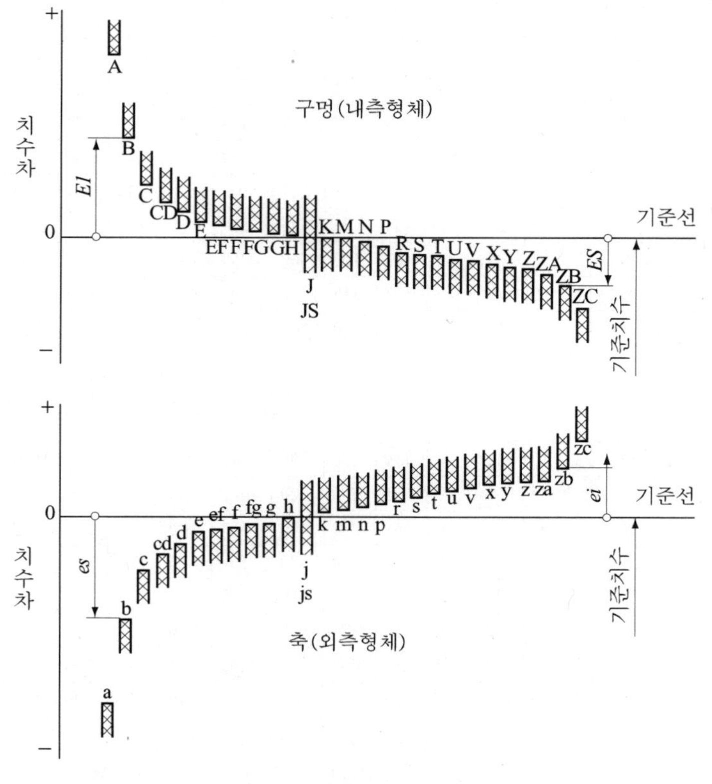

그림 1-13 구멍 및 축의 종류

축의 경우에는 이와 반대로 h에서 앞으로 갈수록 실제치수가 호칭치수보다 작아지고, h에서 뒤로 갈수록 호칭치수보다 큰 지름의 축을 나타낸다. ISO 방식, 즉 KS 방식은 IT 기본공차에 따라 분류한 구멍과 축과의 종류와 등급을 동시에 사용하여, h6, s7, H5, G7과 같이 표시한다.

이 기호에 따라 축 또는 구멍의 최대 치수 및 최소 치수의 값을 정확하게 정할 수 있다.

1.5.3 끼워맞춤방식

끼워맞춤의 종류는 앞에서 말한 각종 등급의 구멍의 종류와 축의 종류를 조합함으로써 얻어지나, 그 수가 매우 많아지고 복잡하며, 실제로 이 많은 조합이 모두 사용되는 것은 아니므로 KS 규격에서는 그림 1-14와 같이 두 가지 끼워맞춤방식을 정하고 있다.

(1) 구멍기준방식

기준구멍으로서 H구멍 한 종류만을 사용하고 이에 대하여 여러 종류의 축을 조합시켜서 필요한 여러 가지 끼워맞춤의 종류를 얻는 방식이다.

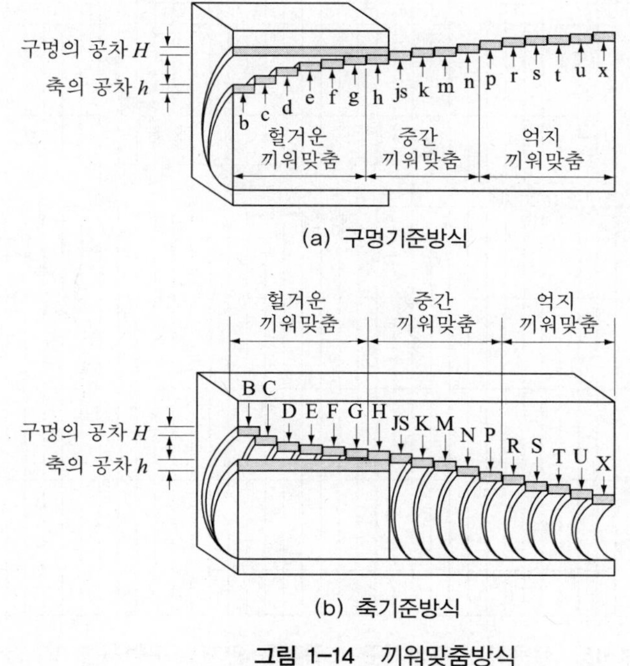

(a) 구멍기준방식

(b) 축기준방식

그림 1-14 끼워맞춤방식

(2) 축기준방식

기준축으로서 h축 한 종류만을 사용하고, 이에 대하여 여러 종류의 구멍을 조합시켜서 필요한 여러 가지 끼워맞춤의 종류를 얻는 방식이다. 구멍기준방식과 축기준방식을 비교하면, 일반적으로 구멍의 가공보다 축의 가공이 용이하므로, 일정한 구멍을 기준으로 하여 여러 가지 축지름을 조합하는 구멍기준방식이 가공비, 설비비 등의 관점에서 유리한 점이 많으므로 특별히 필요한 경우 이외에는 구멍기준방식에 따르는 것이 바람직하다.

1.5.4 상용 끼워맞춤

구멍 및 축은 필요에 따라 끼워맞춤방식에 의하여 그들을 임의로 조합해서 사용할 수 있으나, KS에서는 일반용으로 권장할 수 있는 이들의 조합을 상용 끼워맞춤으로써 정하고 있으므로 되도록 이것을 사용하는 것이 바람직하다. 그림 1-15 및 그림 1-16은 상용 끼워맞

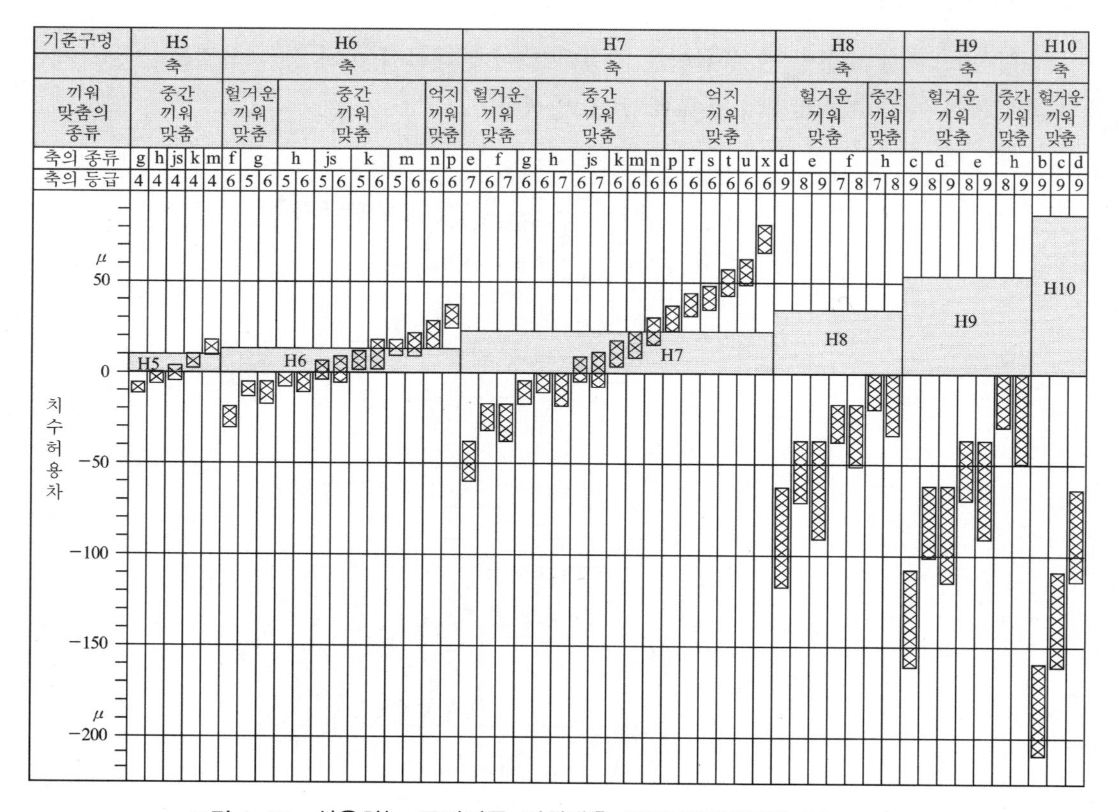

그림 1-15 상용하는 구멍기준 끼워맞춤 관계도(구멍지름 30 mm)

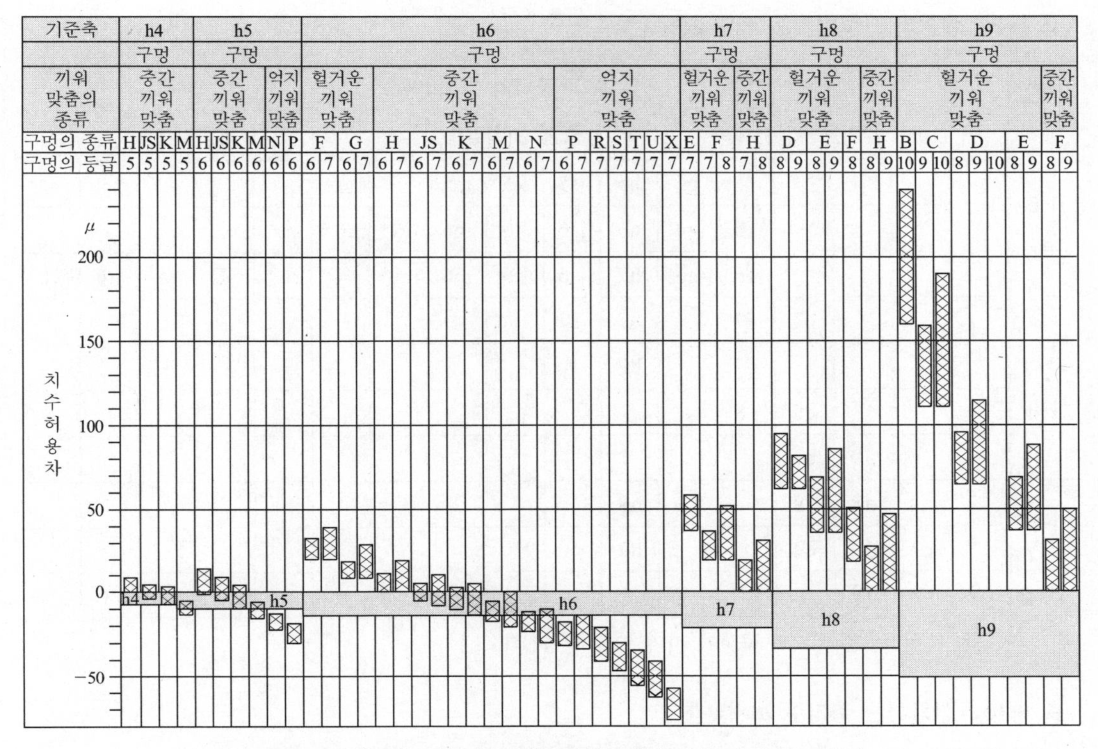

그림 1-16 상용하는 축기준 끼워맞춤 관계도(축지름 30 mm)

춤의 계수도를 수치적으로 표시한 것이며, 표 1-9 및 표 1-10은 상용 끼워맞춤을 표시한 것의 보기이다.

또 표 1-11(1) 및 표 1-11(2)는 상용 끼워맞춤의 구멍 및 축의 치수허용차를 표시한 것이고, 표 1-12 및 표 1-13은 이들 중에서도 가장 많이 사용되는 기준구멍 7급의 구멍기준 끼워맞춤표 및 기준축 6급의 축기준 끼워맞춤표를 계산에 의하여 얻은 값으로 나타낸 것이다.

| 표 1-9 | 상용하는 구멍기준 끼워맞춤

기준 구멍	축의 공차역 클래스																
	헐거운 끼워맞춤							중간 끼워맞춤			억지 끼워맞춤						
H6						g5	h5	js5	k5	m5							
					f6	g6	h6	js6	k6	m6	n6*	p6*					
H7					f6	g6	h7	js6	k6	m6	n6*	p6*	r6*	s6	t6	u6	x6
				e7	f7		h7	js7									
H8					f7		h7										
				e8	f8												
			d9	e9													
H9			d8	e8			h8										
		c9	d9	e9			h9										
H10	b9	c9	d9														

주 * 이들의 끼워맞춤은 치수의 구분에 따라 예외가 생긴다.

| 표 1-10 | 상용하는 축기준 끼워맞춤

기준 축	구멍의 공차역 클래스																
	헐거운 끼워맞춤							중간 끼워맞춤			억지 끼워맞춤						
h5							H6	JS6	K6	M6	N6*	P6					
h6					F6	G6	H6	JS6	K6	M6	N6	P6*					
					F6	G7	H7	JS7	K7	M7	N7	P7*	R7	S7	T7	U7	X7
h7				E7	F7		H7										
					F7		H8										
h8			D8	E8	F8		H8										
			D9	E9			H9										
h9			D8	E8			H8										
		C9	D9	E9			H9										
	B10	C10	D10														

주 * 이들의 끼워맞춤은 치수의 구분에 따라 예외가 생긴다.

|표 1-11| 상용하는 끼워맞춤 구멍의 치수 허용차(1)

(단위 : $\mu m = 0.001$ mm)

치수의 구분(mm)		B	C		D			E			F			G		H					
초과	이하	B10	C9	C10	D8	D9	D10	E7	E8	E9	F6	F7	F8	G6	G7	H5	H6	H7	H8	H9	H10
–	3	+180	+85	+100	+34	+45	+60	+24	+28	+39	+12	+16	+20	+8	+12	+4	+6	+10	+14	+25	+40
		+140	+60			+20			+14			+6		+62				0			
3	6	+188	+100	+118	+48	+60	+78	+32	+38	+50	+18	+22	+28	+12	+16	+5	+8	+12	+18	+30	+48
		+140	+70			+30			+20			+10		+4				0			
6	10	+208	+116	+138	+62	+76	+98	+40	+47	+61	+22	+28	+35	+14	+20	+6	+9	+15	+22	+36	+58
		+150	+80			+40			+25			+13		+5				0			
10	14	+220	+138	+165	+77	+93	+120	+50	+59	+75	+27	+34	+43	+17	+24	+8	+11	+18	+27	+43	+70
14	18	+150	+95			+50			+32			+16		+6				0			
18	24	+224	+162	+194	+98	+117	+149	+61	+73	+92	+33	+41	+53	+20	+28	+9	+13	+21	+33	+52	+84
24	30	+160	+110			+65			+40			+20		+7				0			
30	40	+270	+182	+220	+119	+142	+180	+75	+89	+112	+41	+50	+64	+25	+34	+11	+16	+25	+39	+62	+100
		+170	+120																		
40	50	+280	+192	+230		+80			+50			+25		+9				0			
		+180	+130																		
50	65	+310	+214	+260	+146	+174	+220	+90	+106	+134	+49	+60	+76	+29	+40	+13	+19	+30	+46	+75	+120
		+190	+140																		
65	80	+320	+224	+270		+100			+60			+30		+10				0			
		+200	+150																		
80	100	+360	+257	+310	+174	+207	+260	+107	+126	+159	+58	+71	+90	+34	+47	+15	+22	+35	+54	+87	+140
		+220	+170																		
100	120	+380	+267	+320		+120			+72			+36		+12				0			
		+240	+180																		
120	140	+420	+300	+360																	
		+260	+200		+208	+245	+305	+125	+148	+185	+68	+83	+106	+39	+54	+18	+25	+40	+63	+100	+160
140	160	+440	+310	+370																	
		+280	+210																		
160	180	+470	+330	+390		+145			+85			+43		+14				0			
		+310	+230																		
180	200	+525	+355	+425																	
		+340	+240		+242	+285	+355	+146	+172	+215	+79	+96	+122	+44	+61	+20	+29	+46	+72	+115	+135
200	225	+565	+375	+445																	
		+380	+260																		
225	250	+605	+395	+465		+170			+100			+50		+15				0			
		+420	+280																		
250	280	+690	+430	+510	+271	+320	+400	+162	+191	+240	+88	+108	+137	+49	+69	+23	+32	+52	+81	+130	+210
		+480	+300																		
280	315	+750	+460	+540		+190			+110			+56		+17				0			
		+540	+330																		
315	355	+830	+500	+590	+299	+355	+440	+182	+214	+265	+98	+119	+151	+54	+75	+25	+36	+57	+89	+140	+230
		+600	+360																		
355	400	+910	+540	+630		+210			+125			+62		+18				0			
		+680	+400																		
400	450	+1010	+595	+690	+327	+385	+480	+198	+232	+290	+108	+131	+165	+60	+83	+27	+40	+63	+97	+155	+250
		+760	+440																		
450	500	+890	+635	+730		+230			+135			+68		+20				0			
		+1090	+480																		

| 표 1-11 | 상용하는 끼워맞춤 구멍의 치수 허용차(1) 계속

치수의 구분(mm)		JS			K			M			N		P		R	S	T	U	X
초과	이하	JS5	JS6	JS7	K5	K6	K7	M5	M6	M7	N6	N7	P6	P7	R7	S7	T7	U7	X7
–	3	±2	±3	±5	0 -4	0 -6	0 -10	-2 -6	-2 -8	-2 -12	-4 -10	-4 -14	-6 -12	-6 -16	-10 -20	-14 -24	–	-18 -28	-20 -30
3	6	±2.5	±4	±6	0 -5	+2 -6	+3 -9	-3 -8	-1 -9	0 -12	-5 -13	-4 -16	-9 -17	-8 -20	-11 -23	-15 -27	–	-19 -31	-24 -36
6	10	±3	±4.5	±7.5	+1 -5	+2 -7	+5 -10	-4 -10	-3 -12	0 -15	-7 -16	-4 -19	-12 -21	-9 -24	-13 -28	-17 -32	–	-22 -37	-28 -43
10	14	±4	±5.5	±9	+2 -6	+2 -9	+6 -12	-4 -12	-4 -15	0 -18	-9 -20	-5 -23	-15 -26	-11 -29	-16 -34	-21 -39	–	-26 -44	-31 -51
14	18																		-38 -56
18	24	±4.5	±6.5	±10.5	+1 -8	+2 -11	+6 -15	-5 -14	-4 -17	0 -21	-11 -24	-7 -28	-18 -31	-14 -35	-20 -41	-27 -48	–	-33 -54	-46 -67
24	30																-33 -54	-40 -61	-56 -77
30	40	±5.5	±8	±12.5	+2 -9	+3 -13	+7 -18	-5 -16	-4 -20	0 -25	-12 -28	-8 -33	-21 -37	-17 -42	-25 -50	-34 -59	-39 -64	-51 -76	–
40	50																-45 -70	-61 -86	
50	65	±6.5	±9.5	±15	+3 -10	+4 -15	+9 -21	-6 -19	-5 -24	0 -30	-14 -33	-9 -39	-26 -45	-21 -51	-30 -60	-42 -72	-55 -85	-76 -106	–
65	80														-32 -62	-48 -78	-64 -94	-91 -121	
80	100	±7.5	±11	±17.5	+2 -13	+4 -18	+10 -25	-8 -23	-6 -28	0 -35	-16 -38	-10 -45	-30 -52	-24 -59	-38 -73	-58 -93	-78 -113	-111 -146	–
100	120														-41 -76	-66 -101	-91 -126	-131 -166	
120	140	±9	±12.5	±20	+3 -15	+4 -21	+12 -28	-9 -27	-8 -33	0 -40	-20 -45	-12 -52	-36 -61	-28 -68	-48 -88	-77 -117	-107 -147	–	–
140	160														-50 -90	-85 -125	-119 -159		
160	180														-53 -93	-93 -133	-131 -171		
180	200	±10	±14.5	±23	+2 -18	+5 -24	+13 -33	-11 -31	-8 -37	0 -46	-22 -51	-14 -60	-41 -70	-33 -79	-60 -106	-105 -151	–	–	–
200	225														-63 -109	-113 -159			
225	250														-67 -113	-123 -169			
250	280	±11.5	±16	±26	+3 -20	+5 -27	+16 -36	-13 -36	-9 -41	0 -52	-25 -57	-14 -66	-47 -79	-36 -88	-74 -126	–	–	–	–
280	315														-78 -130				
315	355	±12.5	±18	±28.5	+3 -22	+7 -29	+17 -40	-14 -39	-10 -46	0 -57	-26 -62	-16 -73	-51 -81	-41 -98	-87 -144	–	–	–	–
355	400														-93 -150				
400	450	±13.5	±20	±31.5	+2 -25	+8 -32	+18 -45	-16 -43	-10 -50	0 -63	-27 -67	-17 -80	-55 -95	-45 -108	-103 -166	–	–	–	–
450	500														-109 -172				

비고 표 중의 각 단에서 위쪽의 수치는 위치수 허용차, 아래쪽의 수치는 아래치수 허용차를 표시한다.

|표 1-11| 상용하는 끼워맞춤 축의 치수 허용차(2)

(단위 : $\mu m = 0.001$ mm)

치수의 구분(mm)		b	c	d		e			f			g			h					
초과	이하	b9	c9	d8	d9	e7	e8	e9	f6	f7	f8	g4	g5	g6	h4	h5	h6	h7	h8	h9
–	3	-140	-60	-20	-34	-14	-24	-28	-6	-12	-16	-2	-5	-6			0			
		-165	-85	-45			-3			-20			-8		-3	-4	-6	-10	-14	-25
3	6	-140	-70	-30	-48	-20	-32	-38	-10	-18	-22	-4	-8	-9			0			
		-170	-100	-60			-50			-28			-12		-4	-5	-8	-12	-18	-30
6	10	-150	-80	-40	-62	-25	-40	-47	-13	-22	-28	-5	-9	-11			0			
		-186	-116	-76			-61			-35			-14		-4	-6	-9	-15	-22	-36
10	14	-150	-95	-50	-77	-32	-50	-59	-16	-27	-34	-6	-11	-14			0			
14	18	-193	-138	-93			-75			-43			-17		-5	-8	-11	-18	-27	-43
18	24	-160	-110	-65	-98	-40	-61	-73	-20	-33	-41	-7	-13	-16			0			
24	30	-212	-162	-117			-92			-53			-20		-6	-9	-13	-21	-33	-52
30	40	-170	-120	-80	-119	-50	-75	-89	-25	-41	-50	-9	-16	-20			0			
		-232	-182																	
40	50	-180	-130	-142			-112			-64			-25		-7	-11	-16	-25	-39	-62
		-242	-192																	
50	65	-190	-140	-100	-146	-60	-90	-106	-30	-49	-60	-10	-18	-23			0			
		-264	-214																	
65	80	-200	-150	-174			-134			-76			-29		-8	-13	-19	-30	-46	-74
		-274	-224																	
80	100	-220	-170	-120	-174	-72	-107	-126	-36	-58	-71	-12	-22	-27			0			
		-307	-257																	
100	120	-240	-180	-207			-159			-90			-34		-10	-15	-22	-35	-54	-87
		-327	-267																	
120	140	-260	-200																	
		-360	-300	-145	-208	-85	-125	-148	-43	-68	-83	-14	-26	-32			0			
140	160	-280	-210																	
		-380	-310																	
160	180	-310	-230	-245			-185			-106			-39		-12	-18	-25	-40	-63	-100
		-410	-330																	
180	200	-340	-240																	
		-455	-355	-170	-242	-100	-146	-172	-50	-79	-96	-15	-29	-35			0			
200	225	-380	-260																	
		-495	-375																	
225	250	-420	-280	-285			-215			-122			-44		-14	-20	-29	-46	-72	-115
		-535	-395																	
250	280	-480	-300	-190	-271	-110	-162	-191	-56	-88	-108	-17	-33	-40			0			
		-610	-430																	
280	315	-540	-330	-320			-240			-137			-49		-16	-23	-32	-52	-81	-130
		-670	-460																	
315	355	-600	-360	-210	-299	-125	-182	-214	-62	-98	-119	-18	-36	-43			0			
		-740	-500																	
355	400	-680	-400	-350			-265			-151			-54		-18	-25	-36	-57	-89	-140
		-820	-500																	
400	450	-760	-440	-230	-327	-135	-198	-232	-68	-108	-131	-20	-40	-47			0			
		-915	-595																	
450	500	-840	-480	-385			-290			-165			-60		-20	-27	-40	-36	-97	-155
		-995	-635																	

| 표 1-11 | 상용하는 끼워맞춤 축의 치수 허용차(2) 계속

치수의 구분(mm)		js				k			m			n	p	r	s	t	u	x
초과	이하	js4	js5	js6	js7	k4	k5	k6	m4	m5	m6	n6	p6	r6	s6	t6	u6	x6
–	3	±1.5	±2	±3	±5	+3	+4 +0	+6	+5	+6 +2	+8	+10 +4	+12 +6	+16 +10	+20 +14	–	+24 +18	+26 +20
3	6	±2	±2.5	±4	±6	+5	+6 +1	+9	+8	+9 +4	+12	+16 +8	+20 +12	+23 +15	+29 +19	–	+31 +23	+36 +28
6	10	±2	±3	±4.5	±7.5	+6	+7 +1	+10	+10	+12 +6	+15	+19 +12	+24 +15	+28 +19	+32 +28	–	+37 +28	+43 +34
10	14	±2.5	±4	±5.5	±9	+6	+9	+12	+12	+15	+18	+23	+29	+34	+39	–	+44	+51 +40
14	18						+1			+7		+12	+18	+23	+28		+33	+56 +45
18	24	±3	±4.5	±6.5	±10.5	+8	+11	+15	+14	+17	+21	+28	+35	+41	+48	–	+54 +41	+67 +54
24	30						+2			+8		+15	+22	+28	+35	+54 +41	+61 +48	+77 +64
30	40	±3.5	±5.5	±8	±12.5	+9	+13	+18	+16	+20	+25	+33	+42	+50	+59	+64 +48	+76 +60	–
40	50						+2			+9		+17	+26	+34	+43	+70 +54	+86 +70	
50	65	±4	±6.5	±9.5	±15	+10	+15	+21	+19	+24	+30	+39	+51	+60 +41	+72 +53	+85 +66	+106 +87	–
65	80						+2			+11		+20	+32	+62 +43	+78 +59	+94 +75	+121 +102	
80	100	±5	±7.5	±11	±17.5	+13	+18	+25	+23	+28	+35	+45	+59	+73 +51	+93 +71	+113 +91	+146 +124	–
100	120						+3			+13		+23	+37	+76 +54	+101 +79	+126 +104	+166 +144	
120	140	±6	±9	±12.5	±20	+15	+21	+28	+27	+33	+40	+52	+68	+88 +63	+117 +92	+147 +122	–	–
140	160													+90 +65	+125 +100	+159 +134		
160	180						+3			+15		+27	+43	+93 +68	+133 +108	+171 +146		
180	200	±7	±10	±14.5	±23	+18	+24	+33	+31	+37	+46	+60	+79	+106 +77	+151 +122	–	–	–
200	225													+109 +80	+159 +130			
225	250						+4			+17		+31	+50	+113 +84	+169 +140			
250	280	±8	±11.5	±16	±26	+20	+27	+36	+36	+43	+52	+66	+88	+126 +94	–	–	–	–
280	315						+4			+20		+34	+56	+130 +98				
315	355	±9	±12.5	±18	±28.5	+22	+29	+40	+39	+46	+57	+73	+98	+144 +108	–	–	–	–
355	400						+4			+21		+37	+62	+150 +114				
400	450	±10	±13.5	±20	±31.5	+25	+32	+45	+43	+50	+63	+80	+108	+166 +126	–	–	–	–
450	500						+5			+23		+40	+68	+172 +132				

비고 표 중의 각 단에서 위쪽의 수치는 위치수 허용차, 아래쪽의 수치는 아래치수 허용차를 표시한다.

|표 1-12| 기준 구멍 7급의 구멍기준 끼워맞춤

(단위 : $\mu m = 0.001$ mm)

치수의 구분(mm)		H7		기준구멍 H7과 끼워 맞춰지는 축																															
		위치수허용차	아래치수허용차	e		f			g		h			js				k		m		n		p		r		s		t		u		x	
				최대틈새	최소틈새	최대틈새		최소틈새	최대틈새	최소틈새	최대틈새		최소틈새	최대틈새	최대죔새	최대틈새	최대죔새	최대틈새	최대죔새	최대틈새	최대죔새	최대틈새	최대죔새	최소죔새	최대죔새	최소죔새	최대죔새	최소죔새	최대죔새	최소죔새	최대죔새	최소죔새	최대죔새	최소죔새	최대죔새
초과	이하	(+)		e7		f6	f7		g6		h6	h7		js6		js7			k6		m6		n6		p6		r6		s6		t6		u6		f6
–	3	10		34	14	22	26	6	18	2	16	20		13	3	15	5	10	6	8	8	6	10	−4	12	0	16	4	20	–	–	8	24	10	26
3	6	12		44	20	30	34	10	24	4	20	24		16	4	18	2	11	9	8	12	4	16		20	3	23	7	27	–	–	11	31	16	36
6	10	15		55	25	37	43	13	29	5	24	30		19.5	4.5	26.5	7.5	14	10	9	15	5	19	0	24	4	28	8	32	–	–	12	37	19	43
10	14	18		68	32	45	52	16	35	6	29	36		23.5	5.5	27	9	17	12	11	18	6	23		20	6	54	10	39	–	–	15	44	22	51
14	18																																	27	56
18	24	21		82	40	54	62	20	41	7	34	42		27.5	6.5	31.5	12.5	19	15	13	21	6	28	1	35	7	41	14	48	–	–	20	54	33	67
24	30																													20	54	27	61	43	77
30	40	25		100	50	66	75	25	50	9	41	50		33	8	37.5	12.5	23	18	16	25	8	33		42	9	50	59	18	23	64	35	76	–	–
40	50																													29	70	45	86		
50	65	30	0	120	60	79	90	30	59	10	49	60	0	39.5	9.5	45	15	28	21	19	30	10	39		51	11	60	23	72	36	85	57	106	–	–
65	80																									13	62	29	78	45	94	72	121		
80	100	35		142	72	93	106	36	69	12	57	70		46	11	52.5	17.5	32	25	22	35	12	45		59	16	73	36	93	56	113	89	146	–	–
100	120																									19	76	44	101	69	126	109	166		
120	140	40		165	85	108	123	43	79	14	65	80		52.5	12.5	60	20	37	28	25	40	13	52	3	68	23	88	52	117	82	147				
140	160																									25	90	60	125	94	159	–	–	–	–
160	180																									28	93	68	133	106	171				
180	200	46		192	100	125	142	50	90	15	75	92		60.5	14.5	69	23	42	33	29	46	15	60		79	31	106	76	151						
200	225																									34	109	84	159	–	–	–	–	–	–
225	250																							4		38	113	94	169						
250	280	52		214	110	140	160	56	101	17	84	104		68	16	78	26	48	36	32	52	18	66		88	42	126	–	–	–	–	–	–	–	–
280	315																									46	130								
315	355	57		239	125	155	176	62	111	18	93	114		75	18	85.5	28.5	53	40	36	57	20	73		98	51	144	–	–	–	–	–	–	–	–
355	400																									57	156								
400	450	63		261	135	171	194	68	123	20	103	124		83	20	94.5	31.5	58	45	40	63	23	80	5	108	63	166	–	–	–	–	–	–	–	–
450	500																									69	172								

비고 최소죔새가 음인 값인 것은 최대틈새가 된다.

|표 1-13| 기준축 6급의 축기준 끼워맞춤

치수의 구분(mm)		h6		기준구멍 h6과 끼워맞춰지는 축																												h7		기준축 F7과 끼워 맞춰지는 구멍						
				K				M				N				P				R		S		T		U		X				E		F		H		
		위치수허용차	아래치수허용차	최대틈새	최대죔새	최대틈새	최대죔새	최대틈새	최대죔새	최대틈새	최대죔새	최대틈새	최대죔새	최대틈새	최대죔새	최소죔새	최대죔새	최소죔새	최대죔새	최소죔새	최대죔새	최소죔새	최대죔새	최소죔새	최대죔새	최소죔새	최대죔새	최소죔새	최대죔새	위치수허용차	아래치수허용차	최대틈새	최소틈새	최대틈새		최소틈새	최대틈새	
초과	이하			K6		K7		M5		M7		N5		N7		P5		P7		R7		S7		T7		U7		X7				E7		F7	F8		H8	H7
–	3		6	6	6	6	10	4	8	4		2	10	2	14	0	12		16	4	20	8	24	–	–	12	28	14	30		10	34	14	26	30	6	20	24
3	6		8	10	6	11	9	7	9	8	12	3	13	4	16	1	17		20	3	23	7	27	–	–	11	31	16	36		12	44	20	34	40	10	24	30
6	10		9	11	7	14	10	6	12	9	15		16	5	19	3	21	0	24	4	28	8	32	–	–	13	37	19	43		15	55	25	43	50	13	30	34
10	14		11	13	9	17	12	7	15	11	18	2	20		23	4	26		29	5	34	10	39	–	–	15	44	22	51		18	68	32	52	61	16	36	75
14	15																											27	56									
18	24		13	15	11	19	15	9	17	13	21	6	24		28		31		35	7	41	14	48	–	–	20	54	33	67		21	82	40	62	74	20	42	54
24	30																							20	54	27	61	43	77									
30	40		16	19	13	23	18	12	20	16	25	4	28	8	33	5	37	1	42	9	50	18	59	23	64	35	76	–	–		25	100	50	75	89	25	50	64
40	50																							29	70	45	86											
50	65		19	23	15	28	21	14	24	19	30	5	33	10	39	7	45		51	11	60	23	72	36	85	57	106	–	–		30	120	60	90	106	30	60	76
65	80																			13	62	29	78	45	94	72	121			0								
80	100		22	26	18	32	25	16	28	22	35	6	38	12	45	8	52	2	59	16	73	36	93	56	113	89	146	–	–		35	142	72	106	125	36	70	89
100	120																			19	76	44	101	69	126	109	166											
120	140																			23	88	52	117	82	147													
140	160		25	29	21	37	28	17	33	25	40	5	45	13	52	11	61	3	68	25	90	60	125	94	159	–	–	–	–		40	165	85	123	146	43	80	103
160	180																			28	93	68	133	196	171													
180	200																			31	106	76	151															
200	225		29	34	24	42	33	21	37	29	46		51	15	60	12	70		79	34	101	84	159	–	–	–	–	–	–		46	192	100	142	168	50	92	118
225	250																	4		38	113	94	169															
250	280		32	37	27	48	36	23	41	32	52		57	18	66		79		88	42	126	–	–	–	–	–	–	–	–		52	214	110	160	189	56	104	133
280	315																			46	130																	
315	355		36	43	29	53	40	26	46	36	57	10	62	20	73	15	87		98	51	144	–	–	–	–	–	–	–	–		57	239	125	176	208	62	114	146
355	400																			57	150																	
400	450		40	48	32	58	45	30	50	40	63	13	67	23	80		95	5	108	63	166	–	–	–	–	–	–	–	–		63	261	135	194	228	68	126	160
450	500																			69	172																	

표 1-14 구멍기준방식 상용 끼워맞춤의 적용 예

기준구멍	축 등급	축 종류	사용개소의 보기
6급구멍 H6	5급축	m	전동축(구름 베어링)
		k	전동축(구름 베어링)
		js	전동축, 피스톤, 핀
		h	사진기, 측정기, 공기척
		g	
	6급축	p	(구름 베어링)
		n	트랜스미션 · 크랭크축(구름 베어링)
		m	사진기
		k	사진기
		js	사진기
		h	(구름 베어링)
		g	(구름 베어링)
		f	
7급구멍 H7	6급축	x	실린더 · 밸브 기구가열 끼워맞춤
		u	샤프트파이프 · 실린더 가열끼워맞춤
		t	슬리브, 스핀들 · 거버너 · 샤프트 파이프 압입
		s	트랜스미션
		r	캠축, 플랜지, 핀압입부
		p	노크핀, 유압부, 체인, 실린더 크랭크, 부시, 캠축
		n	부시, 트랜스미션, 청동 베어링, 크랭크, 기어, 거버너 축(구름 베어링)
		m	부시, 기어 커플링, 유압 피스톤, 축이음
		k	(구름 베어링)
		js	치공구 전동축,
		h	기어축, 이동축, 실린더, 캠, 마개이음
		g	회전부, 슬라이더, 스러스트, 칼러, 부시
		f	방직기 축류, 베어링
		e	밸브, 베어링, 샤프트

기준구멍	축 등급	축 종류	사용개소의 보기
7급구멍	7급축	x	회전기
		r	회전기
		g	회전기
		(n)	
		(m)	
		(k)	
		js	기어축, 리머볼트
		h	기어축, 이동축, 피스톤, 키 사진기
		(g)	베어링,
		f	베어링, 밸브 시트, 사진기, 부시, 캠축
		e	베어링, 사진기, 실린더, 크랭크축
8급구멍 H8	7급축	h	일반 미끄럼부
		f	기어축
	8급축	h	유압부, 일반 미끄럼부
		f	유압부, 피스톤부, 조작 베어링 밸브
		e	크랭크축, 링 홈, 오일 펌프
	9급축	e	
		d	
9급구멍 H9	8급축	h	
		e	소베어링, 베어링, 조작 베어링
		d	
	9급축	e	
		d	웜 슬리브, 보빈 누르개 고정핀, 사진기용 소베어링
		c	
10급구멍 H10	9급축	h	차륜축
		d	
		c	키
		b	

1.5.5 끼워맞춤의 적용 예

기계설계에 있어서 끼워맞춤부에 대하여 어떠한 종류의 끼워맞춤을 선정하느냐 하는 문제는 기계의 기능, 부품의 크기, 재질 등 여러 가지 요구조건에 따라 달라지므로 한마디로 말하기는 곤란하며, 기술과 경험의 축적으로 보다 적정한 끼워맞춤을 선정하게 되는 것이다. 표 1-14에 구멍기준방식 상용 끼워맞춤의 적용 예를 참고로 표시한다.

1.5.6 한계 게이지 공작방식

끼워맞춤방식에 의하여 설계된 부품을 제작할 때에는 주어진 공차 내의 치수로 제품을 가공하면 된다. 이때 제품을 일일이 측정기로 측정하여 공차 내에 들어간 것을 골라내는 것보다는 그림 1-17과 같은 게이지를 마련하여, 이것으로 제품을 검사하는 것이 편리하다. 이 게이지를 한계 게이지(limit gauge)라 한다. 한계 게이지에는 통과쪽(go gauge)과 정지쪽(not go gauge)이 있어 제품은 이 두 가지 게이지 안에 들어가도록 공작된다. 이와 같은 공작방식을 한계 게이지 공작방식(limit gauge work system)이라 한다. 또한 구멍용 게이지를 플러그 게이지(plug gauge), 축용 게이지를 스냅 게이지(snap gauge)라 부른다.

플러그 게이지에서는 통과쪽은 구멍의 최소 치수보다 약간 작게 하고, 정지쪽은 구멍의 최대 치수보다 약간 크게 한다. 스냅 게이지에서는 통과쪽은 축의 최대 치수보다 약간 크게 하고, 정지쪽은 축의 최소 치수보다 약간 작게 한다.

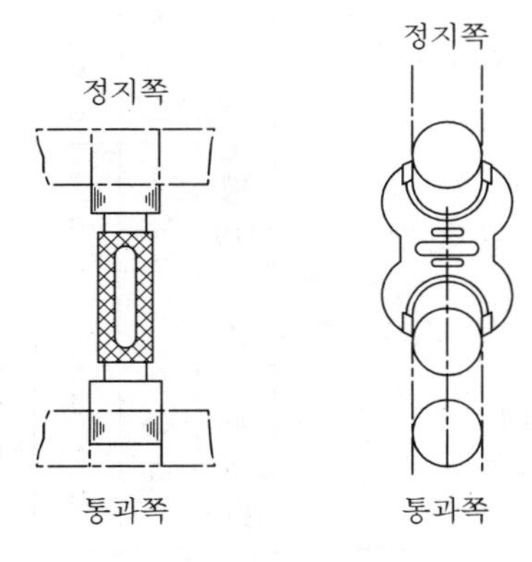

그림 1-17 한계 게이지

한계 게이지 공작방식으로 제작할 때의 그 주요한 이점을 들면 다음과 같다.

① 제품의 정밀도를 숫자적으로 한정할 수 있다.
② 끼워맞춤부에 있어서의 틈새 또는 죔새를 숫자적으로 한정할 수 있다.
③ 제품에 호환성(interchangeability)을 줄 수 있다.
④ 부품 하나하나의 정밀도를 게이지에 의하여 한정하므로 분업공작이 가능하다.
⑤ 생산원가의 절감 및 공작시간의 단축이 가능하다.
⑥ 기술의 습득 및 향상을 꾀할 수 있다.

이상과 같은 이점이 있으나 이 방식을 더욱 효과 있게 하기 위하여는 대체로 다음과 같은 조건이 필요하다.

① 제품의 규격을 통일한다.
② 대량생산을 한다.

게이지는 상당히 고가이므로 다량으로 제작하지 않으면 제품 단가가 비싸진다. 따라서 제품의 모양, 치수 등을 통일하여 그 종류를 감소하고, 동일 용도의 것에는 치수차, 틈새, 죔새 등을 같게 함으로써 게이지의 종류를 감소하여 제품의 생산성을 높이도록 하여야 한다.

1.6 표준수

1.6.1 표준에 대하여

설계 또는 규격에서 정해지는 수치에는 각각 기계적인 근거가 있는 것은 말할 나위도 없으나, 생산에 있어서 불필요한 것을 가급적 줄인다는 의미에서, 수치의 선택은 되도록 통일하여 적은 종류로 하는 것이 바람직하다.

표준수라는 것은 이와 같은 목적으로 정한 것으로서, 공업상으로 사용되는 제 수치에 있어 합리적이고 포괄적인 단계를 주어 예비적인 규격화를 도모한 것으로서, 여러 종의 공비를 갖는 등비수열을 실용상 편리한 수계열로 정리한 것이다.

따라서 공업 표준화 또는 설계 등에 있어서, 단계적 수치를 정할 때는 이 표준수에 의해, 또 여기에 근거하지 않고 단일한 수치를 정하는 경우에도 가급적 표준수에서 선택하도록

KS에 규정되어 있다.

표 1-15는 KS에 규정된 표준수를 나타낸 것이다. 이 표에 있어서 '기본 수열의 표준수' 란(欄)의 수치가 표준수로서 R5, R10, R20, R40은 그 수열의 기호이다. 이들은 각각 일정한 공비를 갖는 등비수열로서, 예를 들어 R5의 수열에 대해서 보면, 1.00, 1.60, 2.50, 4.00, 6.30이란 수열은 약 1.6의 공비를 갖는 등비수열이다. 즉, 세 번째의 값의 2.50은 1.6^2과 같고, 네 번째의 값 4.00은 1.6^3과 같고, 이하 동일한 관계이다. 단, R10, R20, R40이란 수열은 공비를 각각 약 1.25, 1.12, 1.06으로 하는 등비수열이다.

|표 1-15| 표준수

기본수열의 표준수				배열번호			계산치	특별수열의 표준수	계산치
R5	R10	R20	R40	0.1 이상 1 미만	1 이상 10 미만	10 이상 100 미만		R80	
1.00	1.00	1.00	1.00	−40	0	40	1.0000	1.00 1.03	1.0292
			1.06	−39	1	41	1.0593	1.06 1.09	1.0902
		1.12	1.12	−38	2	42	1.1220	1.12 1.15	1.1548
			1.18	−37	3	43	1.1885	1.18 1.22	1.2232
	1.25	1.25	1.25	−36	4	44	1.2589	1.25 1.28	1.2957
			1.32	−35	5	45	1.3335	1.32 1.36	1.3725
		1.40	1.40	−34	6	46	1.4125	1.40 1.45	1.4538
			1.50	−33	7	47	1.4962	1.50 1.55	1.5399
1.60	1.60	1.60	1.60	−32	8	48	1.5849	1.60 1.65	1.6312
			1.70	−31	9	49	1.6788	1.70 1.75	1.7278
		1.80	1.80	−30	10	50	1.7783	1.80 1.85	1.8302
			1.90	−29	11	51	1.8836	1.90 1.95	1.9387
	2.00	2.00	2.00	−28	12	52	1.9953	2.00 2.06	2.0535
			2.12	−27	13	53	2.1135	2.12 2.18	2.1752
		2.24	2.24	−26	14	54	2.2387	2.24 2.30	2.3041
			2.36	−25	15	55	2.3714	2.36 2.43	2.4406

기본수열의 표준수				배열번호			계산치	특별수열의 표준수	계산치
R5	R10	R20	R40	0.1 이상 1 미만	1 이상 10 미만	10 이상 100 미만		R80	
2.50	2.50	2.50	2.50	−24	16	56	2.5119	2.50 2.58	2.5852
			2.65	−23	17	57	2.6607	2.65 2.72	2.7384
		2.80	2.80	−22	18	58	2.8184	2.80 2.90	2.9007
			3.00	−21	19	59	2.9854	3.00 3.07	3.0726
	3.15	3.15	3.15	−20	20	60	3.1623	3.15 3.25	3.2546
			3.35	−19	21	61	3.3497	3.35 3.45	3.4475
		3.55	3.55	−18	22	62	3.5481	3.55 3.65	3.6517
			3.75	−17	23	63	3.7584	3.75 3.87	3.8681
4.00	4.00	4.00	4.00	−16	24	64	3.9811	4.00 4.12	4.0973
			4.25	−15	25	65	4.2170	4.25 4.37	4.3401
		4.50	4.50	−14	26	66	4.4668	4.50 4.62	4.5973
			4.75	−13	27	67	4.7315	4.75 4.87	4.8697
	5.00	5.00	5.00	−12	28	68	5.0119	5.00 5.15	5.1582
			5.30	−11	29	69	5.3088	5.30 5.45	5.4639
		5.60	5.60	−10	30	70	5.6234	5.60 5.80	5.7876
			6.00	−9	31	71	5.9566	6.00 6.15	6.1306
6.30	6.30	6.30	6.30	−8	32	72	6.3096	6.30 6.50	6.4938
			6.70	−7	33	73	6.6834	6.70 6.90	6.8786
		7.10	7.10	−6	34	74	7.0795	7.10 7.30	7.2862
			7.50	−5	35	75	7.4989	7.50 7.75	7.7179
	8.00	8.00	8.00	−4	36	76	7.9433	8.00 8.25	8.1752
			8.50	−3	37	77	8.4140	8.50 8.75	8.6596
		9.00	9.00	−2	38	78	8.9125	9.00 9.25	9.1728
			9.50	−1	39	79	9.4406	9.50 9.75	9.7163

|표 1-16| 표준수의 일반항과 공비의 계수

수열	공비	n 번목의 항의 수치(n 은 자연수)
R5	$\sqrt[5]{10} \fallingdotseq 1.60$	$(1.60)^{n-1} \fallingdotseq (\sqrt[5]{10})^{n-1} = (10^{\frac{1}{5}})^{n-1}$
R10	$\sqrt[10]{10} \fallingdotseq 1.25$	$(1.25)^{n-1} \fallingdotseq (\sqrt[10]{10})^{n-1} = (10^{\frac{1}{10}})^{n-1}$
R20	$\sqrt[20]{10} \fallingdotseq 1.12$	$(1.12)^{n-1} \fallingdotseq (\sqrt{10})^{n-1} = (10^{\frac{1}{20}})^{n-1}$
R40	$\sqrt[40]{10} \fallingdotseq 1.06$	$(1.06)^{n-1} \fallingdotseq (\sqrt{10})^{n-1} = (10^{\frac{1}{40}})^{n-1}$

표준수의 일반항과 공비의 관계에 대해서는 표 1-16과 같다.

이와 같이 표준수는 십진법에 따라 1에서 10까지의 사이가 모두 다 등비급수적 단계로 되도록 구분이 되어 있어, R5의 수열에는 그 구분의 수가 5개로서 공비는 $\sqrt[5]{10}$ 이다. 이하 동일하게 R10, R20, R40에서는 구분의 수가 각각 10개, 20개, 40개이며 공비는 각각 $\sqrt[10]{10}$, $\sqrt[20]{10}$, $\sqrt[40]{10}$ 이다. 표 1-15에서는 표준수열의 1에서 10까지 이 값밖에 나타나 있지 않으나, 여기에 나타낸 값을 $10, 100, 1000, \cdots 10^n$ 배한 것, 또는 $1/10, 1/100, 1/1000, \cdots 10^{-n}$ 배한 것 모두가 표준수로서 이와 같이 하면 어떠한 크기의 범위에도 적용할 수가 있다.

또 표준수에는 1에서 10까지의 자연수 중에서 7 이외의 자연수 전부가 포함되어 있어, 후에 논하는 계산상의 법칙에 의해 이들의 수치의 2제곱, 3제곱, $\cdots n$ 제곱도 표준수가 된다.

또 $1/2(=0.50)$, $1/3(\fallingdotseq 0.335)$, $1/4(=0.25)$, $1/5(=0.20)$, $1/8(=0.125)$, $1/16(\fallingdotseq 0.063)$ 등의 분수치도 포함되어 있다. 또 $\sqrt{2}$ 는 1.4에, $\sqrt{3}$ 은 1.70에, $\sqrt[3]{2}$ 은 1.25라고 하는 표준수에 거의 동등하고 $\pi(=3.14)$는 3.15로, 절대영도 -273은 R80 수열의 272란 표준수로 각각 충분히 대용될 수 있다.

1.6.2 표준수에 관한 용어와 기호

(1) 기본수열

표 1-16에 나타낸 각 수치 및 여기에 10의 양 또는 음의 정수제곱을 곱한 것이 표준수로서, R5, R10, R20, R40의 각 란에 나타낸 수열을 기본수열이라 한다. 이들의 수열의 사용범위를 나타내는 데는 수열기호의 다음에 괄호를 붙여 다음의 예와 같이 기입한다.

예 R10 (1.25 …) R10 수열에서 1.25 이상의 것
R20 (… 45) R20 수열에서 45 이하의 것
R40 (7.5 … 300) R40 수열에서 7.5 이상 300 이하의 것
R20 (… 22.4 …) R20 수열에서 22.4를 포함하는 것

(2) 특별수열

이것은 공비를 $\sqrt[80]{10}$ 으로 하는 등비수열에서 얻어진 것으로서 이것을 특별수열이라 한다. R80이란 기호로 나타낸다. 이것은 R40으로서도 나타나지 않는, 적게 쪼갠 수열이 필요할 경우에 사용된다.

(3) 이론치

공비가 각각 $\sqrt[5]{10}$, $\sqrt[10]{10}$, $\sqrt[20]{10}$, $\sqrt[40]{10}$ 및 $\sqrt[80]{10}$ 인 등비수열의 각 항의 값을 이론치라 한다. 이들의 $10^{\pm n}$ (n은 양의 정수)배를 포함한다.

(4) 계산치

이론치를 유효숫자 5자리로 반올림을 한 수치이다.

(5) 유도수열

어느 수열의 어느 수치에서 시작하여, 2개째, 3개째, …p 개째마다에 수치를 취하여 늘어놓은 수열을 유도수열이라고 한다. p를 '피치'라고 한다.

예를 들면, '카메라'의 조리개 눈금에는 1.40, 2.0, 2.8, 4.0, 5.6, … 32란 수가 사용되고 있으나, 이것은 R20 수열에서 1.40에서 시작하여 세 개째마다 취하는 것이다. 따라서 이것은 R20에서 이끌어온 유도수열로서 피치는 3이며, 이것을 다음과 같은 기호로 표시한다.
원래의 수열기호/피치수(수열의 범위)

위 조리개의 예에서 R20/3(1.4 … 32)로 해서 표시하면 된다. 표 1-17은 공학상 주로 사용되는 수열 및 공비를 나타낸 것이다.

|표 1-17| 기본수열 및 주요 유도수열

계열의 종류	기호	공비(약)	다음 값에 대한 증대의 비율(%)
유도수열	R5/3	4	300
유도수열	R5/2	2.5	150
유도수열	R10/3	2	100
기본수열	R5	1.6	60
유도수열	R20/3	$1.4 \fallingdotseq \sqrt{2}$	40
기본수열	R10	1.25	25
유도수열	R40/3	1.18	18
기본수열	R20	1.12	12
유도수열	R80/3	1.09	9
기본수열	R40	1.06	6

(6) 변위수열

증가율은 하나의 수열, 예를 들면 R10과 같게 하고 싶으나 수치는 다른 수열, 예를 들면 R40에 포함되지 않는 것을 포함시키고 싶은 경우에는 R40/4이란 유도수열을 만들면 된다. 이것을 특히 변위수열이라고 한다.

(7) 배열번호

R40 수열은 다음과 같이 바꾸어 쓸 수 있다.

$(\sqrt[40]{10})^0 = 1$

$(\sqrt[40]{10})^1 = 1.06$

$(\sqrt[40]{10})^2 = 1.12$

....

$(\sqrt[40]{10})^{40} = 10$

이 대수를 취하면 다음과 같이 된다.

$\log_{\sqrt[40]{10}} 1 = 0$

$\log_{\sqrt[40]{10}} 1.06 = 1$

$\log_{\sqrt[40]{10}} 1.12 = 2$

....

$\log_{\sqrt[40]{10}} 10 = 40$

이와 같이 R40 수열의 $\sqrt[40]{10}$ 을 밑으로 한 대수는 0에서 40까지의 수로 표시된다. 이 대수의 값을 배열번호라고 하며 표 1-16에 나타내었다.

이것은 다시 말하면, R40 수열에 순차로 번호를 붙인 것과 같으며, 이 배열번호는 대수의 성질과 다음 절에서 논할 표준수 간의 계산에 매우 유효하게 이용할 수 있다.

1.6.3 표준수의 활용

(1) 표준수에 의한 계산의 법칙

표준수가 십진법에 기초하는 등비수열인 것으로부터 다음과 같은 계산의 법칙이 성립한다.

1) 표준수 간의 곱이나 몫도 역시 표준수이다

표준수의 일반항(n 항 a_n)은 공비 R 로 하면, $a_n = R^{n-1}$ 로 되며 동일하게 m 항 a_m 을 $a_m = R^{m-1}$ 로 된다. 따라서 $a_n \times a_m = R^{(n-1)+(m-1)} = R^{n+m-2}$ 이고 $a_n \div a_m = R^{(n-1)-(m-1)} = R^{n-m}$ 로 된다. 따라서 표준수 간의 곱 또는 몫도 동일하게 표준수가 된다.

2) 표준수의 정수 제곱도 역시 표준수이다

예를 들면 $\sqrt[10]{10} = 1.25 = \sqrt[3]{2}$ 이므로, $2 = 1.25^3$ 이란 수는 역시 표준수이다. 이상의 법칙에서 표준수에 잘 익숙해지면 승제의 연산을 빨리 할 수 있게 된다. 그 한 가지 방법은 암산으로 행하는 방법으로 승제의 답을 대략 짐작하여 표 1-16에서 그것에 가까운 표준수를 선택하면 되는 것이다. 예를 들면 2.00×3.15 란 계산을 행할 경우, 이것을 머릿속에서 대략 계산을 하여, 2×3 이 6 으로 하여 여기에 가까운 표준수를 표에서 선택하면 6.3 이 된다.

(2) 배열번호를 사용하는 방법

1) 표준수의 곱

두 개의 표준수 N_1, N_2의 곱에 해당하는 표준수를 구하는 데는 배열번호를 사용하여 다음과 같이 간단히 구할 수가 있다. 먼저 표에서 N_1 및 N_2에 대응하는 배열번호를 찾아 두 수를 더한 값의 배열번호를 갖는 표준수를 읽으면 이것이 답이 된다.

예 24×4.75를 계산한다.

2.24의 배열번호 ································· 14

4.75의 배열번호 ································· 27

배열번호의 합 ······················ $14 + 27 = 41$

41의 배열번호에 대한 표준수 ········· 10.6

2) 표준수의 몫

두 개의 표준수 N_1, N_2의 몫에 해당하는 표준수를 구하는 데는 위와 같이 이들의 수에 대응하는 배열번호를 뺀 값을 배열번호로 하는 표준수를 표에서 찾으면 된다.

예 $6.30 \div 25$를 계산한다.

6.30의 배열번호 ··· 32

25의 배열번호 ··· 56

배열번호의 차 ···························· $32 - 56 = -24$

-24의 배열번호에 대응하는 표준수 ········· 0.25

3) 표준수의 제곱

표준수 N의 양의 정수 제곱에 해당하는 표준수를 구하는 데는 N의 배열번호와 제곱의 지수의 곱과 같은 배열번호를 갖는 표준수를 표에서 찾으면 된다.

예 $(2.24)^2$을 계산한다.

2.24의 배열번호 ·· 14

배열번호의 제곱지수의 곱 ·········· $14 \times 2 = 28$

배열번호 28에 대한 표준수 ···················· 5.00

4) 표준수의 제곱근

표준수 N의 제곱근에 상당하는 표준수를 구하는 데는(N에 대한 배열번호) ÷ (N의 근지수)의 값이 정수이면, 이 값과 같은 배열번호를 갖는 표준수를 표에서 찾으면 된다.

예 $\sqrt{0.16}$의 계산을 한다.
배열번호와 근의 몫 ········ $(-32) \div 2 = -16$
배열번호 -16에 대한 표준수 ··············· 0.4

1.6.4 표준수와 사용법

표준수 중에서 수치를 취하는 경우 기본수열 중에서 가급적 증가율이 큰 수열에서 취하는 것이 좋다. 즉, 가능하면 R5의 수열에서 취하며, 이 중의 것에서는 부적당할 경우에는 R10, R20, R40의 순으로 취한다. 한편 기본수열에 의할 수 없을 경우에만 특별 수열에서 취하거나 아니면 허용치를 사용한다.

또 필요에 따라 몇 개의 수열을 병용하든가 또 유도수열을 사용하면 된다. 표 1-18은 표준수를 적용한 예를 나타낸 것이다.

표 1-18 표준수의 적용 예

종류	내용
치수	각 부의 길이 · 폭 · 높이 · 판 두께, 둥근 봉의 지름, 관의 안밖지름, 선경 · 피치(볼트 구멍 등)
넓이	각 겉넓이, 관 · 축 등의 단면의 넓이
부피	가스 · 물 또는 탱크 · 용기 · 운반차
정격치	출력(kW, 마력) · 토크 · 유량 · 압력
무게	실(사)의 호수, 해머의 머리
비의 값	기어 · 벨트풀리의 변속비 등
기타	인장강도 · 안전율 · 회전수 · 원주속도 · 농도 · 온도 시험이나 검사실험에 사용되는 수치(실험물의 치수 · 시간 등)

1.6.5 표준수의 사용 예

예제 1-1 어느 둥근 봉의 다듬질 치수가 R20(40⋯)로 결정되어 있다고 하면, 그 재료의 치수계열을 어떻게 해서 결정하면 되는가?

풀이 이 경우, 절삭 정도를 고려에 넣고 이것을 지름 40 mm에 대하여 1∼2 mm라고 하면 재료의 치수계열을 R20으로 다듬질 치수보다 하나 위에 45 mm로 하는 것은 비경제적이다. 따라서 이때에는 다음과 같이 R80의 변위수열 R80/4로 잡으면

다듬질 치수(R20) 40, 50, 56, 63 ⋯⋯ mm
재료의 치수(R80/4) 241.2, 51.5, 58.65 ⋯⋯ mm

로 하면 된다.

예제 1-2 축용의 강제 둥근 봉의 지름이 표 1-19와 같이 R10(6.3, 8, 10)이고, 허용전단응력(τ)가 표 1-20과 같이 R10(8, 10, 12.5 ⋯)으로 주어졌다고 하면, 이 경우의 비틀림 모멘트는 어떻게 될 것인가?

풀이 단면계수 Z는

$$Z = \frac{\pi}{32}d^3 \tag{1-13}$$

이므로, 이 32 및 π의 값을 표준수 31.5, 3.15로 놓으면

$$Z = \frac{3.15}{31.5}d^3 = \frac{1}{10}d^3$$

로 된다. 따라서 위 식에 $d = 6.3$을 대입하면

$$Z = \frac{1}{10}d^3 = \frac{1}{10}(6.3)^3 = 25.0$$

위와 같은 방법으로 R10의 수열에 따라 Z의 값을 구하면 Z는 R10/3이 된다.

|표 1-19| 단면계수

지름 d(mm)(R10)	6.3	8	10	12.5	16
단면계수 Z(mm^3)(R10/3)	25	50	100	200	400

또 최대 비틀림 모멘트는

$$\tau = \frac{T}{2Z} \qquad T = 2Z \cdot \tau \tag{1-14}$$

에 따라 구하면 표 1-20에 나타낸 바와 같이 표준수가 된다.

|표 1-20| 최대 비틀림 모멘트의 값

(단위 : kg · m)

τ(kg/mm^2) \ Z(mm^3)	25	50	100	200	400
8	0.0	0.8	1.6	3.15	6.3
10	0.5	1.0	2.0	4.0	8.0
12.5	0.63	1.25	2.5	5.0	10.0
16	0.8	1.6	3.15	6.3	12.5

또 축의 회전속도가 표준수로 결정되면 축을 사용할 수 있는 마력도 또한 표준수가 된다.

2 나사

2.1 나사의 원리

나사는 수나사와 암나사의 상호운동에 의한 회전운동과 직선운동과의 상호변환 요소로서 작은 회전 모멘트로 큰 축방향의 힘을 얻는 운동용 나사와 볼트·너트의 나사이음으로서 물체를 체결하는 체결용 나사로 구분할 수 있으며, 이는 중요한 기계적 요소이다.

그림 2-1과 같이 지름 d 인 원기둥에 밑변 $AG = \pi d$ 인 직각 삼각형 AGF를 감으면 사변 AF는 원기둥 위에 나선(helix)이라는 곡선을 그린다. 이 나선을 따라 원기둥을 1회전하면 $GF = l$ 만큼 올라간다. 이 l 을 리드(lead)라 한다. 나선이 원기둥에 왼쪽으로 감기면 왼나사(left handed helix)이고 오른쪽으로 감기면 오른나사(right handed helix)라 한다. 그림에서 AEF를 따라 산이 형성되면 이를 나사산(screw thread)이라 한다.

나사산의 모양은 삼각형 이외에 여러 가지가 있다. 그림에서 AB 선을 따라 직사각형

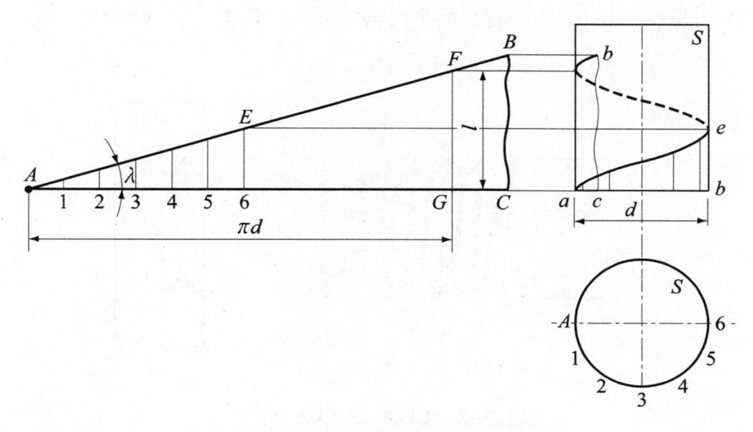

그림 2-1 나사

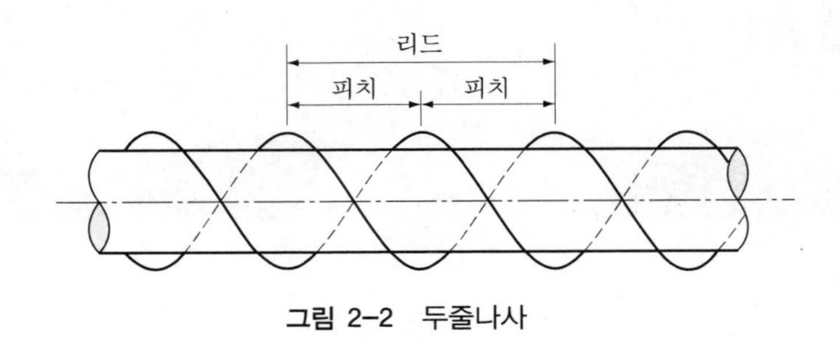

그림 2-2 두줄나사

또는 사다리꼴의 띠를 감으면 각각 사각나사(square thread), 사다리꼴나사(trapezoidal thread)가 생긴다.

또한 AG를 밑변으로 하는 두 개의 삼각형 띠를 감으면 리드가 같은 두줄나사가 생기며, 마찬가지로 세줄, 네줄, …, 여러줄나사가 만들어진다.

그림 2-2는 두줄나사의 예를 나타낸 것이다.

그림 2-3은 나사의 각 부 명칭을 표시한 것으로 $p=$피치(pitch)는 나사의 축선을 포함하는 단면에서 서로 이웃한 나사산의 대응하는 2점 사이의 축방향 거리, $l=$리드(lead)는 일반적으로 $l=np$, 여기서 n은 나사의 줄수이다. 따라서 한줄나사는 리드와 피치가 같다.

$d=$바깥지름은 수나사의 산봉우리에 접하는 가상적인 원기둥의 지름, 암나사에서는 골지름이 된다.

$d_1=$골지름은 수나사의 골지름 밑에 접하는 가상적인 원의 지름이다. $d_2=$유효지름은 나사산의 폭과 홈의 폭이 같아지는 가상적인 원기둥의 지름으로, 따라서 $d_2=\dfrac{d+d_1}{2}$이 된다. 플랭크(flank)는 나사산의 사면이다.

$\alpha=$나사산의 각도는 나사산의 서로 이웃하는 플랭크가 만드는 각이다. $\dfrac{\alpha}{2}=$플랭크각이다.

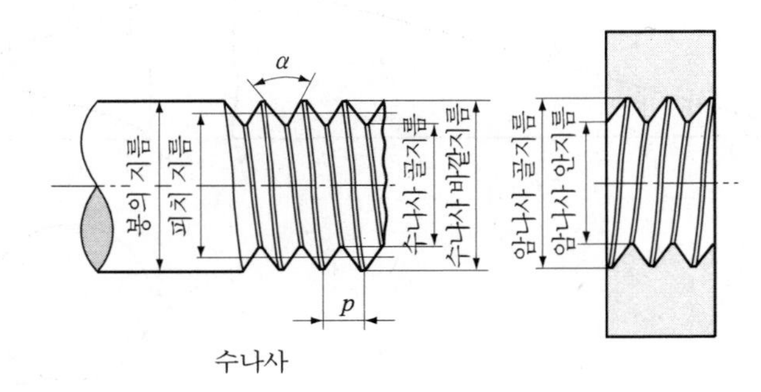

그림 2-3 나사 각 부의 명칭

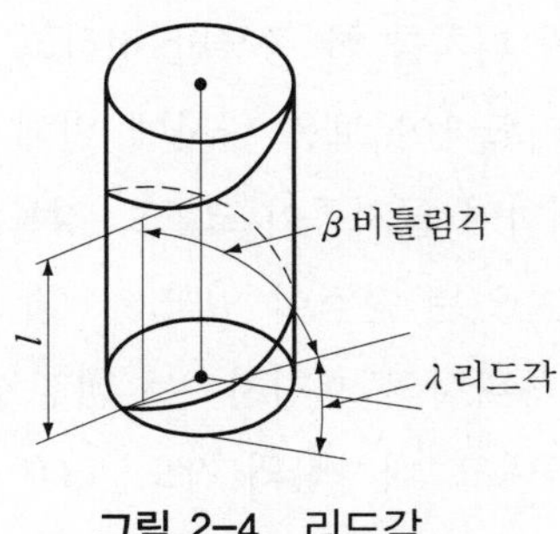

그림 2-4 리드각

λ = 리드각(lead angle)은 한줄나사에서는 피치각(pitch angle)이라고도 하며, 리드각 λ는 그림 2-4와 같이 바깥지름, 골지름, 유효지름에 따라 다르며, 보통 유효지름의 리드각을 사용한다. 따라서 $\tan\lambda = \dfrac{l}{\pi d_2}$ 이며 나사의 동작에 중요한 평균 경사각이다. 수나사와 암나사는 그 나사산의 모양, 지름 및 피치가 동일할 때 서로 체결되거나 운동할 수 있다.

보통 수나사의 호칭은 바깥지름으로 표시하고, 암나사는 결합되는 수나사의 바깥지름으로 표시한다.

2.2 나사의 종류 및 등급

나사의 종류는 여러 가지로 대별할 수 있다. 회전 방향에 따라 오른나사, 왼나사로 분류하고, 형태에 따라 수나사와 암나사, 사용 단위에 따라 미터계 나사와 인치계 나사, 접촉에 따라 미끄럼나사와 롤링나사, 용도에 따라 체결용과 운동용 나사, 나사산의 모양에 따라 삼각나사, 사각나사, 사다리꼴나사, 톱니나사, 둥근나사 등으로 나눌 수 있다.

2.2.1 삼각나사

삼각나사가 체결용 나사로 가장 많이 사용되며 호환성이 크게 요구되므로 표준화가 이루어져 있다.

(1) 미터나사(metric thread)

KS에서는 미터계 보통나사(coarse thread)와 미터계 가는나사(fine thread)를 제정하고 있다. 보통나사는 호칭지름에 대하여 피치를 한 종류만 정하고 있고, 가는나사는 기준산 모양은 같으나, 지름에 대한 피치와 리드각이 보통 나사에 비해 작다.

가는나사는 같은 호칭지름에 대하여 골지름이 크므로 강도가 보통나사에 비하여 크고 나사에 의한 조정을 세밀하게 할 수 있는 장점이 있다.

KS B 0201에 규정된 미터 보통나사의 호칭치수는 바깥지름의 치수(mm)로 하고, 피치는 그 값의 한 종류만 mm로 나타내고, 나사산의 각도는 60°이다. 표 2-1에 기준산의 모양, 각 부의 비례치수 및 기준치수를 표시한다.

KS B 0204에 규정된 미터 가는나사의 규격의 일부를 표 2-2에 표시한다. 이 표를 보면, 호칭지름에 대하여 피치가 한 종류뿐만 아니고, 또한 서로 다른 지름의 것에 동일한 피치의 나사를 형성할 수 있다.

호칭지름 1~300 mm의 범위에서 작은 나사류, 볼트 및 너트용으로 가는나사를 사용할 경우의 선택기준은 표 2-3에 따르는 것을 원칙으로 한다.

(2) 위트워스나사(Whitworth screw thread)

가장 오래된 영국의 표준형 나사이다. 나사산의 각도는 55°이고 산마루가 둥근 형태로 되어 결합 시에 암나사와 수나사 사이에 조금도 틈이 없어 가공 시 높은 정밀도를 요하므로 제작하기가 힘들어 최근에는 사용하지 않는다.

| 표 2-1 | 미터 보통나사의 기본치수(KS B 0201)

① 산모양

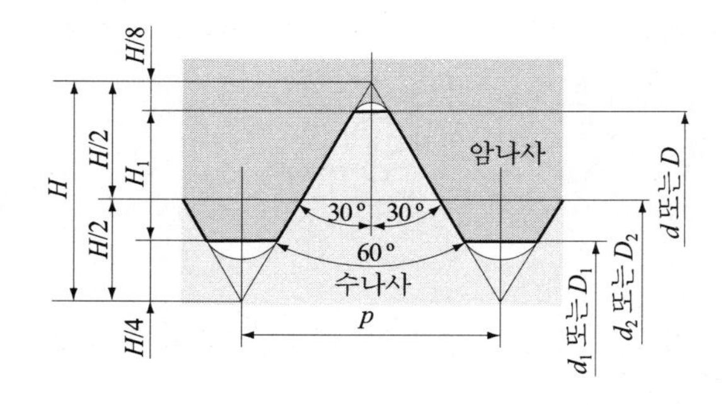

② 기본치수의 계산식

$$\left.\begin{array}{ll} H = 0.866025\,p & D = d \\ H_1 = 0.541266\,p & D_2 = d_2 \\ d_2 = d - 0.649519\,p & D_1 = d_1 \\ d_1 = d - 1.082532\,p & \end{array}\right\} \quad (2.1)$$

③ 기본치수

(단위 : mm)

나사의 호칭[1]			피치 p	접촉높이 H_1	암나사		
					골지름 D	유효지름 D_2	안지름 D_1
					수나사		
1	2	3			바깥지름 d	유효지름 d_2	골지름 d_1
M 1			0.25	0.135	1.000	0.838	0.729
	M 1.1		0.25	0.135	1.100	0.938	0.829
M 1.2			0.25	0.135	1.200	1.038	0.929
			0.3	0.162	1.400	1.205	1.075
M 1.6	M 1.4		0.35	0.189	1.600	1.373	1.221
	M 1.8		0.35	0.189	1.700	1.573	1.421
M 2			0.35	0.217	2.000	1.740	1.567
	M 2.2		0.4	0.244	2.200	1.908	1.713
M 2.5			0.45	0.244	2.500	2.208	2.023
M 3			0.5	0.271	3.000	2.675	2.459
	M 3.5		0.6	0.325	3.500	3.110	2.850
M 4			0.7	0.379	4.000	3.545	3.242
	M 4.5		0.75	0.406	4.500	4.013	3.688
M 5			0.8	0.433	5.000	4.480	4.134
M 6			1	0.541	6.000	5.350	4.917
		M 7	1	0.541	7.000	6.350	5.917
M 8			1.25	0.677	8.000	7.188	6.647
		M 9	1.25	0.677	9.000	8.188	7.647
M 10			1.5	0.812	10.000	9.026	8.376
		M 11	1.5	0.812	11.000	10.026	9.376
M 12			1.75	0.947	12.000	10.863	10.106
	M 14		2	1.083	14.000	12.701	11.835
M 16			2	1.083	16.000	14.701	13.835
	M 18		2.5	1.353	18.000	16.376	15.294
M 20			2.5	1.353	20.000	18.376	17.294
	M 22		2.5	1.353	22.000	20.376	19.294
M 24			3	1.624	24.000	22.051	20.752
	M 27		3	1.624	27.000	25.051	23.752
M 30			3.5	1.894	30.000	27.727	26.211
	M 33		3.5	1.894	33.000	30.727	29.211
M 36			4	2.165	36.000	33.402	31.670
	M 39		4	2.165	39.000	36.402	34.670
M 42			4.5	2.436	42.000	39.077	37.129
	M 45		4.5	2.436	45.000	42.077	40.129
M 48			5	2.706	48.000	44.752	42.587
	M 52		5	2.706	52.000	48.752	46.587
M 56			5.5	2.977	56.000	52.428	50.046
	M 60		5.5	2.977	60.000	56.428	54.046
M 64			6	3.248	64.000	60.103	57.505
	M 68		6	3.248	68.000	64.103	61.505

주 [1] 1란을 우선적으로 선택하고, 필요에 따라 2란, 3란의 순으로 선택한다. 1란, 2란, 3란은 ISO R 261에 규정되어 있으며 나사의 호칭지름 선택기준에 일치하여 있다.

| 표 2-2 | 미터 가는나사의 기본치수(KS B 0204)

① 산모양

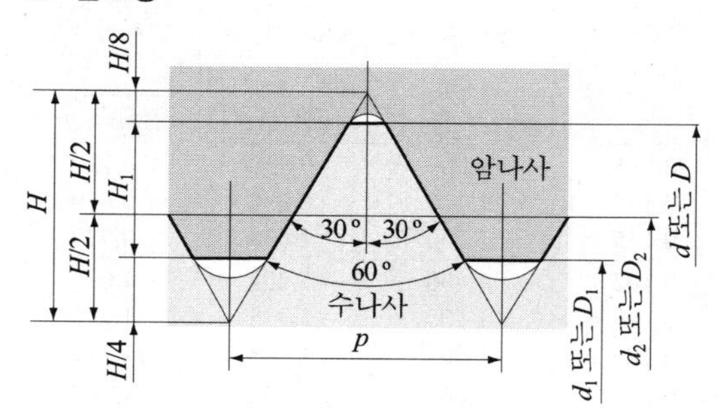

② 기본치수의 계산식

$$\left.\begin{array}{ll} H = 0.866025p & D = d \\ H_1 = 0.541266p & D_2 = d_2 \\ d_2 = d - 0.649519p & D_1 = d_1 \\ d_1 = d - 1.082532p & \end{array}\right\} \quad (2.2)$$

③ 기본치수

(단위 : mm)

나사의 호칭	피 치 p	접촉높이 H_1	암 나 사		
			골지름 D	유효지름 D_2	안지름 D_1
			수 나 사		
			바깥지름 d	유효지름 d_2	골지름 d_1
M 1	0.2	0.108	1.000	0.870	0.783
M 1.1×0.2	0.2	0.108	1.100	0.970	0.883
M 1.2×0.2	0.2	0.108	1.200	1.070	0.983
M 1.4×0.2	0.2	0.108	1.400	1.270	1.183
M 1.6×0.2	0.2	0.108	1.600	1.470	1.383
M 1.8×0.2	0.2	0.108	1.800	1.670	1.583
M 2×0.25	0.25	0.135	2.000	1.838	1.729
M 2.2×0.25	0.25	0.135	2.200	2.038	1.929
M 2.5×0.35	0.35	0.189	2.500	2.273	2.121
M 3×0.35	0.35	0.189	3.000	2.773	2.621
M 3.5×0.35	0.35	0.189	3.500	3.273	3.121
M 4×0.5	0.5	0.271	4.000	3.675	3.459
M 4.5×0.5	0.5	0.271	4.500	4.175	3.959
M 5×0.5	0.5	0.271	5.000	4.675	4.459
M 5.5×0.5	0.5	0.271	5.500	5.175	4.959
M 6×0.75	0.75	0.406	6.000	5.513	5.188
M 7×0.75	0.75	0.406	7.000	6.513	6.188
M 8×1	1	0.541	8.000	7.350	6.917
M 8×0.75	0.75	0.406	8.000	7.513	7.188
M 9×1	1	0.541	9.000	8.350	7.917
M 9×0.75	0.75	0.406	9.000	8.513	8.188
M 10×1.25	1.25	0.677	10.000	9.188	8.647
M 10×1	1	0.541	10.000	9.350	8.917
M 10×0.75	0.75	0.406	10.000	9.513	9.188
M 11×1	1	0.541	11.000	10.350	9.917
M 11×0.75	0.75	0.406	11.000	10.513	10.188
M 12×1.5	1.5	0.812	12.000	11.026	10.376
M 12×1.25	1.25	0.677	12.000	11.188	10.647
M 12×1	1	0.541	12.000	11.350	10.917

|표 2-2| 미터 가는나사의 기본치수(KS B 0204) (계속)

나사의 호칭	피 치 p	접촉높이 H_1	암 나 사		
			골지름 D	유효지름 D_2	안지름 D_1
			수 나 사		
			바깥지름 d	유효지름 d_2	골지름 d_1
M 14×1.5	1.5	0.812	14.000	13.026	12.376
M 14×1.25	1.25	0.677	14.000	13.188	12.647
M 14×1	1	0.541	14.000	13.350	12.917
M 15×1.5	1.5	0.812	15.000	14.026	13.376
M 15×1	1	0.541	15.000	14.350	13.917
M 16×1.5	1.5	0.812	16.000	15.026	14.376
M 16×1	1	0.541	16.000	15.350	14.917
M 17×1.5	1.5	0.812	17.000	16.026	15.376
M 17×1	1	0.541	17.000	16.350	15.917
M 18×2	2	1.083	18.000	16.701	15.835
M 18×1.5	1.5	0.812	18.000	17.026	16.376
M 18×1	1	0.541	18.000	17.350	16.917
M 20×2	2	1.083	20.000	18.701	17.835
M 20×1.5	1.5	0.812	20.000	19.026	18.376
M 20×1	1	0.541	20.000	19.350	18.917
M 22×2	2	1.083	22.000	20.701	19.835
M 22×1.5	1.5	0.812	22.000	21.026	20.376
M 22×1	1	0.541	22.000	21.350	20.917
M 24×2	2	1.083	24.000	22.701	21.835
M 24×1.5	1.5	0.812	24.100	23.026	22.376
M 24×1	1	0.541	24.000	23.350	22.917
M 25×2	2	1.083	25.000	23.701	22.835
M 25×1.5	1.5	0.812	25.000	24.026	23.376
M 25×1	1	0.541	25.000	24.350	23.917
M 26×1.5	1.5	0.812	26.000	25.026	24.376
M 27×2	2	1.083	27.000	25.701	24.835
M 27×1.5	1.5	0.812	27.000	26.026	25.376
M 27×1	1	0.541	27.000	26.350	25.917
M 28×2	2	1.083	28.000	26.701	25.835
M 28×1.5	1.5	0.812	28.000	27.026	26.376
M 28×1	1	0.541	28.000	27.350	26.917
M 30×3	3	1.624	30.000	28.051	26.752
M 30×2	2	1.083	30.000	28.701	27.835
M 30×1.5	1.5	0.812	30.000	29.026	28.376
M 30×1	1	0.541	30.000	29.350	28.917
M 32×2	2	1.083	32.000	30.701	29.835
M 32×1.5	1.5	0.812	32.000	31.026	30.376
M 33×3	3	1.624	33.000	31.051	29.752
M 33×2	2	1.083	33.000	31.701	30.835
M 33×1.5	1.5	0.812	33.000	32.026	31.376
M 35×1.5	1.5	0.812	35.000	34.026	33.376
M 36×3	3	1.624	36.000	34.051	32.752
M 36×2	2	1.083	36.000	34.701	33.835
M 36×1.5	1.5	0.812	36.000	35.026	34.376

|표 2-2| 미터 가는나사의 기본치수(KS B 0204) (계속)

나사의 호칭	피 치 p	접촉높이 H_1	암 나 사		
			골지름 D	유효지름 D_2	안지름 D_1
			수 나 사		
			바깥지름 d	유효지름 d_2	골지름 d_1
M 38×1.5	1.5	0.812	38.000	37.026	36.376
M 39×3	3	1.624	39.000	37.051	35.752
M 39×2	2	1.083	39.000	37.701	36.835
M 39×1.5	1.5	0.812	39.000	38.026	37.376
M 40×3	3	1.624	40.000	38.051	36.752
M 40×2	2	1.083	40.000	38.701	37.835
M 40×1.5	1.5	0.812	40.000	39.026	38.376
M 42×4	4	2.165	42.000	39.402	37.670
M 42×3	3	1.624	42.000	40.051	38.752
M 42×2	2	1.083	42.000	40.701	39.835
M 42×1.5	1.5	0.812	42.000	41.026	40.376
M 45×4	4	2.165	45.000	42.402	40.670
M 45×3	3	1.624	45.000	43.051	41.752
M 45×2	2	1.083	45.000	43.701	42.835
M 45×1.5	1.5	0.812	45.000	44.026	43.376
M 48×4	4	2.165	48.000	45.402	43.670
M 48×3	3	1.624	48.000	46.051	44.752
M 48×2	2	1.083	48.000	46.701	45.835
M 48×1.5	1.5	0.812	48.000	47.026	46.376
M 50×3	3	1.624	50.000	48.051	46.752
M 50×2	2	1.083	50.000	48.701	47.835
M 50×1.5	1.5	0.812	50.000	49.026	48.376
M 52×4	4	2.165	52.000	49.402	47.670
M 52×3	3	1.624	52.000	50.051	48.752
M 52×2	2	1.083	52.000	50.701	49.835
M 52×1.5	1.5	0.812	52.000	51.026	50.376
M 55×4	4	2.165	55.000	52.402	50.670
M 55×3	3	1.624	55.000	53.051	51.752
M 55×2	2	1.083	55.000	53.701	52.835
M 55×1.5	1.5	0.812	55.000	54.026	53.376
M 56×4	4	2.165	56.000	53.402	51.670
M 56×3	3	1.624	56.000	54.051	52.752
M 56×2	2	1.083	56.000	54.701	53.835
M 56×1.5	1.5	0.812	56.000	55.026	54.376
M 58×4	4	2.165	58.000	55.402	53.670
M 58×3	3	1.624	58.000	56.051	54.752
M 58×2	2	1.083	58.000	56.701	55.835
M 58×1.5	1.5	0.812	58.000	57.026	56.376
M 60×4	4	2.165	60.000	57.402	55.670
M 60×3	3	1.624	60.000	58.051	56.752
M 60×2	2	1.083	60.000	58.701	57.835
M 60×1.5	1.5	0.812	60.000	59.026	58.376

|표 2-2| 미터 가는나사의 기본치수(KS B 0204) (계속)

나사의 호칭	피 치 p	접촉높이 H_1	암 나 사		
			골지름 D	유효지름 D_2	안지름 D_1
			수 나 사		
			바깥지름 d	유효지름 d_2	골지름 d_1
M 62×4	4	2.165	62.000	59.402	57.670
M 62×3	3	1.624	62.000	60.051	58.752
M 62×2	2	1.083	62.000	60.701	59.835
M 62×1.5	1.5	0.812	62.000	61.026	60.376
M 64×4	4	2.165	64.000	61.402	59.670
M 64×3	3	1.624	64.000	62.051	60.752
M 64×2	2	1.083	64.000	62.701	61.835
M 64×1.5	1.5	0.812	64.000	63.026	62.376
M 75×4	4	2.165	75.000	72.402	70.670
M 75×3	3	1.624	75.000	73.051	71.752
M 75×2	2	1.083	75.000	73.701	72.835
M 75×1.5	1.5	0.812	75.000	74.026	73.376
M 76×6	6	3.248	76.000	72.103	69.505
M 76×4	4	2.165	76.000	73.402	71.670
M 76×3	3	1.624	76.000	74.051	72.752
M 76×2	2	1.083	76.000	74.701	73.835
M 76×1.5	1.5	0.812	76.000	75.026	74.376
M 78×2	2	1.083	78.000	76.701	75.835
M 80×6	6	3.248	80.000	76.103	73.505
M 80×4	4	2.165	80.000	77.402	75.670
M 80×3	3	1.624	80.000	78.051	76.752
M 80×2	2	1.083	80.000	78.701	77.835
M 80×1.5	1.5	0.812	80.000	79.026	78.376
M 82×2	2	1.083	82.000	80.701	79.835
M 85×6	6	3.248	85.000	81.103	78.505
M 85×4	4	2.165	85.000	82.402	80.670
M 85×3	3	1.624	85.000	83.051	81.752
M 85×2	2	1.083	85.000	83.701	82.835
M 90×6	6	3.248	90.000	86.103	83.505
M 90×4	4	2.165	90.000	87.402	85.670
M 90×3	3	1.624	90.000	88.051	86.752
M 90×2	2	1.083	90.000	88.701	87.835
M 95×6	6	3.248	95.000	91.103	88.505
M 95×4	4	2.165	95.000	92.402	90.670
M 95×3	3	1.624	95.000	93.051	91.752
M 95×2	2	1.083	95.000	93.701	92.835
M 100×6	6	3.248	100.000	96.103	93.505
M 100×4	4	2.165	100.000	97.402	95.670
M 100×3	3	1.624	100.000	98.051	96.752
M 100×2	2	1.083	100.000	98.701	97.835
M 105×6	6	3.248	105.000	101.103	98.505
M 105×4	4	2.165	105.000	102.402	100.670
M 105×3	3	1.624	105.000	103.051	101.752
M 105×2	2	1.083	105.000	103.701	102.835

| 표 2-2 | 미터 가는나사의 기본치수(KS B 0204) (계속)

나사의 호칭	피 치 p	접촉높이 H_1	암 나 사		
			골지름 D	유효지름 D_2	안지름 D_1
			수 나 사		
			바깥지름 d	유효지름 d_2	골지름 d_1
M 110×6	6	3.248	110.000	106.103	103.505
M 110×4	4	2.165	110.000	107.402	105.670
M 110×3	3	1.624	110.000	108.051	106.752
M 110×2	2	1.083	110.000	108.701	107.835
M 115×6	6	3.248	115.000	111.103	108.505
M 115×4	4	2.165	115.000	112.402	110.670
M 115×3	3	1.624	115.000	113.051	111.752
M 115×2	2	1.083	115.000	113.701	112.835
M 120×6	6	3.248	120.000	116.103	113.505
M 120×4	4	2.165	120.000	117.402	115.670
M 120×3	3	1.624	120.000	118.051	116.752
M 120×2	2	1.083	120.000	118.701	117.835
M 125×6	6	3.248	125.000	121.103	118.505
M 125×4	4	2.165	125.000	122.402	120.670
M 125×3	3	1.624	125.000	123.051	121.752
M 125×2	2	1.083	125.000	123.701	122.835
M 130×6	6	3.248	130.000	126.103	123.505
M 130×4	4	2.165	130.000	127.402	125.670
M 130×3	3	1.624	130.000	128.051	126.752
M 130×2	2	1.083	130.000	128.701	127.835
M 135×6	6	3.248	135.000	131.103	128.505
M 135×4	4	2.165	135.000	132.402	130.670
M 135×3	3	1.624	135.000	133.051	131.752
M 135×2	2	1.083	135.000	133.701	132.835
M 140×6	6	3.248	140.000	136.103	133.505
M 140×4	4	2.165	140.000	137.402	135.670
M 140×3	3	1.624	140.000	138.051	136.752
M 140×2	2	1.083	140.000	138.701	137.835
M 145×6	6	3.248	145.000	141.103	138.505
M 145×4	4	2.165	145.000	142.402	140.670
M 145×3	3	1.624	145.000	143.051	141.752
M 145×2	2	1.083	145.000	143.701	142.835
M 150×6	6	3.248	150.000	146.103	143.505
M 150×4	4	2.165	150.000	147.402	145.670
M 150×3	3	1.624	150.000	148.051	146.752
M 150×2	2	1.083	150.000	148.701	147.835
M 155×6	6	3.248	155.000	151.103	148.505
M 155×4	4	2.165	155.000	152.402	150.670
M 155×3	3	1.624	155.000	153.051	151.752
M 160×6	6	3.248	160.000	156.103	153.505
M 160×4	4	2.165	160.000	157.402	155.670
M 160×3	3	1.624	160.000	158.051	156.752

| 표 2-2 | 미터 가는나사의 기본치수(KS B 0204) (계속)

나사의 호칭	피 치 p	접촉높이 H_1	암 나 사		
			골지름 D	유효지름 D_2	안지름 D_1
			수 나 사		
			바깥지름 d	유효지름 d_2	골지름 d_1
M 165×6	6	3.248	165.000	161.103	158.505
M 165×4	4	2.165	165.000	162.402	160.670
M 165×3	3	1.624	165.000	163.051	161.752
M 170×6	6	3.248	170.000	166.103	163.505
M 170×4	4	2.165	170.000	167.402	165.670
M 170×3	3	1.624	170.000	168.051	166.752
M 175×6	6	3.248	175.000	171.103	168.505
M 175×4	4	2.165	175.000	172.402	170.670
M 175×3	3	1.624	175.000	173.051	171.752
M 180×6	6	3.248	180.000	176.103	173.505
M 180×4	4	2.165	180.000	177.402	175.670
M 180×3	3	1.624	180.000	178.051	176.752
M 185×6	6	3.248	185.000	181.103	178.505
M 185×4	4	2.165	185.000	182.402	180.670
M 185×3	3	1.624	185.000	183.051	181.752
M 190×6	6	3.248	190.000	186.103	183.505
M 190×4	4	2.165	190.000	187.402	185.670
M 190×3	3	1.624	190.000	188.051	186.752
M 195×6	6	3.248	195.000	191.103	188.505
M 195×4	4	2.165	195.000	192.402	190.670
M 195×3	3	1.624	195.000	193.051	191.752
M 200×6	6	3.248	200.000	196.103	193.505
M 200×4	4	2.165	200.000	197.402	195.670
M 200×3	3	1.624	200.000	198.051	196.752
M 205×6	6	3.248	205.000	201.103	198.505
M 205×4	4	2.165	205.000	202.402	200.670
M 205×3	3	1.624	205.000	203.051	201.752
M 210×6	6	3.248	210.000	206.103	203.505
M 210×4	4	2.165	210.000	207.402	205.670
M 210×3	3	1.624	210.000	208.051	206.752
M 215×6	6	3.248	215.000	211.103	208.505
M 215×4	4	2.165	215.000	212.402	210.670
M 215×3	3	1.624	215.000	213.051	211.752
M 220×6	6	3.248	220.000	216.103	213.505
M 220×4	4	2.165	220.000	217.402	215.670
M 220×3	3	1.624	220.000	218.051	216.752
M 225×6	6	3.248	225.000	221.103	218.505
M 225×4	4	2.165	225.000	222.402	220.670
M 225×3	3	1.624	225.000	223.051	221.752
M 230×6	6	3.248	230.000	226.103	223.505
M 230×4	4	2.165	230.000	227.402	225.670
M 230×3	3	1.624	230.000	228.051	226.752

| 표 2-2 | 미터 가는나사의 기본치수(KS B 0204) (계속)

나사의 호칭	피 치 p	접촉높이 H_1	암 나 사		
			골지름 D	유효지름 D_2	안지름 D_1
			수 나 사		
			바깥지름 d	유효지름 d_2	골지름 d_1
M 235×6	6	3.248	235.000	231.103	228.505
M 235×4	4	2.165	235.000	232.402	230.670
M 235×3	3	1.624	235.000	233.051	231.752
M 240×6	6	3.248	240.000	236.103	233.505
M 240×4	4	2.165	240.000	237.402	235.670
M 240×3	3	1.624	240.000	238.051	236.752
M 245×6	6	3.248	245.000	241.103	238.505
M 245×4	4	2.165	245.000	242.402	240.670
M 245×3	3	1.624	245.000	243.051	241.752
M 250×6	6	3.248	250.000	246.103	243.505
M 250×4	4	2.165	250.000	247.402	245.670
M 250×3	3	1.624	250.000	248.051	246.752
M 255×6	6	3.248	255.000	251.103	248.505
M 255×4	4	2.165	255.000	252.402	250.670
M 260×6	6	3.248	260.000	256.103	253.505
M 260×4	4	2.165	260.000	257.402	255.670
M 265×6	6	3.248	265.000	261.103	258.505
M 265×4	4	2.165	265.000	262.402	260.670
M 270×6	6	3.248	270.000	266.103	263.505
M 270×4	4	2.165	270.000	267.402	265.670
M 275×6	6	3.248	275.000	271.103	268.505
M 275×4	4	2.165	275.000	272.402	270.670
M 280×6	6	3.248	280.000	276.103	273.505
M 280×4	4	2.165	280.000	277.402	275.670
M 285×6	6	3.248	285.000	281.103	278.505
M 285×4	4	2.165	285.000	282.402	280.670
M 290×6	6	3.248	290.000	286.103	283.505
M 290×4	4	2.165	290.000	287.402	285.670
M 295×6	6	3.248	295.000	291.103	288.505
M 295×4	4	2.165	295.000	292.402	290.670
M 300×6	6	3.248	300.000	296.103	293.505
M 300×4	4	2.165	300.000	297.402	295.670

| 표 2-3 | 미터 가는나사의 지름과 피치와의 조합(KS B 0204)

(단위 : mm)

호칭지름[1]			피치											
1	2	3	6	4	3	2	1.5	1.25	1	0.75	0.5	0.35	0.25	0.2
1														0.2
	1.1													0.2
1.2														0.2
	1.4													0.2
1.6														0.2
	1.8													0.2
2													0.25	
	2.2												0.25	
2.5												0.35		
3												0.35		
	3.5											0.35		
4											0.5			
	4.5										0.5			
5											0.5			
		5.5									0.5			
6										0.75				
		7								0.75				
8									1	0.75				
		9							1	0.75				
10								1.25	1	0.75				
		11							1	0.75				
12							1.5	1.25	1					
	14						1.5	1.25[2]	1					
		15					1.5		1					
16							1.5		1					
		17					1.5		1					
	18					2	1.5		1					
20						2	1.5		1					
	22					2	1.5		1					
24						2	1.5		1					
		25				2	1.5		1					
		26					1.5							
	27					2	1.5		1					
		28				2	1.5		1					
30					(3)	2	1.5		1					
		32				2	1.5							
	33				(3)	2	1.5							
		35[3]					1.5							
36					3	2	1.5							

|표 2-3| 미터 가는나사의 지름과 피치와의 조합(KS B 0204) (계속)

호칭지름 (1)			피치											
1	2	3	6	4	3	2	1.5	1.25	1	0.75	0.5	0.35	0.25	0.2
		38					1.5							
	39				3	2	1.5							
		40			3	2	1.5							
42				4	3	2	1.5							
	45			4	3	2	1.5							
48				4	3	2	1.5							
		50			3	2	1.5							
	52			4	3	2	1.5							
		55		4	3	2	1.5							
56				4	3	2	1.5							
		58		4	3	2	1.5							
	60			4	3	2	1.5							
		62		4	3	2	1.5							
64				4	3	2	1.5							
		65		4	3	2	1.5							
	68			4	3	2	1.5							
		70	6	4	3	2	1.5							
72			6	4	3	2	1.5							
		75		4	3	2	1.5							
	76		6	4	3	2	1.5							
		78				2								
80			6	4	3	2	1.5							
		82				2								
	85		6	4	3	2								
90			6	4	3	2								
	95		6	4	3	2								
100			6	4	3	2								
	105		6	4	3	2								
110			6	4	3	2								
	115		6	4	3	2								
	120		6	4	3	2								
125			6	4	3	2								
	130		6	4	3	2								
		135	6	4	3	2								
140			6	4	3	2								
		145	6	4	3	2								
	150		6	4	3	2								
		155	6	4	3									
160			6	4	3									
		165	6	4	3									
	170		6	4	3									
		175	6	4	3									

|표 2-3| 미터 가는나사의 지름과 피치와의 조합(KS B 0204) (계속)

호칭지름 [1]			피 치											
1	2	3	6	4	3	2	1.5	1.25	1	0.75	0.5	0.35	0.25	0.2
180			6	4	3									
		185	6	4	3									
	190		6	4	3									
		195	6	4	3									
200			6	4	3									
		205	6	4	3									
	210		6	4	3									
		215	6	4	3									
220			6	4	3									
		225	6	4	3									
		230	6	4	3									
		235	6	4	3									
	240		6	4	3									
		245	6	4	3									
250			6	4	3									
		255	6	4										
	260		6	4										
		265	6	4										
		270	6	4										
		275	6	4										
280			6	4										
		285	6	4										
		290	6	4										
		295	6	4										
	300		6	4										

주 [1] 1란을 우선적으로 택하고 필요에 따라 2란 또는 3란을 선택한다.
[2] 호칭지름 14 mm, 피치 1.25 mm의 나사는 내연기관 점화플러그나사에 한하여 사용한다.
[3] 호칭지름 35 mm의 나사는 롤링베어링을 고정하는 나사에 한하여 사용한다.

비고 1. 괄호를 붙인 치수는 될 수 있는 한 사용하지 않는다.
2. 이 표에 표시된 나사보다 가는나사가 필요한 경우에는, 다음의 피치 중에서 선택한다.
3, 2, 1.5, 1, 0.75, 0.5, 0.35, 0.25, 0.2
다만 이들의 피치에 대하여 사용되는 최대의 호칭지름은 다음 표에 따르는 것이 바람직하다.

가는 피치의 나사에 사용되는 최대의 호칭지름

피 치	0.5	0.75	1	1.5	2	3
최대의 호칭지름	22	33	80	150	200	300

3. 호칭지름의 범위 150~300 mm에서 6 mm보다 큰 피치가 필요한 경우에는 8 mm를 선택한다.

(3) 유니파이나사(unified thread)

인치계 나사로는 영국의 위트워스나사(Whitworth thread), 미국의 표준나사가 있었으나 이 나사들을 통합하여 1948년 11월 미국의 워싱턴에서 영, 미 캐나다 3국 사이에 조인한 협정 나사이다. 1962년 ISO에서 유니파이나사를 ISO 인치나사로 채택하여 오늘에 이르고 있다. 유니파이나사는 나사산의 각도가 미터나사와 같이 60°이며 기준산의 모양도 같다.

다만 기준 치수의 단위가 인치로 되어 있고, 또한 피치는 나사축선 1 in(25.4 mm)에 대한 나사산수로 표시되어 있다. 우리나라에서도 KS B 0203(유니파이 보통나사)과 KS B 0206(유니파이 가는나사)에 규정되어 있다. 표 2-4에 유니파이 보통나사의 기준모양과 기준치수를, 표 2-5에 유니파이 가는나사의 기준치수를 표시하였다.

(4) 관용나사(pipe thread)

파이프 양단에 나사를 깎고 공통된 관이음쇠로 연결하여 사용하는 나사로 파이프 양단에 나사를 깎으면 파이프 두께가 얇아져 강도가 저하되므로 가는나사보다 더 피치가 작은 관용나사를 제정하여 사용하고 있다.

관용나사는 평행나사와 테이퍼 나사가 있으며, 나사부의 내밀성을 주목적으로 하는 관접속에는 테이퍼나사가 사용된다. 이때 테이퍼는 1/16로 정하고 있다.

표 2-6은 KS B 0221 및 KS B 0222에 규격화되어 있는 관용 테이퍼 나사와 평행나사의 기준치수를 종합하여 표시한 것이다.

| 표 2-4 | 유니파이 보통나사의 기준치수(KS B 0203)

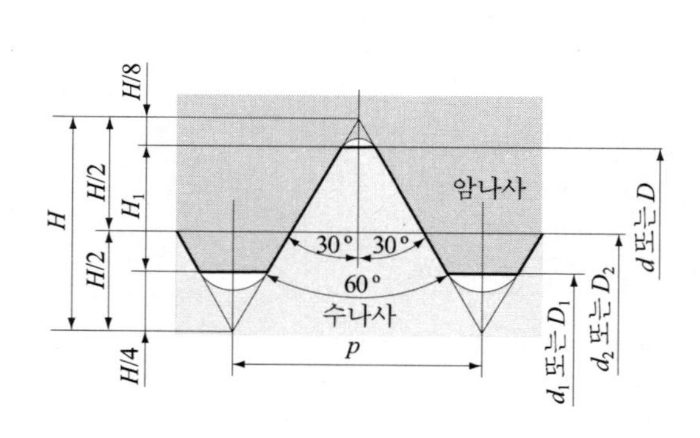

$$\left.\begin{aligned}
&p=\frac{25.4}{n} \quad H=\frac{0.866025}{n}\times 25.4 \\
&H_1=\frac{0.541266}{n}\times 25.4 \\
&d=(d)\times 25.4 \qquad D=d \\
&d_2=\left(d-\frac{0.649519}{n}\right)\times 25.4 \quad D_2=d_2 \\
&d_1=\left(d-\frac{1.082532}{n}\right)\times 25.4 \quad D_1=d_1 \\
&n\ :\ 25.4\text{ mm에 대한 나사산의 수}
\end{aligned}\right\}\quad(2.3)$$

(단위 : mm)

나사의 호칭[1]			나사산 수 25.4 mm에 대한 n	피치 P (참고)	접촉 높이 H	암 나 사		
						골지름 D	유효지름 D_2	안지름 D_1
						수 나 사		
1	2	참 고				바깥지름 d	유효지름 d_2	골지름 d_1
	No. 1 - 64 UNC	0.0730 - 64 UNC	64	0.3969	0.215	1.854	1.598	1.425
No. 2 - 56 UNC		0.0860 - 56 UNC	56	0.4536	0.246	2.184	1.890	1.694
	No. 3 - 48 UNC	0.0990 - 48 UNC	48	0.5292	0.286	2.515	2.172	1.941
No. 4 - 40 UNC		0.1120 - 40 UNC	40	0.6350	0.344	2.845	2.433	2.156
No. 5 - 40 UNC		0.1250 - 40 UNC	40	0.6350	0.344	3.175	2.764	2.487
No. 6 - 32 UNC		0.1380 - 32 UNC	32	0.7938	0.430	3.505	2.990	2.647
No. 8 - 32 UNC		0.1640 - 32 UNC	32	0.7938	0.430	4.166	3.650	3.307
No.10 - 24 UNC		0.1900 - 24 UNC	24	1.0583	0.573	4.826	4.138	3.680
	No.12 - 24 UNC	0.2160 - 24 UNC	24	1.0583	0.573	5.486	4.798	4.341
1/4 - 20 UNC		0.2500 - 20 UNC	20	1.2700	0.687	6.350	5.524	4.976
5/16 - 18 UNC		0.3125 - 18 UNC	18	1.4111	0.764	7.938	7.021	6.411
3/18 - 16 UNC		0.3750 - 16 UNC	16	1.5875	0.859	9.525	8.494	7.805
7/16 - 14 UNC		0.4375 - 14 UNC	14	1.8143	0.982	11.112	9.934	9.149
1/2 - 13 UNC		0.5000 - 13 UNC	13	1.9538	1.058	12.700	11.430	10.584
9/16 - 12 UNC		0.5625 - 12 UNC	12	2.1167	1.146	14.288	12.913	11.996
5/8 - 11 UNC		0.6250 - 11 UNC	11	2.3091	1.250	15.875	14.376	13.376
3/4 - 10 UNC		0.7500 - 10 UNC	10	2.5400	1.375	19.050	17.399	16.299
7/8 - 9 UNC		0.8750 - 9 UNC	9	2.8222	1.528	22.225	20.391	19.169
1 - 8 UNC		1.0000 - 8 UNC	8	3.1750	1.719	25.400	23.338	21.963
1 1/8 - 7 UNC		1.1250 - 7 UNC	7	3.6286	1.964	28.575	26.218	24.648
1 1/4 - 7 UNC		1.2500 - 7 UNC	7	3.6286	1.964	31.750	29.393	27.823
1 3/8 - 6 UNC		1.3750 - 6 UNC	6	4.2333	2.291	34.925	32.174	30.343
1 1/2 - 6 UNC		1.5000 - 6 UNC	6	4.2333	2.291	38.100	35.349	33.518
1 3/4 - 5 UNC		1.7500 - 5 UNC	5	5.0800	2.750	44.450	41.151	38.951
2 - 4 1/2 UNC		2.0000 - 4.5 UNC	4 1/2	5.6444	3.055	50.800	47.135	44.689
2 1/4 - 4 1/2 UNC		2.2500 - 4.5 UNC	4 1/2	5.6444	3.055	57.150	53.485	51.039
2 1/2 - 4 UNC		2.5000 - 4 UNC	4	6.3500	3.437	63.500	59.375	56.627
2 3/4 - 4 UNC		2.7500 - 4 UNC	4	6.3500	3.437	69.850	65.725	62.977
3 - 4 UNC		3.0000 - 4 UNC	4	6.3500	3.437	76.200	72.075	69.327
3 1/4 - 4 UNC		3.2500 - 4 UNC	4	6.3500	3.437	82.550	78.425	75.677
3 1/2 - 4 UNC		3.5000 - 4 UNC	4	6.3500	3.437	88.900	84.775	82.027
3 3/4 - 4 UNC		3.7500 - 4 UNC	4	6.3500	3.437	85.250	91.125	88.377
4 - 4 UNC		4.0000 - 4 UNC	4	6.3500	3.437	101.600	97.475	94.727

비고 식 중 ( ) 속의 수치는 0.0001인치의 자리에서 끊는 인치의 단위로 한다.

주 [1] 1란을 우선적으로 택하고 필요에 따라 2란을 택한다. 참고란에 표시한 것은 나사의 호칭을 10진법으로 표시한 것이다.

| 표 2-5 | 유니파이 가는나사의 기준치수(KS B 0206)

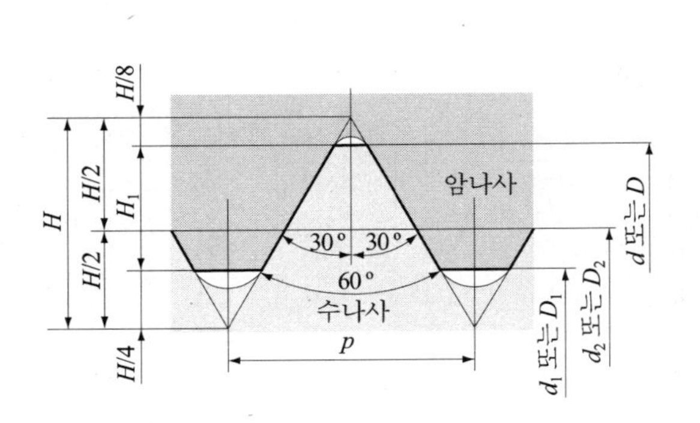

$$
\left.\begin{aligned}
&p=\frac{25.4}{n} \quad H=\frac{0.866025}{n}\times 25.4 \\
&\qquad\qquad H_1=\frac{0.541266}{n}\times 25.4 \\
&d=(d)\times 25.4 \qquad\qquad D=d \\
&d_2=\left(d-\frac{0.649519}{n}\right)\times 25.4 \quad D_2=d_2 \\
&d_1=\left(d-\frac{1.082532}{n}\right)\times 25.4 \quad D_1=d_1
\end{aligned}\right\} \quad (2.4)
$$

n : 25.4 mm에 대한 나사산의 수

(단위 : mm)

나사의 호칭[(1)]			나사산 수 25.4 mm에 대한 n	피치 P (참고)	접촉 높이 H	암나사 골지름 D	암나사 유효지름 D_2	암나사 안지름 D_1
1	2	참 고				수나사 바깥지름 d	수나사 유효지름 d_2	수나사 골지름 d_1
No. 0-80 UNF		0.0600-80 UNF	80	0.3175	0.172	1.524	1.318	1.181
	No. 1-72 UNF	0.0730-72 UNF	72	0.3528	0.191	1.854	1.626	1.473
No. 2-64 UNF		0.0860-64 UNF	64	0.3969	0.215	2.184	1.928	1.755
	No. 3-56 UNF	0.0990-56 UNF	56	0.4536	0.246	2.515	2.220	2.024
No. 4-48 UNF		0.1120-48 UNF	48	0.5292	0.286	2.845	2.502	2.271
No. 5-44 UNF		0.1250-44 UNF	44	0.5773	0.312	3.175	2.799	2.550
No. 6-40 UNF		0.1380-40 UNF	40	0.6350	0.344	3.505	3.094	2.817
No. 8-36 UNF		0.1640-36 UNF	36	0.7056	0.382	4.166	3.708	3.401
No.10-32 UNF		0.1900-32 UNF	32	0.7938	0.430	4.826	4.310	3.967
	No.12-28 UNF	0.2160-28 UNF	28	0.9071	0.491	5.486	4.897	4.503
1/4-28 UNF		0.2500-28 UNF	28	0.9071	0.491	6.350	5.761	5.367
5/16-24 UNF		0.3125-24 UNF	24	1.0583	0.573	7.938	7.249	6.792
3.8-24 UNF		0.3750-24 UNF	24	1.0583	0.573	9.525	8.837	8.379
7/16-20 UNF		0.4375-20 UNF	20	1.2700	0.687	11.112	10.287	9.738
1/2-20 UNF		0.5000-20 UNF	20	1.2700	0.687	12.700	11.874	11.326
9/16-18 UNF		0.5625-18 UNF	18	1.4111	0.764	14.288	13.371	12.761
5/6-18 UNF		0.6250-18 UNF	18	1.4111	0.764	15.875	14.958	14.348
3/4-16 UNF		0.7500-16 UNF	16	1.5875	0.859	19.050	18.019	17.330
7/8-14 UNF		0.8750-14 UNF	14	1.8143	0.982	22.225	21.046	20.262
1-12 UNF		1.0000-12 UNF	12	2.1167	1.146	25.400	24.026	23.109
1 1/8-12 UNF		1.1250-12 UNF	12	2.1167	1.146	28.575	27.201	26.284
1 1/4-12 UNF		1.2500-12 UNF	12	2.1167	1.146	31.750	30.376	29.459
1 3/8-12 UNF		1.3750-12 UNF	12	2.1167	1.146	34.925	33.551	32.634
1 1/2-12 UNF		1.5000-12 UNF	12	2.1167	1.146	38.100	36.726	35.809

주 [(1)] 1란을 우선적으로 택하고 필요에 따라 2란을 택한다. 참고란에 표시한 것은 나사의 호칭을 10진법으로 표시한 것이다.

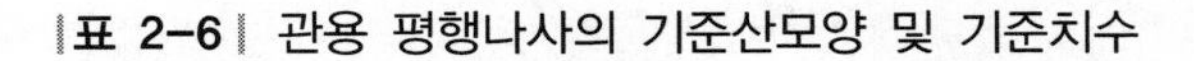

|표 2-6| 관용 평행나사의 기준산모양 및 기준치수

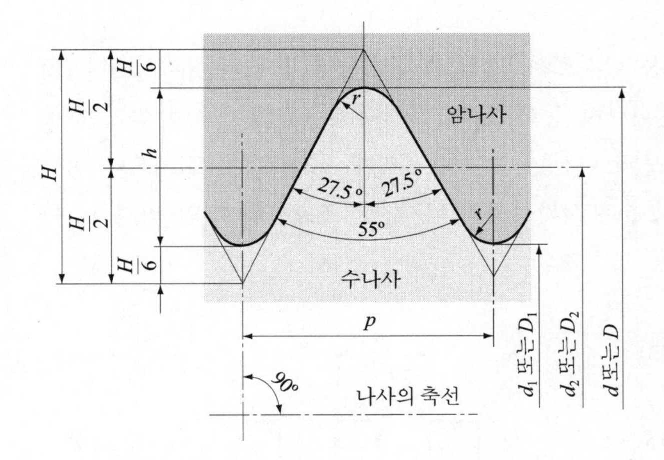

굵은 실선은 기준산모양을 표시한다.

$$\left.\begin{aligned} &P = \frac{25.4}{n} \\ &H = 0.960491P \\ &h = 0.640327P \\ &r = 0.137329P \\ &d_2 = d - h \qquad D_2 = d_2 \\ &d_1 = d - 2h \qquad D_1 = d_1 \end{aligned}\right\} \tag{2.5}$$

(단위 : mm)

나사의 호칭	나사산 수 25.4 mm에 대하여 n	피치 P (참고)	나사산의 높이 h	산의 봉우리 및 골의 둥글기 r	수나사 바깥지름 d / 암나사 골지름 D	수나사 유효지름 d_2 / 암나사 유효지름 D_2	수나사 골지름 d_1 / 암나사 안지름 D_1
G 1/16	28	0.9071	0.581	0.12	7.723	7.142	6.561
G 1/8	28	0.9071	0.581	0.12	9.728	9.147	8.566
G 1/4	19	1.3368	0.856	0.18	13.157	12.301	11.445
G 3/8	19	1.3368	0.856	0.18	16.662	15.806	14.950
G 1/2	14	1.8143	1.162	0.25	20.955	19.793	18.631
G 5/8	14	1.8143	1.162	0.25	22.911	21.749	20.587
G 3/4	14	1.8143	1.162	0.25	26.441	25.279	24.117
G 7/8	14	1.8143	1.162	0.25	30.201	29.039	27.877
G 1	11	2.3091	1.479	0.32	33.249	31.770	30.291
G 1 1/8	11	2.3091	1.479	0.32	37.897	36.418	34.939
G 1 1/4	11	2.3091	1.479	0.32	41.910	40.431	38.952
G 1 1/2	11	2.3091	1.479	0.32	47.803	46.324	44.845
G 1 3/4	11	2.3091	1.479	0.32	53.746	52.267	50.788
G 2	11	2.3091	1.479	0.32	59.614	58.135	56.656
G 2 1/4	11	2.3091	1.479	0.32	65.710	64.231	62.752
G 2 1/2	11	2.3091	1.479	0.32	75.184	73.705	72.226
G 2 3/4	11	2.3091	1.479	0.32	81.534	80.055	78.576
G 3	11	2.3091	1.479	0.32	87.884	86.405	84.926
G 3 1/2	11	2.3091	1.479	0.32	100.330	98.851	97.372
G 4	11	2.3091	1.479	0.32	113.030	111.551	110.072
G 4 1/2	11	2.3091	1.479	0.32	125.730	124.251	122.772
G 5	11	2.3091	1.479	0.32	138.430	136.951	135.472
G 5 1/2	11	2.3091	1.479	0.32	151.130	149.651	148.172
G 6	11	2.3091	1.479	0.32	163.830	162.351	160.872

비고 표 중의 관용 평행나사를 표시하는 기호 G 는 필요에 따라 생략하여도 좋다.

2.2.2 사각나사(square thread)

사각나사는 큰 축하중을 받는 운동용 나사로서, 가장 효율성 있게 사용되는 나사이다. 이밖에 운동용 나사로 사다리꼴나사, 톱니나사 등이 있다. 사각나사는 전동효율이 높지만 공작이 어려운 결점이 있으므로 고정밀도의 나사는 가격이 비싸게 된다. 나사 프레스나 선반의 리드 나사에 이용되고 있다. 그림 2-5는 사각나사의 나사산의 모양, 각 부의 비례치수를 표시한 것이다.

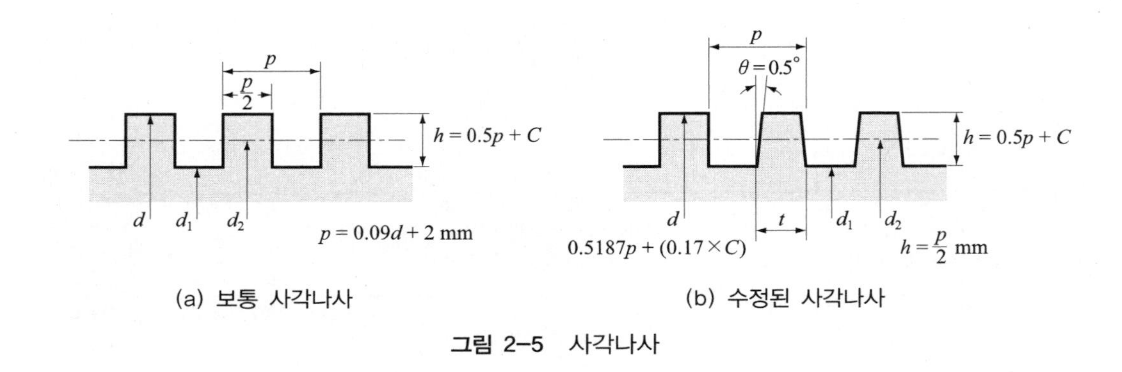

(a) 보통 사각나사 (b) 수정된 사각나사

그림 2-5 사각나사

2.2.3 사다리꼴나사(trapezoidal thread 또는 ACME thread)

사다리꼴나사는 사각나사에 비해 전동효율은 떨어지나 공작이 용이하고 나사산 모양이 균일강도보에 가까우므로 공작기계에 일반적으로 많이 사용한다. 사다리꼴나사에는 미터계(표시기호 TM)와 인치계(표시기호 TW)의 2가지가 있으며, 나사산의 각도가 미터계는 30°(KS B 0227)이고, 인치계는 29°(KS B 0226)이다. 미터계는 피치를 mm수치로 나타내고 인치계는 25.4 mm 내의 산수로 나타내고 있다. 표 2-7은 29° 사다리꼴나사의 모양과 기준치수의 일부를 표시한 것이다.

2.2.4 톱니나사(buttress thread)

톱니나사는 전동용 나사로서, 사다리꼴나사와 사각나사의 장점을 이용한 것으로 나사잭에 많이 이용되며, 하중을 받는 면은 표 2-8의 기준산 모양과 같이 수직에 가까운 3°의 경사로 하여 나사의 전동효율을 좋게 하고 있고, 반대면은 30° 경사지게 함으로써 나사산의 뿌리부의 굽힘강도를 높이고 있다. 표 2-8은 톱니나사의 기준산 모양, 비례치수식 및 피치 계열을 표시한다.

| 표 2-7 | 29° 사다리꼴나사의 나사산의 기준치수

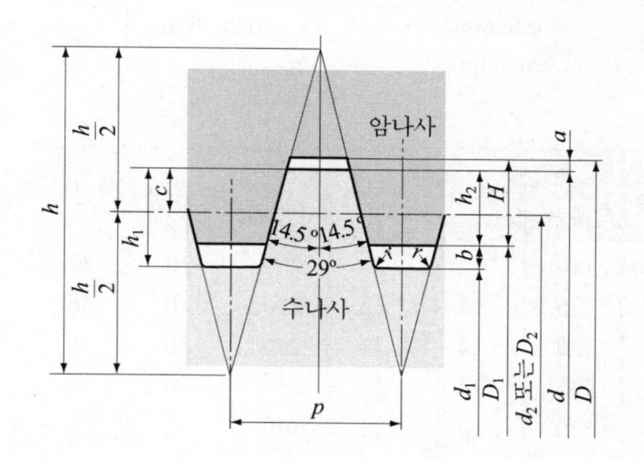

굵은 실선은 기준산형을 표시한다.

$$P = \frac{25.4}{n}$$

다만, n은 산의 수(25.4 mm 당)

$$h = 1.9335P \qquad d_1 = d - 2c$$
$$c \fallingdotseq 0.25P \qquad d_1 = d - 2h_1$$
$$h_1 = 2c + a \qquad D = d + 2a \tag{2.6}$$
$$h_2 = 2c + a - b \qquad D_2 = d_2$$
$$H = 2c + 2a - b \qquad D = d_1 + 2b$$

(단위 : mm)

나사산의 수 25.4 mm에 대한 n	피치 p	틈 새		c	걸리는 높이 h_2	수나사 산의 높이 h_1	암나사의 나사산 높이 H	수나사골 구석의 둥글기 r
		a	b					
12	2.1167	0.25	0.50	0.50	0.75	1.25	1.00	0.25
10	2.5400	0.25	0.50	0.60	0.95	1.45	1.20	0.25
8	3.1750	0.25	0.50	0.75	1.25	1.75	1.50	0.25
6	4.2333	0.25	0.50	1.00	1.75	2.25	2.00	0.25
5	5.0800	0.25	0.75	1.25	2.00	2.75	2.25	0.25
4	6.3500	0.25	0.75	1.50	2.50	3.25	2.75	0.25
3 1/2	7.2511	0.25	0.75	1.75	3.00	1.75	3.25	0.25
3	8.4667	0.25	0.75	2.00	3.50	4.25	3.75	0.25
2 1/2	10.1600	0.25	0.75	2.50	4.50	5.25	4.75	0.25
2	12.7000	0.25	0.75	3.00	5.50	6.25	5.75	0.25

| 표 2-8 | 톱니나사의 기준산 모양과 피치 계열

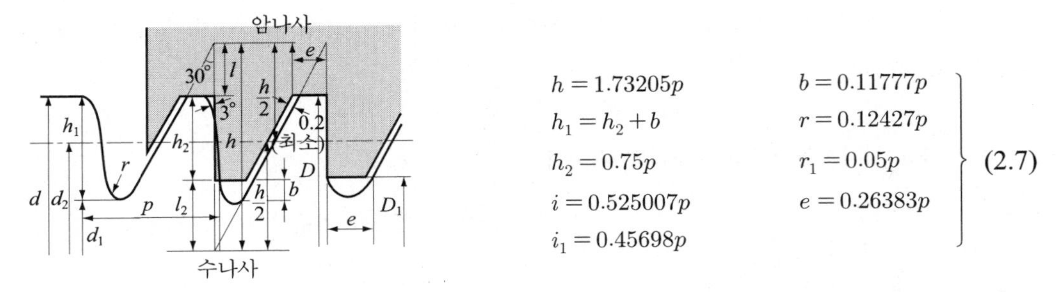

$$
\left.\begin{array}{ll}
h = 1.73205p & b = 0.11777p \\
h_1 = h_2 + b & r = 0.12427p \\
h_2 = 0.75p & r_1 = 0.05p \\
i = 0.525007p & e = 0.26383p \\
i_1 = 0.45698p &
\end{array}\right\} \quad (2.7)
$$

지름 d \ 계열	보통이	거친이	지름 d \ 계열	보통이	거친이	지름 d \ 계열	보통이	거친이	지름 d \ 계열	보통이	거친이
22	5	8	60	9	14	110	12	20	200	18	32
24	5	8	62	9	14	115	14	22	210	20	36
26	5	8	65	10	16	120	14	22	220	20	36
28	5	8	68	10	16	125	14	22	230	20	36
30	6	10	70	10	16	130	14	22	240	22	36
32	6	10	72	10	16	135	14	24	250	22	40
34	6	10	75	10	16	140	14	24	260	22	40
36	6	10	78	10	16	145	14	24	270	24	40
38	7	10	80	10	16	150	16	24	280	24	40
40	7	12	82	10	16	155	16	24	290	24	44
42	7	12	85	12	18	160	16	28	300	26	44
44	7	12	88	12	18	165	16	28	320	–	44
46	8	12	90	12	18	170	16	28	340	–	44
48	8	12	92	12	18	175	16	28	360	–	48
50	8	12	95	12	18	180	18	28	380	–	48
52	8	12	98	12	18	185	18	32	400	–	48
55	9	14	100	12	20	190	18	32	–	–	–
58	9	14	105	12	20	195	18	32	–	–	–

2.2.5 둥근나사(round thread 또는 knuckle thread)

그림 2-6과 같이 나사산의 단면이 둥근형으로서 나사산의 각도는 30°로 산마루와 골의 형상이 보통나사에 비해 크고 둥글다. 먼지 등의 이물질이 나사산 사이에 들어갈 염려가 있는 경우나 전구의 꼭지쇠와 같이 박판 원통을 전조하여 만든 것에 사용한다. 원호의 접속

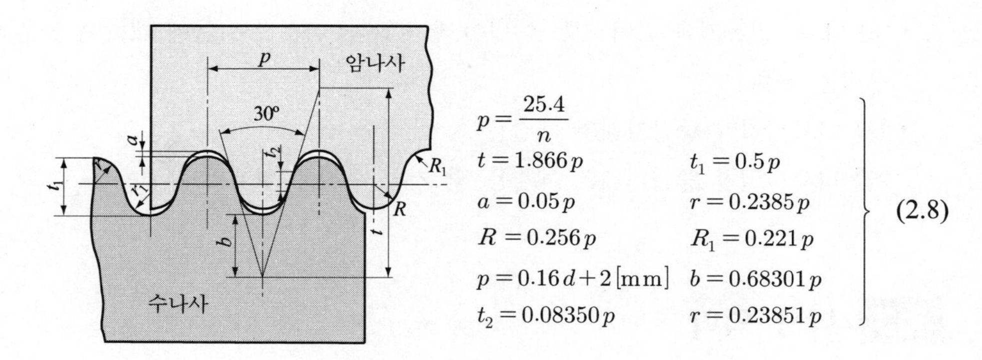

그림 2-6 둥근나사

점인 변곡점에서의 접선이 만드는 각도는 전구의 꼭지쇠와 같이 전조로 만든 것은 크며, 피치에 따라 달라지기도 하지만, KS의 전기부품 규격에서는 75~93°로 하고 있다. 이동나사로 사용하는 것은 원호의 접속부에 직선 부분을 넣는 것이 좋으며, DIN 규격에서는 사다리꼴나사 산봉우리와 골 밑을 같은 반지름의 원호로 이은 모양을 규정하고 있다.

2.2.6 나사의 등급

KS에서는 주로 체결용으로 사용하는 나사에 대하여 수나사의 바깥지름, 유효지름, 골지름, 암나사의 유효지름, 안지름의 치수차 및 공차에 의하여 다음과 같이 규정하고 있다.

- 미터나사 : 1급, 2급, 3급
- 유니파이나사
  - 수나사용 …… 3A, 2A, 1A
  - 암나사용 …… 3B, 2B, 1B

유니파이나사의 정밀도는 숫자가 클수록 상급이며 3A가 1급에 2A가 2급에 1A가 3급에 해당한다. 각 급에 대한 허용한계치수 및 공차에 대한 상세한 값은 KS B 0211, KS B 0214에 규정되어 있다. 유니파이나사에 대해서는 KS B 0213 및 KS B 0216에 규정되어 있다.

사용하는 나사의 등급을 선택하는 방법은 사용목적에 따라 결정되는 것이나, 대체적인 표준을 표시하면 다음과 같다.

- 1급 나사 : 발동기와 같이 진동을 받아 헐거워짐, 피로강도 등에 대하여 높은 성능이 요구되는 경우
- 2급 나사 : 일반 중급기계의 체결용
- 3급 나사 : 일반 중급기계의 체결용 및 기타 목적용 기계의 체결용

2.3 나사 역학

2.3.1 나사의 토크

(1) 사각나사

나사를 죄거나 푼다는 것은 그림 2-7과 같이 Q의 중량물을 나사축선에 직각 방향으로 힘을 가하여 밀어올리거나 밀어내리는 것에 해당된다. Q는 나사에 작용하는 축방향의 힘으로서 사각나사에서는 근사적으로 나사면에 작용하는 수직력이 되고, 이 힘이 유효지름에서의 나선에 집중작용하는 것으로 간주하고 계산한다. 따라서 리드각 λ는 유효지름 d_2에서의 것을 사용하게 된다. P는 유효지름에서의 접선력, 즉 나사축선에 직각으로 가해지는 외력이다.

미끄럼면에 마찰력이 없다고 생각하고 나사를 죌 때 요하는 외력을 P라 하면 나사를 1회전시킬 때 외력이 하는 일은 $\pi d_2 P$이고, 에너지를 받아서 Q는 p만큼 올라가므로 Q가 한 일은 Qp이다. 이 두 일량은 같아야 하므로

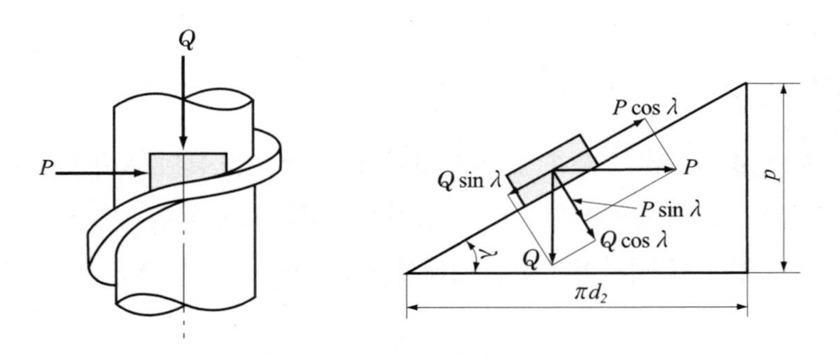

그림 2-7 나사의 역학(나사를 죌 때)

$$\pi d_2 P = Qp$$

$$\therefore \; P = \frac{Qp}{\pi d_2} = Q\tan\lambda$$

그림에서 경사각을 λ, 접선력 P와 축방향의 힘 Q는 경사면에 평행한 힘과 수직인 힘으로 나누어진다.

$$평행력 = P\cos\lambda - Q\sin\lambda$$

$$수직력 = P\sin\lambda + Q\cos\lambda$$

사면에는 수직력에 의하여 마찰면 평행 방향에 마찰력이 작용하고, 이 힘과 평행력이 균형을 유지한다고 보면 다음 식이 성립한다.

$$F = \mu N$$

$$P\cos\lambda - Q\sin\lambda = \mu(P\sin\lambda + Q\cos\lambda)$$

$$P(1-\mu\tan\lambda) = Q(\mu + \tan\lambda)$$

$$P = Q\frac{\tan\lambda + \mu}{1-\mu\tan\lambda} \tag{2-9}$$

나사면의 마찰계수를 μ라 하고, 마찰각을 ρ라고 하면, $\mu = \tan\rho$이므로

$$P = Q\tan(\lambda + \rho)$$

그런데 $\tan\lambda = \dfrac{p}{\pi d_2}$이므로

$$\therefore \; P = Q\frac{p + \mu\pi d_2}{\pi d_2 - \mu p} \tag{2-10}$$

따라서 나사를 죄는 데 필요한 토크는

$$T = Pr = Q\,r\tan(\lambda + \rho) \tag{2-11}$$

여기서 r은 유효지름 d_2의 $\dfrac{1}{2}$이다.

나사를 풀 때 Q를 밀어내리는 것이 되어 마찰각의 방향은 반대가 되므로 나사를 푸는 데 필요한 토크는

$$T = Pr = Q\,r\tan(\rho - \lambda) \tag{2-12}$$

또한 $\mu = \tan\rho$, $\tan\lambda = \dfrac{p}{\pi d_2}$ 이므로

$$T = Q\,r\,\frac{\mu\pi d_2 - p}{\pi d_2 + \mu p}$$

(2) 삼각나사

삼각나사의 경우에는 축방향의 힘 Q에 대하여 나사면에 작용하는 수직력은 나사산의 각을 α라 할 때, 그림 2-8과 같이 $\dfrac{Q}{\cos\dfrac{\alpha}{2}}$로 된다. 그러므로 유효지름에서의 수직 방향의 마찰력은

$$\mu\frac{Q}{\cos\dfrac{\alpha}{2}} = \mu' Q$$

단 $\mu' = \dfrac{\mu}{\cos\dfrac{\alpha}{2}} = \tan\rho'$(상당마찰계수)라 하면

나사를 죄는데 필요한 토크는

$$T = Q\,r\tan(\lambda + \rho') \tag{2-13}$$

$$T = Q\,r\,\frac{p + \mu'\pi d_2}{\pi d_2 - \mu' p}$$ 이고,

나사를 풀 때는 죌 때와 반대가 되므로

$$T = Q\,r\tan(\rho' - \lambda)$$ 로 된다. (2-14)

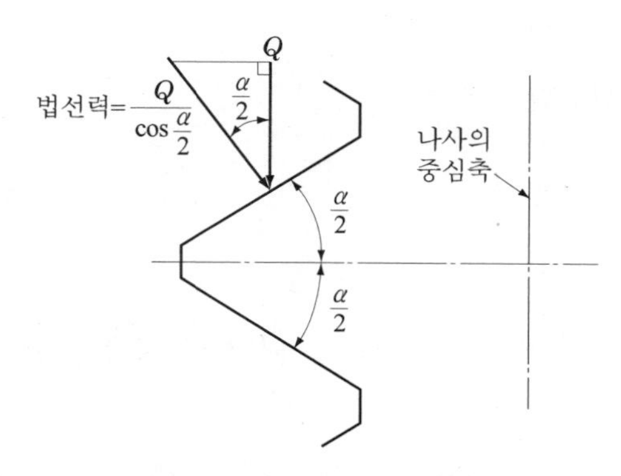

그림 2-8 나사면에 작용하는 힘

2.3.2 나사의 효율

나사의 효율이란 Q의 하중을 p만큼 올리기 위하여 한 일 Qp와 나사를 1회전시키기 위하여 외력 P가 한 일 $2\pi rP$ 비를 말한다. 즉 외부에서 가해진 일량 중 유효한 일로 소비된 것이 몇 %가 되는가를 말하는 것이다. 사각나사의 경우, 효율 η는

$$\eta = \frac{Qp}{2\pi rP} = \frac{Qp}{2\pi T}$$

$$= \frac{2\pi r Q \tan\lambda}{2\pi Q r \tan(\lambda+\rho)} = \frac{\tan\lambda}{\tan(\lambda+\rho)} \tag{2-15}$$

로 표시된다. 따라서 삼각나사의 경우는

$$\eta' = \frac{\tan\lambda}{\tan(\lambda+\rho')} \tag{2-16}$$

나사의 효율은 리드각 λ의 함수이며, $\lambda = 0$ 및 $\lambda = \frac{\pi}{2} - \rho$일 때, $\eta = 0$이 되므로 η와 λ와의 관계는 그림 2-9와 같이 된다. 그러므로 효율이 최대로 되는 리드각 λ는 0과 $\frac{\pi}{2} - \rho$의 중간에 존재한다. 즉

$$\lambda = \frac{\pi}{4} - \frac{\rho}{2} = 45° - \frac{\rho}{2} \tag{2-17}$$

이것은 $\frac{d\eta}{d\lambda} = 0$으로부터 구할 수도 있다. 따라서 최대 효율 η_{max}은

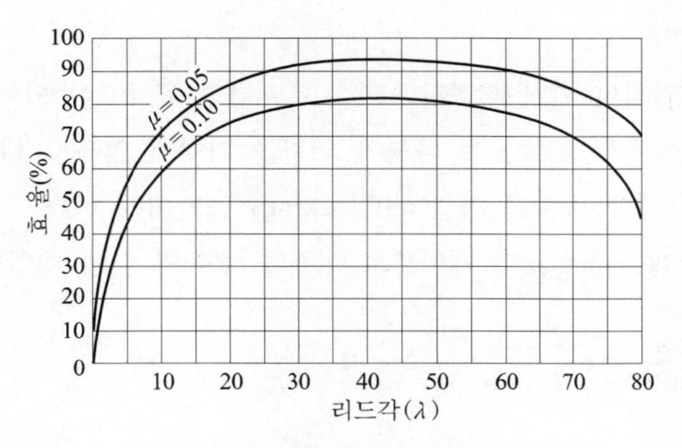

그림 2-9 사각나사의 효율

$$\eta_{max} = \frac{\tan\left(45° - \frac{\rho}{2}\right)}{\tan\left(45° + \frac{\rho}{2}\right)}$$

그런데 $\tan\left(45° + \frac{\rho}{2}\right)\tan\left(45° - \frac{\rho}{2}\right) = 1$ 이므로

$$\eta_{max} = \tan^2\left(45° - \frac{\rho}{2}\right) \tag{2-18}$$

사각나사에서 $\mu = 0.1$ 이라고 하면 $\rho \fallingdotseq 6°$ 이므로 $\eta_{max} = \tan^2(45° - 3°) = \tan^2 42° = 0.81$ 을 얻는다. 삼각나사에서는 $\mu = 0.1$ 이고 $\lambda = 60°$ 이므로

$$\mu' = \frac{\mu}{\cos 30°} = \frac{0.1}{0.866} = 0.115 \qquad \therefore\ \rho' = 6° 34'$$

그러므로 최대 효율

$$\eta'_{max} = \tan^2\left(45° - \frac{\rho'}{2}\right)$$

$$\eta'_{max} = \tan^2(45° - 3° 17') = \tan^2 41° 43' = 0.79$$

$\mu' > \mu$, 즉 $\rho' > \rho$ 가 되므로 삼각나사의 효율은 사각나사의 효율보다 작아진다. 또 나사산의 각이 작을수록 μ' 가 작아지므로 삼각나사의 효율보다 사다리꼴나사의 효율이 커진다. 따라서 사각나사와 사다리꼴나사는 전동용 나사로 사용하고 삼각나사는 체결용 나사로 이용한다. 식 (2-12)에서 $\lambda > \rho$ 이면 $T < 0$ 이 되어 Q 는 저절로 내려간다. 즉, 외력을 주지 않아도 저절로 풀린다.

$\lambda = \rho$ 이면 Q 는 임의의 위치에 정지하고, $\lambda < \rho$ 이면 $T > 0$ 이 되어 Q 를 내리는 데 외력을 주어야 한다. 따라서 $\lambda \leq \rho$ 는 나사에 외력을 가하지 않아도 나사가 풀어지지 않는 조건이 되며 이를 체결용 나사의 자립(self locking) 조건이라 한다.

나사의 자립의 한계는 $\lambda = \rho$ 일 때이므로 이것을 효율의 식에 대입하면

$$\eta = \frac{\tan\lambda}{\tan 2\lambda} = \frac{1}{2} - \frac{1}{2}\tan^2\lambda < 0.5$$

그러므로 나사가 자립하기 위한 효율은 반드시 50 %보다 작아야 한다. 미터 보통나사에

서 피치는 자립되는 범위 내에서 λ를 잡고 피치를 정한 것이다.

예제 2-1 바깥지름이 58 mm, 골지름이 44 mm, 피치 12.7 mm의 사각나사가 축방향의 힘 4000 kg을 지지하고 있을 때 이 나사를 돌리는 데 필요한 토크를 구하라. 단, $\mu = 0.1$이다.

풀이

$$r = \frac{58+44}{4} = 25.5 \text{ mm} = 0.0255 \text{ m}$$

$$\tan\lambda = \frac{p}{2\pi r} = \frac{12.7}{2\pi \times 25.5} = 0.079 \qquad \therefore \lambda = 4.5°$$

마찰계수 $\mu = 0.1$이면 $\rho = 5.71°$이므로 필요한 토크는

$$T = Q r \tan(\lambda + \rho) = 4000 \times 0.0255 \times \tan(4.5° + 5.71°)$$
$$\fallingdotseq 18.37 \text{ (m} \cdot \text{kg)}$$

사람의 힘을 15 kg으로 보면, 이 나사를 돌리는 데 필요한 봉의 길이는 $T = pl$에서 $l = \frac{T}{p} = \frac{18.3}{15} = 1.2$ m가 된다.

예제 2-2 바깥지름이 18 mm, 피치가 4 mm, 나사산의 높이가 피치의 1/2인 사각나사의 효율을 구하라. 단, 마찰계수는 0.12이다.

풀이

$$d_2 = \frac{d+d_1}{2} = \frac{18+(18-4)}{2} = 16 \text{(mm)}$$

$$\tan\lambda = \frac{p}{\pi d_2} = \frac{4}{\pi \times 16} = 0.079 \fallingdotseq 0.08 \qquad \therefore \lambda = 4.57°$$

$$\mu = \tan\rho = 0.12 \qquad \therefore \rho = 6.84°$$

$$\eta = \frac{\tan\lambda}{\tan(\lambda+\rho)} = \frac{\tan(4.57°)}{\tan(4.57° + 6.84°)} = 0.4 = 40 \%$$

예제 2-3 미터 보통나사 M20의 효율을 구하라. 단, 마찰계수는 0.1이다.

풀이 표 2-1에서 M20의 피치는 2.5 mm이고 유효지름은 18.376 mm이다. 따라서

$$\tan\lambda = \frac{p}{\pi d_2} = \frac{2.5}{\pi \times 18.376} = 0.0433$$

$$\therefore \lambda = 2° 28'$$

삼각나사산의 각도는 60°이므로

$$\mu' = \frac{\mu}{\frac{\cos\alpha}{2}} = \frac{0.1}{\cos 30°} = 0.115$$

$$\therefore\ \rho' = 6°\,34'$$

$$\eta = \frac{\tan\lambda}{\tan(\lambda + \rho')} = \frac{\tan 2°28'}{\tan(2°\,28' + 6°\,34')} = 0.273 = 27.3\ \%$$

2.4 나사의 강도

2.4.1 볼트의 강도

(1) 축방향의 힘만 받는 경우

그림 2-10과 같이 축 인장하중 Q가 작용하는 경우

$$Q = \frac{\pi}{4} d_1^2 \sigma_t$$

$$\therefore\ d_1 = \sqrt{\frac{4Q}{\pi\sigma_t}} \fallingdotseq \sqrt{\frac{1.27Q}{\sigma_t}} \qquad (2\text{-}19)$$

여기서 d_1 : 골지름, σ_t : 재료의 허용 인장응력

d_1을 계산한 다음 나사 규격표에서 이에 해당하는 바깥지름을 결정한다. 위 식을 고치면

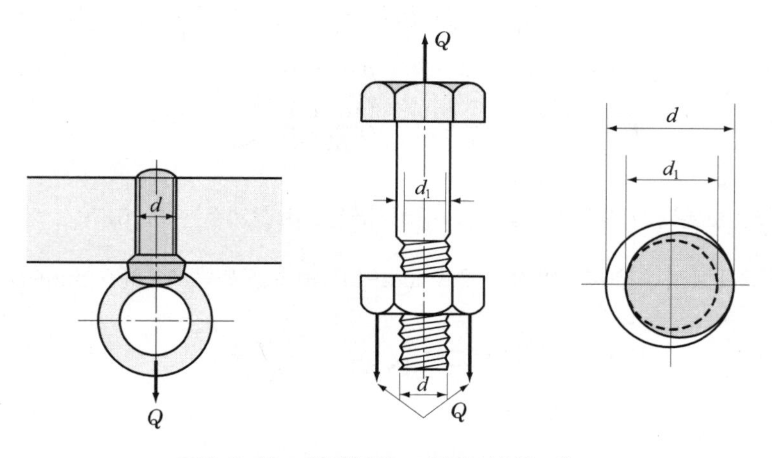

그림 2-10 인장하중 Q만을 받을 때

| 표 2-9 |

바깥지름 d (inch)	$\frac{3}{8}$	$\frac{1}{2}$	$\frac{5}{8}$	$\frac{3}{4}$	1	$1\frac{1}{2}$	2
d_1/d	0.786	0.786	0.814	0.830	0.840	0.858	0.853
$(d_1/d)^2$	0.62	0.62	0.66	0.69	0.71	0.74	0.74

바깥지름 d (mm)	10	12	16	20	24	39	52
d_1/d	0.792	0.797	0.827	0.827	0.829	0.858	0.867
$(d_1/d)^2$	0.63	0.64	0.68	0.68	0.68	0.74	0.75

$$Q = \frac{\pi}{4}\left(\frac{d_1}{d}\right)^2 d^2 \sigma_t \tag{2-20}$$

d_1/d가 주어질 때 바깥지름 d를 직접 구할 수 있다.

유니파이나사 및 미터나사에 대하여 $(d_1/d)^2$을 계산하면 표 2-9와 같다. 지금 $(d_1/d)^2$의 값을 간단히 하기 위하여 나사의 지름에 관계없이 일정한 값을 사용할 때, 이 중에서 안전을 고려하여 최소값 $(d_1/d)^2 = 0.63$을 잡으면

$$Q = \frac{\pi}{4} d_1^2 \sigma_t = \frac{\pi}{4}\left(\frac{d_1}{d}\right)^2 d^2 \sigma_t = \frac{\pi}{4} \times 0.63 d^2 \sigma_t \fallingdotseq 0.5 d^2 \sigma_t$$

$$\therefore\ d = \sqrt{\frac{2Q}{\sigma_t}} \tag{2-21}$$

(2) 축방향의 힘과 비틀림 모멘트를 동시에 받는 경우

일반적으로 나사면의 마찰저항 때문에 너트를 돌릴 때 비틀림 모멘트와 축방향의 힘을 동시에 받는다. 이때 볼트에 작용하는 축방향의 힘은 일정한 경우와 너트를 돌림으로써 얼마든지 커지는 경우가 있다.

그림 2-11과 같은 나사 결합체에서 스패너의 유효길이를 L, 스패너 끝에 주는 힘을 P라고 하면, 이 나사 결합체에 대한 체결 모멘트는 $T = PL$이다. 이 모멘트는 체결력 Q를 받고 있는 나사를 돌리는데 필요한 모멘트 T_1과 너트 자리의 마찰저항 모멘트 T_2와의 합이 될 것이다. 나사를 돌리는 데 필요한 토크는

$$T_1 = Q\frac{d_2}{2}\tan(\lambda + \rho') = Q\,r\tan(\lambda + \rho')$$

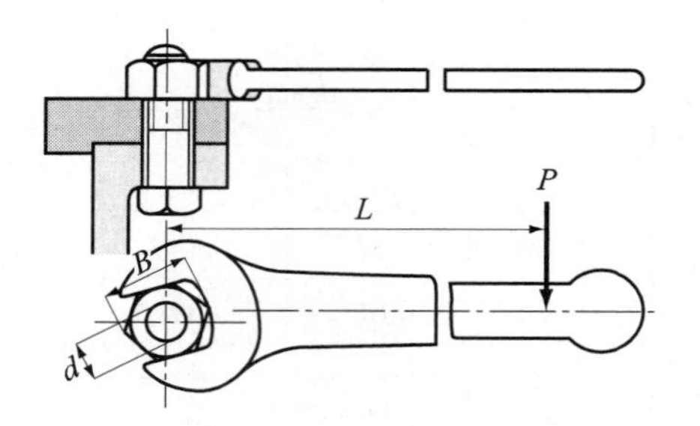

그림 2-11 스패너의 회전 모멘트

너트의 접촉면의 평균 반지름을 R이라 하면,

$$R = \frac{B+d}{4}$$

이며(단, B는 육각머리의 맞변 거리이다), 너트 자리의 마찰저항 모멘트 T_2는 $T_2 = \mu_1 QR$ (단, μ_1은 너트 자리부의 마찰계수)

$$\therefore \; T = T_1 + T_2 = Q\,[r\tan(\lambda+\rho') + \mu_1 R] \quad (2\text{-}22)$$

$$= Q\,r\left[\tan(\lambda+\rho') + \frac{R}{r}\tan\rho_1\right]$$

따라서 나사 체결체의 효율은

$$\eta_1 = \frac{Qp}{2\pi T} = \frac{Q\,2\pi r\tan\lambda}{2\pi Q\,[r\tan(\lambda+\rho') + \mu_1 R]} = \frac{r\tan\lambda}{r\tan(\lambda+\rho') + \mu_1 R} \quad (2\text{-}23)$$

와 같이 표시된다.

$$\tau = \frac{T_1}{\frac{\pi}{16}d_1^3} = Q\,r\tan(\lambda+\rho')/\frac{\pi}{16}d_1^3 \quad (2\text{-}24)$$

$$\sigma_t = Q/\frac{\pi}{4}d_1^2 \quad (2\text{-}25)$$

나사축에는 인장응력 σ_t와 비틀림응력 τ가 동시에 작용하므로 최대 전단응력설에 의하여 다음과 같은 상당응력이 작용한다. 이 값을 허용응력 이내로 잡으면 된다. 미터나사(10~52 mm)의 경우에 $\mu = 0.15$로 잡으면 표 2-10에서 나타난 것과 같이 대체로 토크값은 다음과 같은 관계가 성립하므로 $T_1 = 0.1Qd = 0.13Qd_1$

|표 2-10|

d	10	12	16	20	24	34	52
$\lambda=\tan^{-1}\dfrac{p}{\pi d_2}$	3° 2′	2° 56′	2° 29′	2° 29′	2° 29′	2°	1° 52′
$\tan(\lambda+\rho')$	0.223	0.226	0.218	0.218	0.218	0.209	0.207
C	1.03	1.08	1.6	2.01	2.4	3.81	5.06
C_0	0.103	0.103	0.1	0.1	0.1	0.098	0.097
C_1	0.137	0.129	0.121	0.121	0.121	0.114	0.112

$C=\dfrac{d_2}{2}\tan(\lambda+\rho)$

$T=CQ=\dfrac{C}{d}dQ=C_0Qd$

$T=CQ=\dfrac{C}{d_1}d_1Q=C_1Qd_1$

$$\tau=\frac{T_1}{\dfrac{\pi}{16}d_1^3}=\frac{0.13Q\,d_1}{\dfrac{\pi}{16}d_1^3}=0.52\frac{Q}{\dfrac{\pi}{4}d_1^2}=0.52\,\sigma_t \tag{2-26}$$

최대 전단응력은

$$\tau_{\max}=\frac{1}{2}\sqrt{\sigma_t^2+4\tau^2}=\frac{1}{2}\sqrt{\sigma_t^2+(0.52\,\sigma_t)^2}\fallingdotseq 0.72\,\sigma_t=1.39\,\tau \tag{2-27}$$

즉, 비틀림응력만을 생각한 식 (2-24) 또는 식 (2-26)의 τ에 대하여 약 1.4배의 응력이 생기게 된다. 따라서 비틀림에 대하여 일반적으로 정한 허용응력 τ_w를 1/1.4로 낮추어 잡아, 식 (2-24)와 식 (2-26)으로부터 볼트의 지름을 계산하면 된다.

예제 2-4 유효길이 200 mm의 스패너를 사용하여, M22인 보통나사의 볼트로 2개의 강판을 죄어, 3톤의 축인장력을 주고자 한다. 스패너에 작용시킬 힘을 구하라. 단, 마찰계수는 모두 $\mu=0.2$로 한다.

풀이 바깥지름이 22 mm인 미터나사의 유효지름은 20.376 mm, 리드는 2.5 mm이므로 리드각 λ는

$$\tan\lambda=\frac{l}{\pi d_2}=\frac{2.5}{\pi\times 20.376}=0.0369 \qquad \lambda=2.24°$$

$$\mu'=\frac{\mu}{\cos\dfrac{\alpha}{2}}=\frac{0.2}{\cos 30°}=0.231$$

$$\rho'=13.007°$$

$$\therefore\ \tan(\lambda+\rho')=\tan(2.24°+13°)=\tan 15.24°=0.27$$

수직력 Q kg이 작용하는 볼트에 발생하는 모멘트는 식 (2-22)에서 $\mu = \mu_1$으로 하면

$$T = Q\,[r\tan(\lambda + \rho') + \mu R] = Q\left[r\tan(\lambda + \rho') + \mu\frac{B+d}{4}\right]$$

M22($d = 22$ mm)일 때 맞변의 거리는 규격표에서 $B = 32$ mm이므로 비틀림 모멘트는

$$T = 3000 \times \left[\frac{20.376}{2} \times 0.27 + 0.2 \times \frac{32+22}{4}\right] = 16352\,(\text{kg} \cdot \text{mm})$$

$$P = \frac{T}{L} = \frac{16352}{200} = 81.76\,(\text{kg})$$

예제 2-5 한줄 사각나사봉의 잭이 있다. 나사산은 1인치에 대하여 4산이며 20톤의 하중을 지지한다. 나사산의 높이 6 mm, 자리면의 접촉부의 유효반지름 $R = 26$ mm, 나사산의 마찰계수 $\mu = 0.15$, 접촉부 칼러의 마찰계수는 0.13으로 하고, 재료의 압축응력을 6 kg/mm^{2}로 할 때 골지름을 구하고 길이 2000 mm의 봉으로 토크를 줄 때 필요한 힘을 구하라.

풀이

$$d_1 = \sqrt{\frac{4Q}{\pi\sigma_t}} \times \sqrt{\frac{4 \times 20000}{\pi \times 6}} = 65.16(\text{mm})$$

마찰계수 $\mu = 0.15$, $d_2 = 65.16 + 6 = 71.16(\text{mm})$, $p = 6.35$ mm, $Q = 20000$ kg이므로

$$T_1 = 20000 \times \frac{71.16}{2} \times \frac{6.35 + 0.15 \times \pi \times 71.16}{\pi \times 71.16 - 0.15 \times 6.35} = 126953\,(\text{kg} \cdot \text{mm})$$

$$T_2 = \mu_1 QR = 0.13 \times 20000 \times 26 = 67600\,(\text{kg} \cdot \text{mm})$$

$$T = T_1 + T_2 = 194553\,(\text{kg} \cdot \text{mm})$$

힘 P는 $P = \dfrac{T}{L}$이므로, $L = 2000$ mm를 대입하면

$$P = \frac{194553}{2000} = 97.27 \text{ kg}$$

(3) 죄어진 볼트에 외력이 가해지는 경우

그림 2-12와 같이 압력용기의 커버나 실린더 헤드의 체결 볼트에서는 죄어지는 중간 물체와 볼트도 모두 탄성체이므로 볼트는 늘어나고 중간재는 줄어들어(헤드와 플랜지의 변형은 중간재에 비하여 극히 작으므로 무시한다) 죄어진 상태에서 누설을 방지하고 있다.

여기에 내압이 작용하면 볼트는 더욱 늘어나고 중간재의 압축은 회복된다. 외력이 더욱 커져서 중간재의 수축이 더욱 회복되면 내부의 압력이 누설될 것이다.

앞에서 말한 볼트에 Q_0의 인장력이 작용할 때 늘어난 길이를 δ_t 라 하고 Q_0 때문에 줄어든 중간재의 길이를 δ_c 라 하여, 이 죔 상태를 하중-변형량선도로 표시하면 그림 2-13과 같이 된다.

이러한 상태에서 W의 하중이 다시 가해졌다고 하면 δ 만큼 더 늘어나게 된다. 이것은 그림 2-14의 (a)와 같이 되고 이때 볼트에 작용하는 압력을 Q_R 이라 하면

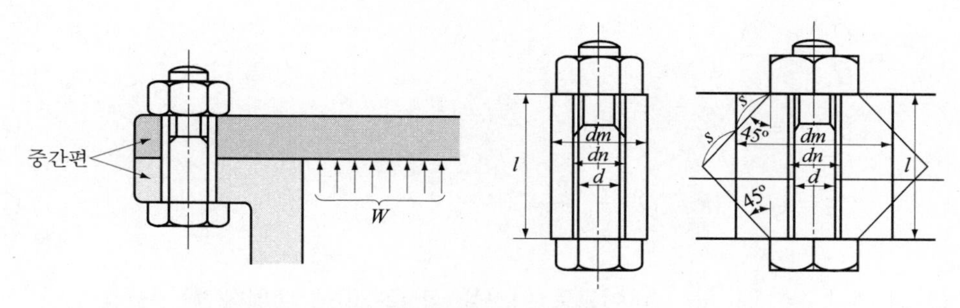

그림 2-12 플랜지 등의 죔

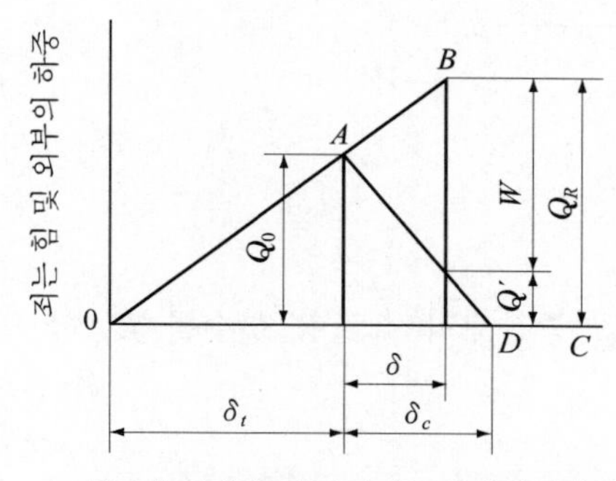

그림 2-13 볼트와 중간재와의 하중-변형량선도

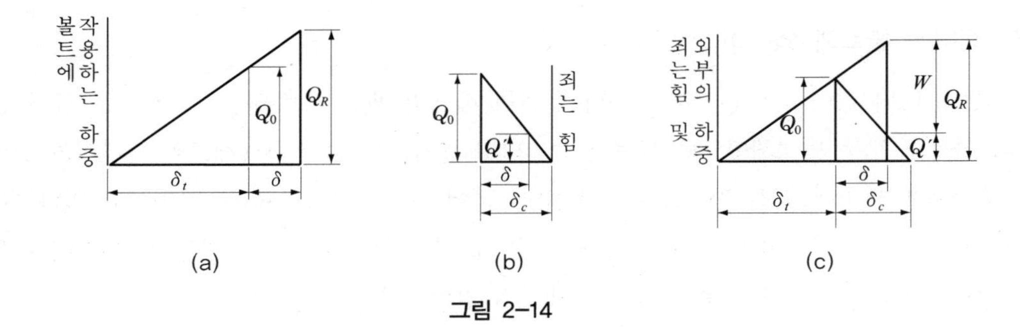

그림 2-14

$$\frac{Q_R}{Q_0} = \frac{\delta_t + \delta}{\delta_t} \qquad \text{즉 } Q_R = Q_0 \frac{\delta_t + \delta}{\delta_t} \tag{2-28}$$

중간재의 수축은 $(\delta_c - \delta)$로 감소하고 그 양상을 도시하면 그림 2-14의 (b)와 같다. 이때 중간재의 압축력을 Q'라 하면 다음 관계가 성립한다.

$$\frac{Q_0}{Q'} = \frac{\delta_c}{\delta_c - \delta}$$

$$\therefore \; Q' = Q_0 \frac{\delta_c - \delta}{\delta_c} \tag{2-29}$$

$$Q_R = Q' + W = Q_0 \frac{\delta_c - \delta}{\delta_c} + W \tag{2-30}$$

식 (2-28)에서 $\delta = \delta_t \left(\frac{Q_R}{Q_0} - 1 \right)$이므로 이것을 식 (2-30)에 대입하면

$$Q_R = Q_0 \frac{\delta_c - \frac{Q_R \delta_t}{Q_0} + \delta_t}{\delta_c} + W$$

$$Q_R = Q_0 + W \frac{\delta_c}{\delta_t + \delta_c} \tag{2-31}$$

볼트의 스프링 상수를 C_B, 중간재의 스프링 상수를 C_G라 하면 $C_B = \frac{Q_0}{\delta_t}$, $C_G = \frac{Q_0}{\delta_c}$ 이므로

$$Q_R = Q_0 + W \frac{C_G}{C_B + C_G} \tag{2-32}$$

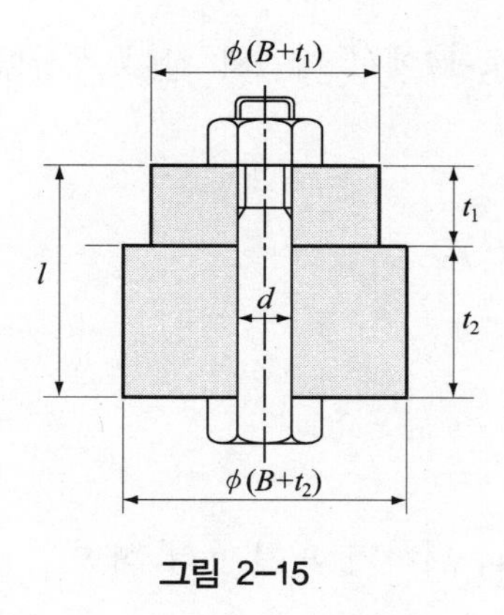

그림 2-15

그림 2-15와 같이 중간재 없이 2개의 금속판을 체결하는 경우의 볼트의 스프링 상수 및 중간재의 스프링 상수는 다음과 같이 계산한다.

볼트의 스프링 상수 C_B는 볼트의 유효지름을 d_2, 세로 탄성계수를 E_B라고 하면

$$C_B = \frac{\pi d_2^2 E_B}{4l} \tag{2-33}$$

중간판의 스프링 상수 C_G는 중간판의 모양 및 재료 외에 착력점의 위치에도 관계가 있어 간단하지 않으나, 그림과 같이 넓은 판을 죄는 경우에는 두께 t_1, t_2의 원통 부분에만 압축되는 것으로 생각하여 근사적으로 C_G를 계산한다. 이것은 2개의 판이 직열로 배열되어 있는 것으로

$$\frac{1}{C_G} = \left(\frac{t_1}{E_{p1} A_1} + \frac{t_2}{E_{p2} A_2} \right) \tag{2-34}$$

$$A_1 = \frac{\pi}{4}[(B+t_1)^2 - d_h^2],\ A_2 = \frac{\pi}{4}[(B+t_2) - d_h^2]$$

여기서 E_{p1}, E_{p2} : 각판의 세로 탄성계수, B : 너트 또는 볼트 머리의 맞변거리,

d_h : 볼트 구멍지름

δ_t, δ_c는 사용재료의 탄성뿐만 아니라, 모양, 길이에 관계하므로 복잡하여 실험에 의하여 구해지나 다음과 같이 계산할 수 있다.

$$\delta_t = \frac{Q_0 l}{E_B A} (A\text{는 볼트의 유효단면의 넓이}) \tag{2-35}$$

중간재의 수축량 δ_c는 그림 2-14에서 다음과 같이 계산할 수 있다.

$$\delta_c = \frac{Q_0 l}{E_p \frac{\pi}{4}(d_m^2 - d_n^2)} \tag{2-36}$$

2.4.2 너트의 높이

너트의 높이 H, 나사산수 n, 나사의 피치 p라 하면

$$H = np \quad 또는 \quad n = \frac{H}{p}$$

사각나사의 너트의 높이

하중 Q가 각 나사산에 균일하게 작용하고 있다면 평균 압력 q_m은

$$q_m = \frac{Q}{n\frac{\pi}{4}(d^2 - d_1^2)} = \frac{Q}{n\pi d_2 h}, \quad 여기서\ h = \frac{d - d_1}{2} \tag{2-37}$$

$$n = \frac{4Q}{\pi(d^2 - d_1^2) q_m} \tag{2-38}$$

$$H = np = \frac{4Qp}{\pi(d^2 - d_1^2) q_m} \tag{2-39}$$

삼각나사의 너트의 높이

$$H = \frac{4Qp\dfrac{1}{\cos\dfrac{\alpha}{2}}}{\pi(d^2 - d_1^2) q_m} = \frac{Qp\dfrac{1}{\cos\dfrac{\alpha}{2}}}{\dfrac{\pi d_2 q_m}{4}} \tag{2-40}$$

예제 2-6 사각나사로 된 20톤의 나사 프레스가 있다. 바깥지름이 100 mm, 골지름이 80 mm, 피치가 16 mm라 할 때 너트의 높이를 결정하라(단, 허용면압력은 1 kg/mm^{2}이다).

풀이

$$H = \frac{4Qp}{\pi(d^2 - d_1^2) q_m} = \frac{4 \times 20000 \times 16}{\pi(100^2 - 80^2) \times 1.0} = 113\ \text{mm}$$

예제 2-7 그림 2-16과 같은 나사잭의 나사부는 30° 사다리꼴 한줄나사이다. 이 잭의 핸들을 돌려서 무게 5톤을 밀어올릴 때 다음에 답하여라.

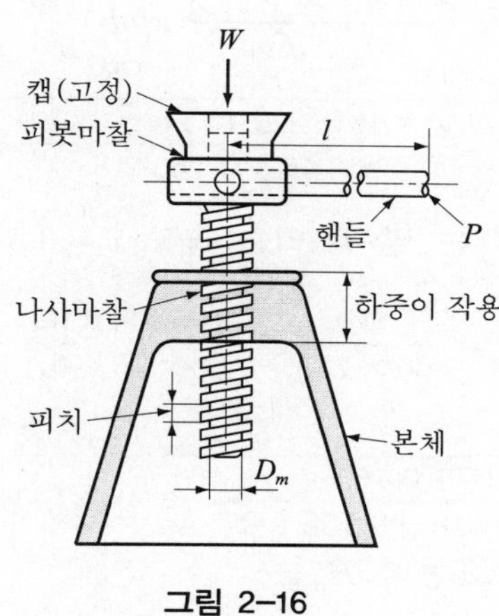

그림 2-16

1. 나사면의 마찰계수 및 스러스트 칼라 자리면의 마찰계수를 다같이 0.15로 할 때 필요한 나사의 지름을 구하라.
2. 나사잭의 효율을 구하라. 또 나사를 밀어올리는 속도를 $v = 0.3\ \text{m/min}$로 할 때 소요동력을 구하라. 단, 스러스트 칼라의 자리면의 평균 지름은 60 mm이다.
3. 스러스트 칼라의 자리면의 마찰계수를 0.01로 할 때 소요동력을 구하라.
4. 핸들의 길이를 850 mm로 할 때 핸들을 돌리는데 필요한 힘 및 핸들의 지름을 구하라.
5. 나사 접촉면의 평균 압력이 0.5 kg/mm^{2}이 되게끔 너트의 높이를 구하라.

풀이 1. SM45C의 허용 압축응력을 4 kg/mm^{2}로 잡으면 골지름 d_1은 $d_1 \geq \sqrt{\frac{4W}{\pi\sigma}} = \sqrt{\frac{4 \times 5000}{\pi \times 4}} = 39.9\ \text{mm}$이다. 그러므로 규격표에서 TM50을 사용하는 것으로 한다. 이 나사의 바깥지름은 $d = 50\ \text{mm}$, 골지름 $d_1 = 41.5\ \text{mm}$, 유효지름 $d_2 = 46\ \text{mm}$, 피치는 $p = 8\ \text{mm}$이다.

2. $\mu' = \mu/\cos\frac{\alpha}{2}$이므로 $\alpha = 30°$, $\mu = 0.15$를 대입하면

$$\mu' = \frac{0.15}{\cos 15°} = 0.155$$

한줄나사이므로 $p = 8\ \text{mm}$, $d_2 = 46\ \text{mm}$, $\mu = 0.15$, $\mu' = 0.155$이라 하면

$d = 50$ mm

$$\eta = \frac{l}{\dfrac{\pi d_2 (l + \mu' \pi d_2)}{\pi d_2 - \mu' l} + \pi \mu d}$$

$$\eta = \frac{8}{\dfrac{\pi \times 46 (8 + 0.155 \times \pi \times 46)}{\pi \times 46 - 0.155 \times 8} + \pi \times 0.15 \times 50} = 0.148$$

소요동력 H_p 는 밀어올리는 속도 $v = 0.3$ m/min 이므로

$$H_p = \frac{Wv}{60 \times 75 \eta} = \frac{5000 \times 0.3}{60 \times 75 \times 0.148} = 2.25 \text{ PS}$$

3. $$\eta = \frac{8}{\dfrac{\pi \times 46 (8 + 0.155 \times \pi \times 46)}{\pi \times 46 - 0.155 \times 8} + \pi \times 0.01 \times 50} = 0.25$$

그러므로 소요동력 H_p 는

$$H_p = \frac{Wv}{60 \times 75 \times \eta} = \frac{5000 \times 0.3}{60 \times 75 \times 0.25} = 1.3 \text{ PS}$$

4. 나사잭을 돌리는데 필요한 토크는

$$T_1 = W \frac{d_2}{2} \frac{l + \mu' \pi d_2}{\pi d_2 - \mu' l} = 5000 \times \frac{46}{2} \frac{8 + 0.155 \times \pi \times 46}{\pi \times 46 - 0.155 \times 8}$$

$$= 24400 \text{ kg} \cdot \text{mm}$$

$$T_2 = \mu W \frac{d}{2} = \frac{0.15 \times 5000 \times 50}{2}$$

$$= 18750 \text{ kg} \cdot \text{mm}$$

$$T = T_1 + T_2 = 24400 + 18750$$

$$= 43150 \text{ kg} \cdot \text{mm}$$

핸들을 돌리는데 필요한 힘 P 는

$$P = \frac{T}{L} = \frac{43150}{850} = 50.8 \text{ kg}$$

핸들 지름을 d_0, 허용굽힘응력을 σ_b 라고 하면

$$T = \sigma_b Z = \sigma_b \frac{\pi d_0^3}{32}$$

$$\therefore \ d_0 = \sqrt[3]{\frac{32T}{\pi \sigma_b}}$$

허용굽힘응력은 정하중 시 연강의 경우 9~12 kg/mm²이므로 평균값을 취하면 $\sigma_b = 10\ \mathrm{kg/mm^2}$이다.

$$d_0 = \sqrt[3]{\frac{32 \times 43150}{\pi \times 10}} = 35.3 \fallingdotseq 38\ \mathrm{mm}$$

5. 사다리꼴 나사의 물림길이 H는

$$H = \frac{W}{p_m} \cdot \frac{l}{\pi d_2 h} \cdot \frac{1}{\cos\dfrac{\alpha}{2}}$$
$$= \frac{5000 \times 8}{0.5 \times \pi \times 46 \times 3.5 \times 0.9659} = 163.7\ \mathrm{mm}$$

따라서 물림길이는 165 mm로 한다.

2.5 나사의 부품

나사의 부품으로 널리 사용되는 것은 체결용으로 쓰이는 볼트, 너트 및 그 부속품으로서 KS 규격에 제정되어 있으므로 참고하여야 한다.

2.5.1 볼트 및 너트의 규격

볼트, 너트는 주로 육각볼트가 많이 사용되며, 그 재료에는 그 사용목적에 따라 강 또는 황동이 사용되며 강계통의 것은 일반적으로 냉간 인발강봉이 많이 쓰이고 있다. 인장강도는 $\sigma_b = 34 \sim 45\ \mathrm{kg/mm^2}$, 연신율은 15~30 % 정도의 연강이 가장 많이 쓰이나, 사용목적에 따라서는 항복점이 100 kg/mm² 이상인 특수강도 사용된다.

KS 규격에서는 볼트의 등급을 표 2-11의 가공 정도, 나사 정밀도 및 기계적 성질을 조합한 것으로 하고 '흑 3급 T', '상 1급 4T'와 같이 표시한다. 표 2-12 및 표 2-13에 가공 정도 및 기계적 성질의 구분을 표시한다.

기계적 성질을 나타내는 0T, 4T의 T의 기호는 인장강도의 머리문자를 딴 것으로서 0T의 0(zero) 특별히 기계적 성질을 정하지 않고, 단지 강재의 볼트임을 표시한다.

또 4T의 4는 인장강도가 40 kg/mm² 이상이라는 것을 뜻하는 것으로, SB41, SM20C,

|표 2-11| 육각볼트의 등급

종 류	등 급		
	가공정도	나사정밀도	기계적 성질
육각볼트(미터나사)	상 · 중 · 흑	1급 · 2급 · 3급	0T, 4T
소형 육각볼트(미터나사)	상 · 중	1급 · 2급 · 3급	0T, 4T

|표 2-12| 육각볼트의 가공정도

구 분	가공 정도	
상	25S	전면의 표면거칠기가 25S
중	50S, 25S ~	자리면의 표면거칠기가 25S 축부가 50S 기타(나사의 플랭크면을 제외한다)가 흑피
흑		전면(나사의 플랭크면을 제외한다)이 흑피 그대로

|표 2-13| 각 볼트의 기계적 성질

구 분		0T	4T	참 고				
				5T	6T	7T	8T	10T
인장강도(kg/mm^2) 경 도(H_B)		-	40 이상 105～229	50 이상 135～241	60 이상 170～255	70 이상 201～277	80 이상 229～321	100 이상 293～352
참고	연신율(%) 항복점(kg/mm^2)	-	10 이상 23 이상	10 이상 28 이상	10 이상 40 이상	15 이상 50 이상	15 이상 65 이상	15 이상 90 이상
적용재료의 보기		-	SB41 SM20C MSWR3	SB50 SM35C SM20C-D HSWR1	SM40C SM35C-D HSWR2	SM45C SM50C	SCr2 SCr3 SCM2 SCM3	SNCM5 SNCM7 SNCM8

MSWR3 등의 재료를 사용한 것이다.

또한 표 2-13의 5T, 6T, …, 10T의 것은 현재의 KS에는 규정되어 있지 않으나 장래의 기준으로 참고로 표시한 것이다. 이 경우 볼트와 너트는 표 2-14에 조합으로 사용하는 것이 좋다.

일반적으로 8T 이상의 강도를 갖는 볼트를 고력볼트(high tension bolt)라 하며, 철골 구조물, 교량 등에 사용하고 있다. 표 2-15와 표 2-16은 KS 규격에 규정되어 있는 육각볼트 및 너트의 주요 치수를 표시한 것이다.

| 표 2-14 | 볼트, 너트의 등급의 조합

볼트	0T	4T	5T	6T	7T	8T	10T
너트	0T	4T		6T			8T

| 표 2-15 | 육각볼트(미터 보통나사) (KS B 1002)

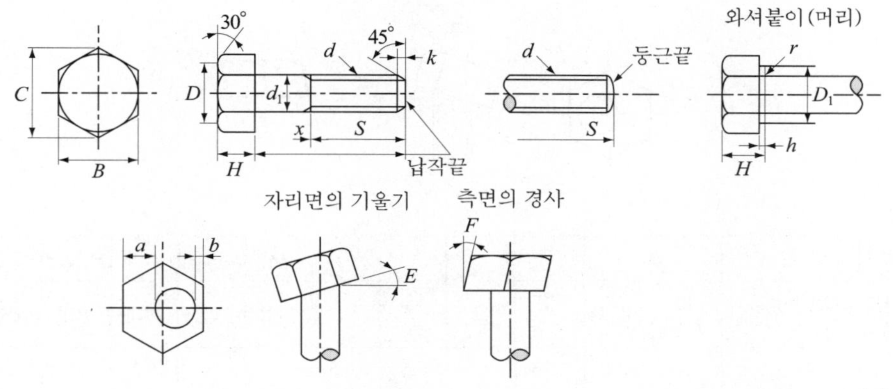

(단위 : mm)

나사의 호칭 d	d_1		H		B		C	D	$r(*)$	k	$a-b$	E 및 F	S	L
	기본 치수	허용차	기본 치수	허용차	기본 치수	허용차	약	약	최대	약	최대	최대	약	최소 최대
M 3	3		2		5.5		6.4	5.3	0.2	0.6	0.2		12	5~32
M 4	4	0	2.8	±0.1	7	0	8.1	6.8	0.3	0.8	0.2		16	6~40
M 5	5	−0.1	3.5		8	−0.2	9.2	7.8	0.3	0.9	0.3		16	7~50
M 6	6	0	4	±0.15	10		11.5	9.8	0.5	1	0.3		18	7~70
M 8	8	−0.15	5.5		13	0	15	12.6	0.5	1.2	0.4		22	11~100
M10	10		7		17	−0.25	19.6	16.5	0.8	1.5	0.5		26	14~100
M12	12		8		19		21.9	18	0.8	2	0.7		30	18~140
(M14)	14		9		22		25.4	21	0.8	2	0.7		34	20~140
M16	16	0	10		24	0	27.7	23	1.2	2	0.8	1°	38	20~140
(M18)	18	−0.2	12	±0.2	27	−0.35	31.2	26	1.2	2.5	0.9		42	22~140
M20	20		13		30		34.6	29	1.2	2.5	0.9		46	28~200
(M22)	22		14		32		37	31	1.2	2.5	1.1		50	28~200
M24	24		15		36	0	41.6	34	1.6	3	1.2		54	30~200
M30	30		19		46	−0.4	53.1	44	1.6	3.5	1.5		66	40~240
M36	36	0	23	±0.25	55		63.5	53	2	4	1.8		78	50~240
M42	42	−0.25	26		65	0	75	62	2	4.5	2.1		90	55~325
M48	48		30		75	−0.45	86.5	72	2	5	2.4		102	60~325
M56	56		35		85		98.1	82	2.5	5.5	2.8		124	135~400

비고 1. S : 유효나사부의 길이, l : 나사의 호칭에 대한 추정된 길이, %: 불완전나사부의 길이로서 약 2산으로 한다.
2. (*)r 의 수치는 목 및 둥글기의 최대값으로서 목 밑에는 반드시 둥글기를 붙인다.
3. 나사의 호칭에서 ( )안의 것은 되도록 사용하지 않는다.

|표 2-16| 육각너트(미터나사), (KS B 1002)와 암나사 구멍용 드릴 치수

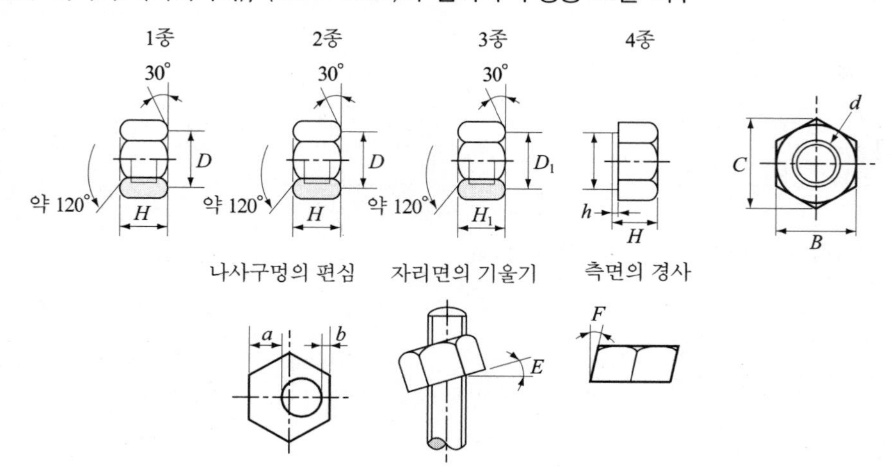

(단위 : mm)

나사의 호칭 d	수나사의 바깥지름	H		H_1		B		C	D	D_1	h	$a-b$	E 및 F	드릴 지름	
		기본치수	허용차	기본치수	허용차	기본치수	허용차	약	약	최소	약	최대	최대	A열	B열
M 3	3	2.4		1.8	±0.1	5.5		6.4	5.3	–	–	0.2		2.45	2.40
M 4	4	3.2		2.4		7	0	8.1	6.8	–	–	0.2		3.25	3.30
M 5	5	4	±0.1	3.2		8	−0.2	9.2	7.8	7.2	0.4	0.3		4.1	4.0
M 6	6	5		3.6		10		11.5	9.8	9	0.4	0.3		5.0	4.9
M 8	8	6.5	±0.15	5	±0.15	13	0	15	12.6	11.7	0.4	0.4		6.8	6.7
M10	10	8		6		17	−0.25	19.6	16.5	15.8	0.4	0.5		8.5	8.4
M12	12	10		7		19		21.9	18	17.6	0.6	0.5		10.2	10.0
(M14)	14	11		8		22		25.4	21	20.4	0.6	0.7	1°	12.0	11.8
M16	16	13		10	±0.2	24	0	27.7	23	22.3	0.6	0.8		14.0	13.8
(M18)	18	15	±0.2	11		27	−0.35	31.2	26	25.6	0.6	0.9		15.5	15.2
M20	20	16		12		30		34.6	29	28.5	0.6	0.9		17.5	17.2
(M22)	22	18		13		32		37	31	30.4	0.6	1.1		19.5	19.2
M24	24	19		14	±0.2	36	0	41.6	34	34.2	0.6	1.2		21.0	20.7
M30	30	24	±0.25	18		46	−0.4	53.1	44	–	–	1.5		26.5	26.1
M36	36	29		21		55		63.5	53			1.8		2.0	31.6

비고 1. 너트의 구멍을 드릴로 만들 때 보통 A열을 사용하나 필요에 따라 B열도 사용한다.
2. 나사의 호칭에서 ( )안의 것은 되도록 사용하지 않는다.

2.5.2 볼트의 종류

(1) 관통볼트(through bolt)

보통 볼트라 부르는 것으로서 그림 2-17(a)와 같이 반드시 너트와 짝을 이루고 있다. 미리 재료에 볼트의 지름보다 약간 큰 구멍을 뚫어놓고 이에 머리붙이 볼트를 관통시켜 너트로 죄는 것이다.

(2) 탭볼트(tap bolt)

그림 2-17(b)와 같이 체결하는 상대쪽에 암나사를 내고 머리붙이 볼트를 이용하여 부품을 체결하는 볼트이다.

(3) 스터드볼트(stud bolt)

그림 2-17(c)와 같이 봉의 양 끝에 나사를 낸 머리없는 볼트로 일단은 상대쪽의 암나사 부분에 미리 박고 타단에 너트를 끼워 죄거나 풀어서 부품을 부착하거나 분해하는 것이다.

(4) 캡볼트(cap bolt)

이 볼트는 탭볼트와 같은 모양이나, 머리부의 모양과 크기가 다르며, 탭볼트에는 관통볼트와 마찬가지로 머리부에 대하여 기본 치수가 있으나, 캡볼트 머리부의 치수가 그림 2-18과 같이 관통볼트보다 작으며, 좁은 장소에서 사용하는데 적합한 것이다.

(5) 리머볼트(reamer bolt)

일반적으로 볼트 구멍은 볼트 지름보다 크며 KS B 0409에 규정되어 있다. 이와 같은 볼

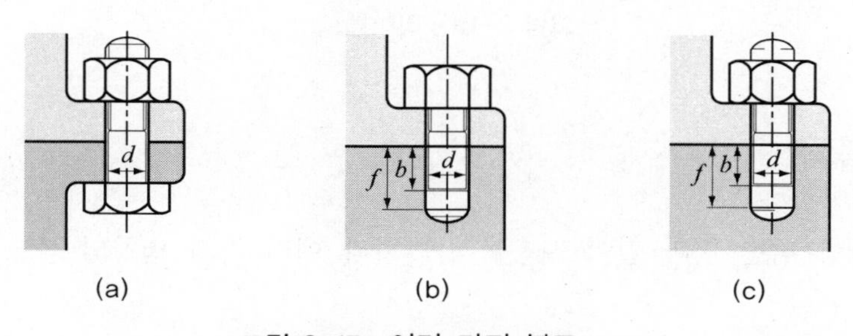

그림 2-17 여러 가지 볼트

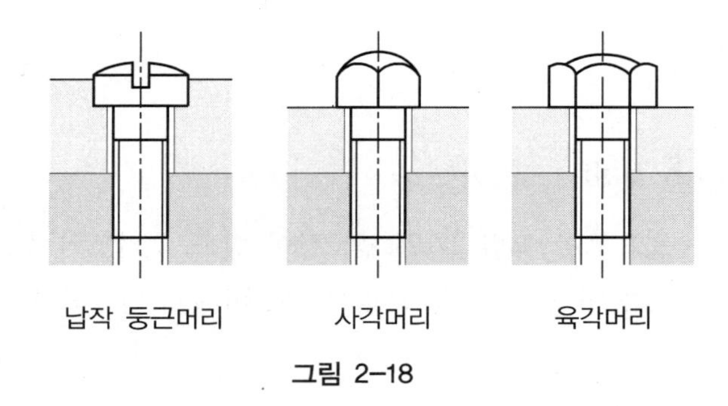

그림 2-18

트에 전단력이 작용하면 연결하는 판이 미끄러져서 볼트에 굽힘 모멘트가 작용하므로 볼트와 볼트 구멍의 끼워맞춤을 중간 또는 억지 끼워맞춤으로 하기 위하여 볼트 구멍을 리머로 다듬질하고 다듬질 볼트를 때려서 꼭 끼운다.

이런 용도로 사용하는 볼트를 리머볼트라 하며 전단응력이 작용하는 곳에 많이 사용되며 이때 전단면이 반드시 나사부에 걸리지 않도록 하여야 한다.

특히, 큰 전단력을 받는 경우라든가 볼트 구멍에 의하여 위치결정을 하는 경우에는 그림 2-19와 같이 (a) 전단력을 링으로 받게 하거나, (b) 볼트의 축부를 테이퍼지게 하여 테이퍼 구멍에 끼운다.

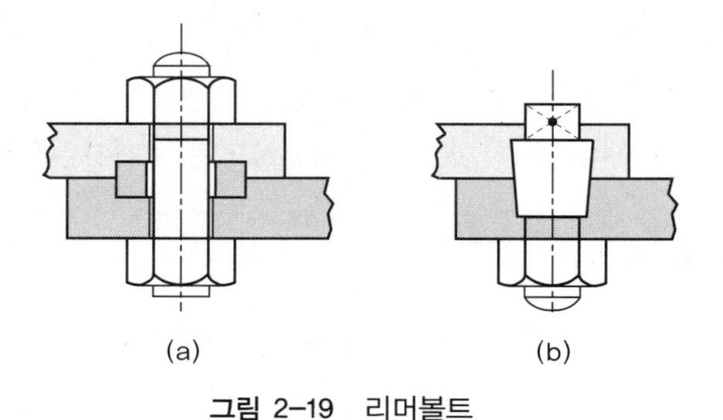

그림 2-19 리머볼트

2.5.3 특수 볼트

그림 2-20에 나타난 것과 같이 사용목적에 따라 여러 가지 명칭의 볼트들이 사용되고 있다.

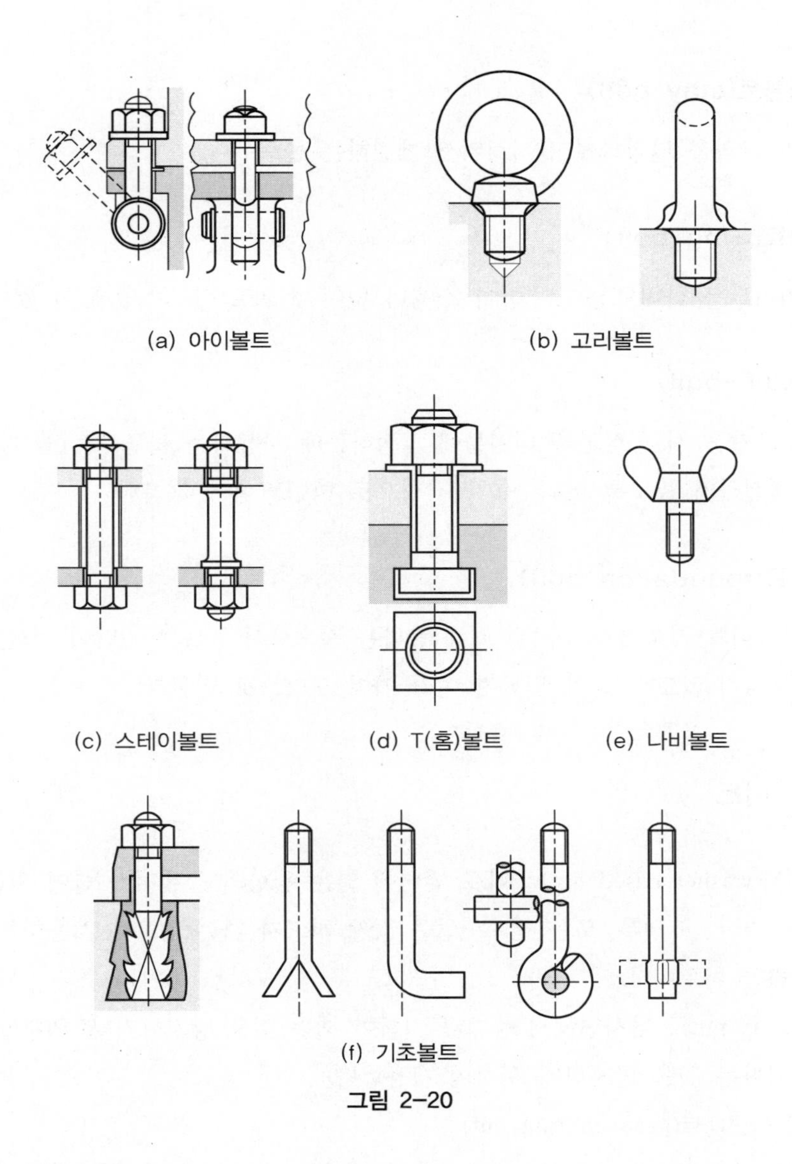

그림 2-20

(1) 아이볼트(eye bolt)

볼트 머리부에 핀을 끼울 구멍이 있어, 핀을 축으로 하여 회전할 수 있게 되어 있다. 자주 탈착하는 뚜껑의 체결용으로 이용된다.

(2) 고리볼트(lifting eye bolt)

중량물을 달아 올리기 위하여 후크를 걸 수가 있는 고리가 있는 볼트를 끼워서 사용한다.

(3) 스테이볼트(stay bolt)

두 물체의 간격을 일정하게 유지시켜서 체결하는 볼트이다.

(4) 나비볼트(wing bolt)

볼트의 머리부를 나비모양으로 하여 스패너 없이 손으로 죌 수 있게 한 것이다.

(5) T홈볼트(T-bolt)

공작기계로 가공 시 공작물을 테이블에 고정하는데 사용하는 볼트로서 죌 때 볼트가 너트와 함께 회전하지 않도록 머리부를 사각형으로 하여 T홈에 끼운다.

(6) 기초볼트(foundation bolt)

기계를 콘크리트 기초에 고정시킬 때 사용하는 것으로서 볼트의 일단이 콘크리트 기초에 묻혔을 때 빠지지 않도록 하기 위하여 여러 가지 모양으로 만든다.

2.5.4 특수 너트

① **와셔너트(washer based nut)** : 너트 밑면에 넓은 원형의 플랜지가 붙어 있는 너트로서 볼트 구멍이 큰 경우, 또는 접촉면압을 작게 하고자 하는 경우에 사용하는 와셔의 역할을 겸한 너트이다.

② **캡너트(cap nut)** : 나사면에서 증기나 기름이 새는 것을 방지하거나, 외부에서 먼지 등이 들어가는 것을 방지하기 위하여 사용한다.

③ **홈붙이 둥근너트(grooved ring nut)**

④ **둥근너트(circular nut, ring nut)** : 간단히 제작할 수 있다든가 회전체의 평형을 좋게 하기 위하여 사용되며, 또한 너트를 외부에 돌출시키지 않는 경우에도 사용된다. 그러나 이 너트를 죄는 데에는 이에 맞는 특수한 공구가 필요하다.

⑤ **록너트(lock nut)** : 나사가 스스로 풀어지는 것을 방지하기 위하여 본래의 너트 밑에 사용하는 너트이다.

⑥ **스프링판너트** : 그림과 같이 스프링판을 굽혀서 만든 것으로서 나사를 박지 않고 끼울 수 있으며, 스피드너트(speed nut)라고도 한다.

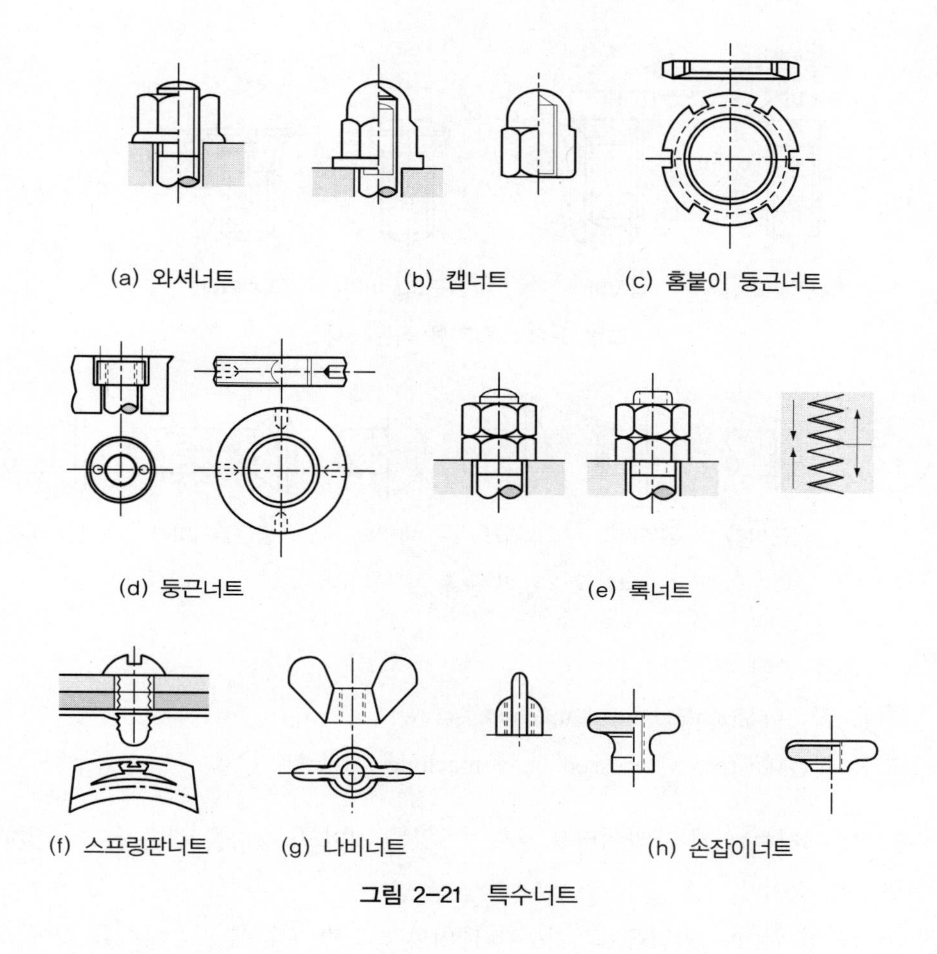

그림 2-21 특수너트

⑦ 나비너트(wing nut)

⑧ 손잡이너트(thumb nut) : 스패너를 사용하지 않고 손으로 죌 수 있는 너트로서 ⑦은 나비모양의 손잡이를 붙이고 ⑧은 측면에 널링 가공을 하여 죄기 좋게 한 것이다.

2.5.5 그 밖의 나사

(1) 작은나사(cap screw or machine screw)

볼트의 축지름이 작은 나사로서 일반적으로 지름이 9 mm 이하의 머리붙이 수나사를 작은 나사라고 한다. 보통 머리부에는 드라이버로 돌릴 수 있도록 홈이 파져 있다. 홈의 모양

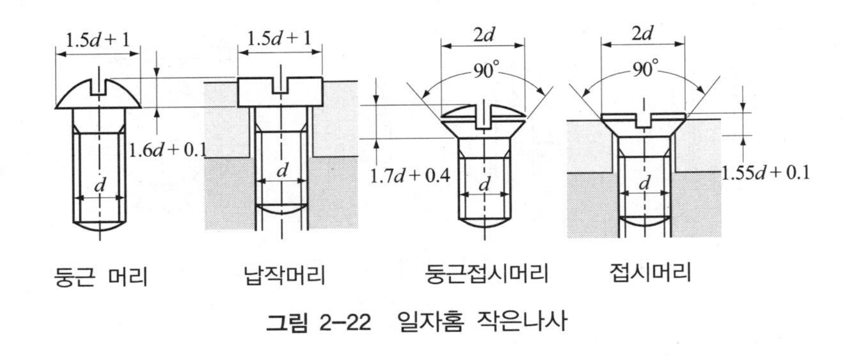

그림 2-22 일자홈 작은나사

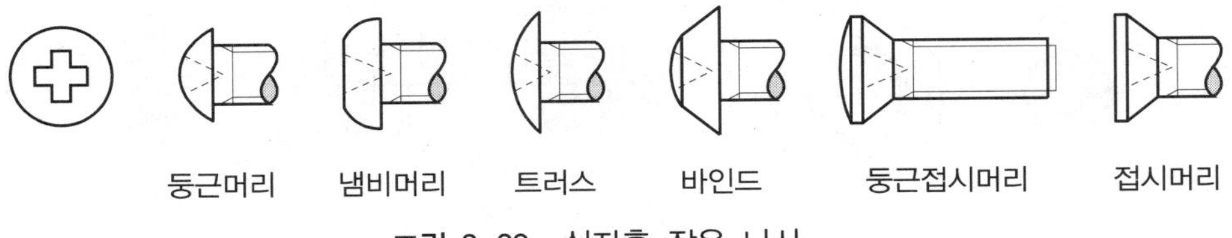

그림 2-23 십자홈 작은 나사

에 따라 다음과 같이 분류한다.

① 일자홈 작은나사(slotted head machine screw)

② 십자홈 작은나사(cross recessed head machine screw)

일자홈 작은나사는 일자 드라이버로 돌릴 수 있는 것이고, 십자홈 작은나사는 십자 드라이버로 돌리는 것이다.

십자 드라이버 끝의 십자날은 그 일부가 테이퍼져 있기 때문에 작은나사를 끝에 부착시켜 돌릴 수 있으며, 드라이버가 나사홈에서 빠지지 않고, 또 돌리는 횟수가 많아도 홈의 파손이 적다.

또한 작은나사는 머리모양에 따라 그림 2-22, 그림 2-23과 같은 것이 있으며 모두 KS 규격에 주요 치수가 규정되어 있다.

(2) 멈춤나사(set screw)

누름나사라고도 하며, 두 개의 결합부의 미끄러짐이나 회전을 막기 위하여 사용되는 나사로서 저항하중이 작다. 그림 2-24와 같이 (a) 구멍붙이, (b) 홈붙이, (c) 사각머리 붙이의 3종류가 있고 나사끝의 멈춤작용을 하는 부분은 용도에 따라 여러 가지 모양의 것이 있으며 경화시킨 것이 보통이다.

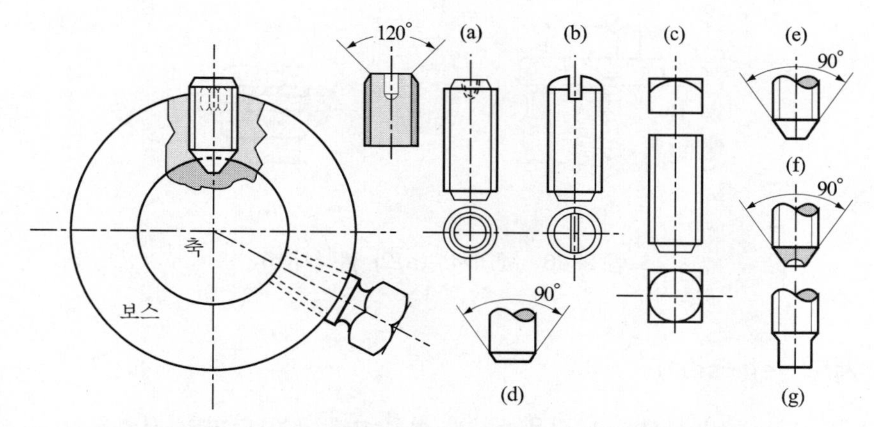

(a) 구멍붙이 멈춤나사 (b) 홈붙이 작은나사 (c) 사각머리 작은나사
(d) 납작끝 (e) 뾰족끝 (f) 오목끝 (g) 막대끝

그림 2-24 멈춤나사

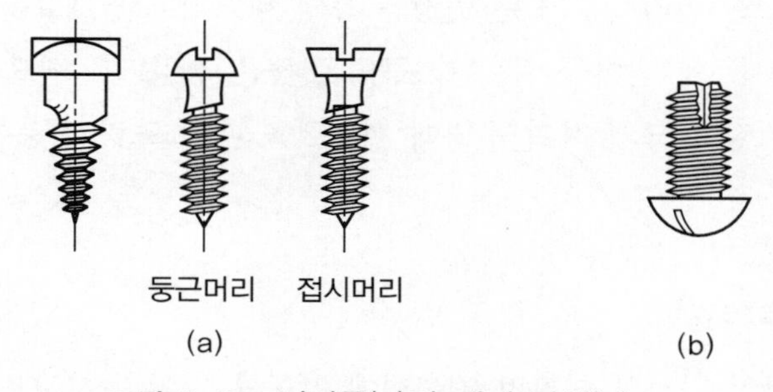

(a) (b)

그림 2-25 나사못(a)과 태핑 나사(b)

(3) 나사못(wood screw)

나사부가 긴 원추모양으로 되어 있고 이에 피치가 큰 삼각나사를 절삭한 것으로서 일반적으로 목재와 같은 연한 재료에 사용한다. 그림 2-25와 같이 여러 가지 머리 모양의 것이 규정되어 있다.

(4) 태핑나사(tapping screw)

탄소 담금질한 일종의 작은 나사로서 암나사쪽은 나사 구멍만을 뚫고 스스로 나사를 내면서 죄는 것이다. 단지 박판을 연결하는데 사용하는 소형의 나사에서는 나사 끝에 나사못과 같이 테이퍼를 붙이고, 두꺼운 판에 사용하는 조금 큰 나사에서는 탭과 같은 홈을 붙인다.

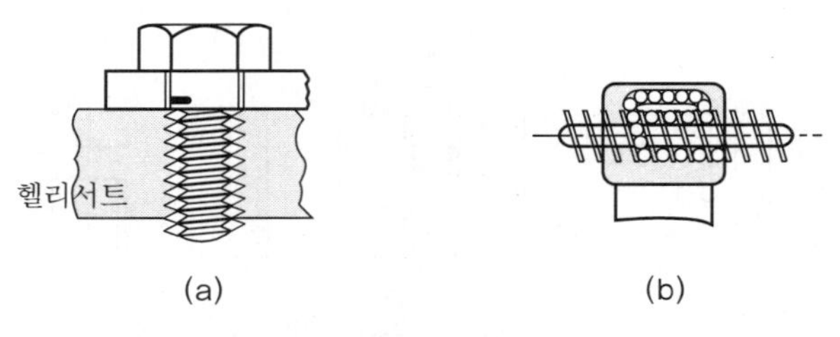

그림 2-26 헬리서트(a)와 볼나사(b)

(5) 헬리서트(Heli-sert)

그림 2-26(a)와 같이 나사산 단면을 두 개 합친 마름모꼴 단면의 코일을 암나사와 수나사 사이에 삽입하여 주철, 경금속, 프라스틱, 목재 등 강도가 불충분한 모재를 강화하거나, 마멸변형 등으로 손상된 암나사 구멍을 재생하는데 사용한다.

헬리서트는 18-8 스테인리스강 또는 인청동 등의 비교적 고급재료를 사용하여 전용공구로 만들어진다. 헬리서트를 받아들이는 나사구멍은 높은 정밀도가 필요하며, 헬리서트의 자유지름은 15~20 % 정도 크게 하여 구멍에 끼워졌을 때 스프링 작용에 의하여 벽면에 고착되도록 한다.

(6) 볼나사(ball screw)

그림 2-26(b)와 같이 나사의 미끄럼 접촉면에 강구를 넣어 나사구조에다 볼베어링의 저마찰 특성을 도입한 고효율 나사이다.

그림 2-27과 같이 미끄럼 마찰면이 구름마찰면으로 되어 있으므로 미끄럼마찰을 사용하는 사각나사에 비하여 효율이 높다.

너트를 두 개로 분할하여 예압을 주면 백래시를 없애고 강성을 높일 수 있다. 이와 같은 특성을 이용하여 공작기계의 이송나사(feed screw), 자동차 및 항공기의 스티어링 장치(steering gear)에 사용되고 있다.

2.5.6 와셔(washer)

너트나 볼트 머리 밑에 끼워서 함께 죄어지는 것을 와셔라 한다. 와셔는 볼트 구멍이 클 때, 너트의 닿는 자리면이 거칠거나 기울어질 때, 자리면의 재료가 연질재료여서 볼트의 체

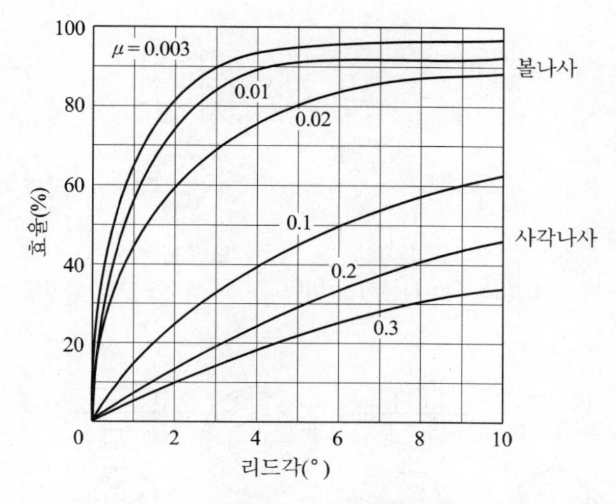

그림 2-27 볼나사의 효율

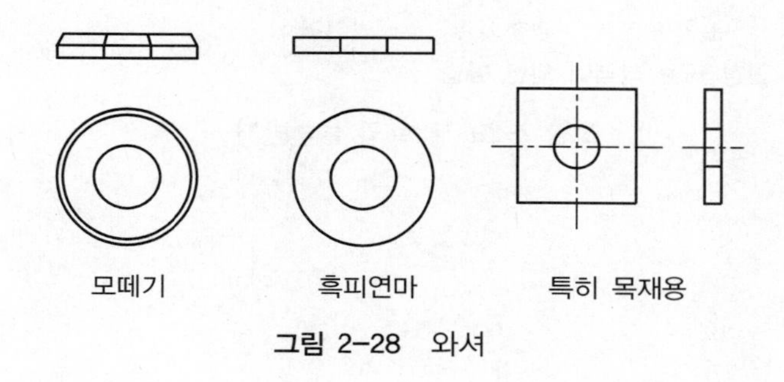

그림 2-28 와셔

결압력에 견디기 어려울 때 등에 사용되며, 너트 자리면의 보호, 접촉압력의 평균화를 도모한다.

또 너트의 풀림 방지효과도 있다. 와셔의 종류에는 흑피와셔, 다듬질와셔, 목재용 와셔, 스프링와셔 등이 KS에 규정되어 있다.

2.5.7 나사의 풀림방지

나사 박은 수나사와 암나사 사이에 약간의 덜거덕거림이 있으면 진동이나 하중이 변하여 너트가 풀릴 우려가 있다. 이 때문에 체결력이 소멸되는 경우가 있으므로 이것을 방지하기 위한 여러 가지 고안들이 있으나 그 대표적인 것을 표시하면 그림 2-29와 같다.

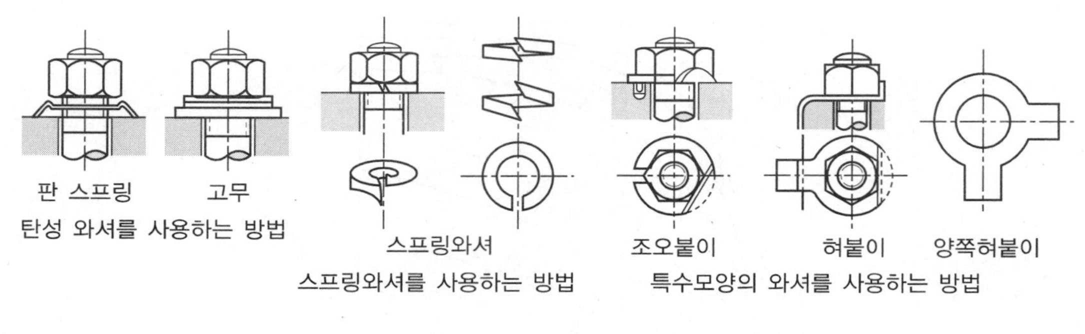

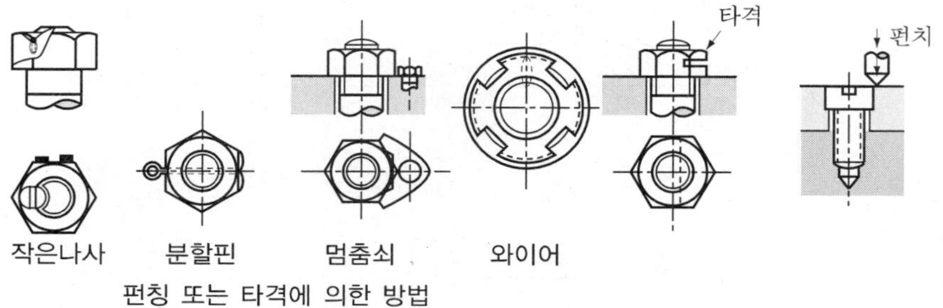

그림 2-29 너트의 풀림방지

연습문제

1. 미터 보통나사 M24의 효율을 계산하라. 마찰계수는 $\mu = 0.1$로 한다.

2. 유니파이 보통나사 $\frac{3}{4} - 10$UNC를 돌리는데 필요한 토크를 구하라. 단, 축하중은 2톤, 마찰계수는 $\mu = 0.15$로 한다.

3. 어느 나사잭의 나사봉은 피치 1인치인 1줄 사각나사이다. 유효지름은 60 mm, 나사부의 마찰계수 $\mu = 0.15$, 칼라의 유효반지름은 25 mm이고, 칼라와 접촉부와의 마찰계수는 $\mu = 0.05$이다. 이 잭으로 2톤을 들어올릴 때 레버를 돌리는 힘을 20 kg이라 하면 필요한 레버의 길이와 나사잭의 효율은 얼마인가?

4. 안지름이 800 mm인 증기 실린더가 최고 40 kg/cm^{2}의 내압을 받는다. 실린더 헤드 커버는 M30의 볼트 16개로 죄어져 있다. 증기가 누설되지 않도록 볼트의 초기 체결력을 구하라. 단, 볼트 재료의 탄성계수는 2.1×10^4 kg/mm^{2}이다.

5. 고리볼트로 5톤의 중량물을 달아올린다. 이 볼트의 크기를 결정하라. 단, 허용인장응력은 6 kg/mm^2, 골지름과 바깥지름과의 비는 0.7이다.

6. 리드가 50 mm인 두줄 사각나사봉의 골지름은 60 mm, 나사부의 마찰계수는 0.12이다. 골부에서 비틀림응력만을 10 kg/mm^{2}까지 허용한다면, 어느 정도의 축하중에 견딜 수 있는가? 단, 나사선의 높이는 피치의 1/2이다.

7. 바깥지름이 50 mm이고, 25 mm만큼 축방향으로 전진시키는데 2.5회전이 필요한 사각나사가 하중 W를 올리는데 사용된다. 만일 유효길이가 100 mm인 스패너를 사용하여 30 kg의 힘으로 돌리면 하중을 얼마까지 들어올릴 수 있는가, 또 나사의 효율은 얼마인가? 단, 칼라의 평균 지름은 40 mm, 마찰계수 0.2, 나사산의 높이는 피치의 7/10로 한다.

8. 아이볼트로 5톤의 물건을 수직으로 달아올린다. 이때 나사부의 지름을 구하라. 단, σ_t는 6 kg/mm^2, $\left(\frac{d_1}{d}\right)^2 = 0.7$이다.

9. M10인 나사로 된 관통볼트에 1톤의 체결력이 작용하도록 돌릴 때, 스패너의 유효길이가 210 mm이다. 이때 스패너에 얼마의 힘을 가하여야 하는가? 단, 마찰계수 $\mu = 0.15$이고, 마찰면의 반지름 $r = 17\ \mathrm{mm}$이다.

3 용접 이음

3.1 용접 이음의 장단점

3.1.1 용접 이음의 장점

① 공수 절약 : 리벳 및 볼트의 체결에 비하여 구멍뚫기, 리벳 때림작업 등 여러 공정이 절약된다.

② 재료 절약 : 리벳 및 볼트가 사용되지 않으므로 재료가 절약되며 중량도 20 % 내외로 가볍게 할 수 있다. 주물에 비하여 가볍기 때문에 용도에 따라 많이 이용된다.

③ 이음효율의 향상 : 리벳 및 볼트에 비하여 효율이 높고 이음 두께의 한도가 없다.

④ 기밀성의 양호 : 볼트 및 리벳을 사용하는 경우에는 패킹을 필요로 하지만 용접은 그대로 기밀을 유지할 수 있다. 대형 가공기가 필요하지 않고 공작이 용이하며 재료가 절감된다.

3.1.2 용접 이음의 단점

① 재료의 제한 : 용접은 용접이 적합한 것과 부적합한 것이 있으므로 재료의 종류에 따른 제한이 있다. 예를 들면 주물은 용접이 불가능한 것은 아니지만 용접재료가 고가이고 고도의 기술이 필요하기 때문에 현재는 많이 이용되지 않는다.

② 용접부의 재질 변화 : 용접부는 단시간에 가열 냉각되므로 용접부의 금속조직이 변화되어 강도에 변화를 가져오므로 용접봉의 알맞은 선정과 용접성이 좋은 재료를 선정하여야 한다.

③ 잔류응력과 변형: 용접부의 잔류응력으로 인하여 기계전체가 변형되는 수가 있으므로 많은 숙련이 필요하다.

3.2 용접의 종류

기계부품의 결합방법으로 리벳팅, 용접, 경납땜 등이 있으며, 리벳 이음은 리벳팅이라는 기계적 처리에 따르며, 용접, 경납땜은 야금적으로 결합하는 것으로 처리방법이 전혀 다르다. 용접, 경납땜에서 결합하고자 하는 금속을 모재라 한다. 용접은 모재를 가열하여 용융

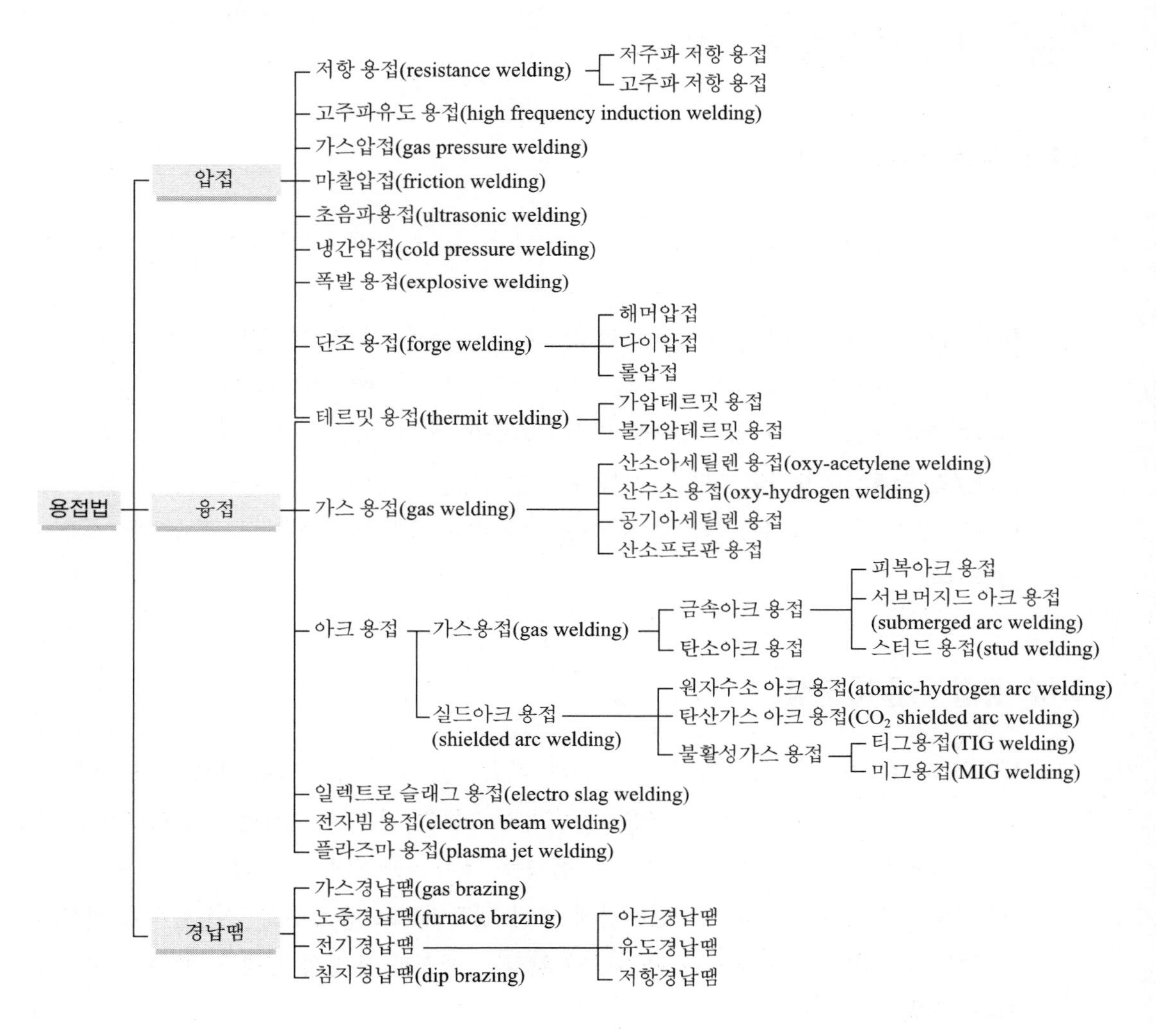

또는 반용융상태로 하여 모재를 결합하는 방법이고, 경납땜은 융점이 낮은 경납을 중개로 모재를 결합하는 것이다. 용접의 종류는 가열방법, 처리방법, 모재의 상태에 따라 다르나 크게 융접(fusion welding)과 압접(pressure welding)으로 나눌 수 있다. 압접은 모재를 반용융상태 또는 냉간에서 기계적 압력 또는 해머 등으로 압력을 가하여 결합하는 것이고 융접은 모재를 용융상태로 하여 결합하는 방법이다.

이처럼 용접법은 다양하여 목적에 따라 가장 적합한 방법을 선택하여야 한다. 여기서 가장 널리 사용되는 가스 용접과 전기 용접을 간단하게 설명하고자 한다.

3.2.1 가스 용접

가스 용접은 가연성의 가스가 산소와 화합하여 생기는 고온도의 연소열에 의하여 용접하는 방법이며, 사용 가스에는 수소 가스, 아세틸렌 가스가 있으나 아세틸렌 가스를 가장 많이 사용하고 있다. 고온으로 인해 모재의 일부가 산화, 질화하여 슬래그가 되며, 또 성분을 잃게 되므로 이들을 보충하고, 강도를 유지하기 위하여 모재와 동일계통의 금속을 용입시킨다.

이것을 용가재(filler metal)라 하며, 봉의 모양으로 한 것을 용접봉(welding rod)이라 한다. 용접에 의하여 슬래그가 용접부에 섞이면 금속적, 기계적 성질을 해치며, 용접 결함의 원인이 된다. 이것을 방지하기 위하여 특수한 가루 모양의 용접 플럭스(용재, welding flux)를 모재에 뿌리거나, 용접봉에 발라서 산화물, 질화물 등을 슬래그로서 용접금속 표면에 부상시키며, 이와 더불어 공기를 차단시켜 산화, 질화를 방지한다.

가스의 연소열에 의하여 금속재료를 절단할 수도 있다. 가스절단은 단위 비용이 낮으며, 절단면도 상당히 평활하고 또 자동화도 되므로 널리 사용되고 있다.

3.2.2 아크 용접

아크 용접은 용접에 필요한 열을 모재와 전극, 또는 2개의 전극 사이에 발생하는 아크에 의하여 얻은 것으로서 전극에는 탄소, 텅스텐 등 소모되지 않는 비용극의 경우와 용접의 진행과 더불어 녹아서 소모되는 용극의 경우가 있다. 용극으로서는 용접봉이 그 역할을 겸하므로 이 용접법을 금속 아크 용접(metal arc welding)이라 한다.

이 경우 용접 플럭스로 피복한 피복 아크 용접봉이 일반적으로 사용되며, 플럭스에 의하여 아크를 안정시키고, 발생하는 가스가 공기를 차단하여 산화, 질화를 방지하며, 또 용접할 때 생긴 산화물을 슬래그로서 용융금속 표면에 부상시킨다. 아크 용접의 전원으로서는 직류·교류 어느 것이나 사용되며, 전류와 전압은 모재의 두께, 용접봉 등에 따라 다르다. 대체로 전압은 10~40 V, 전류는 10~600 A 정도이다. 아크 절단은 가스로 절단이 곤란한 금속절단에 이용된다.

3.2.3 용접부의 구성

용접에 관한 용어, 용접기호는 각각 KS B 0106, KB B 0052에 그 밖의 것은 관계 KS에 상세히 규정되어 있으므로 언제나 참고하여야 한다.

용접에 의하여 용접봉과 모재의 일부가 용융하여 응고된 부분을 용착부(weld metal zone)라 하고, 그 부분의 금속을 용접금속(weld metal)이라 한다. 용접 금속중 용접봉이 녹아서 된 것을 용착금속(deposit metal)이라 한다. 용융되지는 않으나 열에 의하여 조직 특성이 변화한 모재의 부분을 열영향부(heat affected zone)라 하며, 용착부와 합쳐서 용접부(weld zone)라 한다. 이것을 기하학적으로 설명하면 그림 3-1과 같다.

또한 용접부에 치수 이상으로 표면으로부터 올라온 용착금속을 살돋움(reinforcement of weld)이라 한다.

3.2.4 용접부의 종류

용접부의 모양에 따라 구분하면 다음과 같다.

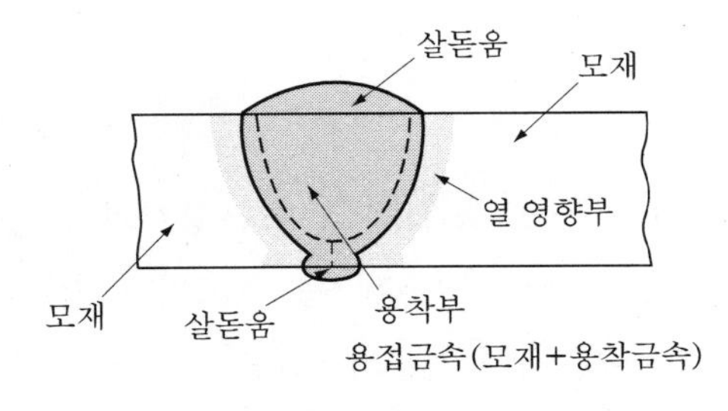

그림 3-1 용접부

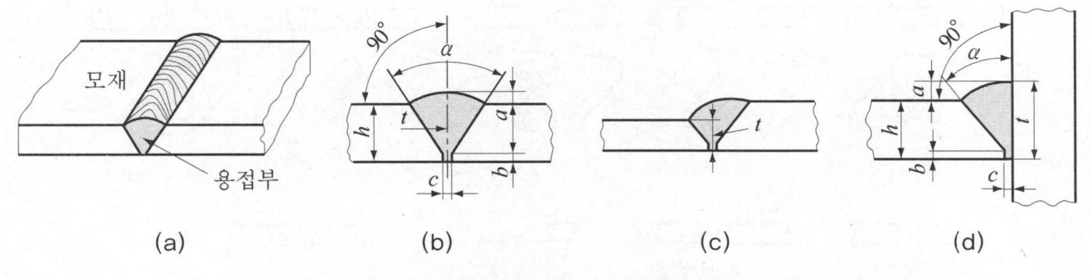

그림 3-2 홈 용접의 상태

(1) 홈 용접(groove weld)

그림 3-2와 같이 접합할 모재 사이의 홈(groove) 부분에 행하는 용접으로서 홈의 표준형은 그림 3-4와 같이 모재이음의 형식에 따라 구별한다. 이들의 구분은 홈의 모양에 의하여 J형 홈용접, 양면 J형 홈용접 등으로 부른다.

그림 3-3은 홈의 각부의 명칭을 표시한 것이다. 홈의 모양 치수 등은 모재의 재질, 두께, 용접조건에 적합하도록 결정한다.

(2) 필렛 용접(fillet weld)

거의 직교하는 두 개의 면을 결합하는 용접으로서 삼각형 모양의 단면을 갖는다. 설계상 필렛 용접의 크기는 그림 3-5와 같이 사이즈(size) S_1, S_2로 표시한다. 이 사이즈로 정해지는 삼각형은 필렛 용접부의 횡단면 안에 포함되어야 한다.

이음의 루트로부터 삼각형의 사변에 이르는 거리를 목의 이론두께(theoretical throat)라 하며 용접의 강도 계산에 사용한다. 그림 3-6과 같이 용접선의 방향이 전달하는 응력의 방

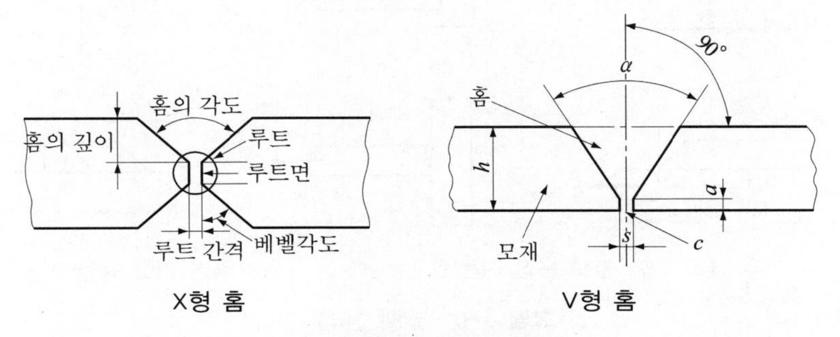

그림 3-3 홈의 각부의 명칭

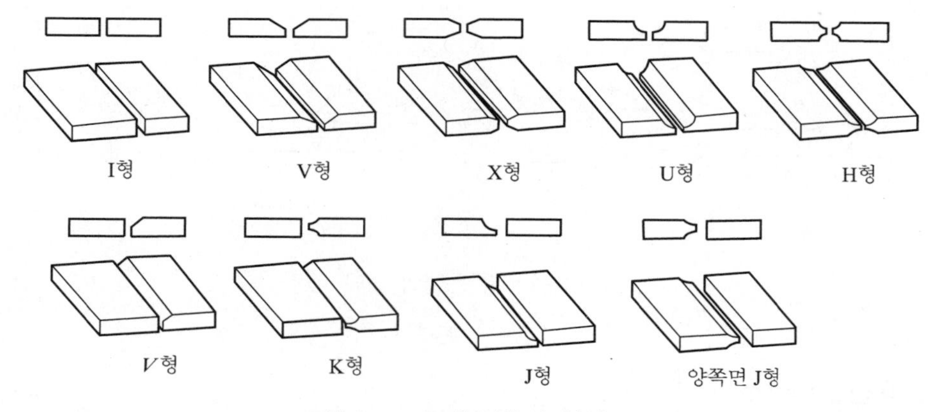

그림 3-4 모재 이음의 형식

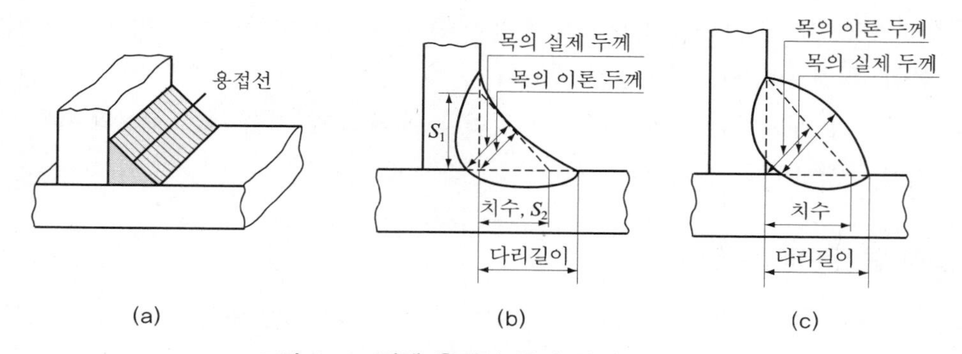

그림 3-5 필렛 용접의 목의 실제 두께

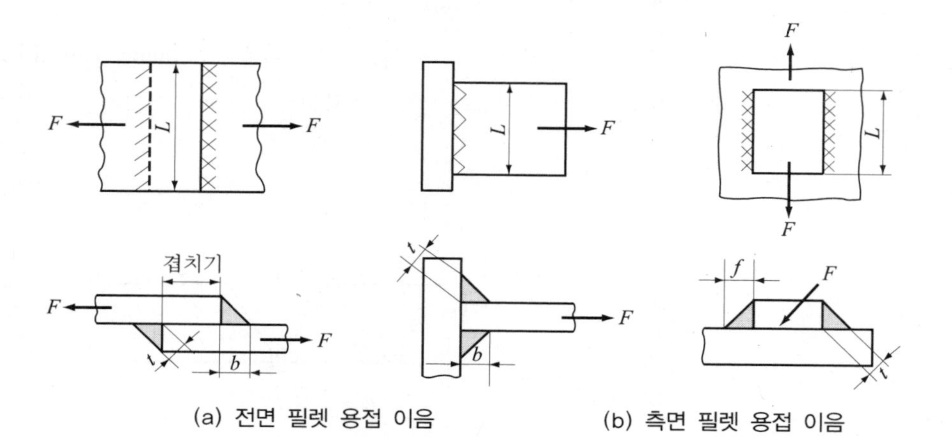

그림 3-6 필렛 용접

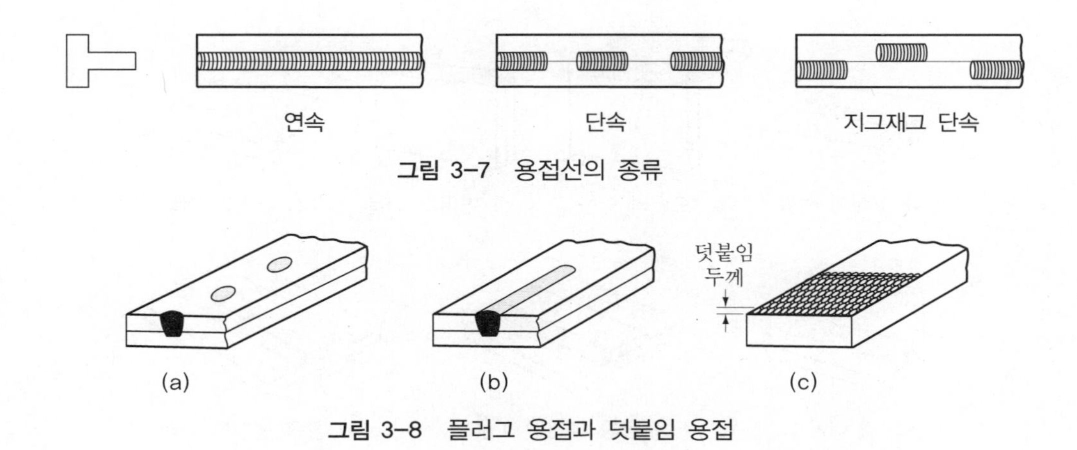

그림 3-7 용접선의 종류

그림 3-8 플러그 용접과 덧붙임 용접

향과 직각인 필렛 용접을 전면 필렛 용접(front fillet weld)이라 하고, 평행인 필렛 용접을 측면 필렛 용접(side fillet weld)이라 한다.

또한 그림 3-7과 같이 용접부의 연속, 단속에 의하여 연속 필렛 용접(continuous fillet weld), 단속 필렛 용접(intermittent fillet weld), 지그재그 단속 필렛 용접(staggered intermittent fillet weld)으로 구별한다.

(3) 플러그 용접(plug welding)

그림 3-8(a), (b)와 같이 접합할 모재의 한쪽에 구멍을 뚫고, 관의 표면까지 가득 용접하여 다른쪽 모재와 접합하는 용접을 플러그 용접이라 한다.

구멍의 모양은 원형, 긴원형, 타원형, 직사각형 등 여러 가지가 있다.

(4) 덧붙임 용접

그림 3-8(c)와 같이 마멸된 부분이나 치수가 부족한 표면을 보충하는 용접을 덧붙임 용접이라 한다.

3.2.5 용접 이음의 종류

용접 이음은 용접부의 모양으로도 나타낼 수 있으나, 접합할 모재의 상대적 관계에 따라 다음과 같이 분류한다.

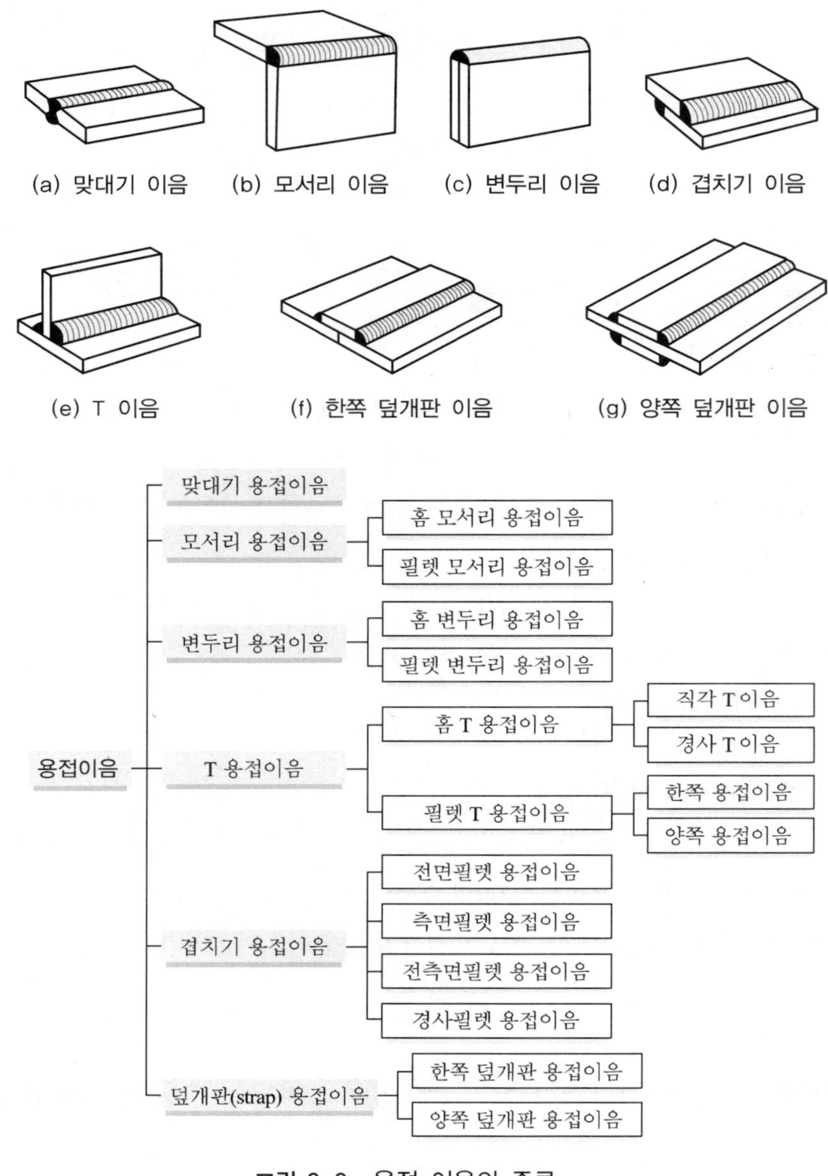

그림 3-9 용접 이음의 종류

① 맞대기형 : 맞대기 이음(butt joint), 덮개판 이음(strap joint)

② 겹치기형 : 겹치기 이음(lap joint), 맞물림 겹치기 이음(joggle lap joint), 가장자리 이음(edge joint)

③ L자형 : 모서리 이음(corner joint)

④ T자형 : T 이음(T joint)

⑤ 십자형 : 십자형 이음(cross-shaped joint)

3.3 용접 이음의 설계요령

기계부재를 용접에 의해 결합할 때는 각종 용접법의 특성 적용범위를 이해하고, 가장 적합한 용접법을 선택함과 동시에 적절한 구조를 고려하여야 한다. 용접 설계에 있어서 주의하여야 할 사항은 다음 각항과 같은 것이 있다. 이 밖에 크레인 보일러 등 각종 용도에 따라 용접에 관한 여러 가지 관계법규나 설계기준이 규정되어 있으므로 규정에 따라 설계한다.

3.3.1 재료의 용접성(weldability)

재료의 용접성이란 표준의 용접조건 및 용접작업 하에서 용접을 시행했을 때, 금속의 기계적 특성과 여러 가지 결함 및 이들의 흐트러짐을 고려하여 그 용접이 기계 구조물 부재의 결합법으로서의 적부의 정도를 나타내는 것을 말한다. 표 3-1은 여러 가지 금속의 각종 용접법에 대한 용접성을 표시한 것이다.

3.3.2 용접작업

용접의 솜씨는 그 준비 치공구, 용접조건(용접 전압, 전류, 용접봉, 용접속도)등에 의하여 영향을 받는다. 또한 용접은 자동 또는 반자동으로 하는 것도 있으나 세부에 대하여는 손용접으로 할 수밖에 없다. 손용접은 용접자의 기능에 좌우되는 것으로 개인차는 물론이거니와 동일한 작업자에 있어서도 용접결과에는 차이가 생긴다. 용접관리가 잘 되어 있는 공장에서의 용접에 비하여 현장에서의 용접이 뒤떨어지는 것은 명백하다. 따라서 되도록 공장용접을 하고 부득이한 부분만 현장에서 용접하는 것이 바람직하다. 공장용접에 있어서도 용접자세에 의하여 영향을 받는다.

용접 자세에는 위보기 자세, 수평 자세, 수직 자세 및 아래보기 자세의 4가지 자세가 있으며, 아래보기 자세가 가장 용접 결과가 좋다. 또한 좁은 장소로 운봉하는데 곤란한 곳은

|표 3-1| 각종 금속재료의 용접 난이표

용접법 / 재료	용 접							압 접			경납땜
	가스 용접	피복 아크 용접	서브머 지드 아크 용접	탄산 가스 아크 용접	이너트 가스 아크 용접	일렉트로 슬래그 용접	전자빔 용접	스폿심 용접	불꽃 막대기 용접	초음파 용접	
주 철	A	A	C	D	B	B	C	D	D	C	C
주 강	A	A	A	B	B	A	B	B	B	C	B
저 탄 소 강	A	A	A	A	B	A	A	A	A	A	A
중 탄 소 강	A	A	B	C	B	B	A	B	A	B	A
저 합 금 강	B	A	A	B	B	B	A	A	A	B	A
스테인리스강	A	A	B	B	A	C	A	A	A	A	A
내열초합금	B	A	B	C	A	D	A	B	B	B	A
니 켈 합 금	B	A	B	C	A	D	A	A	B	B	A
동 합 금	B	A	C	C	A	D	A	C	C	A	A
알 루 미 늄	B	C	C	D	A	D	A	A	B	A	B
듀 랄 루 민	C	D	D	D	B	D	A	A	B	A	C
마 그 네 슘	D	D	D	D	A	D	B	A	A	A	C
티 탄	D	D	D	D	A	D	A	B	C	A	B
티 탄 합 금	D	D	D	D	A	D	A	C	C	A	B
몰 리 브 덴	D	D	D	D	A	D	A	D	C	A	D

비고 A : 일반으로 사용, B : 때때로 사용, C : 드물게 사용, D : 사용하지 않음

결함이 생기기 쉽다. 설계에 있어서는 용접자세, 용접순서를 미리 고려해둘 필요가 있다. 또한 운봉하는데 곤란한 곳의 용접은 피하도록 여러 가지로 방법을 생각하여야 한다(그림 3-10 참조).

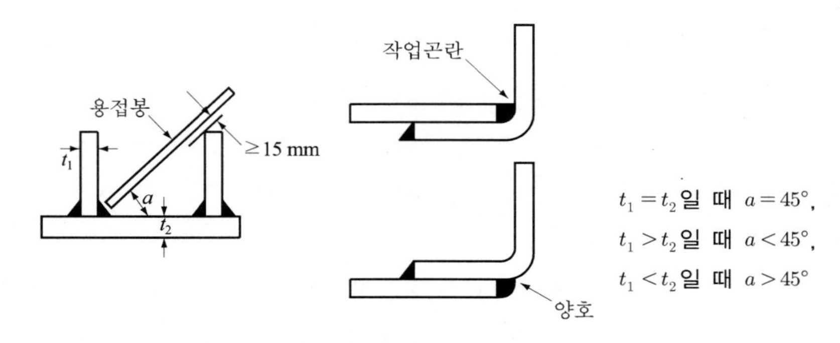

그림 3-10 좋은 용접의 조건

3.3.3 용접부의 결함

용접작업에 의한 결함으로는 용입 부족, 언터컷(under-cut), 오버랩(overlap), 슬래그 섞임(slag inclusion), 기공(blow hole), 비드 밑터짐(underbead crack) 등이 있다(그림 3-11 참조). 이들 결함은 여러 가지 검사법에 의하여 검사되나 용접강도는 특히 피로파괴의 원인이 되는 것이다. 검사에는 외관 검사가 있고 내부에 대한 비파괴 검사로서는 방사선 검사(radiography)가 가장 많이 사용되며 이 밖에 자기탐상법(magnetic particle testing), 초음파탐상법(ultrasonic testing), 와전류법(eddy current testing) 등이 있다.

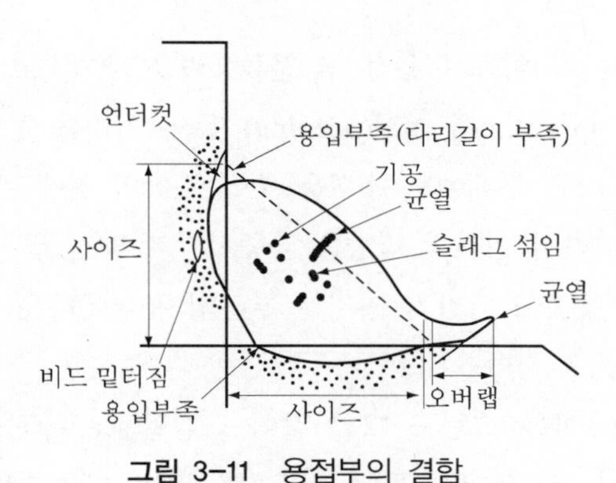

그림 3-11 용접부의 결함

3.3.4 용접의 특성

용접의 본질적인 특성은 국부적인 고온 용융상태에 기인한 것으로서 다음과 같은 영향을 들 수 있다.

① 잔류응력, 수축변형

② 용접부의 변질

③ 살돋움

잔류응력, 수축변형은 용융, 급냉으로 인하여 생기는 것으로서 부재에 변형과 응력을 주게 된다. 용접부의 변질은 연강의 경우 용접 금속부에서는 수지상조직이며 경도는 모재보다 높아지고 열영향부에서는 결정립자가 조대한 것부터 미세한 것까지 분포하여 용접부경계 근처에서는 취성화된다. 살돋움은 용접부를 보강하는 의미도 있으나, 이것이 크면 응력

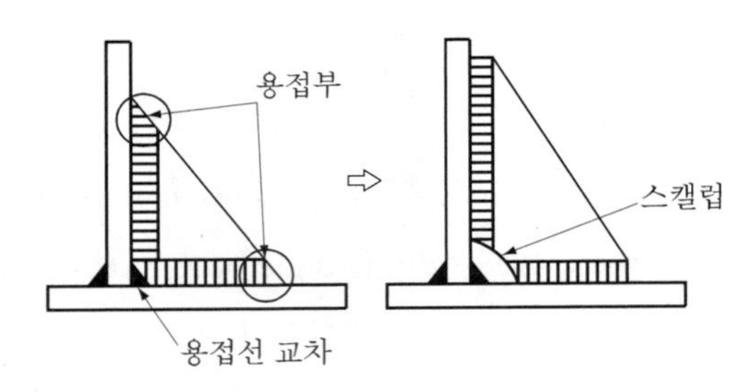

그림 3-12 스캘럽

집중 효과가 커진다. 이들은 모두 용접부의 결함과 더불어 강도 특히 피로강도를 저하시키는 것이다.

이같은 결함을 경감시키기 위하여 용접 후 잔류응력을 제거하고 재질 기계적 성질을 향상시킬 목적으로 어닐링(annealing), 피닝(peening) 등의 처리를 한다.

잔류응력, 수축변형은 다른 부재에도 응력을 주어 뜻밖의 곳에 큰 응력이 생기고 있다는 것도 고려하여야 한다. 따라서 이들의 영향을 과중시키지 않기 위하여 용접선은 짧게 단속적으로 하고, 또 부재의 응력이 갑자기 커지는 부분의 용접이나 용접선의 근접, 교차 등은 피하는 것이 바람직하다.

용접선이 교차하는 경우에는 그림 3-12와 같이 스캘럽(scallop)을 준다. 응력 변형을 완화하기 위하여 볼트 리벳 이음과 병용하는 것도 한 방법이다. 그러나 동일한 하중을 볼트 리벳과 용접이 부담하는 것은 피한다.

이것은 하중에 대하여 양자가 동시에 저항하는 것이 아니고 한쪽이 파괴된 뒤에 비로서 다른쪽이 저항하기 시작하는 것이기 때문이다. 따라서 양자를 병용할 때는 한쪽의 작용은 무시하고 계산한다.

3.4 용접 이음의 강도

용접 이음에는 여러 형태가 있고 이에 작용하는 하중상태도 인장, 압축, 굽힘, 비틀림 등 여러 가지며 생기는 응력도 복잡하다. 용접부의 응력분포나 파괴강도에 관하여 아직 불명확한 점이 많으며 응력산출에 관한 학설도 각각 가정이 다르므로 그 결과도 다르고 또한 계산도 복잡하다. 따라서 실용상 간단한 응력계산법을 지정하여 구해진 응력으로 용접부의

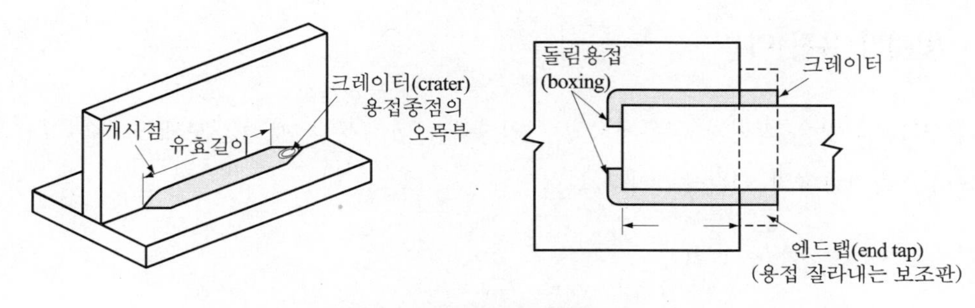

그림 3-13 용접유효 길이

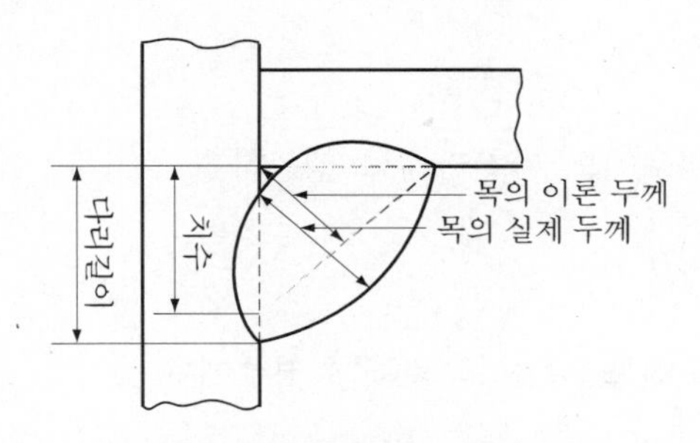

그림 3-14 용접의 다리길이

강약을 논하는 방법을 채택하고 있다.

응력계산에 기초가 되는 면 및 그 넓이는 용접부의 목 두께와 용접길이(유효길이)에 의하여 결정되는 면이며 그 넓이이다(그림 3-13 참조).

l'를 실제의 용접길이, l을 유효길이, a를 목 두께라 할 때, 온 둘레 용접에서는 $l=l'$, 그 밖에 용접에서는 $l=l'-2a$로 한다. 단, $l \geq 50$ mm 또는 $l \geq 6a$로 잡아야 한다.

필렛 용접의 다리길이(leg length, 그림 3-14)가 강도상 안전하여도 판 두께에 비하여 너무 작으면 터짐이 생기기 쉬우므로 판 두께에 대한 최소 다리길이가 필요하다.

B.S.S.(British Standard Specifications)에서는 표 3-2와 같이 제한하고 있다.

표 3-2 필렛의 다리길이의 최소값

판 두께(mm)	3.2~5	6~8	9~16	19~25	28~35	38 이상
다리길이의 최소값	3.2	5	6	9	13	19

3.4.1 맞대기 용접 이음

그림 3-15와 같은 맞대기 이음에서 P : 인장하중, a : 목 두께, t : 모재의 두께, l : 용접 길이, σ_t : 용접금속의 인장응력이라고 하면

$$P = \sigma_t al = \sigma_t tl \tag{3-1}$$

또 맞대는 판 두께가 다를 때에는 두께가 작은 쪽을 생각하여

$$P = \sigma_t al = \sigma_t t_1 l \tag{3-2}$$

또한 그림 3-16과 같은 경우에도 마찬가지로 생각하여

$$P = \sigma_t al = \sigma_t t_1 l \tag{3-3}$$

또 그림 3-15에서 굽힘 모멘트 M이 작용하는 경우에는

$$M = \sigma_t Z = \sigma_t \frac{a^2 l}{6} = \sigma_t \frac{t^2 l}{6} \tag{3-4}$$

와 같이 된다.

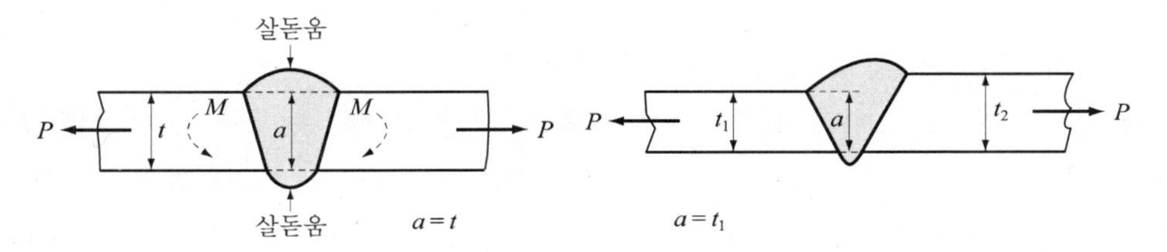

그림 3-15 맞대기 용접 이음

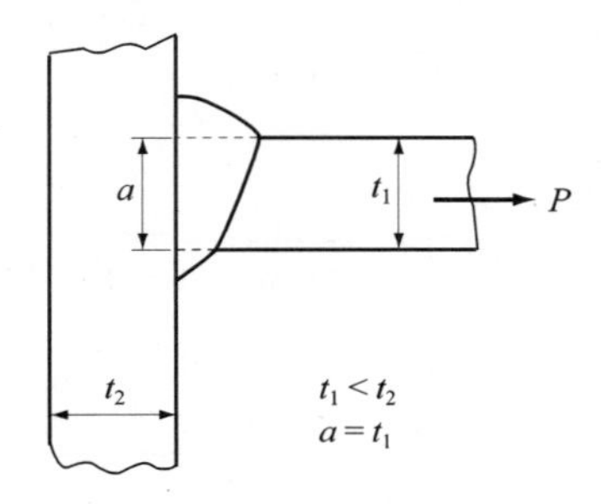

그림 3-16 T 이음

3.4.2 필렛 용접 이음

그림 3-17과 같이 필렛 단면에 내접하는 직각이등변 삼각형을 생각하여 그 높이 a를 목 두께로 한다. 따라서 용접치수를 h라고 하면

$$a = h\cos 45° = \frac{h}{\sqrt{2}} = 0.707h \tag{3-5}$$

(1) 측면 필렛 용접 이음의 경우

그림 3-18은 측면 필렛 이음의 가장 간단한 모양으로서 이 경우에는 용착금속에 전단력이 작용하는 것으로 하여 계산할 수 있다.

목 단면의 넓이 $A = 2al = 2(0.707h)l = 1.414hl$

따라서 용착금속의 전단응력을 τ라고 하면

$$P = A\tau = 1.414hl\tau \tag{3-6}$$

일반적으로 용착금속의 전단강도는 인장강도의 80 %에 해당한다.

(2) 전면 필렛 용접의 경우

그림 3-19와 같은 전면 필렛 용접 이음에서 판면과 45° 각도를 이루는 목 단면 내의 응력을 생각한다.

이 단면 내에서는 응력은 균일하게 분포하고, 또한 그 방향은 하중 P에 평행하다고 가정하고, 하중 P를 목 단면에 수직인 방향과 평행인 방향으로 분해하면,

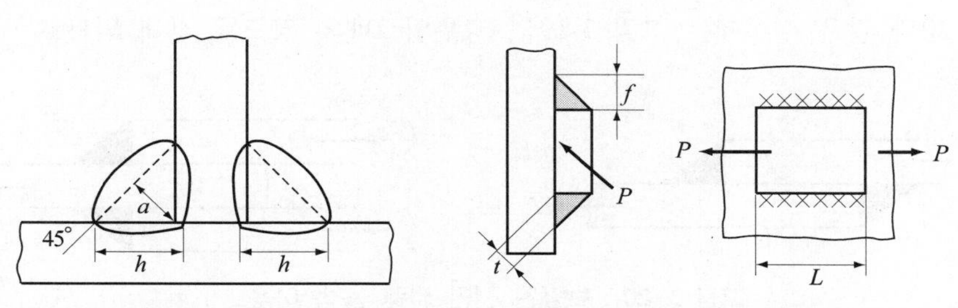

그림 3-17 필렛 용접 이음

그림 3-18 측면 필렛 용접 이음

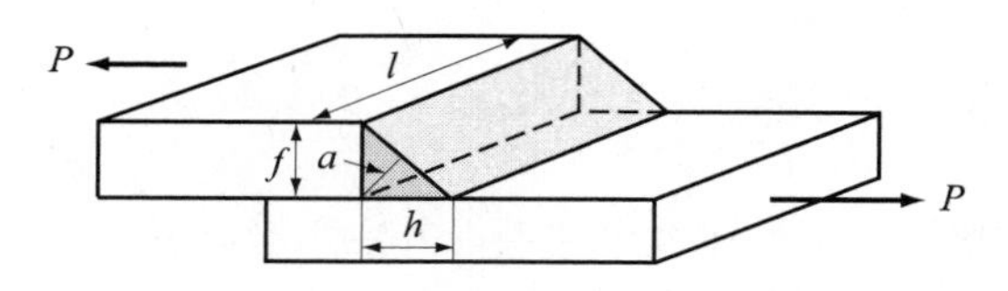

그림 3-19 전면 필렛 용접 이음

$$P_n = P\sin 45° = 0.707P$$

$$P_s = P\cos 45° = 0.707P$$

이 되므로 수직력 σ_n과 전단력 τ는 각각

$$\sigma_n = P_n / 0.707lh = P/lh$$

$$\tau = P_s / 0.707lh = P/lh$$

따라서 최대 주응력 $\sigma_{\max}$은

$$\sigma_{\max} = \frac{\sigma_n}{2} + \frac{1}{2}\sqrt{\sigma_n^2 + 4\tau^2} = 1.618P/hl$$

가 되어 이음의 파단하중은 $\sigma_{\max} = \sigma_t$로 하여

$$P = \sigma_t lh / 1.618 \tag{3-7}$$

이다. 그러나 식 (3-7) 대신에 P를 목 단면의 넓이로 나눈 응력으로 강도를 논한다. 이때 강도의 식은 다음과 같다.

$$P = \sigma_t lh / 1.414 \text{ 또는 } P = \tau lh / 1.414 \tag{3-8}$$

그림 3-20과 같은 경우에는 그림 3-19의 경우의 2배의 강도를 갖게 되므로

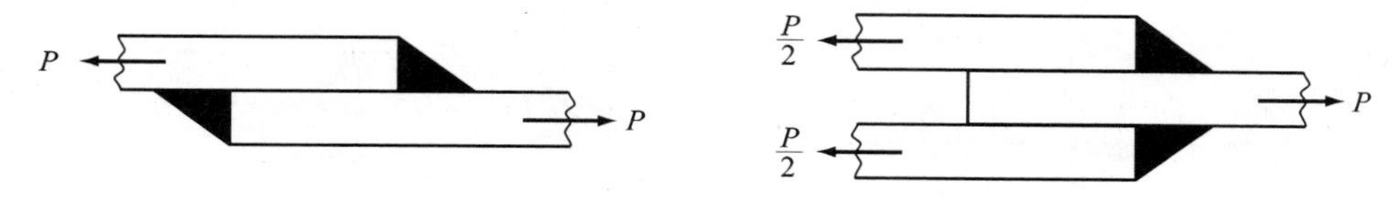

그림 3-20 보강된 전면 필렛 용접 이음

$$P = \sigma_t hl/0.707 \tag{3-9}$$

로 된다.

3.4.3 축선이 편위되어 있는 인장부재의 필렛 용접 이음

용접부분은 그 위치, 길이, 치수에 있어서 강도적으로 대칭이 되도록 배치하여야 한다. 그림 3-21과 같은 앵글을 용접하는 경우 인장력 P가 작용하고 용접부의 허용 전단응력을 τ라고 하면

$$P = a(l_1 + l_2)\tau = \frac{h}{\sqrt{2}} l\tau = 0.707hl\tau \tag{3-10}$$

$$\because \ l = l_1 + l_2$$

용접부 강도의 평형을 고려하여 도심축에 관한 모멘트를 생각하면

$$x_1 a l_1 \tau = x_2 a l_2 \tau$$

$$\therefore \ x_1 l_1 = x_2 l_2$$

$x_1 + x_2 = x$ 라고 하면 용접길이는 각각

$$l_1 = \frac{lx_2}{x}, \ l_2 = \frac{lx_1}{x} \tag{3-11}$$

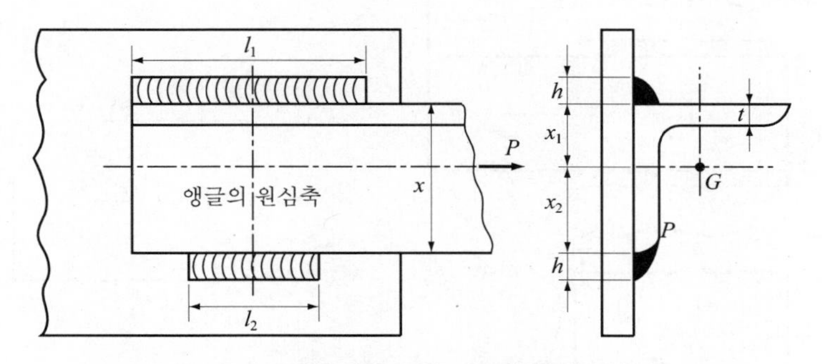

그림 3-21 편축선을 갖는 필렛 용접 이음

3.4.4 편심하중을 받는 필렛 용접 이음

그림 3-22와 같이 4변을 필렛 용접한 구조에 편심하중 P가 작용하면, 이 효과는 용접부의 도심 O에 작용하는 직접 전단력 P와 O둘레의 모멘트 $T=PL$로 대치할 수 있다. 직접전단력 P에 의하여 생기는 전단력은

$$\tau_1 = \frac{P}{0.707hl}$$
$$l = 2(b+c) \tag{3-12}$$

모멘트 $T=PL$에 의한 전단응력을 구하려면 둥근축에 작용하는 비틀림 모멘트에 의한 전단응력을 구하는 방법을 사용하여, 먼저 용접 이음을 선으로 보았을 때의 도심 O에 관한 극단면 2차 모멘트 I_p를 구한다.

그림 3-23에서 한변 AB의 O에 관한 극단면 2차 모멘트 I_{p1}은

$$I_{p1} = \int r^2\,dx = 2\int_0^{\frac{c}{2}} \left[\left(\frac{b}{2}\right)^2 + x^2\right] dx = \frac{b^2c}{4} + \frac{c^3}{12}$$

또 BC의 O에 관한 극단면 2차 모멘트 I_{p2}는 같은 방법으로

$$I_{p2} = 2\int_0^{\frac{b}{2}} \left[\left(\frac{c}{2}\right)^2 + y^2\right] dy = \frac{c^2b}{4} + \frac{b^3}{12}$$

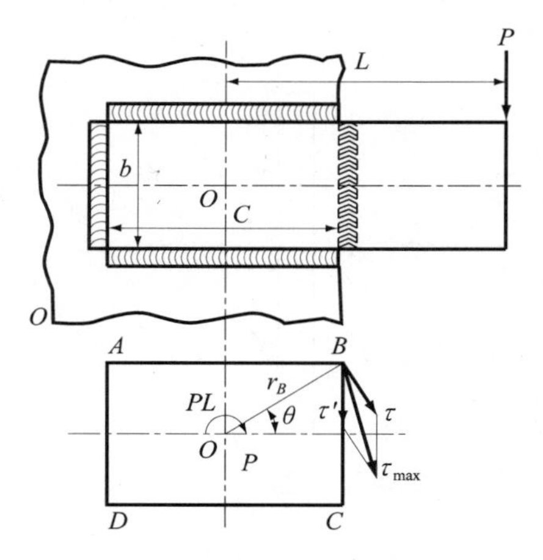

그림 3-22 4변 필렛 용접 이음

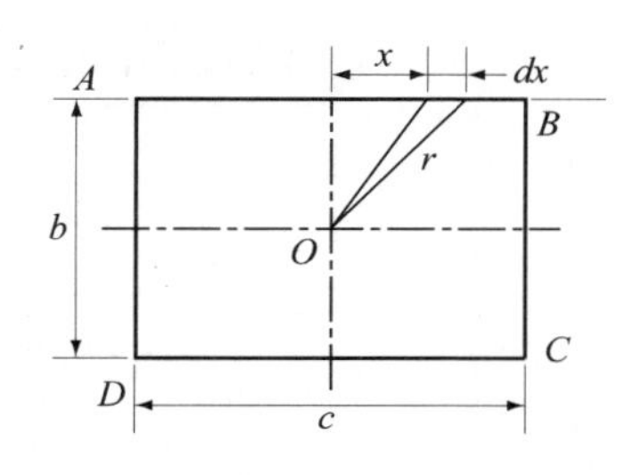

그림 3-23 용접선의 극단면 2차 모멘트

따라서 전체의 극단면 2차 모멘트 I_0

$$I_0 = 2(I_{p1} + I_{p2}) = \frac{1}{6}(b+c)^3 \tag{3-13}$$

따라서 둘레의 폭이 목두께 a와 같은 단면에 대하여는

$$I_p = a I_0 \tag{3-14}$$

그러므로 T에 대하여 생기는 도심 O에서 거리 r에 있어서의 전단응력 τ는

$$\tau_r = \frac{Tr}{I_p} \tag{3-15}$$

와 같이 표시한다. 이 식에 $T = PL$, $I_p = aI_0 = 0.707hI_0$를 대입하면

$$\tau_r = \frac{PLr}{0.707hI_0}$$

이 τ_r의 최대값 τ는 r이 최대인 B점에서 일어나므로 $r = r_B$라고 하면

$$\tau = \frac{PLr_B}{0.707hI_0}$$

이다. 그러므로 그림 3-22의 B점에서의 합성응력 $\tau_{\max}$은 아래와 같다.

$$\tau_{\max} = \sqrt{\tau_1^2 + \tau^2 + 2\tau_1 \tau \cos\theta} \tag{3-16}$$

표 3-3은 용접선으로 본 이음부 단면의 용접길이 l과 극단면 2차 모멘트 I_0를 표시한 것이다.

3.4.5 T 이음

그림 3-24와 같이 필렛 용접을 한 T 이음에 인장하중 P가 작용할 때에는 하중에 대한 저항면은 $a \times l$이며, 이것을 P에 수직 방향으로 회전시킨 그림 3-24(b)의 투상도에 수직으로 P가 작용하는 것으로 생각한다. 따라서 인장응력 σ_t는

|표 3-3| 용접길이 l 과 극2차 모멘트 I_0

이음의 모양	용접길이	극단면 2차 모멘트
	$l=b$	$I_0=\dfrac{b^3}{12}$
	$l=2c$	$I_0=\dfrac{c(3b^2+c^2)}{6}$
	$l=2b$	$I_0=\dfrac{b(3c^2+b^2)}{6}$
$N_Y=\dfrac{c^2}{2(c+b)}$ $N_X=\dfrac{b^2}{2(c+b)}$	$l=b+c$	$I_0=\dfrac{(c+b)^4\times 6c^2b^2}{12(c+b)}$
$N_Y=\dfrac{c^2}{2c+b}$	$l=b+2c$	$I_0=\dfrac{(2c+b)^3}{12}-\dfrac{c^2(c+b)^2}{(2c+b)}$
$N_X=\dfrac{b^2}{c+2b}$	$l=c+2b$	$I_0=\dfrac{(c+2b)^3}{12}-\dfrac{b^2(c+b)^2}{(c+2b)}$
	$l=\pi b$	$I_0=\dfrac{\pi b^3}{4}$

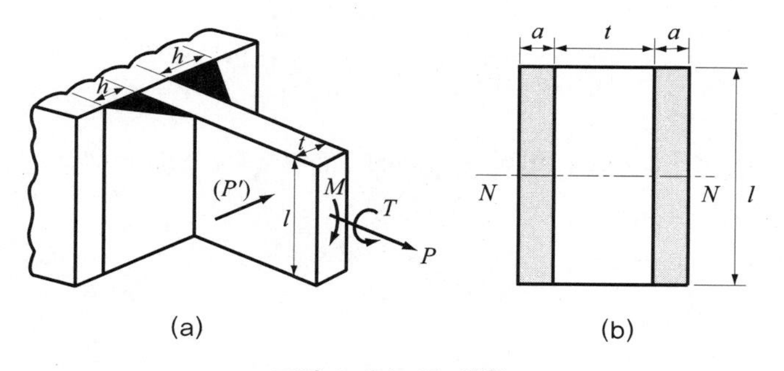

그림 3-24 T 이음

$$\sigma_t = \frac{P}{2al} = \frac{P}{2\times 0.707hl} = \frac{0.707P}{hl} \tag{3-17}$$

그림에서 용접선의 방향 또는 직각으로 전단력 P'가 작용하는 경우에는 식 (3-17)은 전단응력 τ를 구하는 식이 된다.

다음에 굽힘 모멘트 M이 작용하는 경우에는 그림 3-24(b)의 투상도가 굽힘 모멘트를 지지하는 것으로 생각한다. 즉, 이면의 중립축 NN에 관한 2차 모멘트로부터 단면개수 Z를 구하면 용접부에 생기는 최대 응력 σ는 다음과 같이 구해진다.

$$Z = 2\times\frac{al^2}{6} = \frac{0.707hl^2}{3}$$

$$\sigma = \frac{M}{Z} = \frac{3M}{0.707hl^2} = \frac{4.24M}{hl^2} \tag{3-18}$$

그림 3-25의 경우에는

$$Z = \frac{l}{6}\cdot\frac{[(2a+t)^3-t^3]}{(2a+t)} = \frac{l}{6}\cdot\frac{[(1.414h+t)^3-t^3]}{(1.414h+t)}$$

$$\therefore\ M = \sigma Z = \frac{l}{6}\cdot\frac{(1.414h+t)^3-t^3}{(1.414h+t)}\cdot\sigma \tag{3-19}$$

만일 $h=t$이면

$$M = 0.902\,lt^2\sigma \tag{3-20}$$

또는 다음과 같이 생각할 수도 있다. 즉, 상하의 용접부의 각각의 중심 $\frac{h}{2}$인 위치에 작용하는 반력 P_R에 의하여 생기는 우력과 굽힘 모멘트와의 평형으로부터

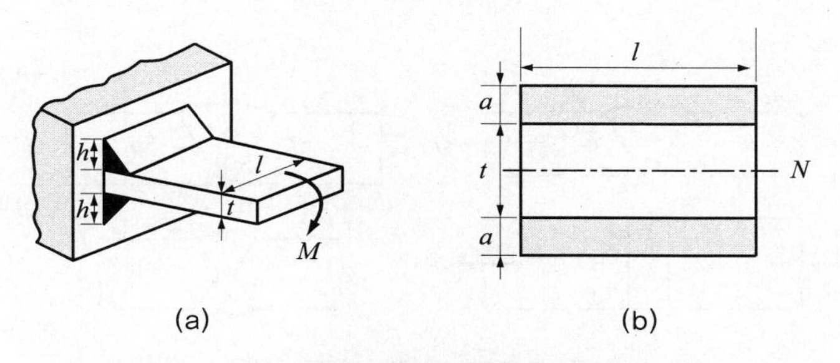

그림 3-25 굽힘 모멘트를 받는 T 이음

$$M = P_R(t+h)$$

$$\therefore \; P_R = \frac{M}{t+h}$$

용접부의 응력은

$$\sigma = \frac{P_R}{al} = \frac{\sqrt{2}\,M}{hl(t+h)} = \frac{1.414M}{hl(t+h)} \tag{3-21}$$

다음에 그림 3-24에서 비틀림 모멘트 T가 작용하는 경우 투상도가 그림 3-26과 같이 좌우비대칭이고 a, l, G는 각각 목 두께, 유효길이, 도심을 표시한다. 비틀림 모멘트 T에 의하여 용접부에 생기는 전단응력 τ는 도심으로부터의 거리에 비례하고, 그 방향은 도심과 이은 직선에 수직이라고 가정한다.

따라서 도심 G로부터 가장 먼 점에서 전단응력은 최대가 된다. 투상도의 도심 G 둘레의 극단면 2차 모멘트를 I_p, 도심에서 r의 거리에 있는 점의 전단응력을 τ라 하면

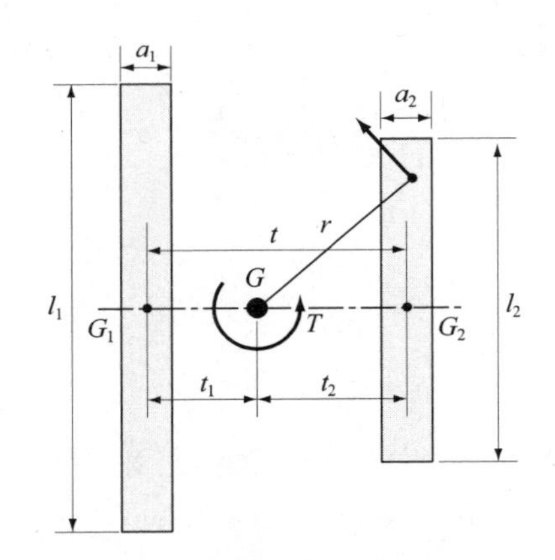

그림 3-26 비대칭 단면의 비틀림 모멘트

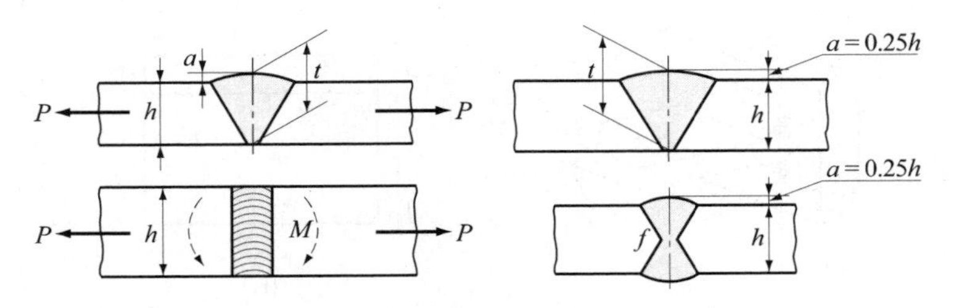

그림 3-27 맞대기 용접 이음

$$\tau = \frac{Tr}{I_p} \tag{3-22}$$

왼쪽의 용접부의 넓이를 A_1이라고 할 때 도심 G에 관한 극단면 2차 모멘트 I_{p1}은

$$I_{p1} = A_1\left(\frac{l_1^2}{12} + t_1^2\right) \tag{3-23}$$

$$I_{p2} = A_2\left(\frac{l_2^2}{12} + t_2^2\right)$$

전체 I_p는

$$I_p = I_{p1} + I_{p2} \tag{3-24}$$

이상과 같은 방법으로 T에 의한 전단응력 τ를 계산한다. 표 3-4에 G.H. Jennings의 용접 이음 응력계산식을 표시한다. 이 계산식은 모두 용접부의 목 두께를 기준으로 유도한 식이다.

| 표 3-4 | Jennings의 응력 계산

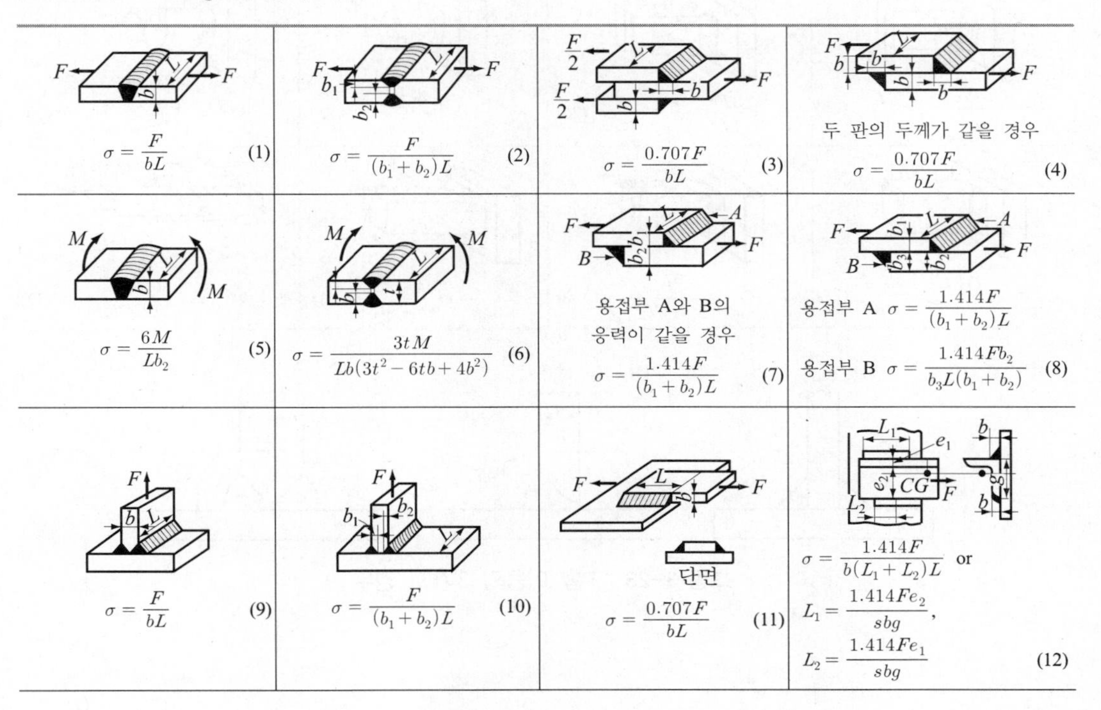

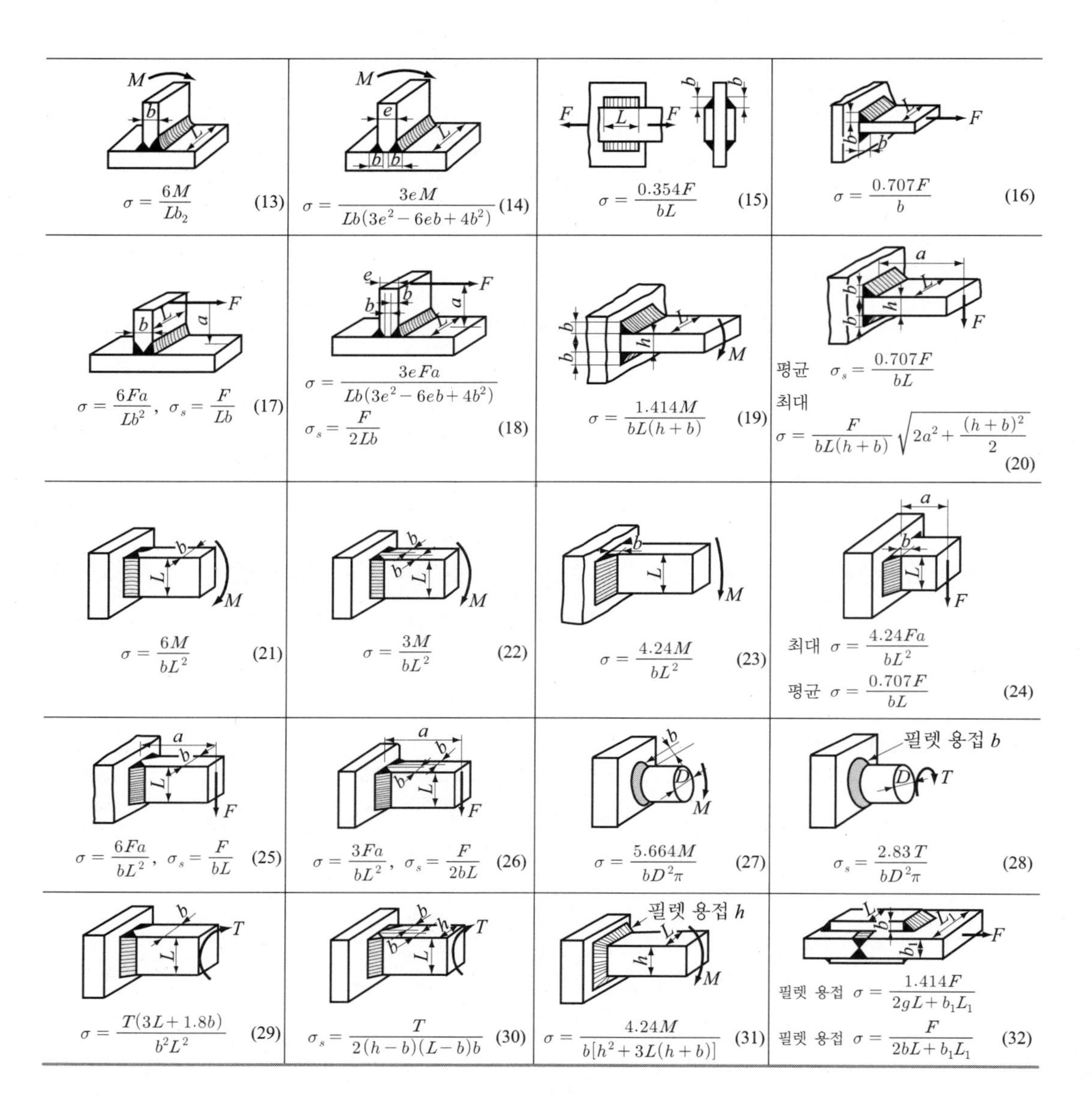

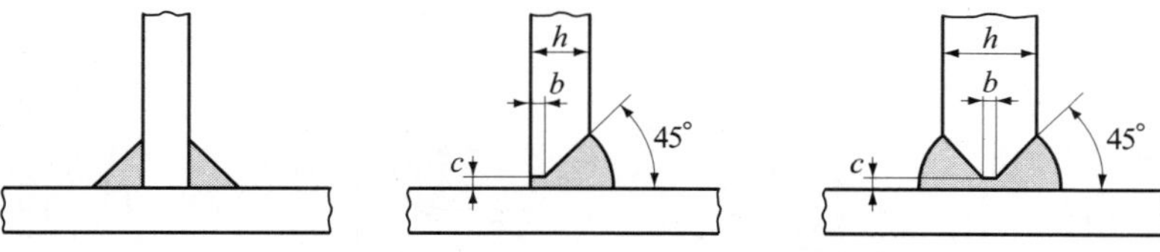

그림 3-28 T홈 이음의 3가지 경우

예제 3-1 그림 3-29의 사이즈 h로 필렛 용접을 한 지름 D인 둥근봉에 비틀림 모멘트 T가 작용할 때 용접부에 생기는 전단응력의 식을 유도하여라.

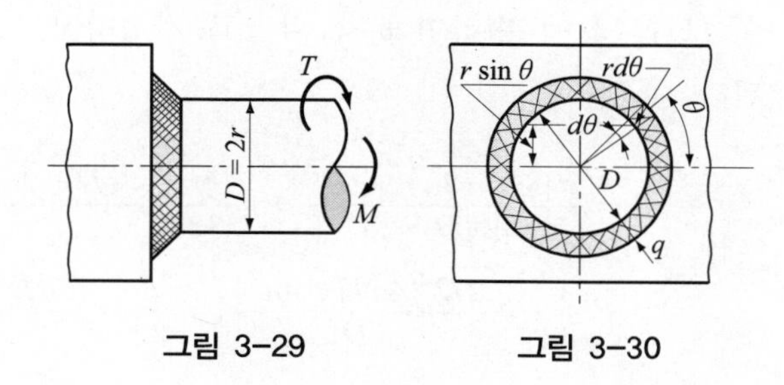

그림 3-29 그림 3-30

풀이 목 두께 a라고 할 때, 목 단면은 그림 3-30과 같다. 이 목 단면에 따라 $P=\dfrac{2T}{D}$인 전단력이 작용한다고 볼 수 있다. 따라서 전단응력 τ는 목 단면의 넓이를 근사적으로 πDa로 표시할 수 있으므로

$$\tau=\frac{P}{\pi Da} \tag{1}$$

식 (1)에 식 $P=\dfrac{2T}{D}$를 대입하면

$$\tau=\frac{2T}{\pi D^2 a}$$

용접 사이즈를 h라고 할 때 $a=\dfrac{h}{\sqrt{2}}$이므로,

$$\tau=\frac{2\sqrt{2}T}{\pi D^2 h}\fallingdotseq\frac{2.83T}{\pi D^2 h} \tag{2}$$

와 같이 표시된다.

예제 3-2 예제 3-1에서 T 대신에 굽힘 모멘트 M이 작용할 때의 굽힘응력의 식을 유도하라.

풀이 목 단면에 대한 단면계수 Z는

$$Z=\frac{\pi}{32}\cdot\frac{(D+2a)^4-D^4}{D+2a}$$

그러므로 $a=\dfrac{h}{\sqrt{2}}$를 대입하고 굽힘응력 σ_b를 구하면

$$\sigma_b = \frac{M}{Z} = \frac{32(D+1.414h)M}{\pi[(D+1.414h)^4 - D^4]} \tag{1}$$

지금 식 (1)을 D에 비하여 a가 작다고 가정하고 근사식을 유도하면 다음과 같이 된다.

$$Z = \frac{\pi[(D+2a)^4 - D^4]}{32(D+2a)} = \frac{\pi}{32} \cdot \frac{[(D+2a)^2 + D^2][(D+2a)^2 - D^2]}{D+2a}$$

$$\fallingdotseq \frac{\pi}{32} \cdot \frac{2D^2(4aD+4a^2)}{D} = \frac{\pi}{32} \cdot \frac{8aD^2(D+a)}{D}$$

$$\fallingdotseq \frac{\pi}{32} \times 8aD^2 = \frac{\pi a D^2}{4}$$

$a = \dfrac{h}{\sqrt{2}}$를 대입하고, 굽힘응력 σ_b를 구하면

$$\sigma_b = \frac{M}{Z} = \frac{4M}{\pi a D^2} = \frac{4\sqrt{2}\,M}{\pi h D^2} \fallingdotseq 5.66\frac{M}{\pi h D^2}$$

3.5 용접 이음의 효율 및 허용응력

일반적으로 용접 이음의 강도는 리벳 이음보다 우수하며, 양호한 용접부의 강도는 모재의 강도와 비슷하나 모재의 용접부 근처는 급격하게 가열 냉각되므로 취성화되어 모재의 강도보다 저하되어 있다.

본래 모재의 강도에 대한 이 강도저하의 비율을 용접 이음 효율 η로 나타내며, 이것을 경험으로부터 얻어진 형상계수 v_1과 용접계수 v_2로 나누어 표시하면

$$\sigma_a = \eta \sigma_a{}' = v_1 \cdot v_2 \sigma_a{}' \tag{3-25}$$

여기서 σ_a : 용접 허용응력, $\sigma_a{}'$: 모재의 허용응력

형상계수 v_1은 정하중에 대해서 표 3-5(a)의 값을 취하고, 동하중에 대해서는 표 3-5(b)의 값을 취한다. 용접계수 v_2는 양호한 용접(공장 아래보기 용접)에서는 보통 $v_2 = 1$로 할 수 있으나 수평용접, 수직용접, 위보기 용접으로 갈수록 신뢰성이 저하하므로 0.5로 취하는 수도 있다.

|표 3-5| (a) 정하중에 대한 v_1의 값

이음의 종류	하중의 종류	v_1
맞대기 용접	인 장	0.75
	압 축	0.85
	굽 힘	0.80
	전 단	0.65
필렛 용접	모든 경우	0.65

|표 3-5| (b) 동하중에 대한 v_1의 값(Schimpke, Horn und Hanchen에 의함)

이음의 종류		모재	맞대기 이음				
이음의 명칭			V형	V형 비드	V형 표면 다듬질	X형	V형(경사)
용접 기호						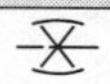	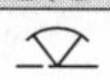
실형		0 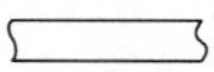	1 	2 	3 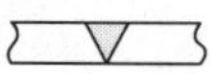	4 	5 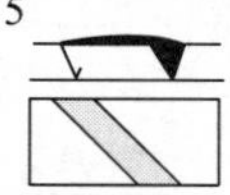
v_1	인장압축	1	0.5	0.7	0.92	0.8	0.8
	굽힘	1.2	0.6	0.84	1.1	0.84	0.98
	전단	0.8	0.42	0.56	0.73	0.56	0.65

이음의 종류		T 이음					
이음의 명칭		양쪽 필렛(볼록)	(납작)	양쪽 필렛 오목	한쪽 필렛(납작)	K형 필렛	X형
용접 기호		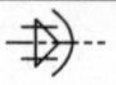		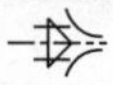	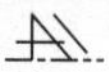		
실형		6 	7 	8 	9 	10 	11 
v_1	인장압축	0.32	0.35	0.41	0.22	0.56	0.7
	굽힘	0.69	0.7	0.87	0.11	0.8	0.84
	전단	0.32	0.35	0.41	0.22	0.45	0.56

이음의 종류		T 이음	모서리 이음				
이음의 명칭		형	비드한쪽 필렛(납작)	평	V형 볼록	V형 볼록 비드	모서리 X형 볼록
용접 기호		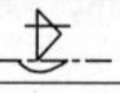	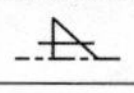	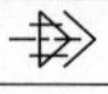	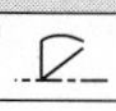		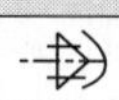
실형		12 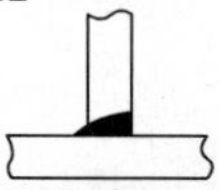	13 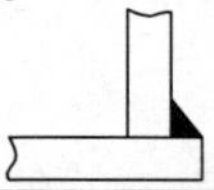	14 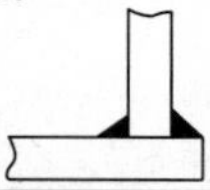	15 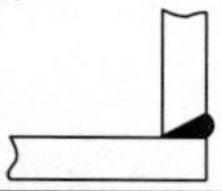	16 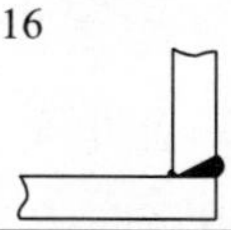	17 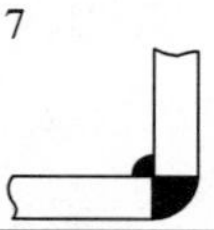
v_1	인장압축	0.63	0.22	0.3	0.45	0.6	0.35
	굽힘	0.8	0.11	0.6	0.55	0.75	0.7
	전단	0.8	0.22	0.3	0.37	0.5	0.35

|표 3-5| (b) 동하중에 대한 v_1의 값 (계속)

이음의 종류		겹치기 이음			
이음의 명칭		수직 2측 필렛		수평 2측 필렛	
실형		18	19	20	21
v_1	인장	0.22	0.25	0.25	0.48

|표 3-6| 용접 이음의 허용응력 및 안전계수

하 중		설계강도 kg/mm²	안 전 계 수	허 용 압 력 kg/mm²
정하중	인 장	28～34	3.3～4.0(3.0)	7.0～10.0(9.0～12.0)
	압 축	30～35	3.0～4.0(3.0)	7.5～12.0(9.0～12.0)
	전 단	21～28	3.3～4.0(3.0)	5.0～8.5(7.2～10.0)
달아올리기 동하중	인장 또는 압축	–	6.0～8.0(5.0)	3.5～6.0(5.4～7.0)
	전 단	–	6.0～8.0(4.5～5.0)	2.5～4.5(4.3～5.6)
진동하중	인장압축	–	9.5～13.0(8～12)	2.0～3.5(4.8～6.0)
	전 단	–	9.5～13.0(8～12)	1.5～3.0(8.6～4.8)

같은 이유로 현장용접의 효율의 값은 공장용접의 경우의 80～90 % 정도로 한다.

표 3-6에 용접 이음의 허용응력 및 안전계수를 직접 제시한 값들이 있다. 또한 표 3-7은 KS에서 규정하고 있는 보일러 및 압력용기의 용접 이음효율의 표준이다.

용접 이음의 허용응력은 모재의 재질, 이음의 종류, 하중의 종류, 작업자의 기능 등에 따라 다르나, 최근에는 용접기술이 발전하여 용접 이음의 안전성은 매우 높아졌으며, 다음과 같이 생각할 수 있다.

① 맞대기 용접 이음의 강도는 모재의 강도와 거의 같으며, 이음효율도 대부분의 경우 100 %로 잡아도 좋다.

② 필렛 용접 이음은 대부분 전단력이 작용하는데, 모재의 허용 전단응력과 같은 정도로 잡아도 되며 허용 인장응력의 약 60 %이다.

이상은 용접조건에 높은 신뢰도를 기대할 수 있는 경우이며, 보통 공장용접의 경우에는 이음효율은 80~90 %로 잡도록 하고 있으나, 강 구조물의 용접 이음의 허용응력은 모재의 허용응력에 비하여 맞대기 용접 이음에서는 정하중의 경우 인장, 압축, 전단의 어느 경우에도 0.8~1.0배, 필렛 용접 이음의 경우에는 전단허용응력은 같게 잡도록 되어 있다.

표 3-7 보일러 및 압력용기 용접 이음효율

이음의 종류	이음의 기준 효율 %	영향을 미치는 조건			이음효율 %	
		응력제거	살돋움을 깎는 방법	강재의 종별	방사선 검사에 합격한 것	방사선 검사를 하지 않은 것
					1.18	1.00
맞대기 양쪽 용접 또는 받침판을 사용한 맞대기 한쪽 용접	80	시행한 것 1.00	충분히 깎아낸 것 1.00	A 1.00	94.4	80.0
				B 0.95	89.7	76.0
				C 0.90	85.0	72.0
			가볍게 깎아내든가 전혀 깎지 않은 것 0.95	A 1.00	89.7	76.0
				B 0.95	85.2	72.2
				C 0.90	80.7	68.4
		하지 않은 것 0.95	가볍게 깎아내든가 전혀 깎지 않은 것 0.95	A 1.00	85.2	72.0
				B 0.95	80.9	68.6
				C 0.90	76.7	65.0
받침판을 사용하지 않는 맞대기 한쪽 용접	70	시행한 것 1.00	가볍게 깎아내든가 전혀 깎지 않은 것 0.95	A 1.00	78.5	66.5
				B 0.95	74.5	63.2
				C 0.90	70.6	59.9
		하지 않은 것 0.95	가볍게 깎아내든가 전혀 깎지 않은 것 0.95	A 1.00	74.5	63.2
				B 0.95	70.8	60.0
				C 0.90	67.1	56.9
양쪽 온 두께 필렛 겹치기 용접	65	시행한 것 1.00		A 1.00		65.0
				B 0.95		61.8
				C 0.90		58.5
		하지 않은 것 0.95		A 1.00		61.8
				B 0.95		58.7
				C 0.90		55.6
플러그 용접을 하지 않은 한쪽 온 두께 필렛 겹치기 용접	50	시행한 것 1.00		A 1.00		50.0
				B 0.95		47.5
				C 0.90		55.6

|표 3-7| 보일러 및 압력용기 용접 이음 효율 (계속)

이음의 종류	이음의 기준 효율 %	영향을 미치는 조건			이음효율 %	
		응력제거	살돋움을 깎는 방법	강재의 종별	방사선 검사에 합격한 것	방사선 검사를 하지 않은 것
					1.18	1.00
플러그 용접을 하지 않은 한쪽 온 두께 필렛 겹치기 용접	50	하지 않은 것 0.95		A 1.00 B 0.95 C 0.90		47.5 45.1 42.8

기호	강재의 종류	홈의 모양		
A	보일러용 압연강재 제1종 을, 제2종 을, 병, 제3종 을, 병 및 판 이외의 강재로 이것에 준하는 것.		판 두께 mm	홈
B	보일러용 압연강재 제1종 갑, 제2종 갑, 제3종 갑 및 판 이외의 강재로 이것에 준하는 것.	손 용 접	6~16 12~38 19 이상	V형 X형 L형 H형
C	그밖의 강재	자동용접	6 이상	U형

|표 3-8| KS의 부문별 기호

명 칭	그 림	기 호
돌출된 모서리를 가진 평판 사이의 맞대기 용접 에지 플랜지형 용접(미국) / 돌출된 모서리는 완전 용해	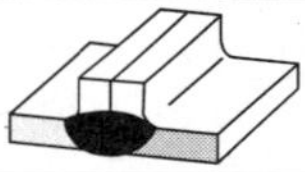	
평행(I형) 맞대기 용접	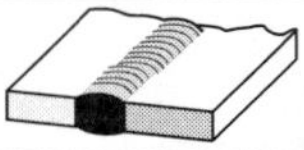	‖
V형 맞대기 용접	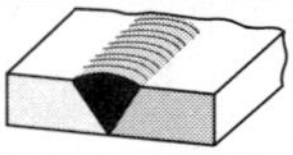	 V
일면 개선형 맞대기 용접	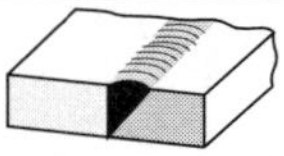	
넓은 루트면이 있는 V형 맞대기 용접	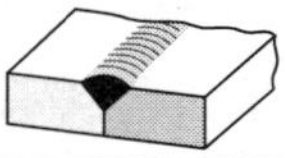	Y
넓은 루트면이 있는 한 면 개선형 맞대기 용접	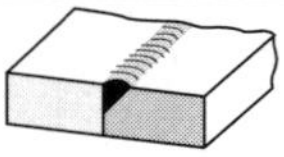	
U형 맞대기 용접(평행 또는 경사면)	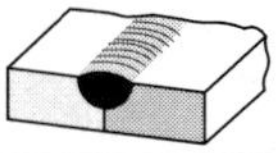	
J형 맞대기 용접	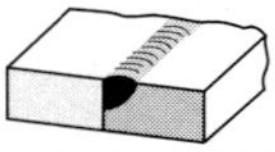	

|표 3-8| KS의 부문별 기호 (계속)

명 칭	그 림	기 호
이면 용접	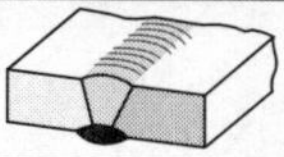	
필렛 용접	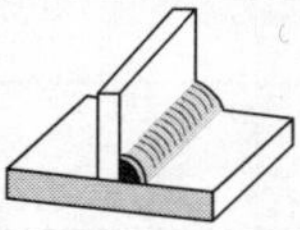	
플러그 용접 : 플러그 또는 슬롯 용접 (미국)	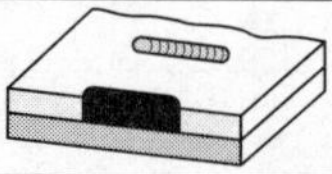	
점 용접	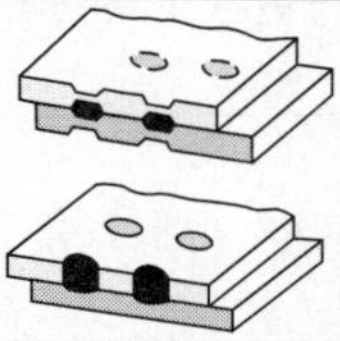	
심 (seam) 용접	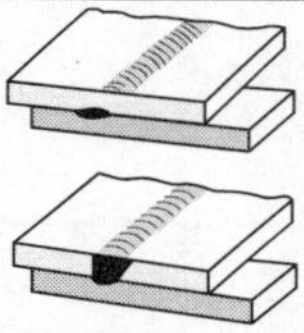	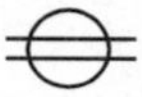
개선 각이 급격한 V형 맞대기 용접	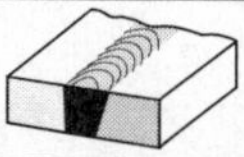	
개선 각이 급격한 일면 개선형 맞대기 용접	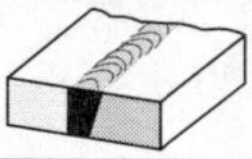	
가장자리 (edge) 접합부	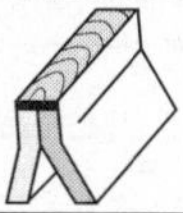	
표면 육성	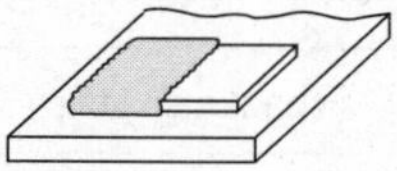	
표면 (surface) 용접	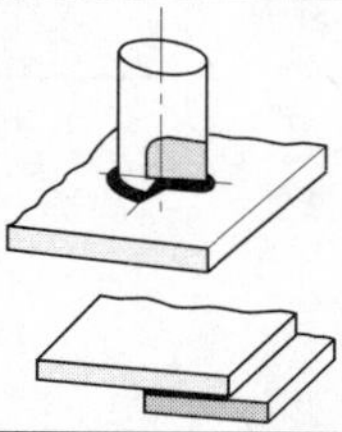	
경사 접합부	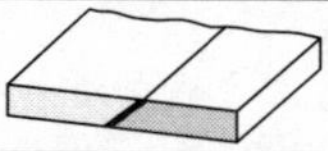	
겹침 접합부		

|표 3-9| 양면용접부 조합기호(보기)

명 칭	그 림	기 호
양면 V형 맞대기 용접(X용접)		X
K형 맞대기 용접		K
넓은 루트면이 있는 양면 V형 용접		
넓은 루트면이 있는 K형 맞대기 용접		
양면 U형 맞대기 용접		

|표 3-10| 보조기호

용접부 표면 또는 용접부 형상	기 호
a) 평면(동일한 면으로 마감 처리)	—
b) 볼록형	
c) 오목형	
d) 토우를 매끄럽게 함.	
e) 영구적인 이면 판재(backing strip) 사용	M
f) 제거 가능한 이면 판재 사용	MR

표 3-11 보조기호의 적용 보기

명 칭	그 림	기 호
평면 마감 처리한 V형 맞대기 용접		
볼록 양면 V형 용접	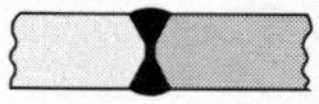	
오목 필렛 용접	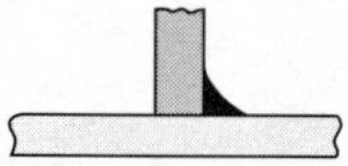	
이면 용접이 있으며 표면 모두 평면 마감 처리한 V형 맞대기 용접		
넓은 루트면이 있고 이면 용접된 V형 맞대기 용접		
평면 마감 처리한 V형 맞대기 용접		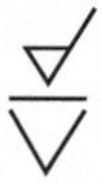
매끄럽게 처리한 필렛 용접	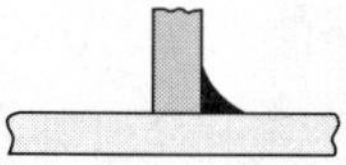	

예제 3-3 다리길이 $h = 10$ mm인 전면 필렛 용접 이음(그림 3-19)에서 용접선의 직각 방향으로 5톤의 인장하중이 작용할 때 용접부에 생기는 응력을 구하라. 단, 용접길이는 120 mm이다.

풀이

$$\sigma = \frac{1.414P}{hl} = \frac{5000 \times 1.414}{10 \times 120} = 5.89 \text{ kg/mm}^2$$

또 최대 주응력으로 구하면

$$\sigma = \frac{1.618P}{hl} = \frac{1.618 \times 5000}{10 \times 120} = 6.74 \text{ kg/mm}^2$$

예제 3-4 그림 3-31과 같은 달아 올리기 강판에 $P = 5$ t의 하중이 30° 위쪽으로 걸리는 경우의 용접부를 설계하라. 단, 강판의 두께 $t = 13$ mm, 용접 사이즈는 $h = 10$ mm로 한다.

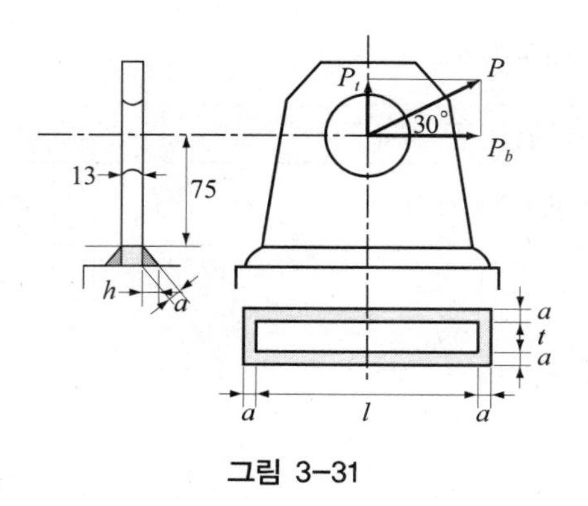

그림 3-31

풀이 용접부의 인장하중

$$P_t = P\sin 30° = 5000 \times 0.5 = 2500 \text{ kg}$$

굽힘하중 P_b에 의한 굽힘 모멘트

$$P_b \times 75 = 75 \times P\cos 30° = 75 \times 5000 \times 0.866 = 324750(\text{kg} \cdot \text{mm})$$

용접 사이즈 $h = 10$ mm이므로 목 두께 $a = 0.707h = 0.707 \times 10 = 7.07(\text{mm})$
용접부의 폭을 l이라 하면 용접 유효넓이 A는

$$A = 2(l+2a)a + 2ta = 2(l + 2\times 7.07)\times 7.07 + 2\times 13 \times 7.07$$
$$= 14.14l + 283.78(\text{mm}^2)$$

단면계수는

$$Z = \frac{1}{6} \cdot \frac{(t+2a)(l+2a)^3 - tl^3}{l+2a}$$
$$= \frac{(13+2\times 7.07)(l+2\times 7.07)^3 - 13l^3}{6(l+2\times 7.07)}$$
$$= \frac{27.14(l+14.14)^3 - 13l^3}{6(l+14.14)}$$

인장응력은

$$\sigma_t = \frac{P_t}{A} = \frac{3500}{14.14l + 283.78}$$

굽힘응력은

$$\sigma_b = \frac{M}{Z} = \frac{455000 \times 6(l+14.14)}{27.14(l+14.14)^3 - 13l^3}$$

합성응력은

$$\sigma = \sigma_t + \sigma_b$$

위 식에 각종 l의 값을 대입하면 합성응력을 계산할 수 있다.

예제 3-5 허용 인장응력이 8 kg/mm², 두께 10 mm의 강판을 용접길이 100 mm, 용접 이음 효율 80 %로 맞대기 용접을 할 때 목 두께는 얼마로 하면 되는가? 단, 용접부의 허용응력은 7 kg/mm²로 한다.

풀이 하중은 $P = \sigma_a t l = 8 \times 10 \times 100 = 8000(\text{kg})$, 허용하중은 P의 80 %이므로

허용하중 $= 8000 \times 0.8 = 6400(\text{kg})$

맞대기 이음의 강도식으로부터 목 두께는

$$a = \frac{P}{\sigma_t l} = \frac{6400}{7 \times 100} = 9.14(\text{mm})$$

예제 3-6 그림 3-32와 같이 브래킷(bracket)을 프레임(frame)에 양쪽 필렛 용접을 하였다. 사이즈 $h = 8$ mm, 유효길이 $l = 100$ mm, $c = 20$ mm, 허용응력 $\sigma_a = 14$ kg/mm² 이라 할 때 수평하중 P의 최대값을 구하라.

수평하중 P는 용접부의 도심에 작용하는 인장하중 P와 굽힘 모멘트 $M = P \cdot c$로 대치할 수 있다.

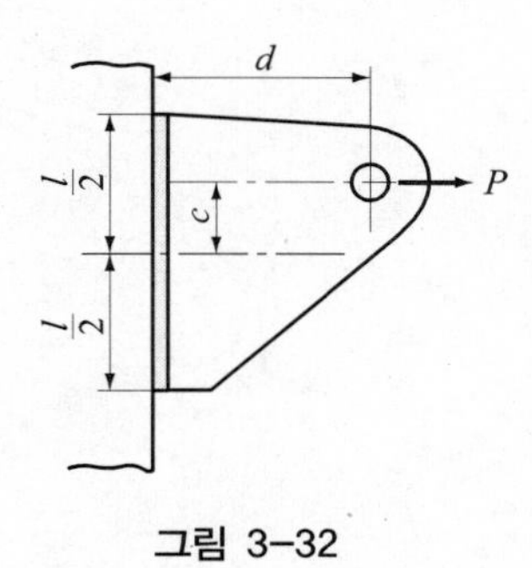

그림 3-32

풀이 인장응력은 $\sigma_t = \dfrac{0.707P}{hl}$

굽힘응력식으로부터 $\sigma_b = \dfrac{4.24P \cdot c}{hl^2}$

따라서 합력 σ 는 $\sigma = \sigma_t + \sigma_b = \dfrac{0.707P}{hl} + \dfrac{4.24P \cdot c}{hl^2}$

$$= \frac{0.707P}{8 \times 100} + \frac{4.24P \times 20}{8 \times 100^2} \leq 14$$

$$P \leq 7202(\text{kg})$$

그러므로 수평하중의 최대값은 $P = 7200$ kg으로 결정한다.

연습문제

1. 그림 3-33과 같이 필렛 용접 이음에 하중 P가 작용할 때의 합성응력을 구하라. 단, 사이즈는 양쪽 모두 $h = 6$ mm, 유효길이 $l = 100$ mm, 하중 $P = 2000$ kg이다.

2. 그림 3-32에서 하중 $P = 1$ t이 연직 방향으로 작용할 때 $d = 20$ mm, 허용응력 $\sigma_a = 14$ kg/mm^2, $\tau_a = 9$ kg/mm^{2}라고 하면 이 용접 이음은 안전한가를 검토하라.

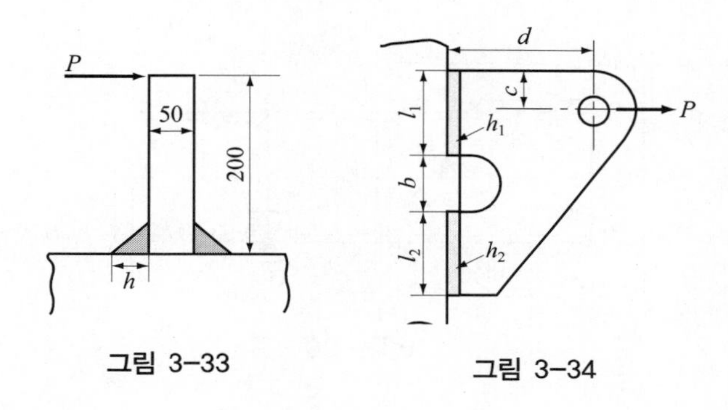

그림 3-33 그림 3-34

3. 그림 3-34와 같은 양쪽 필렛 용접의 브래킷에 있어서 용접길이 $l_1 = 60$ mm, $l_2 = 40$ mm, $h_1 = 8$ mm, $h_2 = 6$ mm, 치수 $b = 50$ mm, $c = 20$ mm, 하중 $P = 3$ t일 때 용접부에 생기는 최대 응력을 구하라.

4. 앵글강 $L - 50 \times 50 \times 5$를 필렛 용접에 의하여 그림 3-35와 같이 결합한다. 유효길이 l_1, l_2를 구하라. 단, 하중 $P = 4$ t, 허용응력 $\tau_a = 9$ kg/mm^2, $h = 5$ mm로 하고 유효길이는 40 mm 이상으로 한다.

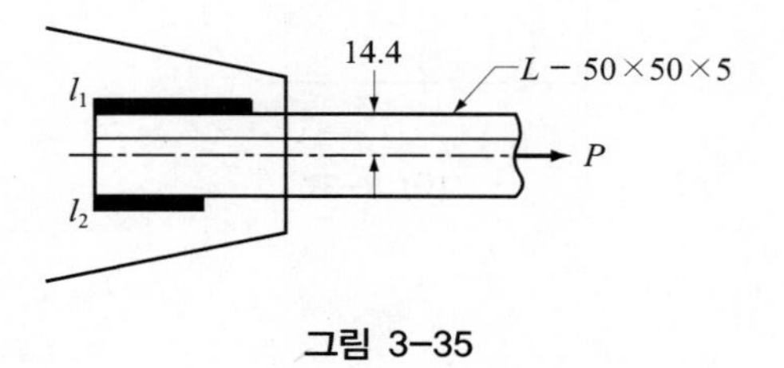

그림 3-35

5. 허용 인장응력이 10 kg/mm^{2}인 두께 12 mm의 강판을 유효길이 160 mm로 V홈 맞대기 용접을 하였을 때, 그 효율을 80 %로 하려면 목 두께 a를 얼마로 하면 되는가? 단, 용접부의 허용응력 $\sigma = 8$ kg/mm^{2}로 한다.

6. 그림 3-36과 같은 필렛 용접 이음에 작용시킬 수 있는 안전하중 W를 구하라. 단, 용접응력을 $\sigma = 9$ kg/mm^{2}으로 한다. 또 이 용접을 T형 맞대기 용접으로 하면 견딜 수 있는 안전하중은 얼마인가?

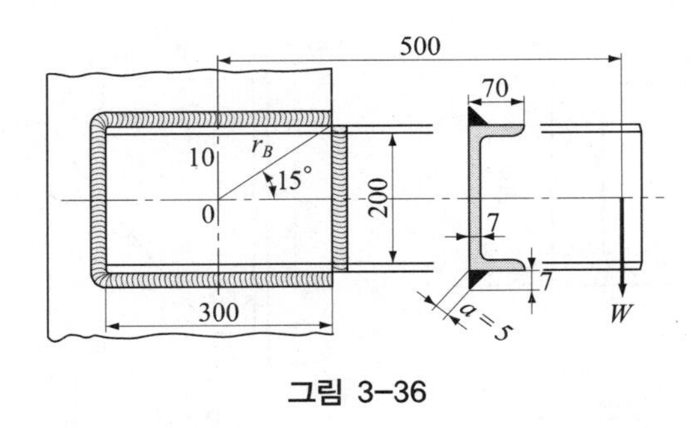

그림 3-36

7. 그림 3-37과 같이 4변이 필렛 용접된 200×70×7 채널(channel)강에 편심하중 5000 kg이 작용할 때 용접부의 최대응력을 구하라.

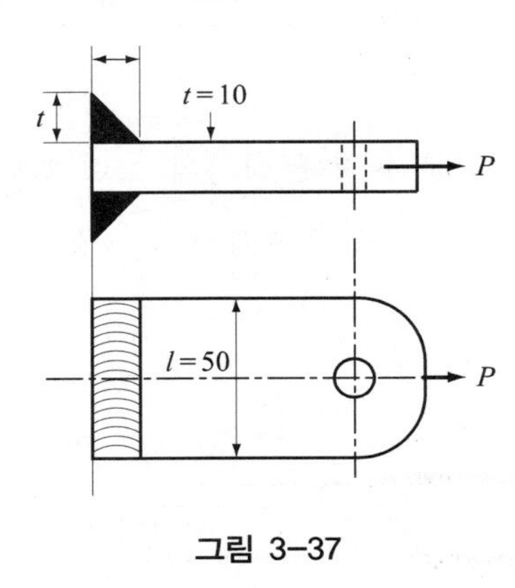

그림 3-37

4 리벳 이음

강판 또는 형강 등을 영구적으로 접합하는 데 사용하는 체결요소를 리벳이라 부른다. 건축구조물 또는 기계부품을 영구결합하기 위하여 사용되며 체결하는 리벳의 기능은 견고하고 강하게 죄는 것이다. 강도(strength)는 결합부의 파괴를 예방하고, 견고함(tightness)은 누설을 방지하기 위함이다. 예를 들면 보일러, 물탱크, 가스 탱크, 철골 구조물 등에 사용한다. 재료는 연강, 동, 황동, 알루미늄, 두랄루민 등이 사용되고 구성은 리벳헤드와 리벳 생크로 구성되어 있다.

4.1 리벳팅 작업(riveting)

리벳팅 작업이란 그림 4-1과 같이 제2의 머리를 성형하여 체결하는 작업을 말한다. 리벳 구멍은 리벳 지름보다 1～1.5 mm 정도 크게 뚫는다. 또한 리벳 구멍을 뚫는 작업은 펀칭(punching)이나 드릴링(drilling)으로 한다. 판 두께 12 mm까지는 펀칭할 수 있으나 그 이상에서는 판을 겹친 채로 드릴링하고, 특히 기밀을 요할 때는 리머로 다듬질한다.

리벳팅 작업에는 손때림(hand riveting)과 기계때림(machine riveting)이 있다. 손때림은 비철금속이나 지름 25 mm까지의 강리벳에서 사용할 수 있고, 그 이상에서는 기계때림을 한다. 기계때림에는 증기, 압축공기, 수력 등을 동력으로 이용하는 리벳팅 기계(riveting machine or riveter)를 사용하여 연속적인 타격을 주어 성형한다. 또한 리벳팅에는 상온에서 시행하는 냉간 리벳팅(cold riveting)과 적열상태로 가열해서 시행하는 열간 리벳팅(hot riveting)이 있다. 냉간 리벳팅에 있어서는 작업완료 후에 리벳의 수축이 없으므로 판을 죄는 힘이 없고 따라서 마찰저항도 없다. 강리벳에서는 지름이 8 mm 이하 및 연강리벳, Al

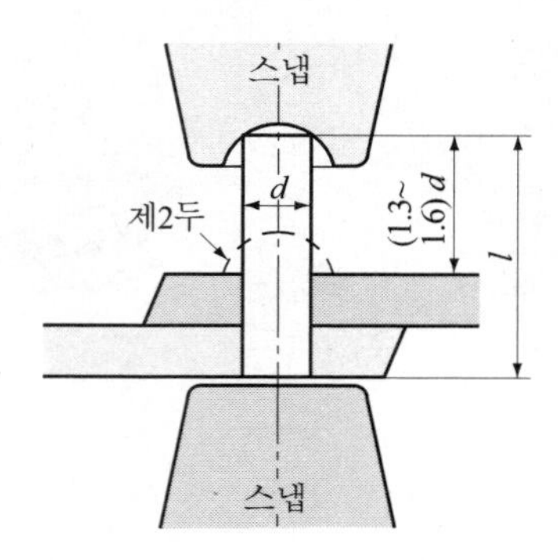

그림 4-1 리벳 작업

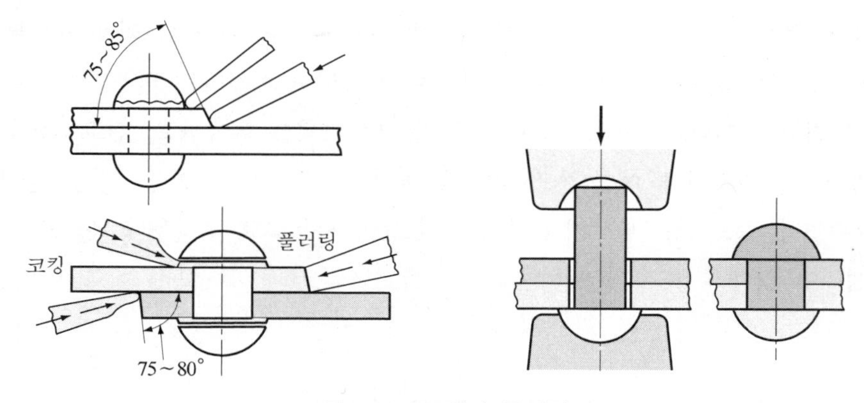

그림 4-2 코킹과 풀러링

리벳의 경우 사용되는 방법이다. 열간 리벳팅은 보통 강리벳을 적열상태로 가열하여 성형하므로 그 후에 판 수축에 의하여 판을 세게 죄게 되어 기밀의 효과를 얻을 수 있다.

그러나 동시에 반력으로서 인장응력이 생기므로 일반적으로 $l < 5d$ 로 하고 있다. 특히 기밀을 필요로 할 때에는 그림 4-2와 같이 리벳팅하고 냉각된 다음에 판의 가장자리를 코킹(caulking) 작업을 함으로써 판을 밀착시킨다. 더욱 기밀을 좋게 하기 위해서는 풀러링(fullering) 작업을 한다.

리벳 구멍에서 판의 가장자리까지의 거리가 너무 크거나, 판의 두께가 얇으면 코킹에 의하여 판이 도리어 튀어 오르게 되어 기밀의 효과가 감소하므로, 두께 5 mm 이하일 때는 코킹 작업을 하지 않고 판 사이의 패킹(마포, 종이 석면 등)을 넣어서 기밀을 유지시킨다.

4.2 리벳의 모양 및 종류

리벳 모양 및 종류는 그림 4-3과 같이 여러 가지가 있으며 기본치수는 KS 규격에 상세히 규정되어 있다.

각종 리벳에 대한 길이 l은 여러 가지가 규정되어 있으며 일반적으로 다음식에 의하여 결정된다.

$$l = (\text{접합시킬 판의 두께}) + (1.3 \sim 1.6)\,d$$

리벳 재료로는 리벳이 큰 내력을 받으므로 가단성이 크고 항복점이 높은 저탄소강을 보통 사용한다. KS 규격에서는 일반용으로 인장강도가 $34 \sim 50\ \mathrm{kg/mm^2}$인 리벳강을 용도에 따라 세분하여 규정하고 있다. 즉, SV34($\sigma_b = 34 \sim 41\ \mathrm{kg/mm^2}$)와 SV41($\sigma_b = 41 \sim 50$

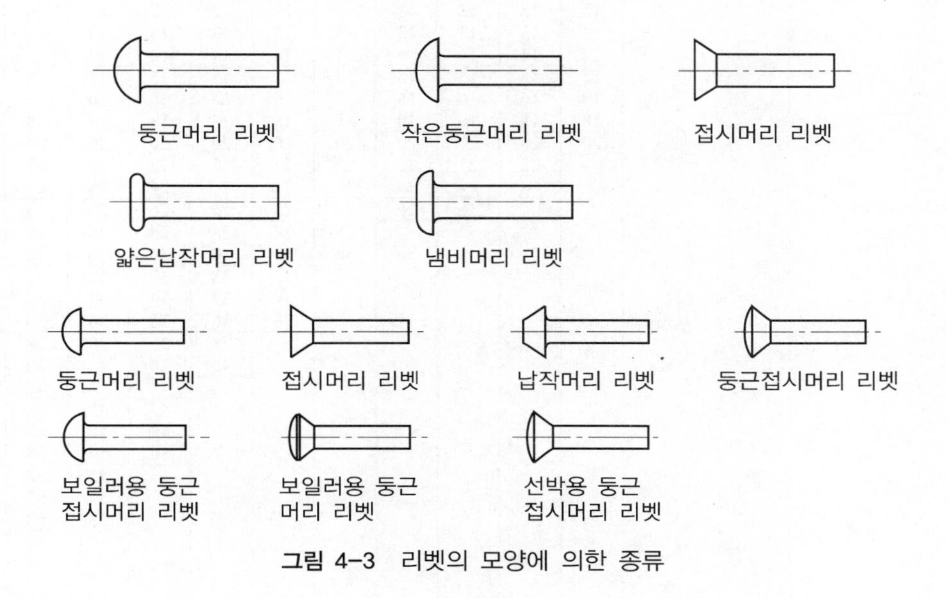

그림 4-3 리벳의 모양에 의한 종류

| 표 4-1 | 냉간성형 둥근머리 리벳의 모양과 치수

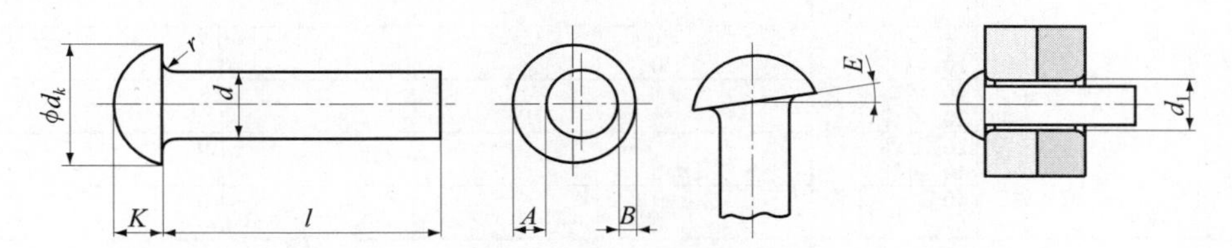

(단위 : mm)

항목	구분											
호칭지름[5]	1란	3		4		5	6	8	10	12		
	2란		3.5		4.5							14
	3란										13	
축지름 (d)	기준 치수	3	3.5	4	4.5	5	6	8	10	12	13	14
	허 용 차	+0.12 −0.03	+0.14 −0.04	+0.16 −0.04	+0.18 −0.05	+0.2 −0.05	+0.24 −0.06	+0.32 −0.08	+0.4 −0.08	+0.48 −0.08	+0.5 −0.08	+0.56 −0.1
머리부 지름 (d_K)	기준 치수	5.7	6.7	7.2	8.1	9	10	13.3	16	19	21	22
	허 용 차	±0.2			±0.3							
머리부 높이 (K)	기준 치수	2.1	2.5	2.8	3.2	3.5	4.2	5.6	7	8	9	10
	허 용 차	±0.15					±0.2	±0.25				
목 아래의 둥글기 (r)[6]	최대	0.15	0.18	0.2	0.23	0.25	0.3	0.4	0.5	0.6	0.65	0.7
$A-B$	최대	0.2			0.3			0.4	0.5	0.7		
E	최대	2°										
구멍의 지름 (d_1)	(참고)	3.2	3.7	4.2	4.7	5.3	6.3	8.4	10.6	12.8	13.8	15
길이 (l)	기준 치수	3										
		4	4	4								
		5	5	5	5	5						
		6	6	6	6	6	6					
		7	7	7	7	7	7					
		8	8	8	8	8	8	8				
		9	9	9	9	9	9	9				
		10	10	10	10	10	10	10	10			
		11	11	11	11	11	11	11	11			
		12	12	12	12	12	12	12	12	12		
		13	13	13	13	13	13	13	13	13		
		14	14	14	14	14	14	14	14	14	14	14
		15	15	15	15	15	15	15	15	15	15	15
		16	16	16	16	16	16	16	16	16	16	16
		18	18	18	18	18	18	18	18	18	18	18
		20	20	20	20	20	20	20	20	20	20	20
			22	22	22	22	22	22	22	22	22	22
				24	24	24	24	24	24	24	24	24
					26	26	26	26	26	26	26	26
						28	28	28	28	28	28	28
						30	30	30	30	30	30	30
							32	32	32	32	32	32
							34	34	34	34	34	34
							36	36	36	36	36	36
								38	38	38	38	38
								40	40	40	40	40
									42	42	42	42
									45	45	45	45
									48	48	48	48
									50	50	50	50
										52	52	52
										55	55	55
										58	58	58
										60	60	60
											62	62
											65	65
												68
												70

l의 구분		허용차 (호칭지름 3~5)	허용차 (호칭지름 6~14)
	4 이하	+0.4 0	–
	4 초과 10 이하	+0.5 0	+0.7 0
	10 초과 20 이하	+0.6 0	+0.8 0
	20 초과 40 이하	+0.8 0	+1.0 0
	40을 넘는 것	+1.0 0	+1.0 0

호칭지름[5]	1란	16			20	
	2란		18			22
	3란			19		
축지름 (d)	기준 치수	16	18	19	20	22
	허 용 차	+0.6 −0.15	+0.8 −0.2			
머리부 지름 (d_K)	기준 치수	26	29	30	32	35
	허 용 차	±0.4				
머리부 높이 (K)	기준 치수	11	12.5	13.5	14	15.5
	허 용 차	±0.3				
목 아래의 둥글기 (r)[6]	최대	0.8	0.9	0.95	1.0	1.1
$A-B$	최대	0.8	0.9	0.9	1.0	1.1
E	최대	2°				
구멍의 지름 (d_1)	(참고)	17	19.5	20.5	21.5	23.5
길이 (l)	기준 치수	18				
		20	20			
		22	22	22		
		24	24	24	24	
		26	26	26	26	
		28	28	28	28	28
		30	30	30	30	30
		32	32	32	32	32
		34	34	34	34	34
		36	36	36	36	36
		38	38	38	38	38
		40	40	40	40	40
		42	42	42	42	42
		45	45	45	45	45
		48	48	48	48	48
		50	50	50	50	50
		52	52	52	52	52
		55	55	55	55	55
		58	58	58	58	58
		60	60	60	60	60
		62	62	62	62	62
		65	65	65	65	65
		68	68	68	68	68
		70	70	70	70	70
		72	72	72	72	72
		75	75	75	75	75
		80	80	80	80	80
			85	85	85	85
			90	90	90	90
				95	95	95
				100	100	100
					105	105
					110	110
						115
						120
l 의 구분	10 초과 20 이하 (허용차)	+0.8 0		–		
	20 초과 40 이하 (허용차)	+1.0 0				
	40을 넘는 것 (허용차)	+1.0 0				

주[5] 1란을 우선적으로 하며 필요에 따라 2란, 3란의 순으로 고른다.

[6] r의 수치는 목 아래 둥글기의 최대값이며, 목 아래에는 반드시 둥글기를 붙인다.

비고 1. 머리부의 모양은 구의 일부로 구성되어 있다.

2. 길이 (l)가 특히 필요한 경우에는 지정에 따라 위 표 이외의 것을 사용할 수 있다.

kg/mm^2)의 2종류가 있으나, 일반적으로 리벳팅이 용이하고 결함이 적다는 점에서 SV34가 많이 사용된다. 또한 리벳 재료는 접촉하는 증기 등에 의한 전기적 부식을 막기 위하여 판재와 동일한 재질계통을 쓰는 것을 원칙으로 하고 있다.

4.3 리벳 이음의 분류

4.3.1 사용목적에 의한 분류

① 강도와 기밀을 요하는 것(보일러, 고압용기)
② 주로 기밀을 요하는 것(저압용기)
③ 강도만을 요하는 것(구조물, 교량, 기중기)

4.3.2 판의 겹치기 방법에 의한 분류

① 겹치기 이음
② 한쪽 덮개판 이음
③ 양쪽 덮개판 이음

4.3.3 전단면의 수에 따른 분류

① 단전단면 이음
② 복전단면 이음

4.3.4 리벳의 열수에 따른 분류

① 일열 리벳 이음
② 이열 리벳 이음
③ 삼열 리벳 이음

4.3.5 리벳 배열 형상에 의한 분류

① 평행 리벳 이음
② 지그재그 리벳 이음

4.3.6 용도에 의한 분류

① 보일러용 : 압력에 견디고 기밀유지
② 용기용 : 강도보다 기밀유지용 탱크, 저압가스 탱크
③ 구조용 : 주로 강도를 요하는 곳에 사용(교량, 선체, 차량 등의 구조물)

4.3.7 장소에 의한 분류

① 공장 리벳 : 공장에서 리벳 작업 완료
② 현장 리벳 : 구조물을 몇 부분으로 나누어 제작하고 현장으로 옮겨 조립

4.3.8 특수 리벳

① 침투머리 리벳 : 머리가 강판 표면 이하로 내려간다(그림 4-4).
② 관 리벳 : 리벳의 생크부가 뚫려진 것으로도 동일중량의 강도에 대하여 리벳 생크의 지름을 크게 할 수 있다. 얇은 판 체결에 이용된다(그림 4-5).

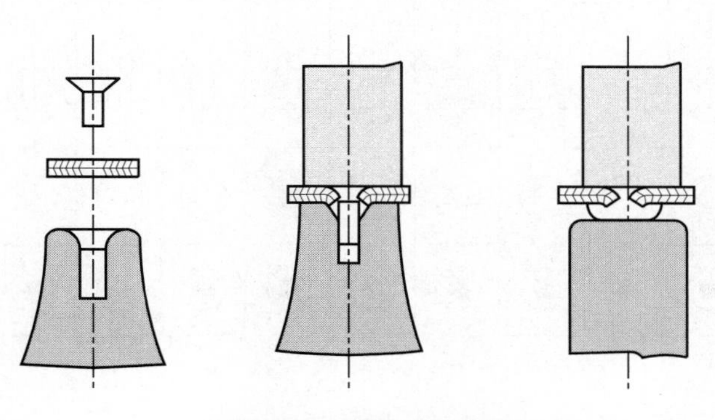

그림 4-4 침투머리 리벳

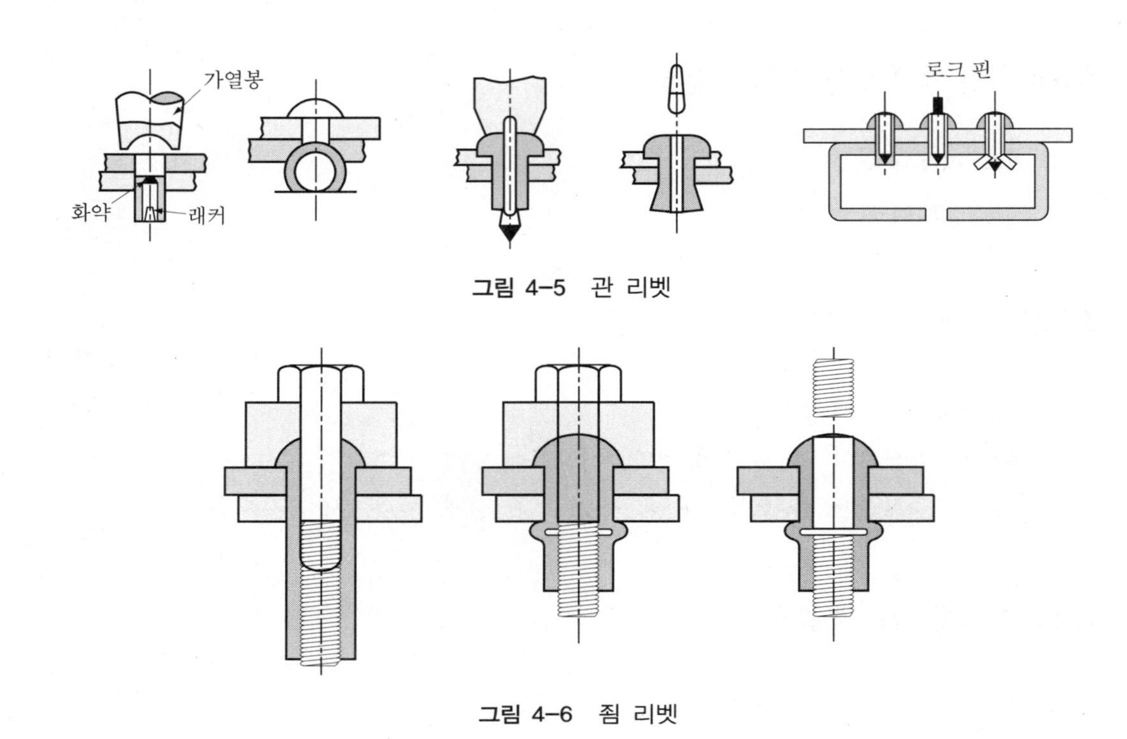

그림 4-5 관 리벳

그림 4-6 죔 리벳

③ 죔 리벳 : 스냅(snap)없이 한쪽에서 리벳 죔할 수 있도록 고안된 것으로 한쪽 죔 리벳이며 양쪽에서 리벳 죔할 수 있도록 고안된 것은 양쪽 죔 리벳이다(그림4-6).

| 표 4-2 | 리벳의 약화법

종 별		둥근머리 리벳	접시머리 리벳					납작머리 리벳			둥근접시머리 리벳		
기호 (화살표 방향에서 봄)	공장 리벳												
	현장 리벳												

|표 4-3| 여러 가지 리벳의 규격

규격번호			6	8	10	13	16	19	22	25	28	30	32	34	36	38	40
보일러용 리벳	리벳 구멍 지름	d			11	14	17	20	23	26.5	29.5	31.5	33.5	35.5	37.5	39.5	41.5
	둥근머리 리벳	D			17	22	27	32	37	42	48	51	54	57.5	61	64.5	68
		H			7	9	11	13.5	15.5	17.5	19.5	21	22.5	23.5	25	26.5	28
		r			1	1.5	1.5	2	2	2.5	3	3	3	3.5	3.5	4	4
	둥근접시머리 리벳과 접시머리 리벳	D약			15.5	21	25	30	35	39.5	39.5	42.5	45	48	51	53.5	57
		H			3.5	5	8	9.5	11	12.5	14	15	16	17	18	19	20
		h			1.5	2	2.5	3	3.5	4	4	4.5	5	5	5.5	6	6
		$\alpha°$			75	75	60	60	60	45	45	45	45	45	45	45	45
구조용 리벳	리벳 구멍 지름	d	7	9	11	14	17	20.5	23.5	26.5	29.5		34		38		42
	둥근머리 리벳과 납작머리 리벳	D	10	13	16	21	26	30	35	40	45		51		58		64
		H	4	5.5	7	9	11	13.5	15.5	17.5	19.5		22.5		25		28
		D_1	6	8	10	13	16	19	22	25	28		32		36		40
		r	$0.05d$ 이상														
	둥근접시머리 리벳과 접시머리 리벳	D약	10	12.5	15.5	21	25	30	35	39.5	39.5		45		51		57
		H	2.5	3	3.5	5	8	9.5	11	12.5	14		16		18		20
		h	1	1	1.5	2	2.5	3	3.5	4	4		5		5.5		6
		$\alpha°$	75	75	75	75	60	60	60	45	45		45		45		45

4.4 리벳 이음의 강도계산

4.4.1 리벳 이음의 파괴

리벳 이음의 인장력 W가 마찰저항보다 커지면 리벳 구멍과 리벳 몸통이 접촉하고, W가 더욱 커지면 다음 5가지 파괴 상태중 가장 파괴되기 쉬운 상태에서 파괴된다. 지금 1줄 겹치기 이음의 1피치의 폭에 대하여 강도를 생각한다(그림 4-7).

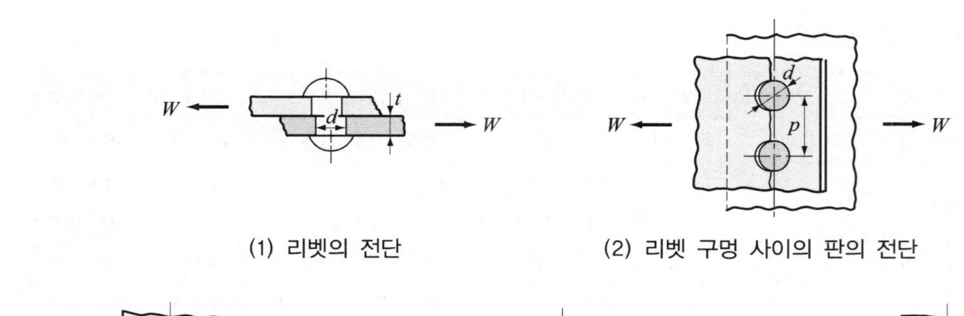

(1) 리벳의 전단 (2) 리벳 구멍 사이의 판의 전단

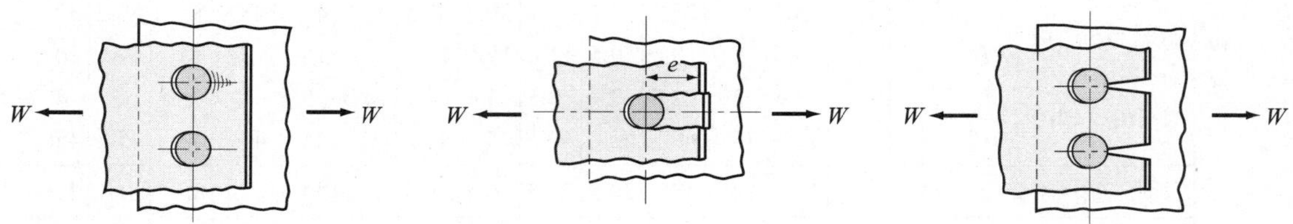

(3) 리벳축 또는 구멍의 압축 (4) 강판 가장자리 판의 전단 (5) 리벳과 강판의 가장자리의 절개

그림 4–7 리벳 이음의 파괴상태 (5가지)

(1) 리벳의 전단

$$W = \frac{\pi}{4} d^2 \tau_r \tag{4-1}$$

d : 리벳 지름 또는 구멍지름, τ_r : 리벳의 전단응력

(2) 판의 전단

$$W = (p - d)\, t\, \sigma_t \tag{4-2}$$

t : 판의 두께, p : 리벳의 피치, σ_t : 판의 인장응력

(3) 리벳 또는 리벳 구멍의 압축

$$W = dt\sigma_c \tag{4-3}$$

σ_c : 리벳 또는 판의 압축응력

(4) 판끝의 전단

$$W = 2et\tau_p \text{ 또는 } W = 2\left(e - \frac{d}{2}\right)t\,\tau_p \tag{4-4}$$

e : 리벳 중심에서 판끝까지의 거리, τ_p : 판의 전단응력

(5) 판끝의 절개

$$W = \frac{t\sigma_b(2e-d)^2}{3d} \tag{4-5}$$

σ_b : 판의 굽힘응력

이상의 각 저항력이 모두 동일한 값이 되게끔 치수를 결정하면 되지만 이와 같은 치수비례식의 결정은 곤란하므로 보통 경험치를 기초로 한 치수비례식으로 설계하고, 그 강도를 위 식에 의해 검토한다.

지금 식 (4-1)과 식 (4-5)를 등치하면

$$e = \frac{1}{2}\left(1 + \frac{\sqrt{3\pi d\tau_r}}{4t\sigma_b}\right)d \tag{4-6}$$

$\sigma_b = \sigma_t$, $\tau_r = 0.85\sigma_t$ 로 하고, $d > 2t$ 로 하는 일은 없으므로 $t = \dfrac{d}{2}$ 를 대입하면

$$e = 1.5d$$

식 (4-1)과 식 (4-4)에서도 같은 조건을 대입하면 $e = 0.785d$ 가 된다. 따라서 $e = 1.5d$ 로 하면 판 끝의 전단과 갈라짐의 강도검토는 할 필요가 없다.

식 (4-1)과 식 (4-2)를 등치하면

$$\frac{\pi}{4}d^2\tau_r = (p-d)t\sigma_t$$

$$\therefore\ p = \frac{\pi d^2\tau_r}{4t\sigma_t} + d$$

전단면이 n 개일 때는

$$\therefore \ p = \frac{\pi d^2 n \tau_r}{4t\sigma_t} + d$$

또 식 (4-1)과 식 (4-3)을 등치하고, $d = \dfrac{4t\sigma_c}{\pi \tau_r}$ 에서, $\sigma_c = 2\tau_r$ 로 잡으면 $d = 2.55t$ 가 된다. 따라서 $d < 2.55t$ 이면 이음의 치수는 전단강도에 의하여 결정되고 $d > 2.55t$ 이면 압축강도에 의하여 결정된다. 2면전단의 경우에 있어서는 $d = \dfrac{2t\sigma_c}{\pi \tau_r}$ 이고, $\sigma_c = 2\tau_r$ 로 잡으면 $d = 1.27t$ 가 되고 $d \geq 1.27t$ 이면 압축강도에 의해 결정되고 $d \leq 1.27t$ 이면 전단강도에 의해 결정되나 리벳 지름은 $2.55t \geq d \geq 1.27t$ 에 해당하므로 겹치기 이음에서는 전단 강도식에서 결정하고, 맞대기 이음(2면 전단이음)에서는 압축강도에 의해 결정한다.

4.4.2 리벳 이음의 효율

리벳 이음의 강도에 대한 구멍이 없는 판의 강도의 비를 리벳 이음 효율이라 한다.

(1) 판의 효율

리벳 구멍이 뚫린 판과 구멍이 없는 판의 강도의 비를 판의 효율이라 한다.

$$\eta_1 = \frac{(p-d)t\sigma_t}{pt\sigma_t} = \frac{p-d}{p} \tag{4-7}$$

(2) 리벳의 효율

리벳의 전단강도와 구멍이 없는 판의 강도의 비를 리벳 효율이라 한다.
한면전단의 경우,

$$\eta_2 = \frac{\frac{1}{4}\pi d^2 \tau_r}{pt\sigma_t}$$

양면전단의 경우,

$$\eta_2 = \frac{1.8 \times \frac{1}{4}\pi d^2 \tau_r}{pt\sigma_t} \tag{4-8}$$

위 식에 2줄, 3줄 리벳의 경우에는 피치폭 내의 리벳수를 곱한다.

(3) 연합효율

한 예로서 그림 4-8과 같이 안쪽 리벳의 피치가 바깥쪽 리벳의 피치의 1/2인 경우에는 바깥쪽 리벳은 전단으로 안쪽 리벳은 판의 절단으로 파괴되는 경우가 생긴다고 생각할 수 있다. 따라서 바깥쪽 리벳이 한쪽 덮개판인 경우에는

$$\eta_3 = \frac{p-2d}{p} + \frac{\frac{1}{4}\pi d^2 \tau_r}{pt\sigma_t}$$

양쪽 덮개판인 경우

$$\eta_3 = \frac{p-2d}{p} + \frac{1.8 \times \frac{1}{4}\pi d^2 \tau_r}{pt\sigma_t} \tag{4-9}$$

이상의 효율 중에서 그 값이 가장 작은 것을 리벳의 효율이라며 이것을 리벳 이음 강도계산에 이용한다.

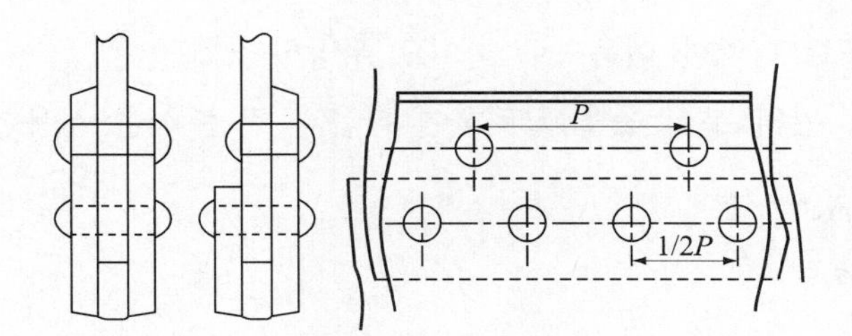

그림 4-8 한쪽 덮개판 및 양쪽 덮개판 맞대기 이음

4.5 보일러용 리벳 이음

4.5.1 강판의 두께

보일러의 리벳 이음은 강도와 함께 기밀성을 고려할 필요가 있으며 코킹 또는 풀러링 작업을 한다. 보일러와 같은 원통형 압력용기를 만드는 경우에는 강판을 원통형으로 감아서 리벳팅하고 이것을 길이이음이라 한다. 또한 원통의 양측면을 원판으로 막고 그 둘레를 리

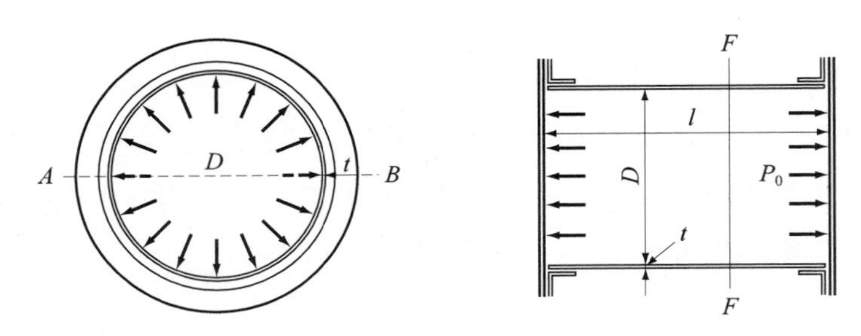

그림 4-9 보일러의 리벳 이음 강도

벳팅하는데 이를 둘레이음이라 한다. 그림 4-9와 같이 내압 $P_0\ \mathrm{kg/mm^2}$이 작용하는 원통 용기의 길이 방향의 판 단면에 생기는 인장응력은

$$\sigma_{t_1} = \frac{P_0 D}{2t} \tag{4-10}$$

이다. 둘레 방향에 생기는 인장응력은 $\sigma_{t_2} = \dfrac{P_0 D}{4t}$이므로 $\sigma_{t_1} = 2\sigma_{t_2}$가 된다. 그러므로 보일러 판의 두께는 $t = \dfrac{P_0 D}{2\sigma_{t_1}}$로 된다. 그리고 σ_{t_1}은 길이이음의 리벳에 생기게 된다. 따라서 둘레 이음은 길이이음보다 약한 이음으로 하여도 무방하다.

실제에는 이음효율, 판의 부식 등을 고려하여 다음과 같은 식을 사용한다.

$$t = \frac{P_0 DS}{200\sigma_t \eta} + c \tag{4-11}$$

t : 강판의 두께(mm), σ_t : 강판의 인장강도(kg/mm^2), P_0 : 내압(보일러 게이지 압력)(kg/cm^2)
D : 보일러 동체의 안지름(mm), S : 안전계수, η : 리벳의 효율
c : 부식여유(육용 보일러 $c = 1\ \mathrm{mm}$, 선박용 보일러는 $c = 1.5\ \mathrm{mm}$, 화공약품 등 또는 압력용기에서는 부식의 정도에 따라 $c = 1 \sim 7\ \mathrm{mm}$로 잡는다)

표 4-4는 안전계수의 값을 표시한다.

리벳의 피치의 크기가 이음의 효율에 영향을 미치는데 너무 크게 하면 고압공기나 증기 등이 누설되어 일반적으로 다음 경험식을 사용한다.

$$p \leq Ct + 42\ \mathrm{mm}$$

p : 최대 피치(mm), t : 강판의 두께(mm), C : 계수

|표 4-4| 보일러 강판의 안전계수

리벳팅 작업 \ 이음의 형식	겹치기 이음	맞대기 이음		
		한쪽 덮개판	양쪽 덮개판	
			2줄, 바깥쪽 덮개판 1줄	2줄 이상
손 리벳팅	4.75	4.75	4.35	4.25
기계 리벳팅	4.50	4.50	4.10	4.00

|표 4-5| 계수 C의 값

p의 최대피치 중에 있는 리벳 수	겹치기 리벳 이음	양쪽 덮개판 맞대기 리벳 이음
1	1.30	1.75
2	2.60	3.50
3	3.45	4.60
4	4.15	5.50
5	…	6.00

또 공작을 고려하여 최소 피치는 다음과 같다.

$$p \geq 2.5d$$

맞대기이음에 사용되는 덮개판의 두께 t_1은 한쪽 덮개판의 경우 $t_1 = 1.25t$ 정도이고, 양쪽 덮개판의 경우 $t_1 = (0.6 \sim 0.8)t$ 의 값으로 잡는다.

또, 리벳 줄의 간격 e_1은 다음 식에 따른다.

$p/d \leq 4$일 때 길이이음: $e_1 \geq 2d$, 둘레이음: $e_1 \geq 1.75d$,

$p/d > 4$일 때 $e_1 \geq 2d + 0.1(p - 4d)$

4.5.2 리벳의 지름

리벳 지름의 비례치수식도 강도의 식에서 유도할 수 있으나, 다음과 같이 할 수 있다.

겹치기 이음: $d = (2.5 \sim 1.3)t$

양쪽 덮개판 이음: $d = (1.4 \sim 0.8)t$

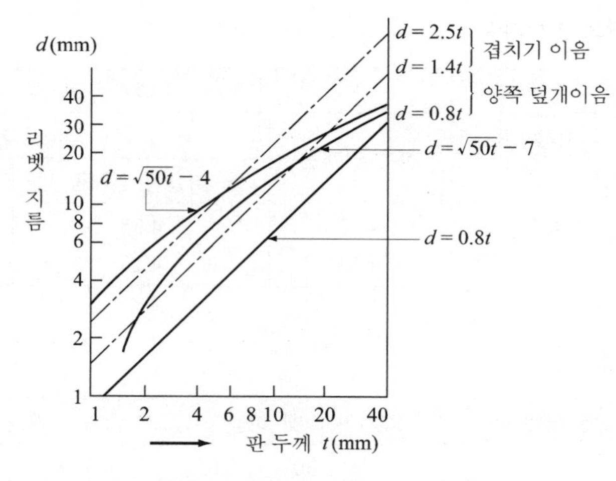

그림 4-10 리벳 지름의 실험식

리벳의 지름은 다음 식이 많이 사용되고 있다.

겹치기 이음에 대하여

$$d = \sqrt{50}\,t - 4 \text{ mm}$$

양쪽 덮개판 이음에 대하여

$$d = \sqrt{50}\,t - 6 \text{ mm (2줄)}$$

$$d = \sqrt{50}\,t - 7 \text{ mm (3줄)}$$

4.5.3 이음의 선정

리벳 이음의 형식을 결정하는데는 길이이음의 단위길이에 작용하는 힘을 기준으로 한다. 그림 4-9에서 길이이음의 단위길이에 작용하는 힘 W(kg/cm)는

$$W = \frac{Dp_0}{2}$$

여기서, D : 보일러 동체의 안지름(cm), p_0 : 보일러의 내압(kg/cm^2)

|표 4-6| 리벳 이음의 형식 선정

W(kg/cm)	길이이음의 형식	둘레이음의 형식
500	1줄 리벳 겹치기 이음	1줄 리벳 겹치기 이음
390~1000	2줄 리벳 겹치기 이음	1줄 리벳 겹치기 이음
700~1350	3줄 리벳 겹치기 이음	1줄 리벳 겹치기 이음
650~1350	양쪽 덮개판 2줄 리벳 맞대기 이음	2줄 리벳 겹치기 이음
1100~2400	양쪽 덮개판 3줄 리벳 맞대기 이음	2줄 또는 3줄 리벳 겹치기 이음
1800~3200	양쪽 덮개판 4줄 리벳 맞대기 이음	2줄 또는 3줄 리벳 겹치기 이음

|표 4-7| 보일러용 판재 및 리벳재의 허용응력

재질	하중	허 용 응 력(kg/mm^2)						
판 재	인장	온도 °C / 재료	350°	375°	400°	425°	450°	475°
		SB 35	8.8	8.4	7.7	6.7	5.4	3.9
		SB 42	10.5	9.9	9.0	7.7	5.8	4.0
		SB 46	11.5	10.8	9.7	8.2	5.9	4.0
	압축	허용인장응력과 같다.						
	전단	허용 인장응력의 85 %						
리벳재	전단	SV34, SV41	리벳 재료 인장강도의 21 % 인장강도가 불명일 때에는 7 kg/mm^2					
	면압	리벳 재료 인장강도의 38 %						

둘레이음은 길이이음의 1/2의 강도를 가지므로 길이이음보다 약한 이음을 해도 된다. 표 4-6은 리벳 이음의 형식을 선정하는 기준을 표시한 것이다.

그리고 표 4-7은 보일러용 판재 및 리벳 재료의 허용응력을 표시한 것이다.

표 4-8은 보일러용 각종 리벳 이음의 경험식을 표시한 것이다.

또한, 보일러 동체의 길이이음에 대하여 KS 규격에서는 다음과 같이 제한하고 있다.

① 한쪽 덮개판 맞대기 이음은 사용하지 않는다.

② $D > 1000$ mm인 경우에는 겹치기 이음은 사용하지 않는다.

③ $D < 1000$ mm, $p_0 < 7$ kg/cm^{2}인 경우에는 겹치기 이음으로 해도 좋다.

|표 4-8| 보일러용 리벳 이음의 경험식

이음 종류 그림의 번호	(a)	(b)	(c)	(d)	(e)
dcm	$\sqrt{5}t-0.4$	$\sqrt{5}t-0.4$	$\sqrt{5}t-0.4$	$\sqrt{5}t-0.4$	$\sqrt{5}t-0.4$
t_1					$(0.6\sim0.7)t$
pcm	$2d+0.8$	$2.6d+1.5$	$2.6d+1$	$3d+2.2$	$3.5d+1.5$
e	$1.5d$	$1.5d$	$1.5d$	$1.5d$	$1.5d$
e_1		$0.6p$	$0.8p$	$0.5p$	$0.5p$
η_1	$(p-d)/p$	$(p-d)/p$	$(p-d)/p$	$(p-d)/p$	$(p-d)/p$
η_2*	k	$2k$	$2k$	$3k$	$3.6k$

이음 종류 그림의 번호	(f)	(g)	(h)	(i)	(j)
dcm	$\sqrt{5}t-0.6$	$\sqrt{5}t-0.6$	$\sqrt{5}t-0.7$	$\sqrt{5}t-0.7$	$\sqrt{5}t-0.7$
t_1	$(0.6\sim0.7)t$	$(0.6\sim0.7)t$	$0.8t$	$0.8t$	$0.8t$
pcm	$5d+1.5$	$5d+1.5$	$6d+2$	$6d+2$	$6d+2$
e	$1.5d$	$1.5d$	$1.5d$	$1.5d$	$1.5d$
e_1	$0.4p$		$0.38p$	$0.38p$	$0.38p$
η_1	$(p-d)/p$	$(p-d)/p$	$(p-d)/p$	$(p-d)/p$	$(p-d)/p$
η_2*	$5.4k$	$4.6k$	$9k$	$7.2k$	$8.2k$
η_3*	$(p-2d)/p+1.8k$	$(p-2d)/p+k$	$(p-2d)/p+1.8k$	$(p-2d)/p+1.8k$	$(p-2d)/p+k$

* $k=(\pi d^2\tau_r)/(4pt\sigma_t)$

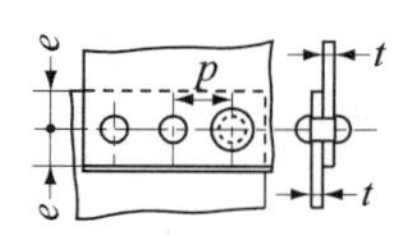

(a) 1줄 리벳 겹치기 이음

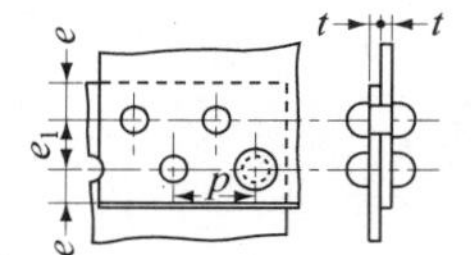

(b) 2줄 리벳 겹치기 이음 (지그재그)

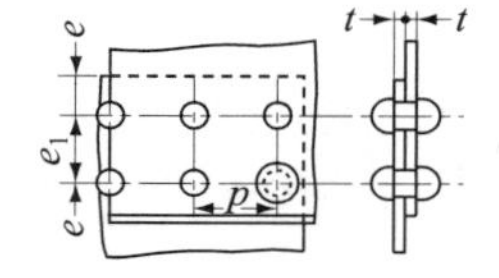

(c) 2줄 리벳 겹치기 이음 (평행형)

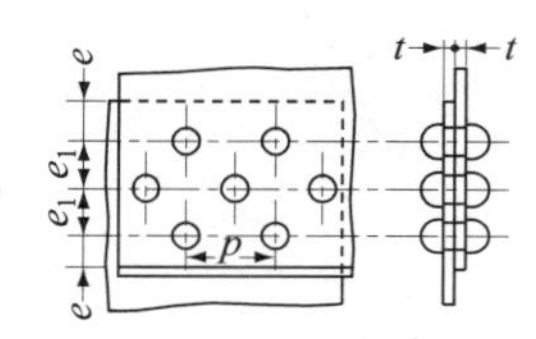

(d) 3줄 리벳 겹치기 이음

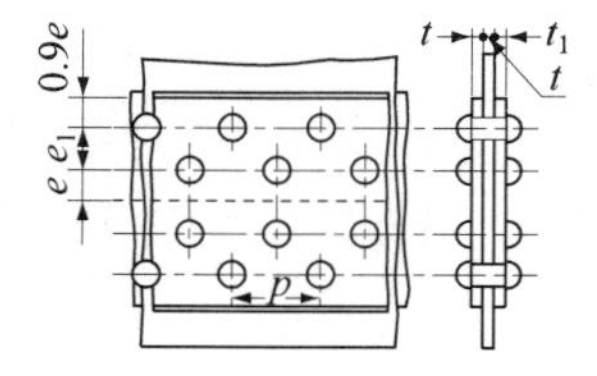

(e) 양쪽 덮개판 2줄 리벳 맞대기 이음 (각줄의 피치 같음)

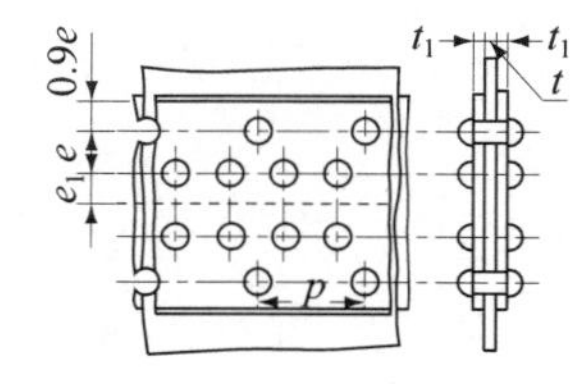

(f) 양쪽 덮개판 2줄 리벳 맞대기 이음 (바깥줄의 피치가 안쪽줄의 피치의 2배)

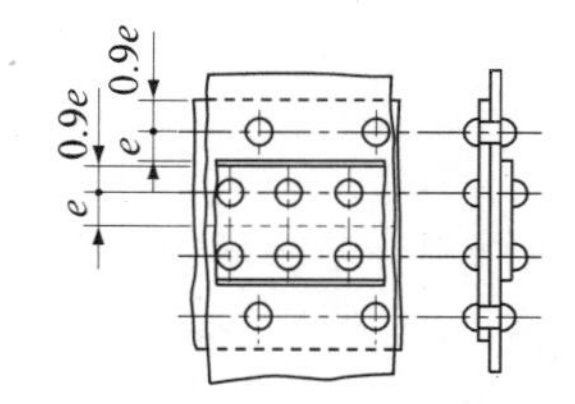

(g) 양쪽 덮개판 2줄 리벳 맞대기 이음 (양쪽 덮개판의 폭이 다르다)

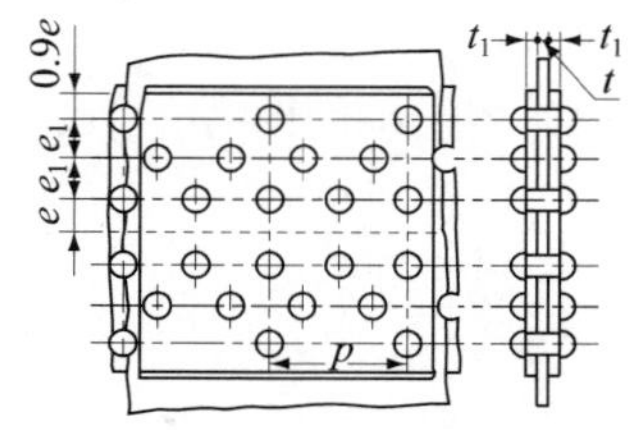

(h) 양쪽 덮개판 3줄 리벳 맞대기 이음 (바깥줄의 리벳의 피치가 다른 줄의 리벳의 피치의 2배)

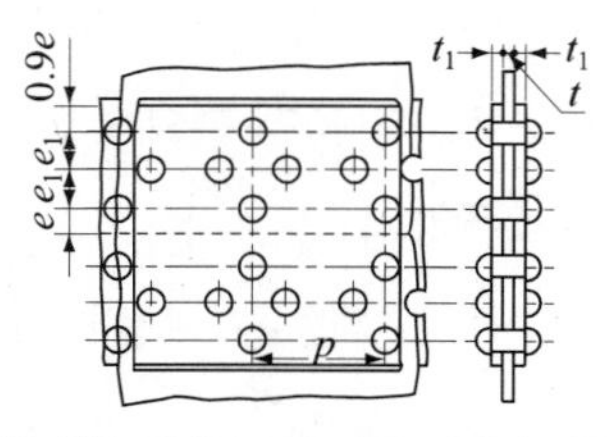

(i) 양쪽 덮개판 3줄 리벳 맞대기 이음 (가운데줄의 피치가 다른 줄의 피치의 1/2)

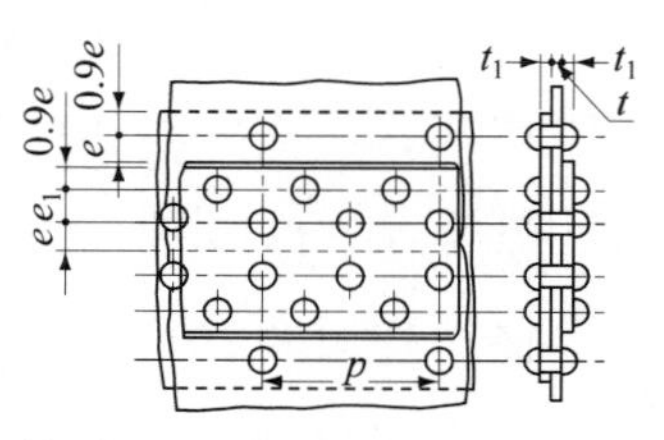

(j) 양쪽 덮개판 3줄 리벳 맞대기 이음 (양쪽 덮개판의 폭이 다르다)

리벳의 표준 치수를 표시하면 다음과 같다.

표 4-9의 리벳 형식은 표 4-8의 (a), (b), (d)에 대한 것이고, 표 4-10의 리벳 형식은 표 4-8의 (e), (f), (h)에 대한 것이다.

|표 4-9| 보일러용 겹치기 이음의 표준 치수

(단위 : mm)

리벳 지름	판 두께 t	e	1줄	2줄 지그재그형		3줄	
			피치 p	피치 p	e_1	피치 p	e_1
13	7	21	36	51	31	64	32
16	8～10	26	42	59	35	73	37
19	11～13	30	48	67	40	82	41
22	14～16	35	54	75	45	91	46
25	17～20	40	61	84	50	101	51
28	21～23	44	67	92	55	110	55
30	24～26	47	71	97	58	116	58
32	27～29	50	75	102	61	122	61
34	30～32	53	79	107	64	128	64
36	33～34	56	83	112	67	134	67
38	35～37	59	87	118	71	140	70
40	38～40	62	91	123	74	147	74

|표 4-10| 보일러용 양쪽 덮개판 맞대기 이음의 표준 치수

(단위 : mm)

리벳 지름	e	(형식 e) 2줄			(형식 f) 2줄			(형식 h) 3줄		
		판 두께	피치 p	e_1	판 두께	피치 p	e_1	판 두께	피치 p	e_1
10	–	–	–	–	–	–	–	7	86	32
13	21	7～9	64	32	7～9	85	34	8～10	104	39
16	26	10～12	75	38	10～12	100	40	11～13	122	46
19	30	13～15	85	43	13～15	115	46	14～16	140	53
22	35	16～18	96	48	16～18	130	52	17～20	158	59
25	40	19～23	108	54	19～23	148	59	21～24	179	67
28	44	24～26	118	59	24～26	163	65	25～28	197	74
30	47	27～29	125	63	27～29	173	69	29～31	209	78
32	50	30～32	132	66	30～32	183	73	32～34	221	83
34	53	33～34	139	70	33～34	193	77	35	233	87
36	56	35～37	146	73	35～37	203	81	36～38	245	92
38	59	38～40	153	77	38～40	213	85	39～40	257	96

예제 4-1 양쪽 덮개판 1줄 맞대기 이음에서 피치가 56 mm, 리벳 구멍의 지름 17 mm, 강판의 두께 10 mm, 리벳의 전단응력이 강판의 인장응력의 80 %일 때 이 리벳 이음의 효율을 구하라.

풀이

$$\eta_1 = \frac{p-d}{p} = \frac{56-17}{56} = 0.696 = 69.6\%$$

$$\eta_2 = \frac{1.8 \times \frac{\pi}{4} \times 17^2 \times 0.8}{56 \times 10} = 0.583 = 58.3\%$$

따라서 작은쪽의 효율 58.3 %를 리벳 이음의 효율로 한다.

예제 4-2 두께가 10 mm인 SB41의 강판을 SV41의 리벳을 사용하여 만든 보일러 동체의 길이이음용 2줄 지그재그형 겹치기 이음을 설계하라. 또, 이 경우의 효율과 필요한 리벳의 길이를 구하라.

풀이

$$\frac{\pi}{4}d^2\tau_r = dt\sigma_c$$

$$\therefore\ d = \frac{4}{\pi}t\frac{\sigma_c}{\tau_r}$$

$\sigma_c = 1.25\tau_r$ 로 하면 $d = 1.59t$

$t = 10$ mm를 대입하면 $d = 1.59 \times 10 = 15.9(\text{mm})$

따라서, $d = 16$ mm로 한다.

$$p = 2 \times \frac{\pi}{4}\frac{d^2}{t}\frac{\tau_r}{\sigma_t} + d$$

$\tau_r = 0.8\sigma_t$ 를 사용하여 계산하면

$$p = 2 \times \frac{\pi}{4} \times \frac{16^2}{10} \times 0.8 + 16 = 48 \text{ mm}$$

경험식에 의하면 최대 피치 $p = Ct + 42 = 2.6 \times 10 + 42 = 68$ mm, 최소 피치 $p = 2.5d = 2.5 \times 16 = 40$ mm가 되어 $p = 48$ mm는 이 범위 안에 있으므로 적당하다. 리벳 구멍 중심으로부터 판끝까지의 거리 e는

$$e = 1.5d = 1.5 \times 16 = 24 \text{ mm}$$

리벳줄의 간격 e_1은 $\frac{p}{d} = \frac{48}{16} = 3.0 < 4$

$$e_1 \geq 2d = 2 \times 16 = 32 \text{ mm}$$

$e_1 = 35 \text{ mm}$로 한다.

$$\eta_1 = \frac{p-d}{p} = \frac{48-16}{48} = 0.67$$

$$\eta_2 = \frac{2 \times \frac{1}{4}\pi d^2 \tau_r}{pt\sigma_t} = \frac{2 \times \frac{1}{4}\pi \times 16^2 \times 0.85}{48 \times 10} = 0.71$$

따라서 리벳의 효율은 67 %이다.

$$l = 2t + 1.3d = 2 \times 10 + 1.3 \times 16 = 40.8 \text{ mm}$$

예제 4-3 판 두께가 15 mm, 동체의 안지름이 2 m인 길이이음에 양쪽 덮개판 2줄 리벳 맞대기 이음을 사용한다. 리벳 지름 20 mm, η_1과 η_2가 대략 같게 되도록 피치 p를 정하는 것으로 하고, 보일러의 사용 증기압력을 구하라. 단, 리벳의 허용 전단응력 $\tau_r = 7 \text{ kg/mm}^2$, 판의 허용 인장응력 $\sigma_t = 12 \text{ kg/mm}^2$, 각 리벳줄의 피치는 동일하다.

풀이

$$\eta_1 = \frac{p-d}{p}, \ \eta_2 = \frac{2 \times 1.8 \times \frac{\pi}{4} d^2 \tau_r}{pt\sigma_t}$$

$\eta_1 = \eta_2$로 하면

$$p = d + \frac{0.9\pi d^2 \tau_r}{t\sigma_t}$$

$d = 20 \text{ mm}, \ t = 15 \text{ mm}, \ \tau_r = 7 \text{ kg/mm}^2$를 대입하면

$$p = 20 + \frac{0.9\pi \times 20^2 \times 7}{15 \times 12} = 63.96 \fallingdotseq 64$$

$$\eta_1 = \frac{64-20}{64} = 0.6875$$

$$\eta_2 = \frac{2 \times 1.8 \times \frac{\pi}{4} \times 20^2 \times 7}{64 \times 15 \times 12} = 0.686$$

따라서 리벳 이음의 효율 $\eta = 0.686 = 68.6 \%$가 된다.

보일러의 사용 증기압력은 식 (4-11)으로 부터 $c = 1$ mm로 하여

$$p_0 = \frac{(t-1) \times 200\,\sigma_t\,\eta}{D} = \frac{(15-1) \times 200 \times 12 \times 0.686}{2000} = 11.5 \text{ kg/cm}^2$$

4.6 구조용 리벳 이음

교량, 크레인, 건축 구조물의 리벳 이음은 기밀성을 생각할 필요가 없으며 강도만을 생각하면 된다. 일반적으로 하중이 작은 경우에는 강판과 형강을 리벳 이음하여 조립한다. 이 때 사용되는 판의 두께는 보일러의 경우보다 얇기 때문에 리벳축과 구멍과의 접촉압력은 크며, 가해지는 외력도 자중을 비롯하여 풍압력, 관성력 등이 작용하므로 대단히 복잡하다. 또한 구조용 리벳은 전단력만이 작용하고 굽힘력이나 인장력은 되도록 작용하지 않도록 하여야 한다. 구조용으로 사용되는 리벳은 일반적으로 보일러용 리벳보다 굵은 것이 사용되며 지름 $d = 16 \sim 25$ mm의 것이 많다. 리벳 지름의 경험식으로는 아래의 식이 사용된다.

$$d = \sqrt{50}\,t - 2 \text{ mm}$$

앞에서 말한 바와 같이 구조용 리벳 이음은 강도만을 고려하면 되므로 하중에 견딜 만큼의 크기와 리벳을 사용할 수 있고 또 피치의 크기도 자유로이 잡을 수 있다. 그림 4-11에 표시한 바와 같이 그 비례치수는 다음과 같다.

1줄 리벳 이음의 경우 $p = (2.5 \sim 3.5)d,\ e = (1.8 \sim 2.5)d$

2줄 리벳 이음의 경우 $p = (3 \sim 4.5)d,\ p_1 = (4 \sim 7)d,\ e = (2.5 \sim 4.5)d$

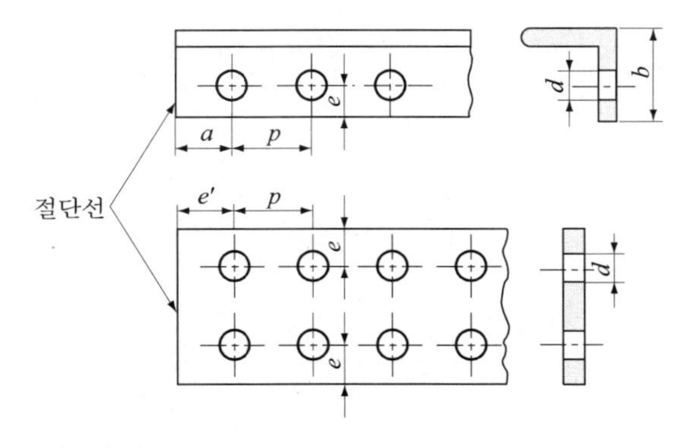

그림 4-11 리벳 이음용 형강의 주요치수

또 형강의 플랜지의 폭을 b라고 하면 $d < \frac{b}{3}$로 하고, $b > 100\ \mathrm{mm}$의 경우에는 2줄 리벳이음으로 한다. 이 경우의 형강의 끝면에서 리벳 중심까지의 거리를 리벳 게이지(rivet gauge)라 하며 그 값은 표 4-11과 같다.

구조물의 구성재료로서는 일반 구조용 압연강재 SS34, SS41, SS50 및 평강, 형강 등이 사용된다. 또한, 특별한 경우에는 인장강도가 70~90 kg/mm^{2}인 고장력강의 강판과 형강도 사용되고 있다.

다음 표 4-12는 압연강재의 허용응력을 나타낸 것이다.

표 4-11 리벳 게이지의 값

리벳의 지름 d	p			a		e	g_1	g_2	b
	최소	보통	최대	최소	보통	최소			
16	40	50	100~120	25	30	25	38 40	– –	60 65
19	48	58	151~145	29	38	29	42	–	70
22	55	65	130~165	33	45	33	45 45	– –	75 80
25	63	73	145~190	38	53	38	50 50 50 50 55	– – 40 45 55	90 100 125 130 150

표 4-12 압연강재의 허용 인장응력의 값

		SS34	SS41	SS50
인장강도 σ_t kg/mm^2		34~41	41~50	50~60
항복점/인장강도 σ_e/σ_t		0.56	0.55	0.54
σ kg/mm^2	저속도이고 정하중	12.0	14.0	15.5
	가혹한 정하중	9.0	10.0	11.5
	저속도이고 반복하중	10.0	11.5	12.6
	가혹한 반복하중	7.5	8.5	9.5
	저속도이고 교번하중	7.0	8.0	8.7
	가혹한 교번하중	5.5	6.2	6.5

예제 4-4 그림 4-12와 같이 편심하중 $P = 5000$ kg을 받는 브래킷을 부착하는 리벳 이음에서 가장 큰 응력이 생기는 리벳은 어느 것인가? 또, 리벳의 재료를 SV41로 하고 리벳의 지름은 25 mm인 경우 허용되는 최대 하중값과 전단응력을 구하라. 단, 판 두께는 충분하여 리벳 구멍의 압축파괴나 판의 좌굴은 없는 것으로 한다.

풀이 그림 4-12와 같이 편심하중을 받는 리벳 이음에서 리벳들은 그 도심에 작용하는 하중에 의한 직접 전단력과 모멘트에 의한 전단력을 동시에 받는다.

지금 하중이 각 리벳에 균등하게 걸린다고 가정하면 전단응력은 $P/6$가 된다. 다음에 모멘트에 의한 전단력을 생각한다. 같은 크기의 리벳을 사용하므로 리벳을 하나의 점으로 보고, 이들의 도심의 위치를 구하면 리벳의 맨 아랫줄로부터 도심까지 거리 y는

$$y = \frac{2 \times (100 + 50) + 2 \times 100}{6} = 83.3 \text{ mm}$$

리벳 1개에 작용하는 직접전단력

$$p_S = \frac{P}{Z} = \frac{5000}{6} = 833 \text{ kg}$$

도심으로부터의 각 작용점까지의 거리를 r_a, r_b, r_c …… 라고 하고 이 작용점에 작용하는 하중을 p_a, p_b, p_c …… 라고 하면 외력에 의하여 발생하는 모멘트는 평형상태를 유지하므로

$$WL = p_a r_a + p_b r_b + p_c r_c \cdots\cdots$$

하중과 거리는 서로 비례하므로

$$\frac{p_a}{r_a} = \frac{p_b}{r_b} = \frac{p_c}{r_c} = \cdots\cdots \frac{p_n}{r_n}$$

$$WL = p_a r_a + p_a \frac{r_b}{r_a} r_b + p_a \frac{r_c}{r_a} r_c \cdots\cdots$$

$$p_a = \frac{r_a WL}{r_a^2 + r_b^2 + r_c^2}$$

도심을 중심으로 좌우 2열 리벳팅이므로

$$p_a = \frac{r_a WL}{2(r_a^2 + r_b^2 + r_c^2)} = \frac{92.4 \times 5000 \times 200}{2(8539 + 1503 + 5673)} = 2939.8 \text{ kg}$$

$p_b = 1290$ kg, $p_c = 2407$ kg이므로 p_a가 가장 크므로 이것의 합성력을 계산하여 최대 전단응력을 산출할 수 있다.

그림에서 $\tan\alpha = \dfrac{35}{83.3} = 0.42 \quad \therefore \ \alpha \fallingdotseq 22.8°$ 따라서 평행사변형이 이루는 각 θ는

$$\theta = 90° - 22.8° = 67.2°$$

합성력 W는

$$\begin{aligned} W &= \sqrt{p_a^2 + p_s^2 + 2p_a p_s \cos\theta} \\ &= \sqrt{2939.8^2 + 833^2 + 2 \times 2939.8 \times 833 \times \cos 67.2°} \\ &= 3351.75 \text{ kg} \end{aligned}$$

리벳의 전단넓이 A는 $A = \dfrac{\pi d^2}{4} = \dfrac{\pi \times 25^2}{4} = 491 \text{ mm}^2$

최대 전단응력 τ_a는

$$\tau_a = \frac{W}{A} = \frac{3351.75}{491} = 6.83 \text{ kg/mm}^2$$

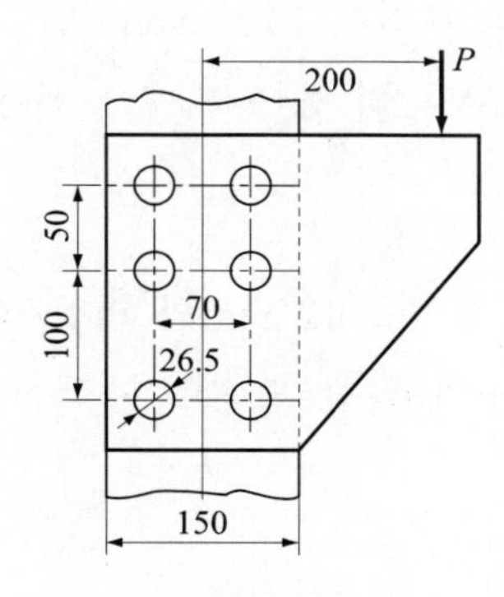

그림 4-12

연습문제

1. 각 줄의 피치가 동일한 양쪽 덮개판 2줄 리벳 맞대기 이음에서 피치가 80 mm, 리벳의 지름이 20 mm, 판의 두께 12 mm, 리벳의 전단응력이 판의 인장응력의 0.85배일 때 이 리벳 이음의 효율을 구하라.

2. 두께 15 mm의 강판을 지름 20 mm의 둥근 리벳을 사용하여 양쪽 덮개판 맞대기 이음으로 체결할 때 필요한 리벳의 길이는 얼마인가?

3. 두께 12 mm의 강판을 2줄 지그재그형 겹치기 이음으로 연결할 때의 리벳 이음을 설계하라. 단, 강판의 인장강도를 36 kg/mm^2, 리벳 및 강판의 압축강도를 36 kg/mm^2, 리벳 및 강판의 전단강도를 27 kg/mm^{2}로 한다.

4. 두께 15mm 강판을 SV41의 리벳으로 체결한 보일러의 길이이음용 양쪽 덮개판 2줄 리벳 이음을 설계하라.

5. 안지름 450 mm, 내압이 12기압의 보일러의 길이 방향의 리벳 이음을 설계하라. 단, 강판의 인장강도는 35 kg/mm^2, 안전계수는 4이다.

6. 안지름이 1800 mm이고 내압이 10.5 kg/cm^{2}인 보일러 동체의 리벳 이음을 설계하라. 강판은 SB42, 리벳은 SV41의 둥근 리벳을 사용한다. 이음 종류와 각 치수 및 이음 효율을 계산하라.

7. 그림 4-13과 같은 I형 형강을 12 mm의 리벳(리벳 구멍은 13 mm)으로 체결하였다. 이 보에 20000 kg · cm의 굽힘 모멘트가 작용할 때 리벳이 받는 최대 전단응력은 얼마인가?

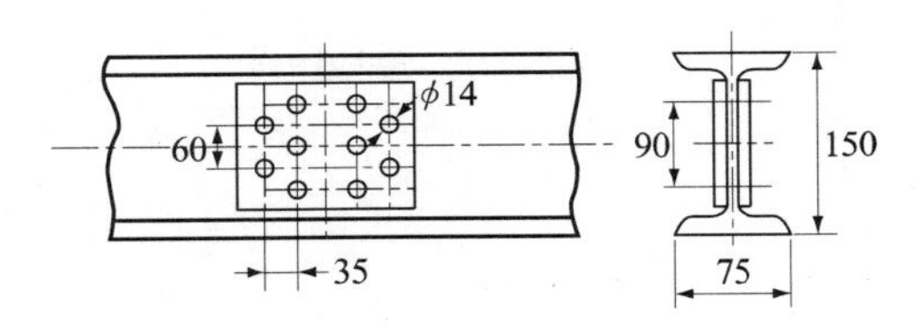

그림 4–13

8. 그림 4-14와 같은 편심하중을 받는 리벳 이음에서 리벳에 생기는 최대 응력을 구하라.

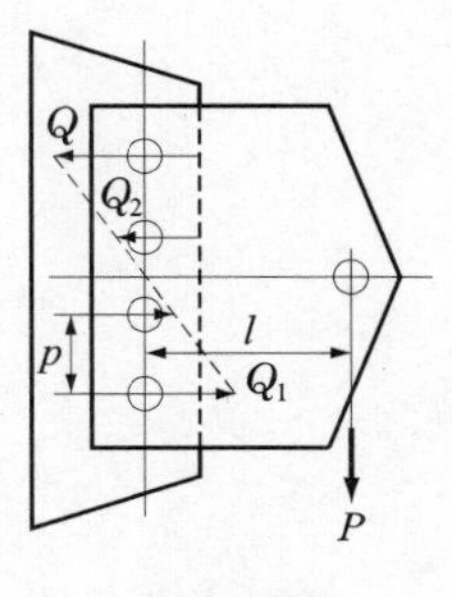

그림 4-14

9. 그림 4-15와 같은 편심하중을 받는 리벳 이음에서 리벳 구멍의 지름은 얼마로 하면 되는가? 단, 허용 전단응력은 $\tau_a = 7\ \mathrm{kg/mm^2}$로 한다.

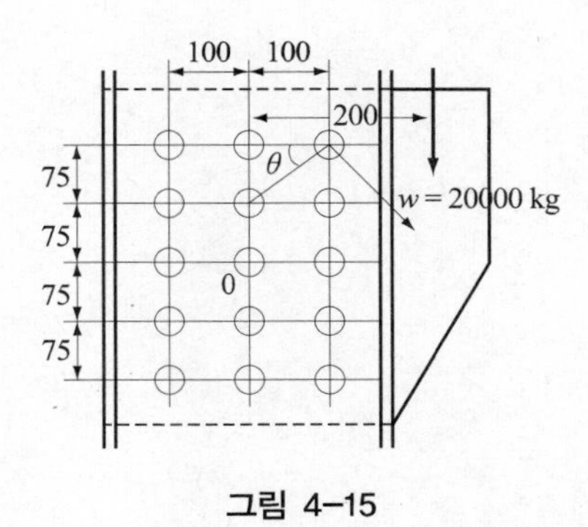

그림 4-15

5 키, 코터, 핀의 설계

5.1 키(key)

키란 축이음, 벨트 풀리, 기어 등 축과 함께 회전하는 기계부품을 축에 체결하여 토크를 전달시키기 위한 기계요소이다. 축과 보스 사이에 직사각형, 반달 모양의 단면을 가진 홈을 가공하여 이 홈에 키를 넣어 보스에 토크를 전달하는 것이다. 이와 같이 축이나 보스에 만든 홈을 키홈이라 하고 키는 사용목적에 따라 축과 보스를 고정하는 키와, 축과 키를 체결하고 그 측면을 따라 보스가 미끄러지는 키가 있다.

키의 재료는 일반적으로 축 재료보다 약간 굳은 양질의 재료로 만드는 것이 보통이나 기계구조용 탄소강 SM45C 이상, 마봉강 SM55C-D 이상, 탄소단조강품 SF 55 등이 사용된다.

5.1.1 키의 종류와 특징

(1) 묻힘키(sunk key)

묻힘키는 가장 일반적으로 사용되는 키로서 단면모양은 정사각형 또는 직사각형이며, 그 종류는 평행키(parallel key), 경사키(taper key), 머리없는 경사키, 머리붙이 경사키(gib headed taper key) 등이 있다.

키의 상하의 면이 평행한 평행키는 축방향으로 이동할 염려가 있으므로 키의 윗면에 멈춤나사를 끼워서 고정한다. 이와 같이 키를 미리 부착하므로 이 키를 심음키(set key)라 한다. 심음키의 경우에는 축의 키홈에 키를 넣은 다음에 보스를 끼운다.

경사키는 키의 윗면과 보스의 키홈의 윗면에 $\frac{1}{100}$ 기울기를 붙여, 키를 때려 박는다. 이와 같은 키를 때려박음키(driving key)라 한다.

머리없는 경사키는 끼워진 다음에는 빼내기 곤란하므로 일반적으로 머리붙이 경사키가 많이 사용된다.

(2) 안장키(saddle key)

축에 키홈을 파면 축의 강도를 저하시키므로 안장키는 축에는 전혀 홈을 가공하지 않고, 보스에만 기울기 $\frac{1}{100}$ 의 키홈을 만들어서 키를 때려박는 키로 큰 토크는 전달할 수 없으나 축의 강도 저하가 없고 축의 임의의 위치에 보스를 고정할 수 있는 이점이 있다.

(3) 납작키(flat key)

보스 윗면에는 기울기 $\frac{1}{100}$ 인 키홈이 있으나, 축에는 키폭만큼 평평하게 깎아서 키를 때려박는다. 안장키보다 큰 토크를 전달할 수 있으나 회전 방향이 교대로 변하는 경우에는 헐거워질 우려가 있으므로 묻힘키보다는 작은 토크 전달용으로 이용된다.

(4) 접선키(tangential key)

기울기가 $\frac{1}{100}$ 인 2개의 키를 조합하여 축의 접선 방향으로 만든 키홈에 때려박아 그 단면이 직사각형이 되도록 한 것이다. 축과 보스의 키홈을 묻힘키보다 깊지 않게 할 수 있고 면압력만을 받으므로 묻힘키보다 축의 강도가 저하되지 않으며 큰 토크를 전달할 수 있다.

(5) 케네디키(Kennedy key)

접선키의 일종으로 접선키와 같이 2개의 키를 조합하여 사용하며 정사각형 단면이 되도록 한 키며 중하중(heavy duty)용으로 사용한다.

(6) 반달키(woodruff key)

축에 반달모양의 키홈을 파고 보스에 기울기를 붙인 키홈을 만들어 축의 키홈에 키를 넣은 다음 보스에 끼워 사용하는 키다. 이 키는 원형 부분에서 자유로이 움직일 수 있으므로 축과 보스를 잘 들어맞게 할 수 있다. 이 반달키는 자동차의 전동기 테이퍼축, 공작기계 등에 사용하나 홈의 깊이가 크므로 축의 강도를 저하시킬 우려가 있다.

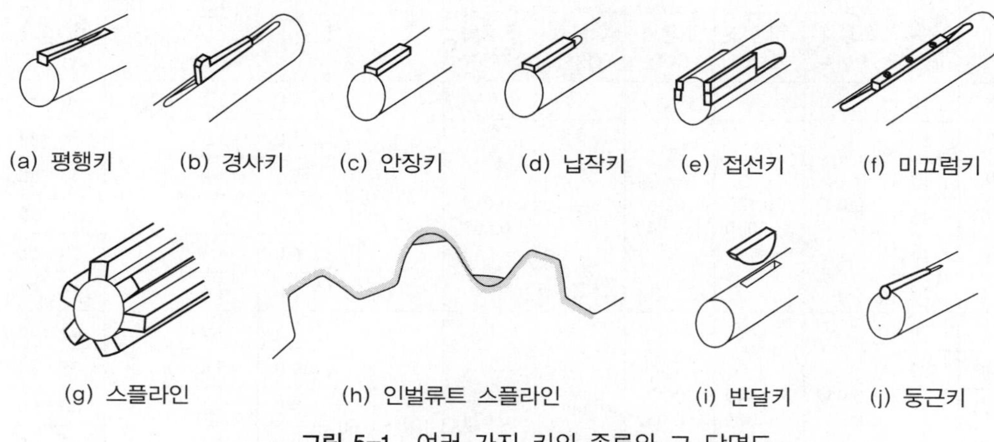

그림 5-1 여러 가지 키의 종류와 그 단면도

|표 5-1| 평행키용의 키홈의 모양 및 치수

키홈의 단면

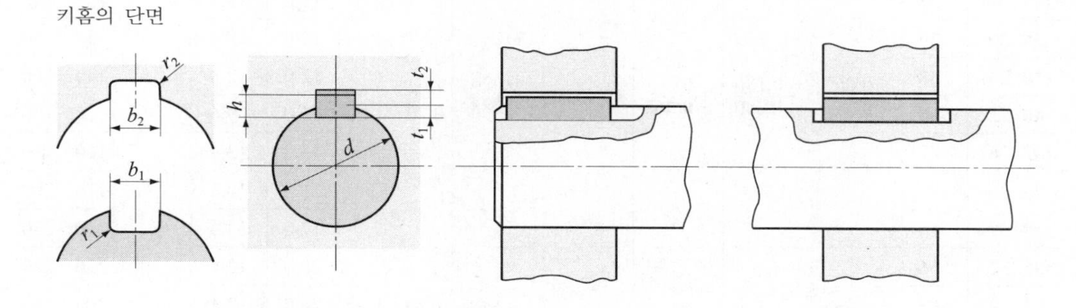

(단위 : mm)

키의 호칭 치수 $b \times h$	b_1 및 b_2의 기준 치수	활동형 b_1 허용차 (H9)	활동형 b_2 허용차 (D10)	보통형 b_1 허용차 (N9)	보통형 b_2 허용차 (JS9)	조립형 b_1 및 b_2 허용차 (P9)	r_1 및 r_2	t_1의 기준 치수	t_2의 기준 치수	t_1 및 t_2의 허용차	참고 적용하는 축지름[(3)] d
2×2	2	+0.025 0	+0.060 +0.020	−0.004 −0.029	±0.0125	−0.006 −0.031	0.08～0.16	1.2	1.0	+0.1 0	6～8
3×3	3							1.8	1.4		8～10
4×4	4	+0.030 0	+0.078 +0.030	0 −0.030	±0.0150	−0.012 −0.042		2.5	1.8		10～12
5×5	5						0.16～0.25	3.0	2.3		12～17
6×6	6							3.5	2.8		17～22
(7×7)	7	+0.036 0	+0.098 +0.040	0 −0.036	±0.0180	−0.015 −0.051		4.0	3.3	+0.2 0	20～25
8×7	8							4.0	3.3		22～30

키의 호칭 치수 $b \times h$	b_1 및 b_2의 기준 치수	활 동 형		보 통 형		조 립 형	r_1 및 r_2	t_1의 기준 치수	t_2의 기준 치수	t_1 및 t_2의 허용차	참 고
		b_1	b_2	b_1	b_2	b_1 및 b_2					적용하는 축지름[3] d
		허용차 (H9)	허용차 (D10)	허용차 (N9)	허용차 (JS9)	허용차 (P9)					
10×8	10						0.25～0.40	5.0	3.3		30～38
12×8	12	+0.043 0	+0.120 +0.050	0 −0.043	±0.0215	−0.018 −0.061		5.0	3.3		38～44
14×9	14							5.5	3.8		44～50
(15×10)	15							5.0	5.3		50～55
16×10	16							6.0	4.3		50～58
18×11	18							7.0	4.4		58～65
20×12	20	+0.052 0	+0.149 +0.065	0 −0.052	±0.0260	−0.022 −0.074	0.40～0.60	7.5	4.9		65～75
22×14	22							9.0	5.4		75～85
(24×16)	24							8.0	8.4		80～90
25×14	25							9.0	5.4		85～95
28×16	28							10.0	6.4		95～110
32×18	32	+0.062 0	+0.180 +0.080	0 −0.062	±0.0310	−0.026 −0.088		11.0	7.4		110～130
(35×22)	35						0.70～1.00	11.0	11.4	+0.3 0	125～140
36×20	36							12.0	8.4		130～150
(38×24)	38							12.0	12.4		140～160
40×22	40							13.0	9.4		150～170
(42×26)	42							13.0	13.4		160～180
45×25	45							15.0	10.4		170～200
50×28	50							17.0	11.4		200～230
56×32	56	+0.074 0	+0.260 +0.100	0 −0.074	±0.0370	−0.032 −0.106	1.20～1.60	20.0	12.4		230～260
63×32	63							20.0	12.4		260～290
70×36	70							22.0	14.4		290～330
80×40	80						2.00～2.50	25.0	15.4		330～380
90×45	90	+0.087 0	+0.220 +0.120	0 −0.087	±0.0435	−0.037 −0.0124		28.0	17.4		380～440
100×50	100							31.0	19.5		440～500

주 [3] 적용하는 축지름은 키의 강도에 대응하는 토크에서 구할 수 있는 것으로 일반 용도의 기준으로 나타낸다. 키의 크기가 전달하는 토크에 대하여 적절한 경우에는 적용하는 축지름보다 굵은 축을 사용하여도 좋다. 그 경우에는 키의 옆면이 축 및 허브에 균등하게 닿도록 t_1 및 t_2를 수정하는 것이 좋다. 적용하는 축지름보다 가는 축에는 사용하지 않는 편이 좋다.

비고 호칭치수에 괄호를 붙인 것은 대응 국제 규격에는 규정되어 있지 않으므로, 새로운 설계에는 사용하지 않는다.

|표 5-2| 경사키용의 키홈의 모양 및 치수

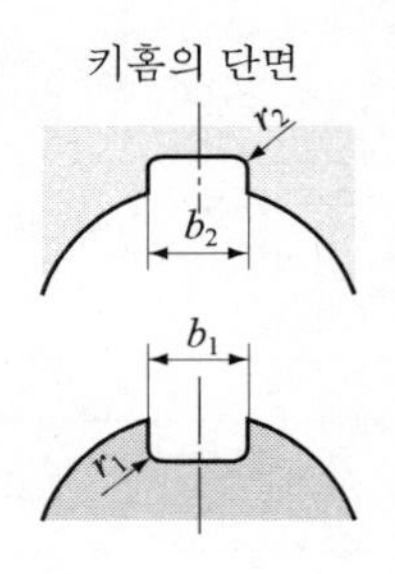

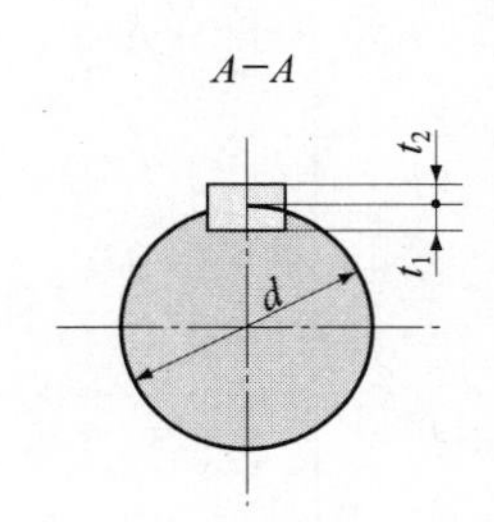

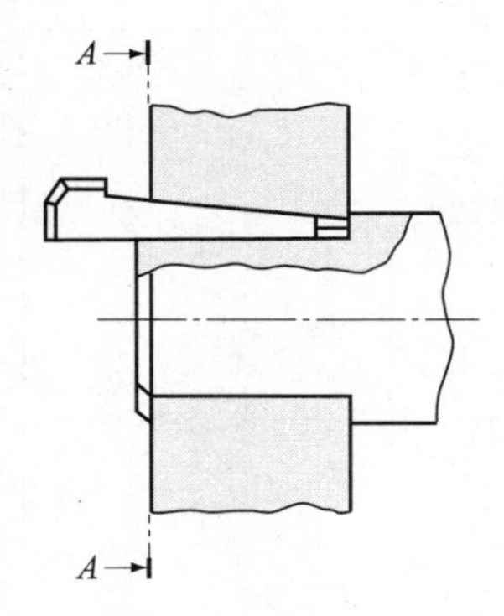

(단위 : mm)

키의 호칭 치수 $b \times h$	b_1 및 b_2 기준 치수	b_1 및 b_2 허용차 (D10)	r_1 및 r_2	t_1의 기준 치수	t_2의 기준 치수	t_1 및 t_2의 허용차	참고 적용하는 축지름[(5)] d
2×2	2	+0.060 +0.020	0.08~0.16	1.2	0.5	+0.05 0	6~8
3×3	3			1.8	0.9		8~10
4×4	4	+0.078 +0.030		2.5	1.2	+0.1 0	10~12
5×5	5		0.16~0.25	3.0	1.7		12~17
6×6	6			3.5	2.2		17~22
(7×7)	7	+0.098 +0.040		4.0	3.0		20~25
8×7	8			4.0	2.4	+0.2 0	22~30
10×8	10		0.25~0.40	5.0	2.4		30~38
12×8	12	+0.120 +0.050		5.0	2.4		38~44
14×9	14			5.5	2.9		44~50
(15×10)	15			5.0	5.0	+0.1 0	50~55
16×10	16			6.0	3.4	+0.2 0	50~58
18×11	18			7.0	3.4		58~65
20×12	20	+0.149 +0.065	0.40~0.60	7.5	3.9		65~75
22×14	22			9.0	4.4		75~85
(24×16)	24			8.0	8.0	+0.1 0	80~90
25×14	25			9.0	4.4	+0.2 0	85~95
28×16	28			10.0	5.4		95~110
32×18	32	+0.180 +0.080		11.0	6.4		110~130
(35×22)	35		0.70~1.00	11.0	11.0	+0.15 0	125~140
36×20	36			12.0	7.1	+0.3 0	130~150

키의 호칭 치수 $b \times h$	b_1 및 b_2		r_1 및 r_2	t_1의 기준 치수	t_2의 기준 치수	t_1 및 t_2의 허용차	참고
	기준 치수	허용차 (D10)					(5) 적용하는 축지름 d
(38×24)	38	+0.180 +0.080	0.70～1.00	12.0	12.0	+0.15 0	140～160
40×22	40			13.0	8.1	+0.3 0	150～170
(42×26)	42			13.0	13.0	+0.15 0	160～180
45×25	45			15.0	9.1	+0.3 0	170～200
50×28	50			17.0	10.1		200～230
56×32	56	+0.220 +0.100	1.20～1.60	20.0	11.1		230～260
63×32	63			20.0	11.1		260～290
70×36	70			22.0	13.1		290～330
80×40	80		2.00～2.50	25.0	14.1		330～380
90×45	90	+0.260 +0.120		28.0	16.1		380～440
100×50	100			31.0	18.1		440～500

비고 호칭치수에 괄호를 붙인 것은 대응 국제 규격에는 규정되어 있지 않으므로 새로운 설계에는 사용하지 않는다.

| 표 5-3 | 반달키의 KS 규격(KS B 1312)

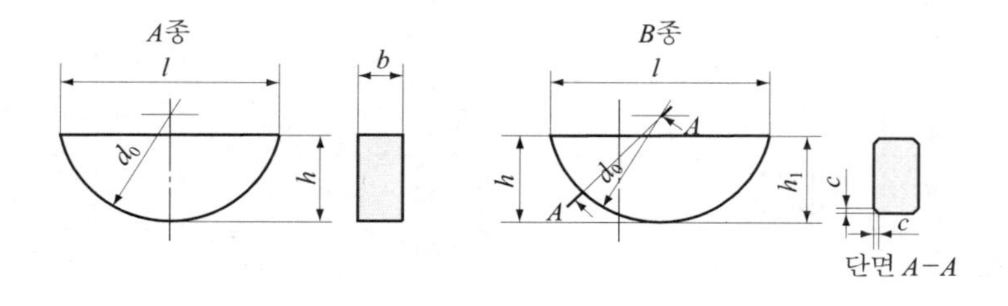

(단위 : mm)

키의 호칭 치수 $b \times d_0$	반 달 키 의 치 수									참 고		
	b		d_0		h		h_1		c	l	전단 단면의 넓이 (mm^2)	적용하는 축지름 d
	기준 치수	허용차 (h9)	기준 치수	허용차	기준 치수	허용차 (h11)	기준 치수	허용차				
2.5×10	2.5	0 −0.025	10	0 −0.1	3.7	0 −0.075	3.55	±0.1	0.16～0.25	9.6	21	7～12
3×10	3		10		3.7		3.55			9.6	26	8～14
3×13			13		5.0		4.75	±0.2		12.6	35	9～16
3×16			16		6.5	0 −0.090	6.3			15.7	45	11～18

키의 호칭 치수 $b \times d_0$	반 달 키 의 치 수									참 고		
	b		d_0		h		h_1		c	l	전단 단면의 넓이 (mm^2)	적용하는 축지름 d
	기준 치수	허용차 (h9)	기준 치수	허용차	기준 치수	허용차 (h11)	기준 치수	허용차				
4×13			13		5.0	0 −0.075	4.75			12.6	46	11～18
4×16	4		16		6.5		6.3			15.7	57	12～20
4×19			19		7.5		7.1			18.5	70	14～22
5×16			16		6.5		6.3			15.7	72	14～22
5×19	5	0 −0.030	19		7.5	0 −0.090	7.1			18.5	86	15～24
5×22			22		9.0		8.5			21.6	102	17～26
6×22			22		9.0		8.5			21.6	121	19～28
6×25	6		25		10.0		9.5			24.4	141	20～30
6×28			28	0 −0.2	11.0	0 −0.110	10.6			27.3	155	22～32
6×32			32		13.0		12.5			31.4	180	24～34
(7×22)			22	0 −0.1	9	0 −0.090	8.5			21.6	139	20～29
(7×25)			25		10		9.5		0.25～0.40	24.4	159	22～32
(7×28)	7		28		11		10.6			27.3	179	24～34
(7×32)			32		13	0 −0.110	12.5			31.4	209	26～37
(7×38)			38		15		14.0			37.1	249	29～41
(7×45)			45		16		15.0			43.0	288	31～45
8×25		0 −0.036	25		10	0 −0.090	9.5			24.4	181	24～34
8×28	8		28		11		10.6			27.3	203	26～37
8×32			32	0 −0.2	13		12.5			31.4	239	28～40
8×38			38		15	0 −0.110	14.0			37.1	283	30～44
10×32			32		13		12.5			31.4	295	31～46
10×45	10		45		16		15.0			43.0	406	38～54
10×55			55		17		16.0		0.40～0.60	50.8	477	42～60
10×65			65		19		18.0			59.0	558	46～65
12×65	12	0 −0.043	65		19	0 −0.130	18.0	±0.3		59.0	660	50～73
12×80			80		24		22.4			73.3	834	58～82

비고 표면 거칠기는 양측면은 6.3 S로 하고, 그 밖에는 25 S로 한다.

| 표 5-4 | 반달키홈의 치수

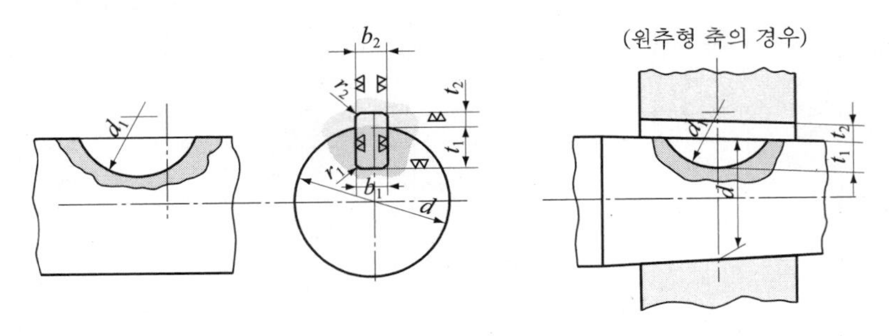

(단위 : mm)

키의 호칭 치수 $b \times d_0$	반달키홈의 치수										참고
	b_1		b_2		t_1	t_2		r_1 및 r_2	d_1		해당 축지름 d
	기준 치수	허용차 (N9)	기준 치수	허용차 (F9)	기준 치수	기준 치수	t_1, t_2의 허용차	기준 치수	기준 치수	허용차	
2.5×10	2.5	−0.004 −0.029	2.5	+0.031 +0.006	2.5	1.4	+0.1 0	0.08∼0.16	10	+0.2 0	7∼12
3×10	3		3		2.5				10		8∼14
3×13					3.8				13		9∼16
3×16					5.3				16		11∼18
4×13	4	0 −0.030	4	+0.040 +0.010	3.5	1.7			13		11∼18
4×16					5				16		12∼20
4×19					6				19	+0.3 0	14∼22
5×16	5		5		4.5	2.2			16	+0.2 0	14∼22
5×19					5.5				19	+0.3 0	15∼24
5×22					7				22		17∼26
6×22	6		6		6.6	2.6		0.16∼0.25	22		19∼28
6×25					7.6				25		20∼30
6×28					8.6				28		22∼32
6×32					10.6				32		24∼34
(7×22)	7	0 −0.036	7	+0.049 +0.013	6.4	2.8			22		20∼29
(7×25)					7.4				25		22∼32
(7×28)					8.4				28		24∼34
(7×32)					10.4				32		26∼37
(7×38)					12.4				38		29∼41
(7×45)					13.4				45		31∼45
8×25	8		8		7.2	3			25		24∼34
8×28					8.2				28		26∼37
8×32					10.2				32		28∼40
8×38					12.2				38		30∼44
10×32	10		10		9.8	3.4		0.25∼0.40	32		31∼46
10×45					12.8				45		38∼54
10×55					13.8				55		42∼60
10×65					15.8				65	+0.5 0	46∼65
12×65	12	0 −0.043	12	+0.059 +0.016	15.2	4			65		50∼73
12×80					20.2				80		58∼82

비고 (　) 가 있는 호칭치수는 되도록 사용하지 않는다.

(7) 미끄럼키(feather key)

미끄럼키 또는 안내키라고도 하며 토크를 전달하면서 보스가 축방향으로 미끄러질 수 있도록한 기울기가 없는 키다.

(8) 둥근키(round key)

핀 구멍은 보스를 축에 끼운 상태로 구멍을 드릴로 가공하여 원형단면의 작은 핀을 때려박는 키며 키홈 때문에 축이 손상되는 경우가 적고, 보스가 헐거워진 경우에 다시 손쉽게 죌 수 있는 이점도 있으나 큰 토크를 전달할 수 없는 것이 결함이다.

5.1.2 키의 강도

(1) 묻힘키

묻힘키를 때려박을 때 키의 밑면 또는 축의 밑면에 압력이 생겨 전달 토크에 영향을 주지만 이를 무시하고 키에 생기는 전단저항과 키의 측면의 면압력으로 축 토크를 전달하는 것으로 계산한다.

키의 전단응력은

$$\tau_s = \frac{P}{bl} = \frac{2T}{bdl} \tag{5-1}$$

P : 축 토크에 의한 키에 작용하는 접선력, b : 키의 폭,
l : 키의 길이, T : 키의 전달 토크, 즉 축의 토크

키홈 측면에 걸리는 평균 면압력은

$$p_m = \frac{P}{tl} = \frac{2T}{dtl} \tag{5-2}$$

h : 키의 높이, t : 키홈의 높이($\fallingdotseq \frac{h}{2}$)

τ_s 와 p_m 이 허용치보다 작은 값을 갖도록 치수를 정하면 된다.

축의 전달 토크는 $T = \frac{\pi}{16} d^3 \tau_d$ (τ_d 는 축재료의 허용 비틀림응력)을 전부 키의 전단저항

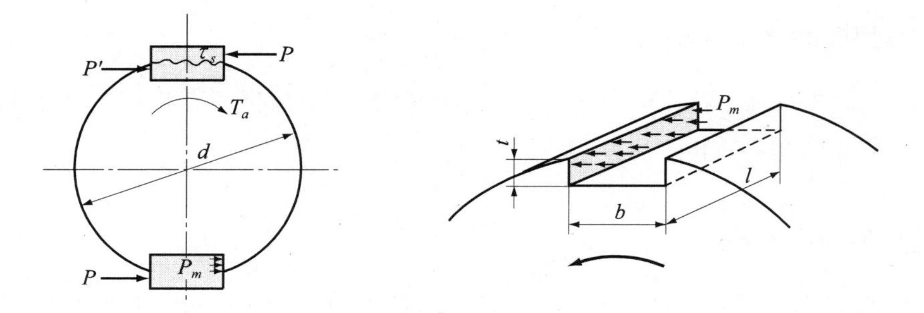

그림 5-2 묻힘키의 강도

으로 전달한다고 하면

$$\frac{\pi}{16}d^3\tau_d = \frac{\tau_s}{2}bdl$$

$$\frac{b}{d} = \frac{\pi}{8}\cdot\frac{d}{l}\cdot\frac{\tau_d}{\tau_s} \tag{5-3}$$

키의 길이 l은 때려박을 때의 좌굴을 고려하여 $l = (1.2 \sim 1.5)d$로 잡으므로 $l = 1.5d$로 하고, $\tau_s = \tau_d$로 하면

$$b = \frac{\pi}{12}d \fallingdotseq \frac{1}{4}d \tag{5-4}$$

축의 토크를 키의 측면의 면압 저항으로 전달한다고 하면

$$\frac{\pi}{16}d^3\tau_d = \frac{p_m}{2}dtl$$

$$\frac{t}{d} = \frac{\pi}{8}\cdot\frac{d}{l}\cdot\frac{\tau_d}{p_m} \tag{5-5}$$

지금 축재료의 허용 비틀림응력 τ_d를 $\tau_d = \dfrac{\tau_b}{4.5}$ 또는 $\dfrac{\sigma_b}{9}$정도로 잡는다.

σ_b와 τ_b는 키 재료의 인장강도 및 전단강도이다. 또 면압력 $p_m = \left(\dfrac{1}{3} \sim \dfrac{1}{5}\right)\sigma_c$($\sigma_c$는 키 재료의 압축강도이다) 식 (5-5)에서 $\sigma_c = \sigma_b$로 하면

$$t = (0.09 \sim 0.14)d$$

$$h \fallingdotseq 2t = (0.7 \sim 1)b \tag{5-6}$$

묻힘키의 각부 치수는 축지름 d에 대하여 식 (5-4)와 식 (5-6)을 기본으로 하여 KS에 수치가 결정되어 있다.

키홈 측면의 면압력의 허용치는 보통 $p_m = 8 \sim 10\ \mathrm{kg/mm^2}$ 정도로 잡고 있다.

(2) 안장키

이 키는 때려박을 때 쐐기작용에 의하여 축과 보스 사이에 생기는 마찰력 μP로 토크를 전달한다. 그러나 큰 토크용이 아니라 작은 전달력을 필요로 하는 곳에 사용한다.

그림 5-3과 같이 압력이 작용한다고 할 때

b : 키의 폭(mm), d : 축의 지름(mm), l : 키의 길이(mm), p_m : 키에서 축에 작용하는 평균압력($\mathrm{kg/mm^2}$), p_0 : 힘 P에 의하여 축에 작용하는 압력($\mathrm{kg/mm^2}$)이라고 하면 전달할 수 있는 토크는

$$T_1 = \mu P \frac{d}{2} = \mu p_m b l \frac{d}{2}$$

$$T_2 = 2\int_0^{\frac{\pi}{2}} \mu p_0 \cos\theta \, d\theta \, \frac{d}{2} \, l \, \frac{d}{2} = \frac{\mu p_0 d^2 l}{2} \int_0^{\frac{\pi}{2}} \cos\theta \, d\theta = \frac{\mu p_0 d^2 l}{2}$$

$$T = \mu P \frac{d}{2} + \mu p_0 l \frac{d^2}{2} \ (\mathrm{kg \cdot mm}) \tag{5-7}$$

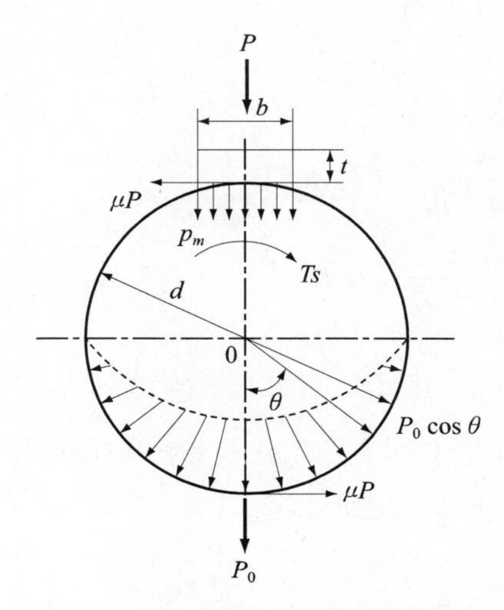

그림 5-3 안장키의 강도

힘 P는 축의 윗면 또는 아랫면에 대하여 구하면

$$P = 2\int_0^{\pi 2} p_0 \cos^2\theta\, d\theta\, \frac{d}{2} l = 2\int_0^{\frac{\pi}{2}} p_0 \frac{1+\cos 2\theta}{2}\, d\theta\, \frac{d}{2} l$$

$$= p_0\, d\, l \int_0^{\frac{\pi}{2}} \frac{1}{2}[1+\cos 2\theta]\, d\theta = \frac{\pi p_0\, dl}{4}$$

$$P = b\, l\, p_m \text{ 또는 } \frac{\pi}{4} l\, d\, p_0 \tag{5-8}$$

키를 때려박는 데 필요한 힘 F는 키 높이를 t(mm), 키의 단면에 작용하는 압축응력 σ_c를 재료의 인장강도 σ_B에 대하여 표시하면 $\sigma_c = \frac{\sigma_B}{s}$($s$는 안전계수)

$$F = \frac{tb}{s}\sigma_B(\text{kg}) \tag{5-9}$$

한쪽 구배가 있는 키를 때려박을 때 필요한 힘을 키와 보스 또는 키와 축 사이에 발생되는 작용력으로 표시하면

$$F = P\tan(\alpha+\rho) + P\tan\rho \fallingdotseq 2P\tan(\alpha+\rho)$$

또 위 식을 p_m과 p_0의 인수로 나타내면

$$F = 2b\, l p_m \tan(\alpha+\rho) \tag{5-10}$$

$$F = \frac{\pi}{2} d\, l p_0 \tan(\alpha+\rho) \tag{5-11}$$

$$p_m = \frac{t\,\sigma_B}{2sl\tan(\alpha+\rho)}(\text{kg/mm}^2) \tag{5-12}$$

$$p_0 = \frac{2t\, b\, \sigma_B}{\pi s d l \tan(\alpha+\rho)}(\text{kg/mm}^2) \tag{5-13}$$

α는 키 윗면 경사각 $\rho = \tan^{-1}\mu$이고, p_m의 값은 강제축에 대하여 보스가 주철인 경우 $300 \sim 500\ \text{kg/cm}^2$, 보스가 강인 경우는 $500 \sim 900\ \text{kg/cm}^2$이 보통이다.

DIN의 규격에 의하면 안장키의 비례치수는

$$b = \left(\frac{3}{16} \sim \frac{1}{4}\right) d + 3\ \text{mm}$$

$$t = \frac{d}{9} + 2\ \text{mm}$$

이나 KS에서는 규정되어 있지 않다. 묻힘키가 전달할 수 있는 토크 T와 안장키가 전달할 수 있는 토크 T_s와의 비를 구하면 다음과 같다. 단, $\alpha = \tan^{-1}\frac{1}{100}$, $\mu = 0.2$, $b = 0.25d$, $t = 0.5b$, $s = 3$, $l = 1.5d$일 때 식 (5-12) 및 식 (5-13)으로부터

$$p_m \fallingdotseq \frac{\sigma_B}{15}(\text{kg/mm}^2) \qquad p_0 \fallingdotseq \frac{\sigma_B}{47.5}(\text{kg/mm}^2)$$

토크 식에 위 식을 대입하면

$$T_s = \mu b l p_m \frac{d}{2} + \mu p_0 l \frac{d^2}{2} = \frac{d^3 \sigma_B}{177} \fallingdotseq \frac{\sigma_B}{11} \cdot \frac{d^3}{16}$$

따라서 토크의 비는 $\frac{T_s}{T} = \frac{\sigma_B}{11} \cdot \frac{d^3}{16} \times \frac{16}{\pi d^3 \tau_d}$

여기서 $\tau_d = \frac{\sigma_B}{9}$로 하면 안장키의 토크는 묻힘키의 1/4이 된다.

(3) 납작키의 강도

축이 회전하려고 하면 축과 키와의 접촉면의 압력분포가 그림 5-4와 같이 중앙에서 0, 가장자리에서 최대인 p_0가 된다. 그러므로 축과 보스 사이의 압력은 축의 최저점에서 경사각 ϕ만큼 기울어진 점에서 최대인 q_0가 된다. 축과 키 사이의 압력분포를 직선적으로 가정하고, 또, 축과 보스 사이의 압력분포를 $q_0 \cos\theta$로 가정하면 납작키에 의하여 전달되는 토크 T_f는 축과 키 사이의 압력에 의한 토크 T_{f1}과 축과 보스 사이의 마찰력에 의한 토크 T_{f2}의 합으로 표시된다.

$$T_{f1} = \int_0^{\frac{b}{2}} \frac{2p_0 x^2 l dx}{b} = \frac{p_0 b^2 l}{12}$$

$$= \frac{p_0 bl}{4} \times \frac{b}{3} = P \times \frac{b}{3} \qquad (5\text{-}14)$$

$$T_{f2} = 2\int_0^{\frac{\pi}{2}} \mu q_0 \frac{d}{2}\frac{d}{2} l \cos\theta\, d\theta$$

$$= \frac{p_0 bl}{4}\mu\frac{d}{2}\frac{4}{\pi} = \mu P\frac{d}{2}\frac{4}{\pi} \tag{5-15}$$

그림에서 ϕ가 미소하므로 $p\cos\phi = q_0$로 본다.

$$T_f = p\frac{b}{3} + \mu p\frac{d}{2}\frac{4}{\pi} = p\left(\frac{b}{3} + \mu\frac{d}{2}\frac{4}{\pi}\right) = \frac{p_0 bl}{4}\left(\frac{b}{3} + \mu\frac{d}{2}\frac{4}{\pi}\right)$$
$$= \frac{\sigma_B bl}{4s}\left(\frac{b}{3} + \mu\frac{d}{2}\frac{4}{\pi}\right) \tag{5-16}$$

로 된다. 이는 축이 회전하려 할 때 생기는 토크이므로 실제 납작키가 전달할 수 있는 토크는 식 (5-16)과 식 (5-7)을 합한 식이 된다.

납작키가 전달할 수 있는 토크를 묻힘키가 전달할 수 있는 토크와 비교하면 다음과 같다. 단, $b = 1.5d$, $\mu = 0.15$, $L = 1.5d$, $s = 3$으로 할 때

$$T_f = \frac{\sigma_b bl}{4s}\left(\frac{b}{3} + \frac{\mu d}{2}\frac{4}{\pi}\right)$$
$$= \frac{1}{3.75}\frac{\sigma_B}{s}\frac{d^3}{16} \fallingdotseq \frac{\sigma_B}{11}\frac{d^3}{16}$$

따라서 납작키가 전달할 수 있는 토크는 $T_f = 2T_s$가 되고 $T_S = \frac{1}{4}T$이므로

$$T_f = \frac{1}{2}T$$

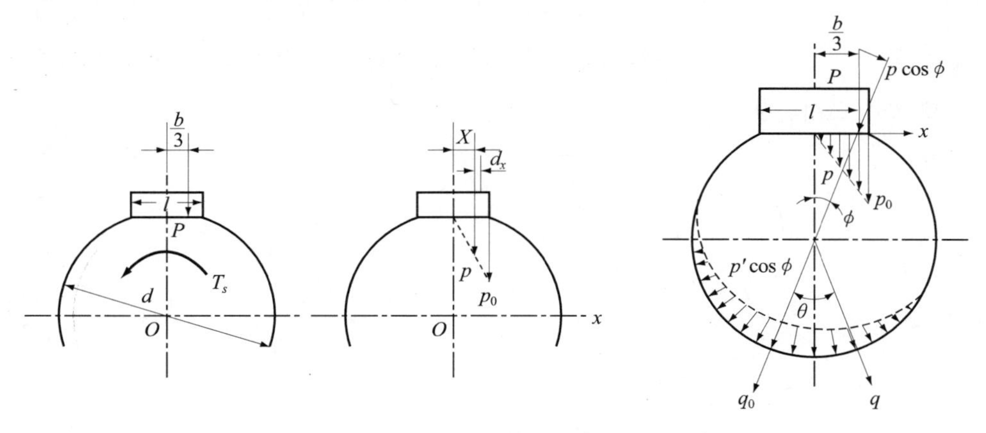

그림 5-4 납작키의 강도

가 된다. 따라서 묻힘키, 안장키, 납작키의 대소관계를 살펴보면 $T > T_f > T_s$ 가 되어 묻힘키가 가장 크고 안장키가 가장 작은 토크를 전달함을 알 수 있다.

(4) 접선키의 강도

묻힘키에서 측면의 면압력의 식과 마찬가지로 접선키에 작용하는 면압력 p_m 은 아래와 같다.

$$p_m = \frac{P}{hl} = \frac{2T_t}{dhl} \tag{5-17}$$

h : 키의 높이, l : 키의 길이, P : 키에 작용하는 힘, T_t : 접선키의 전달 토크이다.

그림 5-5의 (b)에 의하여 폭 b 를 구하면 $b = \sqrt{(d-h)h}$, 이 식에 식 (5-6)을 대입하여 b 를 구하면, $h = t$ 이므로 $h = (0.09 \sim 0.14)d$. 여기서 $h = 0.1d$ 로 하여 b 를 구하면 $b = 0.3d$ 이다.

DIN에 의한 접선키의 치수는 표 5-5와 같이 규정하고 KS에는 규정이 없다.

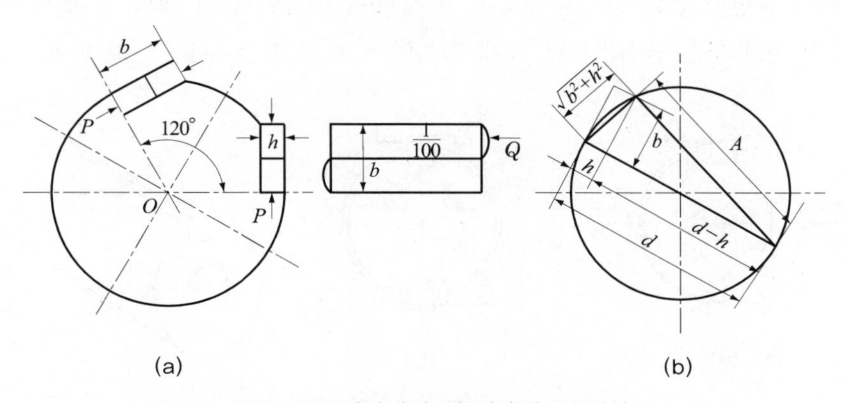

그림 5-5 접선키의 강도(a)와 치수(b)

| 표 5-5 | 접선키의 치수

치수 / 교번하중	높이 h mm	폭 b mm
충격적	1/10d	3/10d
일반적	1/15d	1/4d

(5) 미끄럼키의 강도

그림 5-6과 같은 미끄럼키(페더키)에서 전달할 수 있는 토크 T는 (a)의 경우

$$T = P_1 \frac{d}{2} \tag{5-18}$$

P_1에 의한 마찰력 μP_1은 보스를 축방향으로 이동시키는 데 필요하며 그 힘은

$$2\mu P_1 = \frac{4\mu T}{d} \tag{5-19}$$

(b)의 경우

$$T = P_2 d \tag{5-20}$$

그러므로 보스를 축방향으로 이동시키는 데 필요한 힘은

$$2\mu P_2 = \frac{2\mu T}{d} \tag{5-21}$$

가 된다. 키의 측면의 면압력은 식 (5-2)로 표시되나, 하중이 걸린 채로 미끄럼 운동을 해야 하므로 p_m의 허용치는 묻힘키보다 작게 잡아야 하므로 표 5-6에 그 값을 표시한다.

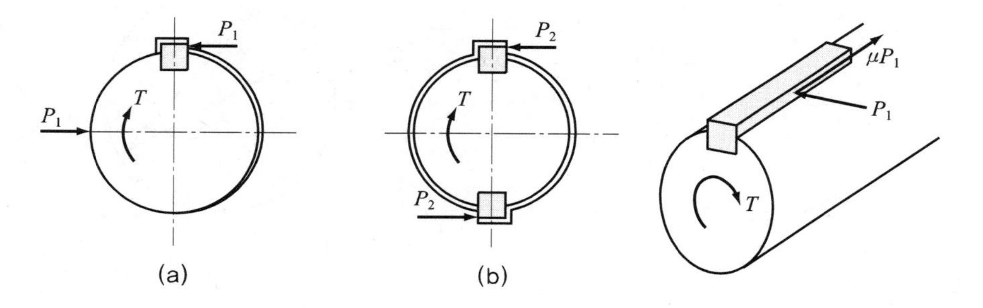

그림 5-6 미끄럼키

| 표 5-6 | 미끄럼키의 허용 접촉압력 p_a

키	보스 또는 축	p_a kg/cm²	
		정회전력	변동회전력
반 경 강	주철	1~2	1
	강	1~2	1
열처리강	열처리강	≤4	2

예제 5-1 축지름 50 mm에 사용할 묻힘키를 설계하라. 축의 허용 비틀림응력 $\tau_d = 3$ kg/mm^2, 키의 측면과 보스에 작용하는 면압력은 $p_m = 9$ kg/mm^{2}으로 한다. 축의 비틀림 모멘트와 면압력 p_m에 의한 키의 측면 파손을 고려하여 식 (5-5)에서 $l = 1.5d$로 한다.

풀이

$$p_m = \frac{\pi d \tau_d}{12t}$$

$$t = \frac{\pi d \tau_d}{12 p_m} = \frac{\pi \times 50 \times 3}{12 \times 9} = 4.36 \text{ mm}$$

$$h \fallingdotseq 2t = 2 \times 4.36 = 8.7 \text{ mm}$$

키의 전단을 생각하면 식 (5-4)에 의하여

$$l = 1.5d = 1.5 \times 50 = 75 \text{ mm}$$

따라서 표 5-2로부터 $b \times h = 14 \times 9$를 선택하여 $b \times h \times l = 14 \times 9 \times 75$로 결정한다.

예제 5-2 축지름 50 mm의 전동축이 150 rpm으로 12 PS를 전달할 때 이 축에 사용할 키의 치수를 결정하라. 단, 키의 면압력 $p_m = 9$ kg/mm^2, 키의 전단응력 $\tau = 2$ kg/mm^{2}로 한다.

풀이

$$T = 716200 \frac{H}{N} = 716200 \times \frac{12}{150} = 57300 (\text{kg} \cdot \text{mm})$$

KS 규격 표 5-2에서 14×9를 선정하고, $t = 5.5$ mm, 식 (5-2)에 의하여 길이 l을 계산하면

$$l = \frac{2T}{dtp_m} = \frac{2 \times 57300}{50 \times 5.5 \times 9} = 46.3 \text{ mm} \fallingdotseq 48 \text{ mm}$$

전단에 대한 강도를 검토하면 식 (5-1)에 의하여

$$\tau_s = \frac{2T}{bdl} = \frac{2 \times 57300}{14 \times 50 \times 48} = 3.41 (\text{kg/mm}^2)$$

$$l = 1.5d = 1.5 \times 50 = 75 \text{ mm} \text{로 잡아도}$$

$$\tau_s = \frac{2T}{bdl} = \frac{2 \times 57300}{14 \times 50 \times 75} = 2.18 (\text{kg/mm}^2)$$

아직도 부적당하다. 다시 키를 선정하여 16×10으로 잡고 키의 길이를 구하면 이때 $t = 6$ mm이므로

$$l = \frac{2T}{dtp_m} = \frac{2 \times 57300}{50 \times 6 \times 9} = 42.4 \text{ mm}$$

$$l = 1.5d = 1.5 \times 50 = 75 \text{ mm} \text{일 때}$$

$$\tau_s = \frac{2T}{bdl} = \frac{2 \times 57300}{16 \times 50 \times 75} = 1.91(\text{kg/mm}^2) < (2 \text{ kg/mm}^2)$$

키의 치수는 $16 \times 10 \times 75$로 결정하면 적당하다.

5.2 스플라인

큰 토크를 전달할 때 축에 2개 이상의 키를 사용하는 것은 공작상 합당하지 않으며 축의 단면의 넓이가 감소되어 축의 강도를 저하시키게 된다. 이런 경우 몇 개의 미끄럼키를 축과 일체로 하여 축 둘레에 등간격으로 배치한 스플라인 축(splined shaft)을 사용하면 된다. 스플라인 축에 끼워지는 보스를 스플라인(spline)이라 한다.

스플라인 축은 미끄럼키와 마찬가지로 회전 토크를 전달하는 동시에 축방향으로도 이동할 수 있고, 토크를 몇 개의 키로 분담하게 되므로 큰 토크를 전달할 수 있으며 내구성도 좋다. 그러므로 기어변속장치의 축으로서 공작기계, 자동차, 항공기의 동력전달기구 등에 사용되고 있으며 단면 모양에 따라 각형 스플라인과 인벌류트 스플라인이 있다.

5.2.1 스플라인의 종류

(1) 각형 스플라인

표 5-7과 같이 치면이 평행한 각형으로서 KS 규격에서는 잇수 6, 8, 10의 3종류가 있다. 또 형식은 경하중용의 1형과 중하중용 2형으로 나누고 축과 구멍의 끼워맞춤 정도에 따라 보스를 축방향으로 이동시키는 활동용과 고정시키는 고정형으로 나누고 있다. 표 5-7은 각형 스플라인의 치수를 표시한 것이다.

(2) 인벌류트 스플라인

그림 5-7에서 같이 이의 측면의 모양으로서 인벌류트 곡선을 사용한 스플라인이며 잇수는 보통 6~40개이다.

KS에서는 자동차용 인벌류트 스플라인이 (KS B 9201)이 규정되어 있다.

이 스플라인은 각형 스플라인에 비하여 다음과 같은 장점이 있어 자동차와 그 밖의 동력 전달기구에 널리 사용되고 있다.

① 작동하는 경우 자동적으로 축과 동심이 된다.

② 기어와 마찬가지로 쉽게 가공할 수 있으므로, 정밀도가 높고 생산성이 좋다.

③ 회전력을 원활하게 전달할 수 있다.

④ 이 높이가 표준 기어보다 낮으므로 이 뿌리 강도가 크고 같은 지름의 각형 스플라인에 비하여 큰 동력을 전달할 수 있다.

스플라인 축은 일반적으로 스플라인 호브에 의하여 절삭하고 보스 내면의 스플라인 홈은 스플라인 브로치(spline broach)로 높은 정밀도의 가공을 할 수 있다.

특히 소량생산의 경우에는 축은 밀링절삭, 보스의 홈은 슬로터(slotter)에 의하여 가공하고 연삭 다듬질한다.

보스를 축의 길이 방향으로 이동시킬 필요가 있을 경우에는 이의 접촉면은 담금질 처리하고 연삭 다듬질하여 서로의 접촉마멸을 방지할 필요가 있다.

스플라인 축과 홈과의 중심 맞추기는 다음 방법에 따른다.

① 스플라인 축의 안지름과 보스의 작은 지름으로 중심 맞추기를 한다.

② 스플라인의 바깥지름과 보스의 큰 지름으로 중심 맞추기를 한다.

③ 서로의 치면으로 중심 맞추기를 한다.

④ 스플라인 이외의 부분으로 축과 보스와의 중심 맞추기를 한다.

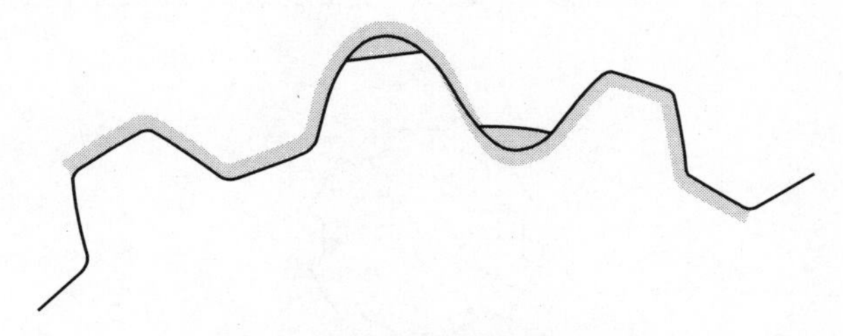

그림 5-7 인벌류트 스플라인

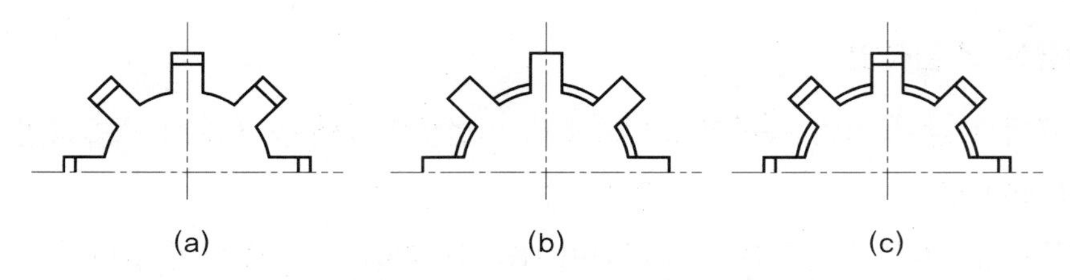

그림 5-8 스플라인 중심 맞추기

|표 5-7| (a) 각형 스플라인의 기본치수

(단위 : mm)

형식 / 홈수 / 호칭지름 d	1형						2형					
	6		8		10		6		8		10	
	큰지름 D	폭 B	큰지름 D	폭 B	큰지름 D	폭 B	큰지름 D	폭 B	큰지름 D	폭 B	큰지름 D	폭 B
11	–	–	–	–	–	–	14	3	–	–	–	–
13	–	–	–	–	–	–	16	3.5	–	–	–	–
16	–	–	–	–	–	–	20	4	–	–	–	–
18	–	–	–	–	–	–	22	5	–	–	–	–
21	–	–	–	–	–	–	25	5	–	–	–	–
23	26	6	–	–	–	–	28	6	–	–	–	–
26	30	6	–	–	–	–	32	6	–	–	–	–
28	32	7	–	–	–	–	34	7	–	–	–	–
32	36	8	36	6	–	–	38	8	38	6	–	–
36	40	8	40	7	–	–	42	8	42	7	–	–
42	46	10	46	8	–	–	48	10	48	8	–	–
46	50	12	50	9	–	–	54	12	54	9	–	–
52	58	14	58	10	–	–	60	14	60	10	–	–
56	62	14	62	10	–	–	65	14	65	10	–	–
62	63	16	68	12	–	–	72	16	72	12	–	–
72	78	18	–	–	78	12	82	18	–	–	82	12
82	88	20	–	–	88	12	92	20	–	–	92	12
92	98	22	–	–	98	14	102	22	–	–	102	14
102	–	–	–	–	108	16	–	–	–	–	112	16
113	–	–	–	–	120	18	–	–	–	–	125	18

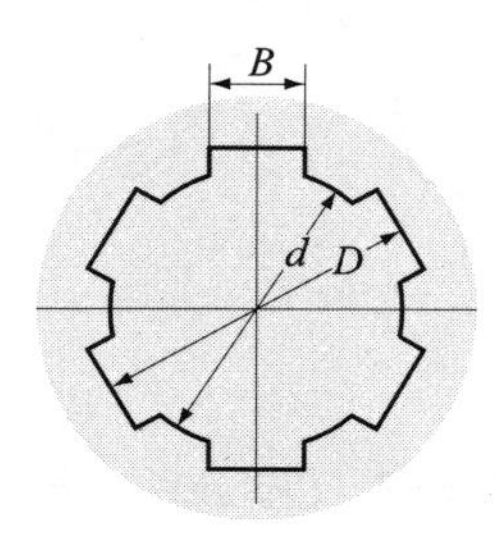

|표 5-7| (b) 상세치수(1형)

(단위 : mm)

호칭 지름 d	홈수 N	작은 지름 d	큰지름 D	폭 B	g (최소)	k (최대)	$r^{(1)}$ (최대)	넓이 S_0 [(2)] (mm^2) (최대)	참고			호브	
									d (최대)	θ (최대)	f (최소)	t	m
23	6	23	26	6	0.3	0.3	0.2	6.6	22.08	1.27	3.44	0.5	0.46
26		26	30					9.5	24.56	1.90	3.75	0.7	0.72
28		28	32	7				9.6	20.69	1.80	3.96		0.66
32		32	36	8					30.74	1.73	5.21		0.63
36		36	40				0.3	9.5	34.64	1.74	7.31		0.68
42		42	46	10				9.6	40.80	1.60	8.69		0.60
46		46	50	12				9.7	44.96	1.50	8.95		0.52
52		52	58	14	0.4	0.4	0.5	15.1	50.30	2.40	8.24	1.0	0.85
56		56	62					14.9	54.21	2.42	10.34		0.90
62		62	68	16				15.0	60.34	2.30	11.68		0.83
72		72	78	18				14.9	70.38	2.21	15.10		0.81
82		82	88	20					80.43	2.12	18.48		0.79
92		92	98	22				14.8	90.48	2.05	21.85		0.76
32	8	32	36	6	0.4	0.4	0.3	11.0	30.37	1.12	2.69	0.7	0.82
36		36	40	7				11.9	34.46	1.82	3.45		0.77
42		42	46	8				11.1	40.50	1.74	4.97		0.75
46		46	50	9					44.58	1.68	5.66		0.71
52		52	58	10	0.5	0.5	0.5	17.9	49.65	2.73	4.90		1.18
56		56	62					17.7	53.55	2.73	6.47	1.0	1.22
62		62	68	12				17.9	59.78	2.56	7.16		1.11
72	10	72	78	12	0.5	0.5	0.5	22.0	69.59	5.56	6.45	1.0	1.21
82		82	88					21.7	79.42	2.54	8.64		1.29
92		92	98	14				21.8	89.59	2.42	10.02		1.27
102		102	108	16				21.9	99.73	2.10	11.59	1.3	1.14
112		112	120	18				32.1	108.84	3.23	10.65		1.58

주 (1) r은 모떼기로 대신할 수 있다.
(2) S_0는 스플라인의 길이 1 mm마다의 치면의 변압넓이를 표시한다.

비고 축의 치면은 지름 d의 부분까지 평행이어야 한다.

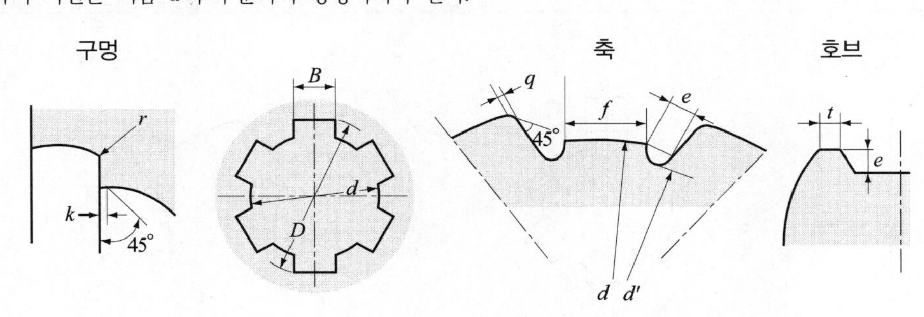

| 표 5-7 | (c) 상세치수(2형)

(단위 : mm)

호칭지름 d	홈수 N	작은지름 d	큰지름 D	폭 B	g (최소)	k (최대)	r[(1)] (최대)	[(2)] 넓이 S_0 (mm^2) (최대)	참고				
									d' (최대)	θ (최대)	f (최소)	호브 t	호브 m
11	6	11	14	3	0.3	0.3	0.2	6.6	9.96	1.54	–	0.5	0.52
13		13	16	3.5					11.98	1.49	0.28		0.51
16		16	20	4				9.6	14.53	2.11	0.11	0.7	0.74
18		18	22	5				9.7	16.68	1.97	0.41		0.66
21		21	25					9.5	19.53	2.01	1.93		0.74
23		23	28	6				12.7	21.26	2.37	1.24		0.87
26		26	32		0.4	0.4	0.3	14.6	23.67	3.16	1.24	1.0	1.16
28		28	34	7				14.5	25.84	3.10	1.55		1.08
32		32	38	8					29.90	2.90	2.87		1.05
36		36	42					14.6	33.73	2.93	4.93		1.14
42		42	48	10				18.5	39.94	2.72	6.46		1.03
46		46	54	12	0.5	0.5	0.5	20.2	43.35	3.69	4.56	1.3	1.32
52		52	60	14				20.4	49.51	3.50	6.04		1.33
56		56	65					23.2	52.95	4.24	6.69	1.6	1.24
62		62	72	16				26.4	58.71	4.51	7.27		1.52
72		72	82	18				26.3	68.75	4.69	10.12	2.0	1.64
82		82	92	20					78.80	4.55	13.63		1.60
92		92	102	22				2.62	88.85	4.42	17.12		1.57
32	8	32	38	6	0.4	0.4	0.3	19.1	29.37	3.20	0.12	10	1.31
36		36	42	7				19.2	33.48	3.07	0.95		1.26
42		42	48	8				26.0	39.51	2.94	2.56		1.24
46		46	54	9	0.5	0.5	0.5		42.63	4.10	0.80	1.3	1.68
52		52	60	10					48.66	3.88	2.60		1.67
56		56	65	12				29.9	52.01	4.76	2.41	1.6	1.99
62		62	72					34.1	57.81	5.01	2.24		2.10
72	10	72	82	12	0.5	0.5	0.5	42.2	67.48	5.30	–	2.0	2.27
82		82	92					41.9	77.18	5.35	3.02		2.41
92		92	102	14				42.1	87.40	5.11	4.63		2.30
102		102	112	16				57.3	97.60	4.90	6.17	2.4	2.20
112		112	125	19					106.16	6.49	4.12		2.92

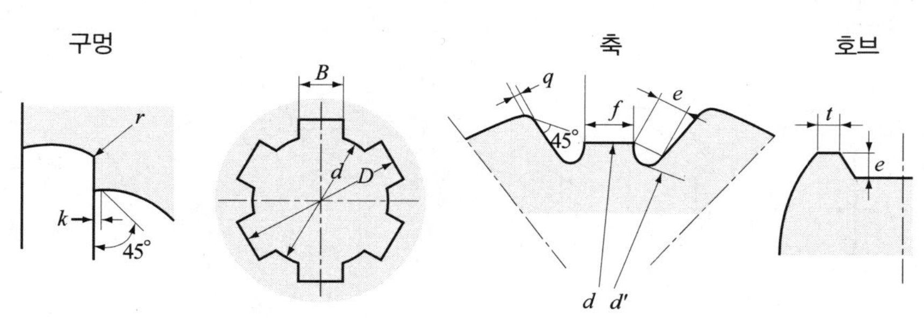

(3) 세레이션(serration)

스플라인 축의 이를 삼각형 산 모양인 것을 세레이션이라 한다. 이 높이를 낮게 하고, 잇수가 많으므로 비교적 작은 지름의 것에 사용하며 결합할 때 위상을 미세하게 조정할 수 있다. 그리고 이것은 축과 보스가 끼워져 있을 뿐 축방향의 이동은 없다. 치형이 삼각형인 삼각형 세레이션과 인벌류트 세레이션이 있다. 세레이션 축은 세레이션 호브로 가공되고 보스의 홈은 브로치로 절삭된다.

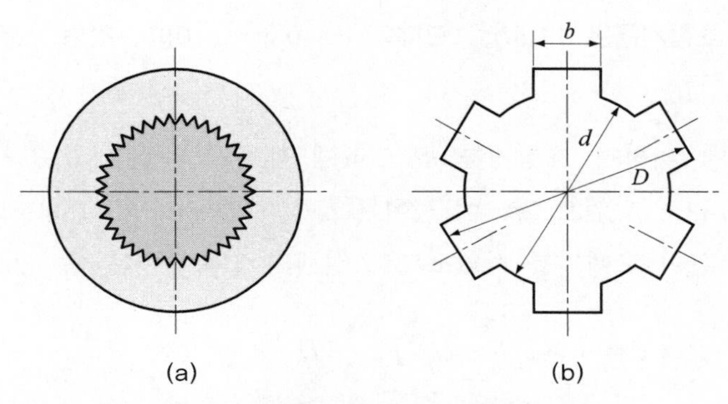

그림 5-9 세레이션(a)과 스플라인 축(b)

5.2.2 스플라인의 강도

스플라인은 잇수가 많아서 전단강도는 충분하다고 볼 수 있으므로 전달할 수 있는 토크는 치면의 면압강도로서 계산한다. 스프라인이 전달할 수 있는 토크를 T라 하고, 이의 측면의 면압력이 이 높이의 중앙에 집중하중으로 작용한다고 하면,

$$T = \eta z h l p_m \frac{1}{4}(D + d)$$

z : 잇수, h : 이의 높이, l : 보스의 길이, p_m : 이의 측면의 허용면압력

D : 스플라인의 바깥지름, d : 스플라인의 안지름, η : 이의 측면의 접촉효율이며, 이론상으로 100 %이나 실제로는 이의 절삭정밀도를 고려하여 절삭된 잇수의 3/4이 토크를 전달하는데 유효하다. 즉, $\eta = 0.75$로 한다.

표 5-8은 스플라인에 실제로 사용되는 허용면압력의 값을 표시한 것이다.

| 표 5-8 | 스플라인의 허용면압력

(단위 : kg/mm²)

허용면압력	고 정	무하중으로 이동	하중상태로 이동
p_m	4.5~7.0	3.0~4.5	3.0 이하

예제 5-3 그림 5-10과 같은 스플라인 축의 전달동력을 구하라. 단, 스플라인 축의 회전속도 $n=100$ rpm, 허용면압력 $p_m=1\ \text{kg/mm}^2$, 보스의 길이 $l=100$ mm, 잇수 $z=6$, 호칭지름은 46 mm, 모떼기 $c=0.4$ mm이다. 각형 스플라인 1형을 사용한다.

풀이 표 5-7에 의하여 호칭지름 46 mm에 대하여 작은지름 $d=46$ mm, 큰지름 $D=50$ mm를 얻으므로 이 높이는 $h=\frac{1}{2}(D-d)=\frac{1}{2}(50-46)=2$ mm이다. 그림과 같이 모떼기를 하였으므로 실제의 접촉높이는 $(h-2c)$가 된다.

$$T=0.75z(h-2c)lp_m\frac{1}{4}(D+d)$$

$$=0.75\times6\times(2-2\times0.4)\times100\times1\times\frac{(50+46)}{4}=12960\ \text{kg}\cdot\text{mm}$$

$$H=\frac{Tn}{716200}=\frac{12960\times100}{716200}=1.8\ \text{PS}$$

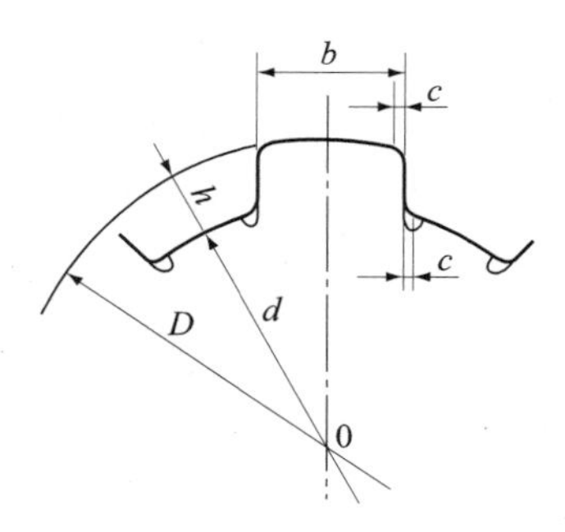

그림 5-10 스플라인

5.3 코터(cotter)

코터는 양쪽 또는 한쪽 기울기가 있는 평판 모양의 쐐기로서 2개의 축을 축방향으로 연결하는데 사용되는 일시적인 결합요소이다. 코터 이음은 그림 5-11과 같이 로드(rod, 왼쪽 축단부)를 소켓(socket, 오른쪽 원통형 축부)에 꼭 끼우고, 각각의 기울기가 있는 코터 구멍에 코터를 때려박아서 연결한다.

키가 회전 모멘트를 전달하는 것에 대하여 코터는 축방향의 인장력, 압축력을 전달한다. 피스톤로드, 크로스헤드나 연결봉 사이의 결합 등에 사용되나 사용예는 비교적 적다. 코터의 재료는 축보다 약간 경도가 높은 것을 사용한다.

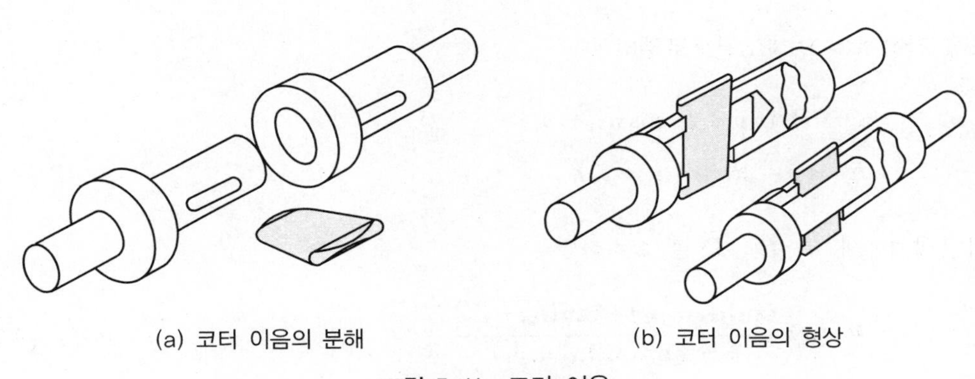

(a) 코터 이음의 분해　　(b) 코터 이음의 형상

그림 5-11 코터 이음

5.3.1 코터 이음의 역학

그림 5-12와 같이 코터를 P의 힘으로 때려박으면 양축에는 인장력 Q가 작용하고 각 접촉부에는 반력 R, R_1, R_2가 생긴다.

로드와 소켓 사이의 마찰계수 $\mu = \tan\rho$, 코터와 로드 사이의 마찰계수 $\mu_1 = \tan\rho_1$, 코터와 소켓 사이의 마찰계수 $\mu_2 = \tan\rho_2$라 하면,

코터에 작용하는 힘의 평형조건으로부터

$$P = R_1 \sin(\alpha_1 + \rho_1) + R_2 \sin(\alpha_2 + \rho_2)$$
$$R_1 \cos(\alpha_1 + \rho_1) = R_2 \cos(\alpha_2 + \rho_2)$$

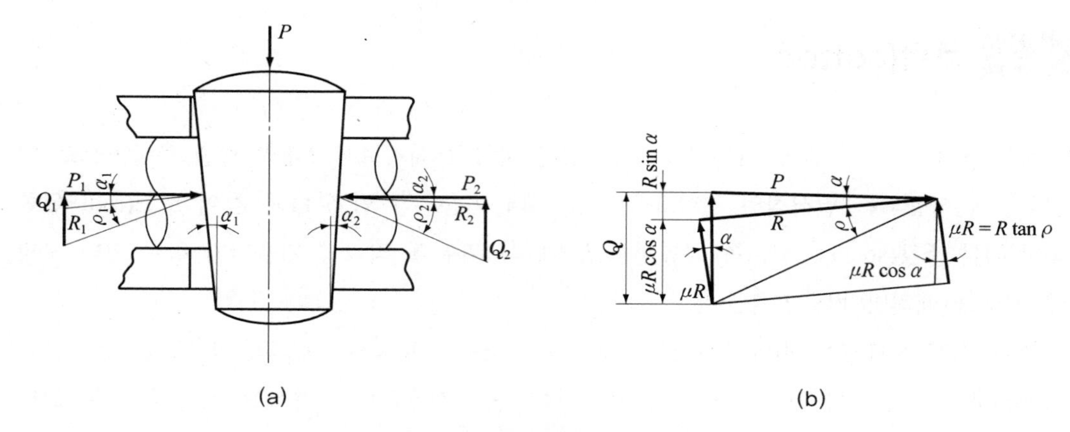

그림 5-12 코터의 타격에 의한 힘의 균형

로드에 작용하는 평형조건으로부터

$$Q + R\sin\rho = R_1\cos(\alpha_1 + \rho_1)$$

$$R\cos\rho = R_1\sin(\alpha_1 + \rho_1)$$

위 4개식에서 R, R_1, R_2를 소거하면

$$P = Q\,\frac{\tan(\alpha_1 + \rho_1) + \tan(\alpha_2 + \rho_2)}{1 - \tan\rho\tan(\alpha_1 + \rho_1)} \tag{5-23}$$

코터를 빼내기 위하여 반대방향에서 코터에 주는 힘을 P라고 하면 식 (5-23)에서 마찰각의 부호를 음(−)으로 하면 되므로,

$$P' = Q\,\frac{\tan(\alpha_1 - \rho_1) + \tan(\alpha_2 - \rho_2)}{1 + \tan\rho\tan(\alpha_1 - \rho_1)}$$

코터가 저절로 빠지지 않기 위해서는 즉, 자립(self-locking)되기 위해서는 $P' \leq 0$이어야 하므로

$$\tan(\alpha_1 - \rho_1) + \tan(\alpha_2 - \rho_2) \leq 0 \tag{5-24}$$

가 자립조건이 된다.

실제 양쪽 기울기의 경우 $\alpha_1 = \alpha_2$가 되게 제작되므로 $\alpha_1 = \alpha_2 = \alpha$, $\rho_1 = \rho_2 = \rho$라 하면 이 조건은

$$\tan(\alpha-\rho) \le 0 \quad \therefore\ \alpha \le \rho \tag{5-25}$$

한쪽 기울기의 경우는 $\alpha_2 = 0$, $\alpha_1 = \alpha$, $\rho = \rho_1 = \rho_2$라고 하면, 자립조건은

$$\tan(\alpha-\rho) - \tan\rho \le 0 \quad \therefore\ \alpha \le 2\rho \tag{5-26}$$

$$P = Q\frac{\tan(\alpha+\rho)+\tan\rho}{1-\tan\rho\tan(\alpha+\rho)} = Q\tan(\alpha+2\rho) \tag{5-27}$$

식 (5-27)에서 $\tan$의 2차 미소량을 생략하면 다음과 같은 근사식을 얻을 수 있다.

$$P \fallingdotseq Q(\tan\alpha + 2\tan\rho) \tag{5-28}$$

보통 양쪽 기울기 코터보다 한쪽 기울기 코터가 많이 사용된다. 마찰계수는 윤활유가 있을 때 $\mu = 0.05 \sim 0.1(\rho = 3 \sim 6°)$이고 윤활유가 없을 때 $\mu = 0.15 \sim 0.4(\rho = 8.5 \sim 22°)$이다.

기울기는

반영구적으로 끼울 때 : $\tan\alpha = \frac{1}{20} \sim \frac{1}{40}$

자주 탈착할 때 : $\tan\alpha = \frac{1}{15} \sim \frac{1}{10}$(빠짐 방지로 핀 사용)

$\tan\alpha = \frac{1}{10} \sim \frac{1}{5}$(빠짐 방지로 너트 사용)

로 하고 있다.

5.3.2 코터 이음의 강도

코터 이음의 강도는 다음과 같이 여러 가지를 생각할 수 있다. 그림 5-12를 참조하여 d_0 : 축지름, D : 소켓의 바깥지름, d : 로드의 지름(소켓의 안지름), Q_0 : 축방향으로 작용하는 외력이라 할 때,

(1) 접촉면압

코터와 로드와의 접촉면압 p는

$$p = \frac{Q_0}{bd} \tag{5-29}$$

코터와 소켓과의 접촉면압 p'

$$p' = \frac{Q_0}{b(D-d)} \tag{5-30}$$

여기서 $p = p'$로 하면 $d = \frac{1}{2}D$로 된다.

(2) 축의 인장강도

축의 인장응력 σ_t는

$$\sigma_t = \frac{Q_0}{\frac{\pi}{4}d_0^2} \tag{5-31}$$

로드의 코터 구멍부의 인장응력 σ_t'는

$$\sigma_t' = \frac{Q_0}{\frac{\pi}{4}d^2 - bd} \tag{5-32}$$

소켓의 코터 구멍부의 인장응력 σ_t''는

$$\sigma_t'' = \frac{Q_0}{\frac{\pi}{4}(D^2 - d^2) - b(D-d)} \tag{5-33}$$

여기서 $\sigma_t = \sigma_t'$로 하면 $b = \frac{\pi}{4}d\left(1 - \frac{d_0^2}{d^2}\right)$로 된다. 보통 $d = \frac{4}{3}d_0$로 잡으므로 이것을 대입하면 $b \fallingdotseq \frac{d}{3}$가 된다. 보통 $b = \left(\frac{1}{3} \sim \frac{1}{4}\right)d$로 한다.

(3) 코터의 강도

1) 코터의 굽힘강도

그림 5-13과 같이 코터의 모양을 직사각형 단면의 균일 단면보로 간주하면 코터의 최대 굽힘 모멘트는

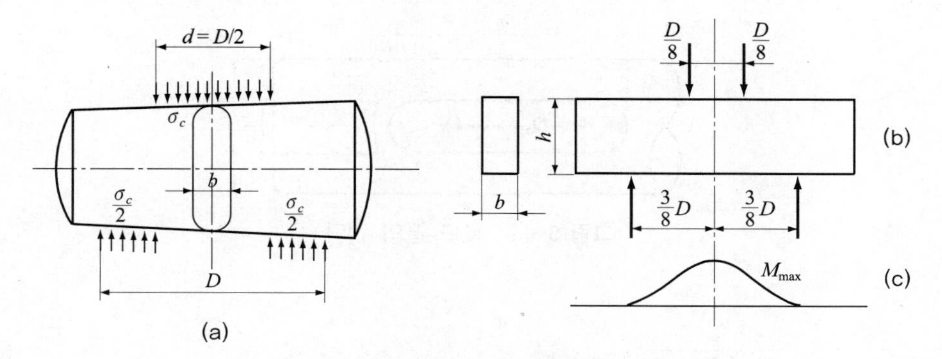

그림 5-13 코터의 굽힘 모멘트

$$M_{\max} = \frac{Q_0}{2}\left(\frac{3}{8}D - \frac{1}{8}D\right)\frac{Q_0 D}{8}$$

$$\sigma_b = \frac{M_{\max}}{z} = \frac{6M_{\max}}{bh^2} = \frac{6Q_0 D}{8bh^2} \tag{5-34}$$

$$\therefore\ h = \sqrt{\frac{3Q_0 D}{4b\sigma_b}}$$

여기서, $b = \frac{1}{4}d,\ D = 2d,\ Q_0 = \frac{\pi}{4}d_0^2\sigma_t,\ d_0 = \frac{3}{4}d$ 라고 하고, 코터를 굳은 재료로 하여 $\sigma_t = \frac{2}{3}\sigma_b$ 라고 하면, 위 식은 $h \fallingdotseq \frac{4}{3}d$ 가 된다.

일반적으로 코터의 폭 h 는 $h = \left(\frac{2}{3} \sim \frac{3}{2}\right)d$ 로 한다.

2) 코터의 전단강도

그림 5-13과 같이 코터가 이면전단을 받아서 생기는 코터의 전단응력 τ_c 는

$$\tau_c = \frac{Q_0}{2bh} \tag{5-35}$$

3) 축단의 전단강도

① 로드 끝의 전단응력 : 그림 5-14와 같이 Q_0 에 의하여 로드 끝에 생기는 전단응력 τ_r 은

$$\tau_r = \frac{Q_0}{2h_1 d} \tag{5-36}$$

② 소켓 끝의 전단응력 : 로드 끝과 같이 소켓 끝에 생기는 전단응력은

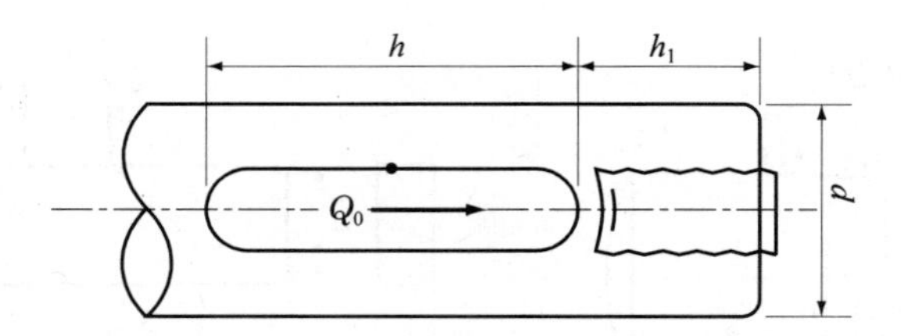

그림 5-14 로드 끝의 전단

$$\tau_s = \frac{Q_0}{2h_2(D-d)} \tag{5-37}$$

식 (5-36)에 $Q_0 = \frac{\pi}{4}d_0^2\sigma_t$를 대입하면 코터 구멍에서 로드 끝까지 h_1은 $h_1 = \frac{\pi d_0^2 \sigma_t}{8d\tau_r}$로 되며, 여기서 $d_0 = \frac{3}{4}d$, $h = \frac{2}{3}d$, $\sigma_t = 2\tau_r$라고 하면 $h_1 = \frac{2}{3}h$로 된다.

일반적으로 $h_1 = h_2 = \left(\frac{1}{2} \sim \frac{2}{3}\right)h$이다.

4) 로드칼라의 강도

코터 이음에 인장력과 압축력이 교대로 작용하는 경우에는 그림 5-15와 같이 로드에 칼라(collar)를 붙여 압축력을 소켓의 플랜지에 전달하게 하여 코터의 교번하중에 대한 약화를 방지한다.

① 칼라의 접촉면압 p_m

$$p_m = \frac{Q_0}{\frac{\pi}{4}(d'^2 - d^2)} \tag{5-38}$$

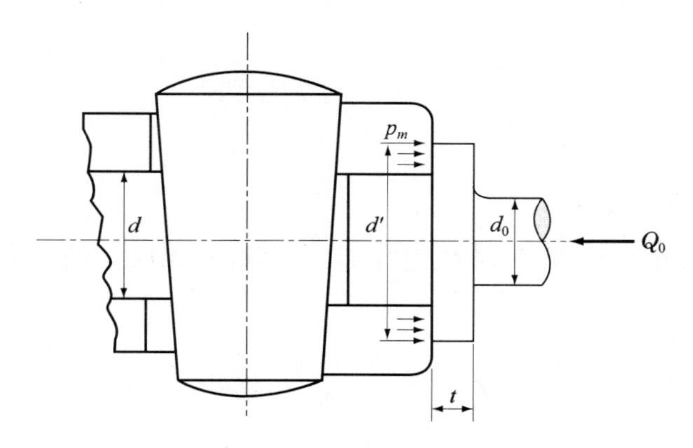

그림 5-15 칼라의 강도

② 칼라의 전단응력 : 축력에 의한 칼라와 로드의 접촉부의 전단응력 $\tau_c{}'$은

$$\tau_c{}' = \frac{Q_0}{\pi d t} \tag{5-39}$$

보통 칼라의 지름 d'는 $d' = \left(1\frac{1}{4} \sim 1\frac{3}{4}\right)d_0$, 칼라의 두께 t는 $t = \left(\frac{1}{4} \sim \frac{1}{3}\right)h$ 정도로 잡는다. 이상의 응력계산에서 외력 Q_0는 코터를 때려박을 때 이미 축방향의 힘이 걸리고 있으므로 이것을 고려하여 안전하게 $1.25Q_0$로 하여 계산하는 것이 보통이다.

5.4 핀 및 핀이음

5.4.1 핀(pin)

핀은 기계부품의 위치결정 및 부품의 탈락방지 또는 축에 보스를 고정할 때 부품의 이동이나 회전을 멈추게 하는 용도로 사용한다. 핀의 종류는 평행핀(parallel pin), 테이퍼핀(taper pin), 분할핀(split pin)의 3종류를 KS에서 규정하고 있다. 재료로서는 평행핀은 기계구조용 탄소강(SM45C), 일반구조용 압연강(SB41)을 사용하고, 테이퍼핀은 SM50C, SM20C를 사용하며 분할핀은 연강선재, 황동선 등을 사용하고 있다. 표 5-9, 표 5-10은 KS 규격에 규정되어 있는 각종 핀의 주요 치수와 치수차 등을 표시한 것이다.

5.4.2 핀이음(pin joint)

핀이음은 그림 5-17과 같이 축의 한쪽(그림의 왼쪽 부분)을 요크(yoke)라 하고 오른쪽 부분을 아이(eye)라 하고 요크와 아이 사이에 코터 대신 핀을 끼워 축방향의 인장하중을 받는 2개의 축을 연결하는데 사용한다. 이는 구조물의 인장봉이나 자동차의 동력전달기구 등에 이용되고 있다. 핀이음에서 강도계산은 코터 이음과 같으며 보통 다음 3가지에 대하여 검토한다.

|표 5-9| 평행핀의 모양 및 치수

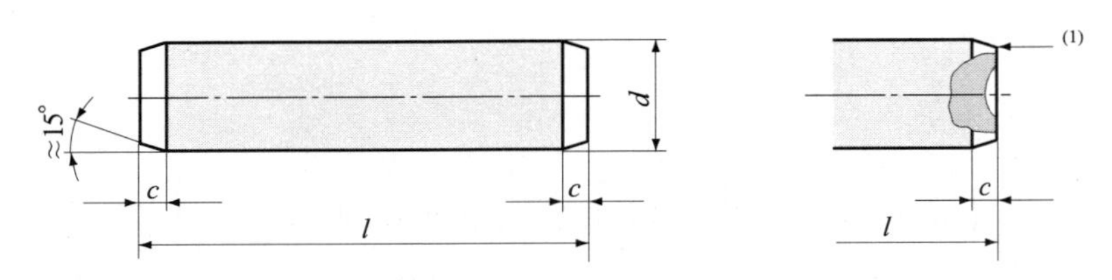

주 [1] 반지름 또는 딤플된 핀 끝단 허용

(단위 : mm)

d m6 / h8[1]			0.6	0.8	1	1.2	1.5	2	2.5	3	4	5	6	8	10	12	16	20	25	30	40	50
c 약			0.12	0.16	0.2	0.25	0.3	0.35	0.4	0.5	0.63	0.8	1.2	1.6	2	2.5	3	3.5	4	5	6.3	8
l[2]																						
호칭	최소	최대																				
2	1.75	2.25																				
3	2.75	3.25																				
4	3.75	4.25																				
5	4.75	5.25																				
6	5.75	6.25																				
8	7.75	8.25																				
10	9.75	10.25																				
12	11.5	12.5																				
14	13.5	14.5																				
16	15.5	16.5																				
18	17.5	18.5																				
20	19.5	20.5																				
22	21.5	22.5																				
24	23.5	24.5										상용길이의 범위										
26	25.5	26.5																				
28	27.5	28.5																				
30	29.5	30.5																				
32	31.5	32.5																				
35	34.5	35.5																				
40	39.5	40.5																				
45	44.5	45.5																				
50	49.5	50.5																				
55	54.25	55.75																				
60	59.25	60.75																				
65	64.25	65.75																				
70	69.25	70.75																				
75	74.25	75.75																				
80	79.25	80.75																				
85	84.25	85.75																				
90	89.25	90.75																				
95	94.25	95.75																				
100	99.25	100.75																				
120	119.25	120.75																				
140	139.25	140.75																				
160	159.25	160.75																				
180	179.25	180.75																				
200	199.25	200.75																				

주 [1] 그 밖의 공차는 당사자 간의 협의에 따른다.

[2] 호칭길이가 200 mm를 초과하는 것은 20 mm 간격으로 한다.

|표 5-10| 분할핀의 모양 및 치수

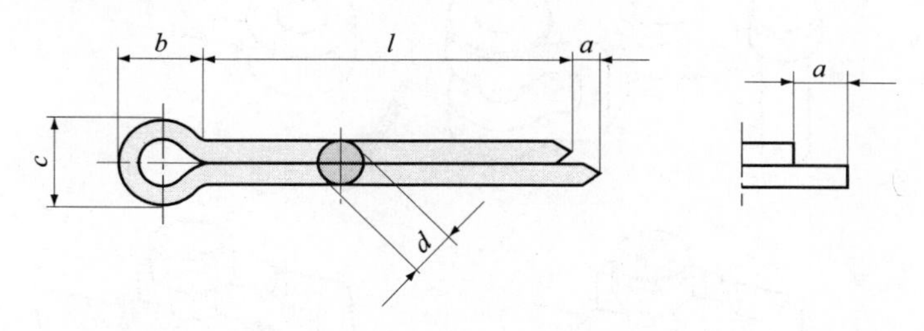

(단위 : mm)

호 칭[(1)]			0.6	0.8	1	1.2	1.6	2	2.5	3.2
d	최대		0.5	0.7	0.9	1.0	1.4	1.8	2.3	2.9
	최소		0.4	0.6	0.8	0.9	1.3	1.7	2.1	2.7
a	최대		1.6	1.6	1.6	2.50	2.50	2.50	2.50	3.2
	최소		0.8	0.8	0.8	1.25	1.25	1.25	1.25	1.6
b	약		2	2.4	3	3	3.2	4	5	6.4
c	최대		1.0	1.4	1.8	2.0	2.8	3.6	4.6	5.8
	최소		0.9	1.2	1.6	1.7	2.4	3.2	4.0	5.1
상응 지름[(2)]	볼트	초과	—	2.5	3.5	4.5	5.5	7	9	11
		이하	2.5	3.5	4.5	5.5	7	9	11	14
	클레비스핀	초과	—	2	3	4	5	6	8	9
		이하	2	3	4	5	6	8	9	12

호 칭[(1)]			4	5	6.3	8	10	13	16	20
d	최대		3.7	4.6	5.9	7.5	9.5	12.4	15.4	19.3
	최소		3.5	4.4	5.7	7.3	9.3	12.1	15.1	19.0
a	최대		4	4	4	4	6.30	6.30	6.30	6.30
	최소		2	2	2	2	3.15	3.15	3.15	3.15
b	약		8	10	12.6	16	20	26	32	40
c	최대		7.4	9.2	11.8	15.0	19.0	24.8	30.8	38.5
	최소		6.5	8.0	10.3	13.1	16.6	21.7	27.0	33.8
상응 지름[(2)]	볼트	초과	14	20	27	39	56	80	120	170
		이하	20	27	39	56	80	120	170	—
	클레비스핀	초과	12	17	23	29	44	69	110	160
		이하	17	23	29	44	69	110	160	—

주 [(1)] 호칭크기=분할핀 구멍의 지름에 대하여 다음과 같은 공차를 분류한다.

$H13 \le 1.2$ $H14 > 1.2$

[(2)] 철도용품 또는 클레비스핀 안의 분할핀은 서로 가로 방향 힘을 받는다면 표에서 규정된 것보다 큰 다음 단계의 핀을 사용하는 것이 바람직하다.

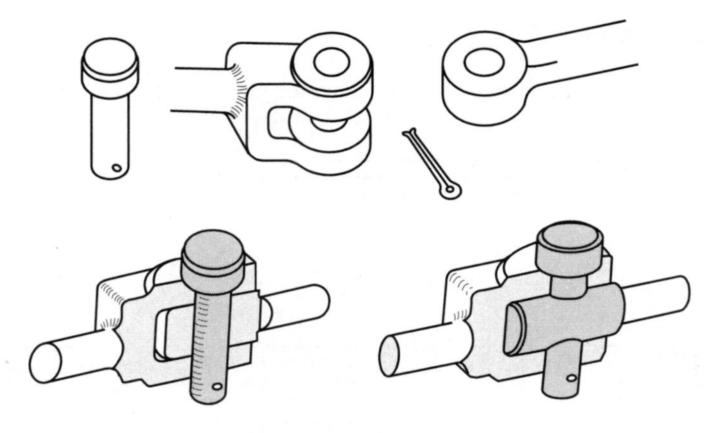

그림 5-16 너클 조인트

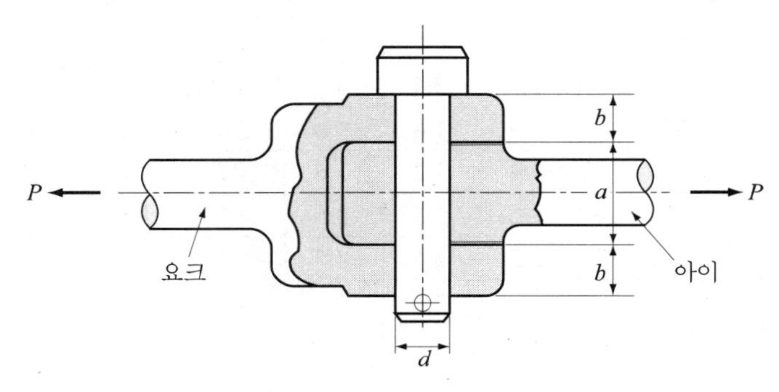

그림 5-17 핀이음

(1) 핀이음의 접촉면압력

$$p = \frac{P}{da}$$

$$\therefore \; P = dap = md^2 p\,(a = md,\; m = 1 \sim 1.5)$$

$$d = \sqrt{\frac{P}{mp}} \tag{5-40}$$

여기서 P : 축하중, d : 핀의 지름, a : 핀과 아이의 접촉길이, 요크의 두께 $b \geq \frac{a}{2}$로 한다.

핀의 재료가 주철 또는 주강일 때 허용압력은 $p = 1.4 \sim 2.1 \text{ kg/mm}^2$ 정도로 잡는다.

(2) 핀의 전단강도

$$P = 2 \times \frac{\pi}{4} d^2 \tau \tag{5-41}$$

(3) 굽힘강도

그림에서 최대 굽힘 모멘트는

$$M = \frac{P}{2}\left(\frac{b}{2} + \frac{a}{2}\right) - \frac{P}{2} \cdot \frac{a}{4} = \frac{P}{8} \cdot (2b + a) = \frac{Pl}{8}$$

$$\frac{Pl}{8} = \frac{\pi d^3}{32} \sigma_b (l = 1.5md)$$

$$P = 0.52 \frac{d^2 \sigma_b}{m} \tag{5-42}$$

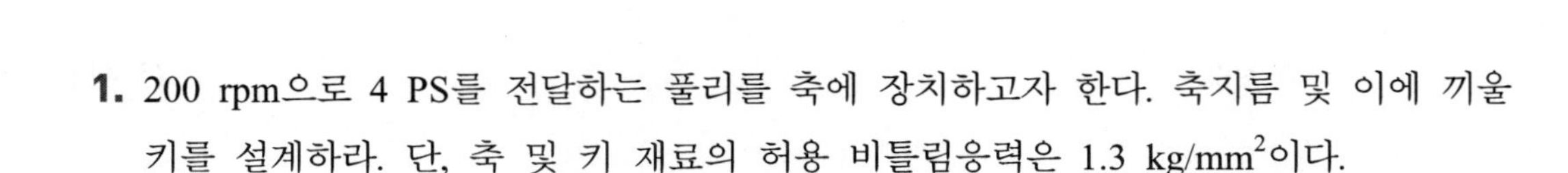

1. 200 rpm으로 4 PS를 전달하는 풀리를 축에 장치하고자 한다. 축지름 및 이에 끼울 키를 설계하라. 단, 축 및 키 재료의 허용 비틀림응력은 1.3 kg/mm^{2}이다.

2. 축지름 60 mm인 전동축에 끼울 키의 치수를 결정하라. 단, 키 재료의 허용 비틀림 응력 $\tau = 3\ \mathrm{kg/mm^2}$, 허용면압력 $p = 9\ \mathrm{kg/mm^2}$이다.

3. 벨트 풀리의 지름 300 mm, 축의 지름 35 mm, 보스의 길이 55 mm이고, 풀리를 10×8인 묻힘키로 축에 고정한다. 풀리의 바깥둘레에 $W = 200$ kg인 접선력이 작용할 때 키의 강도를 검토하라. 단, 키 재료의 허용 전단응력 $\tau = 3.5\ \mathrm{kg/mm^2}$, 허용면압력 $p = 8\ \mathrm{kg/mm^2}$로 한다.

4. 지름 36 mm인 전동축에 회전속도 350 rpm으로 2.7 kW를 전달할 때 이에 끼울 묻힘키의 치수를 결정하라. 단, 키 재료의 허용 전단응력은 $\tau = 3.5\ \mathrm{kg/mm^2}$이다.

5. 그림 5-10과 같은 각형 스플라인 축의 전달동력을 구하라. 단, 스플라인 축의 회전속도 1500 rpm, 허용면압력 2 kg/mm^2, 보스의 길이 80 mm, 잇수 8, 모떼기 치수 0.4 mm, 접촉효율 0.8로 한다. 또 큰 지름 48 mm, 작은 지름 42 mm이다.

6. 어느 코터 이음에서 로드 끝의 길이 h와 코터 구멍의 길이 h와의 비를 구하라. 단, $d_0 = \frac{3}{4}d,\ h = \frac{2}{3}d,\ \sigma_t = 2\tau_s$로 한다.

7. 그림 5-11과 같은 코터 이음에서 축인장하중을 6000 kg, 로드, 소켓, 코터를 모두 연강제로 하여 그 강도를 검토하라. 이음 각부의 치수는 다음과 같다.
로드의 지름 70 mm, 코터의 폭 90 mm, 코터의 두께 20 mm, 소켓의 바깥지름 140 mm, 로드 또는 소켓 끝에서 코터 구멍까지의 거리 45mm이다.

8. 다음 그림의 코터 이음에서 $d_0 = 70$ mm, $d = 85$ mm, $h = 90$ mm, $b = 20$ mm일 때 이 이음의 가장 약한 부분은 어느 곳인가? 단, $\sigma_t = 5\ \mathrm{kg/mm^2}$, $p = 10\ \mathrm{kg/mm^2}$, $\tau = 4\ \mathrm{kg/mm^2}$으로 한다.

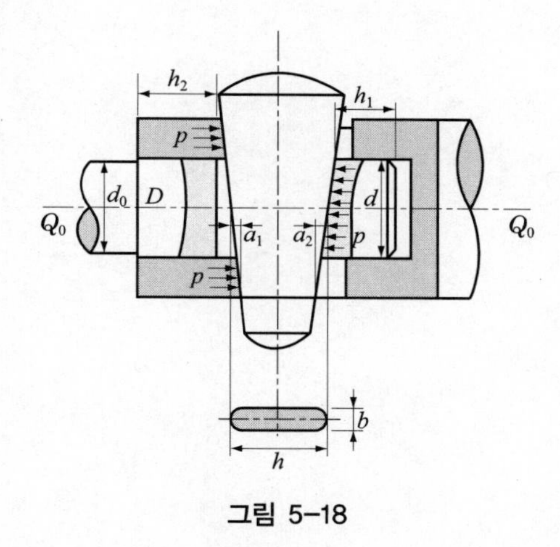

그림 5-18

9. 1500 rpm으로 4 PS를 전달하는 축에 사용할 묻힘키를 설계하고 검토하라. 축재료는 SM45C이고, 키 재료는 SM50C로 한다. 또한 키의 각 모서리의 모떼기 치수도 고려하여 계산하라.

10. 그림 5-17의 핀이음이 1500 kg의 하중을 받은 때의 핀의 지름을 결정하고, 그 강도를 검토하라. 단, $b/d = m = 1.3$, $p = 150\ \mathrm{kg/cm^2}$, $\tau = 3\ \mathrm{kg/mm^2}$, $\sigma_t = 12\ \mathrm{kg/mm^2}$로 한다.

6 축 [shaft]

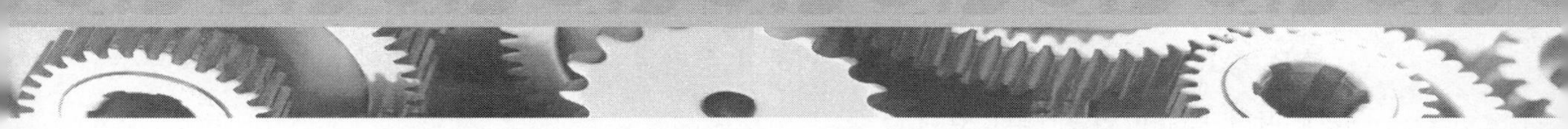

6.1 축(shaft)

6.1.1 축 설계상 고려 사항

(1) 강도(strength)

하중의 종류에 따라 충분한 강도를 갖도록 설계하여야 하며 키홈, 단차와 같이 응력이 집중되는 곳은 응력집중계수를 고려하여 설계하여야 한다. 응력만을 고려한 설계이므로 축의 길이에 따라 변화되는 변형을 방지할 수 없다.

(2) 강성(rigidity)

축의 길이에 따라 변화되는 변형은 어느 한도 이내가 되도록 필요한 강성을 가져야 한다. 처짐 변형이 어느 한도를 넘으면 베어링의 불균일, 기어 이물림 등의 이상이 일어나고 공작기계의 스핀들의 경우는 가공물의 정밀도를 저하시킨다. 또한 비틀림변형량이 어느 한도를 넘으면 진동의 원인이 되므로 축의 종류에 따라 변형량이 일정 한도 이내에 들어가도록 설계하여야 한다.

(3) 진동(vibration)

강성에 의한 설계를 하였다 할지라도 공진 시의 위험속도를 고려하지 않으면 피로 파괴 현상이 발생한다.

6.1.2 축의 종류

축은 중요한 기계요소로 회전운동에 의하여 동력을 전달한다. 축에 작용하는 하중의 종류에 따라 분류하면 다음과 같다.

① **주로 굽힘 작용을 받는 축**: 베어링으로 지지 되어 있는 저널(journal)이나, 차축 등이 이것이다. 이들 중에는 회전축과 정지축이 있다. 차륜의 구동 차축은 회전차축이고 피동차축은 정지차축이다.

② **주로 비틀림 작용을 받는 축**: 주로 전동축이 이에 속한다.

③ **굽힘, 비틀림, 인장, 압축 등의 작용을 동시에 2개 이상 받는 축**: 선박의 프로펠러 축, 윈치의 드럼 축, 크랭크 축이 이에 해당되며 고강도와 변형량이 적게 요구되는 고정밀도, 내마멸성이 요구되는 공작기계 주축이 있다.

축을 단면의 모양에 따라 분류하면 둥근축, 사각축, 육각축 등으로 분류되며 일반적으로 사용되는 것은 둥근축이며 이는 중실축과 중공축으로 분류한다.

6.1.3 축의 재료

축의 재료는 사용목적에 따라 다르나, 보통 0.1~0.4C의 탄소강이 사용되고, 고속, 고하중을 받는 축에는 Ni강, Ni-Cr강, Ni-Cr-Mo강 등의 특수강이 사용되며 베어링에 접촉하고 내마멸성이 요구되는 경우에는 표면경화강을 사용한다.

6.1.4 축의 강도설계

축에 작용하는 하중은 변동하중이나 반복하중의 경우가 많으며 축에는 키홈부나 단부가 있는 경우가 많으므로 피로나 응력집중에 대하여 고려할 필요가 있으나 여기서는 기초적인 것만 다루기로 한다.

(1) 비틀림 모멘트만 작용하는 축

$$\tau = \frac{T}{Z_p} \quad \text{또는} \quad T = \tau Z_p$$

T : 축에 작용하는 비틀림 모멘트(mm · kg), Z_p : 극단면계수(mm^3)
τ : 축의 비틀림응력(kg/mm^2), d : 축지름(mm)

1) 중실축

$$Z_p = \frac{\pi}{16}d^3 \quad ※ \ T = \frac{\pi}{16}d^3\tau$$

$$d = \sqrt[3]{\frac{16T}{\pi\tau}} \div \sqrt[3]{\frac{5.1T}{\tau}} \fallingdotseq 1.72\sqrt[3]{\frac{T}{\tau}} \tag{6-1}$$

2) 중공축

$$Z_p = \frac{\pi}{16}\frac{d_0^4 - d_i^4}{d_0} = \frac{\pi}{16}d_0^3(1-n^4)$$

$$T = \frac{\pi}{16}d_0^3(1-n^4)\tau$$

$$d_0 = \sqrt[3]{\frac{16T}{\pi(1-n^4)\tau}} \div \sqrt[3]{\frac{5.1T}{(1-n^4)\tau}} \tag{6-2}$$

d_i : 중공축의 안지름, d_0 : 중공축의 바깥지름, n : d_i/d_0 안바깥지름비

3) 중실축과 중공축의 비교

• 무게가 같을 때의 강도의 비교

$$\frac{\pi}{4}d^2\gamma l = \frac{\pi}{4}(d_0^2 - d_i^2)\gamma l$$

$$n = \frac{d_i}{d_0}$$

$$d = d_0\sqrt{1-n^2}$$

$$\text{강도비,} \quad i = \frac{d_0^3(1-n^4)}{d^3} = \frac{d_0^3(1-n^2)(1+n^2)}{d_0^3(\sqrt{1-n^2})^3} = \frac{1+n^2}{\sqrt{1-n^2}} \tag{6-3}$$

$$i = \frac{T_0}{T} = \frac{1+\left(\frac{1}{2}\right)^2}{\sqrt{1-\left(\frac{1}{2}\right)^2}} = 1.443(\text{중공축이 44.3 \% 강도가 더 크다})$$

γ : 비중량, d_0 : 중공축의 바깥지름, l : 축의 길이, d_i : 중공축의 안지름, d : 중실축의 지름

• 강도가 같은 경우 무게의 비교

$$d^3 = \frac{d_0^4 - d_i^4}{d_0} \qquad d^3 = d_0^3(1-n^4) \qquad d = d_0\sqrt[3]{1-n^4}$$

$$\frac{W_0}{W} = \frac{d_0^2(1-n^2)}{d^2} = \frac{d_0^2(1-n^2)}{d_0^2(\sqrt[3]{1-n^4})^2} = \frac{1-n^2}{(\sqrt[3]{1-n^4})^2} \tag{6-4}$$

4) 중공축의 설계기준

① 강도가 같을 때 중실축의 지름과 무게비를 알고 중공축을 설계하는 경우

② 무게가 같을 때 중실축의 지름과 강도비를 알고 중공축을 설계하는 경우

③ 중실축과 관계없이 비틀림응력, 안바깥지름비, 비틀림 모멘트를 알 때 중공축을 설계하는 경우

x : 무게비의 값이라 할 때,

$$\frac{W_0}{W} = \frac{d_0^2(1-n^2)}{d^2} = x, \ i=1 \quad \therefore d^3 = d_0^3(1-n^4)$$

$$d^3 = d_0^3(1-n^2)(1+n^2) \tag{6-5}$$

$$(1-n^2) = \left(\frac{d}{d_0}\right)^2 x$$

$$n^2 = 1-\left(\frac{d}{d_0}\right)^2 x \tag{6-6}$$

식 (6-6)을 식 (6-5)에 대입하면

$$\frac{d}{d_0} = 2x - \left(\frac{d}{d_0}\right)^2 x^2$$

$$x^2\left(\frac{d}{d_0}\right)^2 + \frac{d}{d_0} - 2x = 0 \tag{6-7}$$

식 (6-7)을 근의 공식에 적용하면

$$\frac{d}{d_0} = \frac{-1 \pm \sqrt{1+8x^3}}{2x^2} = \frac{\sqrt{1+8x^3}-1}{2x^2}$$

$$d^3 = d_0^3(1-n^4), \qquad n = \sqrt[4]{1-\left(\frac{d}{d_0}\right)^3}$$

i : 강도비의 값이라 할 때,

$$d^2 = d_0^2(1-n^2)$$

$$\frac{d_0^3(1-n^4)}{d^3} = i$$

$$(1-n^4) = \left(\frac{d}{d_0}\right)^3 i,\ (1-n^2)(1+n^2) = \left(\frac{d}{d_0}\right)^3 i$$

$$\left(\frac{d}{d_0}\right)^2 (1+n^2) = \left(\frac{d}{d_0}\right)^3 i$$

$$\frac{d}{d_0} = \frac{1+n^2}{i}$$

예제 6-1 지름이 60 mm인 중실축과 비틀림강도가 같고 무게비가 70 %인 중공축을 설계하라.

풀이

$$\frac{d}{d_0} = \frac{\sqrt{1+8x^3-1}}{2x^2} = 0.954$$

$$d_0 = \frac{d}{0.954} \fallingdotseq 63 \text{ mm} \qquad n = \sqrt[4]{1-\left(\frac{d}{d_0}\right)^3} = 0.603$$

$$\frac{d_i}{d_0} = 0.603 \qquad d_i = 0.603 \times 63 = 38 \text{ mm}$$

예제 6-2 지름이 60 mm인 중실축과 무게가 같고 강도비가 144.3 %인 중공축을 설계하라.

풀이

$$\frac{d}{d_0} = \frac{1+n^2}{i} = 0.866 \qquad d_0 = \frac{d}{0.866} = 69.264 \text{ mm}$$

$$n = \sqrt{1-\left(\frac{d}{d_0}\right)^2} = 0.5 \qquad \frac{d_i}{d_0} = 0.5$$

$$d_i = 69.3 \times 0.5 = 34.632 \text{ mm}$$

(2) 굽힘 모멘트만 받는 축

1) 중실축의 경우

$$M = \sigma_b Z \tag{6-8}$$

$$Z = \frac{\pi d^3}{32}, \qquad M = \frac{\pi d^3}{32}\sigma_b$$

$$※\ d = \sqrt[3]{\frac{32M}{\pi \sigma_a}} \fallingdotseq \sqrt[3]{\frac{10.2M}{\sigma_b}} \fallingdotseq 2.17\sqrt[3]{\frac{M}{\sigma_b}} \tag{6-9}$$

2) 중공축의 경우

$$M = \frac{\pi}{32}d_0^3(1-n^4)\sigma_b$$

$$d_0 = \sqrt[3]{\frac{32M}{\pi\sigma_a(1-n^4)}} \fallingdotseq \sqrt[3]{\frac{10.2M}{(1-n^4)\sigma_b}} \tag{6-10}$$

중공축 설계기준은 비틀림 모멘트가 작용하는 경우와 같다.

(3) 굽힘 모멘트와 비틀림 모멘트가 동시에 작용하는 축

$$\sigma_{\max} = \frac{1}{2}\sigma_b + \frac{1}{2}\sqrt{\sigma_b^2 + 4\tau^2} \tag{6-11}$$

$$\tau_{\max} = \frac{1}{2}\sqrt{\sigma_b^2 + 4\tau^2} \tag{6-12}$$

식 (6-11)은 인장강도가 약한 취성재료에 사용하고 식 (6-12)는 연성재료에 이용된다. 식 (6-11)에 $\sigma_b = \frac{32M}{\pi d^3}$, $\tau = \frac{16T}{\pi d^3}$를 대입하면

$$\tau = \frac{16}{\pi d^3}\sqrt{M^2 + T^2} \text{ 또는 } \tau = \frac{16T_e}{\pi d^3}$$

$$d = \sqrt[3]{\frac{16}{\pi\tau_a}\sqrt{M^2+T^2}} \text{ 또는 } d = \sqrt[3]{\frac{16T_e}{\pi\tau_a}}$$

같은 방법으로

$$\tau = \frac{16}{\pi d_0^3(1-n^4)}\sqrt{M^2+T^2} \text{ 또는 } \tau = \sqrt{\frac{16T_e}{\pi d_0^3(1-n^4)}}$$

$$d_0 = \sqrt[3]{\frac{16}{\pi\tau(1-n^4)}\sqrt{M^2+T^2}} \text{ 또는 } d_0 = \sqrt[3]{\frac{16T_e}{\pi\tau(1-n^4)}}$$

중공축의 설계 기준은 비틀림 모멘트가 작용하는 경우와 같다.

(4) 굽힘 모멘트, 비틀림 모멘트, 축하중을 동시에 받는 축

$$\tau = \frac{16T}{\pi d^3}, \quad \sigma = \frac{4P}{\pi d^2}, \quad \sigma_b = \frac{32M}{\pi d^3} \tag{6-13}$$

비틀림응력 : τ, 수직응력 : $(\sigma + \sigma_b)$이 되므로 최대 주응력 $\sigma_{\max}$과 최대 전단응력 $\tau_{\max}$은

1) 중실축의 경우

$$\sigma_{\max} = \frac{1}{2}(\sigma + \sigma_b) + \frac{1}{2}\sqrt{(\sigma + \sigma_b)^2 + 4\tau^2}$$

$$= \frac{1}{2}\left(\frac{4P}{\pi d^2} + \frac{32M}{\pi d^3}\right) + \frac{1}{2}\sqrt{\left(\frac{4P}{\pi d^2} + \frac{32M}{\pi d^3}\right)^2 + \left(2\frac{16T}{\pi d^3}\right)^2}$$

$$d = \sqrt[3]{\frac{16}{\pi\sigma_a}\left(\frac{Pd}{8} + M\right) + \sqrt{\left(\frac{Pd}{8} + M\right)^2 + T^2}} \tag{6-14}$$

$$\tau_{\max} = \frac{1}{2}\sqrt{\left(\frac{4P}{\pi d^2} + \frac{32M}{\pi d^3}\right)^2 + \left(2\frac{16T}{\pi d^3}\right)^2}$$

$$= \frac{16}{\pi d^3}\sqrt{\left(\frac{Pd}{8} + M\right)^2 + T^2}$$

$$d = \sqrt[3]{\frac{16}{\pi\tau_a}\sqrt{\left(\frac{Pd}{8} + M\right)^2 + T^2}}$$

2) 중공축의 경우

$$\sigma_{\max} = \frac{16}{\pi d_0^3(1-n^4)}\left[\frac{(M + Pd_0(1+n^2))}{8} + \sqrt{\left[M + \frac{Pd_0(1+n^2)}{8}\right]^2 + T^2}\right] \tag{6-15}$$

$$d_0 = \sqrt[3]{\frac{16}{\pi\sigma_{\max}(1-n^4)}\left[\frac{M + Pd_0(1+n^2)}{8} + \sqrt{\left[M + \frac{Pd_0(1+n^2)}{8}\right]^2 + T^2}\right]}$$

위 식을 이용하여 축 지름을 구할 때는 시행착오 방법으로 제일 먼저 $P = 0$인 상태에서 축의 지름을 구한 다음, 위 식을 대입하여 지름을 구하고, 다시 우변에 대입 반복 계산하여 대입한 지름의 값과 계산된 지름의 값이 거의 일치되면 타당한 값을 얻을 수 있다(웜기어

축, 선박의 추진축).

(5) 동적하중을 받는 직선 축의 강도

동적영향을 고려하여 ASME의 식이 널리 사용되고 있다.

$$d_0 = \sqrt[3]{\frac{16}{\pi\sigma_a(1-n^4)}\left[C_m M + \sqrt{(C_m M)^2 + (C_t T)^2}\right]}$$

$$d_0 = \sqrt[3]{\frac{16}{\pi\tau_a(1-n^4)}\sqrt{(C_m M)^2 + (C_t T)^2}} \tag{6-16}$$

$$d_0 = \sqrt[3]{\frac{16}{\pi\tau_a(1-n^4)}C_t T}$$

$$d_0 = \sqrt[3]{\frac{32}{\pi\sigma_a(1-n^4)}C_m M}$$

(6) 축하중이 동적압축하중으로 작용하는 경우

C_b : 좌굴계수

l : 축의 베어링 사이의 거리

k : 회전반지름(중실축 : $k = \dfrac{d}{4}$ 이고 중공축은 $k = \left(\dfrac{d_0}{4}\right)\sqrt{1+n^2}$ 이다)

σ_y : 축재료의 압축항복점

E : 축재료의 세로탄성계수

s : 축단의 조건에 의한 계수

① 볼 베어링과 같이 자유지지에 가까운 축 $s = 1$

② 폭이 있는 미끄럼 베어링으로 지지하는 경우 $s = 2.25$

③ 완전 고정지지인 경우 $s = 4$

이라 할 때 축하중이 인장 또는 단축인 경우 $C_b = 1$

축하중이 압축인 경우

$$\frac{l}{k} < 110 \ : \ C_b = \frac{1}{1 - 0.004\left(\dfrac{l}{k}\right)\sqrt{s}}$$

$$\frac{l}{k} > 110 \ : \ C_b = \frac{\sigma_y\left(\dfrac{l}{k}\right)^2}{\pi^2 s E}$$

|표 6-1| 동적효과계수 C_m, C_t 의 값

하중의 종류	회 전 축		정 지 축	
	C_t	C_m	C_t	C_m
정하중 또는 심하지 않는 동하중	1.0	1.5	1.0	1.0
심한 변동하중 또는 가벼운 충격하중	1.0~1.5	1.5~2.0	1.5~2.0	1.5~2.0
격렬한 충격하중	1.5~3.0	2.0~3.0	-	-

|표 6-2| 축재료의 정하중에 대한 최대 허용응력

(단위 : kg/mm^2)

축의 재료	비틀림 τ_a	굽 힘 σ_a	비틀림과 굽힘 τ_a
보통의 압연강 키홈 없음	5.6	11.2	5.6
보통의 압연강 키홈 있음	4.2	8.4	4.2
강도가 알려져 있는 강	탄성한도의 30 % 인장강도의 18 % 이하	탄성한도의 60 % 인장강도의 36 % 이하	탄성한도의 30 % 인장강도의 18 % 이하

$$d_0 = \sqrt[3]{\frac{16}{\pi\tau_a(1-n^4)}\sqrt{\left[C_m M + \frac{C_b P d_0(1+n^2)}{8}\right]^2 + (C_t\,T)^2}} \tag{6-17}$$

동적효과를 나타내는 계수 C_m, C_t 의 값은 표 6-1과 같다.

(7) 키홈이 있는 축

키홈이 있는 축에서는 단면의 넓이가 감소될 뿐만 아니라 키홈 밑 부분의 모서리에 응력 집중이 생겨 축의 강도를 저하시킨다. 따라서 키홈이 있는 축을 설계할 때는 키홈이 없는 축지름을 계산한 다음 이 지름에 키홈 깊이를 더한 값을 축 지름으로 한다. 또, 비틀림 모멘트를 받는 키홈이 있는 축 설계에 있어서는 다음과 같이 Moore의 실험식을 사용한다.

$$\text{비틀림 강도비} = \frac{\text{키홈이 있는 축의 강도}}{\text{키홈이 없는 축의 강도}} = 1 - 0.2\frac{b}{d_0} - \frac{1.1}{d_0}t$$

즉, 비틀림 강도비를 고려하여 축지름을 결정하여야 한다. KS 규격에 명시되어 있는 여러 가지 묻힘키에 대하여 비틀림 강도비를 계산하면 0.64~0.9의 범위에 있으므로 키홈이

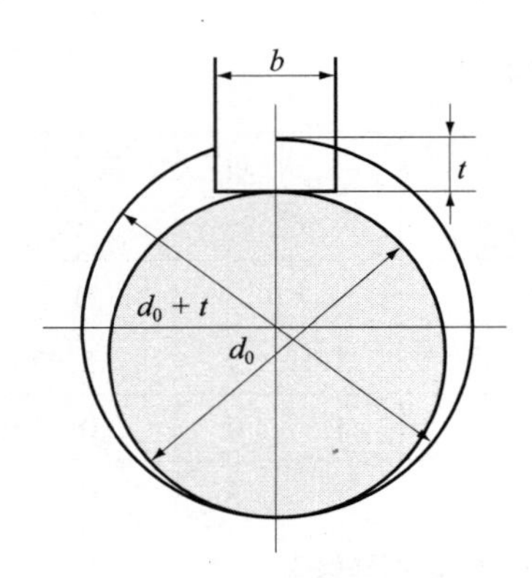

그림 6-1 키홈이 있는 축

있는 축의 비틀림 강도는(즉, 사용응력) 키홈이 없는 축의 75 %(=0.75) 정도로 사용한다.

(8) 응력집중을 고려한 축설계

키홈이 있는 축의 비틀림 모멘트가 작용할 때의 키홈의 응력집중계수는 그림 6-2와 같다. 이 그림에서 알 수 있는 바와 같이 키홈의 밑부분의 반지름 ρ 는 지름의 2~3 % 이상으로 잡는 것이 응력집중 현상을 고려할 때 바람직하다.

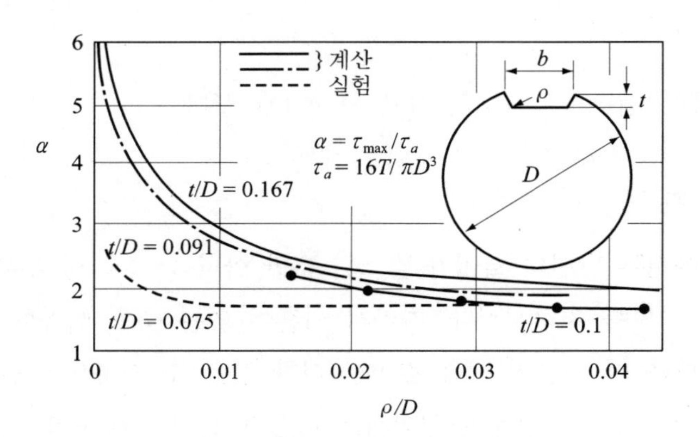

그림 6-2 키홈의 비틀림 응력집중계수

다음에 가장 실용적인 모양에 대한 응력집중계수 α 의 변화를 표시하면 다음과 같다.

1) 반원형 홈이 있는 축의 굽힘(그림 6-3)

$$\sigma_1 = \alpha\,\sigma_0 = \alpha\,\frac{32M}{\pi(d-b)^3} \tag{6-18}$$

여기서 σ_1 : 응력집중부의 최대 응력, σ_0 : 응력집중을 고려하지 않을 때의 응력

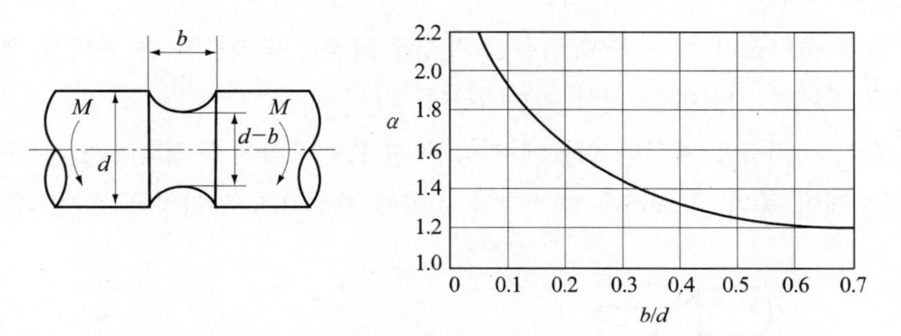

그림 6-3 반원형 홈이 있는 축의 굽힘 응력집중계수

2) 단붙이 축의 굽힘(그림 6-4)

$$\sigma_1 = \alpha\,\sigma_0 = \alpha\,\frac{32M}{\pi d_1^3} \tag{6-19}$$

여기서 σ_1 : 응력집중부의 최대 응력, σ_0 : 응력집중을 고려하지 않을 때의 응력

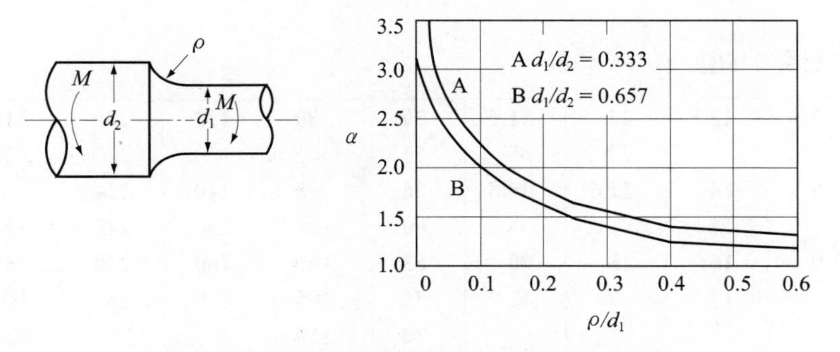

그림 6-4 단붙이 축의 굽힘 응력집중계수

3) 단붙이 축의 비틀림(그림 6–5)

$$\tau_1 = \alpha\,\tau_0 = \alpha\,\frac{16\,T}{\pi d_1^3} \tag{6-20}$$

여기서 τ_1 : 응력집중부의 최대 비틀림 응력,

τ_0 : 응력집중을 고려하지 않을 때의 비틀림 응력

단붙이 축의 축지름이 작은 쪽에 키홈을 가공할 때에는 축지름이 큰 쪽의 끝으로부터 2ρ 이상 떨어진 곳에서 가공하는 것이 바람직하다.

이상과 같이 축지름을 계산한 다음에 가능한 한 KS 규격에 규정되어 있는 축지름 중에서 선정하는 것이 좋다. 표 6-3은 회전축의 지름에 대한 KS 규격치를 표시한 것이다.

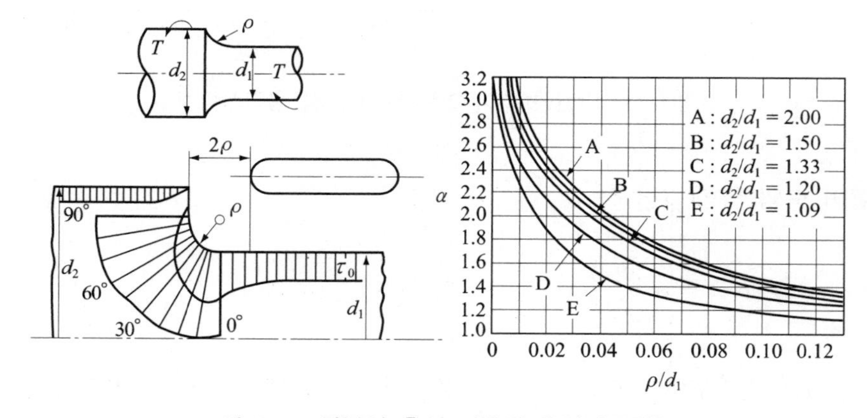

그림 6–5 단붙이 축의 비틀림 응력집중계수

| 표 6–3 | 회전축의 지름(KS B 0406)

(단위 : mm)

4	**7.1**	12.5	**20**	**31.5**	**50**	**80**	**125**	**200**	**315**	**400**
			22	35	55	85	130	220	320	420
4.5	**8**	**14**	**22.4**	**35.5**	**56**	**90**	**140**	**224**		
5		15			60	95	150	240	340	440
5.6	**9**	**16**	**25**	**40**	**63**	**100**	**160**	**250**	**355**	**450**
6		17		42	65	105	170	260	360	460
					70	110			380	480
6.3	**10**	**18**	**28**	**45**	**71**	**112**	**180**	**280**		**500**
	11.2									
7	12		30		75	120	190	300		

비고 위 표에서 굵은 글자는 KS A 0401(표준수)에 따른 것이다.

예제 6-3 그림 6-6과 같이 2.2 kW, 1750 rpm의 모터에 연결되어 있는 전동축에 60 kg의 장력을 가진 벨트 풀리가 부착되어 있다. 축 재료는 SM45C로 하고 축지름을 결정하라. 단, 재료의 인장강도는 55 kg/mm^{2}이고 풀리에는 묻힘키가 끼워져 있다.

풀이 축에 작용하는 회전 토크 식에서

$$T = 974000\frac{H'}{N} = 974000\frac{2.2}{1750} = 1224(\text{mm}\cdot\text{kg})$$

축에 작용하는 최대 굽힘 모멘트는

$$M = \frac{Pl}{4} = \frac{60\times 80}{4} = 1200(\text{mm}\cdot\text{kg})$$

벨트 전동장치에는 약간의 변동하중이 작용하므로 표 6-1에서 $C_m = 2$, $C_t = 1.5$로 잡는다. 표 6-2로부터 허용 비틀림응력은 인장강도의 18 %로 잡아 $55\times 0.18 = 9.9(\text{kg/mm}^2)$로 잡을 수 있다. 또 키홈이 있는 축의 허용 비틀림응력은 $\tau_\alpha = 9.9\times 0.75 = 7.4(\text{kg/mm}^2)$로 잡는다.

$$d = \sqrt[3]{\frac{16}{\pi\tau_a}\sqrt{(C_m M)^2 + (C_t T)^2}}$$

$$d = \sqrt[3]{\frac{16}{\pi\times 7.4}\sqrt{(2\times 1200)^2 + (1.5\times 1224)^2}} \fallingdotseq 12.76(\text{mm})$$

$d = 12.7(\text{mm})$에 끼울 묻힘키의 치수는 5×5이고 축의 키홈 깊이는 3(mm)이므로 축지름은 $d = 12.76 + 3 = 15.76$으로 되나 축지름의 규격치로부터 $d = 16$(mm)로 결정한다.

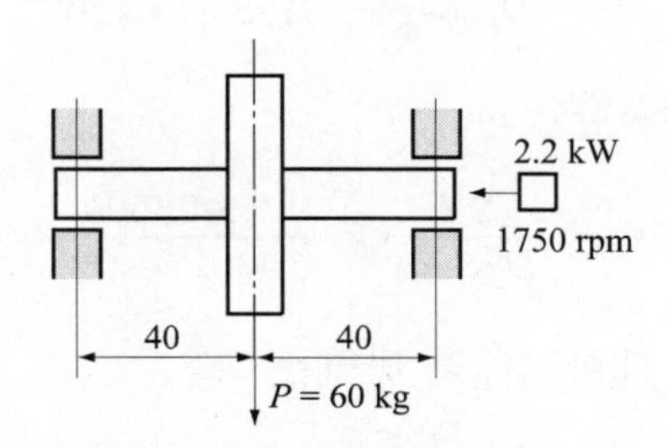

그림 6-6 벨트 풀리 전동축

예제 6-4 그림 6-7과 같은 기어 감속장치의 중간축이 구동축으로부터 10 PS의 동력을 받고 300 rpm로 회전한다. 평기어의 압력각이 20°이고 축의 재질을 SM45C로 하여 중간축의 지름을 구하라.

단, 중간축에 부착된 기어 B, C의 피치원의 지름은 450 mm, 150 mm이고, 각기어는 묻힘키로 고정되어 있으며 가벼운 충격을 수반하는 것으로 한다.

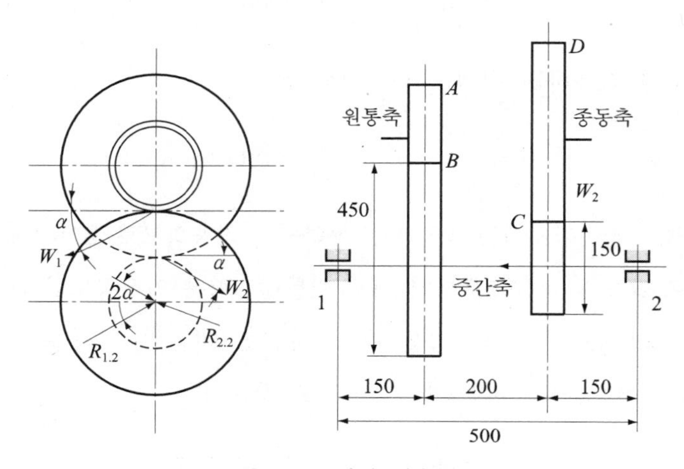

그림 6-7 기어 감속장치

풀이 비틀림 모멘트는

$$T = 716200\frac{H_p}{N} = 716200 \times \frac{10}{300} \doteqdot 23900(\text{mm} \cdot \text{kg})$$

B 기어에 작용하는

$$W_1 = \frac{2T}{D_1 \cos\alpha} = \frac{2 \times 23900}{450 \times \cos 20°} = 113 \text{ kg}$$

C 기어에 작용하는

$$W_2 = \frac{2T}{D_2 \cos\alpha} = \frac{2 \times 23900}{150 \times \cos 20°} = 339 \text{ kg}$$

왼쪽 지점에 대한 W_1의 반력은

$$R_{1.1} = \frac{113 \times 350}{500} = 79 \text{ kg}$$

$$R_{1.2} = 113 - 79 = 34 \text{ kg}$$

왼쪽 지점에 대한 W_2의 반력은

$$R_{2.1} = \frac{339 \times 150}{500} = 102 \text{ kg}$$
$$R_{2.2} = 339 - 102 = 237 \text{ kg}$$

B 단면에 작용하는 굽힘 모멘트 M_B는

W_1에 대하여 $M_{B.1} = R_{1.1} \times 150 = 79 \times 150 = 11850(\text{mm} \cdot \text{kg})$

W_2에 대하여 $M_{B.2} = R_{2.1} \times 150 = 102 \times 150 = 15300(\text{mm} \cdot \text{kg})$

따라서 합성 모멘트 M_B는 코사인법칙에 의하여

$$\begin{aligned} M_B &= \sqrt{M_{B.1}^2 + M_{B.2}^2 - 2M_{B.1}M_{B.2}\cos 2\alpha} \\ &= \sqrt{11850^2 + 15300^2 - 2 \times 11850 \times 15300 \times \cos 40°} \\ &= 9840(\text{mm} \cdot \text{kg}) \end{aligned}$$

C 단면에 작용하는 굽힘 모멘트 M_C는

W_1에 대하여 $M_{C.1} = R_{1.2} \times 150 = 34 \times 150 = 5100(\text{mm} \cdot \text{kg})$

W_2에 대하여 $M_{C.2} = R_{2.2} \times 150 = 237 \times 150 = 35600(\text{mm} \cdot \text{kg})$

M_C의 합성 모멘트는

$$\begin{aligned} M_C &= \sqrt{5100^2 + 35600^2 - 2 \times 5100 \times 35600 \times \cos 40°} \\ &= 31900(\text{mm} \cdot \text{kg}) \end{aligned}$$

따라서 C 단면에 작용하는 모멘트가 최대 굽힘 모멘트이다.

SM45C의 최저 인장강도는 55 kg/mm²이므로 표 6-2와 키홈이 있는 축의 사용 응력을 고려하면, 허용 비틀림 모멘트는 $\tau_a = 55 \times 0.18 \times 0.75 = 7.4(\text{kg/mm}^2)$이다.

동적하중계수는 표 6-1에서 $C_m = 2$, $C_t = 1.5$이므로

$$d = \sqrt[3]{\frac{16}{\pi \tau_a}\sqrt{(C_m M)^2 + (C_t T)^2}}$$
$$d = \sqrt[3]{\frac{16}{\pi \times 7.4}\sqrt{(2 \times 31900)^2 + (1.5 \times 23900)^2}} \fallingdotseq 36.9 \text{ mm}$$

축지름 36.9에 대한 키홈의 깊이는 5 mm이므로 $d = 36.9 + 5 = 41.9$ mm이다. 따라서 축 규격표에서 $d = 42$ mm으로 결정한다.

예제 6-5 400 rpm으로 5 PS를 전달하는 연강재축에서 키홈을 만들 때의 축지름을 키홈의 응력집중을 고려하여 결정하라. 단, 축재료의 허용 비틀림응력을 2.1 kg/mm^{2}로 한다.

풀이 $\tau_a = 2.1\ \mathrm{kg/mm^2}$일 때 축지름을 구하면

$$T = 716200\frac{H_p}{N} = 716200 \times \frac{5}{400} = 8952.5(\mathrm{kg \cdot mm})$$

$$d = \sqrt[3]{\frac{16T}{\pi\tau_a}} \fallingdotseq 27.9\ \mathrm{mm} = 28\ \mathrm{mm}$$

키홈이 있는 경우에는 묻힘키의 규격표로부터 홈의 깊이 $t_1 = 4$ mm이므로

$$d = 28 + 4 = 32\ \mathrm{mm}$$

표 6-3으로부터 $d = 35$ mm로 한다. 표준수를 사용하면 $d = 35.5$ mm로 하면 되나 응력집중을 고려하여 그림 6-2에서 ρ를 지름의 2 %로 하면 $\rho/D = 0.02$로 하면 응력집중계수 $\alpha = 2.2$이므로

$$\tau_{\max} = \alpha\frac{16T}{\pi d^3}$$

$$d = \sqrt[3]{\frac{16\alpha T}{\pi\tau_{\max}}} = \sqrt[3]{\frac{16 \times 2.2 \times 8952.5}{\pi \times 2.1}} = 36.2\ \mathrm{mm}$$

그러므로 표 6-3로부터 $d = 40$ mm로 한다.

6.1.5 축의 강성설계

(1) 비틀림 강성

비틀림 모멘트를 전달하는 축에서는 탄성적으로 어느 비틀림각만큼 비틀림이 발생한다. 이 값이 어느 한도를 넘으면 진동의 원인이 되므로 축의 강도와는 관계없이 비틀림각에 제한을 주어야 한다. 그림 6-8과 같이 축의 길이 l의 2단면 사이의 비틀림각을 θ(rad)라 하고 가로탄성계수를 G라 하면

$$\theta = \frac{32}{\pi d^4}\frac{Tl}{G}(\mathrm{rad}) \tag{6-21}$$

이 θ (rad)를 각도(dgree)로 표시한 것을 $\theta°$라고 하면

$$\theta° = \frac{32}{\pi d^4}\frac{Tl}{G}\frac{180}{\pi} \doteqdot \frac{583.6\,Tl}{Gd^4} \tag{6-22}$$

일반적으로 전동축의 비틀림각은 축의 길이 1 m에 대해 0.25° 이하가 되도록 제한하고 있다.

$$\theta° \leq 0.25/m$$

따라서 식 (6-22)에

$$G = 8300\ \mathrm{kg/mm^2},\ \frac{\theta°}{l} = \frac{0.25}{1000},\ T = 716200\frac{H}{N}(\mathrm{kg \cdot mm})$$

또는, $T = 974000\dfrac{H'}{N}(\mathrm{kg \cdot mm})$를 대입하면

$$d = 120\sqrt[4]{\frac{H}{N}} = 130\sqrt[4]{\frac{H'}{N}} \tag{6-23}$$

로 된다. 중공축의 경우는

$$d_0 = 120\sqrt[4]{\frac{H}{(1-n^4)N}} = 130\sqrt[4]{\frac{H'}{(1-n^4)N}}(\mathrm{mm}) \tag{6-24}$$

강도에 의해 설계할 경우에는 고급 특수 합금재를 사용하거나 열처리할 필요가 없고 탄소 함량이 0.1~0.4 %의 보통 강재이면 충분하다.

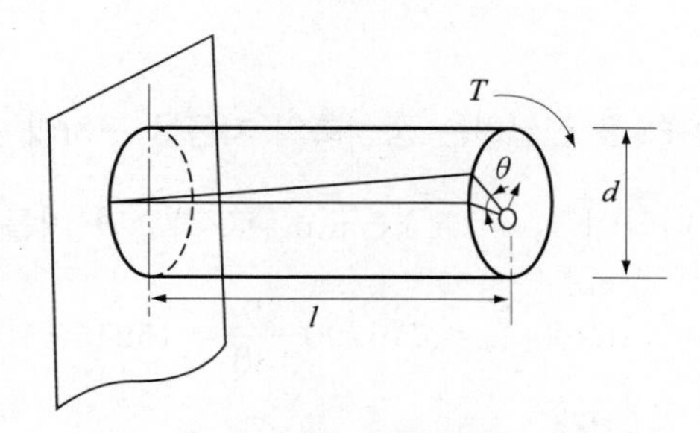

그림 6-8 비틀림 모멘트를 받는 축

예제 6-6 비틀림 강도로부터 구한 지름과 비틀림각의 제한치 관계를 검토하라.

풀이 비틀림응력 τ, 지름이 d인 전동축의 비틀림 모멘트 T는

$$T = \frac{\pi}{16}d^3\tau$$

비틀림 모멘트 T가 작용할 때의 비틀림각 θ는

$$\theta = \frac{32}{\pi d^4} \cdot \frac{Tl}{G}(\text{rad})$$

$$\theta° = \frac{180}{\pi} \cdot \frac{32}{\pi d^4} \cdot \frac{l}{G} \cdot \frac{\pi}{16} \cdot d^3\tau$$

$$\therefore \ \theta° = \frac{180}{\pi} \cdot \frac{2l\tau}{Gd}$$

$\tau = 400\ \text{kg/cm}^2$, $G = 830000\ \text{kg/cm}^2$로 잡으면

$$\theta° = \frac{180}{\pi} \cdot \frac{2l \times 400}{830000d}$$

$$\therefore \ \theta° = 0.0553\frac{l}{d}$$

$\theta° \le 0.25°/\text{m}$로 제한하고 있으므로 이것을 위 식에 대입하면

$$0.25 \ge 0.053 \times \frac{100}{d}$$

$$\therefore \ d \ge 22.1(\text{cm})$$

d가 약 22 cm 이상이면 최대 비틀림 모멘트가 작용해도 비틀림각은 제한치 이하가 되지만, 이 이하의 축지름에서는 비틀림각이 제한치보다 크게 된다. 따라서 되도록 G가 큰 재료로서 τ의 허용치를 작게 잡아서 축지름을 결정하여야 한다.

예제 6-7 180 rpm으로 40 PS를 전달하는 중심축의 지름을 구하라. 단, 재료는 연강으로 한다.

풀이 방법 1. 연강에 대하여 $\tau_a = 2.1\ \text{kg/mm}^2$로 잡으면 비틀림 강도에 의한 축지름은

$$T = 716200\frac{H}{N} = 716200\frac{40}{180} = 159155.5(\text{kg} \cdot \text{mm})$$

$$d = \sqrt[3]{\frac{16T}{\pi\tau_a}} \fallingdotseq 72.8(\text{mm})$$

축지름 규격치(표 6-3)에서 $d = 75$ mm로 한다.

비틀림강성에 의한 축지름은 식 (6-23)에 의하여

$$d = 120\sqrt[4]{\frac{H}{N}} = 120\sqrt[4]{\frac{40}{180}} = 82.4(\text{mm})$$

축지름의 규격치로부터 $d = 85$ mm로 한다.

방법 2. 비틀림 강성을 고려하여 비틀림 강도에 의한 축지름을 계산할 때 τ_a값을 작게 잡는다. 즉, $\tau_a = 1.2\ \text{kg/mm}^2$로 잡으면

$$d = 144\sqrt[3]{\frac{H}{N}} = 144\times\sqrt[3]{\frac{40}{180}} = 87.2(\text{mm})$$

축지름을 규격치로부터 $d = 90(\text{mm})$로 한다. 다음에 비틀림각에 대한 검토를 한다. 이 축의 비틀림각 $\theta°$를 계산해 보면 식 (6-22)로부터

$$\theta° = 583.6\frac{Tl}{Gd^4} = 583.6\times\frac{716200\times\frac{40}{180}\times 1000}{8300\times 90^4} = 0.17°/\text{m}$$

가 되어 $\theta° \leq 0.25°/\text{m}$를 충분히 만족시키므로 $d = 90$ mm로 결정한다.

(2) 굽힘강성

축에 생기는 굽힘응력이 재료의 허용응력 이하라도 처짐이 어느 정도 이상으로 커지면 베어링 내의 압력분포가 한쪽으로 치우쳐서 과열의 원인이 되고, 기어가 장착되어 있을 때는 이의 물림상태가 나빠지며 벨트 전동의 경우에는 벨트의 장력이 감소되고 원심력에 의한 내력이 부가되는 등의 기계성능을 저하시키므로 축의 처짐도 어느 정도의 제한을 두어 설계하여야 한다.

지금 스팬(span)을 l이라 할 때 축의 중앙에 W의 하중이 작용할 때의 최대 처짐 δ와 처짐각 β는

$$\delta = \frac{Wl^3}{48EI}, \quad \tan\beta \fallingdotseq \beta = \frac{Wl^2}{16EI}$$

이 두 식으로부터

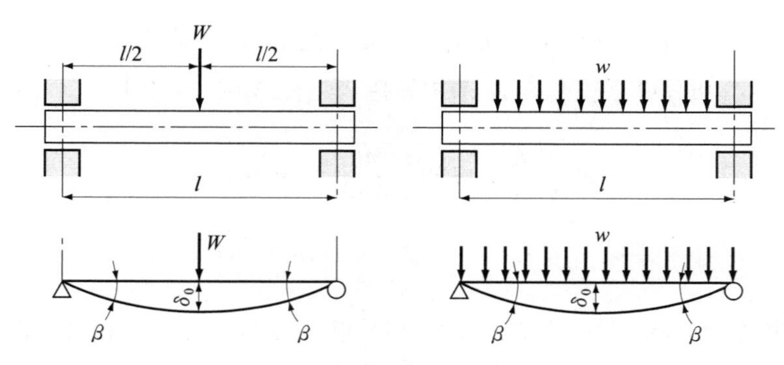

그림 6-9 처짐에 의한 설계의 조건

$$\frac{\delta}{\beta} = \frac{l}{3}$$

일반적으로 전동축에는 굽힘에 의한 처짐의 제한치로서 축의 최대 처짐각이 $\frac{1}{1000}$(rad) 이하가 되도록 하고 있다.

$$\delta = \beta\frac{l}{3} \leq \frac{l}{3000}$$

축의 길이 1 m에 대하여

$$\delta \leq \frac{1000}{3000} = 0.33\ \mathrm{mm/m}$$

이하로 제한하고 있다. 전기기계나 터빈과 같이 축의 처짐에 의한 로터와 케이싱 사이의 틈새를 문제로 삼는 경우에는 처짐의 제한치는 이보다 훨씬 작게 잡아야 할 것이다. 또한 공작기계의 주축 등에서는 이 처짐의 크기가 직접 가공 정밀도에 큰 영향을 주므로 주축단에서의 처짐을 가공 정밀도로부터 제한하게 된다.

- 공장전동축(주로 벨트구동) : $\delta \leq 0.30\ \mathrm{mm/m}$
- 일반 전동축
  - 균일분포하중 : $\delta \leq 0.30\ \mathrm{mm/m}$
  - 중앙집중하중 : $\delta \leq 0.33\ \mathrm{mm/m}$
- 터빈축
  - 원통형 로터축 : $\delta \leq 0.026 \sim 0.128\ \mathrm{mm/m}$

— 원판형 로터축 : $\delta \leq 0.128 \sim 0.165$ mm/m

- 선반 주축 : $\delta = 0.05 \sim 0.2$ mm/m
- 기어축(b : 치폭) : $\delta = 0.05$ mm/b cm

(3) 베어링간 거리(bearing span)

베어링 사이의 거리를 작게 하면 처짐도 작아져서 좋으나 지지 베어링의 수가 많아지므로 가공이 어렵고 제작비가 많아지므로, 베어링 간의 거리 l을 결정하는 식은 처짐의 제한을 고려하여 다음과 같이 결정한다.

1) 굽힘강성에 의한 베어링간 거리

일반적으로 전동축에서는 긴 전동축에 몇 개의 하중이 걸리는 경우가 많으므로 이들을 균일분포하중 w가 작용하는 것으로 가정하여 계산한다. w는 축의 자중을 포함하여 축의 4~5배로 가정한다(지지 상태가 단순보와 같은 경우).

w를 축의 자중의 4배로 가정하면

$$w = 4 \times \frac{\pi}{4} d^2 \gamma (\text{kg/cm})$$

여기서, d : 축지름, γ : 축재료의 단위 부피당 무게

균일분포하중 w가 작용할 때의 최대 처짐각 β는

$$\beta = \frac{wl^3}{24EI}$$

위 식에 $E = 2.1 \times 10^6$ kg/cm², $I = \frac{\pi d^4}{64}$, $\beta \leq \frac{1}{1000}$, $\gamma = 0.00785$ kg/cm³을 대입하여 l을 구하면

$$\beta = \frac{\pi d^2 \times 0.00785 \times 64 \times l^3}{24 \times 2.1 \times 10^6 \times \pi d^4} \leq \frac{1}{1000}$$

$$l \fallingdotseq 46.5 \sqrt[3]{d^2}$$

으로 되나, 보통

$$l = 50 \sqrt[3]{d^2} \ (d,\ l : \text{cm}) \tag{6-25}$$

또 다음과 같이 표시하기도 한다.

$$l = K_1 \sqrt[3]{d^2} \tag{6-26}$$

$$K_1 = 232 \sqrt[3]{1000 \frac{(\delta/l)}{m}}$$

$$m = \text{부하비} = \frac{\text{하중(자중 포함)}}{\text{축의 자중}}$$

또한 독일의 Bamag 사에서는 다음과 같은 식을 사용하고 있다.

$$l = 110 \sqrt[3]{d^2} \,(d,\ l : \text{mm}) \tag{6-27}$$

2) 굽힘강도에 의한 베어링간 거리

그림 6-10과 같이 연속보의 상태로 지지 되어 있는 경우, 1)에서와 마찬가지로 균일분포 하중이 작용하는 것으로 가정하고, 처짐의 제한을 고려하여 허용 굽힘응력을 더욱 작게 잡아서 계산한다.

지금 $w\,(\text{kg/cm})$를 축의 4.5배로 가정하면

$$w = 4.5 \times \frac{\pi}{4} d^2 \gamma = 4.5 \times \frac{\pi}{4} \times d^2 \times 0.0078 \fallingdotseq 0.035 \cdot \frac{\pi}{4} d^2 (\text{kg/cm})$$

축의 양단부(l_1)는 일단지지, 타단고정보이고, 중앙부(l_2)는 양단고정보로 볼 수 있으므로 양단부의 축에서는

$$M = \frac{wl_1^2}{8} = 0.035 \frac{\pi}{4} d^2 \cdot \frac{l_1^2}{8} = \frac{\pi d^3}{32} \sigma_b$$

중앙부의 축에서는

$$M = \frac{wl_2^2}{12} = 0.035 \cdot \frac{\pi}{4} d^2 \frac{l_2^2}{12} = \frac{\pi d^3}{32} \sigma_b$$

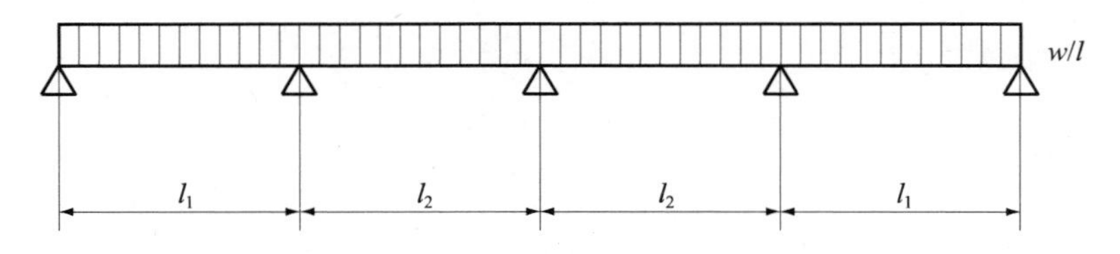

그림 6-10 균일분포하중이 작용하는 연속보

위 식에 처짐을 고려하여 $\sigma_b = 350\ \text{kg/cm}^2$로 작게 잡으면

$$l_1 \fallingdotseq 100\sqrt{d}\,(\text{cm}) \tag{6-28}$$
$$l_2 \fallingdotseq 125\sqrt{d}\,(\text{cm})$$

또한 영국의 Unwin이 제안한 식은 다음과 같다.

$$l_1 = k_2\sqrt{d}\ (d,\ l : \text{cm}) \tag{6-29}$$

다만 $k_2 = 90 \sim 120$

$= 80 \sim 88$(2 ~ 3개의 풀리, 기어가 붙어 있는 축)

$= 64 \sim 72$(방적 등의 제조공장의 작동축)

베어링 간의 거리가 길수록 경제적이나 처짐이 커지기 때문에 무거운 회전체나 장력이 큰 벨트 풀리 등의 베어링 간의 거리는 짧게 하는 것이 좋다.

예제 6-8 지름이 60 mm이고 베어링간의 거리가 2 m인 전동축이 있다. 축의 자중 및 그 밖의 하중의 합 $W = 150$ kg이 균일하게 분포되어 있다고 가정할 때 안정성을 검토하라.

단, 연강의 허용 굽힘응력 $\sigma_b = 500\ \text{kg/cm}^2$, 탄성계수 $E = 2.1\times10^6\ \text{kg/cm}^2$이다.

풀이

$$M = \frac{Wl}{8}(W = wl)$$

따라서 축에 생기는 굽힘응력 σ_b는

$$\sigma_b = \frac{Wl}{8}\cdot\frac{32}{\pi d^3} = \frac{150\times200\times32}{8\times\pi\times6^3} = 176.3(\text{kg/cm}^2)$$

허용 굽힘응력보다 작으므로 안전하다.

처짐량을 계산하면

$$\delta = \frac{5}{384}\cdot\frac{wl^4}{EI} = \frac{5}{384}\cdot\frac{Wl^3}{EI},\quad I = \frac{\pi d^4}{64} = \frac{\pi}{64}\times6^4 = 63.6(\text{cm}^4)$$

여기서 $E = 2.1\times10^6\ \text{kg/cm}^2$

$l = 200$ cm를 대입하면

$$\delta = \frac{5 \times 150 \times 200^3}{384 \times 2.1 \times 10^6 \times 63.6} = 0.117 \text{ cm/2 m}$$
$$= 0.59 \text{ mm/m}$$

따라서 식 (6-25)에 의하여 베어링 간의 거리를 계산하면

$$l = 50\sqrt[3]{d^2} = 50 \times \sqrt[3]{6^2} \fallingdotseq 165(\text{cm})$$

6.1.6 회전축의 위험속도

축은 비틀림이나 굽힘에 대해 일종의 스프링과 같으므로 변형이 생기면 이것을 회복시키려는 에너지가 생기고, 이 에너지는 운동에너지가 되어 축의 회전과 더불어 축선을 중심으로 축을 변동시킨다. 이와 같이 축에 작용하는 굽힘 모멘트 또는 토크의 변동 주기가 축의 고유 진동수와 일치되었을 때, 축은 공진을 일으켜 진폭이 차차 커져서 축은 탄성한도를 넘어 파괴된다.

이와 같이 공진의 진동수에 일치하는 회전속도를 위험속도라 한다. 축의 상용회전속도는 이와 같은 위험속도로부터 ±20 % 떨어지게 하여야 하므로, 축설계에 있어서는 강도 및 강성을 고려하여 축지름이나 축의 길이를 결정하는 것 이외에 위험속도를 반드시 검토할 필요가 있다.

(1) 단진동

그림 6-11에서 점 P가 반지름 r의 원주 위를 ω(rad/s)로 등속원운동을 할 때 점 P의 운동을 가로 방향에서 보면 직선 왕복운동을 하는 것 같이 보이는데 이를 단진동(simple harmonic motion)이라 한다.

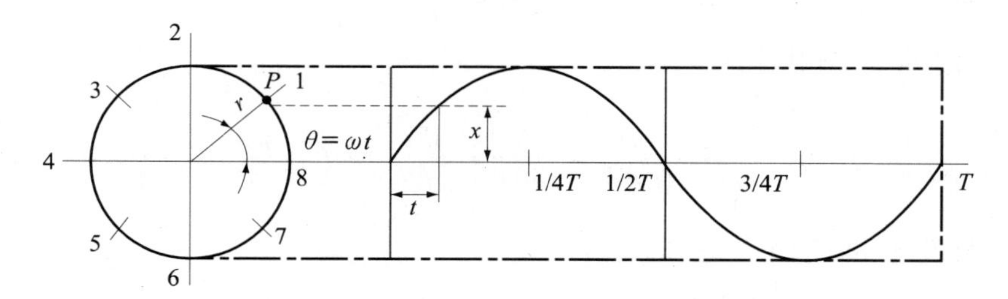

그림 6-11 등속원운동과 단진동

$x = r\sin\omega t$ 이고

$\dfrac{dx}{dt} = r\omega\cos\omega t = v$

$\dfrac{d^2x}{dt^2} = -r\omega^2\sin\omega t = \alpha$ 이다.

따라서 각가속도는

$$\alpha = -\omega^2 x \text{가 된다.} \quad (6\text{-}30)$$

그림에서 T : 1회전에 소요되는 시간(주기), r : 진폭, $\dfrac{1}{T}$: 진동수

이상에서 1회전당 주기 $T = \dfrac{2\pi}{\omega}$ 이고 진동수는

$$n = \frac{1}{T} = \frac{\omega}{2\pi} \text{이 된다.} \quad (6\text{-}31)$$

(2) 비틀림 진동

외부에 비틀림 모멘트 T가 작용하여 축이 비틀림각 θ 만큼 변화되었을 때 탄성에너지가 저장되고 T를 제거하면 탄성에너지가 방출되는데, 이때 회전질량을 흡수하게 되어 축의 관성력을 발생시킨다. 이 관성력에 의하여 축은 반대 방향으로 비틀어지게 되는데 이를 그림 6-12에 나타내었다. 이와 같이 비틀림의 왕복 변화가 감소하면서 주기적으로 반복하는데, 이를 비틀림 진동이라 하고 1초간의 반복수를 진동수라 한다. 왕복운동형 기계의 크랭크축과 같이 실린더의 가스압력 또는 왕복운동 부분의 관성력의 변동으로 인한 주기적인 비틀림 모멘트의 변화에 대하여 검토하게 되나 이들의 진동계는 매우 복잡하므로 여기서 공기저항, 감쇠영향과 축의 질량은 무시하고 간단한 비틀림계의 위험속도의 식을 표 6-4에 표시한다.

l : 축의 길이(mm), G : 축재료의 강성계수(kg/mm^2), I_p : 축단면의 극 관성 모멘트(mm^4)

J : 전체 질량의 관성 모멘트(kg · mm · s^2), θ : 비틀림각(rad)

α : 각가속도(rad/s^2), k : 회전 스프링 상수(kg · mm), T : 축의 비틀림 모멘트(kg · mm)

T' : 관성력에 의한 축의 비틀림 모멘트(kg · mm)

비틀림각 $\theta = \dfrac{Tl}{GI_p}$ 이고, 회전 스프링 상수 $k = \dfrac{GI_p}{l}$ 이다.

관성력에 의한 비틀림 모멘트 $T' = J\alpha$ 이고 $T = T'$ 이므로

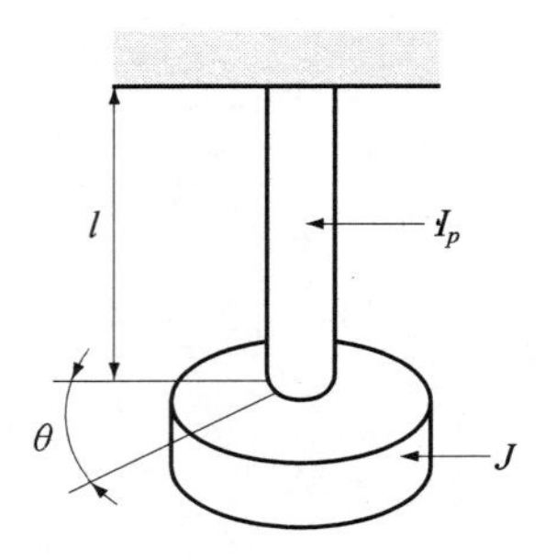

그림 6-12 비틀림 진동

| 표 6-4 | 비틀림 진동계의 위험 속도

진동계	위험속도
J, k_t, l, J_s	$n_e = \frac{30}{\pi}\sqrt{\frac{GI_p}{Jl}}$ (축의 관성 모멘트를 고려하지 않는 경우) $n_e = \frac{30}{\pi}\sqrt{\frac{GI_p}{\left(J+\frac{J_s}{3}\right)l}}$ (축의 관성 모멘트도 고려하는 경우)
J_1, J_2, k_t, l	$n_e = \frac{30}{\pi}\sqrt{\frac{GI_p}{l}\cdot\frac{J_1+J_2}{J_1J_2}}$
J_1, k_{t1}, J_2, k_{t2}, J_3	$n_e = \frac{30}{2\pi}\left[\frac{k_{t1}}{J_1}+\frac{k_{t1}+k_{t2}}{J_2}+\frac{k_{t2}}{J_3}\pm\sqrt{\left(\frac{k_{t1}}{J_1}+\frac{k_{t1}+k_{t2}}{J_2}+\frac{k_{t2}}{J_3}\right)^2 -4\frac{k_{t1}k_{t2}}{J_1J_2J_3}(J_1+J_2+J_3)}\right]$
J_1, J_2 (기어), ω_1, k_{t1}, k_{t2}, J_3, J_2' (기어), ω_2	$n_e = \frac{30}{\pi}\sqrt{\frac{k_{t1}+k_{t2}}{k_{t1}+\varepsilon^2 k_{t2}}\cdot\frac{J_1+\varepsilon^2 J_3}{J_1J_2}}$ (기어의 관성 모멘트를 고려하지 않는 경우) $n_e = \frac{30}{2\pi}\left[\frac{k_{t1}}{J_1}+\frac{k_{t1}+\varepsilon^2 k_{t2}}{J_2+\varepsilon^2 J_2'}+\frac{k_{t2}}{J_3}\right]$ $\pm\sqrt{\left(\frac{k_{t1}}{J_1}+\frac{k_{t1}+\varepsilon^2 k_{t2}}{J_2+\varepsilon^2 J_2'}+\frac{k_{t2}}{J_3}\right)^2-4\frac{J_1+J_2+\varepsilon^2(J_2'+J_3)}{J_2+\varepsilon^2 J_2}\times\frac{k_{t1}k_{t2}}{J_1J_3}}$ (기어의 관성 모멘트를 고려하는 경우)

G : 축의 강성계수(kg/mm^2), l : 축의 길이(mm), I_p : 축의 단면의 극2차 모멘트(mm^4), k_t, k_{t1}, k_{t2} : 축의 비틀림 스프링 상수, J : 회전체의 극관성 모멘트(kg · mm · s^2), e : 회전속도비(ω_2/ω_1), J_3 : 축의 극관성 모멘트(kg · mm · s^2)

$$J\alpha = \frac{GI_p}{l}\theta \tag{6-32}$$

식 (6-30)에서 각가속도 $\alpha = \omega^2 x$ 이고 회전 스프링 상수 $k = \frac{GI_p}{l}$ 이므로 $\omega^2 x = \frac{k}{J}\theta$ 고유진동의 경우 진폭이 적으므로 $\omega = \sqrt{\frac{k}{J}}$ 로 된다.

식 (6-31)에서 진동수 $n = \frac{\omega}{2\pi} = \frac{1}{2\pi}\sqrt{\frac{k}{J}}$ 이므로 위험속도의 진동수 n_{cr} 은

$$n_{cr} = \frac{30}{\pi}\sqrt{\frac{k}{J}} \tag{6-33}$$

(3) 굽힘 진동

1) 2개 이상의 회전체가 있는 경우의 위험속도

그림 6-13에 나타낸 바와 같이 중량 W_1, W_2, W_3 …… 등의 회전체가 축에 고정되어 있다. 이때의 처짐량을 δ_1, δ_2, δ_3 ..... 라 하면 축에 저장된 탄성에너지 E는

$$E = \frac{W_1\delta_1}{2} + \frac{W_2\delta_2}{2} + \frac{W_3\delta_3}{2} + \cdots\cdots \tag{6-34}$$

이고 탄성에너지는 에너지 손실이 없다고 할 때, 다음과 같은 운동에너지 식으로 표현할 수 있다.

$$E_k = \frac{w^2}{2g}(W_1\delta_1^2 + W_2\delta_2^2 + W_3\delta_3^2 + \cdots\cdots) \tag{6-35}$$

따라서 $E = E_k$ 이므로

$$w = \sqrt{\frac{g(W_1\delta_1 + W_2\delta_2 + W_3\delta_3 + \cdots\cdots)}{W_1\delta_1^2 + W_2\delta_2^2 + W_3\delta_3^2 + \cdots\cdots}} \tag{6-36}$$

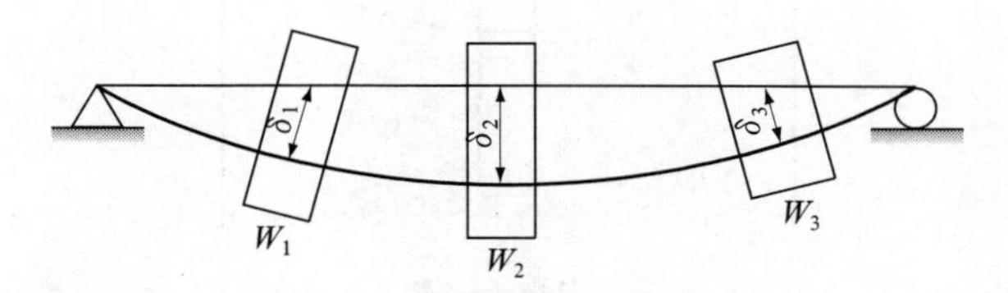

그림 6-13 다 회전체에 의한 위험속도

축의 위험속도 N_{cr}(rpm)은 다음과 같다.

$$N_{cr} = \frac{30}{\pi}\sqrt{\frac{g(W_1\delta_1 + W_2\delta_2 + \cdots\cdots)}{W_1\delta_1^2 + W_2\delta_2^2 + \cdots\cdots}} \fallingdotseq 300\sqrt{\frac{\Sigma W\delta}{\Sigma W\delta^2}} \tag{6-37}$$

각 하중점의 정적 휨량이 구해지면 위험속도를 계산할 수 있으며 이상의 식을 Rayleigh의 식이라 한다.

2개 이상의 회전체를 가진 축의 위험속도에 대하여 Dunkerley는 실험식을 다음과 같이 발표하였다.

$$\frac{1}{N_{cr}^2} = \frac{1}{N_0^2} + \frac{1}{N_1^2} + \frac{1}{N_2^2} + \cdots\cdots \tag{6-38}$$

여기서 N_{cr} : 전체의 위험속도(rpm), N_0 : 축 자중만의 위험속도(rpm)

N_1, N_2 : 각 회전체의 위험속도(rpm)

2) 한 개의 회전체를 갖고 있는 축의 위험속도

베어링 간의 축간거리가 크고 축지름이 작은 축에서는 처짐이 커지므로 굽힘에 의한 위험속도를 검토하여야 한다. 이때 재료의 불균질, 가공 및 조립의 정밀도 불량으로 인한 축심과 회전체의 무게중심과의 어긋남에 의한 불균형도 진동의 큰 원인이 된다.

그림 6-14와 같이 질량 m 인 회전체를 가진 축이 각속도 ω 로 회전하여 δ_0의 처짐이 생겼다고 하면 원심력 F는 $F = m(\delta_0 + e)\omega^2$로 되며 원심력에 의하여 δ_0의 처짐이 생겨 평형상태에 있으므로 Hooke의 법칙을 적용시킬 수 있다.

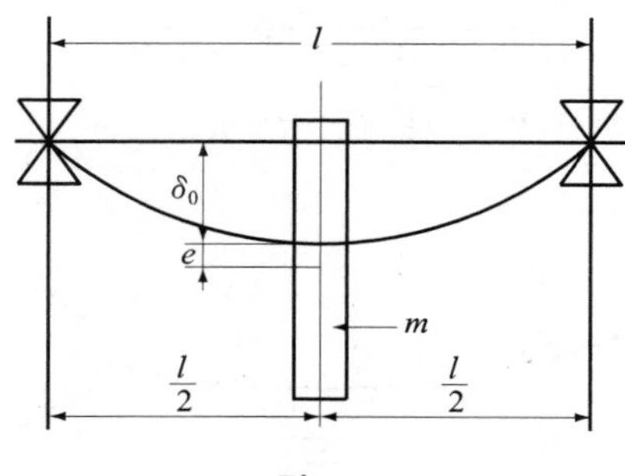

그림 6-14

$F = k\delta_0$ 이므로

$$m(\delta_0 + e)\omega^2 = k\delta_0$$

$$\delta_0 = \frac{m\omega^2 e}{(k - m\omega^2)}$$

위에서 $e \neq 0$, $k = m\omega^2$ 일 때 δ 는 무한대가 되므로 이때의 각속도를 ω_c 라 하면 이에 해당하는 회전속도를 위험속도라 한다.

$$k = m\omega_c^2 \qquad \omega_c = \sqrt{\frac{k}{m}}$$

회전체의 무게를 W라 하면 $W = mg$, 처짐량을 δ라 하면 $W = k\delta$ 이므로

$$\omega_c = \sqrt{\frac{k}{m}} = \sqrt{\frac{g}{\delta}}$$

여기서 ω_c : 각속도(rad/s), g : 9.8 m/s²(980 cm/s²)

δ : 처짐량(m 또는 cm), N_{cr} : 위험속도(rpm)

$$N_{cr} = \frac{60\omega_c}{2\pi} = \frac{30}{\pi}\sqrt{\frac{g}{\delta}} \fallingdotseq 300\sqrt{\frac{1}{\delta}} \tag{6-39}$$

여기서 $g = 980\ \mathrm{cm/s^2}$, δ : cm이고 N_{cr} : rpm 단위이다.

예제 6-9 그림 6.15에서 보는 바와 같이 지름 $d = 180\ \mathrm{mm}$ 의 낮은 리프트의 원심펌프축의 위험속도 N_{cr} 를 검토하라. 단, 축의 상용회전속도는 327 rpm이다.

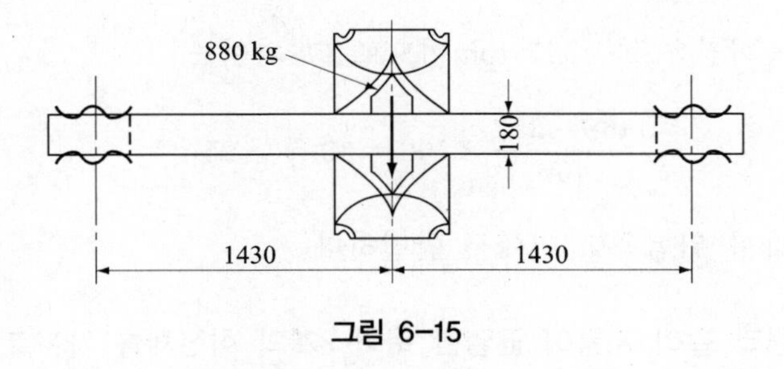

그림 6-15

풀이 축지름 $d = 180\ \mathrm{mm}$ 의 균일한 축으로 가정한다.

강축이므로

$$E = 21 \times 10^5 \text{ kg/cm}^2$$

최대처짐 δ_{max} 는 날개 바퀴가 달린 부분의 중앙부에 생기고

$$\delta = \frac{Wl^3}{48EI} = \frac{880 \times 286^3}{48 \times 21 \times 10^5 \times \dfrac{\pi}{64} \times 18^4} = 0.04 \text{ cm}$$

회전체 1개가 양단에서 자유롭게 지지되어 있으므로

$$N_1 = 114.6\, d^2 \sqrt{\frac{E(a+b)}{Wa^2b^2}}$$
$$= 114.6 \times 18^2 \times \sqrt{\frac{21 \times 10^5 \times (143 + 143)}{880 \times 143^2 \times 143^2}}$$
$$= 473 \text{ rpm}$$

축의 매 cm마다의 무게 :

$$w = 0.00785 \times \frac{\pi}{4} \times 18^2 \times 1 \fallingdotseq 2 \text{ kg/cm}$$

축의 자중만을 고려할 때 :

$$N_0 = 654 \frac{d^2}{l^2} \sqrt{\frac{E}{w}} = 654 \times \frac{18^2}{286^2} \sqrt{\frac{21 \times 10^5}{2}} = 2650 \text{ rpm}$$
$$\therefore \frac{1}{N_{cr}^{\ 2}} = \frac{1}{N_0^{\ 2}} + \frac{1}{N_1^{\ 2}} = \frac{1}{2650^2} + \frac{1}{473^2} = \frac{32.4}{7030000}$$
$$\therefore N_{cr} = \sqrt{\frac{7030000}{32.4}} = 466 \text{ rpm}$$

사용회전속도는 327 rpm이므로 그 차이는

$$\frac{466 - 327}{466} \times 100 = 30\,\% > 25\,\%$$

따라서 위험속도 면에서 안전하다.

예제 6-10 그림과 같이 지름이 균일한 축이 2개의 회전체를 가지고 있다. 이 축의 위험속도를 구하라.

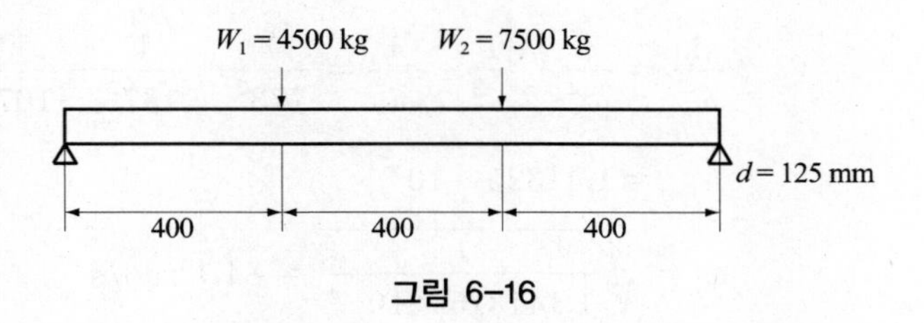

그림 6-16

풀이 먼저 축 1 cm의 자중은

$$w = \gamma \frac{\pi}{4} d^2 = 7.8 \times \frac{\pi}{4} \times 12.5^2 \times 10^{-3} = 0.958 \text{ kg/cm}$$

따라서 축의 자중에 의한 처짐 δ_s는 자중을 축의 중앙에 작용하는 집중하중으로 생각하면 $W = wl = 0.958 \times 120 = 115$ kg이므로

$$\delta_s = \frac{Wl^3}{48EI}$$

여기서 $E = 2.1 \times 10^6 \text{ kg/cm}^2$, $I = \frac{\pi d^4}{64} = \frac{\pi \times (12.5)^4}{64} = 1200 \text{ cm}^4$이므로 처짐량은

$$\delta_s = \frac{115 \times (120)^3}{48 \times 2.1 \times 10^6 \times 1200} = 1.64 \times 10^{-3} \text{ cm}$$

집중하중 W_1과 W_2에 의한 처짐 δ_1과 δ_2는 다음과 같다.

$$\delta_1 = \frac{W_1 a^2 b^2}{3EIl} = \frac{4500 \times (40)^2 \times (80)^2}{3 \times 2.1 \times 10^6 \times 1200 \times 120} = 5.08 \times 10^{-2} \text{ cm}$$

$$\delta_2 = \frac{7500 \times (80)^2 \times (40)^2}{3 \times 2.1 \times 10^6 \times 1200 \times 120} = 8.46 \times 10^{-2} \text{ cm}$$

이들의 값을 이용하여 Dunkerley의 실험식에 의하여 위험속도를 구하면

$$\omega_s = \sqrt{\frac{g}{\delta_s}} = \sqrt{\frac{980}{1.64 \times 10^{-3}}} = 773 \text{ rad/s}$$

$$\omega_1 = \sqrt{\frac{980}{5.08 \times 10^{-2}}} = 137 \text{ rad/s}$$

$$\omega_2 = \sqrt{\frac{980}{5.08 \times 10^{-2}}} = 107.6 \text{ rad/s}$$

$$\frac{1}{\omega_c^2} = \frac{1}{\omega_s^2} + \frac{1}{\omega_1^2} + \frac{1}{\omega_2^2} = \frac{1}{773^2} + \frac{1}{137^2} + \frac{1}{107.6^2}$$

$$= 1.41325 \times 10^{-4}$$

$$\omega_c = \sqrt{\frac{1}{1.141325 \times 10^{-4}}} = 84.1 \text{ rad/s}$$

$$\therefore \ N_c = \frac{30}{\pi}\omega_c = \frac{30}{\pi} \times 84.1 = 803 \text{ rpm}$$

연습문제

1. 굽힘 모멘트 $M = 400$ cm · kg과 비틀림 모멘트 $T = 800$ cm · kg인 모멘트를 받으면서 1000 rpm으로 회전하는 축을 $\tau_a = 2.1$ kg/mm^{2}로 할 때 축지름을 결정하라.

2. 30 PS, 750 rpm의 전동축의 지름은 얼마인가? 단, 허용 전단응력은 $\tau_a = 2.1$ kg/mm^{2}로 한다.

3. 300 rpm으로 회전하는 지름 45 mm의 연강제 둥근축에 1 m에 대하여 1/4도의 비틀림각이 허용된다면 전달동력은 얼마인가? 단, $G = 8300$ kg/mm^{2}이다.

4. 길이가 5 m, 지름이 45 mm의 연강축이 300 rpm으로 회전할 때 축끝에서 1도 비틀림이 생겼다면 전달동력은 얼마인가? 단, 강성계수 $G = 8100$ kg/mm^{2}이다.

5. 지름 60 mm의 중실축과 비틀림 강도가 같고 중량이 60 %인 중공축의 안지름과 바깥지름을 결정하라. 단, 재료는 같은 재료이다.

6. 같은 재료로 만들어지고 비틀림 강도가 같은 중실축과 중공축의 중량을 비교하라. 단, 중공축의 안바깥지름비는 0.5이다.

7. 40 m · kg의 굽힘 모멘트를 받고 600 rpm으로 10 kW의 동력을 전달하는 연강축을 설계하라. 단, 축에 묻힘 키홈이 파져 있고 또 축의 동적효과를 나타내는 계수는 $C_m = 1.5$, $C_t = 1.0$으로 한다.

8. 축길이가 800 mm인 단순보 중앙에 중량이 100 kg인 회전체가 있는 강제축에서 위험속도를 1500 rpm 이상으로 하기 위하여 축지름은 얼마로 설계하면 되는가?

9. 지름이 50 mm, 길이가 200 cm인 연강축을 베어링으로 받치고 있다. 축의 자중 및 기타 하중이 150 kg인 경우 하중이 축위에 균일하게 분포되어 있다고 할 때 굽힘 강도와 굽힘강성을 검토하라.

7 축이음

2축을 연결하는 기계요소로 커플링과 클러치가 사용되지만, 커플링은 두 축을 반영구적으로 고정하는데 사용되고, 클러치는 구동 중에 단속을 필요로 할 때 사용된다.

7.1 축이음 및 클러치의 종류

7.1.1 축이음의 종류

축이음은 모터나 발전기 등과 같은 제품의 축연결, 수리나 교환하기 위한 분해, 축 중심선의 어긋남, 기계의 유연성, 어떤 축에서 다른 축으로 이동하는 충격하중 감소, 과부하에 대한 보호, 회전체 진동의 감소 등을 위하여 사용된다.

축이음은 다음과 같이 분류할 수 있다.

① 두 축이 일직선상에 있는 것 : 고정 커플링(fixed coupling)

② 두 축이 일정한 일직선상에 있지 않을 때 : 플렉시블 커플링(flexible coupling)

③ 두 축이 평행하는 경우 : 올덤 커플링(Oldham's coupling)

④ 두 축이 교차하는 경우 : 유니버셜 조인트(universal joint)

7.1.2 커플링의 종류

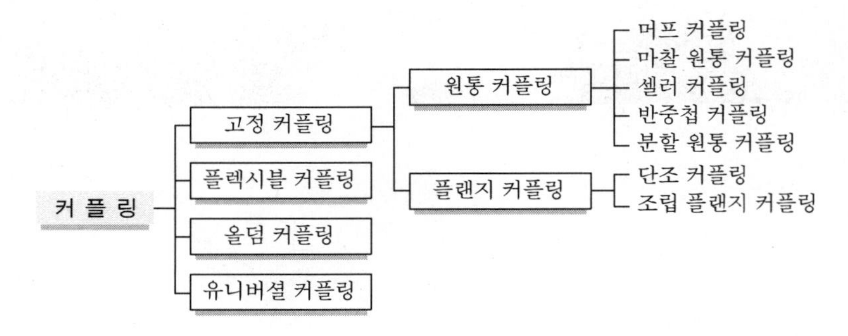

7.1.3 클러치의 종류

클러치는 다음과 같이 분류할 수 있다.

① 턱 또는 이로 맞물리는 경우 : 맞물림 클러치

② 마찰면으로 밀착하는 경우 : 마찰 클러치, 전자 클러치

③ 전자력으로 마찰압력이 발생하는 경우 : 전자 클러치

④ 원심력 작용에 의한 유압장치 : 유압 클러치

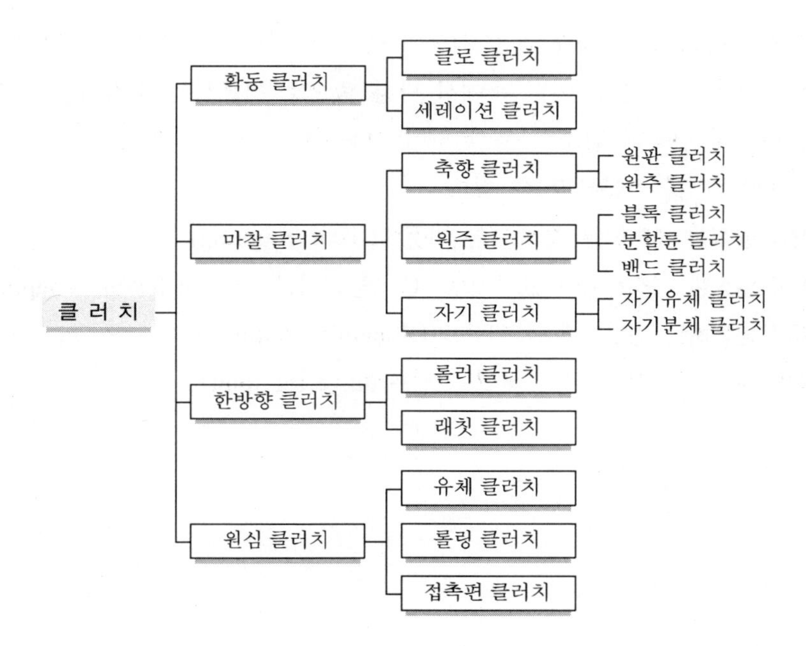

7.2 커플링(couplings)

7.2.1 고정 커플링

(1) 원통 커플링(cylindrical coupling)

가장 간단한 구조로 2축 끝을 맞대고 그 접촉면을 맞대어 맞추고 그 접촉면을 중앙으로 원통형의 보스를 끼워 키(key) 또는 마찰력으로 전동하는 이음으로써 머프 커플링, 마찰 원통 커플링, 셀러 커플링, 반중첩 커플링, 분할 원통 커플링 등 다섯 가지가 있다.

아래 식에서 커플링 전체의 길이가 L이고 한쪽 축이 지지되는 길이는 $L/2$이다.

$$dA = \frac{d}{2} \cdot d\phi \cdot \frac{L}{2}$$

$$dT = \frac{d}{2}\mu dF = \mu\frac{d}{2} \cdot d\phi \cdot \frac{L}{2}p\frac{d}{2}$$

$$\int dT = T = \int_0^{2\pi} \mu\frac{d}{2} \cdot d\phi \cdot \frac{L}{2}p\frac{d}{2}$$

$$= \mu\pi p \cdot \frac{Ld^2}{4} = \frac{1}{2}\mu\pi Wd \tag{7-1}$$

T: 축의 비틀림 모멘트, L: 원통의 전 길이, W: 원통을 졸라매는 힘, dA: 미소 넓이, p: 원통과 축 사이에 생기는 압력(kg/cm^2), μdF: dA의 마찰력, μ: 마찰계수(0.2~0.25)

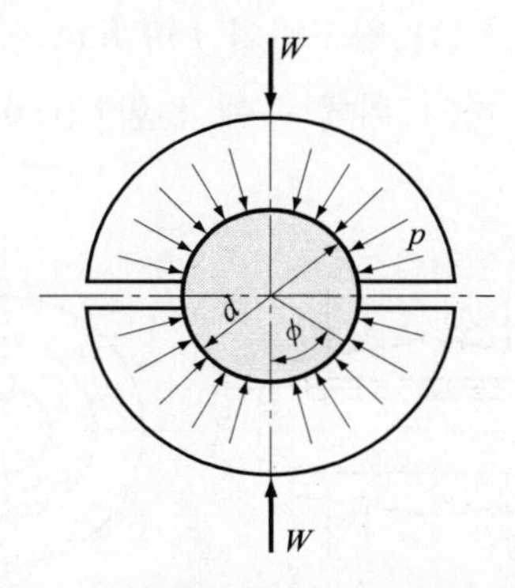

그림 7-1 원통형 커플링의 비틀림 모멘트

1) 머프 커플링(muff coupling)

축지름과 하중이 아주 작은 경우에 사용되며 간단한 원통 커플링이나 인장응력이 작용하는 축에는 사용할 수 없다.

밖으로 나와 있는 키의 머리를 커버로 덮어 안전하게 하여 위험을 방지한다(그림 7-2).

$$\begin{aligned} &\text{길이 } L = 3d + 35 \\ &\text{원통 두께 } e = 0.4d + 10(\text{mm}) \\ &\text{원통 지름 } D = 1.8d + 20(\text{mm}) \end{aligned} \tag{7-2}$$

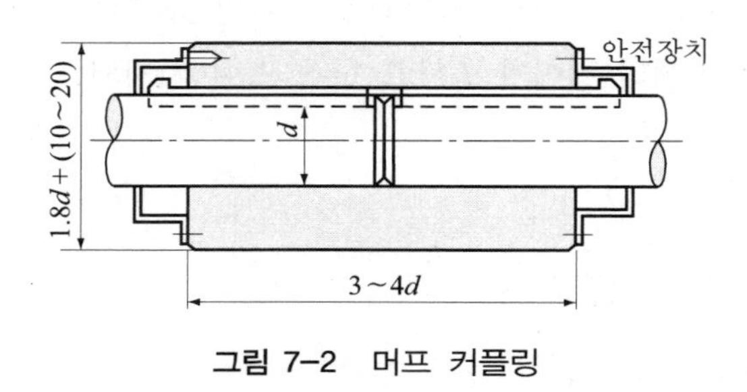

그림 7-2 머프 커플링

2) 마찰 원통 커플링(friction clip coupling)

그림 7-3과 같이 외주를 원추형으로 다듬질한 2개로 분할된 통을 덮어서 연강재의 두꺼운 링을 양단에서 박아 죈다. 중앙부는 평행하게 가공하기도 한다. 큰 토크를 전달하는데는 부적당하나 설치 및 분해가 용이하고 축상의 임의의 곳에 고정할 수 있고 긴 전동축 연결에 편리하다. 각각의 규격은 표 7-1을 참고하며 150 mm 이하의 축에 사용되며 진동이 없는 경우에 쓴다. 전동을 확실히 하기 위해 축에 묻힘키(sunk key)를 박기도 한다.

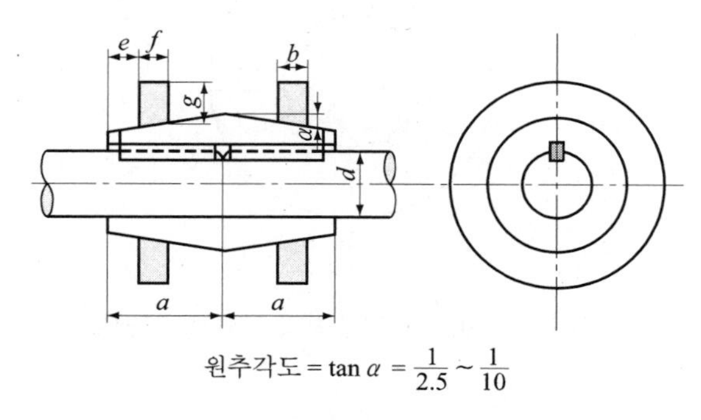

$$\text{원추각도} = \tan\alpha = \frac{1}{2.5} \sim \frac{1}{10}$$

그림 7-3 마찰 원통형 커플링

|표 7-1| 마찰 원통 커플링 설계 치수

d	a	b	e	f	g
50	100	30	20	20	25
60	120	30	25	25	25
70	140	42	30	30	30
80	160	48	30	30	30
90	180	54	35	35	35
100	200	60	40	40	37
110	220	66	45	45	39
120	240	72	50	50	41
130	260	78	55	55	43
140	280	84	60	60	44
150	300	90	60	60	70

3) 셀러 커플링(Seller's coupling)

내부원통의 기울기가 1/6.5～1/10의 원추형으로 중앙부의 지름이 작아지며 외부에 주철제 원통으로 끼워 볼트 3개로 조립한다. 이음의 설치가 용이하고 양단이 자연히 동일 직선상에 조정된다.

$$W = \frac{Q}{\tan\alpha} \quad \text{전체} \quad W = Z\frac{Q}{\tan\alpha} \qquad T = Z_1\frac{Q}{\tan\alpha}\cdot\frac{\pi d}{\tan\alpha}$$

$$T = \mu\cdot W\cdot R_m\cdot Z = \mu\cdot\frac{Q}{\tan\alpha}R_m\cdot Z \tag{7-3}$$

W: Q에 의하여 원추면에 작용하는 힘, T: 축에 걸리는 비틀림 모멘트,
Q: 한 개의 볼트의 체결력, Z: 볼트의 수, μ: 마찰계수, R_m: 원추면의 평균 반지름

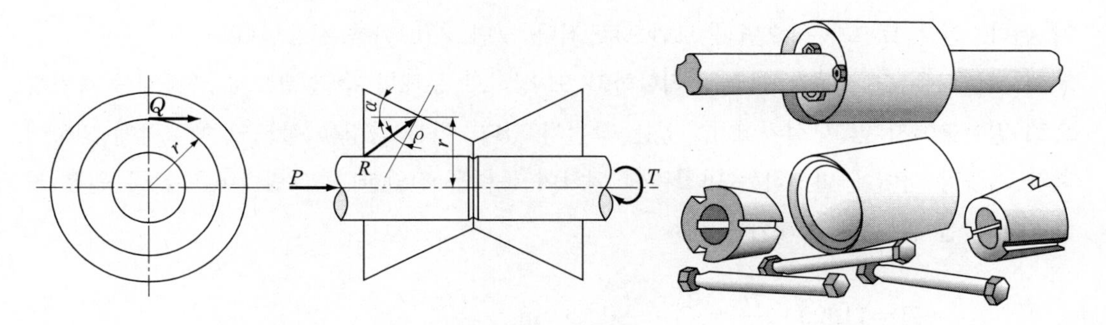

그림 7-4 셀러 커플링

$$z = 3,\ \mu = 0.15,\ \tan\alpha = \frac{1}{10} \fallingdotseq \sin\alpha \quad R_m = d \text{ 라면}$$

$$T = 4.5Qd \tag{7-4}$$

작은지름축에 대하여 $L = 4d,\ D = 3.5d,\ l = 3d$

큰지름축에 대하여 $L = 3.3d,\ D = 2.7d,\ l = 2.7d$

4) 반중첩 커플링(half lap coupling)

축단을 약간 크게 하여 기울어지게 중첩시켜 공통의 키로 고정한 커플링이며 축방향의 인장력이 작용하는 경우에 사용된다(그림 7-5 참고).

$$L = (2 \sim 3)d \qquad D = (1 \sim 1.25)d \tag{7-5}$$

$$l = (1 \sim 1.2)d \qquad T = 0.5d$$

l 의 기울기는 $1/12$

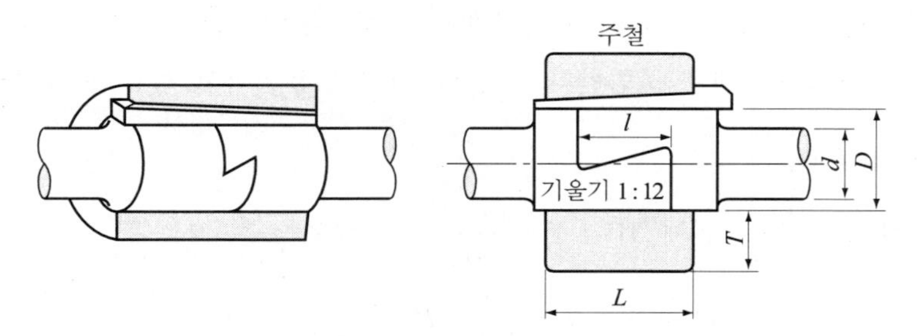

그림 7-5 반중첩 커플링

5) 분할 원통 커플링(split muff coupling or clamp coupling)

그림 7-6과 같이 주철 또는 주강재의 2개의 반원통(clamp)을 6개의 볼트를 2줄로 배열하여 죈다. 전달 토크가 작으면 볼트만으로 죄나 크면 키(key)를 사용한다.

이 커플링은 긴 전동축 연결에 적합하고 또 상하로 분해할 수 있으므로 축자체를 축방향으로 밀어붙이지 않고 설치할 수 있는 장점이 있다. 이 커플링은 볼트의 체결력에 의하여 축과 커플링 사이에 발생하는 마찰력에 의하여 동력을 전달한다. 그림 7-6은 분할 원통 커플링이고 설계치수는 아래와 같다.

$$T = 71620 \cdot \frac{H}{n} = P_t \cdot \frac{d}{2} (\text{kg} \cdot \text{cm})$$

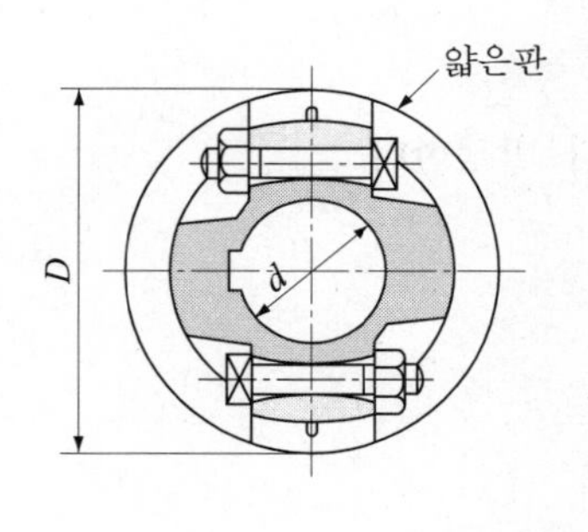

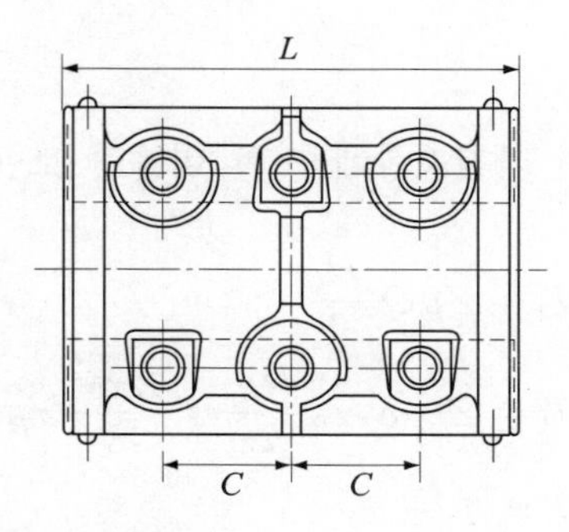

그림 7-6 클램프 커플링

$$P_t = \mu QZ = 143240 \cdot \frac{H}{dn} \text{ 또는 } 194800\frac{H'}{dn} \tag{7-6}$$

$$Q = \frac{\pi}{4}\delta^2\sigma_a = 143240 \cdot \frac{1}{\mu Z} \cdot \frac{H}{dn} = 194800\frac{1}{\mu Z} \cdot \frac{H'}{dn} \tag{7-7}$$

$$\delta = 427\sqrt{\frac{H}{\mu Zdn\sigma_a}} = 498\sqrt{\frac{H'}{\mu Zdn\sigma_z}} \tag{7-8}$$

d : 축지름(cm), δ : 볼트의 지름(cm), H: 전달동력(PS), H' : 전달동력(kW),
n : 회전수(rpm), μ : 축지름과 커플링 사이의 마찰계수, T: 전달비틀림 모멘트(kg · cm),
P_t : 축에 작용하는 접선력, Q: 1개의 볼트에 작용하는 힘, Z: 볼트의 수,
σ_a : 볼트의 허용 인장응력, R_t : 마찰면의 평균 반지름($= D_t/2$),
P_s : 볼트 1개의 탄성한도 하중, σ_s : 단순 항복 인장응력,
σ_a : 항복이 시작하는 허용 체결응력($= \sigma_s/1.3 = \frac{1}{2}\tau_a = \frac{1}{2}\tau_s$),
τ_s : 축의 전단응력, τ_{aB} : 볼트의 허용 전단응력, R_B: 볼트 중심 거리의 반지름

$L = (3.5 \sim 5.2)d$ $\qquad$ $C = (1.2 \sim 1.7)d$

$D = (2 \sim 4)d$ $\qquad$ $\delta = \frac{d}{5} + 10 \text{ mm}$

7.2.2 플랜지 커플링(flange coupling)

큰 축과 고속 정밀회전축에 적당하다. 공장전동축 또는 일반 기계의 커플링으로 사용되며 주철 또는 주강, 단조강 등으로 만들고 축에 플랜지를 때려 박아 키로서 고정하고 리머 볼트로 두 플랜지를 죈다. 때로는 열박음(shrink fit)을 하기도 한다.

(1) 강도계산

볼트를 죄면 마찰저항에 의한 비틀림 모멘트가 발생한다.

$$T_1 = Z\mu Q \frac{D_f}{2} \tag{7-9}$$

$$T_2 = Z\frac{\pi}{4}\delta^2 \tau_B \frac{D_B}{2} = \frac{Z\pi\delta^2}{8}\tau_B D_B \tag{7-10}$$

$$T = T_1 + T_2$$

$$\therefore \ \frac{\pi}{16}d^3\tau = Z\mu Q \frac{D_f}{2} + Z\frac{\pi}{4}\delta^2\tau_B \frac{D_B}{2} \tag{7-11}$$

T : 보통급에서 최대 저항 비틀림 모멘트(cm · kg),

T_1 : 마찰저항에 의해 생기는 비틀림 모멘트(cm · kg), δ : 볼트의 지름

T_2 : 전단 비틀림 모멘트(cm · kg), μ : 마찰계수, D_f : 마찰면의 평균 지름(cm)

Z : 볼트의 수, D_B : 볼트 중심간 거리(cm), τ_B : 볼트의 전단응력

상급 플랜지는 주로 볼트의 전단강도에 의하여 비틀림 모멘트를 전달한다.

$$\frac{\pi d^3}{16}\tau = Z\pi\delta^2\tau_B \frac{D_B}{8} \tag{7-12}$$

축과 재료가 같은 경우 볼트지름

$$\delta = 0.55\sqrt{\frac{d^3}{\mu Z D_b}} \tag{7-13}$$

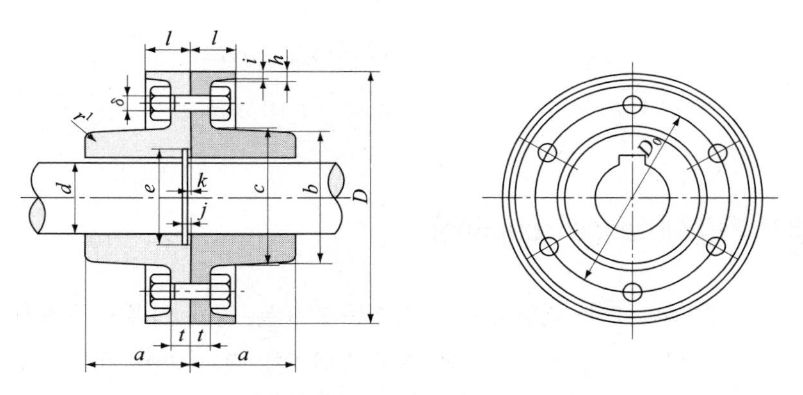

그림 7-7 플랜지 커플링(요철면)

볼트의 체결력을 $Q = 0.85P_s$ 이라 하고, P_s 는 탄성한계하중, σ_s : 단순항복 인장응력, 허용체결응력 $\sigma_a = \dfrac{\sigma_s}{1.3}$ 이라 하면

리머볼트의 전단저항에 의한 비틀림 모멘트는

|표 7-2| 플랜지형 고정축 커플링

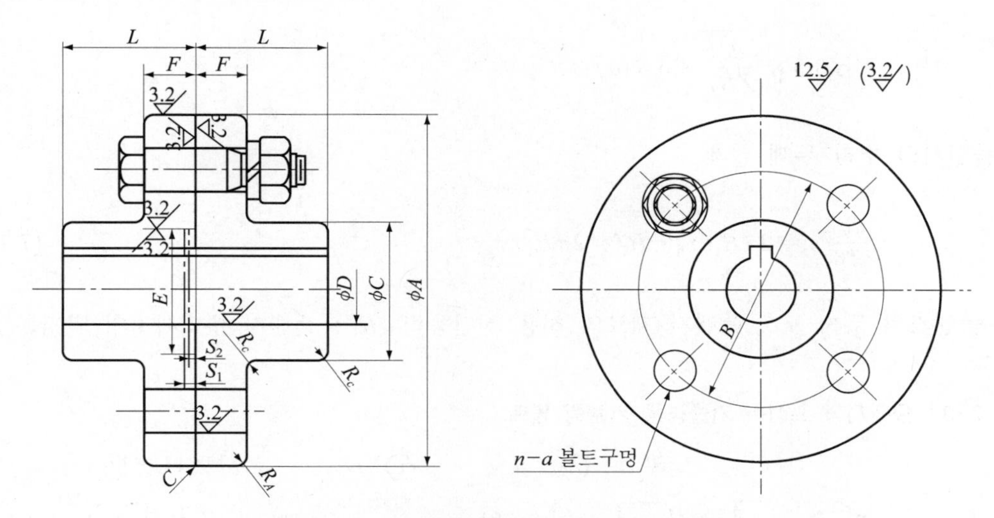

비고 볼트 구멍의 배치는 키홈에 대하여 대략 균등하게 등분한다.

(단위 : mm)

커플링 바깥 지름 A	D 최대축 구멍지름	D (참고) 최소축 구멍지름	L	C	B	F	n (개)	a	참고 끼움부 E	참고 끼움부 S_2	참고 끼움부 S_1	참고 R_c (약)	참고 R_A (약)	참고 c (약)	참고 볼트 뽑기 여유
112	28	16	40	50	75	16	4	10	40	2	3	2	1	1	70
125	32	18	45	56	85	18	4	14	45	2	3	2	1	1	81
140	38	20	50	71	100	18	6	14	56	2	3	2	1	1	81
160	45	25	56	80	115	18	8	14	71	2	3	3	1	1	81
180	50	28	63	90	132	18	8	14	80	2	3	3	1	1	81
200	56	32	71	100	145	22.4	8	16	90	3	4	3	2	1	103
224	63	35	80	112	170	22.4	8	16	100	3	4	3	2	1	103
250	71	40	90	125	180	28	8	20	112	3	4	4	2	1	126
280	80	50	100	140	200	28	8	20	125	3	4	4	2	1	126
315	90	63	112	160	236	28	10	20	140	3	4	4	2	1	126
355	100	71	125	180	260	35.5	8	25	160	3	4	5	2	1	157

비고 1. 볼트 뽑기 여유는 축 끝에서의 치수로 나타낸다.
2. 커플링을 축에서 뽑기 쉽게 하기 위한 나사 구멍은 적당히 설정하여도 좋다.

$$T = \frac{\pi}{4}\delta^2 \tau_{aB} \cdot ZR_B = \frac{\pi}{16} d^3 \tau_s$$

$$\delta = 0.5\sqrt{\frac{d^3}{ZR_B}}\,(\tau_{aB} = \tau_s) \tag{7-14}$$

볼트의 지름이 작은 경우에는 다음과 같이 쓸 수 있다.

$$\delta = 0.5\sqrt{\frac{d^3}{ZR_B}} + 1\,(\mathrm{cm})$$

플랜지의 뿌리 두께 설계

$$\frac{\pi d^3}{16}\tau = 2\pi R_1 t \tau_f \cdot R_1 = 2\pi R_1^2 t \tau_f \tag{7-15}$$

t : 플랜지의 두께, τ_f : 플랜지 재료의 허용 전단응력, R_1 : 플랜지 뿌리까지의 반지름

|표 7-3| 플랜지형 고정축 커플링용 커플링 볼트

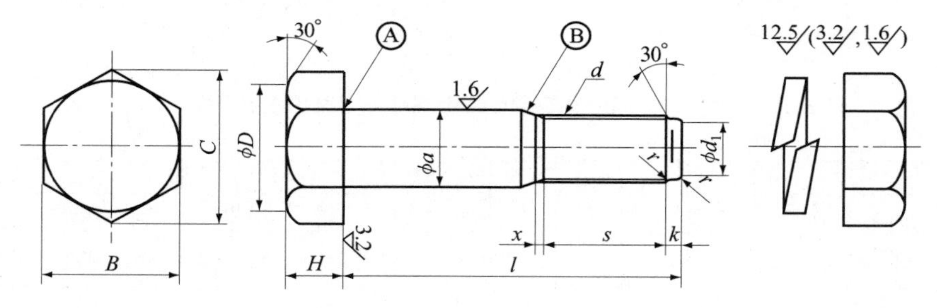

(단위 : mm)

호 칭 $a\times l$	나사의 호칭 d	a	d_1	s	k	l	r (약)	H	B	C (약)	D (약)
10×46	M10	10	7	14	2	46	0.5	7	17	19.6	16.5
14×53	M12	14	9	16	3	53	0.6	8	19	21.9	18
16×67	M16	16	12	20	4	67	0.8	10	24	27.7	23
20×82	M20	20	15	25	4	82	1	13	30	34.6	29
25×102	M24	25	18	27	5	102	1	15	36	41.6	34

비고 1. 육각너트는 KS B 1012의 스타일 1 (부품 등급A)의 것으로서, 강도 구분은 6, 나사 정밀도는 6H로 한다.
2. Ⓐ 부에는 연삭용 여유를 주어도 좋다. Ⓑ 부는 테이퍼 또는 단붙임하여도 좋다.
3. x는 불안전 나사부 또는 나사 절삭용 여유로 하여도 좋다. 단, 불완전 나사부일 때는 그 길이를 약 2산으로 한다.

|표 7-4| 회전축의 지름(KS B 0406)

(단위 : mm)

4	7.1	12.5	20	31.5	50	80	125	200	315	400
		9	22	35	55	85	130	220	320	420
4.5	8	14	22.42	35.5	56	90	140	224		
5		15			60	95	150	240	340	440
5.6	9	16	25	40	63	100	160	250	355	450
6		17		42	65	105	170	260	360	460
					70	110			380	480
6.3	10	18	28	45	71	112	180	280		500
	11.2									
7	12		30		75	120	190	300		

비고 1. 표에서 22.42를 제외한 가는 숫자는 구름 베어링과의 끼워맞춤 부분에 사용할 경우에 통용한다.
2. 표의 22.42는 일반용 저압 3상 유도전동기의 축의 벨트 풀리

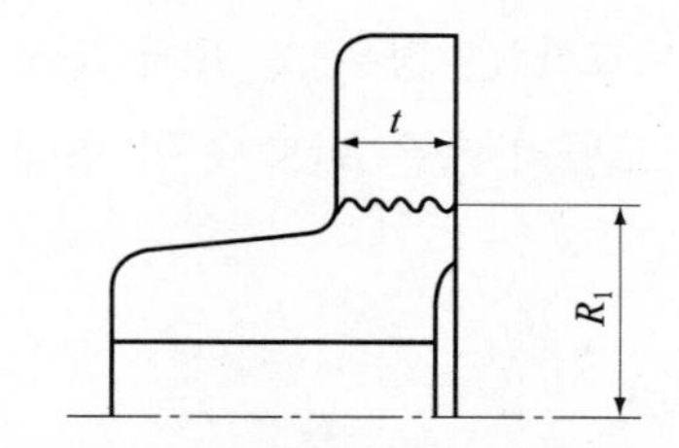

그림 7-8 플랜지 커플링 뿌리부의 전단

예제 7-1 지름 300 mm의 축이 250 rpm으로 5000 PS를 전달하는 플랜지 커플링을 볼트의 지름이 20 mm인 것 10개로 죈다. 볼트의 피치원 지름을 620 mm라 하면 볼트가 받는 응력은 얼마인가?

풀이 축이 받는 비틀림 모멘트 T

$$T = 71620\frac{H}{n} = 71620\frac{5000}{250} = 1432400 \text{ kg} \cdot \text{cm}$$

볼트의 전단저항으로서 비틀림 모멘트를 받는다고 하면 전단응력은

$$T = \frac{\pi}{4}\delta^2\tau_B \cdot Z\frac{D_B}{2} \text{에서}$$

$$\tau_B = \frac{2.55\,T}{\delta^2 \cdot ZD_B} = \frac{2.55 \times 1432400}{2^2 \times 10 \times 62} = 1472.8 \text{ kg/cm}^2$$

플랜지를 마찰로서 전달한다면 $\mu = 0.25$이며 볼트에 작용하는 인장응력 σ_t는,

$T_1 = ZQ\mu \dfrac{D_f}{2}$에서 $Q = \dfrac{\pi\delta^2}{4}\sigma_t$를 대입하여 σ_t에 대해 풀면

$$\sigma_t = \frac{T}{\mu Z \frac{\pi\delta^2}{4}\frac{D_f}{2}} = \frac{1432400}{0.25 \times 10 \times \frac{\pi}{4} \times 2^2 \times \frac{62}{2}} = 5886 \text{ kg/cm}^2$$

이다. 볼트가 충분히 조여 있지 못하면 전단과 굽힘을 모두 받게 된다. 플랜지 두께를 100 mm로 하면 $M = Z\sigma$와 $P = 2T/d$를 이용하여 다음을 구할 수 있다.

$$\frac{\pi}{32} \times 2^3 \times \sigma_b = \frac{1432400}{\frac{62}{2} \times 10} \times \frac{10}{2} \qquad \therefore\ \sigma_b = 58838.6 \text{ kg/cm}^2$$

(2) 단조 플랜지 커플링

축지름이 매우 크거나 전달 토크가 큰 경우 축 끝에 플랜지를 일체로 만들어 내어 직접 볼트로 죈다. 선박용 기관축, 프로펠러 축은 반드시 이 형식을 쓴다. 지브 크레인 등의 기중기에도 쓴다.

$$D = d + 3\delta + 35 \text{ mm}$$

$$Ds = d + 1.5\delta + 10 \text{ mm}$$

$$Z = 0.013d + 12 \text{ mm}$$

이 커플링에서는 마찰력은 별로 영향을 주지 않으므로 볼트의 전단력에 의한 비틀림 모

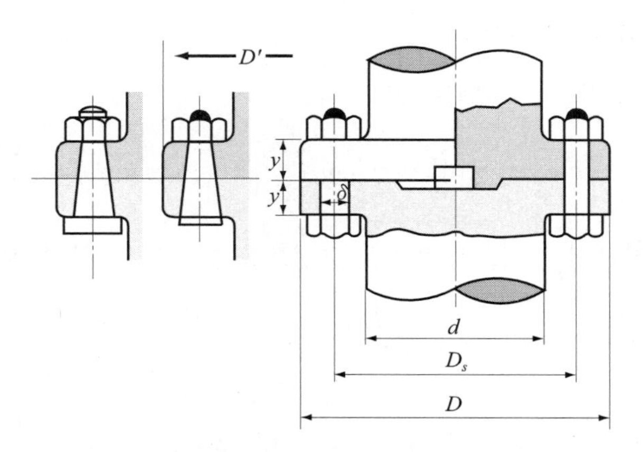

그림 7-9 단조 플랜지 커플링

멘트를 전달한다고 생각한다. 또 축과 볼트의 허용 전단응력은 같다고 생각한다.

$$\delta = 0.5\sqrt{\frac{d^3}{ZR_B}} = 0.71\sqrt{\frac{d^3}{ZD_B}} \tag{7-16}$$

(3) 맞대기 세레이션 커플링(serrated coupling)

단조 플랜지 커플링의 플랜지의 접촉면에 그림 7-10과 같은 반지름 방향의 삼각이의 세레이션(serration)을 절삭하고, 서로 물리게 된 이들이 토크를 전달하는 축이음을 맞대기 세레이션 커플링이라 한다. 이 커플링에서는 볼트는 산형치면의 압력각에 의한 추력(thrust)을 지지하도록 설계한다. 또 그림 7-11과 같이 잇수를 많이 하여 각도가 미소한 조정을 하는 경우 등에도 사용된다. 보통 이 홈의 각(커터의 산각)은 60°의 것이 사용된다.

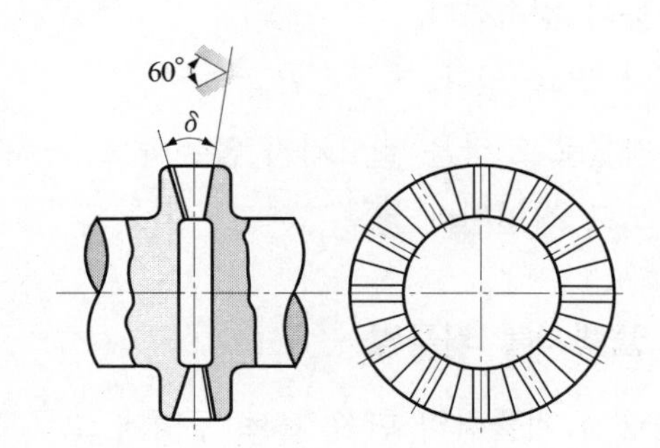

그림 7-10 맞대기 세레이션 커플링

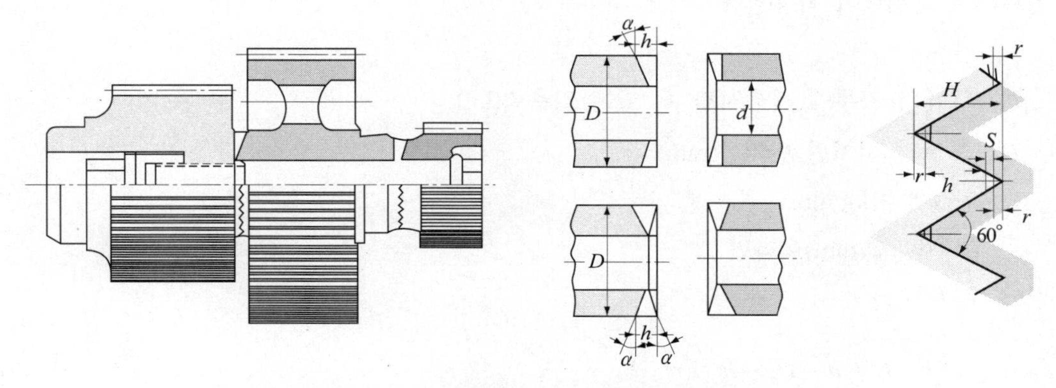

그림 7-11 각도 조정용 세레이션 커플링

7.2.3 플렉시블 커플링(flexible coupling)

2축의 중심선을 정확히 일치시키기 어려울 때나, 전달 토크에 심한 변동이 있을 때에는 베어링이 타 붙거나 진동의 원인이 된다. 이와 같은 상태를 피할 수 있도록 다소의 휨성이 있고, 또 충격이나 진동의 완충, 전기의 절연 등도 겸할 수 있도록 설계한 것이 플렉시블 커플링이다. 일반적으로 이 커플링은 고무·피혁 또는 스프링을 통하여 토크가 전달될 수 있으므로 고정축 이음 정도로 큰 토크는 전달하지 못한다.

따라서 고속회전의 곳이나 전동기에 가까운 곳들에서 사용된다. 그 형식은 다종 다양하나 기본 특징은 일반 고정축 커플링의 경우 외에 다음 것들을 들 수 있다.

① 휨을 적당히 허용하며, 또 진동의 감쇠작용이 좋다.
② 구조가 간단하고 운동이 정숙하다.
③ 마멸이 적고 재조정이 필요 없다.
④ 먼지나 수분들의 부착물로 고장을 일으키지 않는다.
⑤ 요구에 따라 전기적으로 절연된다.

(1) 압축 고무 플랜지형 플렉시블 커플링

그림 7-12(a)와 같이 플랜지 커플링의 한쪽 볼트 구멍에 고무 또는 가죽 고리를 끼우고, 이들의 압축력으로 토크를 전달하는 것으로서, 볼트는 반대쪽 플랜지에 너트로 고정되며 볼트에는 굽힘력이 작용된다.

n : 볼트수
P_g : 1개의 고무에 작용시킬 수 있는 압축력(kg)
R : 볼트의 피치원 반지름(mm)
k : 탄성계수(kg/mm)
δ : 고무의 휨(mm)이라면

전달 토크 T는

$$T = n \cdot P_g \cdot R = n \cdot k \cdot \delta \cdot R \tag{7-17}$$

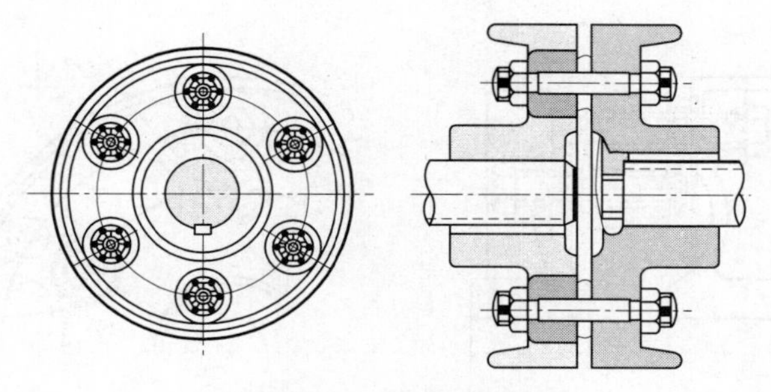

(a) 압축 고무 플랜지 커플링

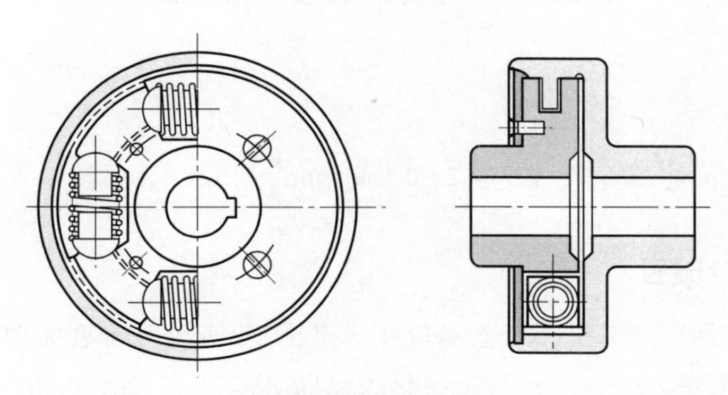

(b) 압축 스프링 플랜지 커플링

그림 7-12 커플링

(2) 압축 스프링 플랜지 커플링

그림 7-12(b)와 같이 플랜지 사이의 코일 스프링을 통하여 토크를 전달시키는 것으로서, 충격이나 진동을 흡수하는 효과가 있다. 전달 토크는 식 (7-17)에서 구해진다.

(3) 인장 고무링 축이음

그림 7-13과 같이 양 플랜지에 붙어 있는 핀에 고무링(rubber ring)을 걸고, 그 인장력으로 토크를 전달한다. 회전 중에 고무링의 기울기 각을 α 라면

$$T = n \cdot P_g \cdot R\cos\alpha \tag{7-18}$$

n : 고무링의 수, P_g : 고무링의 장력(kg), R : 종동축의 핀의 중심 반지름(mm)

또 고무의 폭 b, 두께 t, 허용 인장응력 σ_a가 될 때 다음 관계가 있다.

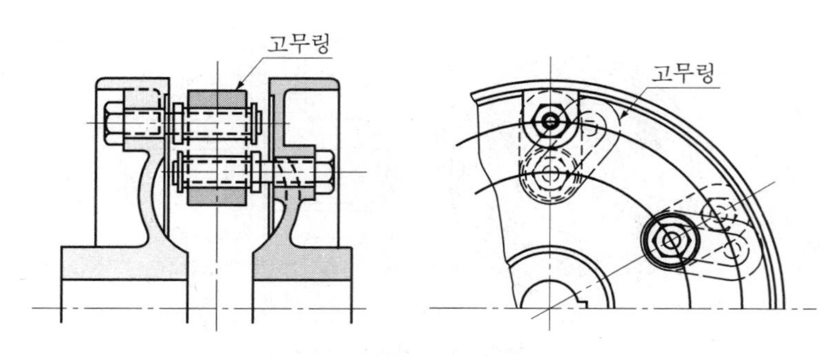

그림 7-13 인장 고무링 플렉시블 커플링

$$P_g = 2b \cdot t \cdot \sigma_a \tag{7-19}$$

인장허용응력 σ_a는 고무의 경우 0.2~0.3 kg/mm^2 정도로 잡는다.

(4) 인장 벨트 커플링

그림 7-14와 같이 1세트의 벨트를 축단이 고정한 접시모양의 원판에 엇바꾸어 걸고, 벨트의 인장력을 통하여 토크를 전달하는 형식으로서, 상당히 큰 휨성이 있다. 또 전기절연도 가능하다. 벨트의 허용 인장응력은 $\sigma_a = 0.2 \sim 0.3\ \mathrm{kg/mm^2}$ 정도로 잡는다.

플렉시블 커플링에는 이 밖에 그림 7-15와 같은 롤러 체인(roller chain)과 스프로킷(sprocket) 사이에서 휨성을 주는 롤러 체인식 플렉시블 커플링(그림 7-15) 등의 수많은 형식이 있다.

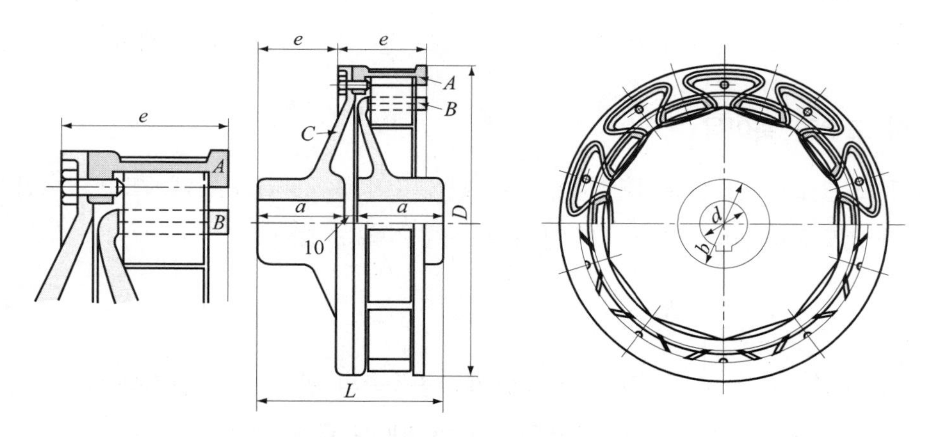

그림 7-14 인장 벨트 커플링

그림 7-15 롤러 체인 커플링

7.2.4 올덤 커플링(Oldham's coupling)

2축이 평행이고 그 거리가 비교적 짧을 때 사용된다. 구조는 양 프랜지면에 凹 홈을 파고, 이에 양면에 직각으로 높이 a, 두께 b 인 키 모양의 凸 돌기를 갖는 두께 t 인 원판을 끼운 것이다. 이 커플링에서 각속도는 일정하다. 마찰손실을 줄이기 위하여 면에는 윤활제를 사용하는 것이 좋다. 또한 원심력에 의한 진동으로 고속회전에는 부적당하다.

$$D = 3d + C,\ D_1 = 1.8d + 20\ \text{mm},\ a = t = 0.25b + 0.1C$$

$$b = 0.5d + 0.15C,\ L = 0.75d + 13\ \text{mm},\ L_1 = 0.6d + 0.25C$$

D : 원판(disc)의 바깥지름, D_1 : 돌기(boss)의 바깥지름, L : 돌기의 두께

L_1 : 원판의 두께, C : 편심거리

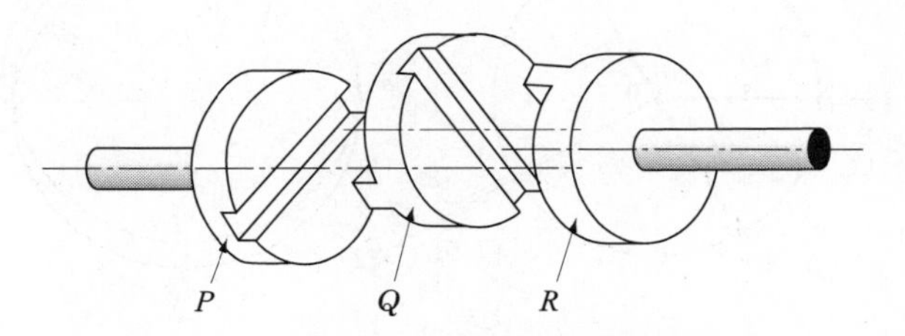

그림 7-16 올덤 커플링의 분해

7.2.5 유니버셜 커플링(universal joint coupling)

유니버셜 커플링은 Hooke의 조인트라고 하며, 2축이 동일평면 내에 있고, 그 축선이 어느 각도로 교차될 때의 전동장치로, 그 구조는 그림 7-17, 그림 7-18과 같이 2축단을 두 가닥 박이로 하여 그 사이에 십자형편을 삽입한 것이다.

그림 7-17 유니버셜 커플링 2축선의 경각을 α, 원동축의 각속도 ω_a(일정)라 하고, 양축의 회전각을 θ_1, 종동축의 각속도를 ω_b라 하면 각속비는 다음과 같다.

$$\frac{\omega_b}{\omega_a} = \frac{\cos\alpha}{1-\sin^2\alpha\sin^2\theta} \tag{7-20}$$

위 식에서 회전각 및 2축의 경각에 따라 속도비가 변동하며, 축이 1/4 회전하는 사이에 $\cos\alpha$로부터 $1/\cos\alpha$까지 변하므로, 경각 $\alpha \le 30°$에서 사용하는 것이 보통이다.

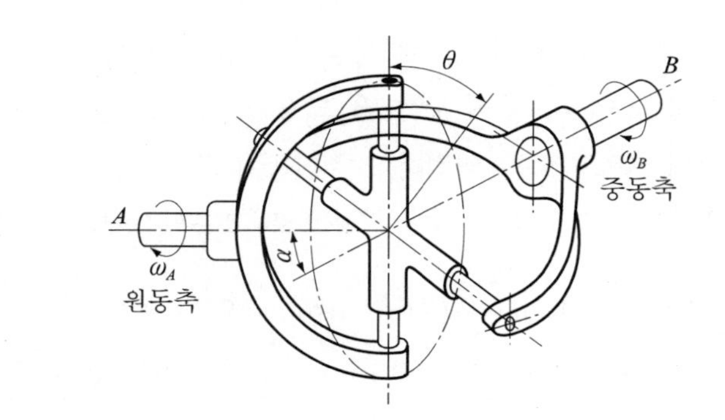

Hooke의 조인트

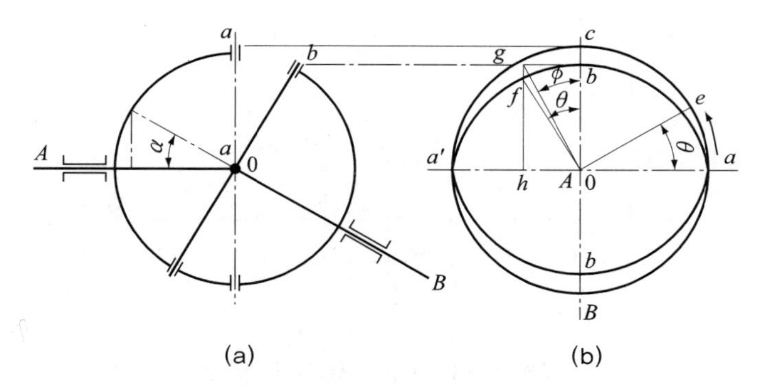

(a) (b)

그림 7-17 Hooke의 조인트의 속도비

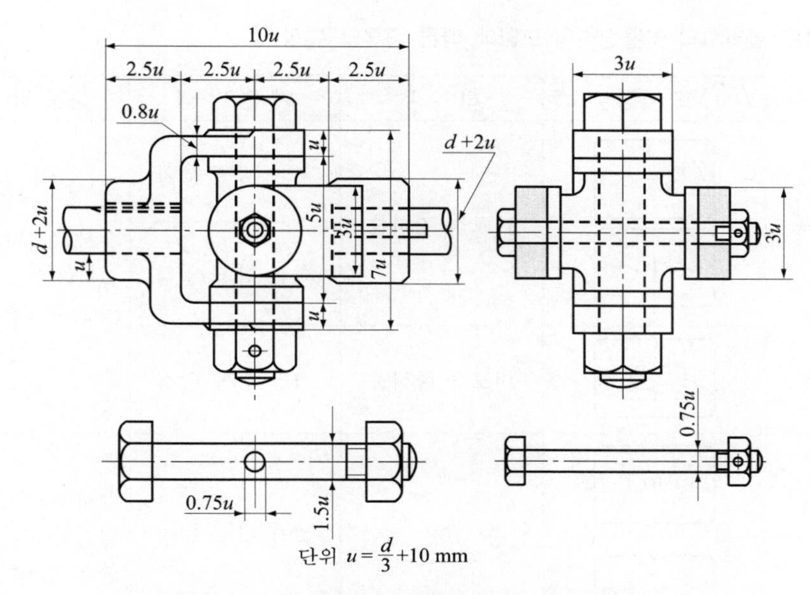

그림 7-18 유니버셜 커플링 각부의 비례치수

7.3 클러치

클러치는 동력원을 정지하지 않고 종동축에 동력을 임의로 단속시키는 데 사용되는 기계 요소이다.

7.3.1 클로 클러치(claw clutch)

가장 널리 사용되는 것으로 서로 맞물려 회전력을 전달시킨다. 이의 형태도 몇 가지가 있다(표 7-5).

(1) 클로 클러치의 기본설계

① 굽힘강도 검토: 각 이의 높이를 h, 폭을 b, 두께를 t 라 하고 그림 7-19에서 틈새 c 로서 물고 있다. 최악의 경우로 접선력 P_c 가 이의 선단에 작용한다고 가정한다.

이 뿌리에 작용하는 응력 σ_b 는

|표 7-5| 클로 클러치의 맞물림면의 모양에 따른 종류와 특성

종 류	모 양	하 중	회전방향	분리결합
삼 각 형		비교적 경하중	회전 방향 변화	운전 중 분리 결합이 가능하다. (비교적 낮은 속도일 때)
			회전 방향 일정	
스파이럴형		비교적 중하중	회전 방향 일정	
사 각 형		중 하 중	회전 방향 일정	정지하고 있을 때에만 결합할 수 있고 운전 중에 분리는 가능하다.
사다리형				
		초 중 하 중	회전 방향 일정	분리 결합이 쉽다.

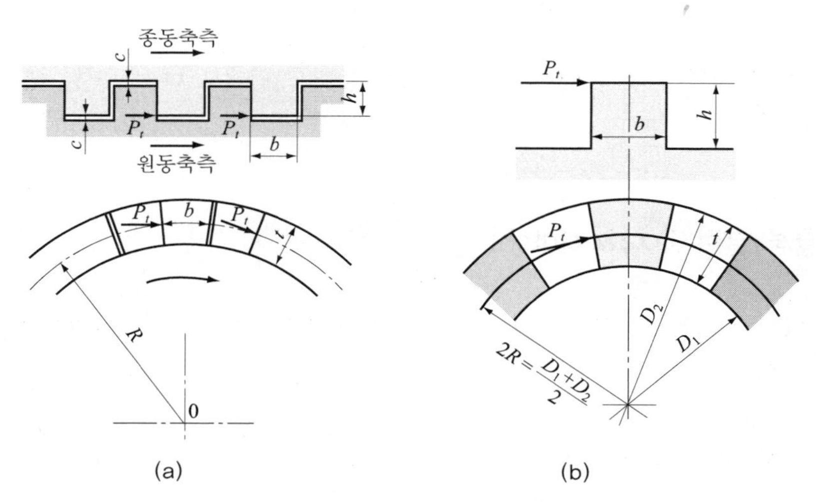

그림 7-19 각형 클로 클러치의 강도(a) 각형 클로 클러치의 토크(b)

$$\sigma_b = \frac{P_t h}{tb^2/6} = \frac{6P_t h}{tb^2} \text{ 이다.} \tag{7-21}$$

Z개의 이에 P_t가 균일하게 작용한다면 전달 비틀림 모멘트 T(cm · kg)는 아래와 같다.

$$T = ZP_t R = ZP_t \frac{D_1 + D_2}{4} \tag{7-22}$$

여기서 D_2 : 클러치 원통의 바깥지름(cm), R : $(D_2 + D_1)/4$; 평균 반지름, D_1 : 클러치 원통의 안지름(cm)

$$\sigma_b = \frac{6Th}{ZRtb^2} = \frac{24Th}{(D_2 + D_1)Ztb^2} \tag{7-23}$$

C는 보통 $\left(\frac{1}{5} \sim \frac{1}{10}\right)h$로 잡는다.

② 비틀림 모멘트: 아래와 같다.

비틀림 모멘트 $T = ZA\tau_a(D_1 + D_2)/4$

$$ZA = \frac{1}{2}\pi(D_2^2 - D_1^2)/4 = \frac{1}{8}\pi(D_2^2 - D_1^2)$$

$$\therefore \; T = \frac{\pi(D_2^2 - D_1^2)(D_1 + D_2)}{32}\tau_a \tag{7-24}$$

③ 클로의 접촉면의 허용압력을 P_a라 하면, 보통 P_a는 300 kg/cm^2 정도 취하고 물리는 넓이를 $A_c(\text{cm}^2)$이라면 비틀림 모멘트는 아래와 같이 주어진다.

$$A_c = (h-c)tZ = (h-c)\frac{D_2 - D_1}{2}Z$$

$$\therefore \; T = A_c P_a \frac{D_1 + D_2}{4} = \left(\frac{D_2^2 - D_1^2}{8}\right)(h-c)ZP_a \tag{7-25}$$

c는 무시해도 큰 지장이 없다.

예제 7-2 그림 7-20의 클로 클러치는 5 PS, 150 rpm으로서 동력을 전달할 경우 이의 높이 (h)를 계산하고 이의 뿌리에 생기는 전단응력을 계산하라. 단, 클러치 재료는 연강, 허용면압 $p_a = 2\ \text{kg/mm}^2$, 그림에서 $Z = 3$

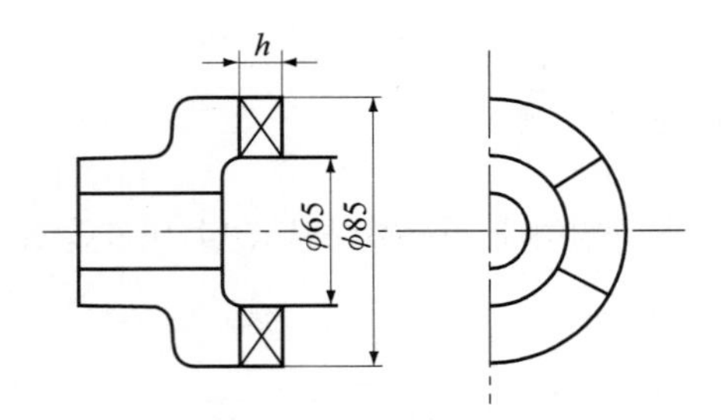

그림 7-20 클로 클러치 단면도

풀이

$$T = 71620\frac{H}{n} = 71620\frac{5}{150} = 2387\ \text{kg}\cdot\text{cm}$$

$$h = \frac{8T}{p_a(D_2^2 - D_1^2)Z} = \frac{8\times 2387}{200\times(8.5^2 - 6.5^2)\times 3}$$

$$= 1.06 = 1.1\ \text{cm}$$

이 뿌리에 생기는 전단응력 τ는

$$\tau = \frac{32T}{\pi(D_1 + D_2)(D_2^2 - D_1^2)} = \frac{32\times 2387}{\pi(8.5 + 6.5)(8.5^2 - 6.5^2)}$$

$$= 54.1\ \text{kg/cm}^2$$

7.3.2 마찰 클러치(friction clutch)

마찰 클러치는 원동축과 종동축에 붙어 있는 마찰면을 서로 밀어대어 마찰면에 발생하는 마찰력에 의하여 동력을 전달하는 것으로서 축방향의 힘을 가감하여 마찰면에 미끄럼이 발생한다. 과부하가 작용하는 경우에는 미끄러져서 종동축에 어느 정도 이상의 비틀림 모멘트가 전달되지 않으므로 안정장치도 될 수 있고 운전 중에 탈착이 가능한 특징이 있다. 마찰면은 원판과 원뿔면 등 2가지가 있다. 원판 클러치는 단판마찰 클러치와 다판마찰 클러치가 있다. 마찰 클러치를 설계할 때는 마찰계수, 마찰 클러치의 크기, 열발산, 내마모성, 단속의 용이도, 균형상태, 접촉면에 밀어 붙이는 힘, 단속할 때의 외력 등을 고려해야 한다. 그리고 마찰재료로서는 경질 목재, 소가죽, 석면직물, 코르크 등을 사용한다.

(1) 축향 마찰 클러치

1) 원판 클러치(disk clutch)

원동축과 종동축이 각각 1개 및 2개 이상의 원판을 가지고 이것을 서로 밀착시켜 그 마찰력에 의하여 비틀림 모멘트를 전달시킨다. 조작방법은 다음 그림 7-21를 참고한다.

① 원판 클러치의 설계

• 마멸량이 일정한 경우($pR = C$)

T : 회전 비틀림 모멘트(kg · cm)	P : 축방향의 힘(kg)
D_1 : 원판의 안지름(cm) ($= 2R_1$)	μ : 마찰계수
D_2 : 원판의 바깥지름(cm) ($= 2R_2$)	D : 마찰면의 평균 지름(cm) ($= 2R$)
Z : 접촉면의 수	H : 전달동력(PS)
b : 접촉면의 폭(cm)	p : 접촉면압(kg/cm^2)
n : 회전수(rpm)	

원판을 밀어 붙이는 힘 P는

$$P = \int_{R_1}^{R_2} 2\pi pR\,dR = \int_{R_1}^{R_2} 2\pi C dR = 2\pi C(R_2 - R_1)$$

$$\therefore\ C = \frac{P}{2\pi(R_2 - R_1)} \tag{7-26}$$

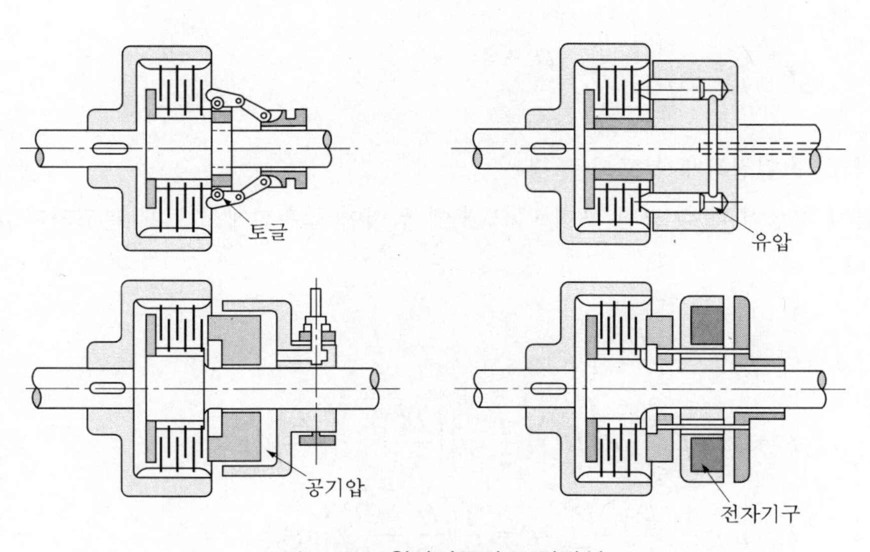

그림 7-21 원판기구의 조작방식

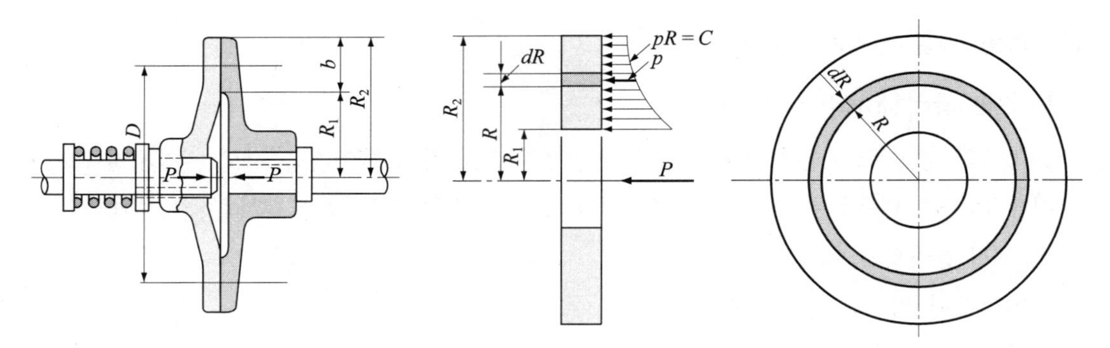

그림 7-22 단판식 원판 클러치

그림 7-23 원판 클러치의 설계

원판의 전달 토크 T는 마찰계수 μ 라면

$$T = \int_{R_1}^{R_2} \mu(2\pi pR\,dR)R = \int_{R_1}^{R_2} 2\pi\mu CpR\,dR = \pi\mu C(R_2^2 - R_1^2) \tag{7-27}$$

앞의 식에 식 (7-26)을 대입하고 $R = \dfrac{R_1 + R_2}{2}$ 이면 토크는

$$T = \mu P\frac{R_1 + R_2}{2} = \mu PR = \mu P\frac{D}{2} = \mu P\frac{D_1 + D_2}{4} \tag{7-28}$$

식 (7-28)에 $P = \dfrac{\pi}{4}p(D_2^2 - D_1^2)$를 대입하면

$$T = \mu\frac{\pi}{4}p(D_2^2 - D_1^2)\frac{D_1 + D_2}{4}$$

• 압력 p가 일정하게 분포되는 경우

마찰면의 강성이 매우 크면 초기 마모 후에 압력이 접촉면에 고르게 분포되어 p는 일정하게 된다.

$$P = \pi\frac{(D_2^2 - D_1^2)}{4}p$$

$$T = 2\pi\mu\int_{\frac{D_1}{2}}^{\frac{D_2}{2}} pR^2 dR = \frac{2}{3}\pi\mu\left[\left(\frac{D_2}{2}\right)^3 - \left(\frac{D_1}{2}\right)^3\right]p \tag{7-29}$$

$$T = \mu\cdot\frac{4}{3}\left(\frac{D_2^3 - D_1^3}{D_2^2 - D_1^2}\right)P = \frac{4}{3}\left(\frac{D_2^3 - D_1^3}{D_2^2 - D_1^2}\right)\mu P \tag{7-30}$$

실제로 $R_1 = (0.6 \sim 0.7)R_2$ 이므로

$$\frac{4}{3}\left(\frac{D_2^3 - D_1^3}{D_2^2 - D_1^2}\right) \fallingdotseq \frac{D_1 + D_2}{4} = \frac{D}{2} \tag{7-31}$$

$$T = \mu P \frac{D}{2} \tag{7-32}$$

클러치가 n rpm의 H(PS)마력을 전달한다면

$$\frac{\mu PD}{2} = 71620\frac{H}{n}$$

$$H = \frac{\mu PDn}{143240} \tag{7-33}$$

마찰면수가 Z 개라면

$$T = \mu ZP\frac{D}{2}$$

$$H = \frac{\mu ZPDn}{143240} \tag{7-34}$$

이상과 같이 기본설계 공식은

$$P = \frac{2T}{\mu DZ},\ P = \pi Dbp_a,\ H = \frac{\mu Z\pi b p_a n D^2}{143240} \tag{7-35}$$

여기서 $P = \pi(R_2^2 - R_1^2)p = \pi(R_1 + R_2)(R_2 - R_1)p$

$b = R_2 - R_1,\ D = R_2 + R_1$ 이므로 위 식은 $P = \pi Dbp$ 가 된다.

예제 7-3 300 rpm, 25 PS의 동력을 전달하는 원판 클러치를 설계하라. 단, 접촉면의 허용압력 $p_a = 2.5\ \text{kg/cm}^2,\ D_2/D_1 = 1.5,\ \mu_a = 0.3$

풀이

$$T = 71620 \times \frac{25}{300} = 5968\ \text{kg} \cdot \text{cm}$$

$$P = \pi(R_2^2 - R_1^2)p_a = \frac{\pi}{4}D_1^2\left\{\left(\frac{D_2}{D_1}\right)^2 - 1\right\}p_a$$

$$T = \frac{\mu_a PDZ}{2} = \mu_a Z\frac{\pi}{4}D_1^2\left\{\left(\frac{D_2}{D_1}\right)^2 - 1\right\}p_a\frac{D_1 + D_2}{4}$$

$$5968 = 0.3 \times 1 \times \frac{\pi}{4}\{(1.5)^2 - 1\} \times 2.5 \times \frac{2.5 D_1^3}{4}$$

$$D_1 = 23.5 \fallingdotseq 24 \text{ cm}$$

$$D_2 = 24 \times 1.5 = 36 \text{ cm}$$

$$b = \frac{36 - 24}{2} = 6 \text{ cm}$$

예제 7-4 자동차 엔진이 지름 90 mm의 실린더 6개를 갖고 그 행정이 120 mm라 하고 800 rpm으로 20 PS를 전달한다. $D_1 = 275$ mm, $D_2 = 175$ mm의 단식원판 클러치를 사용하고 압력은 700 kg이 되게 설계되었다. 주철재와 아스베스트 라이닝 접촉이다. 마찰계수는 어떻게 결정하나? 단, $Z = 2$이다.

풀이

$$p_a = \frac{700}{\frac{\pi}{4}(27.5^2 - 17.5^2)} = 1.98 \text{ kg/cm}^2,$$

$$T = 71620\frac{20}{800} = 1790.5 \text{ kg} \cdot \text{cm}$$

$$D = \frac{D_1 + D_2}{2} = 22.5 \text{ cm}, \quad T = \mu_a Z \cdot P\frac{D}{2}$$

$$\therefore \mu_a = \frac{2T}{ZPD} = \frac{2 \times 1790.5}{2 \times 700 \times 22.5} = 0.11$$

2) 원추 클러치

외원추(outer-cone)는 구동축이며 축에 고정되어 있고, 내원추(inner-cone)는 종동축이며 축상에 미끄럼키에 의하여 좌우로 미끄러질 수 있도록 조립되어 있다. 내원추를 외원추에 밀어대면 원뿔 표면에는 압력이 발생하고 이 압력에 의하여 마찰동력이 전달된다.

Q : 원뿔면상의 전압력,

α : 원뿔각의 반각,

P : 축방향의 클러치를 넣기 위하여 가해지는 힘,

μ_a : 마찰계수의 허용치,

μ_c : 미는 방향에 있어서의 마찰계수,

T : 클러치가 전달하여야 할 회전 모멘트,

D : 원추 마찰면의 평균 지름,

P' : 클러치를 떼기 위하여 필요한 힘

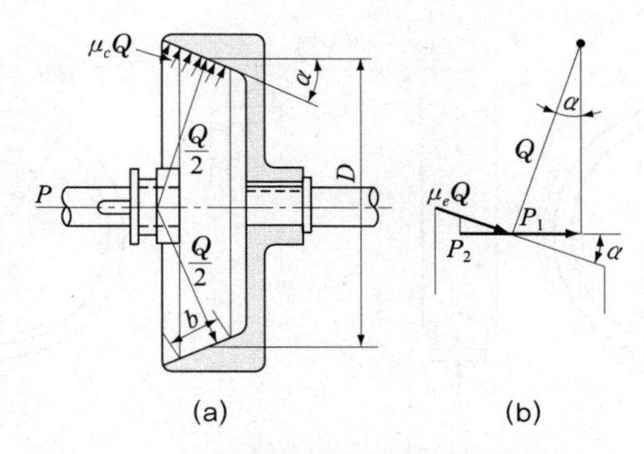

그림 7-24 원추 클러치

기본설계

$$P = P_1 + P_2 = Q\sin\alpha + \mu_c Q\cos\alpha$$

$$= Q(\sin\alpha + \mu_c\cos\alpha) \tag{7-36}$$

$$= \frac{2T'}{D}\frac{\sin\alpha + \mu_c\cos\alpha}{\mu_a} \tag{7-37}$$

$$P' = Q(\sin\alpha - \mu_c\cos\alpha) = \frac{2T'}{D}\frac{\sin\alpha - \mu_c\cos\alpha}{\mu_a}(\text{kg}) \tag{7-38}$$

$$T' = \frac{\mu_a QD}{2} = 71620\frac{H}{n} = \frac{P\mu_a D}{2(\sin\alpha + \mu_c\cos\alpha)}(\text{kg}\cdot\text{cm}^2) \tag{7-39}$$

$$Q' = \frac{143240H}{n\mu_a D}(\text{kg}) \tag{7-40}$$

3) 원주 클러치

마찰면이 원주가 되고 작동시킬 때 마찰면은 반지름 방향 즉, 축심을 향하여 움직이게 된다.

전동능력이 비교적 크고 저속 중하중용으로 많이 쓰인다. 블록 클러치, 분할링 클러치, 밴드 클러치 등이 그 대표적이다.

4) 전자 클러치(electro-magnetic clutch)

일종의 마찰 클러치로서, 마찰면에 주는 압력을 기계력에 의하지 않고, 전자력을 이용한다. 전자 코일을 여자 또는 소자시킴으로서 용이하게 단속이 가능한 클러치로 레버 조작의 필요가 없고 스위치 한 개로 작동이 가능하다.

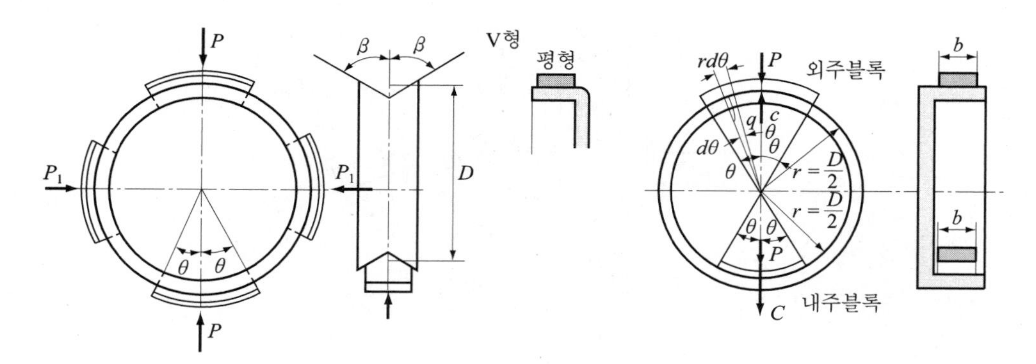

그림 7-25 블록 클러치의 구조

클러치 조합이나 필요한 조건을 고려하여 사용하면 중부하기동, 급속기동정지, 유중사용도 가능하며 기계적 클러치에서는 얻을 수 없는 많은 이점이 있다.

그 장점은 다음과 같다.

① 클러치 단속이 전기적으로 용이하다.

② 전류의 가감으로 접촉을 서서히 원활하게 하는 것이 가능하다.

③ 원격제어(remote control)가 용이하고 조작이 간단하다.

④ 자동화할 수 있다.

⑤ 고속화 가능

⑥ 조형화 가능

⑦ 전단 토크에 비해 소비전력이 적다.

⑧ 부속설비(토글, 유압, 공기압의 배관, 밸브)가 필요치 않다.

7.3.3 한방향 클러치(one-way clutch)

종동축이 구동축보다 속도가 빠를 경우 종동축이 자유로이 공전할 수 있도록 한 것이며, 원동축에서 한방향의 비틀림 모멘트만 전동시키는 비역전 클러치라고도 부른다. 형식에는 그림 7-26의 한방향 롤러 클러치(one-way roller clutch), 그림 7-27의 한방향 래칫 클러치(one-way ratchet clutch) 등이 있다.

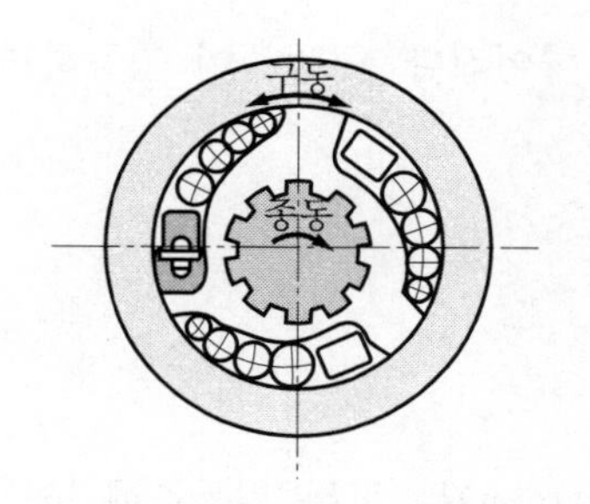

그림 7-26 한방향 롤러 클러치

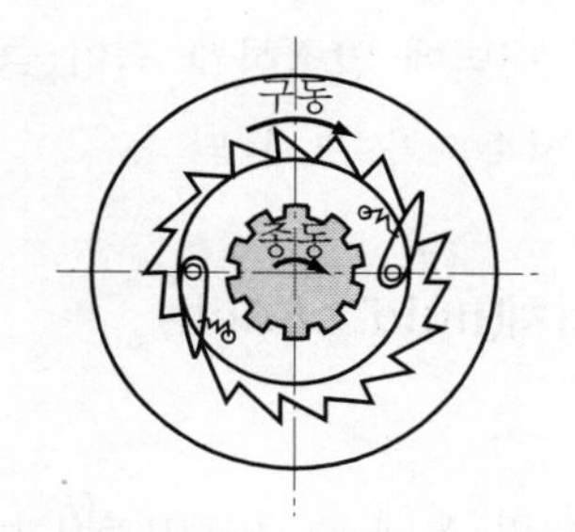

그림 7-27 한방향 래칫 클러치

7.3.4 원심 클러치(centrifugal clutch)

(1) 접촉편 클러치

종동축에 클러치 원통이 있고, 원동축에 클러치 슈가 있어 회전 중에 원심력에 의하여 마찰면끼리 접촉하도록 되어 있다. 원동축이 일정속도의 회전에 도달하면 클러치가 자동적으로 넣어지게 된다.

회전이 느릴 때 클러치 슈 부분이 스프링의 힘으로 수축되어 클러치 드럼과 분리된다(그림 7-28).

(2) 분체 클러치

구동축에 6개 정도의 날개 1을 설치하고 종동축에 원통 2가 고정되어 있다. 원통과 날개 사이에 분체와 같은 볼 3을 넣는다.

구동축이 회전하면 분체, 볼 또는 롤러는 날개에 의하여 원통내면에 접하여 회전하고 원

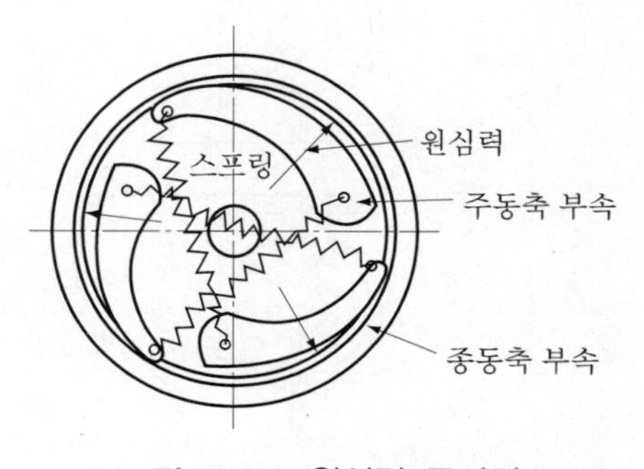

그림 7-28 원심력 클러치

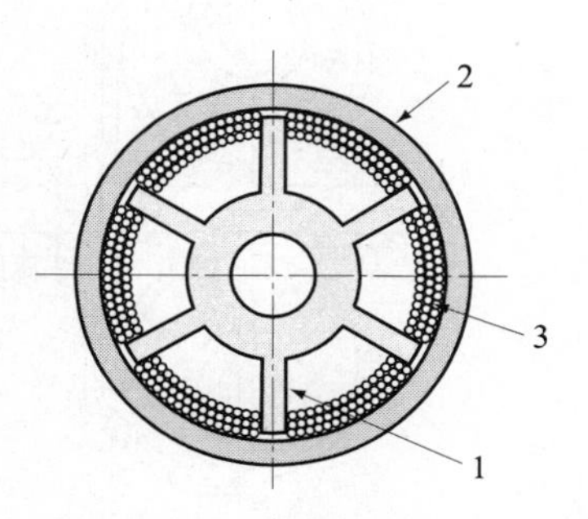

그림 7-29 분체 클러치

심력에 의하여 내벽에 압착하게 되어 클러치가 넣어진다. 구동축이 기동하면 종동축이 미끄러지면서 회전속도가 크게 된다.

(3) 유체 클러치(fluid clutch)

1) 일반사항

유체 클러치 및 유체 토크 컨버터(torque converter)는 모두 원동축에 고정된 펌프 날개와 종동축에 고정된 날개와 그 사이에 채워진 유체로 구성되어 펌프를 구동함으로써 유체에 에너지를 공급하고 이것을 터빈에 흘려보내 터빈을 회전시키는 것이다.

2) 특성

① **회로단면 형상** : 회로단면의 형상에 의하여 토크 용량의 값이 대폭 변한다.

② **작동액** : 전달 토크 용량은 작동유체의 비중량에 비례하고 작동유의 동점성계수의 영향을 받는다.

③ **날개장수** : 날개수가 많을수록 설계점 부근의 전달 토크가 크게 된다.

④ **토크 컨버터** : 유체 클러치와 다른 점은 회로가 날개 바퀴와 터빈 날개 바퀴뿐 아니라 안내날개(stator)등 3개의 날개 바퀴로 구성되어 있다는 것이다.

펌프 날개 바퀴에서 유출된 액체는 터빈 날개 바퀴를 통하여 안내날개를 지나 펌프 날개 바퀴에 되돌아간다. 안내날개가 토크를 부담하므로 그 토크의 크기만큼 입력축과 출력축 사이에 토크 차이가 생긴다. 토크의 변환이 수반되는 장치이다.

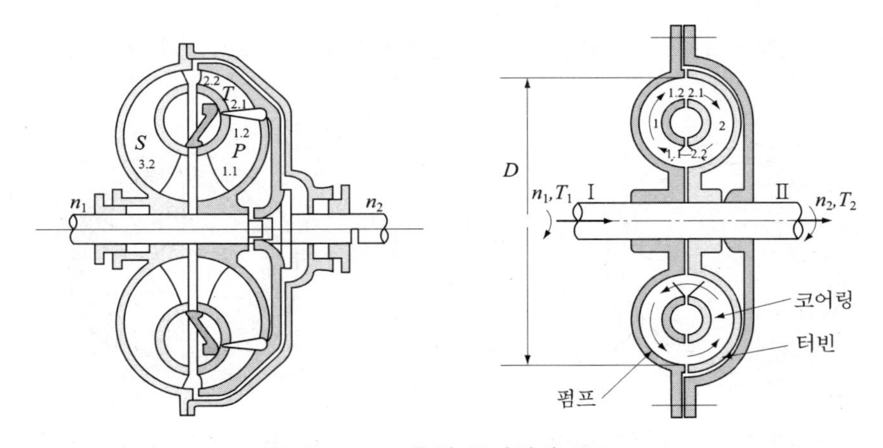

그림 7-30 유체 클러치의 구조

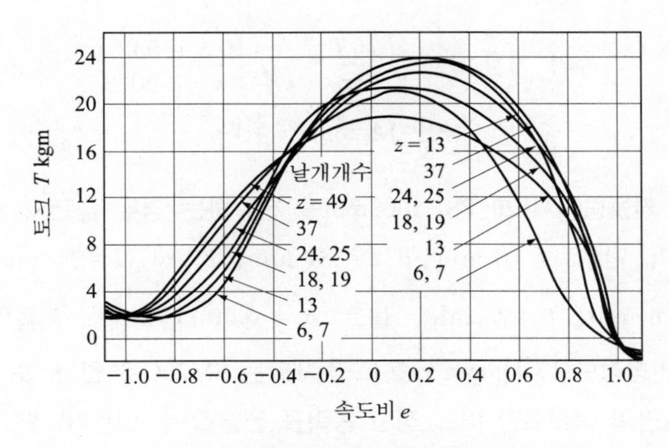

그림 7-31 유체 클러치의 특성과 날개수

3) 유체 클러치의 특성

- 원동기의 시동이 용이하다.
- 과부하에도 원동기를 보호하고 축의 비틀림 진동과 충격을 완화한다.
- 다수의 원동기로 한 개의 부하를 쉽게 운전할 수 있고 그 역도 쉽다.
- 변속의 자동화가 가능하다.

따라서 철도차륜, 자동차, 선박, 건설기계, 산업기계 등의 주동력의 전달에 널리 사용된다.

예제 7-5 3마력 1500 rpm의 주동축과 30° 기울어진 종동축을 유니버셜 조인트로 이을 때 종동축의 회전속도는 어떻게 변동하는가? 또한 종동축의 지름을 결정하라. 축의 재료는 SM40C로 한다. $\tau = 3.00\ \mathrm{kg/mm^2}$ 이다.

풀이 회전속도비는 $\cos\alpha$ 배에서 $1/\cos\alpha$ 배 사이로 변동하므로

$$\cos 30° = 0.866$$

종동축의 순간 최소 회전수는 $1500 \times 0.866 = 1300$ rpm
최고 회전수는 $1500 \times 1/0.866 = 1732$ rpm
토크도 변동이 같다.

$$\text{주동축}\quad T = \frac{716200H}{n} = \frac{716200 \times 3}{1500} = 1432\ \mathrm{kg \cdot mm}$$

$$\text{종동축}\quad T_{\max} = \frac{T}{\cos\alpha} = \frac{1432}{0.866} = 1653.5\ \mathrm{kg \cdot mm}$$

축의 지름 $d = \sqrt[3]{\frac{16T}{\pi\tau}} = \sqrt[3]{\frac{16 \times 1653.5}{\pi \times 3.00}} \fallingdotseq 14\ \text{mm}$

∴ 축의 지름은 14 mm가 된다.

예제 7-6 플랜지 커플링에서 20 PS, 100 rpm을 전달하는 경우 플랜지 커플링의 결합력을 검토하라. 단, $d_0 = 50\ \text{mm}$, $d/2 = 81\ \text{mm}$, $Z = 4$, $\delta = 16\ \text{mm}$, $\delta_0 = 12.9\ \text{mm}$, $d_1 = 106\ \text{mm}$, $t = 23\ \text{mm}$, 볼트 $\sigma_t = 6.00\ \text{kg/mm}^2$, 커플링의 재료는 주철 GC20(인장강도 17 kg/mm^2), 볼트의 재료는 SM20C로 한다. 또 이 플랜지 커플링의 접합면의 마찰로만 어느 정도 동력을 전달할 수 있는가? 단, 마찰면의 평균 지름 162 mm, $\mu = 0.3$이다.

풀이

$$T = 716200\frac{HP}{n} = \frac{716200 \times 20}{100} = 143240(\text{kg} \cdot \text{mm})$$

볼트의 전단응력은 $\tau_1 = \dfrac{4T}{\pi\delta^2 Z\dfrac{d}{2}} = \dfrac{4 \times 143240}{\pi(16)^2 \times 4 \times 81} = 2.20(\text{kg/mm}^2)$

플랜지 뿌리의 전단응력은 $\tau_2 = \dfrac{2T}{\pi t d_1^2} = \dfrac{2 \times 143240}{\pi \times 23 \times 106^2} = 0.354(\text{kg/mm}^2)$

따라서 볼트나 플랜지는 안전하다.

마찰면의 평균 지름 $d_2 = 162\ \text{mm}$, $\mu = 0.3$이면 토크 T는

볼트의 인장응력은 $\delta_0 = 12.9\ \text{mm}$ $\quad Q = \dfrac{\pi}{4}(12.9)^2 \times 6.00 = 780(\text{kg})$

$$T = Z\mu Q\frac{d_2}{2} = 4 \times 0.3 \times 780 \times \frac{162}{2} = 75816(\text{kg} \cdot \text{mm})$$

매분 100 rpm이면 $H = \dfrac{T_1 n}{716200} = \dfrac{75816 \times 100}{716200} = 10.5(\text{PS})$

마찰만으로 필요한 동력전달이 불가하다.

예제 7-7 클로 클러치를 예제 7-6의 축에 사용하였을 때 클러치의 이의 강도를 계산하라. 단, $h = 24\ \text{mm}$, $d_1 = 80\ \text{mm}$, $d_2 = 125\ \text{mm}$, 잇수는 3, 또 동력을 전달하는 상태에서 클러치를 풀려면 축방향에 얼마의 힘이 필요한가? 접촉면의 마찰계수 $\mu = 0.1$이다.

풀이 클로 클러치에 작용하는 접선력은, 앞 문제에서 $T = 143240\ \text{kg} \cdot \text{mm}$이므로

$$P = \frac{T}{(d_1 + d_2)/4} = \frac{143240 \times 4}{(80 + 125)} \fallingdotseq 2800(\text{kg})$$

이 뿌리의 전단응력은 $\tau = \dfrac{P}{\dfrac{\pi}{8}(d_2^2 - d_1^2)} = \dfrac{2800}{\dfrac{\pi}{8}(125^2 - 80^2)} = 0.774(\text{kg/mm}^2)$

접촉면의 압축응력은 $\sigma_c = \dfrac{P}{Zth} = \dfrac{2800}{3 \times 22.5 \times 24} = 1.73(\text{kg/mm}^2)$

이 뿌리의 굽힘응력

$$\sigma_b = \frac{\dfrac{P}{2}h}{\dfrac{1}{6}t\left(\dfrac{\pi r}{Z}\right)^2} = \frac{\dfrac{2800}{3} \times 24}{\dfrac{1}{6} \times 22.5 \times \left(\dfrac{\pi \times 51.2}{3}\right)^2} = 2.08(\text{kg/mm}^2)$$

이상의 응력 값은 안전한 값이므로 클러치는 안전하다. 클러치를 풀기 위한 힘은 축방향으로 $P_t = \mu P = 0.1 \times 2800 = 280$ kg이다.

예제 7-8 3 PS 1500 rpm을 전달하기 위해 원판 클러치에 얼마의 힘으로 눌러야 하는가? 마찰면은 양쪽 모두 주철로서 $\mu = 0.1$, $r_1 = 120$ mm, $r_2 = 80$ mm로 전달한다. $Z = 2$개

풀이

$$T = 716200\frac{H_P}{n} = 1430(\text{kg} \cdot \text{mm})$$

평균 반지름 $r_m = \dfrac{r_1 + r_2}{2} = \dfrac{120 + 80}{2} = 100(\text{mm})$, 마찰면수 $Z = 2$

$$P = \frac{T}{Z\mu r_m} = \frac{1430}{2 \times 0.1 \times 100} = 71.5 \text{ kg}$$

즉, 71.5 kg 이상이 필요하다.

연습문제

1. 지름 300 mm, $n = 250$ rpm으로 4500 PS를 전달시키는 플랜지 커플링은 $\delta = 60$ mm, 볼트 12개로 죈다. 볼트원의 지름이 600 mm일 때 볼트가 받는 응력을 구하라.

2. 지름 50 mm 연강축에 사용하는 톱니 3개를 가진 클로 클러치를 설계하라. 축의 허용 비틀림 응력은 2.1 kg/mm^2, 클러치의 재질은 주철이다. 클러치 바깥지름 $D_2 = 125$ mm, 안지름 $D_1 = 70$ mm, $h = 33$이다. (ㄱ) 물림면의 압력 (ㄴ) 이 뿌리에 생기는 전단응력은 얼마인가?

3. 접촉면의 평균 지름 300 mm, 접촉면의 폭 75 mm, 원추각 22°의 주철제 원뿔 클러치의 $\mu = 0.2$, $p_m = 0.03$ kg/mm^{2}일 때 200 rpm으로 몇 마력을 전달할 수 있는가? 축방향으로 누르는 힘은 얼마인가?

4. 접촉면의 안지름 150 mm, 바깥지름 320 mm의 원판 클러치에서 $\mu = 0.25$, $p_m = 0.03$ kg/mm^{2}일 때 300 rpm으로 몇 마력을 전달할 수 있는가?

5. 지름 40 mm축을 원통형 이음으로 호칭지름 12 mm 볼트 6개를 사용하여 연결하려 한다. 축의 전단력 $\tau = 4.2$ kg/mm^{2}일 때 볼트에 생기는 인장응력은 얼마인가?

6. 클러치 접촉면의 안지름이 40 mm, 바깥지름이 60 mm, 접촉면수가 14의 다판 클러치 1600 rpm으로 4.5 kW를 전달한다면 이때 누르는 힘은 얼마인가? 단, $\mu = 0.25$이다.

7. 9 PS 회전수 400 rpm을 전달하는 단판 클러치 내의 바깥지름비를 0.7로 할 때 안바깥지름을 구하라. 단, $\mu = 0.2$, $p_m = 0.03$ kg/mm^{2}이다.

8. 접촉면의 바깥지름 180 mm, 안지름 160 mm, 폭 30 mm의 주철제 원추 클러치를 회전수 500 rpm, $p_m = 0.03$ kg/mm^2, $\mu = 0.25$이면 최대 전달동력은 얼마인가?

9. 400 rpm 20 PS를 전달하는 원추 클러치의 평균 지름과 클러치의 접촉폭을 구하라. $\mu = 0.25$, 접촉면압력 0.03 kg/mm^2, $\tau = 2.1$ kg/mm^2, $D = 7d$이다.

10. 원추각 22°, 평균 지름의 300 mm인 원추 클러치의 축방향으로 미는 힘은 얼마인가? $\mu = 0.2$, $p_m = 0.03$, 접촉면의 폭은 75 mm, 200 rpm이면 몇 마력을 전달할 수 있는가?

8 베어링

회전축을 지지하는 기계요소를 베어링(bearing)이라 하며, 축이 베어링에 의하여 지지되는 부분을 저널(journal)이라 한다. 따라서 저널과 베어링은 회전짝(rotating pair)을 이루고 있다. 저널과 베어링은 상대운동을 하기 때문에 마찰이 생겨, 이것이 동력의 손실을 일으킴과 동시에 열을 발생시켜 심하면 녹아붙음(seizing)이 일어나서 기계의 손상을 일으키는 원인이 된다. 기름 등에 의하여 마찰을 감소시키고, 또한 발생하는 열을 제거하는 것을 윤활(lubrication)이라 하고, 윤활에 사용되는 물질을 윤활제(lubricant)라 한다.

베어링은 형식에 따라 크게 2가지로 나눌 수 있는데, 하나는 축과 베어링이 면접촉으로 미끄럼 운동을 하는 미끄럼 베어링(sliding bearing)이고, 또 하나는 볼(ball)이나 롤러(roller)로 중개하여 축과 베어링이 간접적으로 구름운동을 하는 구름 베어링(rolling bearing)이다. 또 베어링에는 이에 작용하는 하중의 방향에 따라 레이디얼 베어링(radial bearing)과 스러스트 베어링(thrust bearing)이 있다.

레이디얼 베어링은 레이디얼 하중, 즉 축선에 직각으로 작용하는 하중을 지지하고, 스러스트 베어링은 스러스트 하중, 즉 축선 방향으로 작용하는 하중을 지지한다. 또한 미끄럼 레이디얼 베어링을 저널 베어링이라고 부르기도 한다.

8.1 미끄럼 베어링

8.1.1 저널의 종류

저널의 종류는 베어링의 종류만큼 존재할 것이다. 저널을 대별하면 그림 8-1과 같다. 즉,

베어링 하중의 방향이 회전축에 직각인 것을 레이디얼 저널(radial journal)이라 하며, 이것은 다음과 같이 분류한다.

- 레이디얼 저널 ┌ 끝 저널(end journal)
  └ 중간 저널(neck journal)

베어링 하중의 방향이 회전축의 축선과 일치하는 것을 스러스트 저널(thrust journal)이라 하며, 이것은 다음과 같이 분류한다.

- 스러스트 저널 ┌ 피봇 저널(pivot jouranl)
  └ 칼라(스러스트) 저널(collar journal)

저널은 보통 원통형이나, 특별한 경우에는 원추형 저널(conical journal) 또는 구형 저널(spherical journal)도 사용된다.

베어링과 저널 사이에는 기름, 윤활제 등을 사용하여 마찰을 적게 함으로써 마찰열이 발생하는 것을 방지하는 동시에 마멸량이 적어지도록 주의를 기울여야 한다. 그 밖에 베어링의 설계에 있어서는 하중에 의한 변형을 작게 하기 위하여 강도와 강성이 충분하고, 발생열의 발산 및 냉각이 효과적이며, 구조가 간단하고 보수가 용이한 것 등에 대하여 고려하여야 한다.

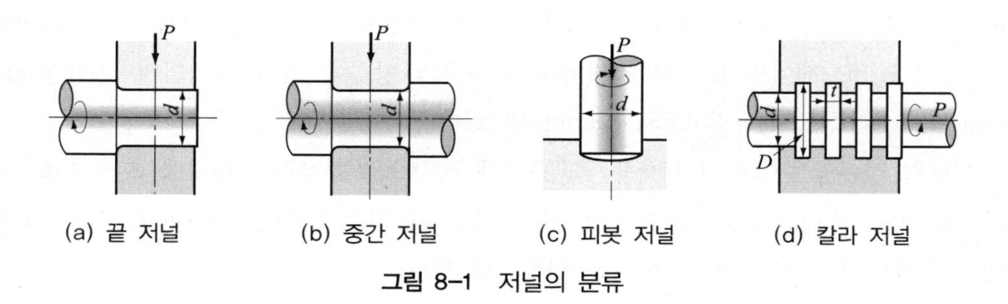

(a) 끝 저널 (b) 중간 저널 (c) 피봇 저널 (d) 칼라 저널

그림 8-1 저널의 분류

8.1.2 저널 베어링의 설계계산

(1) 베어링 압력(bearing pressure)

저널의 투상넓이마다의 평균 압력을 베어링 압력이라 한다. 베어링 압력이 너무 크면 베어링과 저널 사이의 유막이 파괴되어 완전윤활을 유지할 수 없으므로 제한하여야 한다.

d : 저널의 지름(베어링의 안지름), l : 저널의 폭, P : 베어링 하중이라고 하면, 베어링 압력 p 는

$$p = \frac{P}{ld} \tag{8-1}$$

허용치는 축의 회전속도, 축 및 베어링 메탈의 종류, 윤활제의 종류, 급유방법 등에 따라 다르나, 표 8-1에 표준값을 표시한다.

(2) 저널의 강도

1) 끝 저널의 경우

저널을 외팔보로 생각하고, 베어링 압력이 균일하게 분포하는 것으로 가정하면, 그 합력아 저널 중앙에 집중하중으로서 작용한다(그림 8-2).

최대 굽힘 모멘트를 M, 단면계수를 Z, 허용 굽힘응력을 σ_b라고 하면

$$M = \frac{Pl}{2} \leq Z\sigma_b = \frac{\pi d^3}{32}\sigma_b$$

$$\therefore\ d = \sqrt[3]{\frac{16Pl}{\pi\sigma_b}} \fallingdotseq \sqrt[3]{\frac{5.1Pl}{\sigma_b}} \tag{8-2}$$

|표 8-1| 허용 베어링 압력

재 료	p_a (kg/cm^2)
강과 주철	20～30 (표준값)
강과 포금 또는 황동	50
강과 청동	50
다듬질하여 연마한 강과 청동	80
강과 화이트 메탈	60 (표준값), 100 (최대값)
담금질한 강과 화이트 메탈	90
담금질한 강과 알루미늄 합금	50 (목표값), 100 (최대값)
담금질하여 연마한 강과 강	150
연금한 수윤활 할 견질목재	5～20
칠드주철과 주철	40 (표준값), 80 (최대값)
특히 고급재료	200～300

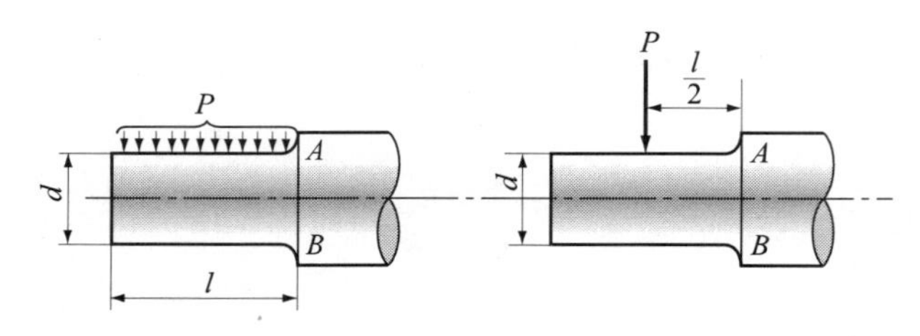

그림 8-2 끝 저널의 설계

만일 폭지름비 l/d가 주어지는 경우에는

$$\frac{Pld}{2d} = \frac{\pi d^3}{32}\sigma_b$$

$$\therefore\ d = \sqrt{\frac{16P}{\pi\sigma_b}\cdot\frac{l}{d}} \fallingdotseq \sqrt{\frac{5.1P}{\sigma_b}\cdot\frac{l}{d}} \tag{8-3}$$

2) 중간 저널의 경우

그림 8-3과 같은 중간 저널에서는 일반적으로 굽힘 모멘트 M과 비틀림 모멘트 T가 동시에 작용하므로 강도계산은 축재료에 따라, 상당 비틀림 모멘트 T_e 또는 상당 굽힘 모멘트 M_e를 구하여 계산하면 된다. 그림 8-3과 같은 중간 저널의 경우에는 최대 굽힘 모멘트는 저널의 중앙에서 생기므로

$$M = \frac{PL}{8} \leq Z\sigma_b = \frac{\pi d^3}{32}\sigma_b$$

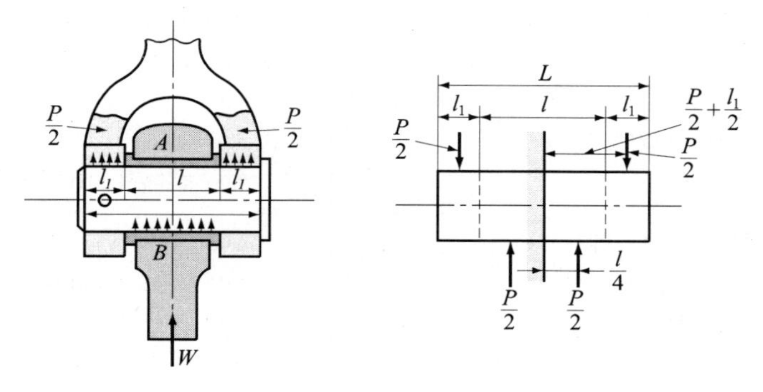

그림 8-3 중간 저널

$$\therefore\ d = \sqrt[3]{\frac{4PL}{\pi\sigma_b}} = \sqrt[3]{\frac{4ePl}{\pi\sigma_b}} \tag{8-4}$$

여기서 $L = l + 2l_1 = el$, $e = 1.0 \sim 2.0$(일반적으로 1.5를 잡는다)

l : 저널의 폭, d : 저널의 지름, l_1 : 중간 저널의 양끝 길이

(3) 폭지름비 l/d

식 (8-2)에서 $P = pdl$을 사용하면

$$\frac{l}{d} = \sqrt{\frac{\pi\sigma_b}{16p}} \fallingdotseq \sqrt{\frac{1}{5.1} \cdot \frac{\sigma_b}{p}} \tag{8-5}$$

그림 8-3의 중간 저널에서는 $e = 1.5$로 잡으면

$$\frac{l}{d} = \sqrt{\frac{\pi\sigma_b}{4ep}} \fallingdotseq \sqrt{\frac{1}{1.91} \cdot \frac{\sigma_b}{p}} \tag{8-6}$$

표 8-2 $\frac{l}{d}$의 값

기 계		베어링의 종류		
		메인 베어링	크랭크핀	크로스헤드핀
증기기관	고속	2~3	1~1	1.4~1.6
	저속	1.75~2.25	1~1.25	1.2~1.5
	박용	1~1.5	1~1.5	-
내연기관	정치형	2~2.5	1~1.5	1.5~1.75
	가솔린 기관	1~1.75	1.2~1.4	1.7~2.25
증기 터빈		2~3		
발전기와 모터		2~3		
돌기펌프		2~2.5		
원심선풍기		2~3		
공작기계		2~4		
목공기계		2.5~4		
양어기		1.5~2		
전동축이 붙은 베어링	고정형	2.5~3		
	자동 조심형	3~4		
고정형 보통 베어링	보통형	2.5~3.5		
	오일주유식	4~5		

로 된다. 실제 설계에 있어서 l/d가 커지면 폭이 굽을 때 베어링 끝에 압력이 집중되어 유막이 파괴될 우려가 있다. 또 l/d가 작아지면 기름의 누설이 현저하여 유막압력이 저하하고 부하 능력이 감소한다. 경험적으로 $l/d = 0.6 \sim 3.0$이 상용되며 보통 하중의 경우 $l/d = 1.0 \sim 1.5$가 많이 사용된다.

(4) 마찰열

저널 베어링에서 레이디얼 하중을 P(kg), 저널의 원주속도를 v(m/s), 마찰계수를 μ 라고 하면 단위시간의 마찰일(frictional work) L은

$$L = \mu P v \,(\mathrm{kg \cdot m/s}) \tag{8-7}$$

이다. 이 마찰일은 전부 마찰열로 되어 동력의 손실을 가져온다. 따라서 마찰일에 의한 동력손실 H_f 는

$$H_f = \frac{\mu P v}{75}\,(\mathrm{PS}) \text{ 또는 } H_f = \frac{\mu P v}{102}\,(\mathrm{kW}) \tag{8-8}$$

로 된다. 한편 1 kcal = 427 kg · m 이므로 단위시간에 발생하는 마찰열(frictional heat) Q 는

$$Q = \frac{\mu P v}{427}\,(\mathrm{kcal/s}) \tag{8-9}$$

로 된다. 이 열은 베어링 몸체로부터 외부로 방산되지만, 발생열량이 방산열량보다 커지면, 베어링은 고온도가 되어 윤활작용을 악화시켜 녹아붙음(seizing)이 일어난다.

발생열량을 베어링 넓이 $(l \times d)$에 비례한다고 하면, 저널의 단위 투상넓이마다의 마찰일(발생열량) a_f 를 제한하여야 하며, 이 값은

$$a_f = \frac{L}{dl} = \frac{\mu P v}{dl} = \mu p v \tag{8-10}$$

여기서 μ 는 큰 차이는 없으므로 결국 pv 값이 마찰열에 의한 온도 상승의 원인이 되므로 이 값을 제한하면 된다. 이 pv 값을 발열계수라고 부른다. 일반 베어링에 있어서의 pv 값의 실용치를 표 8-3에 표시한다.

| 표 8-3 | pv 값의 설계자료

증기기관 메인 베어링	$pv = 15 \sim 20\left(\frac{\mathrm{kg}}{\mathrm{cm}^2} \cdot \frac{\mathrm{m}}{\mathrm{s}}\right)$
내연기관 화이트 메탈 베어링	≥ 30
내연기관의 건메탈 베어링	≤ 25
선박의 베어링	30~40
전동축의 베어링	10~20
왕복기계의 크랭크핀	25~35
화이트 메탈을 넣은 크랭크 축베어링	50
선박용 기관의 크랭크핀	50~70
철도차량 차축	50
기관차 차축	65

$P = pdl\,(\mathrm{kg})$, $v = \dfrac{\pi\, dN}{1000 \times 60}\,(\mathrm{m/s})$의 두 식으로부터

$$l = \frac{\pi PN}{60000pv} \fallingdotseq \frac{PN}{19000pv}\,(\mathrm{mm}) \tag{8-11}$$

여기서 N은 저널의 회전속도(rpm)이다.

이 식은 pv의 제한치로부터 베어링의 폭을 결정할 수 있는 식이다. 한편, 위의 마찰열량이 공기 중에 자연방열된다고 하면, 온도평형 상태의 베어링에서는 다음 식과 같이 된다.

$$L = CA(t_b - t_a) \tag{8-12}$$

여기서 A : 방열넓이(소형 베어링 하우징에서는 베어링 투상넓이의 약 10~15배, 대형 베어링 하우징에서는 18~25배) (m^2), t_b, t_a : 베어링 하우징 표면 및 공기의 온도(°C), C : 공기의 유속에 의하여 변화하는 정수로서 자연방열계수 또는 냉각계수라 하며, 그림 8-4와 같이 주어진다. 또한 저널의 단위 투상넓이마다의 방산열량(q_b)에 대하여 다음과 같은 Pederson의 실험식이 있다.

$$q_b = \frac{(t_b - t_a + 18.3)^2}{K}\,(\mathrm{kgm/s} \cdot \mathrm{mm}^2) \tag{8-13}$$

계수 K의 값을 표 8-4에 나타내었다.

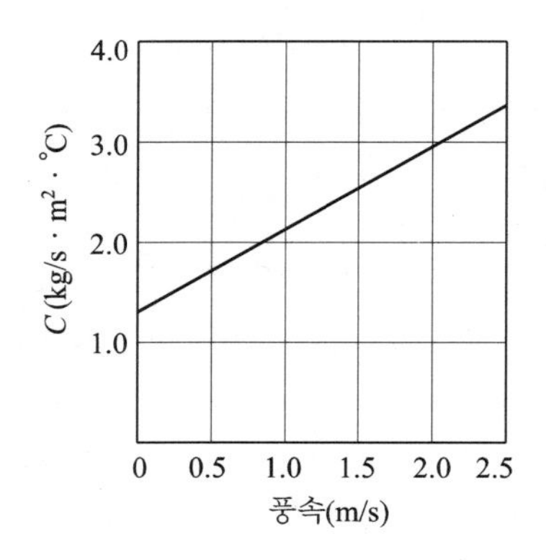

그림 8-4 자연방열계수 C

| 표 8-4 | K의 값

베어링의 구조와 분위기	K
정지한 공기 중에 있는 중경량 베어링	4.75×10^6
공기의 유통이 좋은 중량 베어링	2.68×10^6

다음에 유막의 평균 온도 t_m은 당연히 베어링 하우징의 표면온도보다 높으며 이것을 추정하는 것은 곤란하나, 다음과 같은 Burwell의 실험식이 있다.

$$t_m = t_b + 2(t_b - t_a) \tag{8-14}$$

또한 고속, 고하중의 베어링에서는 발생열량이 많으므로 자연방열로는 과열의 우려가 있다. 따라서 윤활유를 오일펌프에 의하여 인공적으로 순환시켜 발생열량을 기름이 흡수토록 한다. 이러한 강제급유의 베어링에서는

$$L = \gamma Qq(t_0 - t_i) \quad (\text{kcal/s}) \tag{8-15}$$

γ : 기름의 비중량(kg/m³), Q : 기름의 부피유량(m³/s), γQ : 기름의 무게유량(kg/s), q : 기름의 비열 $= (0.4 \sim 0.6)$ kcal/kg · °C $= (0.4 \sim 0.6) \times 427$ kg · m/kg · °C,
t_0, t_i : 각각 출구, 입구의 기름의 온도(°C), L은 단위시간(초)당 제거되는 열량이다.

8.1.3 스러스트 베어링의 설계계산

(1) 베어링 압력 p

1) 피봇 베어링의 경우

피봇 베어링의 베어링 평균 압력 p는 다음과 같다.

$$p = P / \frac{\pi}{4} d^2$$

$$p = P / \frac{\pi}{4} (d_2^2 - d_1^2) \tag{8-16}$$

여기서 d, d_2 : 축지름, d_1 : 오목부의 지름

피봇 베어링의 압력분포는 그림 8-5(a)와 같이 되므로 중심부를 깎아내어 되도록 압력분포가 균일하게 되도록 고려한다. 따라서 p의 허용치도 저널 베어링의 경우보다 작게 잡을 필요가 있다.

2) 칼라 스러스트 베어링의 경우

$$p = \frac{P}{Z \frac{\pi}{4} (d_2^2 - d_1^2)} = \frac{P}{Z \pi d_m h} \tag{8-17}$$

여기서, d_1 : 축지름(칼라의 안지름), d_2 : 칼라의 바깥지름, Z : 칼라의 수,
d_m : 칼라의 평균 지름$[(d_2 + d_1)/2]$, h : 칼라의 높이$[(d_2 - d_1)/2]$

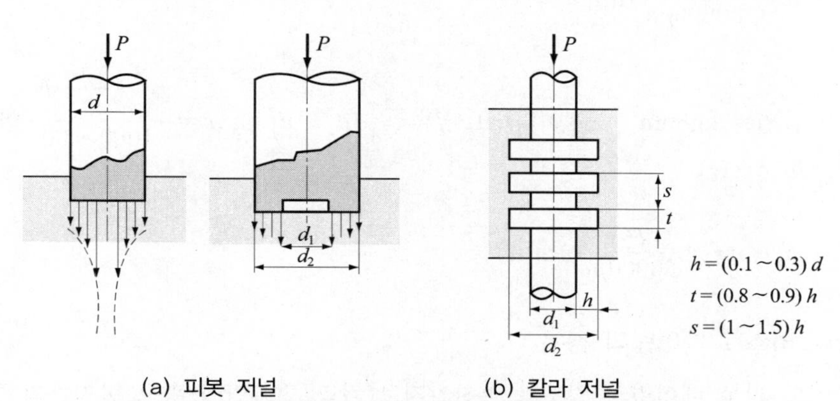

(a) 피봇 저널 (b) 칼라 저널

그림 8-5 스러스트 베어링

| 표 8-5 | 스러스트 베어링의 허용 베어링 압력

종류	$p(\text{kg/mm}^2)$
피봇 베어링	$0.15 \sim 0.2$
칼라 베어링	$0.03 \sim 0.06$

그리고 d_1은 축의 강도로부터 구하고, d_2는 위의 식으로부터 구한다. 칼라 베어링에서는 각 칼라의 하중분담의 불균일 등을 고려하여 역시 저널 베어링의 경우보다 훨씬 작게 잡는다.

또한 그림 8-5(b)에서 칼라의 높이 h를 작게 하면 칼라의 수가 증가하고, h를 크게 하면 칼라의 수는 적어도 되나, 강성상 칼라의 두께 t를 증가시켜야 한다. 보통 그림에 표시한 치수는 비례로 한다. 표 8-5는 스러스트 베어링의 허용 베어링 압력의 실용치를 표시한 것이다.

(2) 마찰열

1) 피봇 베어링의 경우

마찰열을 제한하기 위한 pv 값으로부터 베어링의 지름을 구하는 식은 다음과 같다. 단, 그림 8-5(a)의 두 가지 경우에 있어서 접촉면의 원주 속도 v는 반지름의 위치에 따라 다르므로 평균 속도로서 접촉면의 평균 반지름 위치의 원주 속도를 사용한다.

즉, $P = \frac{\pi}{4}d^2 p,\ v = \frac{\pi \frac{d}{2} N}{1000 \times 60}$의 두 식으부터

$$d = \frac{PN}{30000pv}(\text{mm}) \tag{8-18}$$

단, pv의 단위는 $\text{kg/mm}^2 \cdot \text{m/s}$이다. 또, $P = \frac{\pi}{4}(d_2^2 - d_1^2)p,\ v = \frac{\pi \frac{d_2 + d_1}{2} N}{1000 \times 60}$의 두 식으로부터 다음을 얻는다.

$$d_2 - d_1 = \frac{PN}{30000pv}(\text{mm}) \tag{8-19}$$

2) 칼라 스러스트 베어링의 경우

이 경우에도 피봇 베어링의 경우와 마찬가지로 칼라 접촉면의 평균 반지름의 원주 속도

를 사용한다. 즉,

$$v = \frac{\pi \times \dfrac{d_2 + d_1}{2} \times N}{1000 \times 60}, \quad P = Z\frac{\pi}{4}(d_2^2 - d_1^2)p$$

의 두 식으로부터 다음을 얻는다.

$$d_2 - d_1 = \frac{PN}{30000pvZ}\,(\mathrm{mm}) \tag{8-20}$$

예제 8-1 회전속도 400 rpm으로 1600 kg 베어링 하중을 지지하는 끝 저널 베어링의 지름과 폭을 결정하라. 단, 허용 베어링 압력을 $p = 0.1\ \mathrm{kg/mm^2}$, 폭지름비를 $l/d = 2$로 한다.

풀이 베어링 압력 $p = \dfrac{P}{dl}$, $l/d = 2$이므로 $l = 2d$, 이것을 위 식에 대입하면

$$p = \frac{P}{2d^2} \qquad \therefore\ d = \sqrt{\frac{P}{2p}} = \sqrt{\frac{1600}{2 \times 0.1}} = 89.5\,(\mathrm{mm})$$

$$\therefore\ l = 2d = 2 \times 89.5 = 179\,(\mathrm{mm})$$

이러한 경우에 $d = 90$ mm, $l = 180$ mm로 끝맺음하여도 좋다.

예제 8-2 회전속도 130 rpm으로 베어링 하중 6000 kg을 지지하는 끝 저널 베어링(end journal bearing)의 지름 d와 폭 l을 결정하라. 단, 허용 굽힘응력 $\sigma_b = 6\ \mathrm{kg/mm^2}$, 허용 베어링 압력 $p = 0.6\ \mathrm{kg/mm^2}$, 허용 $pv = 0.3\ \mathrm{kg/mm^2 \cdot m/s}$로 하라.

풀이 먼저 허용 굽힘응력과 허용 베어링 압력으로부터 d, l을 구한 다음, 허용 pv값을 검토해본다. 식 (8-2)로부터

$$d^3 = \frac{16Pl}{\pi\sigma_b} = \frac{16 \times 6000 \times l}{\pi \times 6} = 5093\,l \tag{1}$$

식 (8-1)로부터

$$dl = \frac{P}{p} = \frac{6000}{0.6} = 10000\ (\mathrm{mm^2}) \tag{2}$$

식 (1)와 (2)를 연립시켜서 풀면

$$d = \sqrt[4]{5093 \times 10000} = 84.5\,(\text{mm})$$

$$l = \frac{10000}{d} = \frac{10000}{84.5} = 118\,(\text{mm})$$

이 경우에 pv 값을 검토해보면

$$v = \frac{\pi\, dN}{1000 \times 60} = \frac{\pi \times 84.5 \times 130}{1000 \times 60} = 0.58\,(\text{m/s})$$

또 $p = 0.6\ \text{kg/mm}^2$이므로

$pv = 0.6 \times 0.58 = 0.348\ (\text{kg/mm}^2 \cdot \text{m/s}) > 0.3\ (\text{kg/mm}^2 \cdot \text{m/s})$로 되어 허용 pv 값을 초과하므로 허용 pv 값을 기준으로 하여 다시 계산한다.

식 (8-11)로부터 l을 구하면

$$l = \frac{\pi\, PN}{60000pv} = \frac{\pi \times 6000 \times 130}{60000 \times 0.3} = 136\,(\text{mm})$$

이 l의 값을 식 (1)에 대입하여 d를 구하면

$$d = \sqrt[3]{5093l} = \sqrt[3]{5093 \times 136} = 88.5\,(\text{mm})$$

이 l과 d의 값은 허용 pv 값과 허용 굽힘응력을 기준으로 하여 구한 값이므로, 다음에는 베어링 압력에 대하여 검토하여야 한다. 식 (8-1)로부터

$$p = \frac{P}{dl} = \frac{6000}{88.5 \times 136} = 0.5\,(\text{kg/mm}^2) < 0.6\,(\text{kg/mm}^2)$$

로 되어 허용치를 만족시킨다. 따라서 주어진 조건을 모두 만족하는 치수로서 $d = 88.5$ mm, $l = 136$ mm로 결정하면 된다. 또한 폭지름비를 검토해보면 $l/d = 136/88.5 = 1.54$가 되어 상용범위 내에 있으므로 적당하다고 할 수 있다.

예제 8-3 지름 100 mm, 폭 250 mm의 저널 베어링이 회전속도 420 rpm으로 2200 kg의 베어링 하중을 지지하고, 대기온도 20 °C일 때 베어링 하우징의 표면온도 45 °C로 운전되고 있다. 이때의 마찰계수를 추정하고, 손실동력을 계산하라. 단, 인공냉각은 하지 않고, 베어링으로부터의 방열상태는 양호한 것으로 한다.

풀이 발생열량 a_f와 방산열량 q_d가 같을 때 베어링의 온도는 일정하게 유지되므로

식 (8-10)과 식 (8-13)의 우변을 등치시켜

$$\mu pv = \frac{(t_b - t_a + 18.3)^2}{K}$$

$$\therefore \ \mu = \frac{(t_b - t_a + 18.3)^2}{Kpv}$$

로부터 마찰계수를 추정할 수 있다.

$$\text{베어링 압력 } p = \frac{P}{dl} = \frac{2200}{100 \times 250} = 0.088\,(\text{kg/mm}^2)$$

$$\text{미끄럼 속도 } v = \frac{\pi\, dN}{1000 \times 60} = \frac{\pi \times 100 \times 420}{1000 \times 60} = 2.2\,(\text{m/s})$$

방열 상태가 양호하므로 표 8-3으로부터

$$K = 2.68 \times 10^6$$

을 잡는다. 또 베어링 표면온도 $t_b = 45$ °C, 대기온도 $t_a = 20$ °C이므로 이들 값을 대입하면

$$\mu = \frac{(45 - 20 + 18.3)^2}{2.68 \times 10^6 \times 0.088 \times 2.2} = 0.0036$$

으로 된다. 따라서 마찰손실동력은 식 (8-8)로부터 다음과 같이 얻을 수 있다.

$$H_f = \frac{\mu P v}{75} = \frac{0.0036 \times 2200 \times 2.2}{75} = 0.23\,(\text{PS})$$

8.1.4 마찰

수직력 P가 작용하는 접촉면 사이에 상대운동을 시키려고 할 때 접촉면에 생기는 마찰력 F와 수직력 P 사이에는 Coulomb의 법칙에 의하여

$$F = \mu P$$

인 관계가 있다. 이 비례상수 μ를 마찰계수(coefficient of friction)라 하고, 두 접촉면이 상대운동을 시작하려고 하는 경우의 것을 정지마찰계수, 운동하고 있는 경우의 것을 운동마찰계수라 한다. 일반적으로 전자의 값이 후자의 값보다 크다. 마찰의 본질에 관하여는 여러

가지 학설이 있으나 어느 것도 마찰현상을 완전히 설명하지 못하며 다만 부분적 설명에 지나지 않는다. Coulomb의 법칙으로 정의되는 마찰계수의 값은 보통 정수로 취급되고 있으나, 실제로 μ는 엄밀하게 말하면 접촉면의 재질, 접촉면의 상태, 윤활유의 유무, 하중의 크기, 온도, 속도 등 여러 조건에 따라 변화하는 값이기 때문에 정수로 취급할 수는 없다. 다만 각 조건의 변화가 적은 범위에서는 정수로 볼 수 있는 것이다. 마찰 상태는 다음과 같이 3가지 경우로 나누어 생각할 수 있다.

(1) 고체마찰(solid friction)

이것은 건조마찰이라고도 하며, 안내면, 접촉면 사이에 윤활유의 공급이 없는 경우의 마찰 상태이다. 그 상태는 재료의 탄성, 접촉면의 거칠기, 접촉 압력, 상대속도 등에 따라 변화하므로 마찰계수도 이들의 영향을 받아, 아무리 매끄럽게 연마한 면이라도 그 값은 $\mu = 0.14 \sim 0.25$ 정도이며, 다른 마찰 상태에 비하여 그 값이 크다. 따라서 마찰저항이 가장 크고 마멸, 발열을 일으키므로 베어링에는 절대로 존재해서는 안 될 마찰 상태이다.

(2) 유체마찰(fluid friction)

이것은 접촉면 사이에 윤활유가 충분한 유막을 형성하여 접촉면이 서로 완전히 떨어져 있는 경우의 마찰 상태이다. 따라서 이 마찰은 기름의 전단저항, 즉 기름의 점성(viscosity)에만 기인하는 것이며, 접촉면의 재질, 표면의 상태에는 무관하므로 마찰계수는 극히 작다. 그러므로 마멸이나 발열은 아주 미소하며, 베어링으로서는 가장 양호한 마찰 상태인 것이다.

(3) 경계마찰(boundary friction)

이것은 (1), (2)의 중간의 상태로서 접촉면 사이의 유막이 아주 얇은 경우의 마찰 상태이다. 유막의 두께가 10^{-3} mm 정도 이하가 되면 건조마찰과 비슷해지며 Coulomb 마찰의 마찰 특성을 나타내지만 마찰저항은 건조마찰보다 훨씬 적다. 이 정도의 유막의 두께에서는 기름 분자가 단분자층에서 수분자층까지 물체 표면에 흡착된 상태이며, 기름의 점성보다는 기름 분자의 성질, 물체와의 화학작용 및 물체의 성질의 영향이 큰 것으로 알려져 있다. 이와 같은 유막을 경계층(boundary layer)이라고 하며, 유막의 두께가 이 정도일 때의 마찰이 경계마찰인 것이다. 실제로는 물체의 표면의 파형도(waviness), 거칠기(roughness)는 경계층의 두께 정도이므로 경계마찰에서는 이미 거칠기의 돌출부가 부분적으로 직접 접촉하는 것으로 생각된다. 따라서 유막이 얇아짐에 따라 유체마찰, 경계마찰, 건조마찰의 혼재 상태로 되어, 점차 건조마찰에 가까운 상태로 옮겨간다.

유체마찰뿐인 윤활 상태를 유체윤활(fluid lubrication) 또는 완전윤활(perfect lubrication)이라 하고, 유체마찰의 상태로부터 마찰이 갑자기 증가하기 시작하여 경계마찰 상태의 경계윤활(boundary lubrication)에 이르는 영역을 불완전윤활(imperfect lubrication)이라고 한다.

미끄럼 베어링은 원래 유체윤활 상태에서 사용하도록 설계되어야 하며 불완전 윤활 상태에서는 운전 중 녹아붙음(seizing)이나 마멸 등이 생기기 쉬우므로 되도록 피하여야 한다. 그리고 불완전윤활 상태는 ① 고하중을 받은 경우, ② 저속도인 경우, ③ 윤활유 점도가 불충분한 경우, ④ 베어링의 틈새가 불충분한 경우, ⑤ 베어링 면의 거칠기나 파형도가 큰 경우, ⑥ 변형으로 인하여 축과 베어링의 접촉이 한쪽에만 치우친 경우 등에서 일어나기 쉬우므로 경험상의 데이터를 기준으로 하여 설계하여야 한다. 위의 3가지 경우의 마찰계수의 대체적인 값을 표시하면 표 8-6과 같다.

또한 표 8-7~8-9에는 각종 재료, 조건에 따른 정지마찰계수 및 운동마찰계수를 표시한다.

|표 8-6| 마찰계수 μ의 값

마찰의 종류	고체마찰	경계마찰	유체마찰
μ의 범위	1 ~ 0.1	0.1 ~ 0.01	0.01 ~ 0.001
order	10^{-1}	10^{-2}	10^{-3}

|표 8-7| 저압력(0.93~1.37 kg/cm^2)에 있어서의 마찰계수

접촉재료	표면의 상태	마찰계수	
		정지	운동
주철과 주철 또는 청동	건 조	–	0.21
	기름 소량	0.16	0.15
	습 윤	–	0.31
단철과 단철	건 조	–	0.44
	기름 소량	0.13	–
단철과 주철 또는 청동	건 조	0.19	0.18
	기 름	–	0.16
연동과 연강	건 조	0.15	–
청동과 청동	건 조	–	0.20

접촉재료	표면의 상태	마찰계수	
		정지	운동
주철과 참나무(섬유에 평행)	건 조	–	0.49
	비누 도포	–	0.19
	습 윤	–	0.22
단철과 참나무(섬유에 평행)	지 방	0.11	0.08
	습 윤	0.65	0.26
황동과 참나무(섬유에 평행)	건 조	0.62	–
참나무와 참나무(섬유에 평행)	건 조	0.62	0.48
참나무와 참나무(섬유에 직각)	건 조	0.43	0.19
가죽끈과 주철	건 조	–	0.56

| 표 8-8 | Rennie에 의한 고압력에서의 운동마찰계수(표면에 약간의 그리스 바름)

접촉압력 kg/cm^2	마찰계수				접촉압력 kg/cm^2	마찰계수			
	단철과 단철	주철과 주철	연강과 주철	황동과 주철		단철과 단철	주철과 주철	연강과 주철	황동과 주철
8.79	0.140	0.174	0.166	0.157	34.10	0.403	0.366	0.356	0.221
13.08	0.250	0.275	0.300	0.225	36.77	0.409	0.366	0.357	0.223
15.05	0.271	0.292	0.333	0.219	39.37	녹아붙기 시작	0.367	0.358	0.233
18.28	0.285	0.321	0.340	0.214	42.18		0.367	0.359	0.234
20.95	0.297	0.329	0.344	0.211	44.58		0.367	0.367	0.235
23.62	0.312	0.333	0.347	0.215	47.25		0.376	0.403	0.233
26.22	0.350	0.351	0.351	7.206	49.92		0.434	녹아붙기 시작	0.234
27.42	0.376	0.363	0.353	0.205	55.12		녹아붙기 시작		0.272
31.50	0.396	0.365	0.354	5.208	57.65				0.273

| 표 8-9 | 운동마찰계수의 운동속도[km/h]와의 관계

건조한 철궤도와 철차륜의 경우	v	16.56	26.28	31.68	51.48	72.00	79.20
	μ	0.209	0.206	0.171	0.145	0.136	0.112
강궤도와 강차륜의 경우	v	시동	10.93	21.80	43.90	65.80	87.60
	μ	0.242	0.088	0.072	0.070	0.057	0.638
강차륜에 대한 주철제동편의 경우	v	시동	8.05	16.09	40.03	72.36	96.48
	μ	0.330	0.273	0.242	0.166	0.127	0.094

8.1.5 미끄럼 베어링의 유체윤활이론

(1) 윤활유의 점도

미끄럼 베어링은 전술한 바와 같이 유체마찰로 회전축을 지지하는 것이 이상적이므로 사용하는 윤활유의 유체마찰 특성이 중요하다.

그림 8-6과 같이 판이 힘 F에 의하여 속도 U로 두께 h인 유막 위를 미끄러질 때, 판의 바로 아래의 기름의 미소층은 판과 함께 이동하지만, 맨 아래층은 정지하고 있다. 임의의 층에서의 속도를 u라고 하면, 점성유체에 대한 Newton의 법칙에 의하여 유체 속의 전단강도 τ는

$$\tau = \frac{F}{A} = \eta \frac{du}{dy} \tag{8-21}$$

과 같이 표시된다.

여기서 A는 판의 넓이이고, du/dy는 속도의 변화율(change rate of velocity)이며, 속도 기울기(velocity gradient)라고 부르기도 한다. 또 이 식 중의 η를 점성계수(coefficient of viscosity) 또는 점도(viscosity)라고 한다. 각 층의 속도의 변화가 선형적이라면, 즉 du/dy가 일정한 경우에는

$$\tau = \frac{F}{A} = \eta \frac{U}{h} \tag{8-22}$$

로 된다. 점성계수의 단위는 그 단위계에 따라 다르다. c.g.s 절대단위계에서는, 즉 절대점성계수(absolute viscosity)는 포아즈(poise)라고 하며 기호 p로 나타낸다. $1p$는 유막의 두께 1 cm당 1 cm/s의 속도기울기일 때의 전단강도가 $1\ \mathrm{dyn/cm^2}$인 것을 나타낸다. 즉, $1p = 1\ \mathrm{dyn \cdot s/cm^2} = 1\ \mathrm{g/cm \cdot s}$ (여기서 g는 질량의 그램이다).

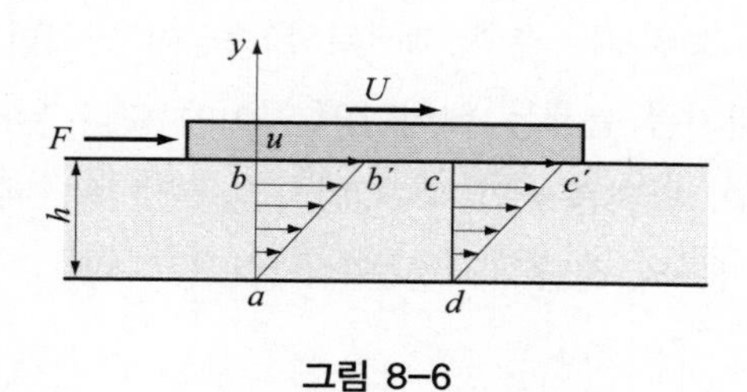

그림 8-6

실용단위로는 $\frac{1}{100}p$를 센티포아즈(centi-poise : cp)라 하고 이것이 많이 사용되고 있다. 또 절대점성계수를 η, 밀도를 ρ라고 할 때, $\nu = \frac{\eta}{\rho}$를 동점성계수(kinematic viscosity)라고 하며, 그 절대단위를 스토크스(stokes)라 하고 St의 기호를 사용한다.

$$1\ \mathrm{St} = 1\left(\frac{\mathrm{cm}^2}{\mathrm{s}}\right)$$

1 St의 $\frac{1}{100}$의 단위를 센티스토크스(centi-stokes)라 하고 cSt의 기호로 표시한다. 따라서

$$\eta(\mathrm{cp}) = \nu(\mathrm{cSt})\rho \tag{8-23}$$

이다. 점성계수의 공업단위로 $\frac{\mathrm{kg \cdot s}}{\mathrm{m}^2}$가 사용되므로 $1\ \mathrm{p} = 1.02 \times 10^{-2}(\mathrm{kg \cdot s/m^2})$로 된다. 또한 $(\mathrm{kg \cdot s/m^2})$로 표시한 절대점성계수 $\eta\ (\mathrm{kg \cdot s/m^2})$와 cp로 표시한 절대점성계수 $\eta\ (\mathrm{cp})$ 사이에는 다음의 관계가 있다. 즉,

$$\eta\ (\mathrm{kg \cdot s/m^2}) = \frac{\eta\ (\mathrm{cp})}{9800}$$

유체의 점성계수를 직접 측정하는 것은 곤란하므로 측정하기 쉬운 동점성계수가 측정된다. 측정기로는 여러 가지 점도계가 있으나 측정되는 것은 동점성계수 ν이므로 점성계수 η를 구하려면 밀도 ρ를 측정하여야 한다. 기름의 밀도는 온도 t에서 밀도를 ρ, 온도 t_0에서의 밀도를 ρ_0라고 하면 다음과 같이 표시된다.

$$\rho = \rho_0 - 0.000657(t - t_0)(\mathrm{g/cm^3}) \quad \text{(절대단위)}$$

(2) 유체윤활이론

저하중이고 고속회전의 경우에는 축과 베어링의 중심이 일치한 소위 동심 베어링이라고 볼 수 있으며 이때에는 반지름 틈새는 베어링의 길이에 따라 일정하다고 가정할 수 있다. 이 경우에 그림 8-7과 같이 반지름 r인 축이 반지름 틈새 C, 베어링의 길이 l, 회전속도 N rpm으로 회전할 때, 기름의 전단강도 τ는 식 (8-21)로부터

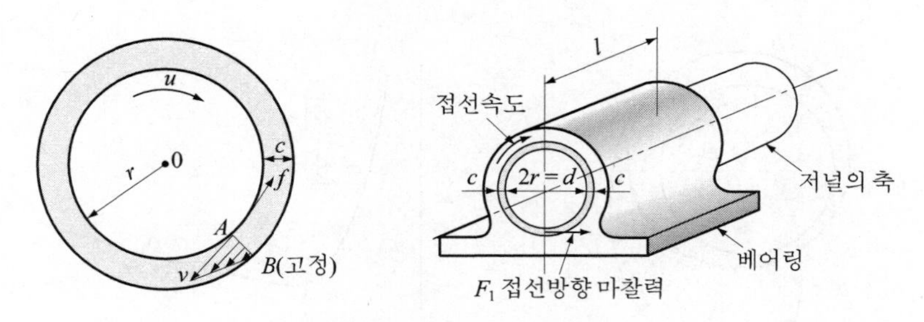

그림 8-7 Petroff의 법칙

$$\tau = \eta \frac{U}{h} = \frac{2\pi r}{c} \cdot \frac{\eta N}{60} \tag{1}$$

로 표시되고, 토크 T는

$$T = (\tau A)r = \frac{2\pi r}{c} \cdot \frac{\eta N}{60}(2\pi\, rl)r = \frac{4\pi^2 r^3 l}{c} \cdot \frac{\eta N}{60} \tag{2}$$

로 계산된다. 한편 베어링 하중을 P, 베어링의 마찰계수를 μ라고 하면

$$T = \mu P r = \mu(2rlp)\, r = 2r^2 \mu\, lp \tag{3}$$

여기서 $p = P/2rl$ (베어링 압력)이며, 식 (2), (3)을 등치시키고 $\phi = \dfrac{c}{r}$라고 두면

$$\mu = \frac{\pi^2}{30} \cdot \frac{\eta N}{p} \cdot \frac{1}{\phi} \quad (\eta : \text{공학단위}) \tag{8-24}$$

을 얻는다. 이 식을 Petroff의 식이라고 하며, 이 식 중의 $\eta N/p$ 및 $\phi = c/r$는 미끄럼 베어링에서 중요한 파라미터이다. $\eta N/p$은 무차원수로서 베어링 정수(bearing modulus)라고 한다. 또, $\phi = c/r$는 틈새비라고 하며, 이것이 너무 작으면 경계마찰이 되기 쉬우므로 적당한 값을 잡아야 한다. ϕ의 값은 0.001을 표준으로 하나, 정밀 베어링에서는 0.0005 정도, 고온 베어링에서 냉각을 위하여 다량의 순환유량을 요할 때에는 0.002 정도로 잡는다.

실제의 베어링에서는 축과 베어링의 상대위치는 회전 중에는 그림 8-8과 같이 축심이 편심된다. 따라서 틈새는 균일하지 않고 최소 틈새 h_0가 존재하며, 유막의 압력은 그림과 같은 분포를 나타내게 된다. 즉, 유막은 쐐기작용을 하며 이로 인하여 유막 중에 생긴 압력이 저널을 지지하는 것이다.

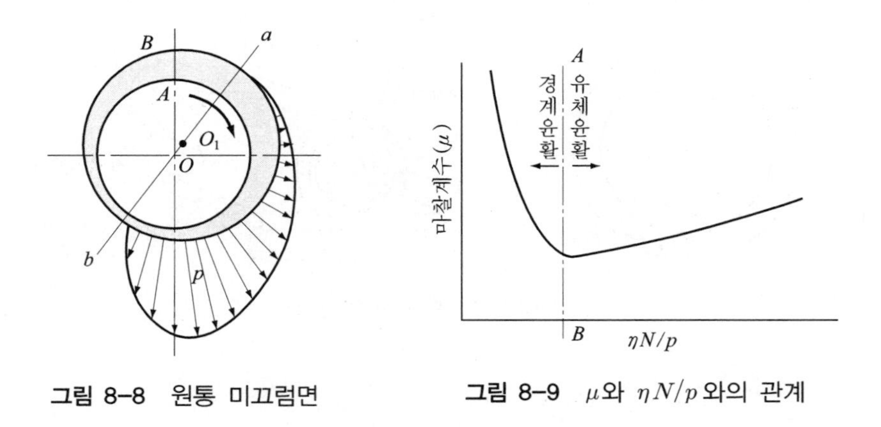

그림 8-8 원통 미끄럼면 그림 8-9 μ와 $\eta N/p$와의 관계

$\eta N/p$를 파라미터로 한 실제의 실험결과에 의하면 μ의 값은 그림 8-9와 같이 된다.

Petroff의 식에 의하면, μ와 $\dfrac{\eta N}{p}$는 비례하게 되어 있으나, 그림에서는 AB선 왼쪽에서는 전혀 다른 모양을 나타낸다. 이것은 유막이 매우 얇아져서 유체윤활이 이루어지지 않고 경계마찰로 되기 때문이다. AB선 오른쪽은 유막의 두께가 유체윤활에 충분하기 때문에 안정된 마찰을 나타내는 범위로 생각할 수 있으며 따라서 미끄럼 베어링에서는 이 안전 영역에서 회전하도록 하여야 한다. 그러므로 설계에 있어서는 $\dfrac{\eta N}{p}$의 값이 어느 한도 이상이 되도록 그 최소치를 제한하여야 한다.

다음에 미끄럼 베어링의 마찰계수 및 그 밖의 특성치를 구하기 위하여 점성유체역학으로 해석해보기로 한다. 문제를 간단화하기 위하여 그림 8-10과 같이 2평면에서의 미끄럼으로 생각한다. 2면 사이의 상대 미끄럼 때문에 기름은 전단력을 받으나, 이때 2평면이 지면에 수직인 방향으로 충분히 길다면, 전단의 대부분은 x 방향으로 일어나므로 지면에 수직 방향의 흐름은 고려할 필요가 없게 되며, 문제는 2차원 문제로 간단화된다. 또한 이론 해석을 간단화하기 위하여 다음과 같이 가정한다.

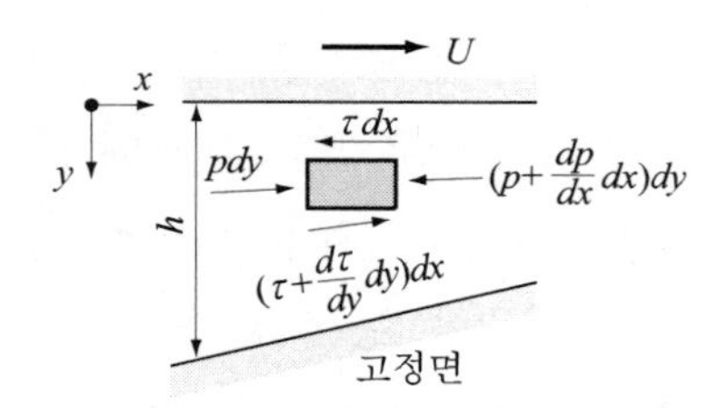

그림 8-10 유막압력과 전단력과의 평형(2차원 흐름)

① 윤활유는 Newton의 점성유체법칙에 따른다.

② 윤활유의 관성력은 전단력에 비하여 작다고 하고 생략한다.

③ 윤활유는 비압축성이다.

④ 윤활유의 점성계수는 일정하다.

⑤ y 방향의 유체압력은 일정하다.

그림 8-10에서 유막 중의 1점 (x, y)에 있는 미소 부분 $dx \times dy \times 1$에 작용하는 힘의 평형을 생각하면,

$$pdy - \left(p + \frac{dp}{dx}dx\right)dy - \tau\, dx + \left(\tau + \frac{d\tau}{dy}dy\right)dx = 0 \tag{1}$$

$$\therefore\ \frac{dp}{dx} = \frac{d\tau}{dy} \tag{2}$$

식 (8-21)로부터

$$\tau = \eta\, \frac{\partial u}{\partial y} \tag{3}$$

이므로 식 (2), (3)으로부터

$$\frac{dp}{dx} = \eta\, \frac{\partial^2 u}{\partial y^2} \tag{4}$$

여기서 η는 점성계수, u는 점 (x, y)에서의 x 방향의 기름의 속도이다.

가정에 의하여 p는 y에 대하여 독립적이므로 식 (4)를 적분하면

$$u = \frac{1}{2\eta}\frac{dp}{dx}y^2 + C_1 y + C_2$$

$y = 0$에서 $u = U$이고 $y = h$에서 $u = 0$이므로

$$C_1 = -\frac{h}{2\eta}\frac{dp}{dx} - \frac{U}{h}, \qquad C_2 = U$$

따라서

$$u = \frac{U(h-y)}{h} - \frac{y(h-y)}{2\eta}\frac{dp}{dx} \tag{5}$$

식 (5)는 유막 중의 임의의 1점의 속도를 나타내는 일반식이다.

다음에 기름의 단위폭마다의 x 방향의 유량을 Q라고 하면

$$Q = \int_0^h u dy = \frac{Uh}{2} - \frac{h^3}{12\eta} \cdot \frac{dp}{dx} \tag{6}$$

유체의 연속방정식으로부터 $dQ/dx = 0$이므로

$$\frac{dQ}{dx} = \frac{U}{2}\frac{dh}{dx} - \frac{d}{dx}\left(\frac{h^3}{12\eta} \cdot \frac{dp}{dx}\right) = 0$$

$$\therefore \ \frac{d}{dx}\left(\frac{h^3}{\eta} \cdot \frac{dp}{dx}\right) = 6U\frac{dh}{dx} \tag{8-25}$$

로 된다. 이 식은 1차원 흐름의 경우의 Reynold의 기초방정식이다. 만일 축방향(z 방향)의 흐름을 고려한다면 식 (8-25)는

$$\frac{\partial}{\partial x}\left(\frac{h^3}{\eta} \cdot \frac{\partial p}{\partial x}\right) + \frac{\partial}{\partial z}\left(\frac{h^3}{\eta} \cdot \frac{\partial p}{\partial z}\right) = 6U\frac{dh}{dx} \tag{8-26}$$

로 되며, 이것이 Reynold가 1886년에 처음으로 유도한 3차원 윤활이론의 기초가 되는 정상 상태의 압력방정식이다. 이것을 레이놀드의 방정식(Reynold's equation)이라 한다. 일반적으로 h는 x의 함수이므로 식 (8-25)를 풀면 압력 p를 구할 수 있다.

식 (8-25)를 적분하고 $\frac{dp}{dx} = 0$: $h = h_0$(h_0 : 최대 압력 위치에서의 유막의 두께)로부터 적분상수를 결정하면

$$\frac{dp}{dx} = 6\eta \, U\left(\frac{1}{h^2} - \frac{h_0}{h^3}\right) \tag{8-27}$$

을 얻는다. 저널 베어링에서의 유막의 압력발생 기구도 원리적으로는 평면 베어링의 경우와 같으며, 유막의 압력에 비하여 유막의 원심력을 무시하면 유막의 굽음의 효과는 없어지고, 특수한 모양에 유막 두께를 가진 평면 베어링의 문제로 환원된다.

그림 8-11을 원통 저널 베어링의 단면이라 하고, 윤활유의 흐름은 1차원 흐름이라고 생

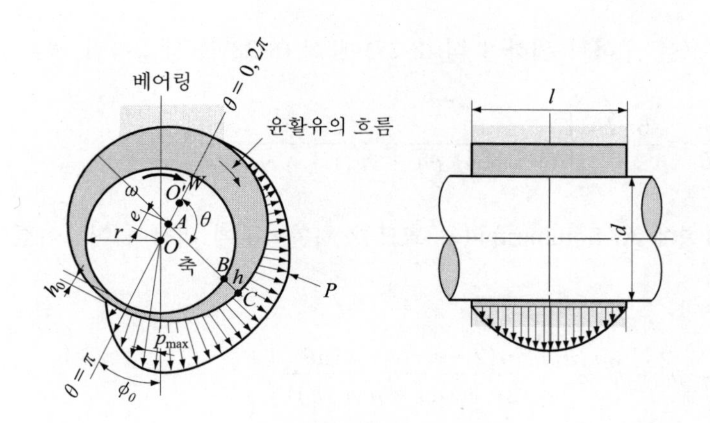

그림 8-11 유막압력 분포 상태

각한다.

O를 축의 중심, O'를 베어링의 중심이라 하고, 화살표 방향으로 축이 회전하며, 틈새에는 점성 윤활유가 충만되어 있다고 하자. 축의 반지름을 r, 베어링의 반지름을 R, 편심량을 e, 각위치 θ에 있어서의 유막의 두께를 h라고 하면, 그림 8-11로부터

$$h = BC = AC - AB$$

그런데 $AC = R + e\cos\theta$, $AB = \sqrt{r^2 - e^2\sin^2\theta}$ 이므로

$$\begin{aligned} h &= R + e\cos\theta - \sqrt{r^2 - e^2\sin^2\theta} \\ &= R + e\cos\theta - r\left\{1 - \frac{1}{2}\left(\frac{e}{r}\right)^2 \sin^2\theta + \cdots\right\} \end{aligned}$$

e는 r에 비하여 대단히 작으므로 { } 내의 제2항 이하를 생략하면

$$\begin{aligned} h &= R - r + e\cos\theta = c + e\cos\theta \\ &= c(1 + n\cos\theta) \end{aligned} \tag{8-28}$$

여기서 c는 베어링의 반지름 틈새 $(= R - r)$, n은 $n = e/c$로서 편심률(eccentricity ratio)이라고 부른다. 따라서 유막의 최대 두께 h_{max} 및 최소 두께 h_{min}은

$$\begin{aligned} h_{max} &= c + e = c(1+n), \quad (\theta = 0, 2\pi) \\ h_{min} &= c - e = c(1-n), \quad (\theta = \pi) \end{aligned}$$

로 된다. 압력분포를 구하기 위하여 식 (8-27)에 식 (8-28)을 대입하면 $r\theta \fallingdotseq x$ 임을 고려하여

$$\frac{dp}{d\theta} = \frac{6\eta\, Ur}{c^2}\left\{\frac{1}{(1+n\cos\theta)^2} - \frac{h_0}{c(1+n\cos\theta)^3}\right\}$$

이 계산은 1904년에 A. Sommerfeld의 교묘한 치환적분에 의하여 이루어졌으며, 그 결과는 다음과 같다.

$$p = p_0 + \frac{6\eta\, Ur}{c^2}\left[\frac{n(2+n\cos\theta)\sin\theta}{(2+n^2)(1+n\cos\theta)^2}\right] \tag{8-29}$$

여기서 p_0는 $\theta = 0$에서의 유막압력이다.

또, 베어링의 단위폭마다의 부하용량 P는

$$P = \int_0^{2\pi} pr\sin\theta\, d\theta = \eta U\left(\frac{r}{c}\right)^2\left[\frac{12\pi n}{(2+n)^2\sqrt{1-n^2}}\right] \tag{8-30}$$

또한 축에 작용하는 단위폭마다의 마찰모멘트를 M, 전단응력을 τ_0이라고 하면

$$M = r^2\int_0^{2\pi} \tau_0\, d\theta = \frac{\eta U r^2}{c}\left[\frac{4\pi(1+2n^2)}{(2+n^2)\sqrt{1-n^2}}\right] \tag{8-31}$$

로 되므로 마찰계수 μ는

$$\mu = \frac{M}{pr} = \frac{c}{r}\left(\frac{1+2n^2}{3n}\right) \tag{8-32}$$

로 된다. 식 (8-30) 중의 P 대신에 단위 투상넓이마다의 베어링 압력 p를 변수로서 사용하고, 미끄럼 속도 U 대신에 회전속도 N을 사용하여 식 (8-30)을 고쳐 쓰면,

$$\left(\frac{r}{c}\right)^2\frac{\eta N}{p} = \frac{(2+n^2)\sqrt{1-n^2}}{12\pi^2 n} \tag{8-33}$$

로 된다. 즉 $(r/c)^2\eta N/p$가 일정하면 n은 일정하게 되고, n의 일정치에 대하여 베어링의 다른 여러 성능도 다음과 같이 결정되는 것이다.

$$\frac{h_{\min}}{c} = 1 - n \tag{8-34}$$

$$\frac{r}{c}\mu = \frac{1+2n^2}{3n}$$

$$\frac{r}{h_{\min}}\mu = \frac{1+2n^2}{3n(1-n)}$$

$$J\rho s\,\frac{t}{p} = \frac{2(2+n^2)(1+2n^2)}{3n(1-n^2)}$$

여기서, t는 온도상승값, J는 열의 일당량, ρ는 기름의 밀도, s는 기름의 비중이다. 이와 같이 모든 성능은 $(r/c)^2\eta N/p$의 함수로 표시되며 베어링 성능을 결정하는 가장 중요한 무차원수이다. 이것을 Sommerfeld number(좀머펠트수)라고 부르며 보통 S로 표시한다. 즉

$$S = \left(\frac{r}{c}\right)^2 \frac{\eta N}{p} \tag{8-35}$$

이 S는 치수 및 운전 조건이 다른 많은 베어링의 성능실험치를 정리하는 데 사용하는 매우 편리한 양이다. 표 8-9의 마찰계수의 변화도표도 가로축에 S를 잡는 것이 합리적이고 일반성이 있으나, 관습상 $\eta N/p$(베어링 정수)를 쓰고 있는 것이다.

8.1.6 미끄럼 베어링의 설계자료

실제의 미끄럼 베어링에서는 지금까지의 이론식만으로 설계계산을 할 수는 없다. 앞의 이론식은 완전윤활의 경우에 대한 것이며, 실제로는 시동 시 또는 회전 중의 축에서는 진동이나 충격 등에 의하여 베어링과 축 사이에는 경계마찰 또는 고체마찰이 생기기 때문에 아직까지도 제1차 설계에서는 많은 경험치가 사용되고 있는 것이다.

따라서 미끄럼 베어링의 설계에서는 경험치를 기초로 하여, 축 및 저널의 충분한 강도와 강성을 갖도록, 베어링 압력 p 및 발열 계수 pv 값이 어느 한계치를 넘지 않도록, 베어링 정수 $\eta N/p$가 어느 한계치 이하가 되지 않도록 하여야 한다.

표 8-10은 각종 기계에 대한 설계를 표시한 것이다. 또 표 8-11, 표 8-12는 베어링 메탈의 종류에 따른 경험치로서 많이 사용되는 자료를 참고로 표시한 것이다.

|표 8-10| 베어링 설계 자료

기계명	베어링	최대 허용압력 p kg/cm^2	최대 허용 압력속도계수 pv kg/cm^2 m/s	적정 점성계수 η cp	최소 허용 $\eta N/p$ $\frac{\text{cp}\cdot\text{rpm}}{\text{kg/cm}^2}$	표준틈새비 ϕ	표준폭지름비 l/d
자동차 및 항공기용 엔진	메인 베어링	$60^{+}\sim120^{\triangle}$	2000	7~8	200	0.001	0.8~1.8
	크랭크 핀	$100^{\triangle+}\sim350^{\triangle}$	4000		140	0.001	0.7~1.4
	피스톤 핀	$150^{\times+}\sim400^{\triangle}$	-		100	<0.001	1.5~2.2
가스중유기계 (4사이클)	메인 베어링	$60^{\times+}\sim120^{\triangle}$	150~200	20~65	280	0.001	0.6~2.0
	크랭크 핀	$120^{\times+}\sim150^{\triangle}$	200~300		140	<0.001	0.6~1.5
	피스톤 핀	$150^{\times+}\sim200^{\triangle}$	-		70	<0.001	1.5~2.0
가스중유기계 (2사이클)	메인 베어링	$40^{\times+}\sim50^{\triangle}$	100~150	20~65	350	0.001	0.6~2.0
	크랭크 핀	$70^{\times+}\sim100^{\triangle}$	150~200		170	<0.001	0.6~1.0
	피스톤 핀	$80^{\times+}\sim130^{\triangle}$	-		140	<0.001	1.5~2.0
선용증기기관	메인 베어링	35	40~70	30	280	<0.001	0.7~1.5
	크랭크 핀	40	70~100	40	200	<0.001	0.7~1.2
	피스톤 핀	100	-	30	140	<0.001	1.5~1.7
육용증기기관 (저속)	메인 베어링	30	20~30	60	280	<0.001	1.0~2.0
	크랭크 핀	100	50~100	80	80	<0.001	0.9~1.3
	피스톤 핀	130	-	60	70	<0.001	1.2~1.5
육용증기기관 (고속)	메인 베어링	20	30~40	15	350	<0.001	1.5~3.0
	크랭크 핀	40	40~80	30	80	<0.001	0.9~1.5
	피스톤 핀	130	-	25	70	<0.001	1.3~1.7
왕복펌프 압축기	메인 베어링	$20^{\times}$	20~30	30~80	400	0.001	1.0~2.2
	크랭크 핀	$40^{\times}$	30~40		280	<0.001	0.9~2.0
	피스톤 핀	$70^{\times+}$	-		140	<0.001	1.5~2.0
증기기관차	구동축	40	100~150	100	400	0.001	1.6~1.8
	크랭크 핀	140	250~200	40	70	<0.001	0.7~1.1
	피스톤 핀	180	-	30	70	<0.001	0.8~1.3
차량	축	35	100~150	100	700	0.001	1.8~2.0
증기터빈	메인 베어링	$100^{+}\sim20^{\triangle}$	400	2~10	1500	0.001	1.0~2.0
발전기·전동기·원심펌프	회전자 베어링	$10^{+}\sim15^{\times}$	20~30	25	2500	0.0013	1.0~2.0
전동축	경하중	$2^{\times}$	10~20	25~60	1400	0.001	2.0~3.0
	자동 조심	$10^{\times}$			400	0.001	2.5~4.0
	중하중	$10^{\times}$			400	0.001	2.0~3.0
정방기	스핀들	0.1	-	2	150000	0.005	-
공작기계	메인 베어링	5~2	5~10	40	15	<0.001	1.0~2.0
펀칭기 전단기	메인 베어링	$280^{\times}$	-	100	-	0.001	1.0~2.0
	크랭크 핀	$550^{\times}$		100		0.001	1.0~2.0
압연기	메인 베어링	20	500~800	50	140	0.0015	1.1~1.5
감속기어	베어링	5~20	50~100	30~50	500	0.001	2.4~4.0

주 1. $\eta N/p$을 무차원수로 나타내려면 표의 값에 1.7×10^{-10}을 곱하면 된다. 또 설계의 기준으로 사용할 때에는 안전을 위하여 이 값의 (2~3)배를 잡는 것이 좋다.
2. × 「표」는 적하 또는 링 급유를 표시한다.
3. + 「표」는 회전체의 일부가 기름 속에 잠겨서 튀기는 급유를 표시한다.
4. △ 「표」는 강제급유를 표시한다.

|표 8-11| 최소 허용 $\eta N/p$과 틈새비 ϕ의 허용범위

베어링 메탈 재질	최소 $\eta N/p\left(\frac{\text{cp}\cdot\text{rpm}}{\text{kg/cm}^2}\right)$	ϕ
Sn기 화이트 메탈	280	$(0.5\sim1.0)\times10^{-3}$
Pb기 화이트 메탈	140	$(0.5\sim1.0)\times10^{-3}$
Cd계 합금	50	$(0.8\sim1.0)\times10^{-3}$
켈밋	50	$(1.2\sim1.5)\times10^{-3}$
Ag-Pb-In	50	$(1.2\sim1.5)\times10^{-3}$

|표 8-12| 유막의 허용 최소 두께

베어링	$h_{\min}$(mm)	적용 예
청동 켈밋 등의 최상 다듬질면	$0.002\sim0.004$	항공기나 자동차 엔진의 메인 베어링
보통의 화이트 메탈	$0.01\sim0.03$	전동기나 발전기의 메인 베어링
일반 대형 베어링	$0.05\sim0.10$	터빈이나 송풍기의 메인 베어링

또한 저널 베어링의 마찰계수는 완전윤활의 경우 이론적으로 구할 수 있고 경험적인 자료도 많으나, 여기서는 McKee에 의한 실험식을 표시해둔다. 즉,

$$\mu = 33.3\left(\frac{\eta N}{p}\right)\left(\frac{1}{\phi}\right)\times 10^{-10} + \mu_0 \tag{8-36}$$

ϕ : 틈새비(c/r), r : 베어링의 반지름, c : 베어링의 반지름 틈새, N : 매분당 회전수(rpm), η : 베어링 온도에서의 윤활유의 절대점성계수(cp), p : 베어링 압력(kg/cm^2)

또한 μ_0는 폭지름비 l/d에 의하여 변화하는 계수로서 그림 8-12로부터 구한다.

8.1.7 베어링 메탈

(1) 베어링 메탈의 모양

원주속도 및 하중이 작은 간단한 베어링에 있어서는 베어링 메탈 없이 몸체 자체가 베어링 메탈의 역할을 하는 것도 있으나, 마찰을 적게 하고 마멸되었을 때 일부의 교환으로 수

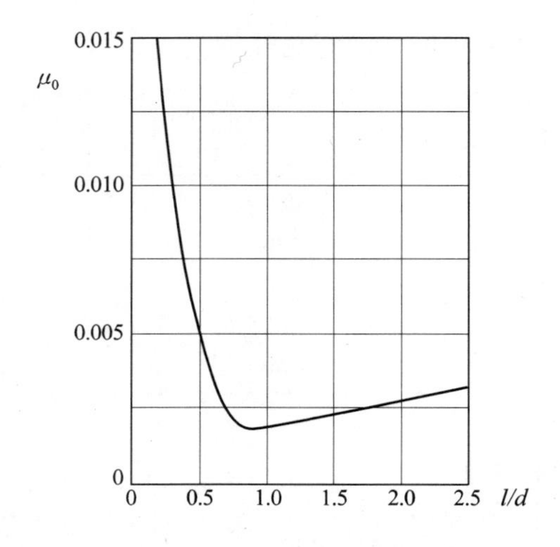

그림 8-12 l/d와 μ_0와의 관계

리할 수 있도록 베어링 몸체에 베어링 메탈을 끼워 저널과 직접 접촉하도록 한다. 베어링 메탈을 원통형으로 만들면(이것을 베어링 부시라 한다) 제작비는 염가이나, 마멸되었을 때 전혀 조절할 수가 없다.

베어링 메탈의 교환에 편리하고 마멸에 대한 조절도 용이하도록 베어링 메탈은 보통 마멸이 가장 적은 곳 또는 작용하는 압력 방향에 직각되는 면에서 2개로 분할한다. 베어링 메탈에는 그림 8-13과 같이 베어링 압력이 가장 작은 곳에 급유구멍(oil hole)을 마련하고, 저널의 전체 면에 급유하기 위하여 베어링 메탈 내면에 기름홈(oil groove)을 만든다. 베어링 메탈의 두께 t의 크기는 대략 다음과 같다.

- 포금 또는 황동 : $t = 0.07d + 4$ mm
- 주철 : $t = d/8 + 2.5$ mm
- 화이트 메탈 : $t = (0.02d + 2) \sim (0.03d + 3)$ mm

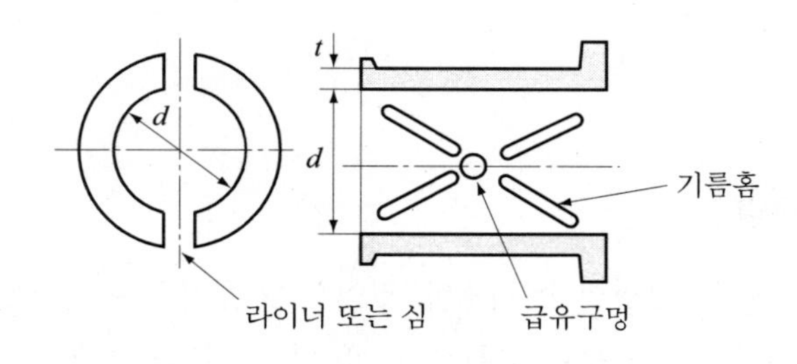

그림 8-13

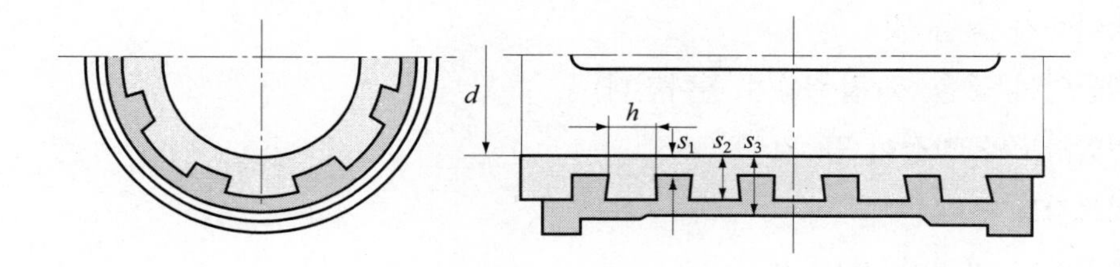

그림 8-14 화이트 메탈을 라이닝한 베어링 메탈

또 화이트 메탈과 같이 강도가 약한 재료에서는 그림 8-14와 같이 청동, 주철, 주강 등을 백 메탈(back metal)로 하고, 이에 화이트 메탈을 안대기하여(lining) 베어링 메탈로 한다.

이때의 대략의 치수비 예는 다음과 같다.

$$S = 0.12d + 12 \text{ mm} : \text{주철}$$
$$= 0.09d + 9 \text{ mm} : \text{주강}$$
$$= 0.08d + 8 \text{ mm} : \text{청동}$$
$$S_1 = (0.02 \sim 0.03)d + (2 \sim 3) < 16 \text{ mm}$$
$$S_2 = (1.6 \sim 1.8)S_1$$
$$h = (3 \sim 4)S_1$$

또 베어링 메탈의 마멸을 조정하기 위하여 분할된 사이에 얇은 황동판[이것을 라이너(liner) 또는 심(shim)이라 한다]을 여러 장 삽입하여 판의 두께를 가감함으로써 저널과의 끼워맞춤을 적절히 유지한다. 예컨대, 0.1 mm 간격으로 두께 4 mm까지의 조절은 0.1, 0.2, 0.2, 0.5, 1.0, 2.0 mm의 6장의 판의 조합으로 할 수 있다.

(2) 베어링 메탈의 재료

베어링 메탈은 축과 직접 접촉하는 부분이므로 특히 중요한 부분이다. 축의 운전 중 유막이 완전유막윤활 상태라면 어떤 재료라도 좋으나, 불완전윤활 상태가 되면 베어링 메탈과 축이 직접 접촉하게 되어 마멸될 뿐만 아니라, 마찰열에 의한 녹아붙음(seizing)이 발생하므로 베어링 메탈은 적당한 것을 선택하여야 한다. 일반적으로 베어링 메탈이 구비하여야 할 조건을 들면 다음과 같다.

① 녹아붙지 않을 것
② 길들임이 좋을 것(접촉성이 좋아진다)
③ 면압강도와 강성이 클 것
④ 피로강도가 클 것
⑤ 마찰이나 마멸이 적을 것
⑥ 열전도도가 좋을 것
⑦ 내부식성이 좋을 것
⑧ 제작, 수리가 쉬우며 염가일 것

이들의 여러 조건은 서로 상반되는 것이 있다. 예를 들면, 길들임이 좋은 재료는 일반적으로 연한 금속에서 얻을 수 있으며, 연한 재료에서는 면압강도나 강성이 클 것을 기대할 수 없다. 이것을 해결하는 하나의 방향은 합금(alloy)을 사용하는 것이다. 일반적으로 금속의 합금 중에는 모재가 연한 경우에도 공정(共晶) 재료는 비교적 굳은 재질로 되며, 공정점을 조금 지난 곳의 배합에서는 이들 공정 사이에 연한 모재의 결정이 산재(散在)하는 조직으로 된다(화이트 메탈). 이와 같은 합금은 공정에 의하여 강도와 강성을 유지하며, 연한 모재의 결정은 기름을 보유하여 윤활작용을 돕는다. 또 반대로 굳은 모재에 연한 합금성분이 산재하는 조직(주철, 동연합금)도 유용하다. 베어링 메탈 재료로는 주로 금속이 사용되고 있으나, 용도에 따라 비금속 재료도 사용되고 있다.

1) 주철

회주철은 Fe-C-Si의 3원 합금으로 펄라이트 또는 페라이트 바탕에 편상흑연이 석출된 조직이다. 바탕질(matrix)은 비교적 굳기 때문에 마멸이나 충격에 잘 견디는 성질을 가지고 있으며, 흑연은 고체윤활제 역할을 하기 때문에 Fe계에서는 유일한 베어링 메탈로 오래전부터 사용되어 오고 있다. 그러나 일반적으로 축재료로서는 대부분 강을 사용하며 강의 재질과 바탕의 펄라이트와는 같은 구성이므로 고속에서는 녹아 붙기 쉬운 결점이 있다.

특히 흑연은 열전도가 나쁘기 때문에 주철 베어링은 고속에서는 사용하기 곤란하다. 또 바탕에 세멘타이트 Fe_3C의 결정이 석출되었을 경우에는 이것이 매우 굳어(담금질한 강보다도 굳다) 축을 갉아먹을 우려가 있으나, 염가이므로 저속 저압용 베어링 메탈로서 널리 사용되고 있다.

2) 동합금

대부분 주물로 만들어지나, 인청동과 같이 압연재를 사용하는 수도 있다. 일반적으로 단단하고 융점이 높고 열전도가 좋으며, 마멸성, 내충격성이 우수하나 고온에서는 녹아 붙기 쉬우므로 부적당하다. 황동(brass)은 피로강도가 비교적 크며, 중저속의 고압용 베어링으로 사용된다.

건메탈(gun metal)은 청동과 황동의 중간 성질을 가지며, 비교적 광범위한 속도와 하중의 경우 사용되고 있다. 청동(bronze)은 중속 고압용 베어링 메탈로서 오래전부터 사용되고 있는 일반적인 베어링 메탈 재료이다. 청동에는 종류가 많으며, 모두 고가이므로 고급 베어링용으로 사용된다. 인청동은 굳고, 내마멸성이 풍부하며, 베어링 메탈로서의 성질은 청동보다 훨씬 좋다.

알루미늄 청동은 고압, 내충격용으로 사용된다. 베릴륨 청동은 열전도도가 Cu에 가까워 Ag 다음으로 좋고 매우 단단하므로 ($H_v = 350 \sim 370$) 보석 베어링의 대용으로 사용된다. 이들 청동도 황동과 마찬가지로 고속용으로는 부적당하지만, 강도나 강성이 요구되는 곳에 이들을 사용하고, 압력유에 의한 정압 베어링으로 하여 비교적 고속까지 사용되고 있다. 또한 켈밋(kelmet)은 Cu와 Pb(20～30 %)와의 합금으로서 Cu보다 강도가 크고 강성도 크다. 또 열전도성이 좋고, 고압에 잘 견디므로 항공기 또는 자동차용 내연기관의 베어링으로 널리 사용된다.

3) 화이트 메탈

화이트 메탈(white metal)은 Sn, Pb, Zn 등의 연한 금속을 주성분으로 하는 백색합금의 총칭으로서 마멸이 적고, 길들임이 좋으며, 녹아 붙지 않고, 윤활유의 흡착성이 높아 유막을 강하게 한다. 또 조성에 따라 속도와 하중의 범위를 알맞게 조절할 수 있고, 제작, 수리가 용이하며, 베어링 메탈로서는 가장 우수하다. 다만, 용융점이 낮고 열전도가 나쁘므로 고온에서 사용하기에는 부적당하며 베어링 온도 60～70 °C를 한계로 하고 있다. 또 강도나 강성이 낮기 때문에 주철, 강, 건메탈, 청동 등을 백 메탈로 하여 얇게 라이닝해서 사용한다. 화이트 메탈에는 Sn기 화이트 메탈(tin base white metal : Cu 3～10 %, Sb 3～15 %, Sn 나머지), Pb기 화이트 메탈(lead base white metal : Sn 0～20 %, Sb 10～15 %, Pb 나머지) 등이 있으며 이 중에서 Sn기 화이트 메탈이 가장 우수한 메탈 재료이다.

1893년에 Babbitt이 주철과 포금의 내면에 이것을 라이닝하여 처음으로 사용하였으므로

Sn기 화이트 메탈을 배빗 메탈(Babbitt metal)이라고도 부른다.

4) 카드뮴 합금

Cd 98.6 %, Ni 1.4 %(또는 Cu와 Ag)의 합금으로서, 화이트 메탈보다 강도가 크며 고온 강도도 높다. 고하중의 내연기관의 베어링으로 사용된다.

5) 알루미늄 합금

일반적으로 다른 베어링 메탈에 비하여 가볍고, 길들임도 좋으며, 내마멸성이 크므로 고속 고하중의 베어링용으로 사용되나, 마찰에 의하여 생기는 산화피막 Al_2O_3 때문에 축이 손상되기 쉬운 결점이 있다.

6) 함유소결합금

분말야금에 의한 소결합금으로서 금속분말을 금형에 넣고 가열 가압하여 성형한 뒤에 윤활유 속에 담가 입자 사이의 공간에 기름을 스며들게 한 것이다. 급유가 곤란한 베어링이나 무급유형 베어링으로서 이용된다.

소결합금에는 Cu계와 Fe계가 있으며, Cu계(Cu 85~90 %에 흑연, Sn, Sb)는 고속저압용이고, Fe계(Fe 85~90 %에 흑연, Sn, Sb)는 저속저압용이다. 기공률 10~30 %, 함유율은 5~30 %이며, 운전 중 온도 상승에 의하여 기름이 스며 나오고, 운전을 정지하면 기공부에 흡입된다. 이와 같이 별도로 급유할 필요가 없으므로 오일리스 베어링(oilless bearing)이라 부르고 있다. 운전 중에는 경계윤활 상태라고 생각되므로 마찰계수는 상당히 크며, 일반 미끄럼 베어링의 약 10배 정도이므로 발열계수 pv 값으로 제한한다.

대체로 $pv \leq 20$(Fe계)~30(Cu계)[kg/cm^2 · m/s], $pv \leq 15$(Cu계)~20(Fe계)[kg/cm^2 · m/s] 정도이다. 고온에서는 기름이 너무 많이 스며 나오므로 사용온도는 50 °C 이하로 한다. 주로 경계윤활 상태에서 사용되므로 함침유(含浸油)의 성능에 의하여 베어링 특성은 상당히 영향을 받는다.

대하중의 경우에는 부적당하며, 소형 전동기, 가정용 기계 등 급유와 보수가 곤란한 곳에 사용된다.

7) 비금속 재료

비금속의 베어링 재료로는 카본 그라파이트(carbon graphite), 플라스틱(plastic), 목재, 고무 및 보석 등이 있다.

① **카본 그라파이트(흑연)** : 카본이 고체 윤활제의 역할을 하며, 별도로 윤활제는 필요하지 않다. −100~400 °C의 넓은 온도 범위로 사용할 수 있고, 또 불활성이므로 약액 중에서도 안전하다는 등의 특성을 활용하여 특수 용도에 사용된다.

② **플라스틱(합성수지)** : 나일론, 테프론 등의 플라스틱 재료는 무윤활 상태에서도 비교적 마찰계수가 작고 내마멸성이 좋으며 경계윤활성이 좋기 때문에 베어링 재료로서 적당하다. 이 밖에 염가이고 가공성이 좋으며 내성이 높은 것도 큰 장점이다. 열에 약하고 열전도율도 낮아서 열변형이 생기는 결점이 있다.

③ **목재** : 남양산의 목재인 리그넘바이티(lignum vitae)는 유명하며, 함유되어 있는 수지가 윤활제로 된다. 물윤활이라도 좋으므로 펌프, 선박의 프로펠러축 등의 베어링에 사용된다.

④ **고무** : 물 등의 저점도 윤활제를 사용하면 마찰계수가 작다. 고무는 내마멸성이 좋고, 진동, 충격의 흡수성이 있으며, 백 메탈에 부착해서 사용된다. 실리콘 고무, 불소 고무 등의 내열내유성의 고무가 유효하게 사용되고 있다.

⑤ **보석** : 홍옥(ruby), 청옥(sapphire), 마노(agate) 등의 보석의 고경도와 내마멸성을 이용하여 시계나 계측기의 베어링에 사용된다.

표 8-13은 각종 비금속 베어링 재료의 성질과 성능을 표시한 것이다.

| 표 8-13 | 각종 비금속 베어링 재료의 성질과 성능

베어링 재료	최대 허용압력 kg/cm^2	최고 허용온도 °C	최대 속도 m/s	최대 허용압력 속도계수 pv $kg/cm^2 \cdot m/s$
고무	4	70	5	40~80
카본 그라파이트	40	350	41	40~80
페놀 수지	350	100	14	40~80
나일론	70	100	3	10~15
테프론	35	250	1.5	25~50
목재(리그넘바이티)	150	70	10	40~80

8.1.8 윤활제와 급유법

(1) 윤활제(lubricant)

접촉하는 2면 사이의 마찰을 감소시키기 위하여 사용하는 것을 윤활제라 하며, 일반적으로 액체형, 반액체형, 고체형이 있다. 액체형은 소위 기름(oil)이며 윤활유(lubricating oil)라 한다. 반액체형은 그리스(grease)이고, 고체형의 것으로는 흑연(graphite)이 있다.

베어링용으로는 주로 기름과 그리스가 사용된다. 기름은 일반적으로 광유이며, 원유의 정제품이 사용되나 목적에 따라 여러 가지의 성질의 것이 시판되고 있으므로 적절히 선정하여야 한다. 이에는 스핀들유, 기계유, 실린더유와 바셀린(vaseline) 등 다종다양하게 제조되고 있다. 이 밖에 올리브유(olive oil), 피마자유(castor oil), 채종유 등의 식물성유와 어유, 우지, 경유 등의 동물성유가 있으나, 단독으로 사용되는 일은 거의 없고, 첨가제로서 사용하는 수가 있다.

(2) 급유법(윤활방식)

베어링 부분에는 항상 적량의 기름을 공급하여 축과 베어링 메탈 사이에 얇은 유막을 형성하여 마멸되는 것을 방지하여야 한다. 일반적인 급유법에는 다음과 같은 것이 있다.

1) 손급유

기름 깔때기로 적당한 시기에 수시로 급유하는 것으로서 경하중, 저속도의 간단한 베어링에만 사용된다. 가정에서 쓰이는 재봉틀에의 급유도 이 방식에 속한다.

2) 적하급유

그림 8-15와 같은 오일 컵(oil cup)으로부터 구멍, 바늘 등을 통하여 시간적으로 대략 일정량을 자동적으로 적하시켜서 급유하는 방법이며, 주속 4~5 m/s까지의 경하중용으로 사용된다. 그림 (a)는 심지의 모세관 작용에 의하여 기름을 빨아올려 급유관을 통하여 적하급유하는 것이고 그림 (b)는 적하 급유관 니들 밸브를 사용한 것이다.

3) 패드 급유

그림 8-16과 같이 기름통 속에 모세관 작용을 하는 패드(pad)를 넣어 스프링에 의하여 축에 밀어붙여서 급유 도포하는 방법이며, 철도차륜의 베어링에 이용된다.

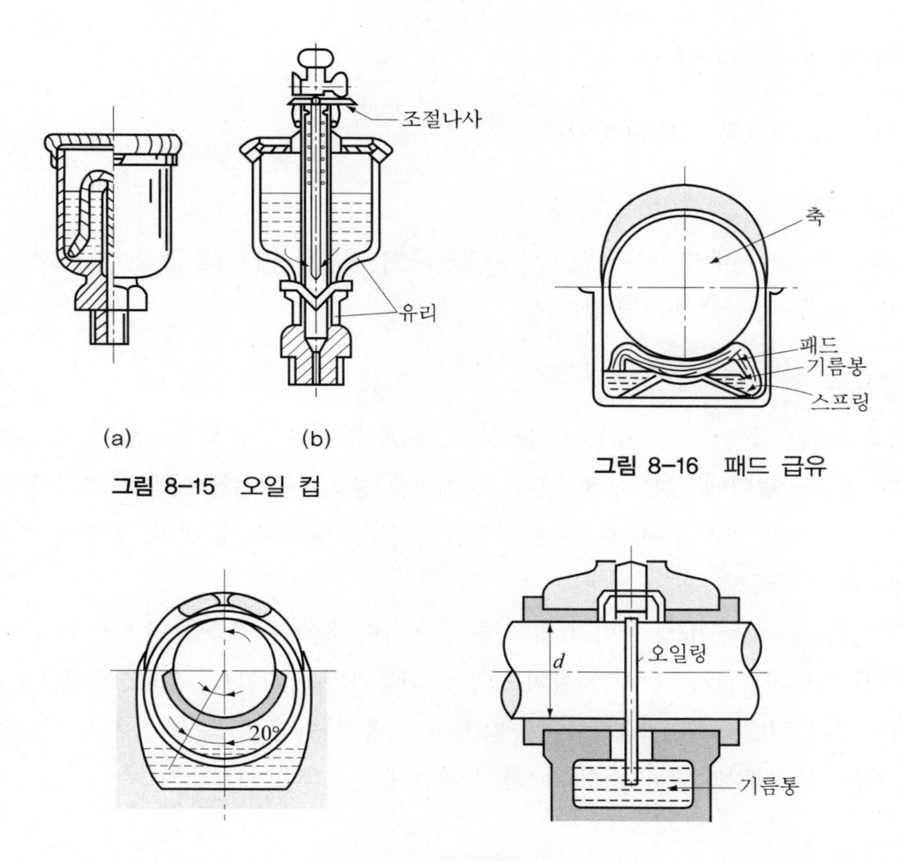

그림 8-15 오일 컵

그림 8-16 패드 급유

그림 8-17 오일링 급유

4) 침지급유

베어링을 기름 속에 담그는 방법이며, 베어링 주위를 밀폐시켜야 하므로 수평형 베어링에는 부적당하며 수직형 스러스트 베어링이나 기어 박스 속의 베어링 등에 사용된다.

5) 오일링 급유

수평형 베어링에 사용되는 방법으로서 그림 8-17과 같이 베어링 저부에 기름을 넣고, 저널에 오일링(oil ring)을 걸어두면, 축의 회전과 더불어 오일링도 회전하여 기름을 저널의 윗부분으로 공급하는 것이다.

오일링의 재료로는 주철, 황동, 아연 등이 사용된다. 오일링의 비례치수는 대략 다음과 같다.

- 링의 안지름 $D = 1.2d + 30$ mm
- 링의 두께 $t = 3 \sim 6$ mm

• 링의 폭 $B = 0.1d + 6$ mm

여기서, d는 저널의 지름(mm)이다.

6) 튀김 급유

그림 8-18과 같이 내연기관에 있어서 크랭크축이 회전할 때 기름을 튀겨(splash) 실린더나 피스톤 핀 등에 급유하는 방법이다.

7) 순환급유

이 급유법에는 중력을 이용하는 방법(중력급유)과 강제압력에 의한 방법(강제급유)이 있다. 전자는 어느 높이에 있는 유조로부터 분배관을 통하여 기름을 아래로 흐르게 하여 각 베어링에 급유하는 것이며 베어링에서 배출된 기름은 아랫부분에 모여, 펌프에 의하여 처음의 유조로 되돌려진다.

또 강제급유는 기어 펌프, 플런저 펌프 등에 의하여 유조의 기름을 압송공급하는 것이며, 베어링에서 배출된 기름은 다시 처음의 펌프로 되돌아와서 순환급유된다. 강제급유는 고속 내연기관, 증기 터빈 등의 고속고압의 베어링에 급유하는 방법으로서 유온이 상당히 높아지므로 보통 기름냉각장치(oil radiator)를 설치한다.

8) 그리스 급유

그림 8-19와 같이 베어링의 기름구멍에 그리스 컵(grease cup)을 끼우고, 이 컵 속에 그리스를 채워 넣고, 덮개를 나사 박음으로써 그리스에 압력을 주어, 베어링부의 온도 상승에 의해 녹아서 베어링 면에 흘러 들어가도록 한 것이다. 주로 저속의 베어링에 사용된다.

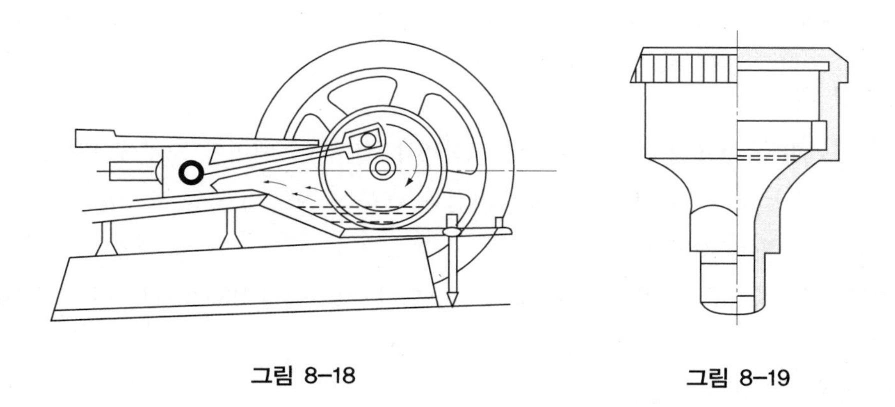

그림 8-18　　　그림 8-19

8.2 구름 베어링(rolling bearing)

구름 베어링은 그림 8-20과 같이 2개의 궤도륜(race ring) 사이에 몇 개의 전동체(rolling body)(볼 및 롤러)를 넣고, 이들 전동체가 서로 접촉하지 않도록 적당한 등간격으로 배치하기 위하여 리테이너(retainer)를 끼운 구조를 가지며, 전동체에 의하여 미끄럼접촉을 구름접촉으로 바꾸어 마찰손실을 크게 감소시키기 위하여 사용된다.

구름 베어링은 전동체의 모양에 따라 볼 베어링(ball bearing)과 롤러 베어링(roller bearing)으로 대별된다. 또 작용하중의 방향에 따라 레이디얼 베어링과 스러스트 베어링으로 나누어지며, 레이디얼 베어링은 어느 정도의 스러스트 부하능력이 있으나, 스러스트 베어링은 일반적으로 레이디얼 부하능력은 없다.

볼 또는 롤러가 1줄로 배열되어 있는 것을 단열(single row), 2줄로 배열되어 있는 것을 복렬(double row)이라고 부르며, 베어링 안지름 d가 10 mm 미만이고 베어링 바깥지름 D가 9 mm 이상인 것을 소경 베어링, 바깥지름이 9 mm 미만인 것을 미니어처 베어링(miniature bearing)이라고 한다.

그림 8-21은 전동체의 종류, 열수, 내부 구조 등에 의하여 구름 베어링을 분류한 것이다.

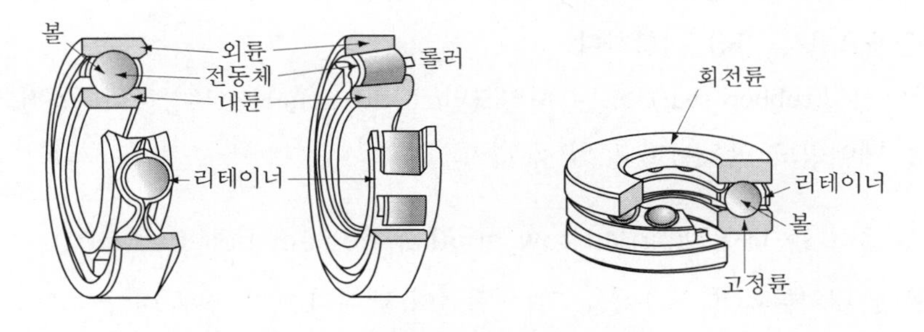

그림 8-20 구름 베어링의 각부의 명칭

8.2.1 구름 베어링의 종류

구름 베어링은 그 종류가 많고 대부분 규격화되어 있는 규격품이다. 여기서는 그 가운데 흔히 쓰이는 중요한 베어링에 대하여 간단하게 설명하기로 한다.

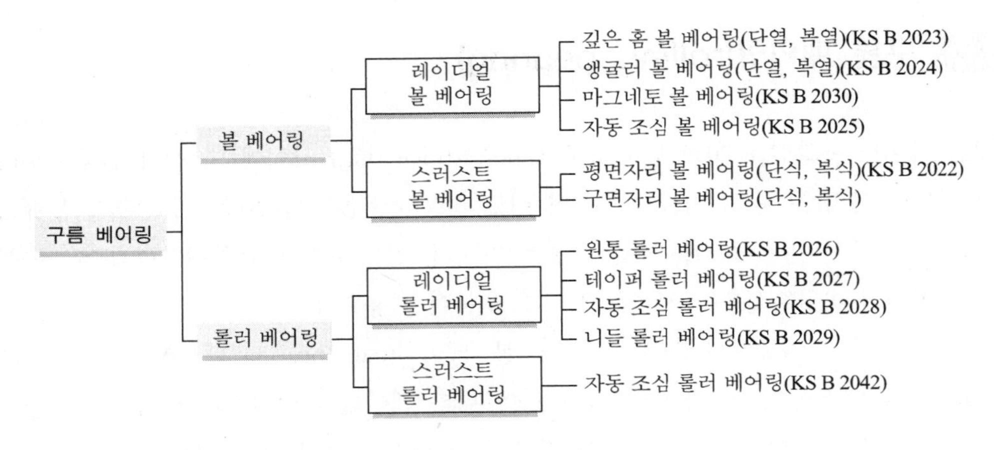

그림 8-21 구름 베어링의 분류

(1) 레이디얼 베어링

1) 단열 레이디얼 볼 베어링(single row radial ball bearing)

이것은 구름 베어링 중 가장 다방면으로 사용되는 대표적인 베어링이다. 궤도면의 홈이 비교적 깊으므로 깊은 홈형(deep groove)이라고 하여, 주로 레이디얼 하중을 받으나 어느 정도의 스러스트 하중도 받을 수 있다. 구조가 간단하므로 정밀도가 높은 것을 만들 수 있고, 고속회전용으로서 가장 적합하다.

또한 고무 시일(rubber seal) 또는 시일드판(shield plate)을 부착하여, 양질의 그리스를 봉입한 밀봉 베어링도 만들어지고 있다.

2) 단열 앵귤러 볼 베어링(single row angular contact ball bearing)

이것은 볼과 내외륜과의 접촉점을 잇는 직선이 레이디얼 방향에 대하여 어느 각도를 이루고 있는 베어링이며 이 각도를 접촉각이라 한다.

구조상 한 방향의 스러스트 하중 및 합성하중을 받는 경우에 적합하다. 접촉각이 클수록 스러스트에 대한 부하능력이 증가되며, 지름이 큰 볼을 다수 사용할 수 있으므로 단열 레이디얼 볼 베어링보다 부하용량도 커진다.

이 베어링은 보통 하나의 축에 2개를 상대시켜서 사용한다. 이 형식에서 볼을 복렬로 한 복렬 앵귤러 볼 베어링은 접촉각의 방향이 반대로 되어 있으므로 양방향의 스러스트 부하능력을 갖는다.

3) 복렬 자동 조심 레이디얼 볼 베어링(self-aligning double row radial ball bearing)

이것은 외륜궤도면이 구면으로 되어 있고 그 중심이 베어링 중심과 일치하고 있으므로 내륜이 기울어져도 내륜과 볼과의 외륜에 대한 상대위치는 동일하다. 즉, 자동 조심성이 있다. 그러므로 축이나 베어링 하우징의 공작, 부착 등에 의한 축심의 어긋남을 자동적으로 조절할 수 있다. 그러나 스러스트 부하능력은 그다지 크지 않다.

4) 원통 롤러 베어링(cylindrical roller bearing)

이것은 전동체로서 원통 롤러를 사용한 것이며 궤도륜과 선접촉을 하므로 레이디얼 방향의 부하용량이 크다. 따라서 중하중에 적합하다.

롤러는 내륜 또는 외륜의 턱(shoulder)에 의하여 안내되며, 내외륜의 턱의 유무에 의하여 여러 가지 형식이 있다. 턱이 내륜 또는 외륜에만 있는 형식의 것에서는 축이 어느 정도 축 방향으로 이동할 수 있다.

5) 테이퍼 롤러 베어링(taper roller bearing)

이것은 전동체로서 테이퍼 롤러를 사용한 것이다. 내륜, 외륜 및 롤러의 원추의 정점이 한점에 모이며, 롤러는 내륜의 턱에 의하여 안내된다. 따라서 레이디얼 하중과 한방향의 스러스트 하중의 합성하중에 대한 부하능력이 크다. 그러나 순 레이디얼 하중이 작용하는 경우에는 축방향의 분력이 생기므로 보통 2개를 상대시켜서 사용한다.

6) 구면 롤러 베어링(spherical roller bearing)

이것은 표면이 구면으로 되어 있는 롤러를 전동체로 사용한 것으로서 자동 조심성이 있으므로 축심의 어긋남은 자동적으로 조절된다. 레이디얼 부하능력이 크고, 양방향의 스러스트 하중에도 견딜 수 있으므로 중하중 및 충격하중에 적합하다.

7) 니들 롤러 베어링(needle roller bearing)

이 베어링은 지름 5 mm 이하의 바늘 모양의 롤러를 사용한 것으로서 일반적으로 리테이너는 없으며, 내외륜이 있는 것과 내륜이 없고 축에 직접 접촉하는 구조의 것이 있다.

니들 롤러 베어링은 축지름에 비하여 바깥지름이 작고 부하능력이 크므로 다른 롤러 베어링을 사용할 수 없는 좁은 장소라든가 충격하중이 있는 경우 등에 사용된다.

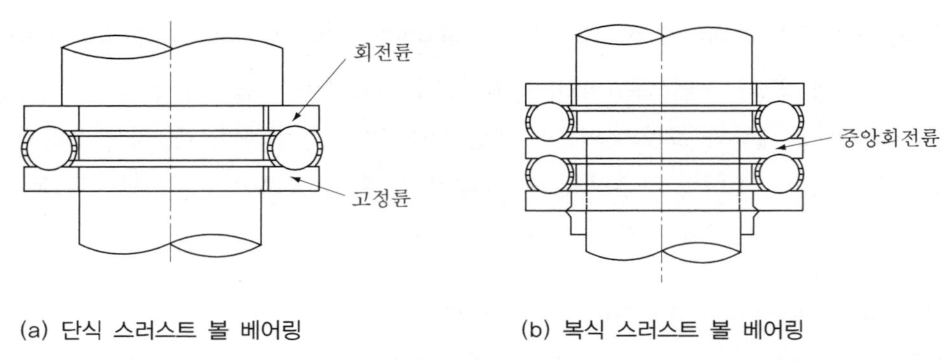

(a) 단식 스러스트 볼 베어링 (b) 복식 스러스트 볼 베어링

그림 8-22 볼 베어링

(2) 스러스트 베어링

1) 단열 스러스트 볼 베어링(single row thrust ball bearing)

이것은 스러스트 하중만을 받을 수 있으며 고속회전에는 부적당하다. 그림 8-22(a)와 같이 한쪽 방향의 스러스트 하중만을 받을 수 있는 단식(single direction)과 그림 8-22(b)와 같이 양쪽 방향의 스러스트 하중을 받을 수 있는 복식(double direction)이 있다. 단식에서는 회전륜과 고정륜 사이에 볼을 배열하고, 복식에서는 상하에 고정륜, 중간에 회전륜이 있으며, 축은 회전륜에 부착된다. 회전륜의 자리는 모두 평면이고, 고정륜의 자리는 평면자리의 것과 구면자리의 것이 있으며, 구면자리의 것은 자동 조심성이 있다.

2) 스러스트 구면 롤러 베어링(thrust spherical roller bearing)

구면 롤러를 그림 8-23과 같이 접촉각 45~50° 정도로 경사시켜서 배열한 것으로서 고하중을 받을 수 있으나 고속회전에는 부적합하다. 스러스트 하중이 작용할 때 어느 정도의 레이디얼 하중을 받을 수도 있다.

궤도면은 구면이므로 자동 조심성이 있다.

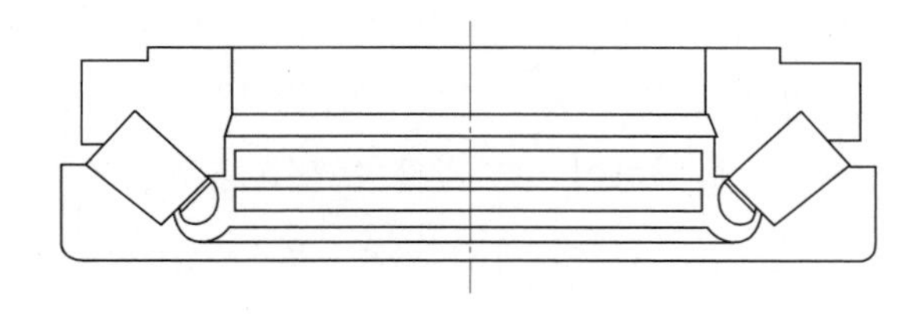

그림 8-23 스러스트 구면 롤러 베어링

8.2.2 구름 베어링의 주요 치수와 재료

(1) 주요 치수와 호칭 번호

구름 베어링의 설계에 있어서는 미끄럼 베어링의 경우와 같이 계산에 의하여 각부의 치수를 결정하는 것이 아니라, 호칭번호를 지정함으로써 주요 치수가 정해진다. 즉, 전문 제조업체의 표준 규격제품의 주요 치수를 조사하여 그 제품을 구입 사용하게 된다. 구름 베어링을 사용할 때 직접 필요한 치수는 안지름, 바깥지름, 폭(또는 높이) 및 모따기 치수이다. KS 규격 및 국내 제조업체의 구름 베어링은 안지름을 기준으로 하고, 그 안지름에 대하여 여러 가지의 바깥지름 및 폭을 조합한 것으로 되어 있다. 같은 안지름의 구름 베어링에서는 바깥지름이 클수록 중하중에 견딘다. KS에서는 그림 8-24에 표시하는 바와 같이 안지름에 대한 바깥지름 및 폭의 단계를 정하여, 이것을 지름기호 및 폭기호로 표시하고 있다. 또 폭기호와 지름기호를 조합한 것을 치수기호라고 한다. 이상은 레이디얼 베어링의 경우이나, 스러스트 베어링의 경우에는 폭기호 대신에 높이기호(1, 2, 3, 4)를 사용한다.

또한 구름 베어링의 안지름을 표시하는데, 안지름 20 mm 이상, 500 mm 미만에서는 이것을 5로 나눈 수를 안지름 번호(2자리)로 하고 있다. 따라서 안지름 25 mm일 때에 안지름 번호는 05로 표시한다. 또 안지름 20 mm 미만의 것에서는 안지름 번호 00은 10 mm, 01은 12 mm, 02는 15 mm, 03은 17 mm를 나타내며 10 mm 미만의 것에서는 안지름 치수를 그대로 안지름 번호로 한다. 이 밖에 구름 베어링의 형식에 따라 형식기호가 정해져 있으며, 구름 베어링의 호칭번호는 위에서 설명한 형식기호, 치수기호(폭기호는 생략하는 수가 있다), 안지름 번호를 이 순서대로 조합하여 4자리 또는 5자리의 숫자(또는 기호)로 표시하도록 규정되어 있다.

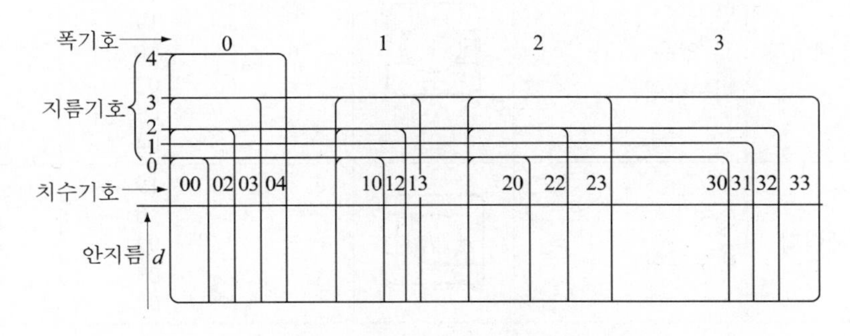

그림 8-24 구름 베어링의 치수기호

이 밖에 필요에 따라 실 또는 실드기호, 틈새기호, 등급기호 등의 보조기호를 병기하여 사용한다. 표 8-14는 베어링의 종류 및 그 기호의 보기를 표시한 것이다.

베어링 호칭번호의 보기를 설명하면 다음과 같다.

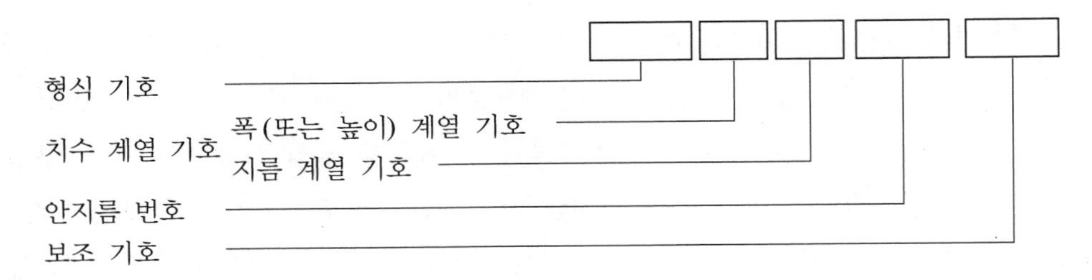

또, 표 8-15 및 표 8-16은 구름 베어링의 호칭번호와 주요 치수를 표시한 것이다.

(2) 구름 베어링용 재료

구름 베어링은 궤도륜(내륜 및 외륜)과 전동체의 접촉면에서 반복응력을 받으므로 표면에 피로현상이 생긴다. 따라서 피로파손에 강한 재료가 요구된다.

① 궤도륜과 전동체의 재료는 모두 고탄소 크롬강(KS D 3525의 베어링강) 또는 침탄강을 사용하고 있다. 열처리는 820~850 °C에서 기름 퀜칭을 하고 150 °C에서 템퍼링하여 H_{RC} 56~66의 경도를 유지한다. 볼의 지름의 종류는 KS B 2001에 상세히 규정되어 있다.

표 8-14 베어링의 종류 및 기호

베어링의 형식		단면도	형식 기호	치수 계열 기호	베어링 계열 기호
깊은 홈 볼 베어링	단열 홈 없음 비분리형		6	17 18 19 10 02 03 04	67 68 69 60 62 63 64
앵귤러 볼 베어링	단열 비분리형		7	19 10 02 03 04	79 70 72 73 74

| 표 8-14 | 베어링 계열 기호 (계속)

베어링의 형식		단면도	형식 기호	치수 계열 기호	베어링 계열 기호
자동 조심 볼 베어링	복렬 비분리형 외륜 궤도 구면		1	02 03 22 23	12 13 22 23
원통 롤러 베어링	단열 외륜 양쪽 턱붙이 내륜 턱 없음		NU	10 02 22 03 23 04	NU10 NU 2 NU22 NU 3 NU23 NU 4
	단열 외륜 양쪽 턱붙이 내륜 한쪽 턱붙이		NJ	02 22 03 23 04	NJ 2 NJ22 NJ 3 NJ23 NJ 4
	단열 외륜 양쪽 턱붙이 내륜 한쪽 턱붙이 내륜 이완 리브붙이		NUP	02 22 03 23 04	NUP 2 NUP22 NUP 3 NUP23 NUP 4
	단열 외륜 양쪽 턱붙이 내륜 한쪽 턱붙이 L형 이완 리브붙이		NH	02 22 03 23 04	NH 2 NH22 NH 3 NH23 NH 4
	단열 외륜 턱 없음 내륜 양쪽 턱붙이		N	10 02 22 03 23 04	N10 N 2 N22 N 3 N23 N 4
	단열 외륜 한쪽 턱붙이 내륜 양쪽 턱붙이		NF	10 02 22 03 23 04	NF10 NF 2 NF22 NF 3 NF23 NF 4
	복렬 외륜 양쪽 턱붙이 내륜 턱 없음		NNU	49	NNU49
	복렬 외륜 턱 없음 내륜 양쪽 턱붙이		NN	30	NN30

|표 8-14| 베어링 계열 기호 (계속)

베어링의 형식		단면도	형식 기호	치수 계열 기호	베어링 계열 기호
솔리드형 니들 롤러 베어링	내륜 붙이 외륜 양쪽 턱붙이		N A	48 49 59 69	NA 48 NA 49 NA 59 NA 69
	내륜 없음 외륜 양쪽 턱붙이		R N A	-	RNA 48[1] RNA 49[1] RNA 59[1] RNA 69[1]
테이퍼 롤러 베어링	단열 분리형		3	29 20 30 31 02 22 22C 32 03 03D 13 23 23C	329 320 330 331 302 322 322 C 332 303 303 D 313 323 323 C
자동 조심 롤러 베어링	복렬 비분리형 외륜 궤도 구면		2	39 30 40 41 31 22 32 03 23	239 230 240 241 231 222 232 213[2] 223
단식 스러스트 볼 베어링	평면 자리형 분리형		5	11 12 13 14	511 512 513 514
복식 스러스트 볼 베어링	평면 자리형 분리형		5	22 23 24	522 523 524
스러스트 자동 조심 롤러 베어링	평면 자리형 단식 분리형 하우징 궤도 반궤도 구면		2	92 93 94	292 293 294

주 [1] 베어링 계열 NA48, NA49, NA59 및 NA69의 베어링에서 내륜을 뺀 서브유닛의 계열 기호이다.
[2] 치수 계열에서는 203이 되나, 관례적으로 213으로 되어 있다.

|표 8-15| 레이디얼 베어링의 호칭번호와 주요 치수(1)

단열 볼 베어링 번호	mm	680 지름기호 8 바깥지름 D	폭기호 1 치수기호 18 폭 B	C
/ 4	4	9	2.5	0.2
/ 5	5	11	3	0.2
/ 6	6	13	3.5	0.3
/ 7	7	14	3.5	0.3
/ 8	8	16	4	0.4
/ 9	9	17	4	0.4

	특별경하중 (10)	특별경하중 (30)	경하중 (02)	경하중 (12)	경하중 (22)	경하중 (32)	중(中)하중 (03)	중(中)하중 (13)	중(中)하중 (23)	중(中)하중 (33)	중(重)하중 (04)
단열 볼베어링	600 6000 7000		620 6200 7200				630 6300 7300				6400 7400
복렬 볼베어링				120 1200	2200 4200	3200 5200		1300	2300 4500	3300 5300	
원통 롤러 베어링		NN 3000	(N)200				(N)300				(N)400
구면 롤러 베어링		3000				33200		21300	22300		
테이퍼 롤러 베어링			30200		3200		30300	(31000)	32300		

안지름 d 번호	안지름 d mm	지름기호 0 바깥지름 D	지름기호 0 폭기호 1 치수기호 10 폭 B	지름기호 0 폭기호 3 치수기호 30 폭 B	C	지름기호 2 바깥지름 D	폭기호 0 치수기호 02 T 최대	02 T 최소	02 폭 B	폭기호 1 치수기호 12 T 최대	12 T 최소	폭기호 2 치수기호 22	폭기호 3 치수기호 32	C	지름기호 2 바깥지름 D	폭기호 0 치수기호 03 T 최대	03 T 최소	03 폭 B	폭기호 1 치수기호 13 T 최대	13 T 최소	폭기호 2 치수기호 23	폭기호 3 치수기호 33	C	지름기호 4 바깥지름 D	폭기호 0 치수기호 04 폭 B	B	안지름 d mm	번호
/ 4	4	12	4	−	0.4	13	−	−	5	−	−	−	−	0.4	16	−	−	5	−	−	−	10	0.5	−	−	−	4	/ 4
/ 5	5	14	5	−	0.4	16	−	−	5	−	−	−	−	0.5	19	−	−	6	−	−	−	11	0.5	−	−	−	5	/ 5
/ 6	6	17	6	9	0.4	19	−	−	6	−	−	−	−	0.5	22	−	−	7	−	−	11	13	0.5	−	−	−	6	/ 6
/ 7	7	19	6	10	0.4	22	−	−	7	−	−	−	−	0.5	26	−	−	9	−	−	13	15	0.5	−	−	−	7	/ 7
/ 8	8	22	7	11	0.4	24	−	−	8	−	−	−	−	0.5	28	−	−	9	−	−	13	15	0.5	30	10	1	8	/ 8
/ 9	9	24	7	12	0.4	26	−	−	8	−	−	−	−	1	30	−	−	10	−	−	14	16	0.5	32	11	1	9	/ 9
00	10	26	8	12	0.5	30	−	−	9	−	−	14	−	1	35	−	−	11	−	−	17	19	1	37	12	1	10	00

표 8-15 레이디얼 베어링의 호칭번호와 주요 치수(2)

01	12	28	8	12	0.5	32	11	10.5	10		-	-	14	15.9	1	37	-	-	12		-	-	17	19	1.5	42	13	1.5	12	01
02	15	32	9	13	0.5	35	12	11.5	11		-	-	14	15.9	1	42	14.5	14	13		18.5	18	17	19	1.5	52	15	2	15	02
03	17	35	10	14	0.5	40	13.5	13	12		-	-	16	17.5	1	47	15.5	15	14		20.5	20	19	22.2	1.5	62	17	2	17	03
04	20	42	12	16	1	47	15.5	15	14		-	-	18	20.6	1.5	52	16.5	16	15		22.5	22	21	22.2	2	72	19	2	20	04
05	25	47	12	16	1	52	16.5	16	15		-	-	18	20.6	1.5	62	18.5	18	17		22.5	25	24	25.4	2	80	21	2.5	25	05
06	30	55	13	19	1.5	62	17.5	17	16		21.5	21	20	23.8	1.5	72	21	20.5	19		29	28.5	27	30.2	2	90	23	2.5	30	06
07	35	62	14	20	1.5	72	18.5	18	17		24.5	24	23	27.0	2	80	23	22.5	21		33.	32.5	31	34.9	2.5	100	25	2.5	35	07
08	40	68	15	21	1.5	80	20	19.5	18		25	24.5	23	30.2	2	90	25.5	25	23		35.5	35	33	36.5	2.5	110	27	3	40	08
09	45	75	16	23	1.5	85	21	20.5	19		25	24.5	23	30.2	2	100	27.5	27	25		38.5	38	36	39.7	2.5	120	29	3	45	09
10	50	80	16	23	1.5	90	22	21.5	20		26	24.5	23	30.2	2	110	29.5	29	27		42.5	42	40	44.4	3	130	31	3.5	50	10
11	55	90	18	26	2	100	23	22.5	21		27	26.5	25	33.3	2.5	120	32	31	29		46	45	43	49.2	3	140	33	3.5	55	11
12	60	95	18	26	2	110	24	23.5	22		30	29.5	28	36.5	2.5	130	34	33	31		49	48	46	54.0	3.5	150	35	3.5	60	12
13	65	100	18	26	2	120	25	24.5	23		33	32.5	31	38.1	2.5	140	36.5	35.5	33		51.5	50.5	48	58.7	3.5	160	37	3.5	65	13
14	70	110	20	30	2	125	26.5	26	24		33.5	33	31	39.7	2.5	150	38.5	37.5	35		54.5	53.5	51	63.5	3.5	180	42	4	70	14
15	75	115	20	30	2	130	27.5	27	25		33.5	33	31	41.3	2.5	160	40.5	39.5	37		58.5	57.5	55	68.3	3.5	190	45	4	75	15
16	80	125	22	34	2	140	28.5	28	26		33.5	35	33	44.4	3	170	43	42	39		62	61	58	68.3	3.5	200	48	4	80	16
17	85	130	22	34	2	150	31	30	28		39	38	36	49.2	3	180	45	44	41		64	63	60	73.0	4	210	52	5	85	17
18	90	140	24	37	2.5	160	33	32	30		43	42	40	52.4	3	190	47	46	43		68	67	64	73.0	4	225	54	5	90	18
19	95	145	24	37	2.5	170	35	34	32		46	45	43	55.6	3.5	200	50	49	45		72	71	67	77.8	4	240	55	5	95	19
20	100	150	24	37	2.5	180	37.5	36.5	34		49.5	48.5	46	60.3	3.5	215	52	51	47		78	77	73	82.6	4	225	58	5	100	20
21	105	160	26	41	3	190	39.5	38.5	36		53.5	52.5	50	65.1	3.5	225	54	53	49		82	81	77	87.3	4	260	60	5	105	21
22	110	170	26	45	3	200	41.5	40.5	38		56.5	55.5	53	69.8	3.5	240	55	54	50		85	84	80	92.1	4	280	65	5	110	22
24	120	180	28	46	3	215	44	43	40	42	62	61	58	76	3.5	260	60	59	55		91	90	86	106	4	310	72	6	120	24
26	130	200	33	52	3	230	44.5	43	40	46	68.5	67	64	80	4	280	64.5	63	58		99.5	98	93	112	5	340	78	6	130	26
28	140	210	33	53	3	250	46.5	45	42	50	72.5	71	68	88	4	300	68.5	67	62		108.5	107	102	118	5	360	82	6	140	28
30	150	225	35	56	3.5	270	50	48	45	54	78	76	73	96	4	320	73	71	65	67	115	113	108	128	5	380	85	6	150	30
32	160	240	38	60	3.5	290	53	51	48	58	85	83	80	104	4	340	76	74	68	71	122	120	114	136	5	400	88	6	160	32
34	170	260	42	67	3.5	310	58	56	52	62	92	90	86	110	5	360	81	79	72	75	128	126	120	140	5	420	92	6	170	34
36	180	280	46	74	3.5	320	58	56	52	62	92	90	86	112	5	380	84	82	75	79	135	133	126	150	5	440	95	8	180	36
38	180	290	51	75	3.5	340	61	59	55	65	98	96	92	120	5	400	87	85	78	83	141	139	132	155	6	460	98	8	190	38
40	200	310	56	82	3.5	360	65	63	58	70	105	103	98	128	5	420	90	88	80	87	147	145	138	165	6	480	102	8	200	40
44	220	340	56	90	4	400	73	71	65	78	115	113	108	144	5	460	98	96	88	99	155	153	145	180	6	540	115	8	220	42
48	240	360	56	92	4	440	80	78	72	85	128	126	120	160	5	500	106	104	95	111	166	164	155	195	6	580	122	8	240	46
52	260	400	65	104	5	480	90	88	80	90	138	136	130	174	6	540	114	112	102	120	177	175	165	206	8	620	132	10	260	50
56	280	420	66	110	5	500	90	88	80	90	138	136	130	176	6	580	120	118	108	128	188	185	176	224	8	670	140	10	280	54
60	300	460	74	115	5	540	90	95	85	98	150	148	140	162	6	620			100	140			185	236	10	710	150	10	300	54
64	320	480	74	121	5	580	97	103	92	105	160	150	150	208	6	670			112	155			200	258	10	750	155	12	320	68
66	340	500	82	133	6	620	105		92	118			165	224	8	710			118	165			212	272	10	800	165	12	340	68
72	360	540	82	134	6	650			95	112			170	232	8	750			125	170			224	290	10	850	180	12	360	72
76	380	560	82	135	6	680			95	132			175	240	8	870			128	175			230	300	10	900	190	12	380	76
80	400	600	90	148	6	720			103	146			185	256	8	820			136	185			243	308	10	950	200	15	400	80
84	420	620	90	150	6	760			109	150			195	272	10	850			136	190			250	315	12	980	206	15	420	84
88	440	660	94	157	3	790			111	155			200	280	10	900			145	200			265	345	12	1030	212	15	440	88
92	460	680	100	163	3	830			118	165			212	292	10	950			155	212			280	365	12	1060	218	15	460	92
96	480	700	100	166	3	870			125	170			224	310	10	980			160	218			290	375	12	1120	230	18	480	96
500	500	720	100	167	3	920			136	185			243	336	10	1030			170	240			300	388	15	1150	236	15	500	100

표 8-16 스러스트 볼 베어링의 호칭번호와 주요 치수

		특별경하중			경하중						중(中)하중						중(重)하중					
단식		51100			51200						51300						51400					
복식								52200						52300						52400		
		지름기호 1			지름기호 2						지름기호 3						지름기호 4					
안지름 d		바깥지름 D	C	높이기호 1	바깥지름 D	C	높이기호 1	높이기호 2			바깥지름 D	C	높이기호 1	높이기호 2			바깥지름 D	C	높이기호 1	높이기호 2		
				치수기호 1100			치수기호 1200	치수기호 2200					치수기호 1300	치수기호 2300					치수기호 1400	치수기호 2400		
번호	mm			H			H	d_1	H_2	a			H	d_1	H_2	a			H	d_1	H_2	a
00	10	24	0.5	9	26	1	11															
01	12	26	0.5	9	28	1	11															
02	15	28	0.5	9	32	1	12	10	22	5												
03	17	30	0.5	9	35	1	12	–	–	–												
04	20	35	0.5	10	40	1	14	15	26	6												
05	25	42	1	11	47	1	15	20	28	7	52	1.5	18	20	34	8	60	1.5	24	15	45	11
06	30	47	1	11	52	1	16	25	29	7	60	1.5	21	25	38	9	70	1.5	28	20	32	12
07	35	52	1	12	62	1.5	18	30	34	8	68	1.5	24	30	44	10	80	2	32	25	59	14
08	40	60	1	13	68	1.5	19	30	36	9	78	1.5	26	30	49	12	90	2	36	30	65	15
09	45	65	1	14	73	1.5	20	35	37	9	85	1.5	28	35	52	12	100	2	39	35	72	17
10	50	70	1	14	78	1.5	22	40	39	9	95	2	31	40	58	14	110	2.5	43	40	78	18
11	55	78	1	16	90	1.5	25	45	45	10	105	2	35	45	64	15	120	2.5	48	45	87	20
12	60	85	1.5	17	95	1.5	26	50	46	10	110	2	35	50	64	15	130	2.5	51	50	93	21
13	65	90	1.5	18	100	1.5	27	55	47	10	115	2	36	55	65	15	140	3	56	50	101	23
14	70	95	1.5	18	105	1.5	27	55	47	10	125	2	40	55	72	16	150	3	60	55	107	24
15	75	100	1.5	19	110	1.5	27	60	47	10	135	2.5	44	60	79	18	160	3	65	60	115	26
16	80	105	1.5	19	115	1.5	28	56	48	10	140	2.5	44	65	79	18	170	3.5	68	65	120	27
17	85	110	1.5	19	125	1.5	31	70	55	12	150	2.5	49	70	87	19	180	3.5	72	65	128	29
18	90	120	1.5	22	135	2	35	75	62	14	155	2.5	50	75	88	19	190	3.5	77	70	135	30
20	100	135	1.5	25	150	2	38	85	67	15	170	2.5	55	85	97	21	210	4	85	80	150	33
22	110	145	1.5	25	160	2	38	95	67	15	190	3	63	95	110	24	230	4	95	90	166	37
24	120	155	1.5	25	170	2	39	100	68	15	210	3.5	70	100	123	27	250	5	102	95	177	40
26	130	170	1.5	30	190	2.5	45	110	80	18	225	3.5	75	110	130	30	270	5	110	100	192	42
28	140	180	1.5	31	200	2.5	46	120	81	18	240	3.5	80	120	140	31	280	5	112	110	196	44
30	153	190	1.5	31	213	2.5	50	130	89	20	250	3.5	80	130	140	31	300	5	120	120	209	46
32	160	200	1.5	31	225	2.5	51	140	90	20	270	4	82	140	153	33	320	6	130	130	226	50
34	170	215	2	34	240	2.5	55	150	97	21	280	4	87	150	153	33	340	6	132	135	236	50
36	180	225	2	34	250	2.5	56	150	98	21	300	4	95	150	166	37	360	6	140	140	245	52

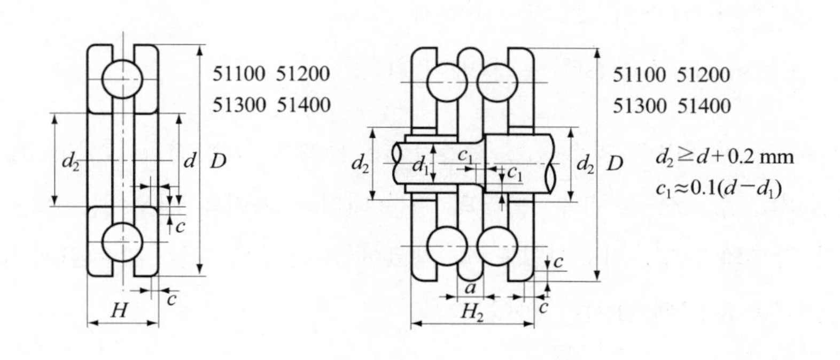

② 리테이너의 재료는 동, 청동, 경합금, 베이클라이트 등이다. 리테이너에는 프레스 가공 리테이너와 절삭 가공 리테이너가 있다. 전자는 판금을 프레스 가공한 것으로서 주로 레이디얼 볼 베어링에 사용되며, 후자는 봉소재를 절삭가공한 것으로서 스러스트 볼 베어링 및 롤러 베어링 등에 사용된다.

8.2.3 구름 베어링의 부하용량

구름 베어링이 견딜 수 있는 하중의 크기를 부하용량(load capacity, carrying capacity)이라고 하며, 이에는 정부하용량과 동부하용량이 있다.

(1) 정부하용량

구름 베어링이 정지하고 있는 상태에서 정하중이 작용할 때 견딜 수 있는 하중의 크기를 정부하용량(static carrying capacity)이라고 한다. 정부하용량은 하중 방향으로 존재하는 전동체의 접촉응력에 의하여 결정되는 허용하중의 합으로 구해진다. 볼의 접촉응력 및 변형에 대한 탄성역학적 계산은 Hertz의 이론(1880년)을 이용하여 이루어지나 실제의 구름 베어링에서는 정부하용량을 다음과 같이 규정하고 있다(KS B 2020 참조).

즉 "최대 부하를 받고 있는 전동체와의 접촉부에 생기는 전동체의 영구변형량과 궤도륜의 영구변형량의 합이 전동체의 지름의 0.0001배가 되는 정격하중"으로 정하고 이것을 기본 정부하용량 또는 기본 정정격하중(basic static load rating)이라 하고, C_0(kg)로 표시한다. 규격에 의한 C_0의 식은 다음과 같다.

① $C_0 = f_0 i Z d^2 \cos\alpha$(레이디얼 볼 베어링)

② $C_0 = f_0 i Z l d \cos\alpha$(레이디얼 롤러 베어링)

③ $C_0 = f_0 i Z d^2 \sin\alpha$(스러스트 볼 베어링)

④ $C_0 = f_0 i Z l d \sin\alpha$(스러스트 롤러 베어링)

여기서 i : 볼 또는 롤러의 열수, α : 접촉각, l : 롤러의 유효(접촉)길이(mm), Z : 1열 중의 볼 또는 롤러의 수, d : 볼 또는 롤러의 지름(테이퍼 롤러의 경우에는 평균 지름, mm), f_0 : 베어링의 각부의 모양, 가공정밀도 및 재료에 따라 정해지는 계수이다. KS에 정해져 있는 f_0의 값은 표 8-17에 표시한 바와 같다.

|표 8-17| f_0의 값(KS B 2020)

베어링 형식		f_0 (kg$_f$ · mm) 단위
레이디얼 베어링	자동 조심 볼 베어링	0.34
	깊은 홈 앵귤러 볼 베어링	1.25
	롤러 베어링	2.2
스러스트 베어링	볼 베어링	5
	롤러 베어링	10

(2) 동부하용량

구름 베어링이 회전 중에 견딜 수 있는 하중을 동부하용량 또는 동정격하중(dynamic load rating)이라 하며, 정정격하중이 변형량을 어느 한도 이내로 하는 정하중에 의하여 결정되는 데 대하여, 동부하용량은 반복응력에 의한 피로현상을 대상으로 하여 결정되는 것이다. 현재로서는 1947년에 G. Lundberg와 1952년에 A. Palmgren에 의하여 발표된 이론을 기본으로 하고 많은 실험 데이터에 의하여 결정된 동정격하중이 사용되고 있다(ISO).

구름 베어링을 장시간 사용하면 그 내외륜 및 전동체는 반복응력을 받아 피로하여 접촉표면에 플레이킹(flaking, 박리현상)을 일으켜 진동과 소음이 크게 되어 사용할 수 없게 된다. 최초의 플레이킹을 일으킬 때까지의 총 회전수(또는 일정 회전속도에서는 시간)를 베어링의 수명(bearing life)이라 한다.

구름 베어링의 수명은 구조, 치수 등이 꼭 같은 1군의 베어링을 같은 조건 하에서 운전하여도 흐트러짐이 매우 크므로 KS 규격에서는 1군의 같은 베어링을 동일한 조건에서 개개로 운전하였을 때, 그 중의 90 %의 베어링이 구름 피로에 의한 재료의 손상을 일으킴이 없이 회전할 수 있는 총 회전수(또는 일정 회전속도에서는 시간)를 계산수명 또는 정격수명(rating life)이라고 하며, 이것을 기준으로 하여 설계한다. 또한 KS에서는 ISO 규격에 따라 정격하중을 다음과 같이 정하고 있다.

즉, "내륜을 회전시키고 외륜을 정지시킨 조건하에서 1군의 같은 베어링을 개개로 운전하였을 때 정격수명이 100만 회전이 되는 방향과 크기가 변동하지 않는 하중"을 기본 부하용량 또는 기본 동정격하중이라고 하며, 혼동될 우려가 없을 때에는 단지 기본부하용량 또는 기본 정격하중(basic load rating)이라고 한다. 보통 C(kg)로 표시한다. 따라서 레이디얼 베어링에서는 순 레이디얼 하중을, 스러스트 베어링에서는 순 스러스트 하중을 취한다.

수명을 시간으로 나타낼 경우에는 보통 500시간을 기준으로 한다. 따라서 100만 회전의 수명은 $33.3 \times 60 \times 500 = 10^6$ 이므로 33.3 rpm으로 500시간의 수명에 견디는 하중이 곧 기본 부하용량이 되는 것이다.

정기본 정격하중 C_0 및 (동)기본 부하용량 C는 각 베어링 제조업체의 카탈로그에 기재되어 있으므로 이것을 참조하여 베어링을 선정하게 된다. 기본 부하용량 C(kg)은 다음과 같은 식으로 주어진다(KS B 2019 참조).

1) 레이디얼 볼 베어링

$$d \le 25.4 \text{ mm}: \ C = f_c(i \cos \alpha)^{0.7} Z^{(2/3)} d^{1.8}$$

$$d > 25.4 \text{ mm}: \ C = f_c(i \cos \alpha)^{0.7} Z^{(2/3)} \times 3.647 d^{1.4}$$

2) 레이디얼 롤러 베어링

$$C = f_c(il \cos \alpha)^{(7/9)} Z^{(3/4)} d^{(29/27)}$$

3) 스러스트 볼 베어링

$$d \le 25.4 \text{ mm}: \ \alpha = 90°: \ C = f_c Z^{(2/3)} d^{1.8}$$

$$\alpha \ne 90°: \ C = f_c(\cos \alpha)^{(0.7)} \tan \alpha \ Z^{(2/3)} d^{1.8}$$

$$d > 25.4 \text{ mm}: \ \alpha = 90°: \ C = f_c Z^{(2/3)} \times 3.647 d^{1.4}$$

$$\alpha \ne 90°: \ C = f_c(\cos \alpha)^{(0.7)} \tan \alpha \ Z^{(2/3)} \times 3.647 d^{1.4}$$

4) 스러스트 롤러 베어링

$$\alpha = 90°: \ C = f_c l^{(7/9)} Z^{(3/4)} d^{(29/27)}$$

$$\alpha \ne 90°: \ C = f_c(l \cos \alpha)^{(7/9)} \tan \alpha \ Z^{(3/4)} d^{(29/27)}$$

이상의 식에서 d : 전동체의 지름(mm), Z : 열마다의 전동체의 수, i : 전동체의 열수, α : 접촉각, l : 롤러의 유효길이(mm), f_c : 베어링 각부의 모양, 가공정밀도 및 재료에 따라 정해지는 계수이다. f_c의 값은 KS 규격에 규정되어 있으므로 이것을 참조하기 바란다.

8.2.4 구름 베어링의 선정

(1) 정격수명 계산식

구름 베어링의 정격수명은 많은 실험에 의하여 유도된 다음의 식으로 계산된다.

C : 기본 부하용량(kg), P : 베어링 하중(kg), L : 정격수명(10^6 회전단위)라고 하면

- 볼 베어링 : $L=\left(\frac{C}{P}\right)^3$ (10^6 회전단위)
- 롤러 베어링 : $L=\left(\frac{C}{P}\right)^{\frac{10}{3}}$ (10^6 회전단위)

실제의 설계에서는 주어진 베어링 하중과 요구수명에 대하여 베어링을 선정하게 되며, 이때에는 위의 식은

$$C = P\sqrt[3]{L}\ (\text{kg}) \tag{8-37}$$

로 되며, P와 L로부터 C를 산출하여 이 C에 해당하는 베어링을 카탈로그에서 선택한다.

참고 정격수명에 대한 종래의 식을, 베어링의 파손에 의한 손실보다 경제적인 관점에서의 많은 실험 결과를 종합 검토하여 1976년 ISO에서 다음과 같이 개정할 것을 제안하였다.

$$L = a_1 a_2 a_3\left(\frac{C}{P}\right)^p,\quad \text{여기서 } p = 3(\text{볼 베어링}),\quad p = \frac{10}{3}(\text{롤러 베어링})$$

a_1 : 신뢰도계수(표 8-18), a_2 : 재료계수(베어링 재료, 용해법 등에 의한 계수)

a_3 : 사용조건계수(윤활 상태의 양부, 회전속도, 온도, 베어링의 장착 상태 등에 의하여 영향을 받는 계수)

| 표 8-18 | 보증수명과 신뢰도계수

보증수명(%)	a_1
90	1
95	0.62
96	0.53
97	0.44
98	0.33
99	0.21

또한 실험에 의하면 $a_2 = 2 \sim 3$ 정도이고, a_3는 보통 1로 잡는다. 이 중에서 a_2, a_3의 구체적인 수치는 명확히 주어져 있지 않다. 이것은 재료의 개발로 수명을 높일 수 있게 되었다는 것을 말해준다. 즉, 최근의 구름 베어링은 재료적 설계에 있어서 상당히 발전하고 있다는 것을 알 수 있다.

수명은 총 회전수보다 운전시간과 회전속도로 표시하는 것이 실제로 편리하다. 지금 L_h를 시간을 단위로 잡은 정격수명이라고 하면, 즉 n rpm으로 회전하는 베어링의 수명을 시간단위로 나타낸 것이라고 하면,

$$L_h = \frac{L \times 10^6}{n \times 60} \text{(시간)} \tag{8-38}$$

여기서 $10^6 = 33.3\,(\text{rpm}) \times 60 \times 500\,(\text{h})$이므로

$$L_h = \left(\frac{C}{P}\right)^3 \times \frac{33.3}{n} \times 500$$

$$\therefore \; \frac{L_h}{500} = \left(\frac{C}{P}\right)^3 \times \frac{33.3}{n}$$

이 식에서 $f_h = \sqrt[3]{\frac{L_h}{500}}$, $f_n = \sqrt[3]{\frac{33.3}{n}}$라고 두면 $f_h = \left(\frac{C}{P}\right) f_n$로 된다. 즉

$$C = \frac{f_h}{f_n} P \tag{8-39}$$

f_h를 수명계수(life factor), f_n을 속도계수(speed factor)라고 한다.

어떤 베어링이 n rpm으로 하중 P를 받고 회전할 때의 수명은 식 (8-39)로부터 f_h를 구하여 다음 식으로 계산된다.

$$L_h = 500\, f_h^3 \tag{8-40}$$

또한 롤러 베어링의 경우에는 수 3 대신에 10/3을 사용하면 된다.

베어링의 정격하중을 필요 이상으로 크게 잡는다는 것은 비경제적이다. 사용기계 및 사용상태에 의하여 경험적으로 채용되고 있는 수명시간을 표 8-19에 표시한다.

또 표 8-20은 구름 베어링의 부하용량을 나타낸 것이다. 이 부하용량은 각 제조업체에 따라 다소의 차이가 있다.

|표 8-19| 구름 베어링에 있어서 수명계수의 선정기준

사 용 예		수명계수 f_h	수명시간 L_h
항상 회전하지 않는 것	팬의 개폐장치 자동차의 방향지시기 문바퀴	1	500
	항공발동기	1~3.5	500~1700
단속적으로 짧은 시간 사용하는 것	일반수동기계 기중기 농업기계 가정용기기	2~2.5	4000~8000
단속적 운전이지만 신뢰성을 요구하는 것	발전소용 보조기계 컨베이어 엘리베이터 일반하역기계 사용빈도가 작은 공작기계 응급기기 등	2.5~3	8000~13000
1일 8시간 운전하지만 항상 전부하가 아닌 것	공장의 모터(전동기) 일반 기어장치	3~3.5	14000~20000
1일 8시간 운전하며, 전부하운전의 경우	선적용 하역기계 공장 전동축 항상 운전 작업하는 기중기, 펌프, 송풍기, 압축기 일반생산기계 공작기계	3.5~4	2000~30000
1일 24시간 연속운전의 경우	펌프, 송풍기, 압축기 전동장치 광산권장기 24시간 연속 작업하는 작업기계	4.5~5	50000~60000
1일 24시간 연속운전 중 정지할 수 없는 경우	제지기계 그 밖의 화학기계 발전용 기계장치 광산 배수 펌프 수도급수장치 선박용 주기관 송배풍기계	6~7	100000~200000

|표 8-20| (a) 구름 베어링의 부하용량

종 류		단열 깊은 홈 레이디얼 볼 베어링						단열 앵귤러 볼 베어링				자동 조심 레이디얼 볼 베어링				원통 롤러 베어링			
하중의 구분		경하중용		중하중용		중하중용		경하중용		중하중용		경하중용		중하중용		경하중용		중하중용	
안지름 \ 형번		6200		6300		6400		7200		7300		1200		1300		N 200		N 300	
번호	d	C	C_0	C	C_0	C	C_0	C	C_0	C	C_0	C	C_0	C	C_0	C	C_0	C	C_0
00	10	400	195	640	380							430	135	560	185				
01	12	535	295	760	470							435	150	740	240				
02	15	600	355	900	545							585	205	750	265				
03	17	755	445	1060	660	1770	1100					650	245	975	375				
04	20	1010	625	1250	790	2400	1560					775	325	980	410	980	695	1370	965
05	25	1100	705	1660	1070	2810	1900	1270	850	2080	1460	940	410	1410	610	1100	850	1860	1370
06	30	1530	1010	2180	1450	3350	2320	1770	1270	2650	1910	1220	590	1670	790	1460	1160	2450	1930
07	35	2010	1380	2610	1810	4300	3050	2330	1720	3150	2350	1230	675	1960	1000	2120	1700	3000	2360
08	40	2280	1580	3200	2260	5000	3750	2770	2130	3850	2930	1440	820	2310	1240	2750	2320	3750	3100
09	45	2560	1800	4150	3050	5850	4400	3100	2430	5000	3950	1700	975	2970	1620	2900	2500	4800	3900
10	50	2750	2000	4850	3600	6800	5000	3250	2600	5850	4700	1780	1100	3400	1780	3050	2700	5850	4960
11	55	3400	2530	5650	4250	7850	6000	4000	3300	6750	5500	2090	1360	4000	2290	3650	3250	7100	5850
12	60	4100	3150	6450	4960	8450	6700	4850	4050	7700	6350	2350	1580	4450	2710	4400	4000	8500	7200
13	65	4500	3450	7300	5600	9250	7650	5500	4750	8700	7300	2410	1750	4850	2990	5100	4750	9500	8150
14	70	4850	3800	8150	6400	11100	10200	6000	5250	9800	8300	2710	1920	5800	3600	5300	5000	10400	9000
15	75	5150	4200	8900	7250	12000	11000	6200	5550	10600	9400	3050	2180	6200	3900	6200	5850	12700	11000
16	80	5700	4500	9650	8100	12700	12000	6950	6250	11500	10500	3100	2400	6900	4300	7100	6800	13400	12000
17	85	6500	5450	10400	9000	13600	13200	7800	7200	12400	11700	3850	2900	7600	4950	8150	7800	15000	13200
18	90	7500	6150	11200	10000	14500	14600	9200	8500	13400	13000	4450	3250	9050	5700	9800	9300	17300	15600
19	95	8500	7050	12000	11000			10500	9750	14300	14300	5000	3750	10300	6500	11400	11000	18600	17000
20	100	9550	8000	13600	13200			11300	10400	16200	17200	5400	4100	11100	7350	12700	12200	21600	19600
21	105	10400	9050	14400	14400			12300	11700	17200	18700	5800	4500	12100	8250	14000	13700	25000	22400
22	110	11300	10100	16100	16900			13300	13200	17300	22000	6850	5320	12700	9350	16300	15300	30000	26000
23	115																		
24	120	12100	11500	16200	16900			14300	14700	21000	25000					18300	18000	34000	30000

|표 8-20| (b) 구름 베어링의 부하용량

종 류		테이퍼 베어링				구면 구름 베어링				단식 스러스트 볼 베어링				복식 스러스트 볼 베어링			
하중의 구분		경하중용		중하중용		경하중용		중하중용		경하중용		중하중용		경하중용		중하중용	
안지름 \ 형번		30200		30300		22200		22300		51100		51200		52200		52300	
번호	d	C	C_0	C	C_0	C	C_0	C	C_0	C	C_0	C	C_0	C	C_0	C	C_0
00	10									570	1140	720	1400				
01	12									570	1140	770	1550				
02	15			1290	980					615	1250	990	2000	990	2200		
03	17	1040	850	1630	1250					690	1480	1060	2200				

04	20	1600	1290	2550	1600					920	2000	1400	3050	1400	3050		
05	25	1760	1560	3050	2160					1300	3000	1800	4100	1800	4100	2260	4990
06	30	2400	2080	3550	2850					1420	3400	1980	4700	1980	4700	2780	6400
07	35	3100	2650	4750	3750					1580	4050	2650	6350	2650	6350	3600	8500
08	40	3600	3100	5400	4500			6300	5850	1970	5100	3200	7980	3200	7980	4500	11000
09	45	4150	3600	6800	5700			8000	7500	2100	5600	3350	8500	3350	8500	5270	13300
10	50	4550	4050	8000	6700			11000	10000	2230	6150	3500	9050	3500	9050	6350	16400
11	55	5600	5200	9150	7800			12900	11800	2750	7550	4900	12900	4900	12900	7600	20000
12	60	6100	5600	10800	9150			15600	14000	3250	9150	5300	14500	5300	14500	8000	21700
13	65	7200	6550	12500	10800			17600	15300	3350	9550	5500	15300	5500	15300	8400	23300
14	70	7800	7100	14300	12200			22400	19600	3500	10300	5700	16100	5700	16100	9800	27600
15	75	8650	8150	16000	13700			23200	21200	3680	11100	5900	16900	5900	16900	11200	32000
16	80	9650	8800	17600	15300	9500	10200	27500	24500	3750	11400	6050	17700	6050	17700	11700	34000
17	85	11400	10600	20000	17000	12200	13200	30000	26500	3900	12200	7250	21400	7250	21400	13200	39700
18	90	12700	12000	21600	19000	15600	16000	35500	31000	5000	15400	8750	26500	8350	26500	13200	39700
19	95	14000	13200	25500	22800	18300	19000	38000	34000								
20	100	16300	15600	28000	25500	21200	21200	45500	40500	6950	21800	10760	33300	10700	33300	15600	48400
21	105	18300	17000	30500	27500												
22	110	20400	19600	33500	30000	27500	26000	56000	50000	7300	23400	11400	36700	11400	36700		
23	115																
24	120	22800	21600	40000	36500	34000	33500	68000	60000	7600	25000	11700	38800	11700	38800		

(2) 하중의 평가

1) 하중계수

베어링에 실제로 걸리는 이론상의 하중은 일반적으로 축이 지지하는 중량, 기어나 벨트에 의하여 전달되는 힘 및 운전 중에 생기는 힘 등에 의하여 결정된다. 실제로는 기계의 진동이나 충격 때문에 계산하중보다 큰 힘이 작용한다. 따라서 이론상의 하중 P_0에 하중계수를 곱한 것을 베어링에 작용하는 실제 하중으로 생각하여 설계한다. 즉,

$$P = P_0 \times f_w \tag{8-41}$$

하중계수 f_w의 값을 표 8-21에 표시한다. 이 밖에 필요에 따라 벨트계수 f_b, 기어계수 f_g를 곱하는 경우도 있다. 벨트계수 f_b : 벨트 전동의 경우에는 전달동력으로부터 유효장력을 알 수 있으나, 이 밖에 벨트의 종류 및 벨트의 장력을 고려한 힘이 부가되므로 $P = f_b P_0$로 하여 f_b를 벨트계수라 한다.

표 8-22는 벨트계수를 표시한 것이다.

| 표 8-21 | 하중계수 f_w의 값

하중 계수 f_w \ 수명 시간 L_h		2000~4000 h	5000~15000 h	20000~30000 h	40000~60000 h
		때때로 사용	단속적으로 사용한다. 항상 계속 사용하지 않는다.	연속적으로 계속 사용한다.	연속운전으로서 중요한 것
1~1.2	충격이 없는 원활한 운전	가정용 정전기 기구, 자전거 핸드그라인더	컨베이어 호이스트 엘리베이터 에스컬레이터 톱날판	일반 펌프 전동축 분리기(seperator) 공작기계 윤전기 정당분밀기 모터 원심분리기	중요한 주전동축 중요한 모터
1.2~1.5	보통의 운전 상태		자동차	철도 차량 전차 소형 엔진 감속 기어장치	배수펌프 제지기계 볼 밀(ball mill) 송풍기 기중기
1.5~2	어느 정도 충격과 진동을 수반한다.		석탄차 압연기		전차주전동기
2~2.5	진동, 충격을 수반하는 운전		건설기계, 진동이 많은 기어 장치	바이브레이터, 조오크러셔 (jaw crusher)	전차구동장치

| 표 8-22 | 벨트계수 f_b

벨트의 종류	벨트계수 f_b
V 벨트	2.0~2.5
1플라이 평벨트(고무, 가죽)	3.5~4.0
2플라이 평벨트(고무, 가죽)	4.5~5.0

기어계수 f_g : 기어전동의 경우에는 전달동력으로부터 피치원주상의 전달력 F가 계산되고 베어링에 작용하는 하중 P_0은 평기어의 경우 압력각을 α라고 하면 $P_0 = F/\cos\alpha$로 계산된다. 실제로 작용하는 하중은 이 밖에 기어의 정밀도에 따라 달라지므로 기어계수 f_g를 곱하여 $P = f_g P_0$로 한다. 표 8-23은 기어계수 f_g를 표시한 것이다.

|표 8-23| 기어계수 f_g

기어의 종류	기어계수 f_g
정밀기계 (피치오차, 형상오차 모두 20 μ 이하의 것)	1.05～1.1
보통기계가공기어 (피치오차, 형상오차 모두 20～200 μ의 것)	1.1～1.3

2) 평균 하중

하중이 일정 방향으로 작용하고, 그 크기가 최대 하중 $P_{\max}$와 최소 하중 $P_{\min}$ 사이를 주기적으로 변동하는 경우에는 다음 식으로 주어지는 평균 하중 P_m을 P_0로 하여 계산한다.

$$P_m = \frac{1}{3}(P_{\min} + 2P_{\max}) \tag{8-42}$$

3) 등가하중

실제의 설계에 있어서는, 예컨대 레이디얼 베어링으로 그다지 크지 않은 스러스트 하중을 지지하는 경우가 있다. 이러한 경우, 스러스트 하중을 이것과 같은 영향을 수명에 주는 레이디얼 하중으로 환산하여 이것을 등가 레이디얼 하중(equivalent radial load)이라고 부르며, 이 등가 레이디얼 하중으로 수명을 계산한다.

마찬가지로 스러스트 베어링에서 레이디얼 하중도 동시에 받는 경우에는 등가 스러스트 하중을 생각할 수 있으나, 보통의 스러스트 베어링은 레이디얼 하중을 받을 수 없고, 스러스트 구면 롤러 베어링만이 스러스트 하중이 있을 때에 한하여 등가 레이디얼 하중을 지지할 수 있다. 레이디얼 하중 F_r과 스러스트 하중 F_a가 동시에 작용하는 경우의 등가 레이디얼 하중 P_r은 다음 식으로 계산한다.

$$P_r = XVF_r + YF_a \tag{8-43}$$

여기서 X: 레이디얼계수(radial factor), Y: 스러스트계수(thrust factor),
V: 회전계수(rotation factor)

회전계수 V는 내륜회전일 때 $V=1$, 외륜회전일 때 $V=1.2$로 잡는다. 대부분 내륜회전이므로 V를 생략한 식을 사용한다. 표 8-24(a)에 레이디얼 볼 베어링에 대한 계수 X, Y의 값을 표시한다.

| 표 8-24 | (a) 계수 V, X 및 Y의 값(KS B 2019)

베어링의 형식		$\frac{iF_a}{C_0}$	$\frac{F_a}{C_0}$	V		X			Y			e	
				내륜 회전 하중	외륜 회전 하중	단열 볼 베어링	복렬 볼 베어링		단열 볼 베어링	복렬 볼 베어링			
						$\frac{F_a}{VF_r}>e$	$\frac{F_a}{VF_r}\leq e$	$\frac{F_a}{VF_r}>e$	$\frac{F_a}{VF_r}>e$	$\frac{F_a}{VF_r}\leq e$	$\frac{F_a}{VF_r}>e$		
깊은 홈 볼 베어링			0.014						2.30		2.30	0.19	
			0.028						1.99		1.99	0.22	
			0.056						1.70		1.70	0.26	
			0.084						1.55		1.55	0.28	
		–	0.11	1	1.2	0.56	1	0.56	1.45	0	1.45	0.30	
			0.17						1.31		1.31	0.34	
			0.28						1.15		1.15	0.38	
			0.42						1.04		1.04	0.42	
			0.56						1.00		1.00	0.44	
앵귤러 볼 베어링												단열	복렬
	$\alpha=5°$	0.014							2.30	2.78	3.74	0.19	0.23
		0.028							1.99	2.40	3.23	0.22	0.26
		0.056							1.71	2.07	2.78	0.26	0.30
		0.085							1.55	1.87	2.52	0.28	0.34
		0.11	–	1	1.2	0.56	1	0.78	1.45	1.75	2.36	0.30	0.36
		0.17							1.31	1.58	2.13	0.34	0.40
		0.28							1.15	1.39	1.87	0.38	0.45
		0.42							1.04	1.26	1.69	0.42	0.50
		0.56							1.00	1.21	1.63	0.44	0.52
	$\alpha=10°$	0.014							1.88	2.18	3.06	0.29	
		0.029							1.71	1.98	2.78	0.32	
		0.057							1.52	1.76	2.47	0.36	
		0.086							1.41	1.63	2.29	0.38	
		0.11	–	1	1.2	0.46	1	0.75	1.34	1.55	2.18	0.40	
		0.17							1.23	1.42	2.00	0.44	
		0.29							1.10	1.27	1.79	0.49	
		0.43							1.01	1.17	1.64	0.54	
		0.57							1.00	1.16	1.63	0.54	
	$\alpha=15°$	0.015							1.47	1.65	2.39	0.39	
		0.029							1.40	1.57	2.28	0.40	
		0.058							1.30	1.46	2.11	0.43	
		0.087							1.23	1.38	2.00	0.46	
		0.12	–	1	1.2	0.44	1	0.72	1.19	1.34	1.93	0.47	
		0.17							1.12	1.26	1.82	0.50	
		0.29							1.02	1.14	1.66	0.55	
		0.44							1.00	1.12	1.63	0.56	
		0.58							1.00	1.12	1.63	0.56	
	$\alpha=20°$	–	–	1	1.2	0.43	1	0.70	1.00	1.09	1.63	0.57	
	$\alpha=25°$			1	1.2	0.41	1	0.67	0.87	0.92	1.41	0.68	

$\alpha=30°$			1	1.2	0.39	1	0.63	0.76	0.78	1.24	0.80
$\alpha=35°$			1	1.2	0.37	1	0.60	0.66	0.66	0.07	0.95
$\alpha=40°$			1	1.2	0.35	1	0.57	0.57	0.55	0.93	1.14
자동 조심 볼 베어링	–	–	1	1	0.40	1	0.65	0.4cotα	0.42cotα	0.65cotα	1.5tanα
마그니토 볼 베어링	–	–	1	1	0.5	–	–	2.5	–	–	0.2

주 단열 볼 베어링에 대하여 $F_a/VF_r \leq e$ 의 경우에는 $X=1$, $Y=0$으로 한다.
비고 표에 표시되어 있지 않은 하중 및 호칭접속각에 대한 X, Y 및 e 의 값은 비례보간법에 의하여 구한다.

|표 8-24| (b) X, Y의 값

베어링 형식	베어링 번호	$F_a/F_r \leq e$		$F_a/F_r > e$		e
		X	Y	X	Y	
테이퍼 롤러 베어링	30203～30204	1	0	0.4	1.75	0.34
	05～ 08				1.6	0.37
	09～ 22				1.45	0.41
	24～ 30				1.35	0.44
	30302～30303				2.1	0.28
	04～ 07				1.95	0.31
	08～ 24				1.75	0.34
복렬 자동 조심 레이디얼 볼 베어링	1200～1203	1	2	0.65	3.1	0.31
	04～ 05		2.3		3.6	0.27
	06～ 07		2.7		1.2	0.23
	08～ 09		2.9		4.5	0.21
	10～ 12		3.4		5.2	0.19
	13～ 22		3.6		5.6	0.17
	24～ 30		3.3		5	0.2
	1300～1303		1.8		2.8	0.24
	04～ 05		2.2		3.4	0.29
	06～ 09		2.5		3.9	0.25
	10～ 24		2.8		4.3	0.23
	25～ 28		2.6		4	0.24

또 테이퍼 롤러 베어링과 복렬 자동 조심 레이디얼 볼 베어링의 베어링 번호에 따른 X, Y의 값을 표 8-24(b)에서 구해도 좋다. 표 8-25는 레이디얼 롤러 베어링에 대한 X, Y의 값을 표시한 것이다.

또 그림 8-25와 같이 단열 앵귤러 볼 베어링이나 테이퍼 롤러 베어링이 접촉각이 서로 반대가 되도록 부착되어 있는 경우에는 레이디얼 하중의 축방향 분력이 스러스트 하중으로 되어 서로 상대방의 베어링에 작용하므로 등가 레이디얼 하중을 계산할 필요가 있다. 이 경우의 등가 레이디얼 하중은 다음과 같이 계산한다.

① $\dfrac{F_{r1}}{2Y_1} \le \dfrac{F_{r2}}{2Y_2} + F_a$일 때

$$P_{r1} = X_1 F_{r1} + Y_1\left(\frac{F_{r2}}{2Y_2} + F_a\right) \tag{8-44}$$

$$P_{r2} = F_{r2}$$

② $\dfrac{F_{r1}}{2Y_1} > \dfrac{F_{r2}}{2Y_2} + F_a$일 때

$$P_{r1} = F_{r1} \tag{8-45}$$

$$P_{r2} = X_2 F_{r2} + Y_2\left(\frac{F_{r1}}{2Y_1} - F_a\right)$$

여기서 P_{r1}, P_{r2} : 베어링 1, 2에 작용하는 등가 레이디얼 하중

F_{r1}, F_{r2} : 베어링 1, 2에 작용하는 레이디얼 하중, F_a : 외부에서 가해지는 스러스트 하중

X_1, X_2 : 베어링 1, 2의 레이디얼 계수, Y_1, Y_2 : 베어링 1, 2의 스러스트 계수

$\dfrac{F_r}{2Y}$: 레이디얼 하중 F_r에 의하여 생기는 스러스트 하중

표 8-25 계수 V, X 및 Y의 값(KS B 2019)

베어링의 형식	V		X				Y				e
	내륜 회전 하중	외륜 회전 하중	단열 롤러 베어링		복렬 롤러 베어링		단열 롤러 베어링		복렬 롤러 베어링		
			$\frac{F_a}{VF_r} \le e$	$\frac{F_a}{VF_r} > e$	$\frac{F_a}{VF_r} \le e$	$\frac{F_a}{VF_r} > e$	$\frac{F_a}{VF_r} \le e$	$\frac{F_a}{VF_r} > e$	$\frac{F_a}{VF_r} \le e$	$\frac{F_a}{VF_r} > e$	
자동 조심 롤러 베어링, 테이퍼 롤러 베어링 $\alpha \ne 0$	1	1.2	1	0.4	1	0.67	0	0.40 $\cot\alpha$	0.45 $\cot\alpha$	0.67 $\cot\alpha$	$1.5\tan\alpha$

주 $\alpha=0$일 때에도 $F_a=0$, $X=1$

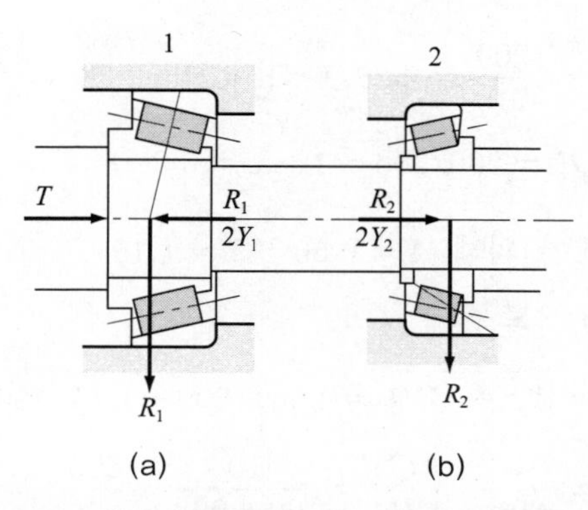

그림 8-25 테이퍼 롤러 베어링의 등가 레이디얼 하중

예제 8-4 회전속도 300 rpm으로 베어링 하중 110 kg을 받는 단열 레이디얼 볼 베어링을 선정하라. 단, 수명을 60,000시간으로 하고, 하중계수를 1.5로 하라.

풀이 수명 $L_h = 60000$시간이므로 정격수명 L은 식 (8-38)로부터

$$L = \frac{60nL_h}{10^6} = \frac{60 \times 300 \times 60000}{10^6} = 1080(10^6 \text{회전단위})$$

$$f_h = \sqrt[3]{\frac{L_h}{500}} = \sqrt[3]{\frac{60000}{500}} \fallingdotseq 4.93$$

$$f_n = \sqrt[3]{\frac{33.3}{n}} = \sqrt[3]{\frac{33.3}{300}} \fallingdotseq 0.48$$

$$P = P_0 \times f_w = 110 \times 1.5 = 165\,(\text{kg})$$

$$C = \frac{f_h}{f_n} \times P = \frac{4.93}{0.48} \times 165 = 1694.7\,(\text{kg})\text{을 얻는다.}$$

그러므로 표 8-20으로부터 No. 6207($C = 2000$ kg) 또는 No. 6306($C = 2180$ kg)을 선정하면 된다.

예제 8-5 다음의 조건에서 베어링 6205를 사용할 경우 정격수명을 계산하라. 반지름 방향 하중 $F_r = 200$ kg, 축방향 하중 $F_a = 200$ kg, 내륜 회전수 $n = 900$ rpm

풀이 치수표로부터 $C = 1090$ kg, $C_0 = 710$ kg

두 방향의 하중을 모두 받으므로 동등가하중을 구하여야 한다.

$$\frac{F_a}{C_0} = \frac{200}{710} = 0.28 \text{ 따라서 } e \fallingdotseq 0.38$$

$$F_a/F_r = 200/200 = 1 > e = 0.38$$

그러므로 치수표에 의해 $X = 0.56 \quad Y = 1.15$

따라서 식 (8-43)으로부터

$$P_r = XF_r + YF_a = 0.56 \times 200 + 1.15 \times 200 = 342 \text{ kg}$$

$$L_h = \frac{10^6}{60n} \cdot \left(\frac{C}{P}\right)^3 = \frac{10^6}{60 \times 900}\left(\frac{1090}{342}\right)^3 = 600(\text{h})$$

예제 8-6 6200형의 단열 레이디얼 볼 베어링을 사용하여, 850 rpm으로 레이디얼 하중 250 kg, 스러스트 하중 120 kg을 동시에 받게 하고, 요구수명을 10000시간이라고 할 때, 이에 적합한 베어링을 선정하라.

풀이 표 8-24에서 F_a/C_0의 C_0의 값을 알 수 없으므로, X, Y의 값을 구할 수 없다. 그러므로 X, Y의 값을 가정하여 계산하고 베어링을 선정한 다음, 그 베어링에 대하여 요구조건을 만족하는가를 검토하는 방법을 쓴다.

X, Y의 값을 가정하기 위해 F_a/F_r를 구해 보면 $F_a/F_r = 120/250 = 0.48$이 되어 e의 값과 견주어볼 때 $F_a/F_r > e$가 될 가능성이 많으므로 X, Y의 값을 가정한다. 보통 표의 중앙치를 잡아 계산하는 것이 좋다.

$X = 0.56$, $Y = 1.55$로 가정하여 계산해보자. 식 (8-43)에 의하여

$$P = XF_r + YF_a = 0.56 \times 250 + 1.55 \times 120 = 326(\text{kg})$$

수명 10000시간에 대한 수명계수 f_h는

$$f_h = \sqrt[3]{\frac{L_h}{500}} = \sqrt[3]{\frac{10000}{500}} = 2.71$$

회전속도 850 rpm에 대한 속도계수 f_n은

$$f_n = \sqrt[3]{\frac{33.3}{n}} = \sqrt[3]{\frac{33.3}{850}} = 0.34$$

따라서 필요한 기본 부하용량 C는 식 (8-39)로부터

$$C = \frac{f_h}{f_n} P = \frac{2.71}{0.34} \times 326 = 2598\,(\mathrm{kg})$$

그러므로 표 8-20으로부터 No. 6210($C = 2770$ kg)을 일단 선정할 수 있다. 이것은 가정에 의하여 선정한 것이므로 베어링의 요구조건을 만족하는가를 검토하여야 한다.

No. 6210의 $C_0 = 2110$ kg(표 8-21)이므로

$$\frac{F_a}{C_0} = \frac{120}{2110} = 0.057$$

따라서 표 8-24(a)에서 근사적으로 $e = 0.26$이 되며 $F_a/F_r = 0.48 > 0.26$이므로 등가 레이디얼 하중을 계산하여야 한다. 이때에 $X = 0.56$, $Y = 1.70$을 얻는다. 그러므로

$$P_r = XF_r + YF_a = 0.56 \times 250 + 1.70 \times 120 = 344\,(\mathrm{kg})$$

$$\therefore\ f_h = f_n \frac{C}{P} = 0.34 \times \frac{2770}{344} = 2.738$$

따라서 수명시간 L_h는

$$L_h = 500 f_h^3 = 500 \times 2.738^3 = 10262(\text{시간}) > 10000(\text{시간})$$

이 되어 요구수명을 만족하므로 선정한 No. 6210이 적합함을 알 수 있다. 따라서 비로소 No. 6210을 선정하게 된다.

참고 검산 결과가 문제의 요구조건에 미달이거나 너무 차가 클 때에는 처음의 X, Y의 가정을 변경하여 다시 계산하거나, 또는 베어링 번호를 변경하여 다시 검산한다. 또한 등가하중인 베어링 하중에도 조건에 따라 하중계수를 곱하여 계산하기도 한다.

(3) 베어링의 정밀도 등급 및 끼워맞춤

구름 베어링으로 지지된 회전축의 정밀도는 축, 하우징의 정밀도도 영향을 미치지만 베어링의 정밀도에 따라 크게 좌우되는 것이다. 이 때문에 구름 베어링의 정밀도는 기계부품으로서는 가장 높은 것의 하나이며, 보통의 용도에는 베어링의 정밀도 등급으로서 가장 낮은 것(0급)이라도 충분히 만족할 수 있도록 규정되어 있으나, 공작기계의 주축, 고속회전축

등 보다 높은 정밀도를 요하는 분야도 많다. 베어링의 정밀도를 선정함에 있어서는 설계자가 임의로 이를 선정하는 것은 제조원가, 호환성 등의 면에서 바람직한 것이 못 되며, 어느 정도의 제약을 둘 필요가 있다. 이러한 견지에서 국제표준화기구(ISO)에서는 구름 베어링의 정밀도에 관하여 ISO/R199, R492, R577 등에서 표준화하고 있으며 KS에서도 이에 준하여 KS B 2014(구름 베어링의 정밀도)로 표준화하고 있다. 설계자는 표준화된 이들 정밀도 중에서 설계목적에 따라 베어링의 정밀도를 선정하는 것이 바람직하다.

구름 베어링을 부착한 회전기계가 원하는 기능을 발휘하기 위하여 베어링의 정밀도에서 어떠한 특성, 항목을 규정할 것인가에 대하여는 그 기계의 종류, 기능 등에 따라 다를 것이나 ISO, KS 등에서 규정하고 있는 것은 대략 대부분의 사용목적을 만족시킬 수 있는 특성, 다음 두 가지 항목으로 대별된다. 즉, 베어링을 축 및 하우징(housing)에 장착할 때에 필요한 부착관계치수(안지름, 바깥지름, 폭, 조립폭, 모떼기 치수)의 허용차를 규정한 '치수정밀도'와 베어링을 장착하여 회전시켰을 때 회전축의 지름 방향의 흔들림을 규제하는 지표가 될 '회전정밀도'이다.

1) 치수정밀도

구름 베어링을 축 또는 하우징에 장착할 때 관계되는 치수는 안지름(d), 바깥지름(D), 폭(B) 또는 조립폭(T) 및 모떼기 치수(r)이다. 이들 치수(주요 치수)의 허용차를 치수정밀도라 하며, 표 8-26과 같은 것이 있다. 이와 같은 치수정밀도 중 특히 중요한 것은 축 또는 하우징과의 끼워맞춤에 관련되는 안지름 치수허용차와 바깥지름 치수허용차이며, 그 치수공차는 다른 기계부품과 비교하여 보다 정밀하게 규정되어 있다.

|표 8-26| 구름 베어링의 치수정밀도

항목	기호	정의
안지름	d d_m	베어링 안지름의 허용차(2점 측정에 의한 값) d 의 최대치와 최소치의 산술평균치
바깥지름	D D_m	베어링 바깥지름의 허용차(2점 측정에 의한 값) d 의 최대치와 최소치의 산술평균치
폭	B	내륜 또는 외륜폭의 허용차
조립폭	T	베어링 조립폭의 허용차
폭부동	B_p	B 의 최대치와 최소치와의 차

|표 8-27| 레이디얼 베어링 안지름에 대한 끼워맞춤

베어링 등급	축의 종류와 등급								
	내륜 회전하중 및 축방향 부정하중의 경우							외륜 회전하중의 경우	
0급, 6급	r6	p6	n6	m5 m6	k5 k6	j5 j6	h5	h6	g6
5급, 4급	–	–	–	m4 m5	k4 k5	j4 j5	–	–	–

|표 8-28| 레이디얼 베어링 바깥지름에 대한 끼워맞춤

베어링 등급	구멍의 종류와 등급												
	내륜 회전하중의 경우							축방향 부정하중의 경우			외륜 회전하중의 경우		
0급, 6급	P6	N6	M6	–	J6	H7 H8	G7	H7	K6 K7	J6 J7	P7	N7	M7
5급, 4급	–	N5	M5	K6	J6	–	–	–	–	–	–	–	–

베어링의 안지름, 바깥지름의 치수차는 다른 기계부품이 KS B 0401(치수공차 및 끼워맞춤)로 규정되는 것에 대하여 약간 다르게 독자적으로 따로 정해져 있다(KS B 2014, KS B 2051). 즉 레이디얼 베어링 안지름에 대한 끼워맞춤은 표 8-27과 같다. 또 레이디얼 베어링 바깥지름에 대한 끼워맞춤은 표 8-28과 같다.

또한 진원도, 원통도 등과 같은 형상오차는, 다른 일반 기계부품에서는 KS B 0425(모양 및 위치의 정밀도의 정의 및 표시)로 표시되는 것에 대하여, 베어링에서는 평균치의 허용차(d_m 또는 D_m)와 최대치, 최소치의 허용차(d 또는 D)로 주어지는 독자적인 방식을 채용하고 있다. 그 밖에 베어링 안지름 면이 테이퍼로 되어 있는 베어링에 대하여는 이 테이퍼 구멍의 치수허용차와 테이퍼 각도 오차를 표시하는 허용차도 규정되어 있다.

2) 회전정밀도

베어링으로 지지된 회전계의 회전중심축의 흔들림에 영향을 주는 특성을 회전정밀도라 하며 표 8-29와 같은 것이 있다. 회전정밀도의 정확한 정의는 KS B 2015(구름 베어링의 측정방법) 등에 따라 특정한 측정방법으로 얻어지는 측정치로 주어지는 것이며, 여러 가지의 형상오차, 위치오차 및 상호차를 곱한 것으로 되어 있다. 그 오차의 규제 내용은 다음과 같다.

|표 8-29| 구름 베어링의 회전정밀도

항목	기호	정의
내륜의 레이디얼 흔들림	R_i	외륜을 정지시키고, 내륜을 회전시켰을 때의 외륜의 레이디얼 방향의 움직임
외륜의 레이디얼 흔들림	R_e	내륜을 정지시키고, 외륜을 회전시켰을 때의 내륜의 레이디얼 방향의 움직임
내륜의 옆흔들림	S_i	내륜 안지름에 대한 끝 면의 직각도
외륜의 바깥지름 면의 기울기	S_e	외륜 끝 면에 대한 바깥지름 면의 직각도
내륜의 축방향 흔들림	A_i	외륜을 정지시키고, 내륜을 회전시켰을 때의 내륜의 축방향의 움직임
외륜의 축방향 흔들림	A_e	내륜을 정지시키고, 외륜을 회전시켰을 때의 축방향의 움직임

① **내륜 또는 외륜의 레이디얼 흔들림(R_i 또는 R_e)** : 레이디얼 흔들림이란 내륜 안지름 또는 외륜 바깥지름에 대한 내륜 또는 외륜의 궤도면의 편심량을 주로 규정하기 위한 특성이며, 궤도면의 형상오차 및 전동체의 지름의 상호차도 영향을 미치고 있다.

② **내륜의 옆흔들림(S_i) 및 외륜의 바깥지름의 기울기(S_e)** : 이 특성은 베어링의 안지름 또는 바깥지름에 대한 궤도륜 끝 면의 직각과의 오차(직각도)를 규제하는 것이나, 치수정밀도의 폭부동(B_p)도 이 측정치에 영향을 준다.

③ **내륜 또는 외륜의 축방향 흔들림(A_i 또는 A_e)** : 축방향 흔들림이란, 베어링 중심선에 대한 내륜 또는 외륜 궤도면의 직각도를 규정한 것으로서, 레이디얼 흔들림과 마찬가지로 궤도면, 전동체의 형상오차도 규정된 측정방법으로 가산되는 것이다.

3) 베어링의 정밀도 등급

베어링으로 지지된 회전축이 고속으로 될수록, 또 진동을 적게 억제하려고 할수록 베어링의 주요 치수의 허용차를 작게 하고 회전정밀도를 높여야 한다. 그러므로 베어링에는 정밀도에 몇 단계의 등급이 설정되어 있으며, 등급이 높아질수록 치수공차, 회전정밀도의 허용차가 단계적으로 작게 되어 있다.

KS에 규정되어 있는 정밀도 등급은 0급, 6급, 5급, 4급이며, 이 순서로 정밀도가 높아진다. 0급은 보통급, 6급은 상급, 5급은 정밀급, 4급은 초정밀급이다. 일반적인 용도에는 0급

|표 8-30| 베어링 형식과 정밀도 등급

베어링 형식	정밀도 등급			
깊은 홈 볼 베어링	0급	6급	5급	4급
앵귤러 볼 베어링	0급	6급	5급	4급
자동 조심 볼 베어링	0급	–	–	–
마그니토 볼 베어링	0급	6급	5급	–
원통 롤러 베어링	0급	6급	5급	4급
테이퍼 롤러 베어링	0급	6급	5급	–
자동 조심 롤러 베어링	0급	–	–	–
니들 롤러 베어링	0급	–	–	–

으로 충분히 만족할 수 있는 기능이 얻어진다. 공작기계의 주축, 정밀기기 등에서 축의 흔들림을 특히 작게 해야 할 경우, 또는 dn 값(d : 베어링의 안지름 mm, n : 축의 rpm)이 10^6 정도의 고속회전의 것에는 4급, 5급을 선정한다. 6급은 위의 중간적인 사용조건의 경우에 사용한다. 베어링의 형식에 적용되는 등급은 표 8-30과 같다. 등급이 표시되어 있지 않은 곳은 그 형식의 베어링으로는 제조상 높은 정밀도를 얻을 수 없거나, 또는 그와 같은 높은 정밀도를 필요로 하는 곳에는 사용하지 않는 것이 바람직하다는 것을 표시하는 것이다.

그러나 구름 베어링을 사용하는 분야도 넓어지고, 또한 고정밀도의 등급의 요구도 점차로 많아지고 있으므로, 외국에서는 국가 규격 이외에 업계에서 조직한 협회 등에서 제정하는 규격도 있고, 또는 각 제조업체에서 독자적으로 규격을 제정하여 이 요청에 응하고 있는 실정이다. 따라서 베어링 제조업체는 국가 규격 이외에 더욱 고정밀도의 베어링을 개발하기 위하여 필요한 규격을 독자적으로 제정하고 그 제작에 전념하여 고도의 기계공업 발전에 이바지하도록 노력해야 할 것이다.

위에서 설명한 바와 같은 베어링의 치수정밀도, 회전정밀도를 ISO에서는 R1132에서 정의하고, 각국의 국가 규격에서는 이 정의에 합치하도록 측정치수를 제정하고, 그 측정방법을 규격화하고 있다. KS에서는 KS B 2015(구름 베어링의 측정방법)에 상세히 규정되어 있다.

(4) 구름 베어링의 사용 한계속도

구름 베어링을 연속적으로 사용하는 경우, 많은 경험으로부터 베어링의 형식, 윤활방법 등에 의하여 일정한 허용 한계속도가 있다는 것이 알려져 있다. 이 한계속도는 속도지수 dn 으로 주어진다. d 는 베어링의 안지름(mm)이고, n 은 매분당 회전수(rpm)이다.

이 dn 값은 베어링 제조업체의 카탈로그에 기재되어 있으므로, 이에 따라 윤활방법에 의한 한계속도를 넘지 않도록 사용하여야 한다. 표 8-31은 dn 값을 표시한 것이다.

| 표 8-31 | 윤활방법과 한계 dn 값

베어링 형식	그리스 윤활	기름 윤활				
		유욕비말	적하무상	강제	분무	제트
단열 고정형 레이디얼 볼 베어링	200000	300000	400000(1)	600000(4)	700000(4)	1000000(4)
자동 조심 복렬 볼 베어링	150000	250000	400000(1),(2)	–	–	–
단열 앵귤러 볼 베어링	200000	300000	400000(1)	600000(4)	700000(4)	1000000(4)
원통 롤러 베어링	150000	300000	400000(1)	600000(4)	700000(4)	1000000(4)
테이퍼 롤러 베어링	100000	200000	250000(1)	300000(4)	–	–
주면 롤러 베어링	100000	200000		300000(2)	–	–
스러스트 볼 베어링	100000	150000		200000(2),(3)	–	–

주 (1) KS 상급 이상의 정밀도의 베어링을 사용할 것.
(2) 절삭가공 리테이너를 가진 베어링을 사용할 것.
(3) 가벼운 상압을 가하여 조립할 것.
(4) 정밀급 이상의 고속용 리테이너를 가진 베어링을 사용할 것.

연습문제

1. 끝 저널 베어링이 베어링 하중 3000 kg을 받고 있다. 폭지름비를 1.2로 하고 저널의 허용 굽힘응력을 6 kg/mm^2라고 할 때, 이 베어링의 지름과 폭(또는 길이)을 구하라. 또 이때의 베어링 압력을 계산하라.

2. 배빗 메탈을 라이닝한 저널 베어링으로 지름 50 mm의 전동축을 지지한다. 최대 허용 베어링 압력을 0.6 kg/mm^2 폭지름비를 2.0이라고 할 때 최대 베어링 하중을 구하라.

3. 끝 저널 베어링에서 폭지름비가 1.5, 저널에 생기는 최대 굽힘응력이 4 kg/mm^2일 때 베어링 압력은 얼마인가?

4. 회전속도 600 rpm, 베어링 하중 1260 kg의 저널 베어링의 지름과 폭을 결정하라. 단, 허용 베어링 압력 0.1 kg/mm^2, 폭지름비 2.0으로 한다.

5. 베어링 하중 600 kg을 지지하는 끝 저널 베어링의 지름과 폭을 구하라. 단, 저널의 허용 굽힘응력을 4 kg/mm^2, 허용 베어링 압력을 0.2 kg/mm^2로 한다.

6. 지름 150 mm, 길이 240 mm인 공기압축기의 메인 베어링이 270 rpm으로 4100 kg의 최대 베어링 하중을 지지하고 있다. 최대 베어링 압력과 pv 값을 계산하라.

7. 안지름 50 mm, 길이 80 mm의 청동제 베어링 메탈을 끼운 저널 베어링을 회전속도 300 rpm의 전동축에 사용할 때, 안전하게 지지할 수 있는 최대 베어링 하중을 구하라. 단, 허용 pv 값을 0.1 $kg/mm^2 \cdot m/s$로 한다. 또 마찰계수를 $\mu = 0.06$이라고 하면 손실동력은 몇 kW인가?

8. 회전속도 125 rpm으로 레이디얼 하중 5500 kg을 받는 끝 저널 베어링의 지름과 폭을 결정하라. 단, 저널의 허용 굽힘응력은 6 kg/mm^2, 허용 베어링 압력은 0.6 kg/mm^2이다. 또한 동시에 pv 값을 0.2 $kg/mm^2 \cdot m/s$로 제한하면 어떻게 되는가?

9. 420 rpm으로 1800 kg을 지지하는 끝 저널 베어링의 지름과 폭을 결정하라. 단, 허

용 베어링 압력 0.5 kg/mm^2, 저널의 허용 굽힘압력 5.5 kg/mm^2, 허용 pv 값을 0.25 $kg/mm^2 \cdot m/s$로 한다.

10. 회전속도 900 rpm으로 530 kg의 베어링 하중을 받는 끝 저널 베어링의 지름과 폭을 구하라. 또 저널에 생기는 굽힘응력 및 마찰손실동력을 구하라. 단, 허용 베어링 압력 $p = 0.085$ kg/mm^2, 허용 pv 값을 0.2 $kg/mm^2 \cdot m/s$, 마찰계수 $\mu = 0.006$으로 한다.

11. 선박용 디젤 엔진의 칼라 베어링이 420 rpm으로 900 kg의 스러스트 하중을 받고 있다. 베어링 압력과 pv 값을 계산하라. 단, 칼라의 수 1, 축지름 100 mm, 칼라의 지름 220 mm이다.

12. 500 rpm으로 350 kg의 스러스트 하중을 받는 칼라 스러스트 베어링이 있다. 축지름 60 mm, 칼라의 수 1일 때, 칼라의 바깥지름을 결정하라. 단, 허용 pv 값을 0.1 $kg/mm^2 \cdot m/s$로 한다.

13. 선박의 프로펠러 축의 지름이 200 mm이고, 10000 kg의 스러스트 하중을 받는다. 이에 사용할 칼라 스러스트 베어링의 칼라의 지름이 325 mm이고 최대 허용압력을 0.04 kg/mm^2라고 할 때, 필요한 칼라의 수를 결정하라.

14. 선박용 디젤 엔진의 칼라 베어링이 140 rpm으로 415 kg의 스러스트 하중을 받고 있다. 축지름 90 mm, 칼라의 지름 170 mm일 때, 필요한 칼라의 수를 결정하라. 단, 허용 pv 값을 0.05 $kg/mm^2 \cdot m/s$로 한다.

15. 축지름 160 mm, 칼라의 지름 280 mm, 칼라의 수가 2인 칼라 스러스트 베어링은 최대 몇 kg의 스러스트 하중을 받을 수 있는가? 또 이때 회전속도는 몇 rpm까지 허용할 수 있는가? 단, 허용 베어링 압력 0.06 kg/mm^2, 허용 pv 값 0.1 $kg/mm^2 \cdot m/s$이다.

16. 300 rpm으로 회전하는 지름 125 mm의 수직축의 하단을 피봇 베어링으로 지지하고 있다. 피봇 저널의 밑면은 바깥지름 120 mm, 안지름(또는 오목부의 지름) 50 mm이

다. 이 베어링이 지지할 수 있는 스러스트 하중을 구하라. 또 마찰계수를 0.012라고 하면 마찰손실 동력은 몇 kW인가? 단, 허용 베어링 압력 0.15 kg/mm^2, 허용 pv 값은 0.15 kg/mm^2 · m/s이다.

17. 기본 부하용량의 $\frac{1}{3}$ 크기의 레이디얼 하중이 작용하는 레이디얼 볼 베어링의 수명은 몇 회전인가?

18. 단열 레이디얼 볼 베어링 No. 6207에 300 rpm으로 20000시간까지 사용하기 위한 최대 베어링 하중을 구하라.

19. 단열 레이디얼 볼 베어링 No. 6204에 400 rpm으로 25000시간의 수명을 주려고 한다. 이 베어링에 작용시킬 수 있는 최대 하중을 구하라. 단, 약간의 진동이 있는 운전 상태에서 사용하는 것으로 한다.

20. 회전속도 200 rpm으로 베어링 하중 150 kg을 지지하는 복렬 자동 조심 볼 베어링을 선정하라. 단, 수명은 30000시간으로 하고, 약간의 충격이 있는 운전 상태로 사용한다.

21. 베어링 하중 200 kg을 복렬 자동 조심 볼 베어링으로 지지하고, 회전속도 300 rpm으로 어느 정도의 충격을 수반하고 연속적으로 사용된다고 하면 어떤 번호의 베어링이 적당한가? 단, 수명시간은 30000시간이다.

22. 레이디얼 하중 500 kg, 스러스트 하중 210 kg을 회전속도 200 rpm으로 지지하고, 요구수명을 20000시간이라고 할 때, 이에 적합한 단열 레이디얼 볼 베어링을 선정하라.

23. 단열 레이디얼 볼 베어링 No. 6207이 베어링 하중 250 kg을 받고 150 rpm으로 회전할 때 수명은 몇 시간인가? 단, 충격이 없는 원활한 운전 상태에서 사용된다. 또 이 경우에 스러스트 하중 165 kg이 동시에 작용한다면 수명은 몇 시간으로 되는가?

24. 복렬 자동 조심 볼 베어링 No. 1310에 유욕윤활로써 40000시간의 수명을 주려고 한다. 이 베어링의 최고 사용 회전속도와 그때의 최대 베어링 하중을 구하라.
단, 회전수 200 rpm이다.

25. 복렬 자동 조심 볼 베어링 No. 1306이 500 rpm으로 100 kg의 레이디얼 하중과 20 kg의 스러스트 하중을 받고 있다. 이 베어링의 수명시간을 계산하라. 단, 충격이 없는 정숙한 운전 상태라고 한다.

26. 1300형의 복렬 자동 조심 볼 베어링으로 300 kg의 레이디얼 하중과 100 kg의 스러스트 하중을 지지한다. 회전속도 300 rpm으로 30000시간의 수명을 줄 때 이 베어링을 선정하라. 단, 보통의 운전 상태라고 한다.

27. 레이디얼 하중 600 kg과 스러스트 하중 260 kg을 동시에 받으면서 250 rpm으로 회전하는 단열 레이디얼 볼 베어링을 선정하라. 단, 요구수명은 18000시간이다.

28. 원통 롤러 베어링 No. 206이 500 rpm으로 180 kg의 베어링 하중을 지지하고 있다. 이 경우의 수명시간을 계산하라. 단, 보통의 운전 상태에서 사용한다.

29. 복렬 자동 조심 볼 베어링 No. 1212가 200 kg의 레이디얼 하중과 30 kg의 스러스트 하중을 동시에 받고 300 rpm으로 회전한다. 이 베어링의 수명시간을 구하라. 단, 보통의 운전 상태로 한다.

30. No. 1300형의 복렬 자동 조심 볼 베어링 중에서 다음의 조건에 적합한 것을 선정하라.

- 레이디얼 하중 250 kg과 스러스트 하중 80 kg을 동시에 받는다.
- 회전속도는 300 rpm이다.
- 요구수명은 28000시간이다.
- 운전 상태는 보통이다.

9 마찰전동장치

9.1 마찰차의 기본사항

9.1.1 마찰차의 기능

마찰에 의하여 회전을 전달시키는 바퀴를 마찰차라 부른다. 마찰차는 2축에 적당한 형태의 바퀴를 설치하여 직접 접촉시키든지 중간체를 중계로 하여 간접적으로 서로 밀어붙여서 마찰력을 이용하여 양축 간에 동력을 전달시킨다. 그러나 접촉면이 매끈하기 때문에 운전 중 접촉을 분리시키지 않고 바퀴를 이동시킬 수 있고, 지름을 자유로 변경시킬 수 있으며 주어진 범위 내에서 연속 직선적으로 변속시킬 수 있는 장치를 용이하게 얻을 수 있는 특징이 있으므로 무단 변속장치에 응용된다. 여기에 대해서는 따로 자세히 설명하기로 한다. 따라서 응용범위는 대개 다음과 같다.

① 전달하여야 할 힘이 그다지 크지 않고 속비를 중요시하지 않은 경우
② 회전속도가 커서 보통의 기어를 사용할 수 없는 경우
③ 양축 사이를 빈번히 단속할 필요가 있는 경우
④ 무단변속을 하는 경우

따라서 마찰자의 실용적인 것은 구별하면 다음과 같다.

① 평 마찰차(spur friction wheel)는 2축이 평행하고 바퀴는 원통형이다.
② 홈 마찰차(구 마찰차 : grooved friction wheel)는 2축이 평행하다.
③ 원추 마찰차(산 마찰차 : bevel friction wheel)는 2축이 어느 각도로서 서로 만나고 있으며 바퀴는 원뿔형이다.

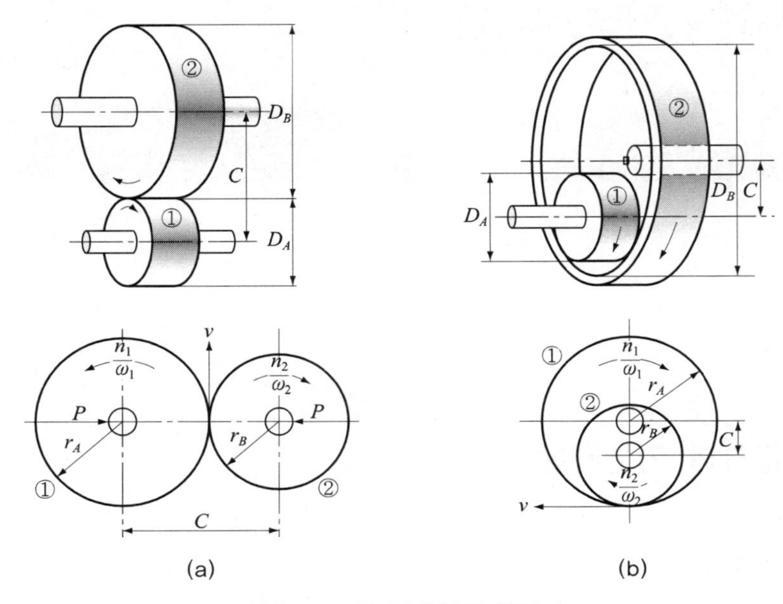

그림 9-1 평 마찰차의 회전비

④ 변속 마찰차(variable speed friction wheel)

9.1.2 마찰차의 종류

(1) 일정속비의 전동

① 원통 마찰차 : 주로 평행 2축 간의 전동

② 구 마찰차 : 평행 또는 교차하는 2축 간의 전동

(2) 가변속비의 전동

원반, 원추, 원통, 구, 기타 적당한 형태의 마찰차를 사용하여 무단변속시키는 마찰차.

9.2 원통 마찰차

9.2.1 평 마찰차

(1) 회전비(velocity ratio)

양원통 마찰차가 완전한 구름접촉을 하여 완전히 미끄럼이 없다고 하면 표면 속도는 같다. 즉, 원동풀리는 종동풀리를 접속선에 있어서 마찰에 의하여 밀착시켜서 같은 속도로 회전작용을 계속적으로 한다.

그림 9-1에서 r_A, r_B를 양 풀리의 반지름, ω_A, ω_B를 그 각속도, 매분의 회전수를 각각 n_A, n_B라 하면

$$\omega_A = \frac{2\pi}{60} n_A, \quad \omega_B = \frac{2\pi}{60} n_B$$

$$\frac{\omega_A}{\omega_B} = \frac{n_A}{n_B}$$

속도 $V = r_A \omega_A = r_B \omega_B$

$$\therefore \ \frac{r_B}{r_A} = \frac{\omega_A}{\omega_B} = \frac{n_A}{n_B} = \frac{D_B}{D_A} \tag{9-1}$$

즉, 회전수는 지름에 반비례한다. 그림 9-1의 (a)와 같이 외접하는 경우는 회전 방향이 서로 반대이고 양 중심거리 C는 다음 식으로 주어진다.

$$C = \frac{D_A + D_B}{2} = r_A + r_B \tag{9-2}$$

(b)와 같이 내접촉 평 마찰차(internal spur friction wheel)에서는 회전 방향이 같고, 두 축 사이의 중심거리는 다음 식으로 주어진다.

$$C = \frac{D_B - D_A}{2} = r_B - r_A \, (D_B > D_A) \tag{9-3}$$

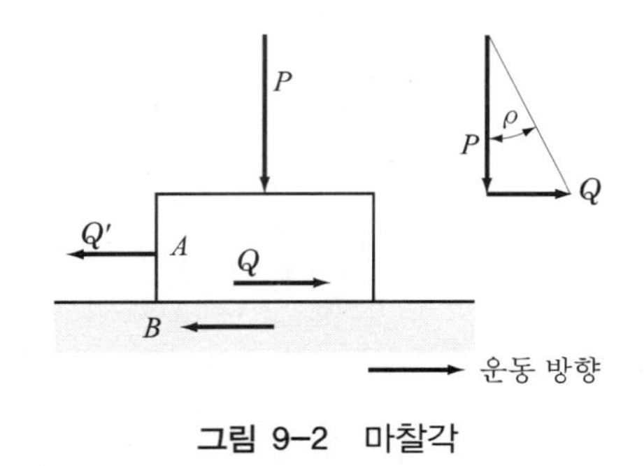

그림 9-2 마찰각

(2) 마찰에 의한 전동마력

일반적으로 그림 9-2에서 도시한 것은 2개의 물체의 표면을 P의 힘으로써 밀어붙인 상태이다. 이 2개의 물체 A, B를 활동시킬 때, 블록 A에는 접촉면에 Q의 힘이 도시한 방향으로 작용하고 B에는 Q'의 힘이 도시한 방향으로 작용한다. 이 Q와 Q'의 크기는 같고 방향이 서로 반대이다. 그리고 그 방향은 운동을 방해하는 방향이다. 또한 A를 움직이게 하는 것을 반대하는 마찰력은 Q이고 P와 Q 사이에 다음 관계가 있다.

$$Q = \mu P \qquad \therefore\ \mu = \frac{Q}{P} = \tan\rho \tag{9-4}$$

μ를 이 2개의 물체 사이의 마찰계수라 하고 ρ를 마찰각이라 부른다.

따라서 그림 9-3에 있어서 2개의 마찰차를 P의 힘으로 밀어붙이면 접촉점에서 $Q = \mu P$의 마찰력이 생기고 이 Q의 힘으로 종동차를 회전시킬 수가 있다. 즉, 종동마찰차를 회전시키는 데 필요한 접선력이 μP보다 작으면 동력을 전달시킬 수가 있다.

그러나 종동마찰차에 큰 저항이 걸리고 이것을 회전시키는 힘이 μP보다 큰 경우에는 두 바퀴는 미끄럼이 생기고 동력을 전달시킬 수가 없게 된다.

따라서 전달시킬 수 있는 최대의 접선력은 μP이고 종동마찰차에 허용할 수 있는 최대의 토크는 $T = \mu P \dfrac{D_B}{2}\,[\mathrm{kg \cdot cm}]$이다.

하중의 모멘트가 그 이상이면 바퀴는 미끄러져서 동력은 전달되지 않으며 또 전달시킬 수 있는 최대 마력은 다음 식으로 표시된다.

$$v = \frac{\pi D_A n_A}{100 \times 60} = \frac{\pi D_B n_B}{100 \times 60} = 0.000524 D_B n_B [\mathrm{m/s}] \tag{9-5}$$

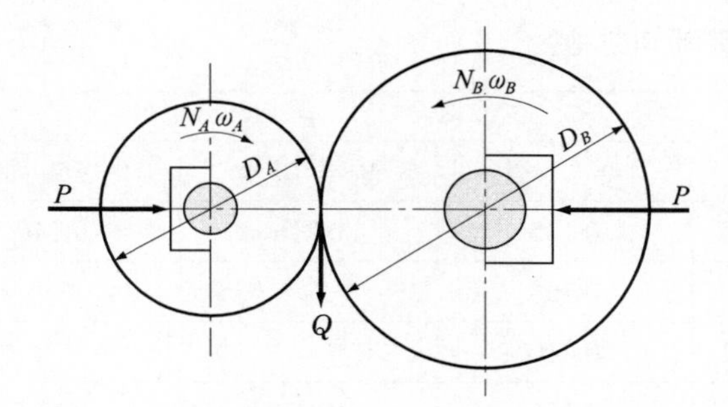

그림 9-3 평 마찰차의 전동마력

단, D_A는 [cm] 단위로 표시한 것이다.

$$\therefore\ H_{ps} = \frac{\mu P \pi D_A n_A}{75 \times 100 \times 60} = \frac{\mu P \pi D_B n_B}{75 \times 100 \times 60}\,[\mathrm{PS}] \tag{9-6}$$

$$\therefore\ H_{ps} = \frac{\mu P \pi D_A n_A}{102 \times 100 \times 60} = \frac{\mu P \pi D_B n_B}{102 \times 100 \times 60}\,[\mathrm{kW}]$$

(3) 접촉선상의 허용응력과 마찰차의 폭

P : 바퀴를 미는 힘, P_0 : 접촉선(cm)마다의 허용압력(kg/mm), b : 바퀴의 폭(cm)이라 하면

$$b \geq \frac{P}{P_0} \qquad P_0 = \frac{P}{b} \tag{9-7}$$

(4) μ의 값과 양 바퀴의 접촉

마찰계수 μ의 값은 표면의 재료에 의하여 결정되나, 실험에 의하면 운전 중 미끄럼에 의하여 생기는 종동마찰차의 회전수의 감소가 2~6 %의 경우에 μ가 최대치가 된다.

미끄럼이 이것보다 증가함에 따라서 운전은 아주 불안정하게 되고, 미끄럼이 갑자기 증대되어 종동마찰차는 정지하게 된다. 설계상에는 최대치의 60 % 정도를 μ의 허용치로 한다.

그러나 다음 표 9-1과 같이 μ와 P_0를 잡는 것이 가장 좋다고 주장하는 사람도 있다.

비금속 마찰차 재료는 상대쪽의 금속면보다 마모하기 쉽고 이것을 보통 원동차의 표면에 라이닝하여 사용한다. 그 이유는 그림 9-4에 있다.

|표 9-1| 여러 가지 재료의 마찰계수

표면의 재료		μ			P_0 (kg/cm)
		주 철	알 루 미 늄	화이트 메탈	
가 죽		0.135	0.216	0.246	27
목 재		0.150			27
코르크 가공 마찰 재료		0.210			9
특수 섬유질 마찰 재료	tarred fiber	0.150	0.183	0.165	43
	strarw fiber	0.255	0.273	0.186	27
	leather fiber	0.309	0.297	0.183	43
	sulphite fiber	0.330	0.318	0.309	25

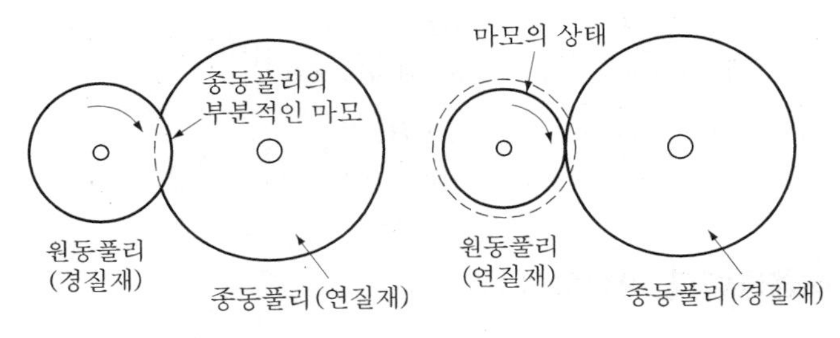

그림 9-4 마찰차의 마모

9.2.2 홈 마찰차(구 마찰차, grooved spur friction wheel)

(1) 홈 마찰차의 마찰계수

마찰차에 의하여 큰 동력을 전달시키려고 하면 일반적으로 양 바퀴를 큰 힘으로 밀어붙여야 되는데 밀어붙이는 힘은 베어링을 통하여 주어지므로 이것은 베어링 하중으로 되고 큰 마찰손실이 생긴다. 따라서 이것을 개량한 것이 홈 마찰이다. 그림 9-5와 같이 바퀴의 둘레에 쐐기형의 홈을 만들고 원동차와 종동차의 凸부와 凹부가 서로 들어 박히도록 하면 평 마찰차에 비교하여 작은 힘으로 밀어붙여도 된다는 이론이 성립된다.

그림 9-6에 접촉한 곳을 향하여 바퀴를 미는 반지름 방향의 힘 P에 의하여 접촉홈의 벽면에는 (b)에서 보는 바와 같이 면에 수직력 F가 생기고 F에 의하여 빗면에는 μF의 마찰력이 생기고 이것이 종동마찰차에 주어지는 회전력이 된다. F는 전 접촉선 위에 생기는

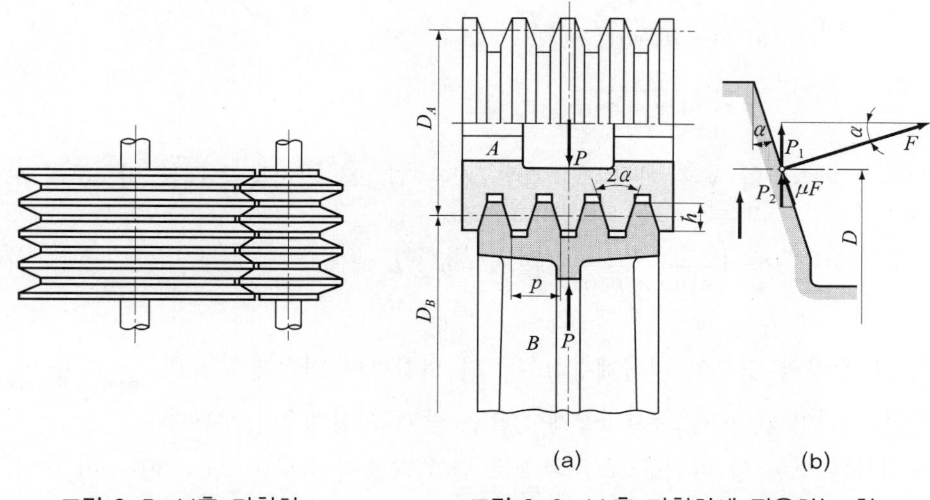

그림 9-5 V홈 마찰차

그림 9-6 V 홈 마찰차에 작용하는 힘

압력의 합력을 표시한다.

홈의 각도를 2α라 하면 수직력 F를 생기게 하기 위하여 반지름 방향으로 주어야 되는 힘 P_1은 그림 9-6의 (b)에서

$$P_1 = F\sin\alpha$$

P_1의 힘으로 홈의 벽에 밀어붙일 때 그 방향에도 역시 μF의 마찰 저항이 있고 이것을 이기기 위하여 반지름 방향에 다시 P_2의 힘이 필요하다. 즉

$$P_2 = \mu F\cos\alpha$$

그러므로 바퀴를 미는 데 필요한 힘 P는

$$P = P_1 + P_2 = F(\sin\alpha + \mu\cos\alpha)$$

$$F = \frac{P}{\sin\alpha + \mu\cos\alpha} \tag{9-8}$$

회전력으로 작용하는 힘은 바퀴의 접선 방향이 마찰력이고 이 값은 μF이고 이것을 P'라 하면

$$\mu F = \frac{\mu P}{\sin\alpha + \mu\cos\alpha} = \mu' P = P' \tag{9-9}$$

단, $\mu' = \dfrac{\mu}{\sin\alpha + \mu\cos\alpha}$

따라서 평 마찰차와 V홈 마찰차의 경우, 같은 힘으로 밀어붙일 때를 비교하여 보면

$$P' : P = \left(\frac{\mu}{\sin\alpha + \mu\cos\alpha}\right) : \mu = \mu' : \mu \tag{9-10}$$

즉, V홈 마찰차의 경우의 마찰계수 μ'는 평 마찰차의 마찰계수 μ의 $\dfrac{1}{\sin\alpha + \mu\cos\alpha}$배로 증가한 것이며 이 μ'를 유효마찰계수 또는 등가 마찰계수라 부른다.

홈 마찰차는 보통 양 바퀴를 모두 주철로 만들고 홈의 각도는 $2\alpha = 30 \sim 40°$이다. 홈의 피치는 3~20 mm로 보통 10 mm이고, 그리고 홈의 수가 너무 많으면 홈이 동시에 정확하게 박혀지지 않으므로 보통 $Z = 5$개 정도이다. 그리고 홈 마찰자는 정확하게 구름 접촉을 하는 것은 홈 중앙부의 한 점뿐이고 그 안팎은 멀리 떨어짐에 따라 미끄럼이 크게 생기므로 마모 및 소음이 생기기 쉽다.

따라서 홈의 깊이가 크게 되면 홈의 벽면에 마모가 현저하게 생긴다. 따라서 홈의 깊이는 되도록 작은 것이 좋고 보통 바퀴의 지름을 D라 하면 $0.05D$ 이하이다.

그리고 다음과 같은 경험식이 많이 사용된다. 홈의 깊이 $h = 0.94\sqrt{\mu' P}$ (mm), 홈의 수 Z는 다음 경험식이 있다. 전 접촉선의 길이를 L이라 할 때

$$L = 2Zh / \cos\alpha \fallingdotseq 2Zh$$

$$\text{또 } Z = \frac{L}{2h} \tag{9-11}$$

예제 9-1 원동차의 표면에 가죽, 종동차의 표면에 주철을 사용한 마찰차에 있어서, 원동차의 지름 $D = 40$ cm, 분당 회전수 $n = 2000$이고 $H = 6$(PS)를 전달시키는 데 필요한 바퀴의 폭을 구하라. 단, 접촉선 허용압력 $P_0 = 7$ kg/cm, 마찰계수 $\mu = 0.2$라 한다.

풀이 $b \fallingdotseq$ 바퀴의 폭(cm)이라 하면 $P = bP_0 = 7b$

$$v = \frac{\pi DN}{100 \times 60} = \frac{3.14 \times 40 \times 2000}{100 \times 60} = 41.8 \text{ (m/s)}$$

$$P = \frac{75H}{\mu v} = \frac{75 \times 6}{0.2 \times 41.8} = 53.8 = 7b \text{ (kg)}$$

$$\therefore \ b = \frac{53.8}{7} = 7.6 \text{ (cm)}$$

예제 9-2 매분 300회전을 하는 지름 $D = 700$ mm의 평 마찰차를 300 kg으로 밀어붙이면 몇 마력을 전달시킬 수 있는가? 단, $\mu = 0.4$라 한다.

풀이 마찰력 $Q = \mu P = 0.4 \times 300 = 120$ kg이 마찰력을 이기고 지름 D cm의 바퀴를 매분 n 회전시키는 데 필요한 매초당의 작업량 W는

속도 $v = \dfrac{\pi D n}{60 \times 100} = \dfrac{3.14 \times 70 \times 300}{60 \times 100} = 10.9$이므로

$$W = v \times \mu P = 10.9 \times 120 = 1308 \text{ [kg · m/s]}$$

$$H = \frac{\mu P v}{75} = \frac{1308}{75} = 17.44 \text{(PS)}$$

예제 9-3 앞의 보기의 마찰차에 의해서 원동차(작은 차)의 회전수를 600 rpm으로 하며 1마력을 전달시키려면 바퀴의 폭을 몇 mm로 하여야 하는가? 단, $\mu = 0.2$, 허용압력 $P_0 = 1.0$ kg/mm 회전비 $i = 3$, 중심거리 $C = 250$ mm라 한다.

풀이

$$H = \frac{\mu P v}{75} = \frac{\mu P \pi D N}{75 \times 1000 \times 60} \qquad \therefore \ P = \frac{75 \times 1000 \times 60 \times H}{\mu \pi D N}$$

- 외접 원동마찰차에서는

$$C = \frac{D_A + D_B}{2}, 2C = 3D_B + D_B = 4D_B$$

그러므로

$$D_B = \frac{2C}{4} = \frac{2 \times 250}{4} = 125 \text{ mm}$$

$$D_B = 125 \text{ mm}, \ n_B = 600 \text{ rpm}$$

$$\therefore \ P = \frac{75 \times 1000 \times 60 \times 1}{0.2 \times 3.14 \times 125 \times 600} = 95.49 \text{ kg}$$

바퀴의 폭을 b라 하면

$$P = b \cdot P_0 \qquad \therefore\ b = \frac{95.49}{1.0} = 95.49\ \text{mm}$$

여유를 고려하여 100 mm로 결정한다.

• 내접 원통마찰차의 경우

$D_A > D_B$ 이므로 $C = \dfrac{D_A - D_B}{2}$ 에서 $D_B = \dfrac{2 \times 250}{2} = 250\ \text{mm}$

$$D_B = 250\ \text{mm},\ n_B = 600\ \text{rpm}$$

$$P = \frac{75 \times 1000 \times 60 \times 1}{0.2 \times 3.14 \times 250 \times 600} = 47.74 \fallingdotseq 48\ \text{kg}$$

$$\therefore\ b = \frac{P}{P_0} = \frac{48}{1.0} = 48\ \text{mm}$$

여유를 고려하여 50 mm로 결정한다.

9.3 원통 원추차(원뿔차, 베벨 마찰차)

원추차는 두 축이 구름 접촉하면서 어느 각도로 마주치게 될 때 사용되는 마찰차로서 베벨 마찰차(bevel friction wheel)라고도 부른다. 그림 9-7은 원추차를 도시한 것으로 (a)는 외접한 경우로서 두 개의 원추차는 반대 방향으로 회전하고 (b)는 내접하는 경우로서 같은 방향으로 회전한다.

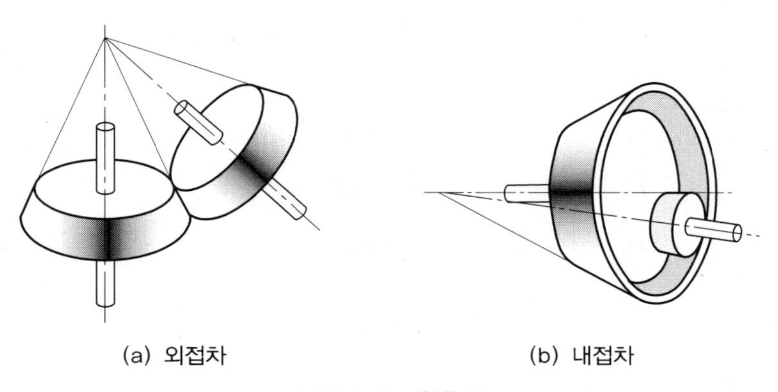

(a) 외접차 (b) 내접차

그림 9-7 원추차

9.3.1 회전비

그림 9-8에 있어서 전동축 θ_1와 θ_2를 축으로 하는 2개의 원추 표면이 접촉하고 있을 때 양 바퀴가 서로 구름 접촉을 하면 접촉선은 양 전동축을 포함하는 평면상에 있어서의 양축의 교점을 지나는 직선 OP이다.

이 접촉직선 OP 위에 임의의 점 P를 지나는 원형단면의 지름의 비는 일정하므로 양 바퀴의 각속비는 어느 정도 일정하게 되고, 따라서 원추 표면의 어느 부분을 사용하여 전동마찰차를 만들더라도 속비는 변함이 없고 전달하여야 하는 마력에 따라서 적당한 크기의 부분을 선택하는 것이 된다.

지금 그림 9-8에 있어서 원추 꼭지각을 각각 γ_1와 γ_2라 하고, 두 축이 맺는 각, 즉 축각(shaft-angle)을 θ라 하면 이것들과 각속비 $\omega_B : \omega_A$ 또는 회전비 $n_B : n_A$의 관계는 다음과 같다.

(1) 외접 원추 마찰차

그림 9-8에서

$$\text{속비 } \varepsilon = \frac{\omega_B}{\omega_A} = \frac{n_B}{n_A} = \frac{PP_A}{PP_B} = \frac{OP\sin\gamma_1}{OP\sin\gamma_2} = \frac{\sin\gamma_1}{\sin\gamma_2} \tag{9-12}$$

다만, $\theta = \gamma_1 + \gamma_2$

$$\text{또, } \frac{n_B}{n_A} = \frac{\sin\gamma_1}{\sin\gamma_2} = \frac{\sin\gamma_1}{\sin(\theta-\gamma_1)} = \frac{\sin\gamma_1}{\sin\theta\cos\gamma_1 - \cos\theta\sin\gamma_1}$$

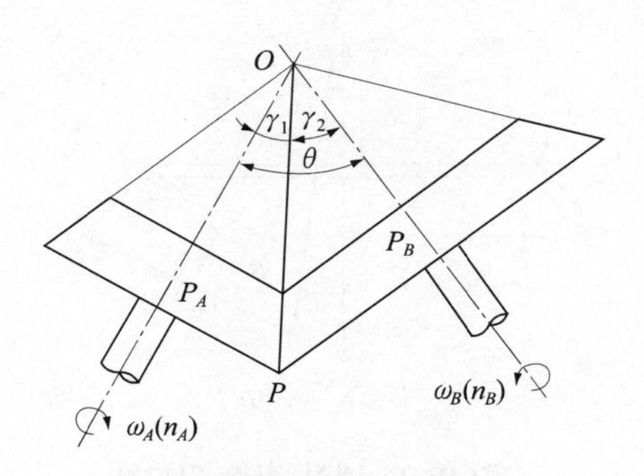

그림 9-8 외접 원추 마찰차

$$= \frac{\tan\gamma_1}{\sin\theta - \cos\theta\,\tan\gamma_1}$$

이므로 위 식에서 $\tan\gamma_1$에 대하여 전개하면

$$\tan\gamma_1 = \frac{\sin\theta}{\cos\theta + \dfrac{n_A}{n_B}} = \frac{\sin\theta}{\cos\theta + \dfrac{1}{\varepsilon}} \tag{9-13}$$

같은 방법으로

$$\tan\gamma_2 = \frac{\sin\theta}{\cos\theta + \dfrac{n_B}{n_A}} = \frac{\sin\theta}{\varepsilon + \cos\theta} \tag{9-14}$$

$\theta = 90°$이면 $\tan\gamma_1$, $\tan\gamma_2$는

$$\tan\gamma_1 = \frac{n_B}{n_A}, \quad \tan\gamma_2 = \frac{n_A}{n_B} \tag{9-15}$$

(2) 내접 원추 마찰차

그림 9-9에 있어서

$$\text{속비 } \varepsilon = \frac{\omega_B}{\omega_A} = \frac{n_B}{n_A} = \frac{\sin\gamma_1}{\sin\gamma_2}$$

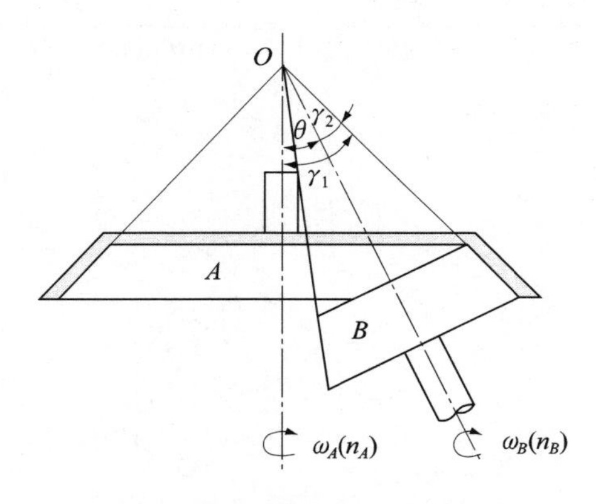

그림 9-9 내접 원추 마찰차

$\theta = \gamma_1 - \gamma_2$이므로

$$\tan\gamma_1 = \frac{\sin\theta}{\cos\theta - \dfrac{n_A}{n_B}} = \frac{\sin\theta}{\cos\theta - \dfrac{1}{\varepsilon}} \quad (9\text{-}16)$$

$$\tan\gamma_2 = \frac{\sin\theta}{\dfrac{n_B}{n_A} - \cos\theta} = \frac{\sin\theta}{\varepsilon - \cos\theta}$$

$\theta = 90°$의 경우가 실제로 가장 많이 사용되므로 이때는

$$\tan\gamma_1 = \frac{n_B}{n_A},\ \tan\gamma_2 = \frac{n_A}{n_B} \quad (9\text{-}17)$$

9.3.2 원추차의 계산

(1) 전달동력

그림 9-10에 있어서 접촉한 곳에 직각된 힘 P를 주기 위하여 A와 B차를 각각 Q_A와 Q_B의 힘으로 꼭지점을 향하여 축방향으로 밀어야 한다. 그 관계는 힘의 선도에서

$$P = \frac{Q_A}{\sin\gamma_1} = \frac{Q_B}{\sin\gamma_2}$$

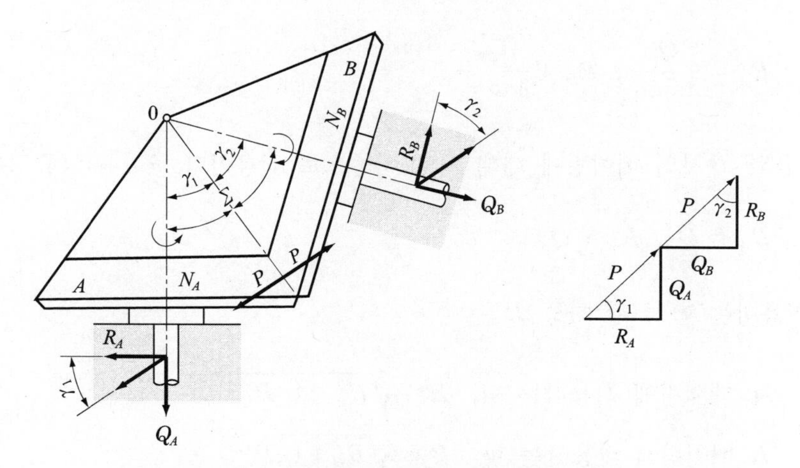

그림 9-10 원추 마찰차의 각속비

합력 P는 접촉선의 중앙에 작용한다고 가정하여, 표면 속도는 평균 속도를 취하여

$$v_B = \mu \frac{(D_B + D_B{}')}{2} n_B \,[\mathrm{m/s}] \tag{9-18}$$

마찰에 의하여 주어지는 회전력은

$$\mu P = \frac{\mu Q_A}{\sin\gamma_1} \text{ 또는 } \frac{\mu Q_B}{\sin\gamma_2} \tag{9-19}$$

전달동력은 다음과 같다.

$$H_{HP} = \frac{\mu P v}{75} = \frac{\mu Q_A v}{75\sin\gamma_1} = \frac{\mu Q_B v}{75\sin\gamma_2}\,(\mathrm{PS}) \tag{9-20}$$

$$H'_{kW} = \frac{\mu P v}{102} = \frac{\mu Q_A v}{102\sin\gamma_1} = \frac{\mu Q_B v}{102\sin\gamma_2}\,(\mathrm{kW}) \tag{9-21}$$

(2) 베어링에 걸리는 하중

축방향에 미치는 힘 Q_A, Q_B는

$$Q_A = P\sin\gamma_1,\ \ Q_B = P\sin\gamma_2 \tag{9-22}$$

분력 R_A 및 R_B는

$$R_A = \frac{Q_A}{\tan\gamma_1},\ \ R_B = \frac{Q_B}{\tan\gamma_2} \tag{9-23}$$

으로 각각 A와 B차의 베어링에 대해 가로 하중으로 작용한다. $\theta = 90°$의 경우는

$$R_A = Q_B,\ \ R_B = Q_A \tag{9-24}$$

베어링에 작용하는 합성 횡 하중 R은

A 베어링에 작용하는 힘 : $R = \sqrt{R_A^2 + (\mu P)^2}$

$$B \text{ 베어링에 작용하는 힘 : } R = \sqrt{R_B^2 + (\mu P)^2} \tag{9-25}$$

그리고 Q_A와 Q_B는 추력이므로 이것 때문에 추력 베어링을 사용해야 한다.

(3) 원추 마찰차의 폭

접촉선의 1 cm마다 작용하는 힘을 P_o(kg/cm)이라 하면, 이때 접촉선의 길이, 즉 바퀴의 폭 b cm는

$$b = \frac{P}{P_o} \tag{9-26}$$

$$\therefore\ b = \frac{Q_A}{P_o \sin\gamma_1} = \frac{Q_B}{P_o \sin\gamma_2} \tag{9-27}$$

μ와 P_o의 허용값은 평 마찰차의 값을 그대로 사용한다.

(4) 원추차의 종류

이상의 관계는 2축의 축각이 둔각의 경우도 같은 결과를 얻게 되고 그림 9-11은 그 한 예로서 (a)와 (b)는 같은 각속비로서 2축의 맺는 각도는 (a)에서도 예각 θ이고 (b)에서는 둔각 $(\pi-\theta)$이고 원뿔꼭지각의 크기가 다르고 원동축의 회전 방향에 대한 종동차의 회전 방향도 다르다. 그림 9-12에서 $\gamma_2 = 90°$가 되면 원뿔면이 평면이 되어 특수한 경우가 된다. 이것을 크라운 마찰차(crown friction wheel)라 부른다.

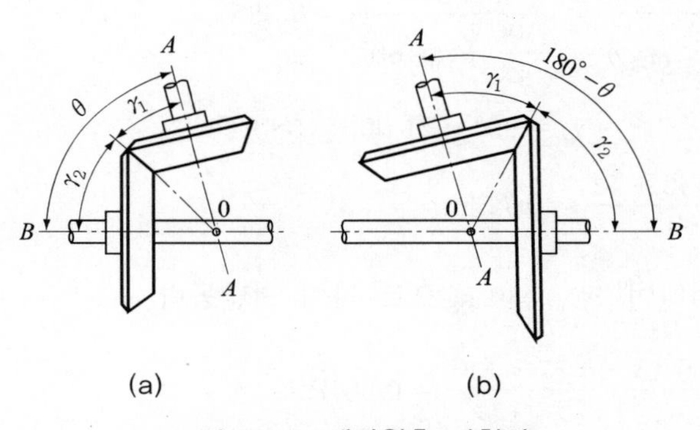

그림 9-11 예각원추 마찰차

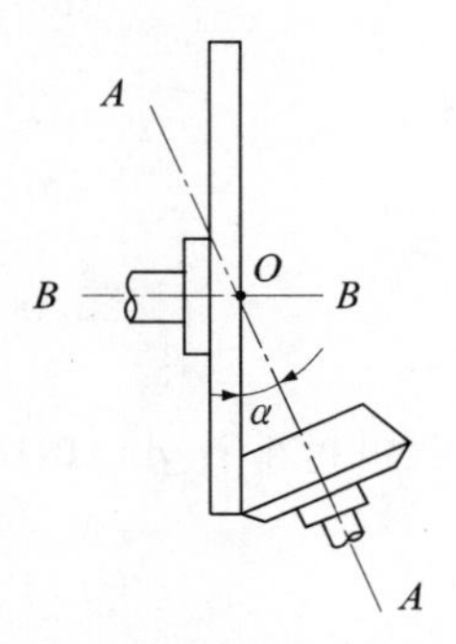

그림 9-12 크라운 마찰차

예제 9-4 $n_A = 350$ rpm, $n_B = 200$ rpm의 한 쌍의 원추 마찰차의 축각이 60°일 때 양 바퀴의 꼭지각 γ_1, γ_2를 구하라.

풀이

$$\tan\gamma_1 = \frac{\sin\theta}{\frac{n_A}{n_B} + \cos\theta} = \frac{\sin 60°}{\frac{350}{200} + \cos 60°}$$

$$= \frac{0.866}{1.75 + 0.5} = 0.385$$

$$\therefore\ \gamma_1 = 21.05° \qquad \therefore\ 2\gamma_1 = 42.1°$$

$$\tan\gamma_2 = \frac{\sin 60°}{\frac{n_B}{n_A} + \cos 60°} = \frac{0.866}{0.57 + 0.5} = 0.809$$

$$\therefore\ \gamma_2 = 38.95° \qquad \therefore\ 2\gamma_2 = 77.7°$$

또는 $\theta = \gamma_1 + \gamma_2$이므로, $\gamma_2 = 60° - 21.05° = 38.95$라 하여도 좋다.

예제 9-5 회전속도 100 rpm의 원동차에서 이것을 80°의 각도로 서로 만나는 종동차에 원뿔 마찰차를 중개로 회전속도 42 rpm의 운동을 전달시킨다. 원동차의 표면은 타르(tar)를 적신 펄프, 종동차는 주철이다. 종동차의 바깥지름은 350 mm, 폭은 100 mm으로 할 때 양 바퀴에 생기는 추력을 계산하라. 단, 접촉면 사이의 수직 압력은 430 kg이다.

풀이

$$\tan\gamma_1 = \frac{\sin\theta}{\frac{n_A}{n_B} + \cos\theta} = \frac{\sin 80°}{\frac{100}{42} + \cos 80°} = 0.385$$

$$\therefore\ \gamma_1 = 21.06° \qquad \therefore\ \gamma_2 = 80° - 21.06° = 58.94°$$

$$\text{또}\ v = \frac{\pi \times 0.35 \times 42}{60} = 0.77\ \text{m/s}$$

마찰계수 $\mu = 0.15$로 가정하여 $P = 430$ kg으로 하여 전달동력

$$H = \frac{\mu v P}{75} = \frac{0.15 \times 0.77 \times 430}{75} = 0.66\ \text{PS}$$

따라서 생기는 추력은

$$Q_A = P\sin\gamma_1 = 430\sin 21° 4' = 154\ \text{kg}$$

$$Q_B = P\sin\gamma_2 = 430\sin 58° 94' = 324\ \text{kg}$$

9.3.3 원추 마찰차의 변형

마찰차의 꼭지각이 크게 되면 그림 9-13에서 보는 것처럼 변형된다.

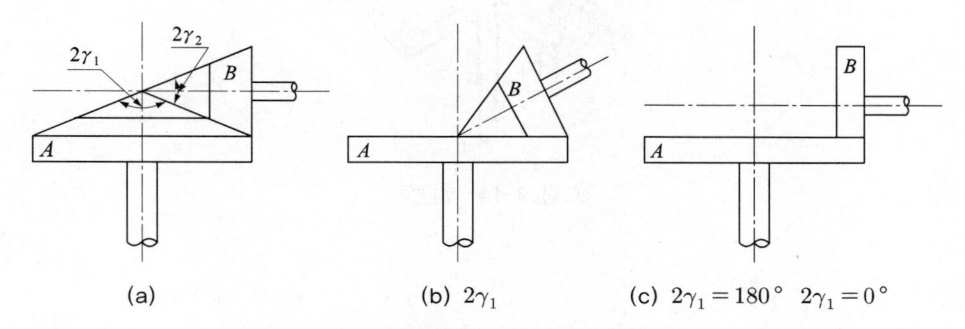

그림 9-13 원추 마찰차의 변형

9.4 무단변속장치(variable speed drive)

9.4.1 원판 마찰차에 의한 무단변속장치

(1) 원판 마찰차

마찰차는 속비가 어느 범위 내에서 자유롭게 연속적으로 변화시킬 수 있으므로 원동축의 회전속도를 일정하게 유지한 그대로 종동축에 임의의 회전을 주도록 할 수 있는 장치에 많이 사용된다. 이와 같은 것을 무한변속기라 한다. 그림 9-14는 원판차를 사용한 것으로 ①축에는 원판차 A를 달고 ②축에 페더 키(feather key) 또는 스플라인축을 사용하여 B축을 달고 B바퀴는 ②축 위를 자유롭게 이동할 수 있도록 되어 있다.

이때의 속비는 $\varepsilon = \dfrac{n_A}{n_B} = \dfrac{1}{x} r_B$로 되어 r_B는 일정하나 x를 변화시키면 속비는 변화한다.

지금 ①축의 회전수 n_A를 일정하게 하면 ②축의 회전수 n_B의 변화는 그림 9-15와 같이 되고 n_B를 일정하게 하고 n_A를 변화시키면 그림 9-16과 같이 된다.

이것으로 원활한 회전 변화를 얻기 위하여서는 ①축을 원동축으로 함이 좋다는 것을 알 수 있다. B 바퀴가 A 바퀴의 중심을 넘어서 반대쪽에 오면 종동차의 회전 방향은 반대로

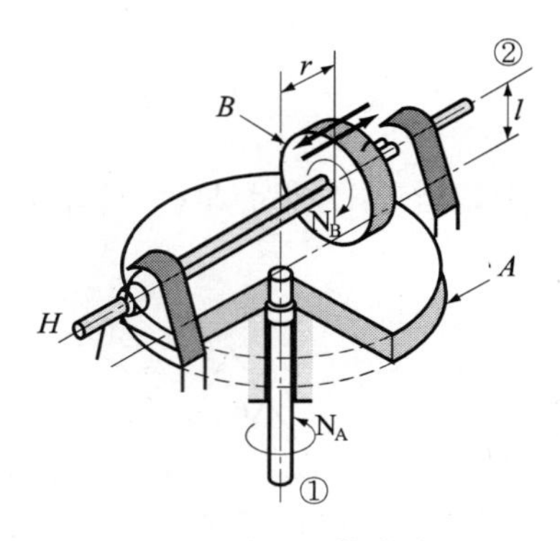

그림 9-14 원판차

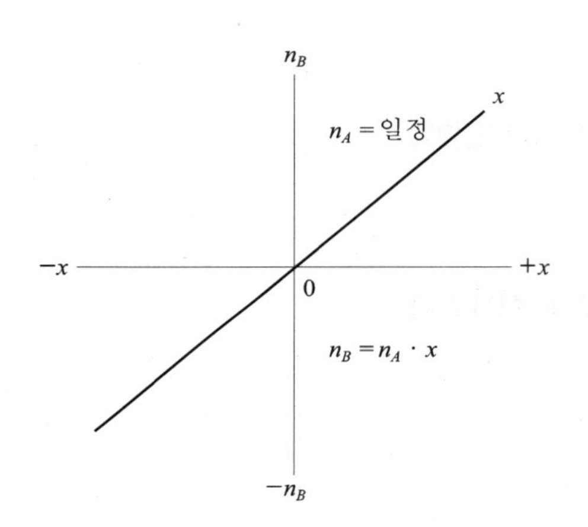

그림 9-15 원판차의 변속(n_A는 일정)

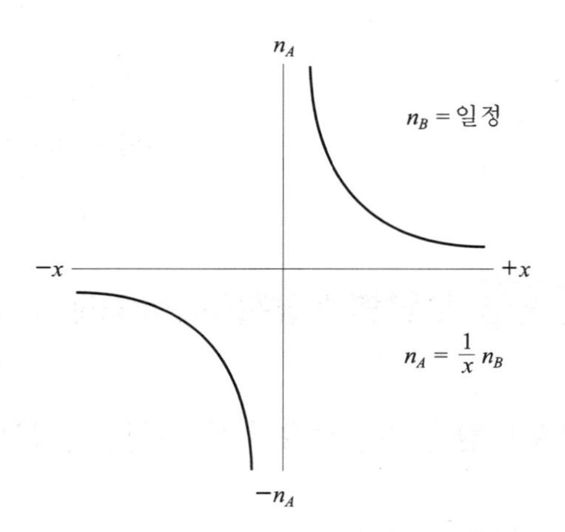

그림 9-16 원판차의 변속(n_B는 일정)

된다. 그러나 B 바퀴는 폭을 가지고 있으므로 이것이 A 바퀴의 중심에 가까이 오면 B 바퀴의 양쪽에서의 속도의 차이가 크게 되므로 미끄럼이 크게 된다. 그러므로 B 바퀴의 폭은 좁게 만들고 너무 중심에 가까운 곳에서는 사용하지 않도록 하여야 한다.

또 이 장치에서 ②축에 굽힘이 작용하고 B 바퀴가 원판차의 바깥 둘레에 가까워지면 ①축에도 큰 굽힘이 작용하므로 이 베어링은 충분히 길게 하여야 한다. 그림 9-17은 2개의 원판차에 의하여 작은 마찰차를 끼도록 하여 가느다란 작은 마찰차의 축에 굽힘이 작용하는 것을 방치한 것이다. 이때의 속비는

$$\frac{n_A}{n_C} = \frac{r_C}{x}, \ \frac{n_C}{n_B} = \frac{a-x}{r_C} \text{ 이므로}$$

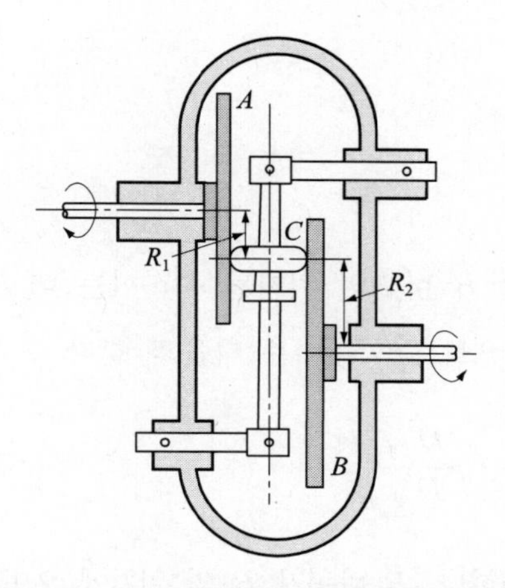

그림 9-17 두 개의 원판차에 의한 변속기구

$$\varepsilon = \frac{n_A}{n_B} = \frac{a-x}{x} \tag{9-28}$$

즉, $n_B = \dfrac{x}{a-x} n_A$ 으로 된다. (9-29)

(2) 크라운 마찰차(crown friction wheel)

이것은 원판 마찰차에 의한 무단변속장치의 실례이고 마찰 나사 프레스, 공작기계 등에 응용된다.

$n_B = \dfrac{x}{a-x} n_A$ 으로 된다. (9-30)

그림 9-18에서 원동차 A의 회전수 n_A는 불변이고 종동차의 회전수 n_B는 B의 위치에

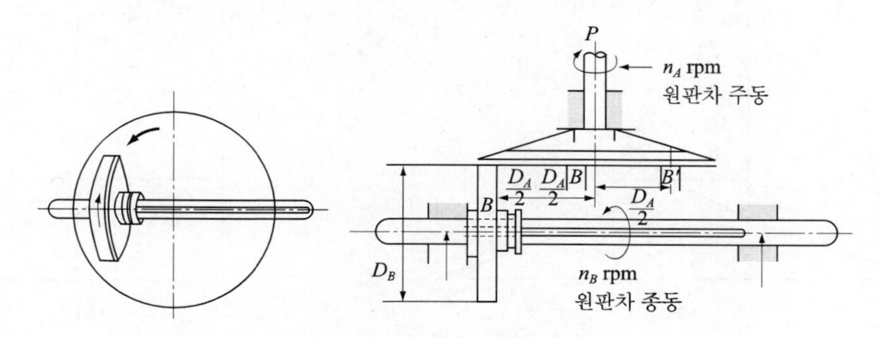

그림 9-18 크라운 마찰차

의하여 변화한다.

$$\frac{n_B}{n_A} = \frac{D_A}{D_B}$$

A 바퀴의 적용지름 D_A는 B 바퀴의 위치를 움직이는 데 따라 D_A에서 D'_A의 범위에서 점진적으로 바꿀 수가 있으므로 회전비는 다음과 같다.

$$\varepsilon = \frac{n_B}{n_A} = \left(\frac{D_A}{D_B} \sim \frac{D'_A}{D'_B}\right)$$

의 범위 내에서 자유롭게 변화한다. B 바퀴가 B'의 위치에 오면 그 회전 방향이 반대로 된다.

9.4.2 원추차에 의한 무단변속장치

(1) 원추차와 롤러 접촉의 경우

그림 9-19와 같이 원추와 롤러를 원추의 모선에 따라서 접촉시키면 롤러를 축방향으로 이동시킴으로써 무단변속을 시킬 수 있다. 원추의 회전수와 토크를 각각 n_1, M_1이라 하고

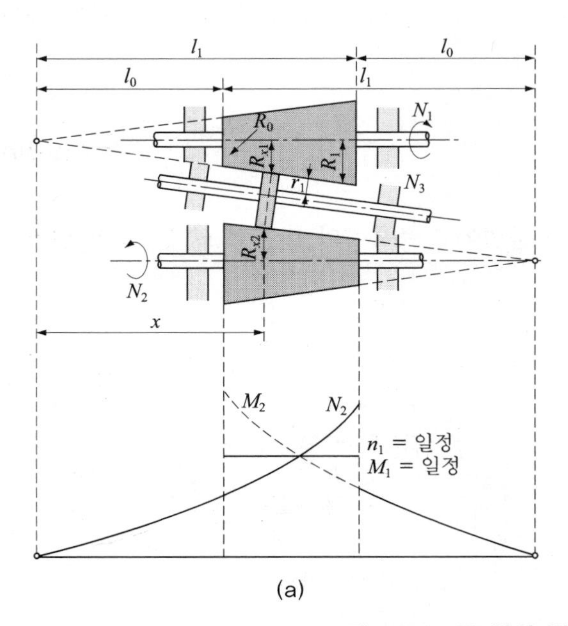

(a)

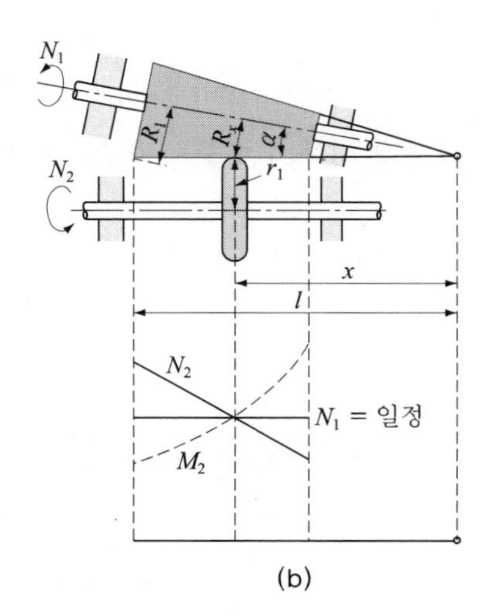

(b)

그림 9-19 두 쌍의 변속 원추 마찰차

롤러의 회전수와 토크를 각각 n_2, M_2라 하면,

$$\frac{n_2}{n_1}=\frac{r_1}{r_2}=\frac{R_0+k}{r_2}=\frac{R_0+\dfrac{R-R_0}{l}x}{r_2}$$

$$\frac{\mu \mathrm{Pr}_2}{\mu \mathrm{Pr}_1}=\frac{M_2}{M_1}=\frac{r_2}{r_1}=\frac{r_2 l_0}{R_0(l_0+x)}$$

으로 되어 그림 9-19(b)와 같이 원추 또는 롤러의 어느 쪽이 구동차가 되는가에 따라서 각각 축방향의 거리 x에 대한 회전수 또는 토크의 변화하는 상태를 다르게 한다.

예제 9-6 2축의 축각이 60°인 원추 마찰차에서 $N_A=500(\mathrm{rpm})$, $N_B=200(\mathrm{rpm})$의 경우 각 바퀴의 꼭지각을 구하라.

풀이

$$\varepsilon=\frac{n_B}{n_A}=\frac{200}{500}=\frac{2}{5}$$

$$\tan\gamma_1=\frac{\sin\theta}{\dfrac{1}{\varepsilon}+\cos\theta}=\frac{\sin 60°}{\dfrac{5}{2}+\cos 60°}=\frac{0.866}{2.5+0.5}=0.288$$

$$\therefore\ \gamma_1=16°6' \qquad \therefore\ 2\gamma_1=32°12'$$

$$\gamma_2=60°-16°6'=43°54' \qquad \therefore\ 2\gamma_2=87°48'$$

$$2\gamma_1=32°12'$$

$$2\gamma_2=87°48'$$

연습문제

1. 1500 rpm으로 원동차 지름 250 mm로 4 PS를 전달시키는 데 필요한 바퀴의 폭은 얼마인가? 단, 허용면압 $p_a = 0.8\ \mathrm{kg/mm^2}$, $\mu = 0.25(b = 7.64\ \mathrm{cm})$.

2. 300 rpm, $D = 750\ \mathrm{mm}$의 평 마찰차를 320 kg으로 밀어붙이면 전달동력은 얼마인가? 단, $\mu = 0.25(H = 12.56\ \mathrm{PS})$.

3. $n_A = 300\ \mathrm{rpm}$, $n_B = 180\ \mathrm{rpm}$의 한 쌍의 원추 마찰차의 축각이 60°일 때 2α, 2β는 얼마인가? 단, $r_1 = 43°\,40'\,48''$, $r_2 = 76°\,1'\,12''$.

4. 축간거리 $C = 480\ \mathrm{mm}$, 회전수 $N_2 = 240$, $N_1 = 160$의 지름 D_1, D_2를 구하라. 단, 외접할 경우($D_1 = 576\ \mathrm{mm}$, $D_2 = 384\ \mathrm{mm}$).

5. 지름 800 mm, 회전수 500 rpm의 원통 마찰차로 1.5 kW를 전달시키려면 몇 kg으로 밀어붙여야 하나? 단, $\mu = 0.25(P = 29.24\ \mathrm{kg})$.

6. 홈각 40°의 주철재 홈 마찰차 지름 350 mm, $n = 600\ \mathrm{rpm}$, 종동차의 지름 650 mm로 하여 7 PS를 전달하려면 미는 힘은 얼마인가? 단, $\mu = 0.25(P = 110.9\ \mathrm{kg})$.

7. $r_1 = 13°\,50'$, $r_2 = 46°\,10'$의 원추 마찰차의 속도비는 얼마인가? 단, $i = 1/3$.

8. 지름이 600 mm의 원추차가 500 rpm으로 회전하여 전달시킬 때 마찰차를 미는 힘과 바퀴의 폭을 계산하라. 단, 전달동력은 2.5 kW이다. $f = 1.5\ \mathrm{kg/mm}$, $\mu = 0.25$ ($P = 64.88\ \mathrm{kg}$, $b = 43.25\ \mathrm{mm}$)

9. 원동차 지름 $D_1 = 300\ \mathrm{mm}$, 종동차의 지름 450 mm의 원통 마찰차가 있다. 원동차가 15분 동안 900회전을 할 때 종동차는 20분간 몇 회전을 하는가? 단, $N = 800\ \mathrm{rpm}$.

10. 회전수 900 rpm, 150 rpm, 지름 120 mm, 360 mm의 원통 마찰차를 50 kg의 힘으로 눌러주면 몇 마력을 전달할 수 있는가? 단, $\mu = 0.25$(HP=0.94 PS).

10 기어

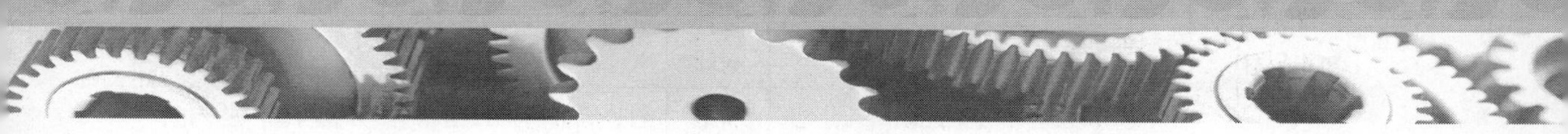

10.1 기어 전동장치

기어 전동장치는 마찰차와 벨트 전동장치와 같이 미끄럼이 발생하지 않으므로 정확한 속비를 유지할 수 있으며 비교적 축간거리가 짧은 두 축 사이에 강력한 동력을 전달하고자 할 때 사용하는 중요한 기계적 요소이다.

서로 물고 있는 한 쌍의 기어 중 큰 쪽을 기어(gear), 작은 쪽을 피니언(pinion)이라 하고 기어의 지름이 무한대의 기어를 랙(rack)이라 한다.

10.2 기어의 종류

일반적으로 많이 사용하는 기어는 평기어(spur gear), 헬리컬 기어(helical gear), 베벨 기어(bevel gear), 웜 기어(worm gear) 등이 있으며 또한 두 축의 상대 위치, 잇줄의 모양, 피치면, 이의 접촉상태에 따라 분류하면 표 10-1과 같다.

| 표 10-1 | 기어의 분류

축의 상대 위치	명 칭	피치면	잇줄	접촉 상태	설 명
두 축이 평행한 경우	평기어	원통	직선	직선	원통면에 축과 평행한 직선치로 된 기어
	랙 (rack)	평면	직선	직선	피치면이 평면이고 피치원이 무한대인 기어
	헬리컬 기어	원통	나선	직선	원통면의 축에 경사각을 이루는 나선치로 된 기어
	헬리컬 랙	평면	나선	직선	랙평면에 어느 정도 경사진 나선치로 된 기어
	2중 헬리컬 (헤링본 기어)	원통	나선	직선	반대 방향으로 경사진 2개의 나선으로 된 기어
	내접 기어	원통	직선	직선	원통 내면에 축에 평행한 직선치로 된 기어
교차축	보통 베벨 기어	원추	직선	직선	원추각이 90°이고 각각의 피치 원추각이 같지 않은 기어
	마이터 베벨 기어	원추	직선	직선	원추각이 90°이고 피치 원추각이 45°인 기어
	헬리컬 베벨 기어	원추	나선	직선	원추면에 어느 정도 경사진 직선치로 된 기어
	스파이럴 베벨 기어	원추	곡선	곡선	헬리컬 베벨 기어와 같이 나선각이 있는 곡선 치로 된 기어
	제로올 베벨 기어	원추	원호	곡선	곡선치나 치폭 중앙에서 비틀림각이 제로가 되는 기어
	크라운 기어	평면	직선	직선	랙과 같이 피치면이 평면이 원판형 기어
평행하지도 교차하지도 않는 축	나사 기어	원통	직선	점	나선 방향이 같은 헬리컬 기어로 나선각은 같을 수도 있고 다를 수도 있다.
	스큐 기어 (skew gear)	쌍곡선면	직선	직선	두 개의 원판에 여러 개의 철사를 연결하여 비튼 형태, 즉 쌍곡선 형태를 만드는 기어
	하이포이드 기어	평면	곡선	점, 직선, 곡선	스큐 기어는 직선치이고 하이포이드 기어는 곡선치이다.
	웜 기어	원통	나선	점, 곡선	치의 형태는 헬리컬 기어와 같으나 나선각이 웜의 리드각과 같은 기어
	장고형 웜 기어	장고꼴면	나선	점, 곡선	치의 형태는 웜 기어와 같은 형태이나 피치면이 장고꼴인 기어

10.3 치형 곡선

10.3.1 치형 곡선의 기구학적 필요조건

공업적인 치형의 필요조건은 강도, 제작, 수명, 일정 각속비 등을 생각할 수 있으나 가장 기본적인 조건은 일정 각속비를 얻는 것이다. 그러므로 일정 각속비로 회전하기 위해서는 모든 접촉점의 공통법선은 항상 피치점을 지나야 한다. 그림 10-1에서 한 쌍의 치형 1, 2가 접촉점 Q에서 양쪽 치형이 서로 떨어지지도 않고 파고 들지도 않으려면 점 Q에서 공통법선 방향의 속도는 같아야 한다.

$$v_1 \cos\theta_1 = v_2 \cos\theta_2 \tag{1}$$

$$v_1 = \rho_1 \omega_1,\ v_2 = \rho_2 \omega_2$$

$$\rho_1 \omega_1 \cos\theta_1 = \rho_2 \omega_2 \cos\theta_2$$

$$\frac{\omega_1}{\omega_2} = \frac{\rho_2 \cos\theta_2}{\rho_1 \cos\theta_1} = \frac{r_2}{r_1} = \frac{\overline{O_2P}}{\overline{O_1P}} \tag{2}$$

따라서 2개의 기어의 각속비가 일정하려면 o_1, o_2가 양 기어의 회전중심으로서 정점이므

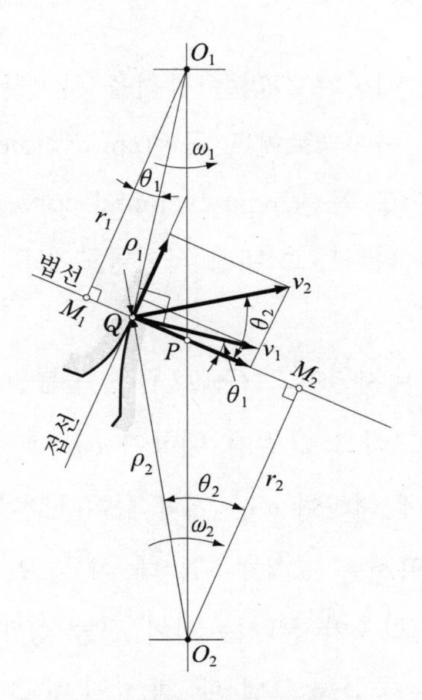

그림 10-1 기어 치형 곡선의 해석

로 일정한 선분 $\overline{O_1O_2}$를 각속비 $\frac{\omega_1}{\omega_2}$로 내분하는 P점도 정점이어야 하므로 이가 물리고 있는 동안 어떤 위치에서도 접촉점의 공통법선은 피치점을 지나야 한다. 그러므로 피치원(pitch circle)은 구름운동을 하여야 하고 구름운동을 하기 위해서는 피치점의 원주속도는 같아야 한다. P점의 양 기어의 원주속도를 u_1, u_2라고 하면

$$u_1 = \omega_1 \overline{O_1P},\ u_2 = \omega_2 \overline{O_2P}$$

식 (2)에서 $\omega_1 = \omega_2 \frac{\overline{O_2P}}{\overline{O_1P}}$

$$u_1 = \omega_2 \frac{\overline{O_2P}}{\overline{O_1P}} \overline{O_1P}$$

$$u_1 = \omega_2 \overline{O_2P} = u_2$$

이와 같이 치형의 기구학적 필요조건을 만족시키는 곡선이라면 어떤 곡선이라도 치형 곡선으로 사용할 수 있으나 일반적으로 사용하는 곡선은 인벌류트 곡선(involute curve)과 사이클로이드 곡선(cycloidal curve) 등이 있다.

10.3.2 사이클로이드 곡선 및 치형

구름원이 직선 또는 원호에 대하여 그리는 궤적을 사이클로이드 곡선이라 하고, 원호에 외접하여 그리는 궤적을 외접 사이클로이드 곡선(epi-cycloidal curve)이라 하며, 내접해서 그리는 궤적을 내접 사이클로이드 곡선(hypo-cycloidal curve)이라 한다. 외접 사이클로이드 곡선은 치형에서 이 끝 부분을 나타내고 내접 사이클로이드 곡선은 치형의 이 뿌리 부분을 나타낸다.

그림 10-2에서 원 A, B는 피치원이고 C, D원은 구름원으로 C원이 A원에 대하여 $\widehat{aq}$ 하이포 사이클로이드 곡선을 그리고 B원에 대하여 $\widehat{bq}$ 에피 사이클로이드 곡선을 그리게 된다. 또한 구름원 D가 원 A에 대하여 $\widehat{a'q'}$ 에피 사이클로이드 곡선을 그리고 B원에 대하여 $\widehat{b'q'}$ 하이포 사이클로이드 곡선을 그리게 되는데 이는 B, A 기어의 각각의 접촉점 q에서 접촉이 시작되어 q'점에서 접촉이 끝나는 기어 전동 상태를 나타내는 그림이기도 하다.

$\widehat{aq}$와 $\widehat{bq}$ 곡선과 $\widehat{a'q'}$와 $\widehat{b'q'}$ 곡선을 그릴 때 점 p가 순간 중심이 되므로 선분 $\overline{qq'}$는 접

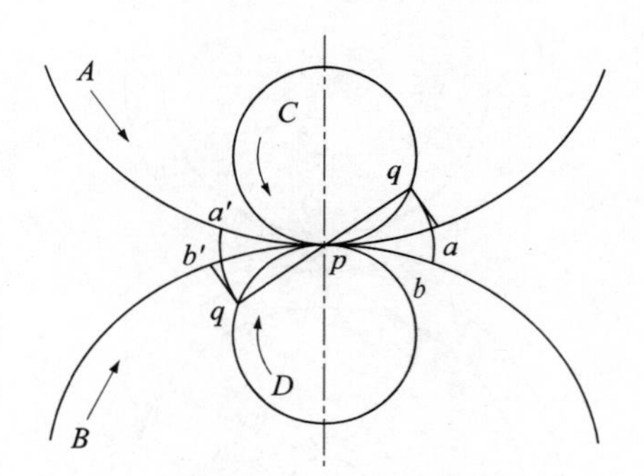

그림 10-2 사이클로이드 치형 곡선

촉점의 공통법선이 되며 접촉점의 공통법선은 피치점을 지나므로 기구학적 필요조건을 만족시키는 곡선이며 접촉점은 공통법선상에 있으므로 공통법선은 일명 작용선이라 하며 작용선의 경사도를 나타내는 각을 압력각이라 한다.

사이클로이드 치형에서 압력각은 구름원상의 정점이 각각의 접촉점이 되므로 각 접촉점마다 압력각은 다르고 피치점에서 0이고 접촉시점과 접촉끝점에서 최대가 된다. 그러므로 큰 부하용으로는 사용할 수 없다. 또한 사이클로이드 치형은 피치원이 같아도 구름원의 크기에 따라 그 모양이 달라지며 특히 하이포 사이클로이드 곡선은 구름원의 크기에 치의 모양이 큰 영향을 받는다. 그러므로 이 뿌리의 두께를 고려하여 내접 구름원의 크기는 피치원의 1/3 정도로 한다.

10.3.3 인벌류트 곡선 및 치형

인벌류트 곡선은 그림 10-3과 같이 고정된 원(반지름 R_{g_1}, R_{g_2})에 실을 감고 이것을 당기면서 풀어갈 때 실의 정점이 그리는 궤적이다.

이 원을 기초원(base circle)이라 하고 기초원 내부에는 인벌류트 곡선이 존재하지 않는다. 그림에서와 같이 각 기초원에 연결된 공통접선, 즉 실과 중심선의 교점을 피치점이라 하고 각 기초원과의 접점을 간섭점(N_1, N_2)이라 한다. 각 인벌류트 곡선은 간섭점을 순간 중심으로 그려진 궤적이므로 선분 $\overline{N_1N_2}$, 접촉점의 공통법선이 된다. 이 공통법선은 피치점을 지나므로 기구학적 필요조건을 만족시키는 곡선이다.

공통법선을 힘이 작용하는 선이므로 작용선(line of action)이라 하고, 작용선과 피치원의

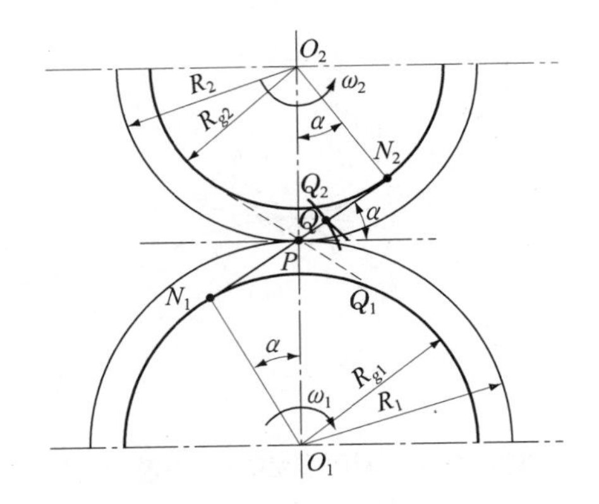

그림 10-3 인벌류트 치형의 형성

공통접선이 만드는 각을 압력각(pressure angle)이라 한다. 인벌류트 치형에서는 압력각이 어느 접촉점에서나 일정하므로 고부하용으로 사용되며 일반적으로 전동용 기어로 적합한 치형이다.

10.3.4 미끄럼률

기어가 회전운동을 할 경우 피치원은 구름운동을 하지만 치면은 미끄럼 운동을 하므로 치면 사이에서는 마찰이 생겨 동력손실을 발생시킨다.

그림 10-4와 같이 단위 시간당 양치면의 미끄럼 길이를 ds_1(이 끝 미끄럼 미소길이) 및 ds_2(이 뿌리 미끄럼 미소길이)라고 하면 미끄럼률(specific sliding) σ_1 및 σ_2는

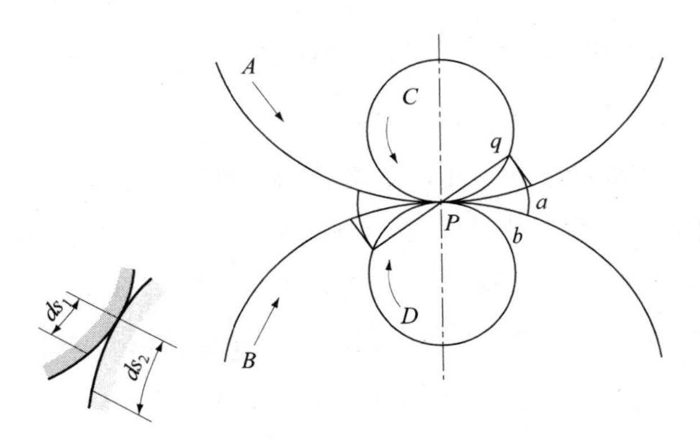

그림 10-4 이면의 미끄럼

$$\sigma_1 = \frac{ds_1 - ds_2}{ds_1} \quad \text{이 끝 미끄럼률}$$

$$\sigma_2 = \frac{ds_1 - ds_2}{ds_2} \quad \text{이 뿌리 미끄럼률}$$

(1) 사이클로이드 치형의 미끄럼률

그림 10-4에서 A, B를 피치원, C, D원을 구름원이라 할 때 각 원이 원호 dx만큼 회전하였다고 할 때 각 원의 회전반지름을 R_a, R_b, r_c, r_d이라 하면 회전각은 $\frac{dx}{R_a}$, $\frac{dx}{R_b}$, $\frac{dx}{r_c}$, $\frac{dx}{r_d}$이다.

이 끝 미끄럼 길이 ds_1은 C원이 B원에 대해 각각 회전하면서 상대적으로 그린 궤적 $\widehat{bq}$ 곡선이므로 피치점으로부터 각 접촉점까지의 거리(변수)를 y라 하면

$$ds_1 = \left(\frac{dx}{r_c} + \frac{dx}{R_b}\right) y$$

이다. 또한 이 뿌리 미끄럼 길이 ds_2는 C원이 A에 대해 각각 회전하면서 상대적으로 그린 궤적 $\widehat{aq}$ 곡선이므로

$$ds_2 = \left(\frac{dx}{r_c} - \frac{dx}{R_a}\right) y$$

$$\sigma_1 = \frac{ds_1 - ds_2}{ds_1} = \frac{\frac{1}{R_a} + \frac{1}{R_b}}{\frac{1}{r_c} + \frac{1}{R_a}} \tag{10-1}$$

$$\sigma_2 = \frac{ds_1 - ds_2}{ds_2} = \frac{\frac{1}{R_a} + \frac{1}{R_b}}{\frac{1}{r_c} - \frac{1}{R_a}} \tag{10-2}$$

위 식에서 이 끝과 이 뿌리 미끄럼률은 각각 일정하며 피치원의 크기와 구름원의 크기(압력각의 크기)에 따라 변화되며 이 뿌리 미끄럼률이 이 끝 미끄럼률보다 큰 것을 알 수 있다.

(2) 인벌류트 치형의 미끄럼률

그림 10-5에서 각 원이 화살표 방향으로 회전하고 있을 때 각원의 반지름을 R_{a_1}, R_{a_2}, R_{b_1},

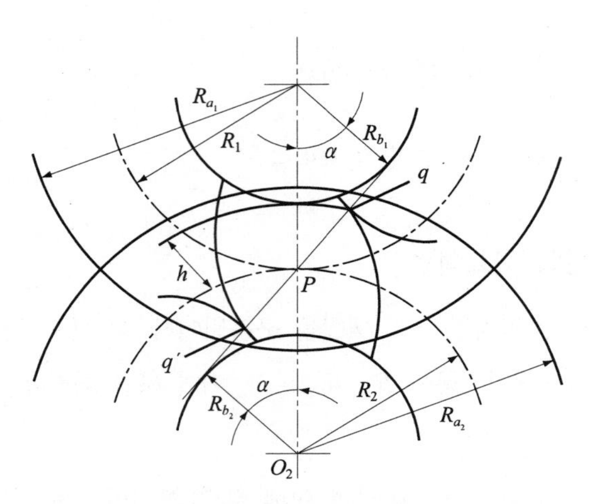

그림 10-5 인벌류트 기어의 압력선과 접촉호

R_{b_2}이라 한다.

각 원호가 dx만큼 회전 시의 회전각은 $\dfrac{dx}{R_{a_1}} = \dfrac{dx}{R_{b_1}}$이고, $\dfrac{dx}{R_{a_2}} = \dfrac{dx}{R_{b_2}}$이다.

접촉점의 위치에 따라 변화되는 길이 $\overline{pq} = l_2$와 $\overline{pq'} = l_1$이라 하면

$$\text{접근 미끄럼 길이: } ds_1 = (R_{a_2}\sin\alpha + l_2)\frac{dx}{R_{a_2}},\ ds_2 = (R_{a_1}\sin\alpha - l_2)\frac{dx}{R_{a_1}}$$

$$\text{퇴거 미끄럼 길이: } ds_1 = (R_{a_1}\sin\alpha + l_1)\frac{dx}{R_{a_1}},\ ds_2 = (R_{a_2}\sin\alpha - l_1)\frac{dx}{R_{a_2}}$$

$$\text{접근 미끄럼률: } \sigma_1 = \frac{(R_{a_1} + R_{a_2})l_2}{R_{a_1}(R_{a_2}\sin\alpha + l_2)},\ \sigma_2 = \frac{(R_{a_1} + R_{a_2})l_2}{R_{a_2}(R_{a_1}\sin\alpha - l_2)} \tag{10-3}$$

$$\text{퇴거 미끄럼률: } \sigma_1 = \frac{(R_{a_1} + R_{a_2})l_1}{R_{a_1}(R_{a_2}\sin\alpha + l_1)},\ \sigma_2 = \frac{(R_{a_1} + R_{a_2})l_1}{R_{a_2}(R_{a_1}\sin\alpha - l_1)} \tag{10-4}$$

위 식에서 피치점에서는 $l = 0$이므로 $\sigma = 0$이 되나 이 끝과 이 뿌리로 갈수록 l도 커지기 때문에 미끄럼률이 커져 이 끝과 이 뿌리에 마멸이 크게 일어난다는 것을 알 수 있다. 또한 압력각이 커지면 미끄럼률이 감소하게 됨을 알 수 있다. 그림 10-6은 미끄럼률을 도시한 그림으로 사이클로이드 치형이 인벌류트 치형에 비해 미끄럼이 균일하고 마멸이 적음을 알 수 있다.

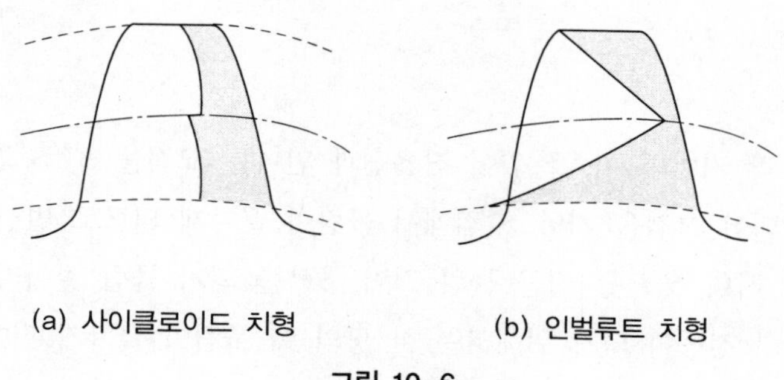

(a) 사이클로이드 치형 (b) 인벌류트 치형

그림 10-6

10.3.5 사이클로이드 치형과 인벌류트 치형의 비교

사이클로이드 치형은 한 개의 치면이 서로 다른 두 개의 곡선, 즉 오목곡선과 볼록곡선과 접촉하므로 비교적 간섭이 작은 원활한 접촉이 이루어지며 윤활유를 잘 보존할 수 있어 마멸이 적고 미끄럼률이 일정하므로 치형이 마멸 후에도 같은 형상으로 보존된다. 그러나 각 접촉점마다 압력각이 달라 큰 부하가 작용할 때에는 강도상 문제가 되고, 중심거리의 오차가 있는 상태로 접촉하면 일정한 각속비를 얻을 수 없게 된다. 또한 치형 곡선이 복합곡선인 관계로 비교적 제작 공구수가 많아야 되며 피치원 위에서는 곡률반지름이 0이 되므로 이 부분을 정확하게 가공하기가 힘들다. 그러므로 사이클로이드 치형은 정밀계기류와 시계 등에 이용할 뿐이다.

이에 반해 인벌류트 치형은 한 개의 곡선으로 이루어지고 기초원 부분에서 곡률반지름이 0이 되나 이 부분은 적용범위에서 제외할 수 있으므로 제작하기가 용이하고 중심거리의 오차가 다소 있어도 물림 압력각은 변화되나 일정 각속비를 얻을 수 있다. 또 기초원의 크기가 일정하면 접촉점 전체의 압력각이 일정하므로 큰 부하용으로 적합하다. 치면의 마멸과 치의 간섭 등의 단점도 있으나 전위치 절삭 수정치 등이 개발되어 현재는 이상치형이 만들어지고 있다. 인벌류트 치형은 모듈과 압력각이 같으면 서로 물릴 수 있는 호환성도 크므로 실용상 이점이 많아 동력전달용으로 인벌류트 치형을 사용하며, 기어라고 하면 인벌류트 기어를 말하는 것이다.

10.3.6 물림률

그림 10-7에서 각 기어의 이 끝 원이 작용선과 만나는 교점을 S, S'점이라 할 때 S점에서 물림이 시작되어 P점을 지나 S'점에서 물림이 끝나게 되므로 법선상에서 SS'의 길이를 물림 길이라 하며 $S'P$를 접근 물림 길이, SP를 퇴거 물림 길이라 한다. 물림이 증가되지 않고 원활한 전동이 되기 위해서는 한 쌍의 이 물림이 끝나기 전에 다음 이의 물림이 시작되어야 한다.

또 M_1, M_2를 간섭점, $\overline{Q_1 Q_2}$를 법선 피치라고 하면, 간섭이 일어나지 않고 연속적인 전동을 할 수 있는 조건은 $\overline{M_1 M_2} > \overline{SS'} > \overline{Q_1 Q_2}$이고 물림률은 보통 1~1.5 정도이다.

$$\text{물림률}(\varepsilon) = \frac{\text{접촉호의 길이}}{\text{원주 피치}} = \frac{\text{물림 길이}}{\text{법선 피치}}$$

$\triangle S' O_1 M_1$에서

$$S'P = \sqrt{R_{a1}^2 - R_{b1}^2} - R_1 \sin\alpha$$

$\triangle SO_2M_2$에서 $SP = \sqrt{R_{a2}^2 - R_{b2}^2} - R_2 \sin\alpha$ 표준 기어에서

$$P_n = P\cos\alpha,\ P = \pi m,\ R_1 = \frac{z_1 m}{2},$$

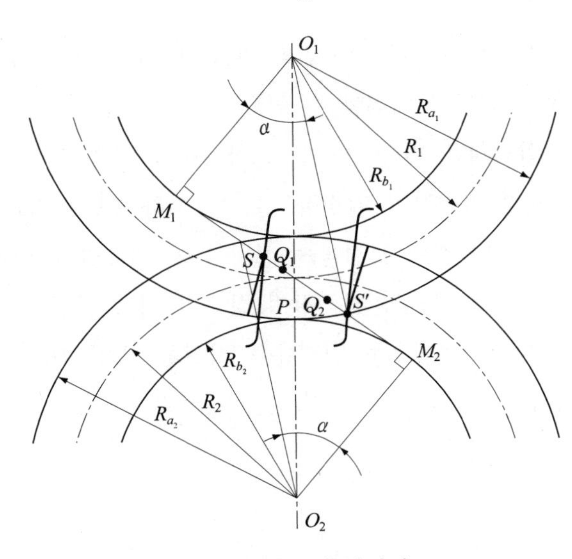

그림 10-7 물림길이

$$R_2 = \frac{z_2 m}{2} \text{ 이며 } \varepsilon = \frac{S'P + SP}{P_n} \text{ 이므로}$$

$$\varepsilon = \frac{1}{2\pi\cos\alpha}\sqrt{(z_1+2)^2-(z_1\cos\alpha)^2}+\sqrt{(z_2+2)^2-(z_2\cos\alpha)^2}$$

$$-(z_1+z_2)\sin\alpha \qquad (10\text{-}5)$$

이다. 물림률은 압력각이 클수록, 잇수가 작을수록 작아진다. 그러나 잇수가 작을 때 압력각이 작을수록 언더컷이 생기므로 물림률은 감소한다. 그러므로 언더컷이 발생하지 않는 경우에는 압력각이 작은 것의 물림 상태를 보는 것이 유리하고, 동력 전달용 기어에서는 물림률을 크게 잡는 것이 일반적이다.

10.4 기어의 각부 명칭 및 이의 크기

10.4.1 기어의 각부 명칭

기어의 각부 명칭은 그림 10-8과 같으며 피치원 또는 피치선을 기준으로 윗부분과 아랫부분으로 나누어진다. 위쪽의 치면을 이 끝면(tooth face), 아래쪽의 치면을 이 뿌리면(tooth flank)이라 하고, 피치원을 기준으로 이 끝까지의 높이를 이 끝 높이(addendum : h_k), 이 뿌리까지의 높이를 이 뿌리 높이(dedendum : h_f)라 하고, 이 끝을 연결하는 원을 이 끝원(addendum circle), 이 뿌리를 연결하는 원을 이 뿌리원(dedendum circle)이라 하며 각 원 사이의 간격($h = h_k + h_f$)을 이 높이(whole depth)라 한다. 이 끝 높이와 이 뿌리 높이의

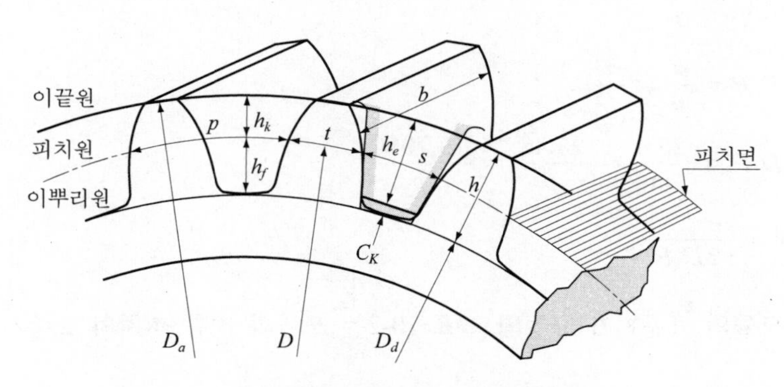

그림 10-8 기어 각부의 명칭

차를 이 끝 틈새(top clearance : c_k)라 하고 한 쌍의 이물림에서 2배의 이 끝 높이에 해당하는 높이를 유효높이(working depth : h_e)라 한다.

또한 피치원상에서 측정한 이 두께를 치 두께(tooth thickness : t), 축방향으로 측정한 치의 길이를 치폭(face width : b)이라 하며, 피치 원주상에서 측정한 인접한 치의 대응하는 원호의 길이를 원주 피치(circular pitch : p)라 하고, 원주 피치에서 이 두께를 뺀 원호의 길이를 치홈(space : s)의 폭이라 한다.

10.4.2 치의 크기

치의 크기는 다음 3가지 방법으로 표시한다.

① **원주 피치**(p) : 피치원의 둘레를 잇수로 나눈 값

$$p = \frac{\pi D}{z} \tag{10-6}$$

② **모듈**(m) : 원주 피치는 무리수가 있어서 기어의 크기를 표준화하기에 불편하므로 $\frac{p}{\pi}$ 하여 크기를 표시하면 정수 또는 유한소수로 나타낼 수 있다. 이 $\frac{p}{\pi}$를 module이라 하여 m 으로 표시한다.

$$m = \frac{D}{z} \tag{10-7}$$

③ **지름 피치**($D.P$, p_d) : 인치 방식으로 치의 크기를 나타내는 방법으로 원주 피치 대신 $\frac{\pi}{p}$의 값으로 표준화한 것을 지름 피치(diametral pitch)라 한다.

$$D.P = \frac{\pi}{p} = \frac{z}{D} \tag{10-8}$$

$$D.P = \frac{25.4}{m} = \frac{25.4\pi}{p} = \frac{79.7966}{p} \tag{10-9}$$

$$c = \frac{z_1 + z_2}{2D.P} \tag{10-10}$$

KS에서는 모듈의 표준치가 규정되고 표 10-2는 모듈과 지름 피치의 표준치를 표시한 것이다.

|표 10-2| 표준 모듈에 대한 원주 피치와 지름 피치의 값

모듈 m (mm)	원주 피치 $p=\pi m$ (mm)	지름 피치 $p_d=25.4/m$	모듈 m (mm)	원주 피치 $p=\pi m$ (mm)	지름 피치 $p_d=25.4/m$
0.2	0.628	127.00	3.25	10.210	7.815
0.25	0.785	101.600	3.5	10.996	7.257
0.3	0.942	84.667	3.75	11.781	6.773
(0.35)	1.100	72.571	4	12.566	6.350
0.4	1.257	63.500	4.5	14.137	5.644
(0.45)	1.414	56.444	5	15.708	5.080
0.5	1.571	50.800	5.5	17.279	4.618
(0.55)	1.728	46.182	6	18.850	4.233
0.6	1.885	42.333	7	21.991	3.629
(0.65)	2.042	39.077	8	25.133	3.175
0.7	2.199	36.286	9	28.274	2.822
(0.75)	2.356	33.867	10	31.416	2.540
0.8	2.513	31.750	11	34.558	2.009
0.9	2.827	28.222	12	37.699	2.117
1.0	3.142	25.400	13	40.841	1.954
1.25	3.297	20.320	14	43.982	1.814
1.5	4.712	16.933	15	47.124	1.693
1.75	5.498	14.514	16	50.269	1.588
2	6.283	12.700	18	56.549	1.411
2.25	7.069	11.289	20	62.832	1.270
2.5	7.854	10.160	22	69.115	1.155
2.75	8.639	9.236	25	78.540	1.016
3	9.425	8.467			

10.4.3 인벌류트 함수

그림 10-9에서 Q_1T' 원호의 길이는 QT' 선분의 길이와 같다.

즉 $R_g(\phi+\alpha)=R_g\tan\alpha$

$\phi=\tan\alpha-\alpha(\mathrm{rad})$

$\angle Q_1OQ=\phi$는 $\angle QOT'=\alpha$의 함수이다.

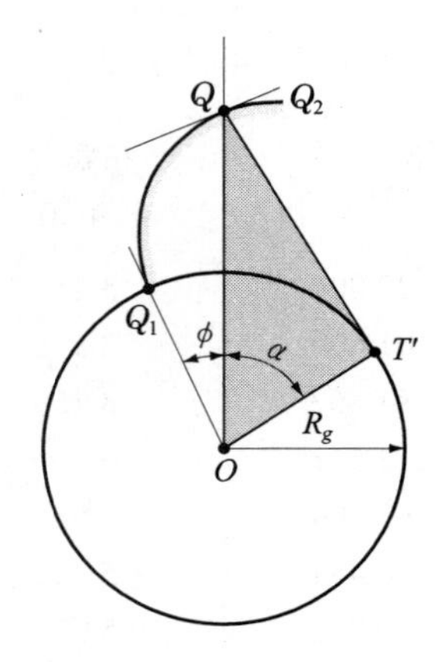

그림 10-9 인벌류트 함수

이 ϕ를 인벌류트 함수(involute function)라 하며

$$\phi = \tan\alpha - \alpha = inv\,\alpha \tag{10-11}$$

로 표시한다. 인벌류트 함수는 걸치기 이 두께, 전위기어 등의 계산에 이용된다.

10.4.4 백래시(back lash)

기어 전동 시 원활한 윤활을 위한 유막 두께 확보, 열팽창 변형을 고려하여 이물림 상태에서 법선상의 틈새를 주게 되는데, 이 틈새를 백래시라 한다.

B : 피치 원주상의 길이, B_r : 반지름 방향의 틈새, B_n : 백래시

$B_r = \dfrac{B_n}{2\sin\alpha}$, $B = \dfrac{B_n}{\cos\alpha}$이고 일반적으로 백래시는 $B_n = (0.03 \sim 0.05)m$을 사용하고 백래시를 주는 방법은 다음 두 가지가 있다.

① 중심거리를 B_r만큼 주는 방법

② 이 두께의 합을 원주 피치보다 B만큼 더 주는 방법

10.5 평기어

10.5.1 표준 평기어

피치 원지름을 무한대로 하면, 치형이 직선인 막대 모양의 기어, 즉 랙(rack)이 된다. 이때 피치원은 직선이 되며 이것을 피치선이라 한다. 평기어 제작에 사용하는 커터에는 랙(rack) 모양의 랙커터(rack cutter)와 호브(hob), 총형 커터, 피니언 커터 등을 생각할 수 있으나 피치원이 무한대인 랙커터로 제작하는 것이 크기와 형상이 가장 정확하므로 랙커터의 기준 피치선과 소재의 피치선이 일치된 상태에서 제작된 기어를 표준 기어라 하며 KS 규격

| 표 10-3 | 평기어의 비례 치수

각부의 명칭	미터식 (mm)	영식 (in)
모듈 (m)	$m=\dfrac{p}{\pi}=\dfrac{D}{Z}=\dfrac{D_0}{Z+2}=\dfrac{25.4}{p_d}$	——
지름 피치 (p_d)	——	$p_d=\dfrac{\pi}{p}=\dfrac{Z}{D}=\dfrac{Z+2}{D_0}$
원주 피치 (p)	$p=\pi m=\dfrac{\pi \cdot D}{Z}=\dfrac{\pi D_0}{Z+2}$	$p=\dfrac{\pi}{p_d}=\dfrac{\pi D}{Z}$
바깥지름 (D_0)	$D_0=(Z+2)m=D+2m$	$D_0=\dfrac{Z+2}{p_d}=D+\dfrac{p_d}{2}$
피치 원지름 (D)	$D=mZ=\dfrac{pZ}{\pi}=\dfrac{D_0 \cdot Z}{Z+2}$	$D=\dfrac{Z}{p_d}=\dfrac{pZ}{\pi}$
이뿌리끝원지름 (D_r)	$D_r=(Z-2.31416)m$ $=D-2.31416\,m$	$D_r=(Z-2.31416)/p_d$ $=D-(2.31416)/p_d$
잇수 (Z)	$Z=\dfrac{D}{m}=\left(\dfrac{D_0}{m}\right)-2$	$Z=p_d \cdot D=D_0P_d-2$
이두께 (t)	$t=\dfrac{\pi m}{2}=\dfrac{p}{2}=1.5708\,m$	$t=\dfrac{\pi}{2p_d}=\dfrac{p}{2}=\dfrac{1.5708}{p_d}$
이봉우리 (끝) 높이 (h_k)	$h_k=m=0.3183\,p$	$h_k=\dfrac{1}{p_d}=0.3183\,p$
이골 (뿌리) 높이 (h_f)	$h_f=h_k+c=1.25\,m$	$h_f=h_k+c=\dfrac{1.25}{p_d}=0.3983\,p$
총 이 높이 (h)	$h=h_k+h_f=2.25\,m$	$h=h_k+h_f=\dfrac{2.25}{p_d}=0.7165\,p$
클리어런스 (c)	$c=0.25\,m=\dfrac{t}{10}$	$c=\dfrac{0.25}{p_d}=\dfrac{t}{10}$

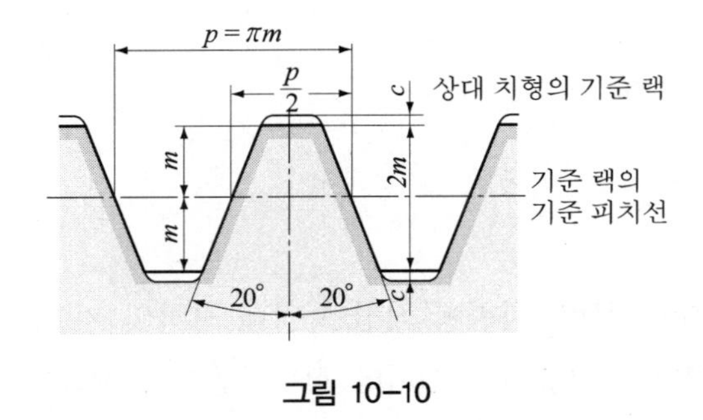

그림 10-10

에서 그림 10-10과 같이 규정하고 있다.

표준 기어에서 기준 압력각은 14.5°와 20°가 있었으나 현재는 KS에서 20°로 규정하고 있다. 또한 밑틈은 $c \geq 0.25$ m로 규정하고 있으나 절삭치형에서는 $c \geq 0.25$ m, 연삭 및 세이빙 치형에서는 $c \geq 0.35$ m로 하고 있다.

예제 10-1 속비가 1/2인 경우, 모듈 4, 피니언의 잇수가 27인 표준 평기어의 축간거리와 기어의 잇수를 구하라.

풀이

$$i = z_1/z_2 = 1/2 \quad z_2 = 2z_1 = 2 \times 27 = 54$$

$$c = (z_1 + z_2)m/2 = (27 + 54)/2 \times 4 = 162 \text{ mm}$$

예제 10-2 피니언의 잇수가 20, 기어의 잇수가 100인 평기어가 물고 있을 때 중심거리가 180 mm였다. 각 기어의 바깥지름을 구하라.

풀이 $c = (z_1 + z_2)m/2$에서

$$m = 2c/(z_1 + z_2) = 2 \times 180/(20 + 100) = 3$$

$$D_{a1} = (z_1 + 2)m = (20 + 2)3 = 66 \text{ mm}$$

$$D_{a2} = (z_2 + 2)m = (100 + 2)3 = 306 \text{ mm}$$

10.5.2 언더컷과 한계 잇수

피니언의 잇수가 작거나 잇수비가 클 때 발생되는 현상으로 기어의 이 끝이 피니언의 이 뿌리에 걸리는 현상을 이의 간섭(interference of tooth)이라 하고, 피니언의 이 뿌리를 깎

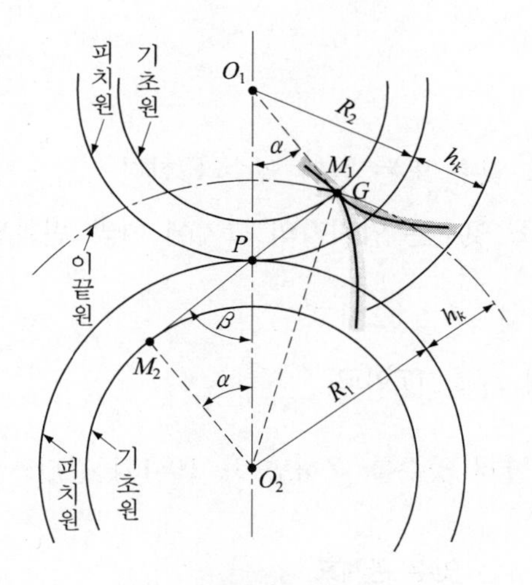

그림 10-11

아내는 현상을 언더컷(undercut)이라 한다. 언더컷이 발생하면 이의 강도가 저하되고 물림 길이가 감소하므로 기어의 성능상 좋지 않다.

이 현상의 방지책으로는 이 끝 높이가 0.8 m에 해당되는 낮은 기어(stub gear)를 사용하거나 언더컷 한계 잇수보다 많은 잇수를 사용하거나 전위기어를 사용하는 것이 있다. 그림 10-11에서 이 끝원과 작용선의 교점 G가 간섭점 M_1과 일치되는 곳이므로 삼각형 $O_2M_1M_2$에서

$$(R_2 + h_k)^2 = (R_1 \sin\alpha + R_2 \sin\alpha)^2 + R_2^2 \cos\alpha^2$$

여기서 양기어의 잇수비 $z_1/z_2 = r$, 모듈을 m이라 하면, $R_1 = z_1 m/2$, $R_2 = z_2 m/2$이므로

$$Z_1 \geq \frac{2h_k}{m} \frac{1 + \sqrt{1^2 + r(r+2)\sin^2\alpha}}{(r+2)\sin^2\alpha} \tag{10-12}$$

위 식에서 기어가 랙(rack)이면 $z_2 = \infty$이고 $r = 0$가 된다. 따라서

$$Z_1 \geq \frac{2h_k}{m} \frac{1}{\sin^2\alpha}$$

표준 기어에서는 $h_k = m$이므로 위 식은

$$Z_1 \geq \frac{2}{\sin^2\alpha} \tag{10-13}$$

식 (10-12)에서 Z_1을 최소 잇수 또는 한계 잇수라 한다.

랙과 피니언의 경우 최소 잇수는 압력각의 크기에 따라 변화된다.

$\alpha = 14.5°$일 때 $z_1 \geq 32$이고

$\alpha = 20°$일 때 $z_1 \geq 17$이고

식 (10-12)로부터 언터컷 한계 잇수를 구하면 표 10-4와 같다.

표 10-4 간섭을 일으키지 않는 잇수 관계표

압력각 α	작은 기어의 잇수 Z_1	큰 기어의 잇수 Z_2	잇수비 Z_2/Z_1	물음률 ε	
14.5	22	22	1.00	1.83	1.83
	23	26	1.13	1.86	1.84
	24	32	1.33	1.91	1.85
	25	40	1.60	1.96	1.86
	26	52	2.00	2.00	1.88
	27	68	2.52	2.06	1.90
	28	92	3.28	2.08	1.91
	29	132	4.55	2.14	1.93
	30	220	7.34	2.21	1.94
	31	506	16.35	2.50	1.96
	32	랙	∞	2.30	1.97
15	21	21	1.00	1.78	1.78
	22	27	1.23	1.83	1.80
	23	32	1.39	1.88	1.81
	24	45	1.87	1.93	1.82
	25	58	2.31	1.99	1.83
	26	81	3.12	2.04	1.84
	27	118	4.37	2.08	1.85
	28	194	6.92	2.14	1.86
	29	476	16.40	2.16	1.87
	30	랙	∞	2.23	1.87
20	12	12	1.00	1.25	1.25
	13	16	1.23	1.48	1.44
	14	25	1.79	1.49	1.47
	15	44	2.94	1.61	1.48
	16	94	5.87	1.68	1.51
	17	랙	∞	1.73	1.53

랙과 피니언이 접촉 시 언더컷 한계 잇수는 압력각이 14.5°와 20°일 때 32개와 17개이나 실용상으로 26개와 14개까지 허용된다. 표 10-4는 식 (10-13)에서 계산한 언더컷 한계 잇수를 표시한 것이다.

10.5.3 전위기어

표준 기어와 잇수, 기초원의 크기, 사용공구도 같으며 단지 바깥지름만 변화시켜 만든 기어를 전위기어라 하며, 바깥지름을 표준 기어보다 크게 한 것을 양전위기어, 바깥지름을 작게 한 것을 음전위기어라 한다.

그림 10-12와 같이 랙의 기준 피치선이 치절 피치선과 xm만큼 떨어져서 운동하므로 치절 피치선상의 이의 폭은 $\left(\frac{\pi}{2}+2x\tan\alpha\right)m$이고 이것이 기어의 이 두께가 되며 표준 기어보다 이 두께가 크게 된다. 전위기어는 미끄럼률을 작게 할 수 있고 언더컷을 방지할 수 있으며 중심거리를 변화시킬 수 있어 물림률을 향상시킬 수 있다.

(1) 전위기어의 설계

1) 언더컷을 방지하기 위한 전위계수

그림 10-13에서 언더컷이 발생되지 않은 랙의 이 끝 높이는 간섭점의 범위를 벗어나지 않는 선분의 길이 Pb와 같아야 하므로

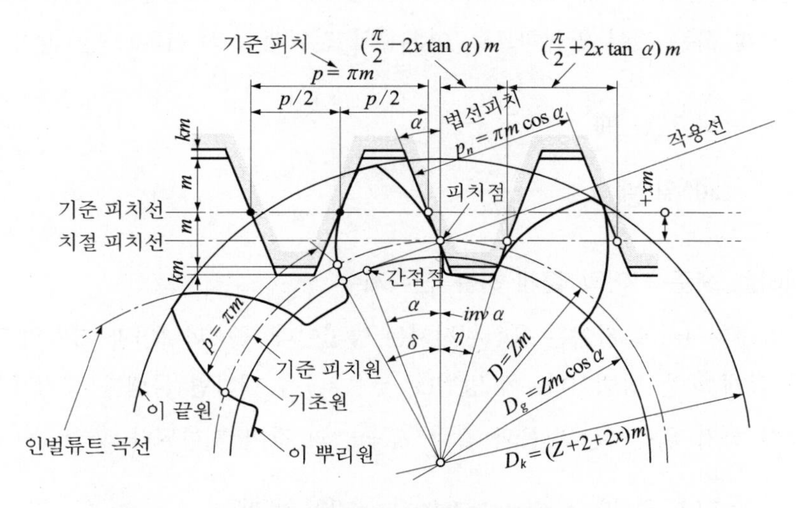

그림 10-12 전위기어의 계산

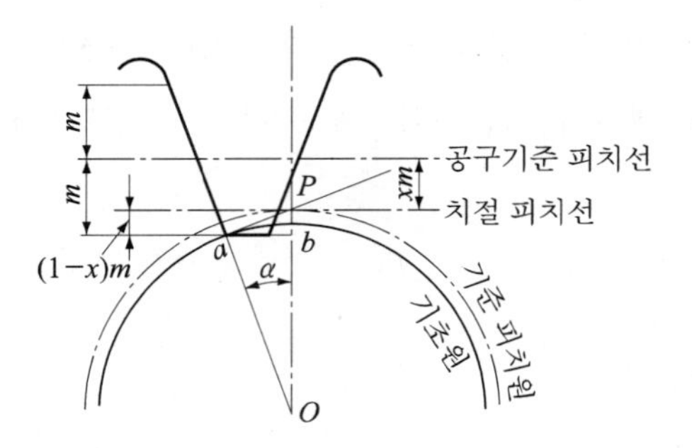

그림 10-13 언더컷이 생기지 않는 전위

$$\overline{Pb} = PO\sin^2\alpha$$

$$(1-x)m \le \frac{mz}{2}\sin^2\alpha$$

$$x \ge 1 - \frac{z}{2}\sin^2\alpha \tag{10-14}$$

따라서 이론상의 전위계수 x는 압력각의 크기에 따라

$$\alpha = 14.5° \text{일 때 } x \ge \frac{32-z}{32}$$

$$\alpha = 20° \text{일 때 } x \ge \frac{17-z}{17} \tag{10-15}$$

그러나 실용상으로는 어느 정도 잇수까지는 언더컷이 허용되므로 DIN 규격으로는 다음과 같은 실용상의 전위계수를 사용하고 있으나 언더컷이나 미끄럼률을 작게 하기 위해서는 전위계수를 크게 하는 것이 안전하므로 이론상의 전위계수 식 (10-15)를 많이 사용한다.

$$\alpha = 14.5° \text{일 때 } x \ge \frac{26-z}{26}$$

$$\alpha = 20° \text{일 때 } x \ge \frac{14-z}{17} \tag{10-16}$$

2) 중심거리를 표준 기어와 같게 하는 전위계수

피니언은 양전위시키고 기어는 음전위시키는 방법이다. 즉, 피니언과 기어의 전위계수 값의 절대치를 같게 하는 방법이다. 이 방법($x_1 = -x_2$)을 택하면 물림률도 커지나 언더컷이 발생하지 않게 하기 위해서는 다음과 같이 $z_1 + z_2$의 값이 제한된다.

$$\alpha = 14.5° \text{일 때 } z_1 + z_2 \ge 64, \quad \alpha = 20° \text{일 때 } z_1 + z_2 \ge 34$$

3) 물림압력각 및 전위기어의 중심거리

① 물림압력각

그림 10-14와 같이 중심거리가 변화되면 압력각이 공구압력각과 다르게 되는데 이 압력각을 물림압력각이라 한다. 그림에서 기초원, 피치원의 지름 D'_{g_1}, D'_{g_2} 및 D'_1, D'_2이라 하고 표준 기어의 기초원 및 피치원의 지름을 D_{g_1}, D_{g_2} 및 D_1, D_2라 하면

$$D_b = D\cos\alpha \quad A = \frac{D_1 + D_2}{2}$$

$$A_f = \frac{D'_1 + D'_2}{2} \text{ (전위기어 중심거리)} \tag{10-17}$$

$$\cos\alpha = \frac{D_{g_1}}{D_1} = \frac{D_{g_2}}{D_2} = \frac{D_{g_1} + D_{g_2}}{D_1 + D_2} = \frac{D_{g_1} + D_{g_2}}{2A} \text{ (공구압력각)} \tag{10-18}$$

$$\cos\alpha_b = \frac{D'_{g_1}}{D'_1} = \frac{D'_{g_2}}{D'_2} = \frac{D'_{g_1} + D'_{g_2}}{D'_1 + D'_2} = \frac{D'_{g_1} + D'_{g_2}}{2A_f}$$

상술한 바와 같이 중심거리가 변화되면 물림압력각이 달라짐을 알 수 있다.

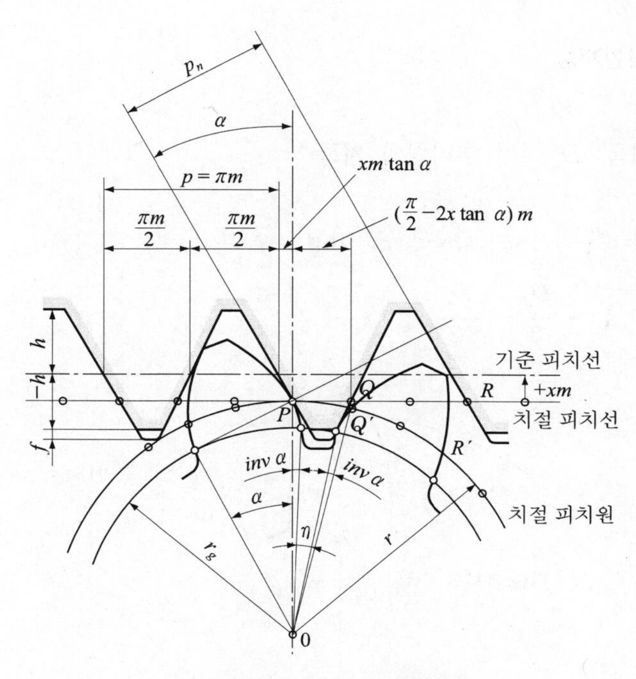

그림 10-14 전위기어의 물림

② 전위기어의 중심거리 및 중심거리 증가계수

그림 10-14에서 $D \neq D'$, $\alpha_b \neq \alpha$ $D_g = D'_g$ 이므로

$$A_f = \frac{D'_1 + D'_2}{2} = \frac{D'_{g_1} + D'_{g_2}}{2\cos\alpha_b} = \frac{D_{g_1} + D_{g_2}}{2\cos\alpha_b}$$

$$= \frac{(D_1 + D_2)\cos\alpha}{2\cos\alpha_b} = \frac{(z_1 + z_2)m\cos\alpha}{2\cos\alpha_b}$$

$$= \frac{(z_1 + z_2)m}{2} + \frac{Z_1 + Z_2}{2}\left(\frac{\cos\alpha}{\cos\alpha_b} - 1\right)m$$

$$y = \frac{z_1 + z_2}{2}\left(\frac{\cos\alpha}{\cos\alpha_b} - 1\right) \tag{10-19}$$

$$A_f = \frac{(z_1 + z_2)m}{2} + ym \tag{10-20}$$

반지름 방향의 백래시(중심거리 증가분) $B_r = \dfrac{B_n}{2\sin\alpha}$ 이므로

$$A_f = \frac{(z_1 + z_2)m}{2} + ym + B_r \tag{10-21}$$

③ 전위기어의 바깥지름

그림 10-15에서

D_a : 이 끝원의 지름, D_d : 이 뿌리원의 지름

$$\frac{D_d}{2} = \frac{zm}{2} - (m + km - xm) \text{이고}$$

$$km = A_f - \frac{D_{d_1}}{2} - \frac{D_{a_2}}{2}$$

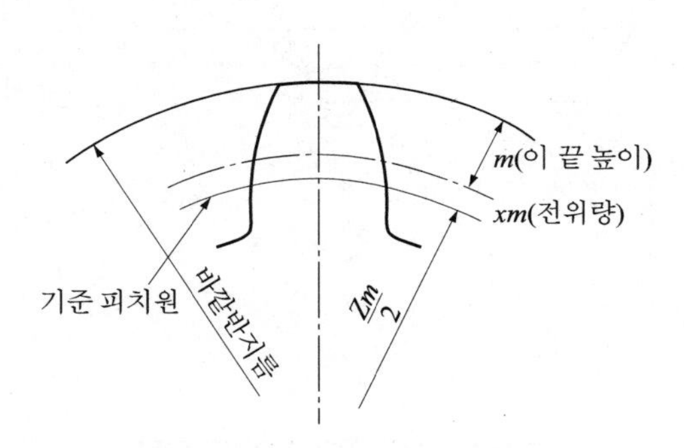

그림 10-15 전위기어의 바깥지름

$$km = A_f - \frac{D_{d_1}}{2} - \frac{D_{a_2}}{2} \text{ 이므로}$$

$$D_{a_1} = (z_1 + 2)m + 2(y - x_2)m + 2B_r$$

$$D_{a_2} = (z_2 + 2)m + 2(y - x_1)m + 2B_r \tag{10-22}$$

$B_r = 0$ 이면

$$D_{a_1} = (z_1 + 2)m + 2(y - x_2)m$$

$$D_{a_2} = (z_2 + 2)m + 2(y - x_1)m \tag{10-23}$$

④ 전위기어의 물림방정식

물림압력각의 크기를 나타내는 방정식으로 다음과 같이 표시한다.

$$inv\alpha_b = 2\tan\alpha \frac{x_1 + x_2}{Z_1 + Z_2} + \frac{B_n}{m\cos\alpha(Z_1 + Z_2)} + inv\alpha$$

위 식에서 $B_n = 0$ 이면

$$inv\alpha_b = 2\tan\alpha \frac{x_1 + x_2}{Z_1 + Z_2} + inv\alpha \tag{10-24}$$

(2) 전위기어 설계방법

전위기어를 설계할 때는 일반적으로 공구압력각 α 와 잇수 z_1, z_2 가 주어지고 전위기어의 전위계수 x_1, x_2 가 결정되면 물림압력각 α_b 를 인벌류트 함수표 10-5와 식 (10-24)를 이용하여 α_b 가 계산되면 중심거리 증가계수 y 가 구해지는 방법과 전위기어의 계산을 간편하게 하기 위하여 $B(\alpha_b)$, $B_v(\alpha_b)$ 와 같은 물림각 α_b 의 함수를 설정하여, 그 계산치를 표 10-6, 표 10-7로 만들어 사용하고 있다.

식 (10-24)와 식 (10-19)를 변형하면

$$\frac{2(x_1 + x_2)}{Z_1 + Z_2} = \frac{inv\alpha_b - inv\alpha}{\tan\alpha} = B(\alpha) \tag{10-25}$$

$$\frac{2y}{Z_1 + Z_2} = \left(\frac{\cos\alpha}{\cos\alpha_b} - 1\right) = B_v(\alpha_b) \tag{10-26}$$

위 식에서 $B(\alpha)$ 를 구하고 표 10-6, 표 10-7에서 이 값에 대응하는 $B_v(\alpha_b)$ 값을 찾아 중심거리 증가계수 y 를 계산할 수 있다.

|표 10-5| 인벌류트 함수표

$\alpha°$	0	2	4	6	8
0	0.00000	0.00000	0.00000	0.00000	0.00000
1	0.00000	0.00000	0.00001	0.00001	0.00001
2	0.00001	0.00002	0.00003	0.00003	0.00004
3	0.00005	0.00006	0.00007	0.00008	0.00010
4	0.00011	0.00013	0.00015	0.00017	0.00020
5	0.00022	0.00025	0.00028	0.00031	0.00035
6	0.00038	0.00042	0.00047	0.00051	0.00056
7	0.00061	0.00067	0.00072	0.00078	0.00085
8	0.00091	0.00099	0.00106	0.00114	0.00122
9	0.00131	0.00139	0.00149	0.00159	0.00169
10	0.00179	0.00191	0.00202	0.00214	0.00227
11	0.00239	0.00253	0.00267	0.00281	0.00296
12	0.00312	0.00328	0.00344	0.00362	0.00379
13	0.00398	0.00416	0.00436	0.00456	0.00477
14	0.00498	0.00520	0.00534	0.00566	0.00590
15	0.00615	0.00640	0.00667	0.00693	0.00721
16	0.00749	0.00778	0.00808	0.00839	0.00870
17	0.00903	0.00936	0.00969	0.01004	0.01040
18	0.01076	0.01113	0.01152	0.01191	0.01231
19	0.01272	0.01313	0.01356	0.01400	0.01445
20	0.01490	0.01537	0.01585	0.01634	0.01684
21	0.01735	0.01787	0.01840	0.01894	0.01949
22	0.02005	0.02063	0.02122	0.02182	0.02243
23	0.02305	0.02368	0.02433	0.02499	0.02566
24	0.02635	0.02705	0.02776	0.02849	0.02922
25	0.02998	0.03074	0.03152	0.03232	0.03312
26	0.03395	0.03479	0.03564	0.03651	0.03739
27	0.03829	0.03920	0.04013	0.04108	0.04204
28	0.04302	0.04401	0.04502	0.04605	0.04710
29	0.04816	0.04925	0.05034	0.05146	0.05260
30	0.05375	0.05492	0.05612	0.05733	0.05356
31	0.05981	0.06108	0.06237	0.06368	0.06561
32	0.06636	0.06774	0.06913	0.07055	0.07199
33	0.07345	0.07493	0.07644	0.07797	0.07952
34	0.08110	0.08270	0.08432	0.08597	0.08764
35	0.08934	0.09107	0.09282	0.09459	0.09640
36	0.09822	0.10008	0.10196	0.10388	0.10581
37	0.10778	0.10978	0.11180	0.11386	0.11594
38	0.11806	0.12021	0.12238	0.12459	0.12683
39	0.12911	0.13141	0.13375	0.13612	0.13853
40	0.14097	0.14344	0.14595	0.14850	0.15108
41	0.15370	0.15636	0.15905	0.16178	0.16456
42	0.16737	0.17022	0.17311	0.17604	0.17901
43	0.18202	0.18508	0.18818	0.19132	0.19451
44	0.19774	0.20102	0.20435	0.20772	0.21114
45	0.21460	0.21812	0.22168	0.22530	0.22896
46	0.23268	0.23645	0.24027	0.24415	0.24408
47	0.25206	0.25611	0.26021	0.26236	0.26858
48	0.27285	0.27719	0.28159	0.28605	0.29057
49	0.29516	0.29981	0.30453	0.30931	0.31417
50	0.31909	0.32408	0.32915	0.33428	0.33949
51	0.34478	0.35014	0.35558	0.36110	0.36669
52	0.37237	0.37813	0.38397	0.38990	0.39592
53	0.40202	0.40821	0.41450	0.42087	0.42734
54	0.43390	0.44057	0.44733	0.45419	0.46115

|표 10-6| (1) $B(\alpha)$ 및 $B_v(\alpha)$ 함수표($\alpha_c = 14.5°$)

$\alpha°$	0		2		4		6		8	
	B	B_v	B	B_v	B	B_v	B	B_v	B	B_v
14.5	.00000	.00000	.00009	.00009	.00018	.00018	.00027	.00027	.00036	.00036
6	.00045	.00045	.00055	.00054	.00064	.00073	.00073	.00073	.00082	.00082
7	.00092	.00091	.00101	.00100	.00110	.00109	.00120	.00119	.00129	.00128
8	.00138	.00137	.00148	.00146	.00157	.00155	.00167	.00165	.00176	.00174
9	.00186	.00183	.00195	.00193	.00205	.00202	.00215	.00211	.00224	.00221
15.0	.00234	.00230	.00244	.00239	.00253	.00249	.00263	.00258	.00273	.00268
1	.00283	.00277	.00293	.00287	.00302	.00296	.00312	.00305	.00322	.00315
2	.00332	.00372	.00392	.00382	.00403	.00391	.00413	.00401	.00423	.00411
3	.00332	.00372	.00392	.00382	.00403	.00391	.00413	.00401	.00423	.00411
4	.00433	.00420	.00443	.00430	.00454	.00440	.00464	.00449	.00474	.00459
5	.00485	.00469	.00495	.00479	.00505	.00488	.00516	.00498	.00527	.00508
6	.00537	.00518	.00548	.00527	.00585	.00537	.00569	.00547	.00579	.00557
7	.00590	.00567	.00601	.00577	.00611	.00586	.00622	.00596	.00633	.00606
8	.00644	.00613	.00654	.00626	.00665	.00636	.00676	.00646	.00687	.00656
9	.00698	.00666	.00709	.00676	.00720	.00686	.00731	.00696	.00742	.00706
16.0	.00753	.00716	.00764	.00726	.00775	.00737	.00787	.00747	.00798	.00757
1	.00809	.00767	.00820	.00777	.00832	.00787	.00843	.00787	.00854	.00808
2	.00866	.00818	.00877	.00828	.00888	.00838	.00900	.00849	.00911	.00859
3	.00923	.00869	.00935	.00879	.00946	.00890	.00458	.00900	.00969	.00910
4	.00981	.00921	.00993	.00921	.01004	.00942	.01016	.00952	.01028	.00962
5	.01040	.00973	.01052	.00983	.01064	.00994	.01076	.01004	.01088	.01015
6	.01099	.01025	.01105	.01030	.01124	.01046	.01136	.01057	.01148	.01067
7	.01160	.01078	.01172	.01089	.01184	.01099	.01196	.01109	.01209	.01120
8	.01221	.01131	.01233	.01142	.01246	.01152	.01258	.01163	.01270	.01174
9	.01283	.01185	.01295	.01195	.01308	.01206	.01320	.01217	.01333	.01228
17.0	.01346	.01236	.01358	.01249	.01371	.01260	.01384	.01271	.01396	.01282
1	.01409	.01293	.01422	.01303	.01435	.01314	.01448	.01325	.01460	.01336
2	.01473	.01347	.01486	.01358	.01499	.01369	.01512	.01380	.01225	.01391
3	.01533	.01402	.01552	.01413	.01565	.01424	.01578	.01435	.01591	.01446
4	.01604	.01457	.01618	.01469	.01631	.01480	.01644	.01491	.01658	.01502
5	.01671	.01513	.01684	.01524	.01698	.01535	.01711	.01547	.01725	.01558
6	.01738	.01569	.01752	.01580	.01766	.01592	.01779	.01603	.01793	.01614
7	.01807	.01626	.01821	.01637	.01834	.01648	.01848	.01660	.01862	.01671
8	.01876	.01682	.01890	.01694	.01903	.01705	.01918	.01717	.01932	.01728
9	.01946	.01740	.01960	.01751	.01974	.01762	.01988	.01774	.02002	.01785
18.0	.02017	.01791	.02031	.01809	.02045	.01820	.02060	.01832	.02074	.01843
1	.02088	.01855	.02103	.01867	.02117	.01878	.02132	.01890	.02146	.01902
2	.02161	.01913	.02176	.01925	.02190	.01937	.02205	.01948	.02219	.01960
3	.02234	.01972	.02249	.01984	.02664	.01996	.02279	.02007	.02294	.02019
4	.02309	.02031	.02324	.02043	.02338	.02055	.02354	.02067	.02369	.02079
5	.02384	.02090	.02399	.02102	.02414	.02114	.02429	.02126	.02444	.02138
6	.02460	.02150	.02475	.02162	.02490	.02174	.02506	.02136	.02516	.02198
7	.02537	.02210	.02552	.02223	.02568	.02235	.02538	.02247	.02599	.02259
8	.02614	.02271	.02630	.02283	.00646	.02295	.02661	.02308	.02677	.02320
9	.02693	.02332	.02709	.02344	.02725	.02356	.02741	.02369	.02757	.02381
19.0	.02773	.02393	.02789	.02406	.02805	.02418	.02821	.02430	.02837	.02443
1	.02853	.02455	.02869	.02467	.02885	.02480	.02902	.02492	.02918	.02505
2	.02934	.02517	.02951	.02529	.02967	.02542	.02984	.02555	.03000	.02567
3	.03017	.02580	.03033	.02592	.03050	.02605	.03066	.02617	.03083	.02630
4	.03100	.02643	.03117	.02655	.03133	.02668	.03150	.02680	.03167	.02693
5	.03184	.02706	.03201	.02719	.03218	.02731	.03235	.02744	.03252	.02757
6	.03629	.02769	.03286	.02782	.03303	.02795	.03321	.02808	.03338	.02821
7	.03355	.02834	.03373	.02846	.03390	.02859	.03407	.02872	.03425	.02885
8	.03442	.02898	.03460	.02911	.03477	.02924	.03495	.02937	.03512	.02950
9	.03530	.02963	.03548	.02976	.03566	.02989	.03583	.03001	.03601	.03015

|표 10-6| (2) $B(\alpha)$ 및 $B_v(\alpha)$ 함수표($\alpha_n = 14.5°$)

$\alpha°$	0		2		4		6		8	
	B	B_v	B	B_v	B	B_v	B	B_v	B	B_v
20.0	.03619	.03028	.03637	.03041	.03655	.03054	.03673	.03067	.03691	.03081
1	.03709	.03094	.03727	.03107	.03745	.03120	.03763	.03133	.03782	.03147
2	.03800	.03160	.03818	.03173	.03836	.03186	.03855	.03200	.03873	.03213
3	.03892	.03226	.03910	.03240	.03929	.03253	.03947	.03266	.03966	.03280
4	.03985	.03293	.04003	.03307	.04022	.03320	.04041	.03333	.04060	.03347
5	.04073	.03360	.04097	.03374	.04116	.03387	.04135	.03401	.04154	.03414
6	.04173	.03428	.04192	.03442	.04211	.03455	.04231	.03469	.04250	.03482
7	.04269	.03496	.04288	.03509	.04308	.03523	.04327	.03537	.04346	.03551
8	.04366	.03565	.04385	.03578	.04405	.03592	.04425	.03606	.04444	.03620
9	.04464	.03633	.04484	.03647	.04503	.03661	.04523	.03675	.04543	.03689
21.0	.04563	.03707	.04583	.03717	.04603	.03730	.04623	.03744	.04643	.03758
1	.04363	.03772	.04683	.03786	.04703	.03800	.04723	.03814	.04743	.03828
2	.04764	.06842	.04784	.03856	.04804	.03871	.04825	.03885	.04845	.03899
3	.04866	.03913	.04886	.03927	.04907	.03941	.04928	.03955	.04948	.03970
4	.04969	.03984	.04990	.03998	.05110	.04012	.05031	.04027	.05052	.04041
5	.05073	.04055	.05094	.04069	.05115	.04084	.05136	.04098	.05157	.04413
6	.05178	.04127	.05199	.04141	.05220	.04156	.05242	.04170	.05263	.04185
7	.05285	.04199	.05306	.04214	.05327	.04228	.05349	.04243	.05371	.04257
8	.05392	.04272	.05414	.04286	.05435	.04301	.05457	.04315	.05479	.04330
9	.05501	.04345	.05522	.04359	.05544	.04374	.05566	.04389	.05588	.04403
22.0	.05610	.04418	.05632	.04433	.05654	.04448	.05676	.04462	.05699	.04477
1	.05721	.04492	.05743	.04507	.05766	.04522	.05788	.04536	.05810	.04551
2	.05833	.04566	.05355	.04581	.05878	.04596	.05900	.04611	.05923	.04626
3	.05946	.04641	.05968	.04656	.05991	.04671	.06014	.04686	.06037	.04701
4	.06060	.04716	.06083	.04731	.06106	.04746	.06129	.04761	.06152	.04776
5	.06175	.04792	.06198	.04807	.06221	.04822	.06245	.04837	.06268	.04852
6	.06291	.04868	.06315	.04883	.06338	.04898	.06362	.04913	.06385	.04929
7	.06409	.04944	.06433	.04959	.06456	.04975	.06480	.04990	.06504	.05005
8	.06528	.05021	.06551	.05036	.06575	.05052	.06599	.05067	.06623	.05083
9	.06647	.05098	.06671	.05113	.06696	.05129	.06720	.05145	.06744	.05160
23.0	.06768	.05176	.06793	.05191	.06817	.05207	.06842	.05223	.06866	.05238
1	.06891	.05254	.06015	.05270	.06940	.05285	.06964	.05301	.06989	.05317
2	.07014	.05332	.07039	.05348	.07064	.05364	.07089	.05380	.07114	.05396
3	.07139	.05411	.07164	.05227	.07189	.05443	.07214	.05459	.07239	.05475
4	.07264	.05491	.07290	.05507	.07315	.05523	.07340	.05539	.07366	.05555
5	.07391	.05571	.07417	.05587	.07442	.05603	.07468	.05619	.07494	.05636
6	.07519	.05651	.07545	.05667	.07571	.05683	.07597	.05700	.07624	.05716
7	.07650	.05732	.07676	.05748	.07702	.05764	.07728	.05781	.07754	.05797
8	.07781	.05813	.07807	.05829	.07833	.05846	.07860	.05862	.07886	.05878
9	.07912	.05895	.07939	.05911	.07966	.05928	.07991	.05944	.08018	.05960
24.0	.08045	.05977	.08071	.05993	.08090	.06010	.08125	.06026	.08152	.06043
1	.08179	.06060	.08206	.06076	.08233	.06093	.08260	.06109	.08287	.06126
2	.08315	.06143	.08342	.06159	.08369	.06176	.08397	.06193	.08424	.06209
3	.08452	.06226	.08479	.06243	.08507	.06260	.08534	.06276	.08562	.06293
4	.08590	.06310	.08618	.06327	.08646	.06344	.08673	.06361	.08701	.06377
5	.08729	.06394	.08757	.06411	.08786	.06428	.08814	.06445	.08842	.06462
6	.08870	.06479	.08899	.06496	.08927	.06513	.08955	.06530	.08984	.06547
7	.09012	.06565	.09041	.06582	.09070	.06599	.09098	.06616	.09127	.06633
8	.09156	.06650	.09185	.06668	.09213	.06668	.09242	.06702	.09271	.06719
9	.09300	.06737	.09330	.06754	.09359	.06771	.09388	.06789	.09417	.06808

|표 10-7| (1) $B(\alpha)$ 및 $B_v(\alpha)$ 함수표($\alpha_n = 20°$)

$\alpha°$	0		2		4		6		8	
	B	B_v	B	B_v	B	B_v	B	B_v	B	B_v
20.0	.00000	.00000	.00013	.00013	.00026	.00026	.00038	.00038	.00051	.00051
1	.00064	.00064	.00077	.00077	.00090	.00089	.00103	.00102	.00115	.00115
2	.00120	.00129	.00141	.00141	.00155	.00154	.00168	.00167	.00181	.00179
3	.00194	.00192	.00207	.00205	.00220	.00218	.00233	.00231	.00246	.00244
4	.00260	.00253	.00273	.00270	.00283	.00300	.00300	.00296	.00313	.00290
5	.00326	.00322	.00340	.00336	.00353	.00349	.00367	.00362	.00380	.00375
6	.00394	.00388	.00407	.00401	.00421	.00415	.00435	.00428	.00448	.00441
7	.00462	.00454	.00476	.00467	.00489	.00481	.00503	.00494	.00517	.00507
8	.00531	.00521	.00545	.00534	.00558	.00547	.00572	.00561	.00586	.00574
9	.00600	.00587	.00614	.00601	.00628	.00614	.00642	.00628	.00656	.00641
21.0	.00671	.00655	.00685	.00668	.00699	.00682	.00713	.00695	.00727	.00709
1	.00742	.00722	.00756	.00736	.00770	.00749	.00785	.00763	.00799	.00777
2	.00813	.00790	.00828	.00804	.00842	.00818	.00857	.00831	.00871	.00845
3	.00886	.00859	.00900	.00873	.00915	.00886	.00930	.00900	.00944	.00914
4	.00960	.00928	.00974	.00941	.00989	.00955	.01003	.00969	.01018	.00983
5	.01033	.00997	.01048	.01011	.01063	.01025	.01078	.01039	.01093	.01053
6	.01108	.01067	.01123	.01081	.01138	.01095	.01153	.01109	.01168	.01123
7	.01184	.01137	.01199	.01151	.01214	.01165	.01229	.01179	.01245	.01193
8	.01260	.01207	.01275	.01221	.01291	.01235	.01306	.01250	.01321	.01264
9	.01337	.01278	.01352	.01292	.01368	.01306	.01384	.01321	.01399	.01335
22.0	.01415	.01349	.01431	.01363	.01446	.01378	.01462	.01392	.01478	.01406
1	.01494	.01421	.01509	.01435	.01525	.01450	.01541	.01464	.01557	.01478
2	.01573	.01493	.01589	.01507	.01605	.01522	.01621	.01536	.01637	.01551
3	.01653	.01565	.01669	.01580	.01686	.01595	.01702	.01609	.01718	.01624
4	.01734	.01638	.01751	.01653	.01767	.01668	.01783	.01682	.01800	.01697
5	.01816	.01712	.01833	.01726	.01849	.01741	.01866	.01756	.01882	.01771
6	.01899	.01785	.01915	.01800	.01932	.01815	.01949	.01830	.01966	.01845
7	.01982	.01860	.01999	.01874	.01016	.01889	.02033	.01904	.02050	.01919
8	.02066	.01934	.02034	.01949	.02101	.01964	.02118	.01979	.02135	.01994
9	.02152	.02009	.02169	.02024	.02186	.20394	.02203	.02054	.02211	.02069
23.0	.02238	.02085	.02255	.02100	.02272	.02115	.02290	.02130	.02307	.02145
1	.02325	.02160	.02342	.02176	.02360	.02191	.02377	.02206	.02395	.02221
2	.02412	.02237	.02430	.02252	.02448	.02267	.02465	.02283	.02483	.02298
3	.02501	.02313	.02519	.02329	.02536	.02344	.02554	.02360	.02572	.02375
4	.02590	.02390	.02608	.02406	.02626	.02421	.02644	.02437	.02662	.02452
5	.02680	.02468	.02699	.02484	.02717	.02499	.02735	.02515	.02753	.02530
6	.02771	.02546	.02790	.02562	.02808	.02577	.02827	.02593	.02845	.02609
7	.02863	.02624	.02882	.02640	.02900	.02656	.02919	.02672	.02938	.02687
8	.02956	.02703	.02975	.02719	.02993	.02735	.03012	.02751	.03031	.02767
9	.03050	.02783	.03069	.02798	.03088	.02814	.03107	.02830	.03126	.02846
24.0	.03145	.02862	.03163	.02878	.03183	.02894	.03202	.02910	.03220	.02926
1	.03240	.02942	.03259	.02958	.03279	.02975	.03298	.02991	.03317	.03007
2	.03337	.03022	.03356	.03039	.03375	.03055	.03395	.03072	.03414	.03088
3	.03434	.03104	.03453	.03120	.03473	.03137	.03493	.03153	.03512	.03169
4	.03532	.03185	.03552	.03202	.03572	.03218	.03591	.03235	.03611	.03251
5	.03631	.03267	.03651	.03284	.03671	.03300	.03691	.03317	.03711	.03333
6	.03731	.03350	.03751	.03366	.03772	.03383	.03792	.03399	.03812	.03416
7	.03832	.03433	.03853	.03449	.03873	.03466	.03893	.03482	.03914	.03499
8	.03934	.03516	.03955	.03542	.03975	.03549	.03996	.03566	.04016	.03583
9	.04037	.03600	.04058	.03616	.04078	.03633	.04099	.03650	.04120	.03667
25.0	.04141	.03684	.04162	.03701	.04183	.03717	.04204	.03734	.04224	.03751
1	.04246	.03768	.04267	.03785	.04288	.03802	.04309	.03919	.04330	.03836
2	.04351	.03853	.04372	.03870	.04394	.03887	.04415	.03905	.04436	.03922
3	.04458	.03939	.04479	.03956	.04501	.03973	.04522	.03990	.04544	.04008
4	.04566	.04025	.04587	.04042	.04609	.04059	.04631	.04077	.04652	.04094

|표 10-7| (2) $B(\alpha)$ 및 $B_v(\alpha)$ 함수표($\alpha_n = 20°$)

$\alpha°$	0		2		4		6		8	
	B	B_v	B	B_v	B	B_v	B	B_v	B	B_v
25.5	.04674	.04111	.04696	.04129	.04718	.04161	.04740	04163	.04762	.04180
6	.04784	.04198	.04806	.04216	.04828	.04233	.04850	.04251	.04872	.04268
7	.04894	.04286	.04916	.04303	.04939	.04321	.04961	.04338	.04983	.04358
8	.05006	.04373	.05028	.04391	.05051	.04409	.05073	.04426	.05096	.04444
9	.05118	.04462	.05141	.04479	.05164	.04497	.05186	.04515	.05209	.04533
26.0	.05232	.04550	.05255	.04568	.05278	.04586	.05301	.04604	.05324	.04622
1	.05347	.04640	.05370	.04658	.05393	.04675	.05416	.04693	.05439	.04711
2	.05462	.04729	.05485	.04747	.05509	.04765	.05532	.04783	.05555	.04801
3	.05579	.04820	.05602	.04838	.05626	.04856	.05649	.04874	.05673	.04892
4	.05696	.04910	.05720	.04928	.05744	.04947	.05767	.04965	.05781	.04983
5	.05815	.05001	.05839	.05020	.05860	.05038	.05887	.05056	.05911	.05075
6	.05935	.05093	.05959	.05111	.05983	.05130	.06007	.05148	.06031	.05167
7	.06056	.05185	.06080	.05204	.06104	.05222	.06129	.05241	.06153	.05259
8	.06177	.05278	.06202	.05296	.06226	.05315	.06251	.05333	.06276	.05352
9	.06300	.05371	.06325	.05389	.06359	.05408	.06375	.05427	.06399	.05445
27.0	.06424	.05464	.06449	.05483	.06474	.05502	.06499	.05521	.06524	.05539
1	.06549	.05558	.06574	.05577	.06600	.05596	.06625	.05615	.06650	.05634
2	.06675	.05653	.06701	.05672	.06726	.05691	.06752	.05710	.06777	.05729
3	.06803	.05748	.06828	.05767	.06854	.05786	.06879	.05805	.06905	.05824
4	.06931	.05843	.06957	.05862	.06983	.05882	.07008	.05901	.07034	.05920
5	.07060	.05939	.07086	.05959	.07112	.05978	.07138	.05997	.07165	.06016
6	.07191	.06036	.07217	.06055	.07243	.06055	.07243	.06075	.07296	.06113
7	.07322	.06133	.07349	.06152	.07375	.06172	.07402	.06191	.07429	.06211
8	.07455	.06230	.07482	.06250	.07509	.06269	.07535	.06289	.07562	.06309
9	.07589	.06328	.07610	.06348	.07643	.06368	.07670	.06387	.07697	.06407
28.0	.07724	.06427								

예제 10-3 잇수 $z_1 = 10$, $z_2 = 27$, 모듈 $m = 3$, 공구압력각 $\alpha = 14.5°$인 평기어에서 언더컷이 생기지 않는 전위기어를 설계하라.

풀이 언더컷이 발생하지 않도록 전위시키자면 식 (10-15)로부터

$$x_1 = 1 - \frac{z_1}{32} = 1 - \frac{10}{32} = 0.688$$

$$x_2 = 1 - \frac{Z_2}{32} = 1 - \frac{27}{32} = 0.156$$

식 (10-25)와 $B(\alpha_b)$, $B_v(a_b)$ 함수표를 이용하면

$$B(\alpha_b) = \frac{2(x_1 + x_2)}{Z_1 + Z_2} = \frac{2(0.688 + 0.156)}{10 + 27} = 0.04562$$

표에서 보간법을 이용하면 $B_v(\alpha_b) = 0.03706$이다.

$$y = \frac{Z_1 + Z_2}{2}\left(\frac{\cos\alpha}{\cos\alpha_b} - 1\right) = \frac{10+27}{2}0.03706 = 0.6856$$

식 (10-23)으로부터

$$D_{a_1} = (10+2)3 + 2(0.6856 - 0.156)3 = 39.1896\,(\text{mm})$$

$$D_{a_2} = (27+2)3 + 2(0.6856 - 0.688)3 = 86.9856\,(\text{mm})$$

전위기어의 중심거리

$$A_f = \frac{z_1 + z_2}{2}m + ym = \frac{(10+27)3}{2} + 0.6856 \times 3 = 57.5568\,(\text{mm})$$

예제 10-4 3번 문제를 인벌류트 함수표를 이용하여 전위기어를 설계하라.

풀이 식 (10-24)를 이용하면

$$inv\alpha_b = 2\tan\alpha\,\frac{x_1 + x_2}{z_1 + z_2} + inv\alpha$$

$$= 2\tan 14.5°\,\frac{0.688 + 0.156}{10+27} + 0.0055 = 0.017347$$

이므로 표에서 $20.99°$이고 $\cos 20.99° = 0.93362959$이다.

$$y = \frac{z_1 + z_2}{2}\left(\frac{\cos\alpha}{\cos\alpha_b} - 1\right)$$

$$= \frac{10+27}{2}\left(\frac{0.9681}{0.9336} - 1\right) = 0.684$$

$$D_{a_1} = (z_1 + 2)m + 2(y - x_2)m$$

$$= (10+2)3 + 2(0.684 - 0.156)3 = 39.168\ \text{mm}$$

$$D_{a_2} = (z_2 + 2)m + 2(y - x_1)m$$

$$= (27+2)3 + 2(0.684 - 0.688)3 = 86.976\ \text{mm}$$

예제 10-5 공구압력각이 20°, 모듈이 4, 잇수가 12, 30인 전위기어를 설계하라.

풀이

$$x_1 = \frac{17 - z_1}{17} = \frac{17 - 12}{17} = +0.294$$

$$x_2 = \frac{17 - z_2}{17} = \frac{17 - 30}{17} = -0.765$$

압력각이 20°일 때 잇수 30인 기어는 언더컷 한계 잇수 이상이므로 (−) 전위를 하여도 $x_2 \geq -0.765$의 범위에서 전위하면 언더컷이 일어나지 않으므로 중심거리를 표준 기어와 같게 하기 위하여 $x_1 = -x_2$로 하면

$$B(\alpha_b) = \frac{2(x_1 + x_2)}{z_1 + z_2} = \frac{2(0.294 - 0.294)}{12 + 30} = 0$$

$B(\alpha) = 0$이면 표에서 $B_v(\alpha_b) = 0$이므로

$B(\alpha_b) = \dfrac{inv\,\alpha_b - inv\,\alpha}{\tan\alpha} = 0$이므로 $inv\,\alpha_b - inv\,\alpha = 0$, $\alpha_b = \alpha$이다.

$$B_v(\alpha_b) = \frac{\cos\alpha_b}{\cos\alpha} - 1 = 1 - 1 = 0$$

$$y = \frac{z_1 + z_2}{2} B_v(\alpha_b) = 0$$

그러므로 중심거리

$$A_f = \frac{z_1 + z_2}{2} m + ym = \frac{12 + 30}{2} \times 4 + 0 \times 4 = 84 \text{ mm}$$

피니언의 바깥지름

$$D_{a_1} = (Z_1 + 2)m + 2(y - x_2)m$$

$$= (12 + 2) \times 4 + 2(0 + 0.294) \times 4 = 58.352 \text{ mm}$$

기어의 바깥지름

$$D_{a_2} = (z_2 + 2)m + 2(y - x_1)m$$

$$= (30 + 2) \times 4 + 2(0 - 0.294) \times 4 = 125.648 \text{ mm}$$

10.5.4 평기어의 강도계산

(1) 굽힘강도

굽힘강도에 대한 식은 여러 가지가 있으나 1893년에 발표한 W. Lewis의 식이 일반적으로 많이 사용된다. Lewis는 이 물림을 보통 물림률 > 1 이상이나 최악의 경우를 고려하여 치 1개가 전체 힘을 감당한다고 보고 치 1개를 균일강도 외팔보로 간주하여 굽힘강도를 계

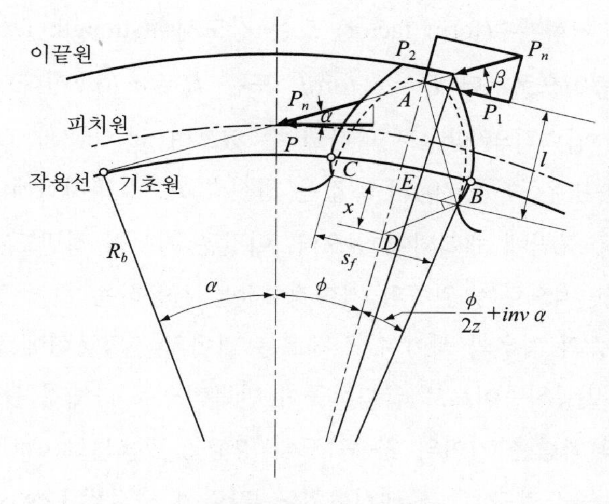

그림 10-16 이의 강도

산하였다. 그리고 기어에 작용하는 힘은 접촉점의 법선 방향으로 작용하나 균일강도보 축선에 작용하는 수직력으로부터 전달력(접선력)을 산출하였다.

그림 10-16에서 이 뿌리 두께를 s_f, 외팔보의 길이를 l 이라고 하면, 법선력 P_n, 균일강도보 축선의 수직력 P_1, 전달력 P 와의 관계는 다음과 같다. $P_1 = P_n \cos\beta$, $P_n = \dfrac{P}{\cos\alpha}$ 이다. 균일강도보의 수직력 P_1 에 의한 굽힘 모멘트는

$$M = P_1 l = z\,\sigma_b = \sigma_b \frac{bs_f^2}{6} \tag{10-27}$$

$$P_1 = \sigma_b \frac{bs_f^2}{6l}$$

$$P = \sigma_b \frac{\cos\alpha}{\cos\beta}\frac{bs_f^2}{6l} \tag{10-28}$$

삼각형 $\Delta AEB \backsim \Delta BED$ 이므로

$l : \dfrac{s_f}{2} = \dfrac{s_f}{2} : x$ 이므로

$$P = \sigma_b b\,\frac{\cos\alpha}{\cos\beta}\frac{2x}{3} \tag{10-29}$$

$$y_0 = \frac{\cos\alpha}{\cos\beta}\frac{2x}{3m}$$

$$y = \frac{\cos\alpha}{\cos\beta}\frac{2x}{3p} \tag{10-30}$$

식 (10-29)에서 y_0를 치형계수(form factor) 또는 강도계수(strength factor) 혹은 Lewis 계수라 부른다. 식 (10-30)으로부터 $P=\sigma_b b m y_0$ 또는 $P=\sigma_b b p y$이다.($y_0=\pi y$)

치형계수는 잇수와 압력각의 함수로 나타낼 수 있으며 표 10-8과 같이 표시할 수 있다. 표 중에서 $(\beta=\alpha)$인 경우(즉 $\phi=0$)의 y_0값은 법선력 P_n이 피치점에 전부 작용하였을 때의 치형계수로서 영국 규격에 채택되어 있으나, 이것은 기어의 정밀도가 매우 높은 경우에 사용할 수 있으며 일반적으로는 왼쪽의 치형계수값을 사용하는 것이 안전하다.

식 (10-29)는 정하중의 경우의 식이며, 실제로는 기어의 전달동력에 의한 이의 변형과 이에 가해지는 하중은 변동하중이므로 굽힘하중이 반복적으로 가해져 동적인 굽힘하중을 받게 된다. 이 동적굽힘 하중은 기어의 원주속도의 영향을 받으므로 Carl G. Barth는 이것을 고려한 실험식으로서 속도계수 f_v를 제시하였다. 따라서 수정된 Lewis 식은

| 표 10-8 | 표준 평기어의 치형계수 y_0의 값(모듈 기준)

잇수	압력각 $\alpha=14.5°$ 표준 기어		압력각 $\alpha=20°$ 표준 기어	
Z	y_0	$y_0(\beta=\alpha)$	y_0	$y_0(\beta=\alpha)$
12	0.237	0.355	0.277	0.415
13	0.249	0.377	0.292	0.443
14	0.261	0.399	0.308	0.468
15	0.270	0.415	0.319	0.490
16	0.279	0.430	0.325	0.503
17	0.289	0.446	0.330	0.512
18	0.293	0.459	0.335	0.522
19	0.299	0.471	0.340	0.534
20	0.305	0.481	0.346	0.543
21	0.311	0.490	0.352	0.553
22	0.313	0.496	0.354	0.559
24	0.318	0.509	0.359	0.572
26	0.327	0.522	0.367	0587
28	0.332	0.534	0.372	0.597
30	0.334	0.540	0.377	0.606
34	0.342	0.553	0.388	0.628
38	0.347	0.565	0.400	0.650
43	0.352	0.575	0.411	0.672
50	0.357	0.587	0.422	0.694
60	0.365	0.603	0.433	0.713
75	0.369	0.613	0.443	0.735
100	0.374	0.622	0.454	0.757
150	0.378	0.635	0.464	0.779
300	0.385	0.650	0.474	0.801
택	0.390	0.660	0.484	0.823

$$P = f_v \sigma_b b m y_0 \tag{10-31}$$

로 된다.

여기서 σ_b는 표 10-9에 표시된 허용 반복굽힘응력이라 한다. Barth의 속도계수는 표 10-10으로 표시한다.

Buckingham은 기어의 오차 및 재료의 탄성을 고려하여 다음과 같이 안전권 내에 하중계수를 고려하여 허용응력을 표시하였다.

표 10-9 기어 재료의 허용응력

종별	기호	인장강도 σ (kg/mm²)	경도 H_B	허용 반복굽힘응력 σ_b (kg/mm²)
주철	GC15	>13	140~160	7
	GC20	>17	160~180	9
	GC25	>22	180~240	11
	GC30	>27	190~240	13
주강	SC40	>42	140	12
	SC46	>46	160	19
	SC49	>49	190	20
기계구조용 탄소강	SM25C	>45	111~163	21
	SM35C	>52	121~235	26
	SM45C	>58	163~269	30
표면경화강	SM15CK	>50	기름담금질 400 물담금질 600	30
	SNC21	>80		30~40
	SNC22	>90		40~55
니켈 크롬강	SNC1	>70	212~255	35~40
	SNC2	>80	248~302	40~60
	SNC3	>95	269~321	40~60
건메탈	–	>18	85	>5
델타메탈		35~60	–	10~20
연청동(주물)		19~30	70~100	5~7
니켈 청동(주조)		64~90	180~260	20~30
베이클라이트 등	–	–	–	3~5

| 표 10-10 | 속도계수 f_v

f_v의 식	적용 범위	적용 예
$f_v = \frac{3.05}{3.05+v}$	기계다듬질을 하지 않거나 거친 기계다듬질을 한 기어 $v = 0.5 \sim 10$ m/s(저속용)	크레인, 윈치, 시멘트밀 등
$f_v = \frac{6.1}{6.1+v}$	기계다듬질을 한 기어 $v = 5 \sim 20$ m/s(중속용)	전동기, 그밖의 일반 기계
$f_v = \frac{5.55}{5.55+\sqrt{v}}$	정밀한 절삭가공, 셰이빙, 연삭다듬질, 래핑다듬질을 한 기어 $v = 20 \sim 50$ m/s(고속용)	증기 터빈, 송풍기, 그밖의 고속기계
$f_v = \frac{0.75}{1+v} + 0.25$	비금속 기어 $v < 20$ m/s	전동기용 소형기어, 그밖의 경하중용 소형기어

- 조용히 하중이 작용할 때 : $f_w = 0.80$
- 하중이 변동하는 경우 : $f_w = 0.74$
- 충격을 동반하는 경우 : $f_w = 0.67$

하중계수는 이상과 같으며 허용응력은 $\sigma_a = f_v f_w f_c \sigma_b$이다. f_c는 물림률을 고려한 물림계수이며 예컨대 물림률이 $\varepsilon = 2$이면 $f_c = 2$로 하고 일반적인 평기어에서 $2 > \varepsilon > 1$의 경우이므로 $f_c = 1$로 하여 계산하는 것이 보통이다.

(2) 면압강도

기어는 치면 사이에 작용하는 접촉압력이 치면에 회전력에 의한 반복하중으로 작용하여 피로현상인 피팅(pitting) 현상이 생겨서 치면이 손상되며 진동이나 소음을 일으키는 원인이 된다. 따라서 재료에 따라 정해지는 접촉응력이 어느 한도 이내의 값이 되도록 설계하여야 한다. 이 면압강도에 대한 설계계산은 Hertz의 식을 많이 사용한다. 2개의 이가 접촉하고 있을 때 접촉점의 곡률반지름을 각각 ρ_1, ρ_2라 하고 세로 탄성계수를 E_1, E_2, 접촉면의 폭을 b, 접촉점의 법선력을 P_n라 하면, 최대 접촉응력 σ_d는 Hertz의 식을 이용하여

$$\sigma_d^2 = \frac{0.35 P_n \left(\frac{1}{\rho_1} + \frac{1}{\rho_2}\right)}{b\left(\frac{1}{E_1} + \frac{1}{E_2}\right)} \tag{10-32}$$

로 표시된다. 이것을 기어에 적용할 때 치면의 곡률반지름은 접촉 위치에 따라 다르나 피치점 부근이 가장 큰 하중을 받아 피팅 현상이 발생하기 쉬우므로 피치점에서의 치면의 곡률반지름을 잡는다.

$$\rho_1 = \frac{D_1}{2}\sin\alpha \quad \rho_2 = \frac{D_2}{2}\sin\alpha$$

로 되고 $P_n = \dfrac{P}{\cos\alpha}$ 접촉면의 폭 b는 치폭이므로

$$\sigma_d^2 = \frac{0.35P\left(\dfrac{1}{D_1}+\dfrac{1}{D_2}\right)\dfrac{2}{\sin\alpha}}{b\cos\alpha\left(\dfrac{1}{E_1}+\dfrac{1}{E_2}\right)} \tag{10-33}$$

또한 잇수를 Z_1, Z_2라 하면

$$\sigma_d^2 = \frac{1.4P\left(\dfrac{z_1+z_2}{z_1 z_2}\right)}{b_2\sin\cos\alpha m\left(\dfrac{1}{E_1}+\dfrac{1}{E_2}\right)} \tag{10-34}$$

$$k = \frac{\sigma_d^2\sin 2\alpha}{2.8}\left(\frac{1}{E_1}+\frac{1}{E_2}\right) \tag{10-35}$$

이를 접촉응력계수(kg/mm^2) 또는 비응력계수(kg/mm^2)라고 한다. 따라서

$$P = kbm\frac{2Z_1Z_2}{Z_1+Z_2} \tag{10-36}$$

굽힘강도와 마찬가지로 속도계수 f_v를 고려하면

$$P = f_v kmb\frac{2Z_1Z_2}{Z_1+Z_2} \tag{10-37}$$

접촉응력계수는 압력각과 재질에 의하여 결정되는 값이며 재료의 경도와 접촉응력은 서로 밀접한 관계가 있으므로 경도(H_b)에 따라 다르며 그 값은 표 10-11과 같다. 설계에 있어서 굽힘강도, 면압강도를 다 검토하여 안전한 쪽의 힘을 선택한다.

|표 10-11| 접촉응력계수의 값

기어재료		k kg/mm²			기어재료		k kg/mm²		
작은기어 경도H_B	큰기어 경도H_B	σ kg/mm²	$\alpha=14.5°$	$\alpha=20°$	작은기어 경도H_B	큰기어 경도H_B	σ kg/mm²	$\alpha=14.5°$	$\alpha=20°$
강철(150)	강철(150)	35	0.020	0.027	강철(400)	강철(400)	120	0.234	0.311
〃 (200)	〃 (150)	42	0.029	0.039	〃 (500)	〃 (400)	123	0.248	0.329
〃 (250)	〃 (150)	49	0.040	0.053	〃 (600)	〃 (400)	127	0.262	0.348
강철(200)	강철(200)	49	0.040	0.053	강철(500)	강철(500)	134	0.243	0.389
〃 (250)	〃 (200)	56	0.052	0.069					
〃 (300)	〃 (200)	63	0.066	0.086	〃 (600)	〃 (600)	162	0.430	0.569
					강철(150)	주철	35	0.030	0.039
강철(250)	강철(250)	63	0.066	0.086	〃 (200)	〃	49	0.059	0.079
〃 (300)	〃 (250)	70	0.081	0.107	〃 (250)	〃	63	0.098	0.130
〃 (350)	〃 (250)	77	0.098	0.130	〃 (300)	〃	65	0.105	0.139
강철(300)	강철(300)	77	0.098	0.130	강철(150)	인청동	35	0.031	0.041
〃 (350)	〃 (300)	84	0.116	0.154	〃 (200)	〃	49	0.062	0.082
〃 (400)	〃 (300)	88	0.127	0.168	〃 (250)	〃	60	0.092	0.135
강철(350)	강철(350)	81	0.137	0.182	주 철	주철니켈	63	0.132	0.188
〃 (400)	〃 (350)	99	0.159	0.210	니켈주철	주철	65	0.140	0.186
〃 (450)	〃 (350)	102	0.170	0.226	니켈주철	인청동	58	0.116	0.155

예제 10-6 다음 표와 같은 한 쌍의 표준 평기어의 전달동력을 구하라.

구 분	재 질	회전속도	잇 수	비 고
피니언 기 어	GC30 GC15	$n_1=150$ $n_2=30$	$Z_1=20$ $Z_2=100$	모듈 $m=5$ 압력각 $\alpha=20°$ 치폭 $b=50$ mm

풀이

$$v=\frac{\pi D_1 n_1}{1000\times 60}=\frac{\pi\times 5\times 20\times 150}{1000\times 60}=0.785\ \mathrm{m/s}$$

따라서 속도계수 f_v는 저속이므로

$$f_v=\frac{3.05}{3.05+v}=\frac{3.05}{3.05+0.785}=0.795$$

1) 굽힘강도에 의한 전달 하중

- 피니언

표 10-8에서 치형계수 $(y_0)_1 = 0.346$, 표 10-9에서 허용 반복굽힘응력

$$\sigma_b = 13 \text{ kg/mm}^2$$

$$P = f_v \sigma_b b m (y_0)_1 = 0.795 \times 13 \times 50 \times 5 \times 0.346 = 893.98 \text{ kg}$$

- 기어

표 10-8에서 치형계수 $(y_0)_2 = 0.454$, 표 10-9에서 허용 반복굽힘응력

$$\sigma_b = 7 \text{ kg/mm}^2$$

$$P = f_v \sigma_b b m (y_0)_2 = 0.795 \times 7 \times 50 \times 5 \times 0.454 = 631.6$$

2) 면압강도

표 10-11에서 접촉응력계수 $k = 0.188 \text{ kg/mm}^2$이므로

$$P = k f_v b m \frac{2 Z_1 Z_2}{Z_1 + Z_2}$$

$$= 0.188 \times 0.795 \times 50 \times 5 \times \frac{2 \times 20 \times 100}{20 + 100} = 1245.5 \text{ kg}$$

3) 최대 전달동력

$$H_b = \frac{Pv}{75} = \frac{631.6 \times 0.8}{75} = 6.69 \text{ PS}$$

예제 10-7 15 PS, 320 rpm을 전달하는 평기어에서 모듈의 크기를 계산하라. 단, 재질은 주철(GC30)이고, 압력각은 14.5°, 피치원의 지름은 약 200 mm, 치폭은 10 m이다.

풀이 피치원의 원주속도

$$v = \frac{\pi D n}{60 \times 100} = \frac{\pi \times 200 \times 320}{60000} = 3.35 \text{ m/s}$$

$$\text{속도계수 } f_v = \frac{3.05}{3.05 + v} = \frac{3.05}{3.05 + 3.35} = 0.47$$

$$\text{전달하중 } P = \frac{75 H_p}{v} = \frac{75 \times 15}{3.35} = 336 \text{ kg}$$

압력각이 14.5°일 때 치형계수의 평균값은 $y_0 = 0.313$이고 표 10-9에서 GC30의

허용 반복굽힘응력 $\sigma_b = 13\ \text{kg/mm}^2$이므로 $P = f_v \sigma_b b m y_0 = f_v \sigma_b 10 m^2 y_0$에서

$$m = \sqrt{\frac{p}{f_v \sigma_b 10 y_0}} = \sqrt{\frac{336}{0.47 \times 13 \times 10 \times 0.313}} = 4.2$$

따라서 $m = 4.5$로 하면

$$Z = \frac{D}{m} = \frac{200}{4.5} = 45$$

피치원의 지름 : $D = mZ = 4.5 \times 45 = 202.5\ \text{mm}$

이의 폭 : $b = 10m = 10 \times 4.5 = 45\ \text{mm}$

잇수가 45개일 때의 치형계수는 표 10-8에서 $y_0 = 0.353$이므로 전달하중은 $P = f_v \sigma_b b m y_0 = 0.47 \times 13 \times 45 \times 4.5 \times 0.353 = 437\ \text{kg}$이고 피니언과 기어가 같은 재료이면 표 10-11에서 접촉응력계수 $k = 0.132\ \text{kg/mm}^2$이고 면압강도에 의한 전달하중은

$$P = f_v k m b \frac{2 Z_1 Z_2}{Z_1 + Z_2}$$

$$= 0.47 \times 0.132 \times 4.5 \times 45 \times \frac{2 \times 45 \times 45}{45 + 45} = 565\ \text{kg}$$

이상의 결과로부터 최소한의 전달하중은 336 kg이므로 안전하며 따라서 모듈은 $m = 4.5$로 정한다.

10.5.5 기어의 구조

일반 전동용 평기어의 구조는 림(rim), 암(arm), 보스(boss)로 되어 있으나 피치원의 지름이 200 mm까지는 암이 없는 원판형 구조로 만들고 240 mm 이상인 기어는 그림 10-17과 같이 림, 암, 보스로 구성된 구조를 많이 사용한다.

(1) 림 및 립(rib)

림 및 립의 두께는 $a = a_1$으로 하고

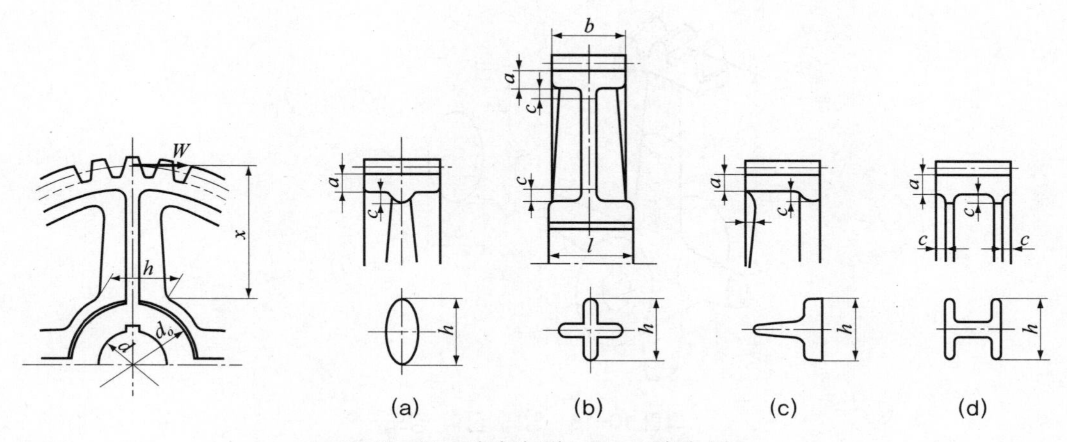

그림 10-17 기어의 림, 보스, 암의 치수

$a = 0.5p = 1.57m$: 주철

$a = 0.4p = 1.25m$: 주강 및 강

(2) 암의 모양

암의 단면 모양은 그림 10-17과 같이, 타원형 (a)의 구조는 폭이 작고 경하중용이고, + 자형, T자형 단면 (b), (c) 구조는 중하중용, H형 (d)는 폭이 크고 대형 기어의 경우, 즉 중하중용으로 이용되고 있다.

(3) 암의 설계

암의 단면 치수의 계산은 주조 시 냉각내력이 불명확하므로 암의 수를 n이라 할 때 전달동력에 의한 굽힘 모멘트 M을 $\dfrac{n}{4}$개의 암이 감당하는 것으로 간주하여 설계한다.

그림 10-18에서 피치원의 반지름을 R, 단면계수를 Z, 허용 굽힘응력을 σ_b이라 하면

$$M = Pl = \frac{n}{4}\sigma_b Z$$

$$h = \sqrt[3]{K\frac{Pl}{n\sigma_b}} \qquad (10\text{-}38)$$

표 10-12는 암의 단면치수표이다.

암의 수는 대략 다음과 같다.

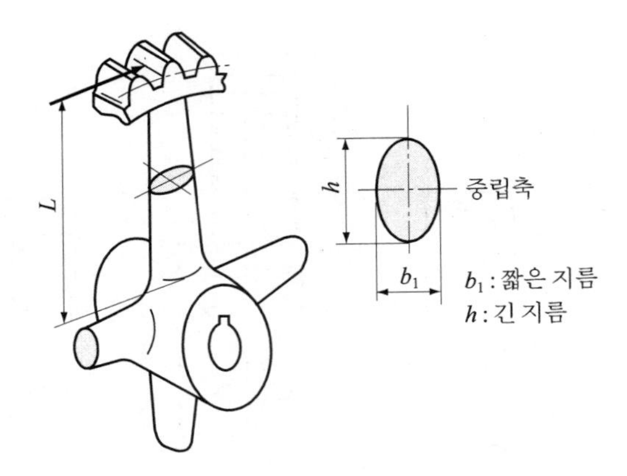

그림 10-18 암의 굽힘 강도

|표 10-12| 암의 단면 치수

암의 단면 모양	타원형	+·T형	H형
암의 단면 치수	$\frac{1}{10}h^2b$	$\frac{1}{6}h^2b$	$\frac{1}{3}h^2b$
암의 두께	$0.5h$	$0.2h$	$0.2h$
치수 K	80	120	60

- $D \leq 500$ mm : $n = 4$ 또는 5
- $1500 \geq D > 500$ mm : $n = 6$
- $2400 \geq D > 1500$ mm : $n = 8$
- $D \geq 2400$ mm : $n = 10$ 또는 12

또는 다음 식으로 계산해도 좋다.

$$n = \sqrt[\frac{1}{7}]{D} \text{ : 단일 기어}$$

$$n = \sqrt[\frac{1}{8}]{D} \text{ : 분할 기어}$$

(4) 보스의 치수

보스의 지름

$$d_b = 1.8d + 20 \text{ mm : 주철}$$

$$d_b = 1.6d + 20 \text{ mm} : \text{주강 및 강}$$

보스의 길이

$$l_b = (1.2 \sim 1.5)d \geq b + 0.25d$$

여기서 d : 축지름, b : 치폭

따라서 d_b의 크기는 $d_b \fallingdotseq 2d$가 된다. d가 커지면 보스의 길이 l_b가 길게 되어 축과 접촉성이 곤란해지므로 그림 10-19와 같이 축구멍의 중앙부를 깎아낸다.

이 경우의 치수는 다음과 같이 정하면 된다.

$d > 120$ mm로서 l_b가 너무 길 때

$$d'_b = 1.9d + 20 \text{ mm} : \text{주철}$$

$$d'_b = 1.8d + 20 \text{ mm} : \text{주강 및 강}$$

$$d_1 = 1.4d$$

$$l_1 = (0.4 \sim 0.5)d$$

또 키홈이 있는 곳에서 보스가 약화될 우려가 있을 때에는 그림 10-20과 같이 살붙이를 하면 된다. 이때의 r의 치수는

$$r = \frac{1}{2}(d_b - d) \sim \frac{1}{2}(d_b - d) + 2 \text{ mm}$$

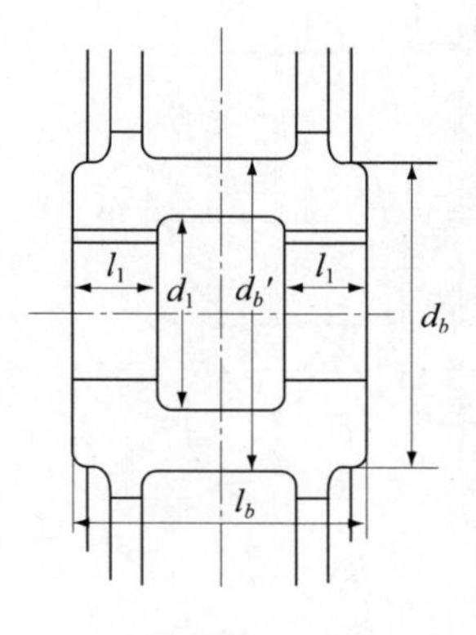

그림 10-19

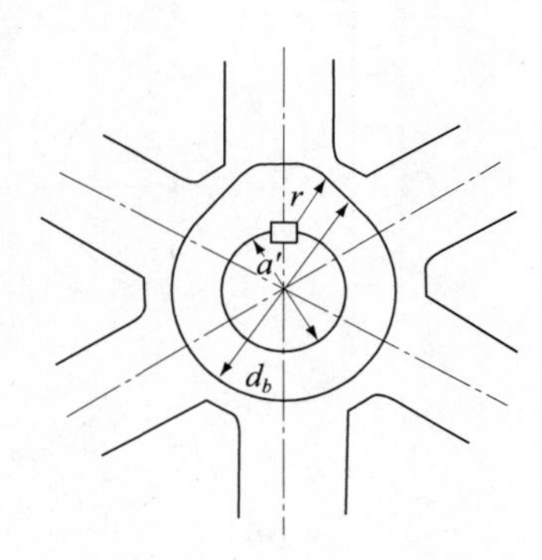

그림 10-20

10.5.6 기어열

기어를 순차적으로 물리게 하여 동력을 전달하는 장치를 기어열(gear train)이라 하고, 기어열은 일반 기어열과 유성 기어열로 구분한다.

(1) 일반 기어열

1단 기어열로 얻을 수 있는 감속비는 $\frac{1}{5} \sim \frac{1}{7}$ 정도이며 큰 감속효과를 얻으려면 단수를 늘여가면 된다. 그림 10-21은 1단 기어열을 도시한 것이며 그림에서 Ⅱ번 축에 연결된 기어를 중간 기어(idle gear)라 하며 이 기어는 회전력에는 관계없이 회전 방향만을 바꾸는 역할을 한다.

그림 10-21(a)의 감속비는 $\dfrac{n_2}{n_1} = \dfrac{z_1}{z_2}$ 이고 (b)의 감속비는 $\dfrac{n_3}{n_1} = \dfrac{z_1}{z_2} \times \dfrac{z_2}{z_3} = \dfrac{z_1}{z_3}$ 이다.

그림 10-22는 그림 2단 기어열을 표시한 것이며 감속비 $i = \dfrac{n_4}{n_1} = \dfrac{n_2}{n_1} \times \dfrac{n_4}{n_3} = \dfrac{z_1}{z_2} \times \dfrac{z_3}{z_4}$ 이고, 앞선 식에서 나타낸 바와 같이 감속비는 항상 다음과 같이 표시한다.

$$i = \frac{\text{피동기어의 회전속도}}{\text{구동기어의 회전속도}} = \frac{\text{구동기어의 잇수곱}}{\text{피동기어의 잇수곱}} \tag{10-39}$$

그림 10-22의 장치에서 토크의 변화를 구하면, 각 축에 작용하는 토크를 T_1, T_2, T_3, 잇수를 Z_1, Z_2, Z_3 인 기어의 피치원 반지름을 R_1, R_2, R_3 이라고 하면 토크는 다음과 같다.

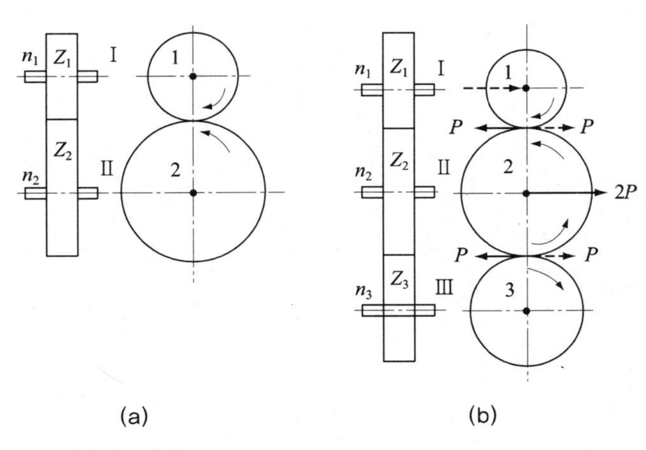

그림 10-21

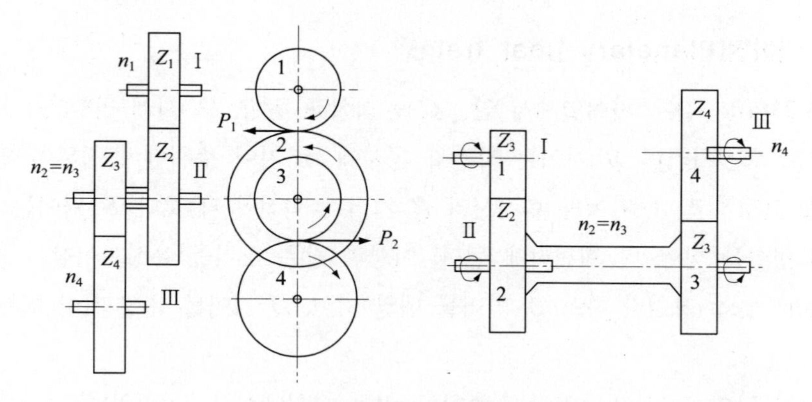

그림 10-22 2단 기어장치

제1단의 접선력

$$P_1 = \frac{T_1}{R_1}$$

II축에 작용하는 토크

$$T_2 = P_1 R_2 = T_1 \frac{R_2}{R_1} = T_1 \frac{Z_2}{Z_1} = T_1 \frac{1}{i_1}$$

제2단의 접선력

$$P_2 = \frac{T_2}{R_3} = P_1 \frac{R_2}{R_3} = P_1 \frac{Z_2}{Z_3}$$

III축에 작용하는 토크

$$T_3 = P_2 \times P_4 = T_2 \frac{R_4}{R_3} = T_2 \frac{Z_4}{Z_3} = T_1 \frac{Z_2}{Z_1} \times \frac{Z_4}{Z_3}$$
$$= T_1 \frac{1}{i_1} \times \frac{1}{i_2}$$

이상과 같이 몇 단으로 감속한다면 감속에 따라 토크는 커지게 된다. 예컨대 회전을 $\frac{1}{10}$로 감속한다면 토크는 10배가 된다. 실제 기어장치에서 기어 및 베어링에서 전동손실이 있으므로 각 단의 전동효율은 η_1, η_2라고 하면 $T_3 = T_1 \frac{\eta_1}{i_1} \frac{\eta_2}{i_2}$이고 $\eta_1 = 0.95$, $\eta_2 = 0.95$이므로 $\eta = \eta_1 \times \eta_2 = 0.9$이 되어 토크 $T_3 = T_1 9$인 것이다.

(2) 유성 기어열(Planetary gear train)

그림 10-23(a)와 같은 기어열에서 암 : C를 화살표 방향, 즉 시계 방향(+) 또는 반시계 방향(−)으로 회전시키면 B 기어는 자전과 동시에 A 기어 주위를 공전하여 일반 기어열, 즉(암 C를 고정하고 A 기어를 회전시켜 B 기어가 회전할 때)보다 B 기어는 암과 A 기어 회전의 영향을 받아 더 회전하게 된다. 이상과 같은 장치를 유성기어장치 또는 차동기어(differential gear)장치라 하고 A 기어를 태양 기어, B 기어를 유성 기어 또는 차동 기어라 한다.

그림 (b)와 같이 랙과 피니언이 접촉하고 있는 장치에서 C(피니언)를 화살표 방향으로 회전시키면 랙 A, B는 각각 화살표 방향으로 같은 거리만큼 움직이게 된다.

그림 (c)와 같이 A를 고정하고 피니언을 회전시키면 피니언 C는 A를 타고 올라가는데 그 양은 그림 (b)에서 B가 움직인 거리와 같으며 이때 B 기어는 그림 (b)에서 움직인 거리에 그림 (c)에서 피니언이 화살표 방향으로 움직인 거리만큼 가산되어 움직이게 된다. 따라서 B 기어는 암인 피니언의 영향과 A 기어의 고정된 영향을 받게 되어 회전하게 되는 것이다.

그림 (a)의 경우도 A 기어, B 기어의 원형을 절단하여 전개시키면 그림 (b)와 같이 랙과 피니언이 접촉한 상태로 볼 수 있으므로, 따라서 그림 (a)에서 그림 (b)와 똑같이 유성 기어 B의 회전수를 얻게 된다.

예컨대 그림 (a)에서 암 C를 화살표 방향(+)으로 2회전시켰을 때 $Z_a = 80$, $Z_b = 40$이고

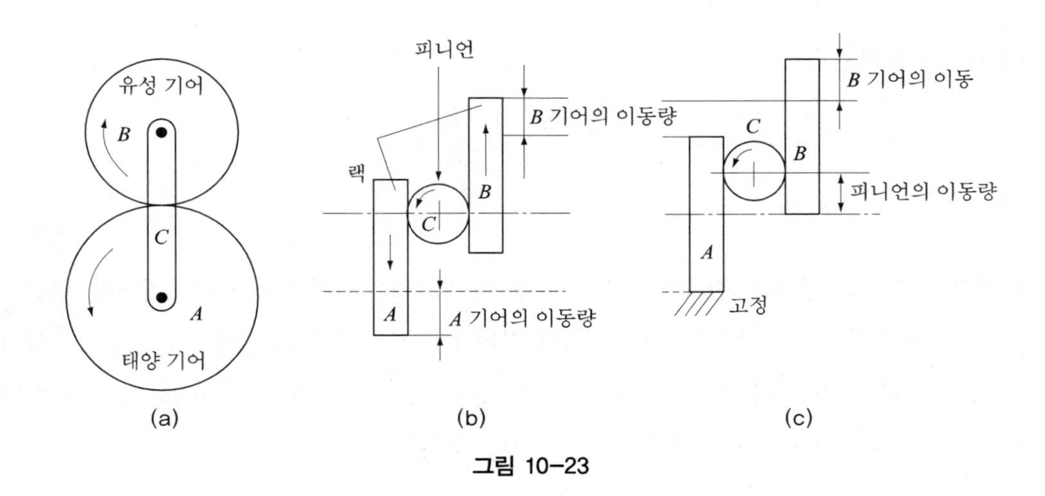

그림 10-23

기어 A가 고정되었다면 B 기어의 회전수는 다음과 같다.

구 분	A	B	C
암의 영향	+2	+2	+2
태양 기어의 영향	+2	$2\dfrac{80}{40}$	0
합 성	0	+6	+2

위 해법은 풀이에 의한 방법이라 하고 수식적 해법도 생각할 수 있다. n_A, n_B를 차동회전수라 하고 N_A, N_B를 일반 기어열의 회전, N_C를 암의 회전수라 할 때

$$\text{회전비 } \pm\frac{Z_A}{Z_B} = \frac{N_B - N_C}{N_A - N_C} = \frac{n_B}{n_A}$$

이고 A와 B가 회전 방향과 같으면 (+)이고, 반대이면 (−)를 의미한다.

위의 문제를 수식으로 풀면 다음과 같다.

$$\frac{N_B - 2}{0 - 2} = -\frac{80}{40} \rightarrow N_B = +6\text{회전이다.}$$

예제 10-8 그림 10-24에서 $N_A = -2$회전, $N_D = +3$회전할 때 $Z_A = 80$, $Z_B = 40$, $Z_C = 20$인 경우 N_B와 N_C는 몇 회전하는가?

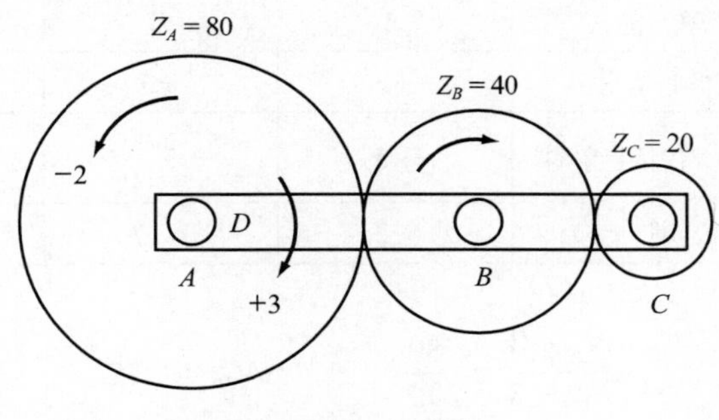

그림 10-24

풀이

구 분	A	B	C	D
암의 영향	+3	+3	+3	+3
태양 기어의 영향	−5	$5\frac{80}{40}$	$-5\frac{80}{40}\frac{40}{20}$	0
계	−2	+13	−17	+3

$$\frac{N_B-3}{-2-3} = -\frac{80}{40} \qquad N_B = +13\text{회전}$$

$$\frac{N_C-3}{-2-3} = \frac{80}{20} \qquad N_C = -17\text{회전}$$

예제 10-9 그림 10-25에서 $N_A = -2$회전, $N_D = +3$회전 시에 $Z_A = 80$, $Z_B = 20$, $Z_C = 40$인 경우 N_B, N_C는 몇 회전하는가?

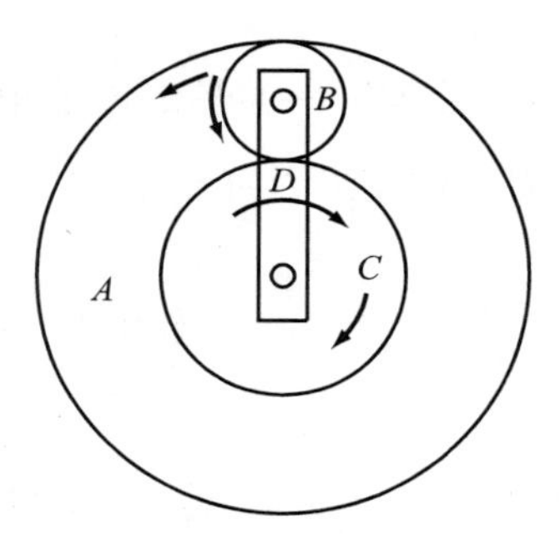

그림 10-25

풀이

구 분	A	B	C	D
암의 영향	+3	+3	+3	+3
태양 기어의 영향	−5	$-5\frac{80}{20}$	$5\frac{80}{40}$	0
계	−2	−17	+13	+3

$$\frac{N_B-3}{-2-3} = \frac{80}{20} \qquad N_B = -17$$

$$\frac{N_C-3}{-2-3} = -\frac{80}{40} \qquad N_C = +13$$

10.6 헬리컬 기어

평기어에서는 완전히 연속적인 이물림이 이루어지기 어렵기 때문에 진동이나 소음이 발생한다. 그러므로 연속적인 이물림을 원활하게 하기 위해서 그림 10-26과 같이 평기어의 치폭을 여러 개로 분할하여 순차적으로 계단을 주면 계단기어 모양을 만들 수 있는데 무한히 많은 단을 직선으로 연결하면 축선에 대해 어느 정도 경사진 직선치를 얻게 된다. 이 원리를 이용한 기어를 헬리컬 기어(helical gear)라 하며 축선에 대해 경사진각을 나선각(helix angle) 또는 비틀림각이라고 한다.

또 물림 길이가 길어지므로, 물림률도 크고 치면의 마멸도 균일하므로 평기어에 비해 고속운전에 이용되고 이물림이 원활하고 정숙하므로 큰 동력 전달용으로 이용된다. 다만 비틀림각의 크기에 따라 축방향의 추력이 증가하므로 스러스트 베어링을 고려하여야 한다.

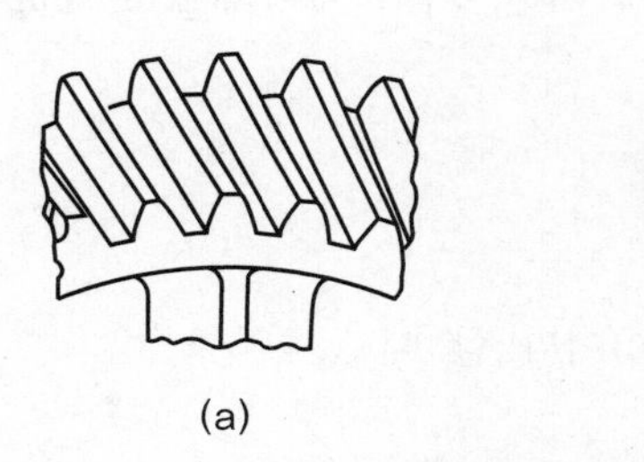

그림 10-26 단기어와 나선치

10.6.1 나선각(helix angle)

평기어에 비해 헬리컬 기어는 나선각의 크기에 따라 그 특성이 변화된다. 나선각과 리드각(lead angle)을 비교하면 리드각은 리드의 크기를 나타내는 각이나 나선각은 원둘레의 크기를 나타내는 각이다. 그림에서 리드 L, 리드각 α, 나선각 β, 지름 d라 하면

$$\tan\alpha = \frac{L}{\pi d}\tan\beta = \frac{\pi d}{L}$$

$\alpha = 90° - \beta$ 이다.

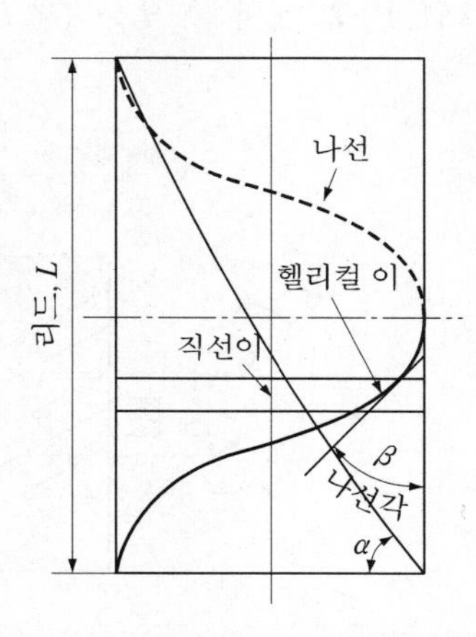

그림 10-27 헬리컬 기어의 원리

10.6.2 축직각 방식과 치직각 방식

헬리컬 기어의 치수 표시법은 다음 두 가지 방식을 이용하고 있다.

(1) 축직각 방식

축에 직각인 단면의 치형(정면 치형) 크기로 표시하는 방법으로, 축직각 피치 P_s, 축직각 모듈 m_s, 축직각 압력각 α_s를 나타낼 수 있으며, 총형 커터(milling), 피니언 커터(gear shaper)를 사용한 제작에 이용된다.

(2) 치직각 방식

잇줄에 직각인 단면의 치형 크기로 표시하는 방법으로, 치직각 피치 p, 치직각 모듈 m, 치직각 압력각 α를 나타낼 수 있으며 호빙 머신, 기어 셰이퍼(gear shaper)에서 이 방법으로 헬리컬 기어를 제작한다.

(3) 축직각 방식과 치직각 방식의 관계

그림 10-28에서 β를 나선각(helix angle)이라 할 때

$$m_s = \frac{m}{\cos\beta} \tag{10-40}$$

그림 10-29에서 $\triangle HAC(\angle CHA = \angle R)$이므로

$$p_s = \frac{p}{\cos\beta} \tag{10-41}$$

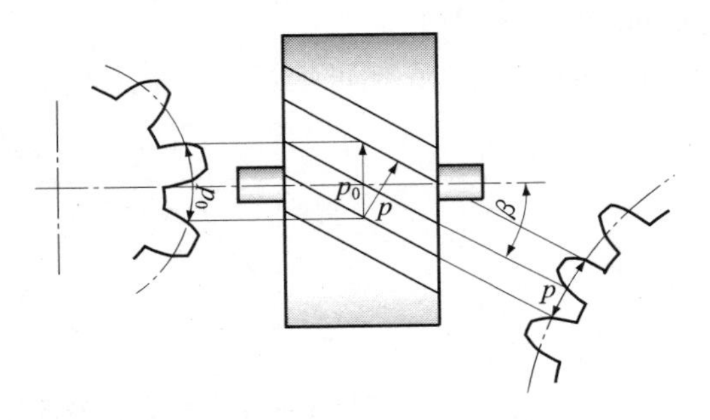

그림 10-28 축직각 방식과 치직각 방식

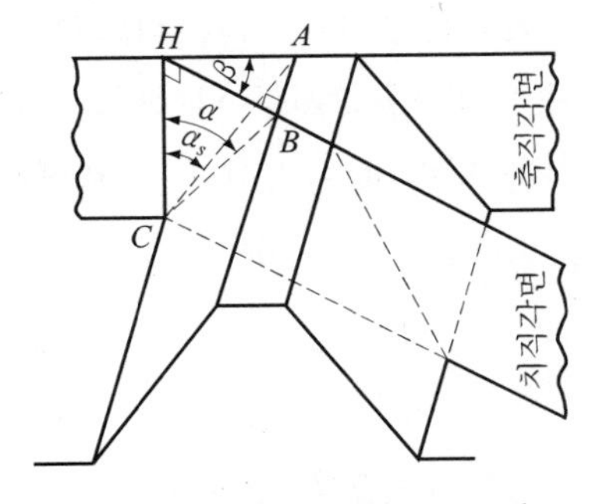

그림 10-29 압력각의 관계

$$\tan\alpha_s = \frac{\overline{HA}}{\overline{HC}}$$

$\triangle HBC$에서 $(\angle CHB = \angle R)$ $\tan\alpha = \dfrac{\overline{HB}}{\overline{HC}}$ 이고

$\triangle HAB$ $(\angle HBC = \angle R)$ $\cos\beta = \dfrac{\overline{HB}}{\overline{HA}}$ 이다.

$$\tan\alpha_s = \frac{\tan\alpha}{\cos\beta},\quad \alpha_s > \alpha \text{ 이다.} \tag{10-42}$$

(4) 헬리컬 기어의 각부 주요 치수

1) 피치원 지름 D_s

$$D_s = m_s Z = \frac{mZ}{\cos\beta} \tag{10-43}$$

2) 바깥지름 D_a

$$D_a = D_s + 2m = \left(\frac{Z}{\cos\beta} + 2\right)m \tag{10-44}$$

3) 중심거리 C

$$C = \frac{D_{s_1} + D_{s_2}}{2} = \frac{(Z_1 + Z_2)m_s}{2} = \frac{(Z_1 + Z_2)m}{2\cos\beta} \tag{10-45}$$

4) 총 이 높이 h

$$h = (2 + 0.25)m \tag{10-46}$$

이상과 같이 헬리컬 기어의 각부 치수는 치직각 방식으로 환산하면 평기어에 비해 $\dfrac{1}{\cos\beta}$ 만큼 차이가 있다.

(5) 추력

비틀림각이 클수록 물림률은 좋아지므로 고속용으로 사용할 수 있으나 추력이 커지므로 베어링에 손상이 생긴다. 따라서 비틀림각은 보통 $\beta = 15 \sim 30°$ 까지 사용하고 있다.

또한 그림 10-30과 같이 헬리컬 기어를 대칭형으로 배열한 모양으로 사용하여 추력을 상

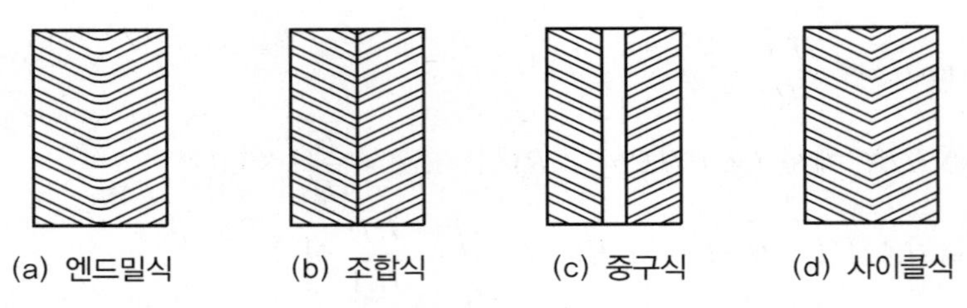

그림 10-30 더블 헬리컬 기어의 여러 가지 형식

쇄시키는 방법도 있다. 이 형태로 만든 기어를 2중 헬리컬 기어(double helical gear) 또는 헤링본 기어(herring-bone gear)라 하며 큰 동력 전달용으로 사용한다. 축방향의 스러스트하중을 P_a, 접선하중을 P, 치직선각방향하중을 P_n이라 하면 이들의 관계는 다음과 같다.

$$P_n = \frac{P}{\cos\beta}$$

$$P_a = p\tan\beta$$

10.6.3 헬리컬 기어의 강도

헬리컬 기어를 그림 10-31과 같이 잇줄에 직각인 단면으로 절단하면 피치원은 타원이 된다.

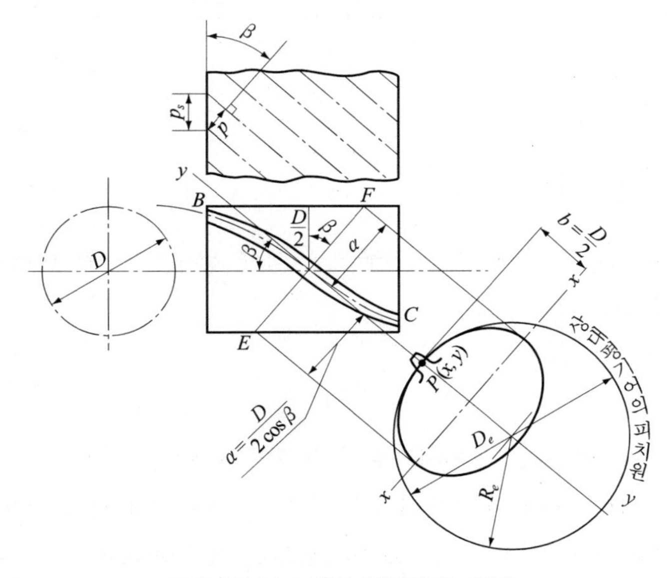

그림 10-31 상당 평기어의 전개

이 타원의 장축을 $2a$, 단축을 $2b$, 피치점 C의 곡률반지름을 R이라 하면 타원상의 정점의 곡률반지름식은 다음과 같다.

$$R = \frac{\left[a^2 - \left(1 - \frac{b^2}{a^2}\right)x\right]^{\frac{3}{2}}}{ab} \tag{10-47}$$

$$a = \frac{D_s}{2\cos\beta}, \quad b = \frac{D_s}{2}$$

C점에서 $x = 0$, $y = b$이므로 식 (10-47)에서

$$R = \frac{a^2}{b} = \frac{D_s}{2\cos^2\beta}$$

로 된다. 여기서 피치원의 반지름 R_e을 상당 평기어의 반지름, p를 상당 평기어의 원주 피치라 하고, 상당 평기어의 지름을 $D_e = 2R_e$, 상당 평기어의 잇수를 Z_e라 할 때

$$D_e = 2R_e = \frac{D_S}{\cos^2\beta}$$

$$Z_e = \frac{D_e}{m} = \frac{D_S}{m\cos^2\beta} = \frac{\frac{zm}{\cos\beta}}{m\cos^2\beta} = \frac{z}{\cos^3\beta} \tag{10-48}$$

(1) 굽힘강도

평기어의 Lewis식 P 대신 그림 10-32에서

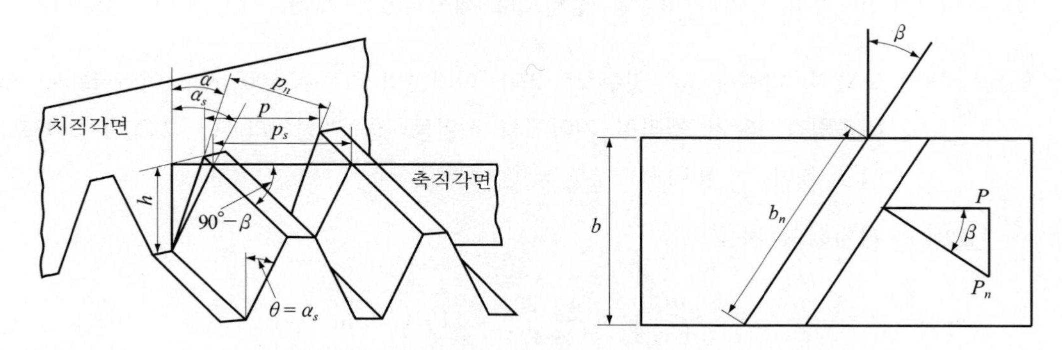

그림 10-32 헬리컬 기어에 걸리는 하중해석

$$P_n = \frac{P}{\cos\beta}$$

b 대신 잇줄 길이 $b_n = \dfrac{b}{\cos\beta}$(여기서 b는 헬리컬 기어의 치폭)를 대입하면

$$P_n = \frac{F}{\cos\beta} = f_v \sigma_b \frac{b}{\cos\beta} m y_e$$

$$P = f_v \sigma_b b m y_e \tag{10-49}$$

y_e는 공구압력각과 상당 평기어의 잇수에 의해 표 10-8에서 구할 수 있다.

(2) 면압강도식

$$P = f_v k b_n m \frac{2z_1 z_2}{z_1 + z_2} \quad \text{(평기어에서 치에 직각 방향으로 작용한 면압력)}$$

$$P_n = \frac{P}{\cos\beta} = (f_v) C_w k D_{e_1} \frac{b}{\cos\beta} \frac{2Z_{e_2}}{Z_{e_1} + Z_{e_2}} = (f_v) C_w k \frac{D_{s_1}}{\cos\beta} \frac{b}{\cos\beta} \frac{2Z_{s_2}}{Z_{s_1} + Z_{s_2}}$$

(헬리컬 기어의 치에 직각 방향으로 작용한 면압력)

여기서 $D_{s1} = m_s Z_1$을 사용하면

$$P = (f_v) \frac{C_w}{\cos^2\beta} k b m_s \frac{2Z_{s_1} Z_{s_2}}{Z_{s_1} + Z_{s_2}}$$

여기서 C_w는 공작정밀도를 고려한 계수로서 보통 기어에서는 0.75로 잡고, 특히 비틀림 각을 주의하고 한 쌍의 기어가 똑같은 정밀도로 제작되었을 때에는 $C_w = 1$로 잡는다.

예제 10-10 모듈 4, 압력각 20° 잇수 25, 250, 피니언의 회전수 500 rpm, 이의 폭 60 mm, 비틀림각 30°인 헬리컬 기어에서 전달동력을 계산하라. 단, 재질은 SM35C로 하고 속비 $\dfrac{1}{10}$이다.

풀이 피치원의 지름

$$D_1 = \frac{m z_1}{\cos\beta} = \frac{4 \times 25}{\cos 30°} = 115.47 \text{ mm}$$

원주속도

$$v = \frac{\pi D_1 N_1}{1000 \times 60} = \frac{3.14 \times 115.47 \times 5000}{1000 \times 60} = 30.2 \text{ m/s}$$

$$f_v = \frac{5.55}{5.55 + \sqrt{v}} = \frac{5.55}{5.55 + \sqrt{30.2}} = 0.5$$

재질 SM35C의 허용 반복굽힘응력표 10-9에서 $\sigma_b = 26 \text{ kg/mm}^2$이다.

상당 평기어의 잇수

$$Z_{e_1} = \frac{Z_1}{\cos^3\beta} = \frac{25}{0.866^3} = 3.85 \doteqdot 39\text{개}$$

$$Z_{e_2} = \frac{Z_2}{\cos^3\beta} = \frac{250}{0.866^3} \doteqdot 385\text{개}$$

표 10-8에서 $y_{e_1} = 0.402$, $y_{e_2} = 0.484$

① 굽힘력(피니언의 경우만 구함)

$$P = f_v \sigma_b b m y_e = 0.5 \times 26 \times 60 \times 4 \times 0.402 = 1245.24 \text{ kg}$$

② 면압력 표 10-11에서 접촉응력계수 $k = 0.13 \text{ kg/mm}^2$이므로

$$P = f_v k D_1 b \frac{C_w}{\cos^2\beta} \frac{2Z_2}{Z_1 + Z_2}$$

$$= 0.5 \times 0.13 \times 115.47 \times 60 \times \frac{0.78}{0.866^2} \times \frac{2 \times 250}{25 + 250} = 820 \text{ kg}$$

전달하중의 작은 값으로 전달동력을 구하면

$$H_p = \frac{P_v}{75} = \frac{820 \times 30.2}{75} = 330 \text{ PS}$$

10.7 베벨 기어

베벨 기어는 축선이 교차하며 원추면에 이를 형성한 기어이다. 베벨 기어는 잇줄을 형성하는 방법에 따라 여러 가지로 구분할 수 있다. 잇줄이 원추의 모선과 일치하고 직선으로 되어 있는 것을 직선 베벨 기어(straight bevel gear)라 하고, 이물림을 연속적으로 하기 위하여 잇줄이 직선으로 되어 있으나 모선에 대하여 경사진 것을 헬리컬 베벨 기어(helical bevel gear)라 하고, 헬리컬 베벨 기어치를 곡선 모양으로 한 것을 곡선 베벨 기어(spiral bevel gear)라 한다.

특히 두 축의 교차각이 직각이고 피치 원추각(pitch angle)이 각각 같은 기어를 마이터 기어(miter gear)라 하고, 피치 원추각이 각각 다른 기어는 보통 베벨 기어(comon bevel gear)라 한다. 두 축의 교차각이 예각인 기어는 예각 베벨 기어(acute bevel gear), 둔각인 기어는 둔각 베벨 기어(obtuse bevel gear)라 한다. 곡선 베벨 기어 중 치폭 중앙에서 비틀림각이 0으로 되어 있는 것은 제로올 베벨 기어(zerol bevel gear)이다.

피치면이 쌍곡선 면이며 두 축이 교차하지도 않고 평행하지도 않는 베벨 기어를 하이포이드 기어(hypoid gear)라 하는데, 이 기어는 속도비를 크게 할 수 있고 부하능력이 크고 연속적인 치물림이 원활하며 마멸이 균일하게 되는 등등의 이점이 있어 자동차의 차륜 구동장치에 이용되고 있다. 베벨 기어는 보통 직선 베벨 기어가 많이 사용되므로 본 장에서는 주로 이것을 다루기로 한다.

그림 10-33에서 보는 바와 같이 치형은 바깥쪽에서 안쪽으로 가면서 비례적으로 작아진다. 바깥쪽을 대단부, 안쪽을 소단부라고 하며, 베벨 기어의 치형의 크기는 대단부의 것으로 표시한다. 따라서 베벨 기어의 모듈은 대단부 치형의 모듈을 말한다.

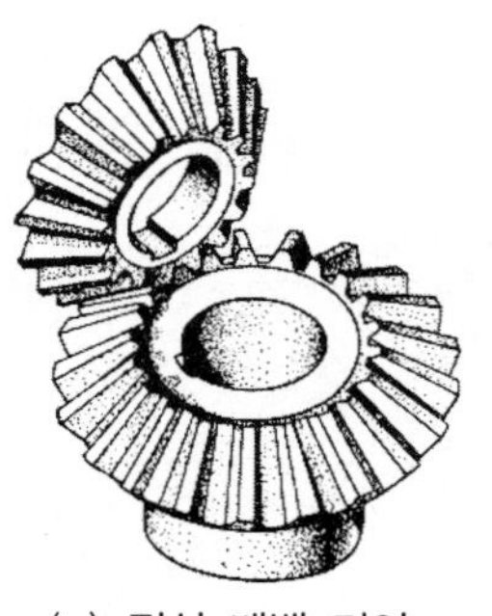
(a) 직선 베벨 기어

(b) 헬리컬 베벨 기어

(c) 곡선 베벨 기어

그림 10-33 베벨 기어의 실물

10.7.1 베벨 기어의 각부 치수 및 속도비

1) 피치 원추각 α_1, α_2

피치원추정각의 $\frac{1}{2}$을, 즉 중심점으로 피치점을 연결한 선과 축선이 만드는 각을 피치 원추각(pitch cone angle)이라 하며 그 값은 회전수 n, 각속도 ω, 잇수 z라 할 때 그림에서

$$i = \frac{n_2}{n_1} = \frac{\omega_2}{\omega_1} = \frac{op\sin\alpha_1}{op\sin\alpha_2} = \frac{D_1}{D_2} = \frac{\sin\alpha_1}{\sin\alpha_2}$$

이므로 피치 원추각은 다음과 같다.

$$\tan\alpha_1 = \frac{\sin\theta}{\frac{n_1}{n_2} + \cos\theta} = \frac{\sin\theta}{\frac{z_2}{z_1} + \cos\theta}$$

$$\tan\alpha_2 = \frac{\sin\theta}{\frac{n_2}{n_1} + \cos\theta} = \frac{\sin\theta}{\frac{z_1}{z_2} + \cos\theta} \tag{10-50}$$

보통 $\theta = 90°$인 베벨 기어가 많이 사용되며

$$\tan\alpha_1 = \frac{z_1}{z_2}, \ \tan\alpha_2 = \frac{z_2}{z_1}$$

피치 원추각의 크기에 따라 베벨 기어의 특성과 각부 치수가 다르게 된다.

2) 속도비 i

$$i = \frac{n_2}{n_1} = \frac{D_1}{D_2} = \frac{Z_1}{Z_2} = \frac{\sin\alpha_1}{\sin\alpha_2} \tag{10-51}$$

3) 축각 θ와 배원추각 β_1, β_2

$$축각\ \theta = \alpha_1 + \alpha_2$$

대단부 원추에 접하는 원추를 배원추라 하며 이 배원추의 정각의 1/2을 배원추각(back cone angle)이라 한다.

$$\beta_1 = 90° - \alpha_1 \qquad \beta_2 = 90° - \alpha_2 \tag{10-52}$$

4) 피치원의 지름 D_1, D_2

대단부의 모듈 m 이라 할 때

$$D_1 = \frac{n_2}{n_1} D_2 = m z_1 \qquad D_2 = \frac{n_1}{n_2} D_1 = m z_2$$

5) 바깥지름 D_{a1}, D_{a2}

그림 10-34에서 다음과 같이 표시한다.

$$D_{a_1} = D_1 + 2h\cos\alpha \qquad D_{a_2} = D_2 + 2h\cos\alpha$$

$h = m$ 이므로

$$D_{a_1} = (z_1 + 2\cos\alpha_1)m \qquad D_{a_2} = (z_2 + 2\cos\alpha_2)m \tag{10-53}$$

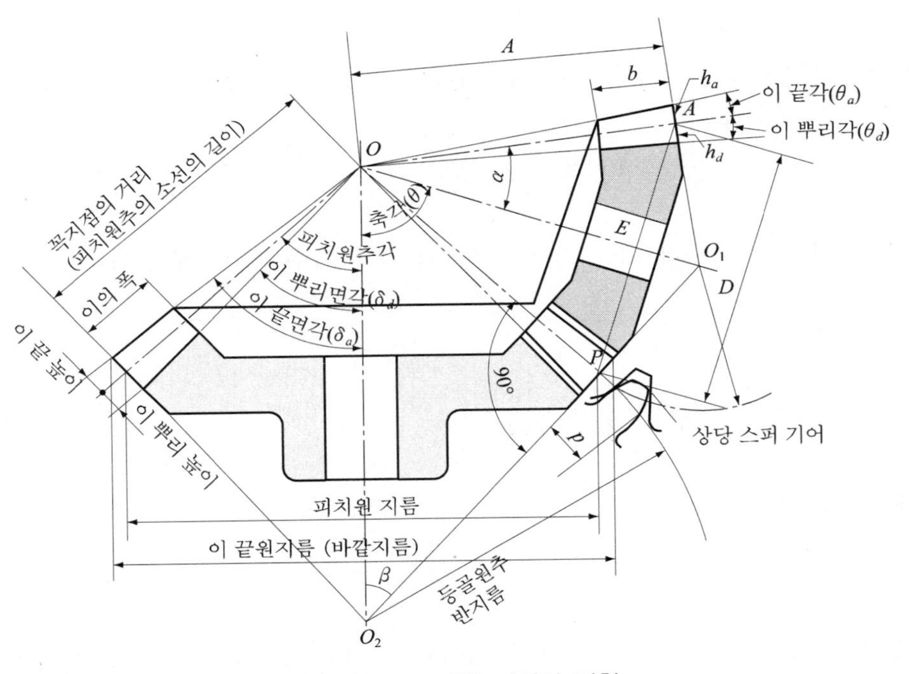

그림 10-34 베벨 기어의 명칭

6) 원추거리 A

피치 원추의 외단부까지의 모선의 길이를 원추거리(cone distance)라 하며 다음과 같이 표시한다.

$$A = \frac{D_1}{2\sin\alpha_1} = \frac{D_2}{2\sin\alpha_2}$$

7) 이 끝각(addendum angle) 및 이 뿌리각(dedendum angle) θ_a, θ_d

$$\tan\theta_a = \frac{h_a}{A} \qquad \tan\theta_d = \frac{h_d}{A} \tag{10-54}$$

8) 이 끝 원추각 및 이 뿌리 원추각 δ_a, δ_d

베벨 기어의 이 끝 원추모선 및 이 뿌리 원추모선과 축선이 이루는 각을 이 끝 원추각(face angle), 이 뿌리 원추각(root angle)이라 하며 제작 시 기준이 되는 각이다.

$$\delta_{a_1} = \alpha_1 + \theta_a \qquad \delta_{a_2} = \alpha_2 + \theta_a$$

$$\delta_{d_1} = \alpha_1 - \theta_d \qquad \delta_{d_2} = \alpha_2 - \theta_d \tag{10-55}$$

9) 치폭 b

$$b = \left(\frac{1}{3} \sim \frac{1}{4}\right)A$$

10.7.2 베벨 기어의 강도

(1) 상당 평기어의 치수

대단부 이의 크기가 표준 평기어의 이의 크기와 같으므로 배원추를 전개하여 배원추상의 원추거리를 반지름으로 하는 원을 평기어의 상당원으로 생각할 수 있으므로 상당 평기어의 피치원의 반지름을 R_e, 상당 평기어의 잇수를 Z_e, 원주 피치를 P, 베벨 기어의 잇수를 Z, 베벨 기어 피치원의 지름을 D라 하면 그림 10-35에서

$$R_e = OA = \frac{AE}{\cos\alpha} = \frac{D}{2\cos\alpha}$$

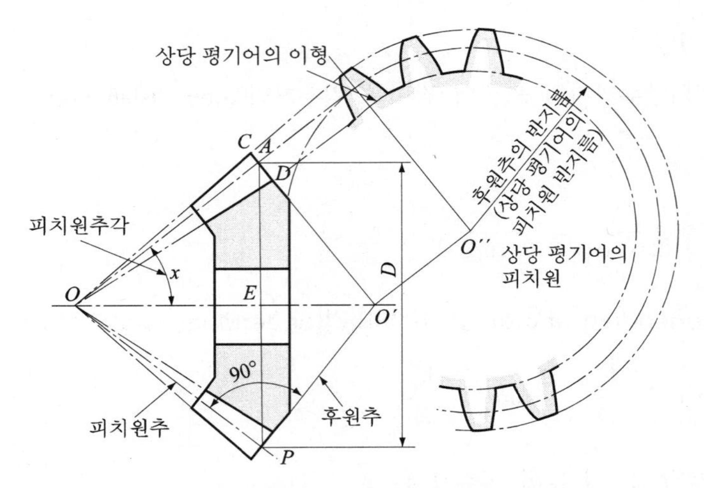

그림 10-35 베벨 기어의 전개

$$Z_e = \frac{\pi D_e}{p} = \frac{2\pi R_e}{p} = \frac{2\pi D}{2P\cos\alpha} = \frac{Z}{\cos\alpha}$$

$$Z_{e_1} = \frac{Z_1}{\cos\alpha_1} Z_{e_2} = \frac{Z_2}{\cos\alpha_2} \tag{10-56}$$

이며 상당 평기어 잇수는 강도 계산이나 공구 선택에 이용된다.

(2) 강도 계산

1) 대단부를 기준으로 한 굽힘강도

그림 10-36에서와 같이 베벨 기어 각 단면에 작용한 하중 W는 평기어와 같게 생각할 수 있고 임의의 단면에 미소거리 dx를 택하여 여기에 작용하는 하중을 dw라 하고 임의의 단면의 두께 t, 높이 h, 대단부의 두께 t_1, 높이 h_1, 굽힘응력 σ_b라 하고 꼭지점 O로부터 임의의 단면까지의 거리 x라 하면 $t = \frac{t_1 x}{A}$, $h = \frac{h_1 x}{A}$이므로 임의의 단면에 작용한 하중은

$$dw = \frac{\sigma_b t^2 dx}{6h} = \frac{\sigma_b t_1^2 x dx}{6Ah_1}$$

이며, 베벨 기어가 회전하면 꼭지점 O에 대하여 모멘트가 발생하므로

$$M = \int_{b^2}^{A} dM = \frac{\sigma t_1^2}{6Ah_1} \int_{b_2}^{A} dx = \frac{\sigma_b t_1^2}{18Ah_1} \left[A^3 - b_2^3 \right]$$

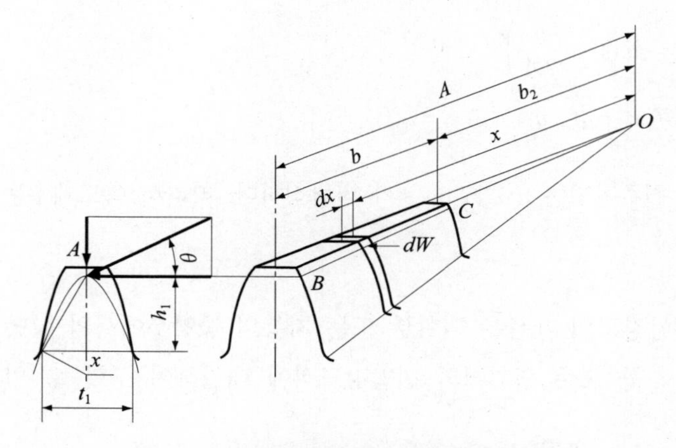

그림 10-36 기계절삭이 베벨 기어의 강도

$b_2^3 = (A-b)^3$ 이므로

$$M = \frac{\sigma_b t_1^2}{18Ah_1}(3A^2 b - 3Ab^2 + b^3)$$

$$P_0 = \frac{3\sigma_b t_1^2}{18h_1}\left(1 - \frac{b}{A} + \frac{b^2}{3A^2}\right)$$

위 식에 $t_1^2 = 4xh_1$를 대입하고 식 (10-30)을 고려하면

$$P = \sigma_b bmy_e\left(1 - \frac{b}{A} + \frac{b^2}{3A^2}\right) \tag{10-57}$$

위 식 괄호 안의 값을 베벨 기어 계수(bevel factor)라 하며 우측항은 미소하므로 생략한다.

$$P = \sigma_b m\, y_e\left(1 - \frac{b}{A}\right) \tag{10-58}$$

2) 치폭 중앙을 기준으로 한 굽힘강도

이것은 치폭 온길이가 평균 모듈, 평균 원주 피치(m_m, P_m)에 상당하는 크기로 균일하다고 간주하여 계산한 것이다. 이 경우도 상당 평기어의 치수 압력각은 같으므로

$$m_m = \frac{D_m}{Z} = \frac{D - b\sin\alpha}{Z} = m - \frac{b\sin\alpha}{Z}$$

$$m_m = m\left(1 - \frac{b}{2A}\right) \tag{10-59}$$

$$P = f_v \sigma_b b m_m y_e \tag{10-60}$$

베벨 기어의 피치 원주속도는 $v \le 5$ m/s 가 바람직하다. 따라서 속도계수는 저속을 사용한다.

3) 면압강도

베벨 기어의 면압강도의 계산은 외형부 또는 치폭의 중앙부에서의 상당 평기어에 대하여 m 또는 m_m 및 z_e를 표준 평기어의 면압강도식에 대입하여 구할 수 있다. 즉,

$$P = 1.67b\sqrt{D_1}\, f_m f_s \tag{10-61}$$

여기서 b : 치폭(mm), D_1 : 피니언의 피치원 지름(mm)

f_m : 재료에 의한 계수, f_s : 사용기계에 의한 계수

표 10-13 베벨 기어의 재료에 의한 재료계수 f_m

작은 기어의 재료	큰 기어의 재료	f_m	작은 기어의 재료	큰 기어의 재료	f_m
주철 또는 주강	주철	0.3	기름담금질강	연강 또는 주강	0.45
조질강	조질강	0.35	침탄강	조질강	0.5
침탄강	주철	0.4	기름담금질강	기름담금질강	0.80
기름담금질강	주철	0.4	침탄강	기름담금질강	0.80
침탄강	연강 도는 주강	0.45	침탄강	침탄강	1.00

표 10-14 베벨 기어의 사용기계에 의한 사용기계계수 f_s

f_s	사 용 기 계
2.0	자동차, 전차(기동 토크에 의함)
1.0	항공기, 송풍기, 원심분리기, 기중기, 공작기계(벨트 구동); 인쇄기, 원심펌프, 감속기, 방직기, 목공기
0.75	공기 압축기, 전기공구(체대용), 광산기계, 선인기, 컨베이어
0.65~0.5	분쇄기, 공작기계(모터 직결 구동), 왕복펌프, 압연기

예제 10-11 압력각 20°, 모듈 4, 잇수 38, 65인 한 쌍의 직선 베벨 기어의 각부의 치수 및 상당 평기어의 잇수를 구하라. 단, 축각은 90°이다.

풀이 ① 피치 원추각 α

$$\tan\alpha_1 = \frac{z_1}{z_2} = \frac{38}{65} = 0.5846$$

$$\alpha_1 = 30°\,19'$$

$$\alpha_2 = 90° - \alpha_1 = 90 - 30°\,19' = 59°\,41'$$

② 배추원각 β

$$\beta_1 = 90° - \alpha_1 = 90° - 30°\,19' = 59°\,41'$$

$$\beta_1 = 90° - \alpha_2 = 90° - 59°\,41' = 30°\,19'$$

③ 피치원 지름 D

$$D_1 = mz_1 = 4 \times 38 = 152\,(\text{mm})$$

$$D_2 = mz_2 = 4 \times 65 = 260\,(\text{mm})$$

④ 바깥지름 D_k

$$D_{a_1} = D_1 + 2h_a \cos\alpha_1 = 152 + 2 \times 4 \times \cos 30°\,19'$$

$$= 152 + 8 \times 0.5048 = 158.908\,(\text{mm})$$

$$D_{a_2} = D_2 + 2h_a \cos\alpha_2 = 260 + 2 \times 4 \times \cos 59°\,41'$$

$$= 260 + 8 \times 0.8632 = 264.038\,(\text{mm})$$

⑤ 원추거리 A

$$A = \frac{D_1}{2\sin\alpha_1} = \frac{152}{2 \times \sin 30°\,19'} = \frac{152}{2 \times 0.5048} = 150.561\,(\text{mm})$$

$$A = \frac{D_2}{2\sin\alpha_2} = \frac{260}{2 \times \sin 59°\,41'} = \frac{260}{2 \times 0.8632} = 150.594\,(\text{mm})$$

따라서 그 평균치를 잡아서 $A = 150.577$ mm로 한다.

⑥ 이 끝각 θ_a

$$\tan\theta_a = \frac{h_a}{A} = \frac{4}{150.577} = 0.02656$$

$$\theta_a = 1°\,31'$$

⑦ 이 뿌리각 θ_a

이 뿌리 높이 h_a는 보통 이 끝 틈새 C를

$$C \geq \frac{1}{20}p = \frac{\pi}{20}m = 0.157\,m$$

으로 하고 있으므로

$$h_a = h_a + C = m + 0.157m = 1.157 \times 4 = 4.628\,(\text{mm})$$

$$\tan\theta_d = \frac{h_d}{A} = \frac{4.628}{150.577} = 0.03074$$

$$\theta_d = 1°\,46'$$

⑧ 이 끝 원추각 δ_a

$$\delta_{a_1} = \alpha_1 + \theta_a = 30°\,19' + 1°\,31' = 31°\,50'$$

$$\delta_{a_2} = \alpha_2 + \theta_a = 59°\,41' + 1°\,31' = 61°\,12'$$

⑨ 이 뿌리 원추각 δ_a

$$\delta_{d_1} = \alpha_1 - \theta_d = 30°\,19' - 1°\,46' = 28°\,33'$$

$$\delta_{d_2} = \alpha_2 - \theta_a = 59°\,41' - 1°\,46' = 57°\,55'$$

⑩ 상당 평기어의 잇수 z_e

$$z_{e_1} = \frac{z_1}{\cos_{a_1}} = \frac{38}{\cos 30°\,19'} = \frac{38}{0.8632} = 44\text{개}$$

$$z_{e_2} = \frac{z_2}{\cos_{a_2}} = \frac{65}{\cos 59°\,41'} = \frac{65}{0.5048} = 129\text{개}$$

예제 10-12 잇수 $z_1 = 40$, $z_2 = 56$인 한 쌍의 직각 베벨 기어가 있다. 피니언의 회전속도 $n_1 = 180$ rpm, 치폭 $b = 70$ mm, 공구압력각 $\alpha_n = 14.5°$, 모듈 $m = 8$일 때 전달할 수 있는 대동력을 구하라. 단, 축각은 90°이고 분쇄기에 이용된다.

풀이 피치원 지름

$$D_1 = mz_1 = 8 \times 40 = 320\,(\text{mm})$$

$$D_2 = mz_2 = 8 \times 56 = 448\,(\text{mm})$$

피치원 각속도

$$v = \frac{\pi D_1 n_1}{1000 \times 60} = \frac{\pi \times 320 \times 180}{1000 \times 60} = 3.0\,(\text{m/s})$$

속도계수

$$f_v = \frac{3.05}{3.05 + v} = \frac{3.05}{3.05 + 3.0} = 0.5$$

재질을 GC30이라고 하면 표 10-9로부터 굽힘응력은 $\sigma_b = 13\ \text{kg/mm}^2$ 피치원 추각은 축각이 $\theta = 90°$이므로

$$\tan\alpha_1 = \frac{z_1}{z_2} = \frac{40}{56} = 0.7143$$

$$\alpha_1 = 35°30',\ \alpha_2 = 90° - 35°30' = 54°30'$$

상당 평기어의 잇수 z_e는

$$z_{e_1} = \frac{z_1}{\cos\alpha_1} = \frac{40}{\cos 35°30'} = \frac{40}{0.8141} = 49\text{개}$$

$$z_{e2} = \frac{z_2}{\cos\alpha_2} = \frac{56}{\cos 54°30'} = \frac{56}{0.5807} = 97\text{개}$$

상당 평기어의 치형계수는 z_e와 $\alpha_n = 14.5°$에 대하여 표 10-8로부터

$$y_{e_1} = 0.357,\ y_{e_2} = 0.373$$

$$A\text{는 } A = \frac{D_1}{2\sin\alpha_1} = \frac{320}{2\sin 35°30'} = \frac{320}{2 \times 0.5807} = 276\,(\text{mm})$$

재질이 같으므로 피니언에 대하여 허용 전달하중을 구한다. 식 (10-58)에 의하여

$$P = f_v \sigma_b b m y_{e_1} \frac{A - b}{A}$$

$$= 0.5 \times 13 \times 70 \times 8 \times 0.357 \times \frac{276 - 70}{276} = 997\,(\text{kg})$$

면압강도의 식 (10-61)로부터 구하면, 재질에 의한 계수는 표 10-13으로부터

$f_m = 0.3$, 사용기계에 의한 계수는 표 10-14로부터 $f_s = 0.65$로 잡으면, 허용 전달하중은

$$P = 1.67b\sqrt{D_1}\,f_m f_s = 1.67 \times 70 \times \sqrt{320} \times 0.3 \times 0.65 = 407\,(\text{kg})$$

그러므로 $P = 407$ kg으로부터 허용 최대 전달하중은

$$H = \frac{Pv}{75} = \frac{407 \times 3}{75} = 16.2\,(\text{PS})$$

예제 10-13 예제 10-9의 직원 베벨 기어가 3 PS의 동력을 전달할 때 필요한 재질을 결정하라. 다만, 축각은 90°, 피니언의 회전속도는 200 rpm이다.

풀이 피치원 각속도

$$v = \frac{\pi D_1 n_1}{1000 \times 60} = \frac{\pi \times 152 \times 200}{1000 \times 60} = 1.59\,(\text{m/s})$$

속도계수

$$f_v = \frac{3.05}{3.05 + v} = \frac{3.05}{3.05 + 1.59} = 0.657$$

치폭계수 K(모듈 기준)

종 별	평기어	헬리컬 기어	베벨 기어
보통 전동용 기어 (보통의 경우)	6~11	10~18	5~8
대동력 전달용 기어 (특수한 경우)	16~20	18~20	8~10

주 헬리컬 기어에서는 추정치 모듈 기준임

위의 표로부터 치폭계수 $K = 8$로 잡으면 치부 $b = Km = 8 \times 4 = 32\,(\text{mm})$ 압력각 20°, 상당잇수 $z_{e1} = 44$에 대한 치형계수는 표 10-8로부터 $y_{e_1} = 0.352$를 얻는다. 전달하여야 할 하중 P는

$$P = \frac{75H}{v} = \frac{75 \times 3}{1.59} = 142\,(\text{kg})$$

따라서 굽힘강도의 식 (10-58)로부터 굽힘압력 σ_b를 구한다. 즉

$$\sigma_b = \frac{PA}{f_v bmy_{e1}(A-b)}$$

$$= \frac{142 \times 150.577}{0.657 \times 32 \times 4 \times 0.352 \times (150.577 - 32)} = 6.09\,(\text{kg/mm}^2)$$

또한 하중계수를 고려하여 $f_w = 0.8$로 잡으면 굽힘응력

$\sigma_b = \dfrac{6.09}{0.8} = 7.62\,(\text{kg/mm}^2)$로 된다.

$P = f_v kmb \dfrac{2Z_{e1}Z_{e2}}{Z_{e1} + Z_{e2}}$로부터 필요한 재료의 비압력계수 k를 구해보면

$$k = \frac{P}{f_v mb \dfrac{2z_{e1}z_{e2}}{z_{e1} + z_{e2}}}$$

$$= \frac{142}{0.657 \times 4 \times 32 \times \dfrac{2 \times 44 \times 129}{44 + 129}} = 0.0257\,(\text{kg/mm}^2)$$

마찰에 대한 여유를 보아 표 10-9로부터 탄소강 SM25C를 선택하면, SM25C의

$$H_b = 111 \sim 163,\ \sigma_b = 21\ \text{kg/mm}^2 > 7.62\ \text{kg/mm}^2$$

또 표 10-8로부터 $\alpha = 20°$일 때의 k는 $(H_b = 150)$: $(H_b = 150)$에 대하여 $k = 0.027\ \text{kg/mm}^2 > 0.027\ \text{kg/mm}^2$가 되어 모두 만족하므로 피니언, 기어 다같이 SM25C로 결정한다.

10.8 웜 기어

웜 기어는 나사 기어의 일종으로 두 축이 직교하는 상태에서 동력을 전달하는 장치이다. 이 경우 작은 쪽은 잇수가 매우 작고 나사 모양으로 되어 있어 이를 웜(worm)이라 하고, 이것과 물리는 기어를 웜 휠(worm wheel)이라 한다. 웜 기어는 작은 용적으로 큰 감속비를 얻을 수 있고, 회전이 조용하여 소음이 작으나 치형 접촉면에 마찰이 크므로 전동효율이 낮다는 결점이 있다.

따라서 전동효율을 높이기 위해서는 마찰손실을 줄이는 방향으로 설계 제작되어야 한다. 그러므로 웜 기어의 제작은 축직각 방식에 의하여 제작되며, 피치나 모듈은 축직각 방식으

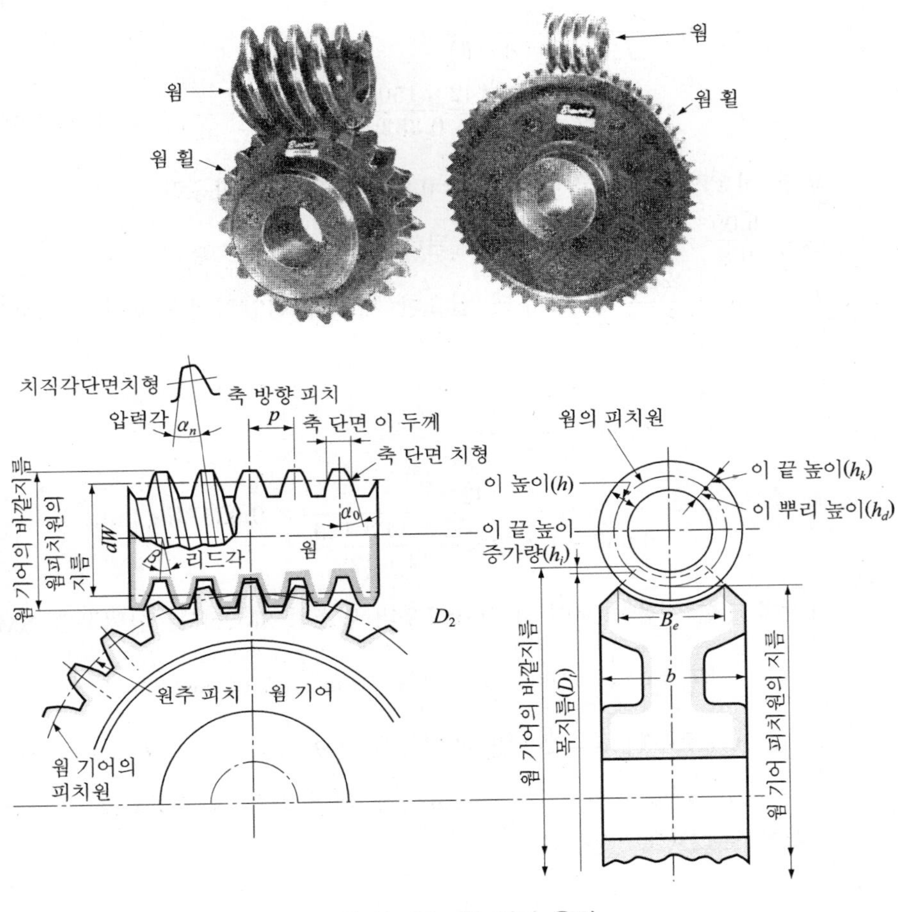

그림 10-37 웜 기어 용어

로 표시하고, 압력각은 치직각 방식으로 표시하여 사용한다.

10.8.1 웜 기어의 감속비

웜이 1회전 하면, 웜의 치형은 이의 나선의 리드만큼 움직이고, 웜 휠도 웜의 리드와 같은 길이의 원호만큼 회전한다. 따라서 웜 기어의 감속비는

$$i = \frac{n_g}{n_w} = \frac{z_w}{z_g} \tag{10-62}$$

여기서 n_g : 웜 기어의 회전수, n_w : 웜의 회전수, z_w : 웜의 줄 수, z_g : 웜 휠의 잇수

또한 웜의 리드를 l, 웜의 피치를 p, 웜 휠의 피치원의 지름을 d_g 라 하면

$$l = z_w p\,,\ \ z_g = \frac{\pi d_g}{p}$$

$$i = \frac{n_g}{n_w} = \frac{l}{\pi d_g} \tag{10-63}$$

로 표시되며, 보통 웜의 줄 수 z_w 는 1~3 정도의 값이므로 큰 감속비를 얻을 수 있다.

10.8.2 웜 기어의 효율

그림 10-38에서 접촉면에 작용하는 수직력을 P_n 이라 하면 마찰력 μP_n 이 리드각 방향으로 작용한다. 또 치형의 치직각 압력각을 α_n, 웜의 리드각을 β 라 하면 웜 휠의 피치 원주에 작용하는 접선력, 즉 축방향의 스러스트 P 는 힘의 평형조건으로부터 다음과 같이 표현한다.

$$P = P_n \cos\alpha_n \cos\beta - \mu P_n \sin\beta \tag{1}$$

$$P_n = \frac{P}{\cos\alpha_n \cos\beta - \mu \sin\beta}$$

웜의 피치 원주에 작용하는 접선력, 즉 웜 휠의 축방향의 스러스트

$$P_z = P_n \cos\alpha_n \sin\beta + \mu P_n \cos\beta \tag{2}$$

식 (1), (2)로부터

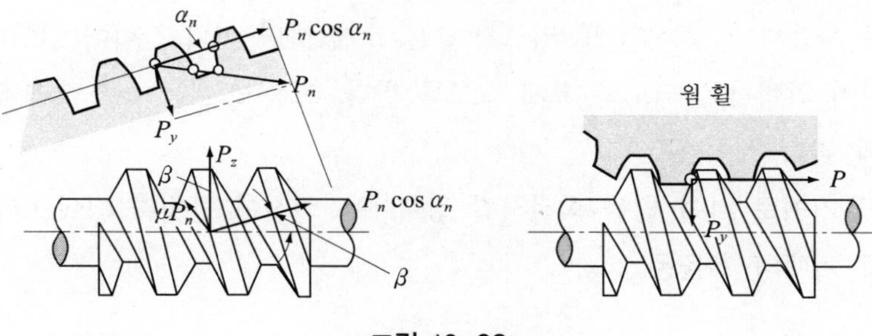

그림 10-38

$$\mu' = \frac{\mu}{\cos\alpha_n} = \tan\rho' \text{라 하면}$$

$$P_z = P\frac{\tan\beta + \mu'}{1 - \tan\beta\mu'}$$

$$P_z = P\tan(\beta + \rho') \tag{10-64}$$

웜 휠을 돌리기 위한 웜에 가해진 토크 T는

$$T = P_z\frac{d_w}{2} = P\frac{d_w}{2}\tan(\beta + \rho') \tag{10-65}$$

여기서 d_w는 웜의 피치원의 지름이고 마찰이 없다고 하면 $\mu' = 0$, 즉 $\rho' = 0$이므로 이때의 토크는

$$T' = P \cdot \frac{d_w}{2}\tan\beta$$

따라서 효율은

$$\eta = \frac{T'}{T} = \frac{\tan\beta}{\tan(\beta + \rho')} \tag{10-66}$$

웜 또는 웜 휠의 반지름 방향의 힘

$$P_y = P_n\sin\beta$$

웜 휠의 축직각력= $\sqrt{P^2 + P_y^2}$, 웜의 축직각력= $\sqrt{P_y^2 + P_z^2}$로 표시된다.

효율을 높이기 위해서는 위 식에서 알 수 있는 바와 같이 압력각의 영향은 적으므로 μ를 작게 하거나 β를 크게 하면 된다. 따라서 β를 크게 하는 방법으로 웜의 줄 수를 여러 줄로 하면 되나 그림 10-39와 같이 β의 값은 30° 이상이 되면 효율의 증가는 거의 없으므로 3줄 이상은 사용하지 않는다. 또 리드각 β를 크게 하면 이의 간섭이 일어나므로 이것을 방지하기 위하여 압력각을 되도록 크게 잡도록 한다. 보통 쓰이는 리드각과 압력각의 관계는 표 10-15와 같다.

웜 휠을 구동기어로 하여 웜을 회전시킬 경우에는 회전이 반대가 되어 마찰력의 방향이 반대가 되므로 이때의 효율은

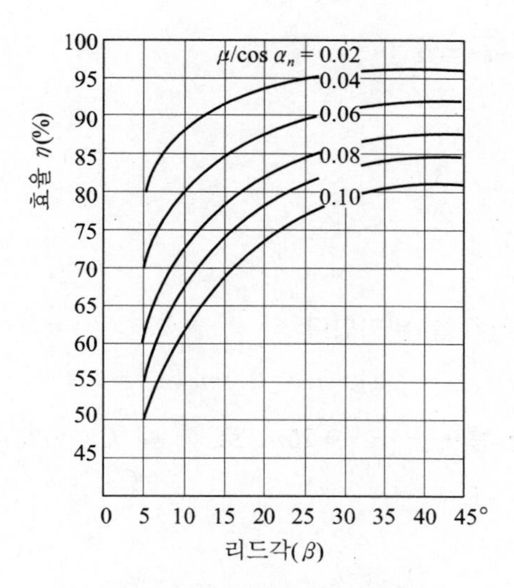

그림 10-39 웜 기어의 효율

|표 10-15| 웜의 리드각과 압력각

리드각 β	압력각 α_n
15°까지	14.5°
25°까지	20°
35°까지	25°
35°까지	30°

$$\eta' = \frac{\tan(\beta - \rho')}{\tan\beta} \tag{10-67}$$

위 식에서 $\beta \le \rho'$일 경우에는 $\eta' \le 0$, 즉 자동체결로 되기 때문에 웜 휠로 웜을 회전시킬 수는 없다. 따라서 이 원리를 이용하여 역전방지용 기구로 사용하기도 한다.

10.8.3 웜 및 웜 기어의 각부 치수

그림 10-37에 표시된 각부치수는 축직각단면의 치형을 기준으로 다음과 같이 표시한다.

(1) 웜 및 웜 휠에 대하여

- 축직각 피치 p_s, 축직각 모듈 m_s, $p_s = \pi m_s$

- 치직각 피치 p, 치직각 모듈 m

$$p = \pi m$$

$$p = p_s \cos\beta$$

$$m = m_s \cos\beta$$

여기서 β는 웜의 리드각을 의미한다.

- 이 끝 높이 : $h_k = m_s(z_w = 1.2)$, $h_k = 0.9m_s(z_w = 3.4)$
- 총 이 높이 h : 이 끝 틈새를 $c \geq 0.25m_s$로 할 때 $h = 2.25m_s(z_w = 1.2)$, $h = 2.05m_s$ $(z_w = 3.4)$

(2) 웜에 대하여

- 피치원의 지름 d_w : $d_w = \dfrac{m_s z_w}{\tan\beta}$이나 아래와 같은 경험식을 사용하기도 한다.

$$d_w = 2p_s + 12.7 \text{ mm}(\text{축과 일체로 된 것})$$

$$d_w = 2.4p_s + 28 \text{ mm}(\text{축구멍이 있는 것})$$

- 바깥지름 D_w : $D_w = d_w + 2h_k$
- 리드 l : $l = p_s z_w$
- 웜의 길이 L : $L = (4.5 + 0.02z_g)p_s$
- 리드각 β : $\tan\beta = \dfrac{1}{\pi d_w}$

(3) 웜 휠에 대하여

- 이 끝 높이 증가량 h_i : $h_i = 0.75h_k(z_w = 1, 2)$,

$$h_i = 0.5h_k(\alpha_n < 20°) = 0.375h_k(\alpha_n > 20°)(z_w = 3, 4)$$

- 치폭 b : $b = 2.4p_s + 6 \text{ mm}(z_w = 1, 2)$, $b = 2.15p_s + 5 \text{ mm}(z_w = 3, 4)$
- 피치원의 지름 d_g : $d_g = m_s z_g$
- 목지름(throat diameter) D_t : $D_t = d_g + 2h_k$
- 바깥지름 D_g

$$D_g = D_t + 2h_l$$

$$D_g = D_t + (d_w - 2h_k)\left(1 - \cos\frac{\theta}{2}\right) \quad (10\text{-}68)$$

여기서 θ는 림의 양측면이 이루는 각으로서 페이스각(face angle)이라 한다. 보통 $\theta = 60 \sim 70°$로 잡는다.

- 유효폭 B_e : $B_e = \sqrt{D_W^2 - d_w^2}$ (10-69)

(4) 중심거리 C

$$C = \frac{1}{2}(d_w + d_g) \quad (10\text{-}70)$$

예제 10-14 웜의 피치원의 지름이 30 mm, 웜 휠의 피치원의 지름이 350 mm, 웜의 리드각이 30°일 때 이 웜 기어의 감속비를 구하라.

풀이 웜의 줄 수를 z_w, 웜의 축방향 피치를 p_s라 하면 웜의 리드는 $l = p_s z_w$, $p_s = \pi m_s$이므로

$$\tan\beta = \frac{1}{\pi d_w} = \frac{\pi m_s z_w}{\pi d_w} = \frac{m_s z_w}{d_w}$$

$$z_w = \frac{d_w}{m_s}\tan\beta$$

$$i = \frac{n_g}{n_w} = \frac{z_w}{z_g} = \frac{d_w \tan\beta / m_s}{d_g / m_s} = \frac{d_w}{d_g}\tan\beta$$

$$i = \frac{z_w}{z_g} = \frac{d_w}{d_g}\tan\beta = \frac{30}{350} \times \tan 30° = \frac{30 \times 0.577}{350} = 1/20$$

예제 10-15 줄 수가 2인 웜에서 축직각 모듈이 3, 감속비가 1/150일 때, 웜과 웜 휠의 바깥지름 및 중심거리를 구하라.

풀이

$$d_w = 2p_s + 12.7 = 2\pi m_s + 12.7 = 2\pi \times 3 + 12.7 = 31.54 \text{ mm}$$

$$z_g = z_w \times 150 = 2 \times 150 = 300$$

$$d_g = m_s z_g = 3 \times 300 = 900 \text{ mm}$$

중심거리 C는

$$C = \frac{1}{2}(d_w + d_g) = \frac{1}{2}(31.54 + 900) = 465.77 \text{ mm}$$

바깥지름 D_w

$$D_w = dw + 2h_k = d_w + 2m_s = 31.54 + 2 \times 3 = 37.54 \text{ mm}$$

웜 휠의 바깥지름 D_g는

이 끝 높이 증가량 $h_i = 0.75h_k = 0.75m_s = 0.75 \times 3 = 2.25 \text{ mm}$

목지름 $D_t = d_g + h_k = d_g + 2m_s = 900 + 2 \times 3 = 906 \text{ mm}$

$$\therefore D_g = D_t + 2h_i = 906 + 2 \times 2.25 = 910.5 \text{ mm}$$

10.8.4 웜 기어의 강도

웜 기어는 마찰이 심하므로 웜 휠을 웜에 비하여 비교적 연한 재료를 사용한다. 보통 웜 재료는 강을 사용하고 웜 휠은 경하중일 때에는 주철을 사용하고 고하중일 때는 건메탈 또는 인청동을 사용한다. 웜에는 담금질강, 웜 휠에는 인청동 또는 알루미늄 청동이 조합된 재료를 사용하는 것이 우수하다. 따라서 웜보다는 웜 휠에 대하여 강도계산을 하게 된다.

그러나 웜 휠은 제작조건이나 사용조건 등에 따라 웜과 접촉상태와 하중상태가 복잡하게 변화되므로 강도를 정확하게 구하기는 곤란하므로 보통 경험적 근사식을 사용하고 있다.

(1) 굽힘강도

Buckingham은 웜 휠을 헬리컬 기어와 같은 조건으로 보고 웜 휠의 굽힘강도의 Lewis의 식을 다음과 같이 표시하였다.

$$P = f_v \sigma_b p_n b y \tag{10-71}$$

P : 피치 원주상의 최대 전달력(kg), σ_b : 재료의 허용 굽힘응력(kg/mm^2)

p_n : 치직각 피치(mm), b : 치폭(mm), f_v : 속도계수, y : 치형계수

이 경우에 허용굽힘응력, 치형계수, 속도계수는 각각 다음 표에 따른다.

|표 10-16| 웜 휠의 허용굽힘응력 σ_b

(단위 : kg/mm²)

재 료	한방향 회전	양방향 회전
주철	8.5	5.5
기어용청동	17	11
안티몬청동	10.5	7
합성수지	3	2

|표 10-17| 웜 기어의 치형계수 y

α_n	y
14.5°	0.100
20°	0.125
25°	0.150
30°	0.175

|표 10-18| 웜 휠의 속도계수

재 료	속도계수 f_v
금속재료	$f_v = \frac{6}{6+v_g}$
합성수지	$f_v = \frac{1+0.25v_g}{1+v_g}$

(2) 내마멸강도

웜 휠의 마멸을 고려한 허용 전달하중 P는 다음과 같이 Buckingham의 실험식을 사용한다.

$$P = (f_v)\phi\, d_g B_e K \tag{10-72}$$

ϕ : 웜의 리드각 β에 의한 계수, d_g : 웜 휠의 피치원의 지름(mm)

B_e : 유효폭(mm), K : 내마멸계수

|표 10-19| ϕ값

리드각 β	ϕ
$\beta < 10°$	1
$\beta = 10 \sim 25°$	1.25
$\beta > 25°$	1.50

|표 10-20| 내마모계수 K의 값

웜	웜 휠	K(kg/mm²)
강(경도$H_B = 250$)	인청동	0.042
담금질강	주철	0.035
담금질강	인청동	0.056
담금질강	칠인청동	0.085
담금질강	안티몬청동	0.085
담금질강	합성수지	0.087
주철	인청동	0.106

(3) 발열에 대한 강도

웜의 발열현상은 재료, 치형, 공작 정밀도, 윤활유의 상태 및 냉각장치 등 여러 가지 인자에 의하여 영향을 받으며 일반적으로 다음 식으로 계산한다.

$$P = Cbp_s \tag{10-73}$$

P : 발열에 대한 허용 전달하중(kg), C : 발열계수,
b : 웜 휠의 치폭(mm), p_s : 축직각 피치(mm)

발열계수 C 값에 대한 Kutzbach의 실험식

$$C = \frac{0.4}{1+0.5v_s} \text{ (주철과 주철)} \tag{10-74}$$

$$C = \frac{0.6}{1+0.5v_s} \text{ (강과 인청동)} \tag{10-75}$$

여기서 v_s는 웜의 미끄럼 속도(m/s)이며, 웜의 피치 원주속도를 v_w (m/s)라 하면 미끄럼 속도는

$$v_s = \frac{v_w}{\cos\beta}$$

웜 기어는 치면 사이의 마찰로 인하여 열이 발생하므로 마멸강도와 발열강도에 의하여 설계하고 굽힘강도는 보통 고려하지 않는 것이 일반적이다.

예제 10-16 속도비가 1 : 15인 감속장치가 있다. 웜 축은 1150 rpm으로 50 PS를 전달하고 웜의 모듈 $m_s = 10$, 치직각 압력각 $\alpha_n = 20°$, 줄 수 2, 피치원 지름 $d_w = 75$ mm, 리드각 23°, 웜 휠의 치폭 80 mm, 웜 재료로 니켈크롬강, 웜 휠 재료로 인청동을 사용할 때 소요동력을 검토하라.

풀이

$$z_g = 15z_w = 15 \times 2 = 30$$

$$d_g = m_s z_g = 10 \times 30 = 300 \text{ mm}$$

$i = \dfrac{1}{15}$ 이므로

$$n_g = 1150 \times \frac{1}{15} = 76.6\,(\text{rpm})$$

웜 휠의 피치 원주속도는

$$v_g = \frac{\pi d_g n_g}{1000 \times 60} = \frac{\pi \times 300 \times 76.6}{1000 \times 60} = 1.2 \text{ m/s}$$

속도계수는

$$f_v = \frac{6}{6 + v_g} = \frac{6}{6 + 1.2} = 0.83$$

마멸에 대한 강도

- 이 끝 높이

$$h_k = m_s = 10 \text{ mm}$$

- 바깥지름

$$D_w = d_w + 2h_k = 75 + 2 \times 10 = 95\,(\text{mm})$$

- 유효폭

$$B_e = \sqrt{D_w^2 - d_w^2} = \sqrt{95^2 - 75^2} = 58\,(\text{mm})$$

내마멸계수를 $K = 85 \times 10^{-3}$ kg/mm^{2}라고 하면 마멸강도는

$$P = f_v \phi d_g B_e K = 0.83 \times 1.25 \times 300 \times 58 \times 85 \times 10^{-3} = 1534(\text{kg})$$

발열강도

$$v_s = \frac{V_w}{\cos\beta} = \frac{\pi d_w n_w}{\cos\beta \times 1000 \times 60}$$
$$= \frac{\pi \times 75 \times 1150}{0.9205 \times 1000 \times 60} = 4.9 \text{ m/s}$$

발열계수

$$C = \frac{0.6}{1 + 0.5 v_s} = \frac{0.6}{1 + 0.5 \times 4.9} = 0.17$$

$$P = C b p_s = 0.17 \times 80 \times 31.4 = 427 \text{ kg}$$

전달동력은

$$P = \frac{Pv_g}{75} = \frac{427 \times 1.2}{75} = 6.8 \text{ PS}$$

따라서 5 PS를 전달하는 데 충분한 강도를 가지고 있다.

연습문제

1. 바깥지름이 180 mm, 잇수가 60인 평기어의 모듈을 구하라.

2. 모듈이 2, 잇수가 20개인 평기어의 피치원의 지름, 원주 피치 및 바깥지름을 구하라.

3. 모듈이 3, 중심거리가 200, 속도비 3/2인 한 쌍의 평기어의 잇수, 피치원의 지름, 이끝원의 지름을 구하라.

4. 파손된 평기어를 측정하였더니 중심거리가 250 mm, 피니언의 바깥지름이 108 mm, 이 끝원 둘레에서 피치가 13.5 mm였다. 피니언 및 기어의 모듈, 피치원 지름 및 잇수를 추정하라.

5. 물림률이 2.5, 법선 피치가 17.7 mm인 인벌류트 기어의 물림 길이는 얼마인가? 또, 기어의 잇수가 40일 때 기초원의 지름 및 피치원의 지름을 구하라. 단, 압력각은 20°이다.

6. 원주 피치 12.56 mm, 속도비 1/3, 중심거리가 200 mm인 한 쌍의 평기어의 피치원의 지름 및 모듈을 구하라.

7. 중심거리가 약 400 mm이고, 속도비가 1 : 2인 한 쌍의 평기어의 피니언의 잇수가 24라 할 때 이기어의 모듈과 정확한 중심거리를 구하라.

8. 압력각이 14.5°, 모듈이 3, 잇수 $z_1 = 32$, $z_2 = 96$인 표준 평기어의 물림률은 얼마인가?

9. 잇수 $z_1 = 10$, $z_2 = 25$, 공구압력각 $\alpha_n = 14.5°$, 모듈 3인 한쌍의 평기어를 만든다. 이 끝 틈새 $c_k = 0.2\ \mathrm{mm}$, 백래시 $B_n = 0.15\ \mathrm{mm}$로 하고 언더컷이 일어나지 않도록 설계하라.

10. 공구압력각이 20°, 모듈이 4, 잇수가 14, 32인 한 쌍의 전위 평기어의 치수를 구하라.

11. 잇수가 12, 18, 모듈이 5, 공구압력각 $\alpha_n = 14.5°$, 이 끝 틈새 $c_k = 1\ \text{mm}$, 백래시 $B_n = 0.15\ \text{mm}$로 하고 피니언, 기어 모두 언더컷이 없도록 설계하라.

12. 일반 공작기계에 사용할 공구압력각 20°, 모듈 3, 잇수가 14, 28인 한 쌍의 전위기어의 물림압력각, 중심거리, 양기어의 물림 피치원 지름을 구하라.

13. 일반 기계용 기어에서 언더컷이 없도록 공구압력각 20°, 모듈 3, 잇수 16, 48인 한 쌍의 전위 평기어를 설계하라.

14. 전달동력이 20 PS, 회전속도 $n_1 = 480\ \text{rpm}$, $n_2 = 1440\ \text{rpm}$인 주철재 기어와 강재 피니언으로 이루어진 한 쌍의 평기어의 중심거리를 250 mm로 하고 모듈 잇수 치폭(모듈의 10배) 피니언의 H_B를 결정하라. 단, 압력각은 14.5°이다.

15. 다음과 같은 한 쌍의 평기어의 전달동력(kW)을 결정하라.
피니언 : 재질은 탄소강 SM35C($H_B = 150$), 잇수 24, 회전속도 900 rpm
기어 : 재질은 주철 GC20, 잇수 72, 회전속도 300 rpm, 모듈 3, 압력각 20°, 치폭 40 mm

16. 모듈이 5, 압력각 20°, 치폭 60 mm인 표준 평기어의 최대 전달동력을 구하라.
단, 하중계수는 0.8, 피니언의 재질은 니켈크롬강(SNC2), 잇수 $z_1 = 40$, 회전속도 $n_1 = 800\ \text{rpm}$, 기어의 재질은 주철 GC30, 잇수 $z_2 = 160$, 회전속도 $n_2 = 200\ \text{rpm}$이다.

17. 구동축으로부터 속도비 1.5 : 1로 감속되는 피동축이 있다. 구동축은 300 rpm으로 60 PS의 동력을 받아 피동축에 전달한다. 축간거리를 약 90 mm로 하고 이 전동에 사용할 한 쌍의 평기어의 모듈과 잇수를 구하라. 단, 압력각은 20°, 재질은 니켈 크롬강이다.

18. 전달동력 $H = 15\ \text{kW}$, 원동축의 회전속도 $n_1 = 1500\ \text{rpm}$, 속도비 $i = 1/5$, 압력각 20°인 거친 기계를 다듬질한 한 쌍의 평기어를 굽힘강도에 의하여 설계하라. 단, 피니언의 재질은 SM45C, 피치원의 지름은 약 100 mm로 하고 기어의 재질은 GC30으로 한다.

19. 압력각이 14.5°, 잇수 14, 49인 한 쌍의 표준 평기어가 있다. 피니언이 720 rpm으로 30 PS의 동력을 전달할 때 양기어의 재질을 결정하라. 단, 모듈은 5, 치폭은 50 mm로 한다.

20. 잇수가 60, 모듈이 4인 주철재 평기어의 구조를 타원단면으로 할 때 림, 암 및 보스 등각부 치수를 구하여 도면을 그려라.

21. 치직각 모듈이 3, 비틀림각이 20°, 잇수가 40, 80인 한 쌍의 헬리컬 기어의 피치원의 지름 바깥지름 및 중심거리를 구하라.

22. 치직각 피치가 0.3π, m 잇수가 40, 120인 한 쌍의 헬리컬 기어의 중심거리를 250 mm로 하면 비틀림각은 얼마로 하면 되는가?

23. 피니언과 기어의 재질이 동일한 헬리컬 기어 전동장치의 전달동력(kW)을 구하라. 재질은 탄소강(SM45C), 경도는 $H_B = 300$, 속도비는 10 : 1, 모듈은 4, 공구압력각은 20°, 피니언의 잇수는 25, 피니언의 회전속도는 5000 rpm, 치폭은 75 mm, 비틀림각은 30°이다.

24. 회전속도 1000 rpm, 치직각 모듈 4, 잇수 40, 비틀림각 30°, 공구압력각 20°, 치폭 36 mm인 헬리컬 기어의 전달동력(kW)을 구하라. 단, 기계 다듬질한 기어로서 재질은 SM25C, 하중계수 $f_w = 0.8$로 한다.

25. 30 PS의 동력을 회전속도 500 rpm에서 150 rpm으로 감속시켜 전달하는 한 쌍의 헬리컬 기어를 설계하라. 단, 공구압력각은 20°, 비틀림각은 25°, 축간거리는 300 mm로 하고 재질은 SM45C로 한다.

26. 헬리컬 기어 감속장치에서 동력 $H_p = 10\ \text{PS}$, $n_1 = 1450\ \text{rpm}$, $n_2 = 300\ \text{rpm}$인 한 쌍의 헬리컬 기어를 설계하라.

27. 직선 베벨 기어에서 모듈이 4, 잇수가 40, 피치 원추각이 30°일 때 원추거리를 구하라.

28. 피치 원추각 30°, 치폭 30, 잇수 20, 모듈 4인 직선 베벨 기어의 치폭 중앙의 치형 모듈을 구하라.

29. 축각이 90°이고 잇수 30, 90, 모듈이 3인 한 쌍의 베벨 기어의 각부 치수 및 상당 평기어의 잇수를 구하라.

30. 잇수가 40, 모듈이 4인 마이터 기어(miter gear)의 각부 치수를 구하라. 단, 이 끝 틈새는 0.25 m로 한다.

31. 축각이 90°, 잇수가 20, 40, 모듈이 5, 압력각 20°인 한 쌍의 주철제(GC30)의 직선 베벨 기어가 400 rpm으로 회전할 때 전달동력을 굽힘강도에 의하여 구하라. 단, 치폭은 60 mm이다.

32. 주철제 마이터 기어에서 압력각이 14.5°, 치폭이 65 mm, 모듈이 8, 잇수가 30, 회전속도 200 rpm일 때 전달동력을 구하라.

33. 웜의 줄 수가 3, 축직각 모듈이 3, 감속비가 $\frac{1}{30}$, 중심거리가 150 mm일 때 웜의 피치원의 지름을 구하라.

34. 모듈이 3, 웜의 줄 수가 2, 감속비가 $\frac{1}{30}$인 경우, 이 웜의 주요 치수를 구하라.

35. 감속비가 $\frac{1}{30}$인 웜 기어 장치에서 웜의 줄 수가 2, 모듈이 4, 회전속도가 1200 rpm, 웜의 재질이 니켈크롬강, 웜 휠이 인청동이라 할 때, 허용 전달동력과 웜의 압력을 구하라. 단, 0.1로 한다.

36. 축직각 모듈이 6, 웜의 줄 수가 1, 웜의 회전속도가 160 rpm, 감속비가 $\frac{1}{40}$인 웜 휠의 치수와 효율을 구하라. 단, 치면의 마찰계수는 0.2, 압력각은 14.5°로 한다.

11 감아걸기 전동장치

축간거리가 작을 때는 마찰차나 기어의 직접접촉에 의하여 동력을 전달할 수 있으나, 축간거리가 길 때는 벨트나 로프 또는 체인 등을 감아걸어서 간접적으로 동력을 전달한다. 여기에 쓰이는 전동장치를 간접 전동장치 또는 감아걸기 전동장치(wrapping transmission gear)라 한다.

| 표 11-1 | 감아걸기 전동장치의 적용 범위

종 류		축간거리 (m)	속도비		속도(m/s)	
			보 통	최 대	보 통	최 대
평벨트		10 이하	1 : 1~6	1 : 15	10~30	50
V벨트		5 이하	1 : 1~7	1 : 10	10~18	25
로프(선, 마)		10~25	1 : 1~2	1 : 5	15~25	30
체인	롤러체인	4 이하	1 : 1~7	1 : 10	4 이하	10
	사일런트체인	4 이하	1 : 1~8	1 : 10	8 이하	10

11.1 평벨트 전동

가죽, 직물, 강판 등으로 만든 띠 모양의 벨트를 두 축 간에 걸어 마찰력으로 동력을 전달하는 장치로, 미끄럼이 존재하므로 기어 전동장치와 같이 확실한 동력을 전달할 수 없다.

11.1.1 평벨트

(1) 벨트의 종류

1) 가죽 벨트(leather belt)

보통 탄닌으로 처리한 소가죽을 사용하며 동력의 크기에 따라 두께를 다르게 하여 사용한다. 즉, 5 kW 이하의 동력에는 1겹 벨트(single ply belt)를 사용하고 더 큰 동력을 전달할 때는 2겹 벨트(double ply belt), 3겹 벨트(treble ply belt)를 사용한다. 벨트의 두께가 커지면 벨트를 작은 풀리에 걸기가 어려워지므로 벨트 풀리의 지름은 1겹 벨트에 대하여 60 mm 이상, 2겹 벨트는 200 mm, 3겹 벨트는 500 mm 이상의 것을 사용한다.

표 11-2와 표 11-3은 가죽 벨트의 기계적 성질과 표준 치수를 나타낸 표이다.

| 표 11-2 | 가죽 벨트의 기계적 성질

종 류	인장강도(kg/mm^2)	연신율(%)	허용응력(kg/mm^2)	탄성계수(kg/mm^2)
가죽 벨트 1급품	2.5 이상	16 이하	0.25 이상	10~15
가죽 벨트 2급품	2.0 이상	20 이하	0.20 이상	20~23

| 표 11-3 | 가죽 벨트의 표준 치수 (단위 : mm)

<table>
<tr><th colspan="3">1 겹 벨트</th><th colspan="3">2 겹 벨트</th><th colspan="3">3 겹 벨트</th></tr>
<tr><th>폭</th><th>허용차</th><th>두 께</th><th>폭</th><th>허용차</th><th>두 께</th><th>폭</th><th>허용차</th><th>두 께</th></tr>
<tr><td>25</td><td rowspan="5">±1.5</td><td rowspan="5">3 이상</td><td>51</td><td>±1.5</td><td rowspan="5">6 이상</td><td>203</td><td>±4.0</td><td rowspan="17">10 이상</td></tr>
<tr><td>32</td><td>63</td><td rowspan="4">±3.6</td><td>229</td><td rowspan="11">±5.0</td></tr>
<tr><td>38</td><td>76</td><td>254</td></tr>
<tr><td>44</td><td>89</td><td>279</td></tr>
<tr><td>51</td><td>102</td><td>305</td></tr>
<tr><td>57</td><td rowspan="8">±3.0</td><td rowspan="8">4 이상</td><td>114</td><td rowspan="8">±4.0</td><td rowspan="8">7 이상</td><td>330</td></tr>
<tr><td>63</td><td>127</td><td>356</td></tr>
<tr><td>70</td><td>140</td><td>381</td></tr>
<tr><td>76</td><td>152</td><td>406</td></tr>
<tr><td>83</td><td>165</td><td>432</td></tr>
<tr><td>89</td><td>178</td><td>457</td></tr>
<tr><td>95</td><td>191</td><td>483</td></tr>
<tr><td>102</td><td>203</td><td>508</td><td rowspan="5">±1.0 %</td></tr>
<tr><td>114</td><td rowspan="4">±4.0</td><td rowspan="4">5 이상</td><td>229</td><td rowspan="4">±5.0</td><td rowspan="4">8 이상</td><td>559</td></tr>
<tr><td>127</td><td>254</td><td>610</td></tr>
<tr><td>140</td><td>279</td><td>660</td></tr>
<tr><td>152</td><td>305</td><td>712</td></tr>
</table>

2) 직물 벨트(textile belt)

무명, 삼, 합성섬유의 직물로 이음매 없이 두껍게 짜서 만든 1겹 벨트와 얇은 직물을 겹친 것 등이 사용된다. 가장 많이 사용하는 벨트는 무명 벨트로, 값이 싸고 가죽 벨트보다 인장강도가 큰 특징이 있으나, 유연성이 나빠 풀리와의 접촉성이 좋지 않으므로 전동능력이 떨어진다. 직물 벨트는 매우 가볍기 때문에 고속회전에 적합하다.

|표 11-4| 직물 벨트의 기계적 성질

종 류	인장강도(kg/mm^2)	허용응력(kg/mm^2)
1겹 직물(무명)	4.5～6.0	0.2～0.25
겹친 직물(무명)	3.5～5.5	0.2～0.25

3) 고무 벨트(rubber belt)

직물 벨트에 고무를 입혀 만든 것으로, 유연하고 미끄럼이 적고, 가죽 벨트와 같이 습기 때문에 신축에 영향을 주지 않으나 기름이나 열에 약하므로 장시간 사용하면 손상된다는 큰 결점이 있다. 그러나 가격이 비교적 싸므로 많이 사용한다.

4) 강 벨트(steel belt)

압연한 박강판의 벨트로서, 두께 0.3～1.1 mm, 폭 15～200 mm인 벨트가 사용되며, 인장강도가 100 kg/mm^2, 허용응력은 25 kg/mm^2, 굽힘응력은 12.5 kg/mm^{2}이다. 따라서 타 벨트에 비해 대단히 강한 특징이 있으며 신장률도 작고 수명도 긴 편이나 마찰력이 적다는 것이 단점이다.

(2) 벨트의 이음방법

벨트의 이음방법은 그림 11-1과 같이 ⓐ 접착제로 압착하는 방법, ⓑ 가죽끈, 철사로 잇는 방법, ⓒ 벨트 레이싱(belt rasing), ⓕ 앨리게이터(alligator)와 같은 이음쇠를 사용하는 것이 있다. 이 중에서 아교 이음이 가장 많이 사용되며 2겹, 3겹 벨트 이음에서 이음부가 겹치지 않도록 주의하여야 한다.

벨트 설계에서는 벨트 재료 자체 강도를 기준으로 설계하는 것이 아니라 이음부의 강도를 기준으로 설계한다. 따라서 가죽 벨트의 이음효율은 접착제 이음 80～90 %, 철사 이음

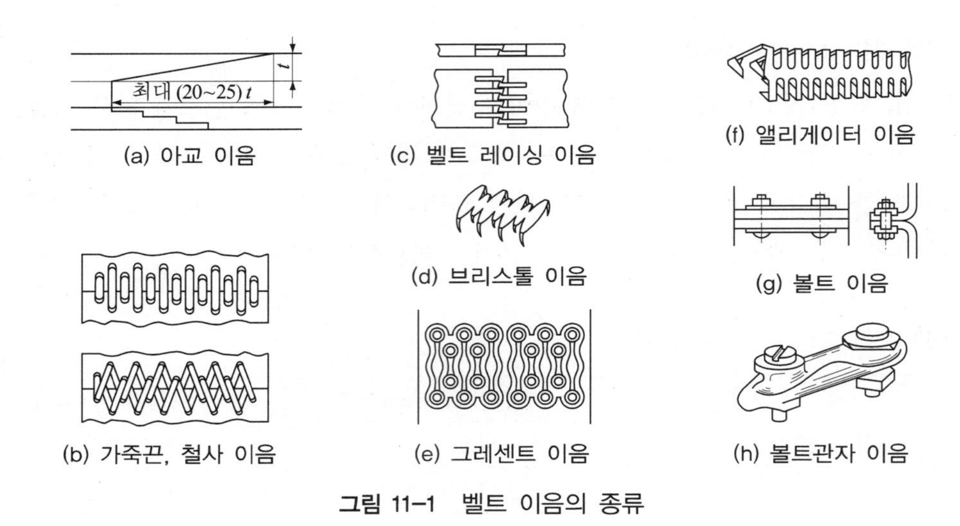

그림 11-1 벨트 이음의 종류

85~90 %, 가죽끈 이음 약 50 %, 이음쇠 이음 30~65 % 정도이다.

(3) 벨트 길이와 접촉각

벨트를 풀리에 감아거는 방법은 그림 11-2와 같이 평행걸기(open belting)와 엇걸기(cross belting)가 있다. 평행걸기는 풀리의 회전 방향이 같거나 비교적 짧은 축간거리에 사용하며, 엇걸기는 풀리의 회전 방향이 반대이며 큰 속비가 필요한 경우 또는 축간거리가 먼 경우에 사용한다.

그림 11-2와 같이 축간거리를 C, 원동 풀리가 A, 종동 풀리를 B, 풀리의 지름을 각각 D_1, D_2(mm), 벨트의 속도를 $v\,(\mathrm{m/s})$, 각 풀리의 회전속도를 n_1, n_2(rpm), 벨트의 두께를 t (mm)라 하면

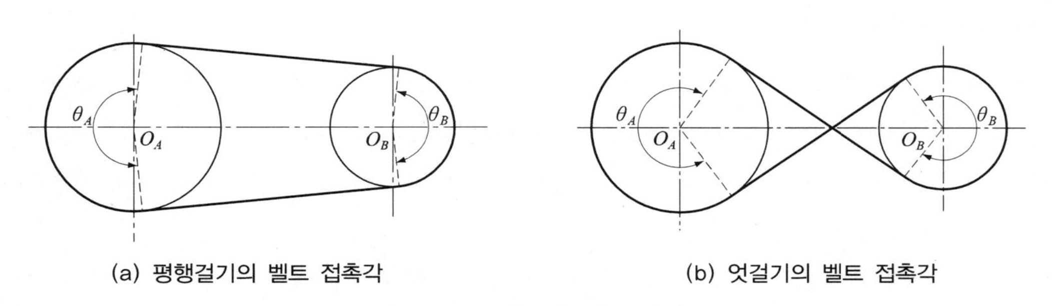

그림 11-2 벨트의 거는 방법

$$v = \frac{\pi D_1 n_1}{1000 \times 60} = \frac{\pi D_2 n_2}{1000 \times 60} \tag{11-1}$$

벨트와 풀리 사이에는 미끄럼이 있으므로 종동 풀리의 회전속도 n_2는 1~2 % 정도 감소한다.

$$i = \frac{n_2}{n_1} = \frac{D_1 + t}{D_2 + t} \fallingdotseq \frac{D_1}{D_2} \tag{11-2}$$

1) 벨트의 길이

그림 11-3에서 원동 풀리와 종동 풀리의 반지름을 R_1, R_2라 하면 보통 축간거리 C는 R_1 R_2에 비하여 크며 ϕ_1, ϕ_2는 매우 작다. 그러므로 $\sin\phi \fallingdotseq \phi$, $\phi = \frac{R_2 - R_1}{C}$이다. 따라서 벨트의 길이는 근사적으로 다음과 같이 표시한다.

• 평행걸기

$$\begin{aligned} L_0 &= 2C\left[1^2 - \left(\frac{R_2 - R_1}{C}\right)^2\right]^{\frac{1}{2}} + R_2(\pi + 2\phi) + R_1(\pi - 2\phi) \\ &= 2C\left[1 - \frac{1}{2}\left(\frac{R_2 - R_1}{C}\right)^2\right] + \pi(R_1 + R_2) + 2(R_2 - R_1)\phi \end{aligned}$$

이항정리에 의하여 2번째 항까지 정리하면 다음과 같다.

$$L_0 = 2C + \frac{\pi}{2}(D_1 + D_2) + \frac{(D_2 - D_1)^2}{4C} \tag{11-3}$$

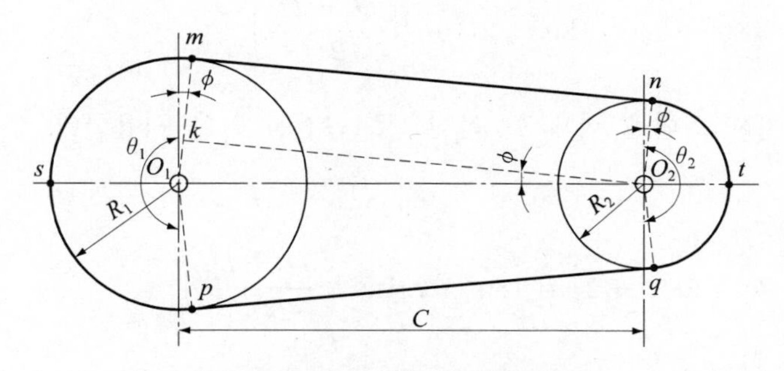

그림 11-3 평행걸기의 벨트 길이

• 엇걸기

$$L_C = 2C + \frac{\pi}{2}(D_1 + D_2) + \frac{(D_2 + D_1)^2}{4C} \tag{11-4}$$

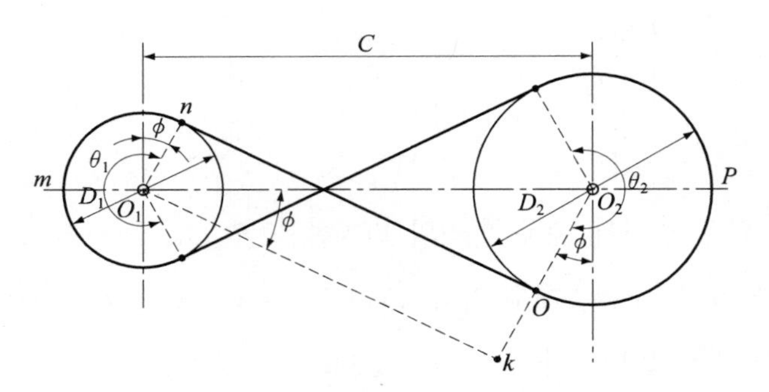

그림 11-4 엇걸기의 벨트 길이

2) 접촉각

접촉각(angle of contact)은 벨트와 풀리가 접촉한 중심각으로 미끄럼을 적게 하고, 큰 동력을 전달하려면 접촉각을 크게 하여야 한다. 엇걸기에서는 $\theta_1 = \theta_2$, 평행걸기에서는 $\theta_1 < \theta_2$로, 그 크기는 다음과 같다.

• 평행걸기

$$\theta_1 = 180° - 2\phi = 180° - 2\sin^{-1}\left(\frac{D_2 - D_1}{2C}\right)$$
$$\theta_2 = 180° + 2\phi = 180° + 2\sin^{-1}\left(\frac{D_2 - D_1}{2C}\right) \tag{11-5}$$

벨트 설계에서 미끄럼을 적게 할 목적으로 안전상 θ_1을 사용한다.

• 엇걸기

$$\theta_1 = \theta_2 = 180° + 2\phi = 180° + 2\sin^{-1}\left(\frac{D_2 + D_1}{2C}\right) \tag{11-6}$$

엇걸기에서는 평행걸기에 비해 접촉각이 크다. 그러나 벨트가 비틀린 상태에서는 서로 비벼 마멸되기 쉽다. 이 비틀림 정도는 벨트의 폭이 클수록, 축간거리가 짧을수록 심하므로, 축간거리는 벨트 폭의 20배 이상으로 하는 것이 바람직하다.

(4) 벨트의 장력 및 전달동력

1) 벨트의 장력

벨트와 풀리 사이에 적당한 마찰력을 얻으려면 벨트를 걸 때 장력을 주어야 하는데 이 장력을 초기장력(initial tension : T_0)이라 한다. 그림 11-5에서와 같이 미끄럼을 적게 하려면 중심선 위쪽이 이완 측, 중심선 아래쪽이 긴장 측이 되어야 하고, 원동 풀리는 반드시 작은 풀리가 되어야 한다. 즉 풀리가 화살표 방향으로 회전하면, 중심선 위쪽의 장력은 이완 측 장력(T_1), 중심선 아래쪽의 장력은 긴장 측 장력(T_2)이라 하며, $T_2 > T_0$, $T_1 < T_0$, $T_2 - T_1 = P_e$는 유효 장력이라 하며 유효 장력에 의해 풀리가 회전하게 된다.

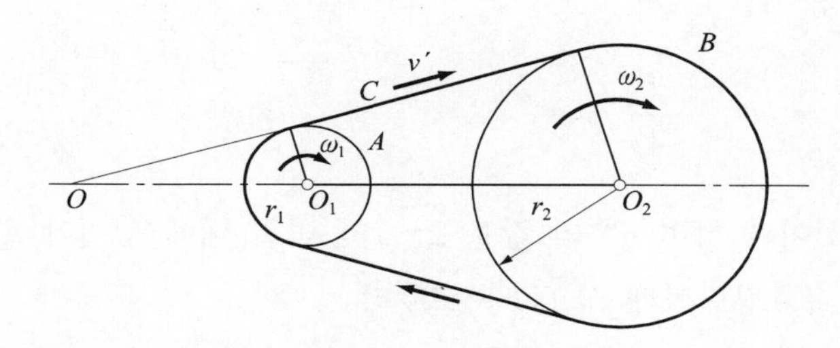

그림 11-5 감기 운동기구

벨트가 회전할 때 T_1, T_2를 구해본다. 그림 11-6에서 접촉 부분 중 미소 부분 $rd\theta$ 부분에 작용하는 힘의 평형을 생각한다. 장력은 미소 부분을 사이로 T에서 $T+dT$로 증가하고, 수직력 Qds와 마찰력 μQds가 작용한다.

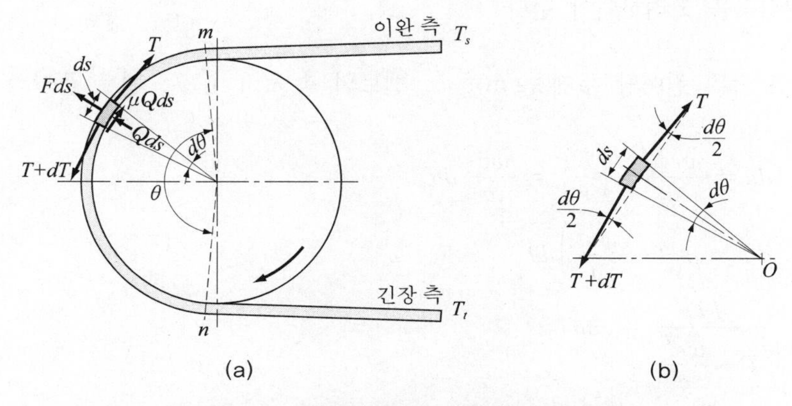

그림 11-6 벨트와 풀리 사이의 힘의 균형

반지름 방향의 평형 조건으로부터

$$Qds = T\sin\frac{d\theta}{2} + (T+dT)\sin\frac{d\theta}{2} \fallingdotseq Td\theta$$

$$\mu Qds = \mu Td\theta$$

마찰력에 의한 최소한의 전동 조건은

$$dT = \mu Td\theta \tag{11-7}$$

$$\frac{dT}{T} = \mu d\theta$$

$$\int_{T_1}^{T_2}\frac{dT}{T} = \mu\int_0^\theta d\theta$$

$$\log\frac{T_2}{T_1} = \mu\theta \qquad \frac{T_2}{T_1} = e^{\mu\theta} \tag{11-8}$$

위 식을 Eytelwein식이라 하며 $e^{\mu\theta}$의 값은 2~5의 범위 내에 있어야 한다.

$T_2 - T_1 = P_e$의 유효장력식과 식 (11-8)로부터

$$T_1 = \frac{P_e}{e^{\mu\theta}-1}$$

$$T_2 = \frac{e^{\mu\theta}P_e}{e^{\mu\theta}-1} \tag{11-9}$$

원심력이 작용하는 경우 벨트의 속도가 $v \geq 10$ m/s인 경우는 원심력의 영향을 무시할 수 없으므로 원심력을 고려하여야 한다.

w : 벨트의 단위 길이당 무게(kg/m), v : 벨트의 속도(m/s), r : 벨트 풀리의 반지름

$$ds = \frac{wrd\theta}{g}\cdot\left(\frac{v}{r}\right)^2 = \frac{wv^2}{g}d\theta$$

$$dT = \mu\left(T - \frac{wv^2}{g}\right)d\theta \tag{11-10}$$

$$\frac{dT}{T-\frac{wv^2}{g}} = \mu d\theta$$

$$\int_{T_1}^{T_2} \frac{dT}{T - \frac{wv^2}{g}} = \int_0^{\theta} \mu d\theta$$

$$\log \frac{T_2 - \frac{wv^2}{g}}{T_1 - \frac{wv^2}{g}} = \mu\theta$$

$$\frac{T_2 - \frac{wv^2}{g}}{T_1 - \frac{wv^2}{g}} = e^{\mu\theta} \quad (11\text{-}11)$$

$$T_1 = \frac{P_e}{e^{\mu\theta} - 1} + \frac{wv^2}{g}$$

$$T_2 = \frac{e^{\mu\theta} P_e}{e^{\mu\theta} - 1} + \frac{wv^2}{g} \quad (11\text{-}12)$$

표 11-5는 각종 벨트의 비중을 나타내며 비중을 알면 벨트의 단위 길이당 무게(kg/m)를 계산할 수 있다. 가죽 벨트의 경우 비중이 1이므로 b : 벨트의 폭(mm), t : 벨트의 두께(mm), $w \fallingdotseq 0.001bt$ (kg/m)이다.

|표 11-5| 벨트의 비중

벨트의 종류	비중
가죽 벨트	1.0
고무 벨트	1.2
직물 벨트	0.6
강 벨트	7.8

2) 전달동력

벨트의 유효장력 P_e(kg)을 받고 속도 v(m/s)로 전동될 때 전달동력 H(PS)

$$v \leq 10 \text{ m/s} \qquad H = \frac{P_e v}{75} = \frac{T_2 v}{75} \cdot \frac{e^{\mu\theta} - 1}{e^{\mu\theta}} \quad (11\text{-}13)$$

$$v \geq 10 \text{ m/s} \qquad H = \frac{P_e v}{75} = \frac{v}{75}\left(T_2 - \frac{wv^2}{g}\right) \cdot \frac{e^{\mu\theta} - 1}{e^{\mu\theta}} \quad (11\text{-}14)$$

|표 11-6| $\dfrac{(e^{\mu\theta}-1)}{e^{\mu\theta}}$ 의 값

μ	$\theta°$									
	90	100	110	120	130	140	150	160	170	180
0.15	0.210	0.230	0.250	0.270	0.288	0.307	0.325	0.342	0.359	0.376
0.20	0.270	0.295	0.319	0.342	0.364	0.386	0.408	0.428	0.448	0.467
0.25	0.325	0.354	0.381	0.407	0.432	0.457	0.480	0.503	0.524	0.524
0.30	0.376	0.408	0.439	0.467	0.494	0.520	0.544	0.567	0.590	0.610
0.35	0.423	0.457	0.489	0.520	0.548	0.575	0.600	0.624	0.646	0.667
0.40	0.476	0.502	0.536	0.567	0.597	0.624	0.649	0.673	0.695	0.715
0.45	0.507	0.544	0.579	0.610	0.640	0.667	0.692	0.715	0.737	0.757
0.50	0.549	0.582	0.617	0.649	0.678	0.705	0.730	0.752	0.773	0.792

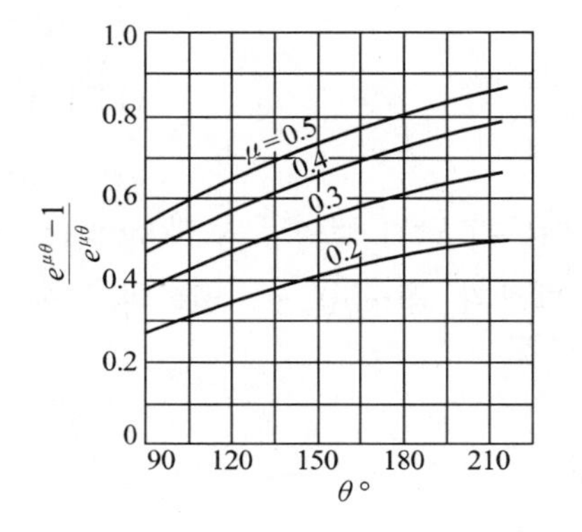

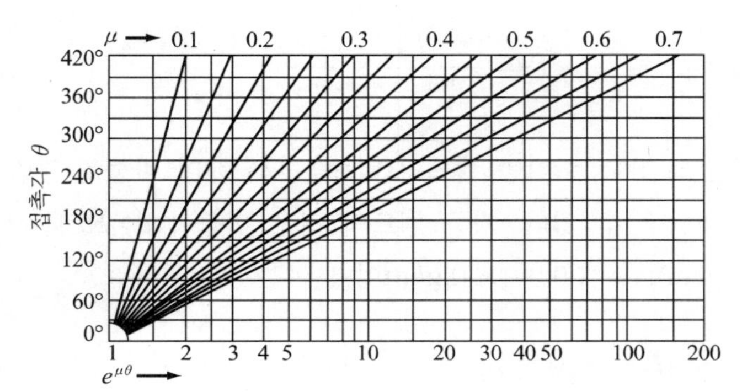

그림 11-7 μ 및 θ 값에 따른 $\dfrac{(e^{\mu\theta}-1)}{e^{\mu\theta}}$ 의 값

(5) 벨트의 응력

벨트는 전동 중 긴장 측 장력에 의하여 주로 인장응력을 받는다. 그러나 벨트의 두께와 풀리의 지름비의 크기에 따라 그 값은 다르지만 벨트가 풀리를 따라 굽혀지므로 굽힘응력도 받게 된다.

$$\sigma_t = \frac{T_2}{bt} \tag{11-15}$$

$$\sigma_b = 0.7E\frac{t}{D}\text{(굽힘응력으로 } t/D \text{ 값이 작으면 생략할 수 있다.)}$$

E : 탄성계수(신품 : $E = 10 \sim 15\ \text{kg/mm}^2$, 중고품 : $E = 20 \sim 23\ \text{kg/mm}^2$)

t : 벨트의 두께, D : 벨트 풀리의 지름, b : 벨트의 폭

벨트의 크기를 결정하기 위하여 내부에 생기는 허용응력 이하가 되도록 단면의 넓이를 결정하여야 한다.

$$bt = \frac{T_2}{\sigma\eta} \text{(여기서 } \eta \text{는 이음효율이다.)} \tag{11-16}$$

(6) 초기 장력

벨트 전동에 필요한 마찰을 얻기 위하여 벨트를 설치할 때 장력을 주어야 한다. 이를 초기 장력이라 하며 벨트의 크기를 이론 길이보다 약간 짧게 하여 걸면 초기 장력이 가해진다. 벨트가 탄성체라 보고 Hooke의 법칙을 적용하면

벨트의 길이를 짧게 하는 양

$$\triangle L = \frac{T_0 L}{btE} \tag{11-17}$$

동력을 전달할 때 벨트 신장량은 정지 시의 신장량과 같다는 가정 하에 초기 장력의 크기는 다음과 같이 풀이된다.

$$L\varepsilon_0 = \frac{L}{2}\varepsilon_1 + \frac{L}{2}\varepsilon_2$$

$$\varepsilon_0 = \frac{\varepsilon_1}{2} + \frac{\varepsilon_2}{2}$$

이 결과로 볼 때

$$T_0 = \frac{T_1 + T_2}{2} \tag{11-18}$$

벨트가 2차 포물선 형태로 변화된다고 생각하면

$$\sqrt{T_0} \fallingdotseq \frac{1}{2}(\sqrt{T_1} + \sqrt{T_2}) \tag{11-19}$$

보통 식 (11-18)을 많이 사용한다. 식 (11-18)에 식 (11-12)를 대입하면

$$T_0 = \frac{1}{2}\frac{e^{\mu\theta}+1}{e^{\mu\theta}-1}P_e + \frac{wv^2}{g} \tag{11-20}$$

평행걸기에 있어서 벨트 장력이 풀리 축 베어링에 미치는 힘은

$$Q \fallingdotseq T_1 + T_2 = 2T_0 = P_e \frac{e^{\mu\theta}+1}{e^{\mu\theta}-1} \tag{11-21}$$

풀리 축 전체에 Q가 작용하고 한쪽 베어링에는 $Q/2$가 작용한다.

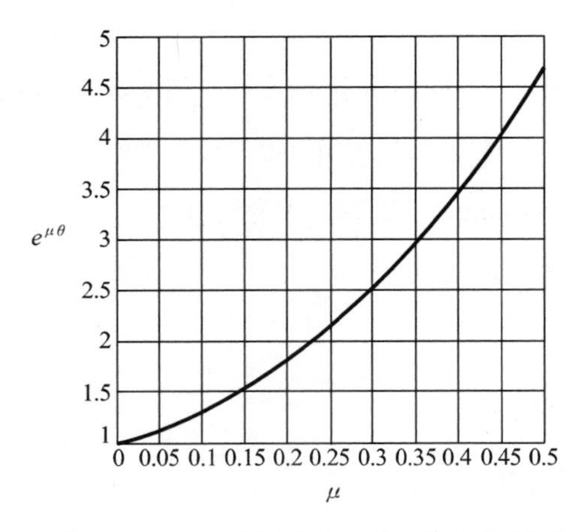

그림 11-8 $\theta=\pi$의 경우 θ와 $e^{\mu\theta}$와의 관계

| 표 11-7 | $e^{\mu\theta}$의 값

θ (rad)	μ (°)	0.10	0.20	0.25	0.30	0.40	0.50
π	180	1.37	1.87	2.19	2.57	3.51	4.81
$7\pi/6$	210	1.44	2.08	2.50	3.00	4.32	6.23
$8\pi/6$	240	1.52	2.31	2.85	3.51	5.34	8.08
1.5π	270	0.60	2.57	3.25	4.12	6.59	10.6
2π	360	1.87	3.51	4.81	6.58	12.3	23.1
3π	540	2.57	6.60	10.6	16.9	43.4	111.3
3.5π	630	3.0	9.0	15.6	27.0	81.3	244.1

예제 11-1 10 m/s의 속도로 4 PS의 동력을 전달하는 평벨트 전동장치가 있다. 긴장 측 장력 T_2가 이완 측 장력 T_1의 2배라 할 때 긴장 측 장력과 유효장력을 구하고, 1겹 벨트를 사용한다고 할 때 필요한 폭을 결정하라. 단, 허용응력 $\sigma_a = 25\ \mathrm{kg/cm^2}$, 이음효율은 80 %로 한다.

풀이 $v = 10$ m/s 이므로 원심력의 영향을 무시하면

$\dfrac{T_2}{T_1} = e^{\mu\theta}$, $T_2 = 2T_1$ 이므로

$$\frac{T_2}{T_1} = \frac{2T_1}{T_1} = e^{\mu\theta} = 2$$

$$P_e = \frac{75H}{v} = \frac{75 \times 4}{10} = 30 \text{ kg}$$

$$T_2 = \frac{e^{\mu\theta} P_e}{e^{\mu\theta} - 1} = \frac{2}{2-1} \times 30 = 60 \text{ kg}$$

$$bt = \frac{T_2}{\sigma_a \eta} = \frac{60}{0.25 \times 0.8} = 300 \text{ mm}^2$$

표 11-3에서 1겹 벨트인 경우 가장 안전한 것을 선택하면

$$bt = 76 \times 4 = 304 \text{ mm}^2$$

예제 11-2 벨트 전동장치에서 평행걸기, 가죽 벨트이고, 벨트 풀리는 주철제이다. 전달동력은 15 PS, 축간거리 $C = 5$ m, 원동 풀리의 회전속도 $n_1 = 800$ rpm, 풀리의 지름 $D_1 = 300$ mm, 종동 풀리의 회전속도 $n_2 = 250$ rpm, 탄성계수 $E = 15$ kg/mm^2, 마찰계수 $\mu = 0.2$, 이음효율 $\eta = 80$ %, 벨트의 허용 인장응력 $\sigma_a = 0.2$ kg/mm^{2}이다. 이 경우 벨트의 각부 치수와 초기 장력을 가한 실제 벨트의 길이를 구하라.

풀이

$$v = \frac{\pi D_1 n_1}{1000 \times 60} = \frac{\pi \times 300 \times 800}{1000 \times 60} = 13 \text{ m/s}$$

$v \geq 10$ m/s 이므로 원심력의 영향을 고려하여야 한다.

$$\frac{wv^2}{g} = \frac{0.001btv^2}{g} = \frac{0.001bt \times 13^2}{9.8} = 0.017bt\,(\text{kg})$$

종동 풀리의 지름

$$D_2 = D_1 \cdot \frac{n_1}{n_2} = 300 \times \frac{800}{250} = 960 \text{ mm}$$

접촉각은

$$\theta = 180° - 2 \times \sin^{-1}\left(\frac{D_2 - D_1}{2C}\right) = 180° - 2 \times \sin^{-1}\left(\frac{960 - 300}{2 \times 5000}\right)$$

$$= 180° - 2 \times 3.78° = 172.4°$$

$$e^{\mu\theta} = e^{0.2 \times 172.4° \times 0.017453} = 1.8253$$

유효장력

$$P_e = \frac{75H}{v} = \frac{75 \times 15}{13} = 86.5 \text{ kg}$$

긴장축 장력

$$T_2 = \frac{e^{\mu\theta}}{e^{\mu\theta} - 1} \times P_e + \frac{wv^2}{g} = \frac{1.8253 \times 86.5}{0.8253} + 0.017bt$$

$$= 191.3 + 0.017bt$$

$$T_2 = \sigma_a bt\eta = 0.2 \times bt \times 0.8 = 0.16bt$$

위 2개의 식에서 $bt = \dfrac{191.3}{0.143} = 1337.7 \text{ mm}^2$이나 표 11-3에서 2겹 벨트의 경우 $bt = 191 \times 8 = 1528\,(\text{mm}^2)$를 사용하면 충분하다.

$$T_2 = \frac{e^{\mu\theta}}{e^{\mu\theta} - 1} P_e + \frac{wv^2}{g} = \frac{1.8253 \times 86.5}{0.8253} + 1528 \times 0.017 = 217.3 \text{ kg}$$

$$T_1 = \frac{P_e}{e^{\mu\theta} - 1} + \frac{wv^2}{g} = \frac{86.5}{0.8253} + 1528 \times 0.017 = 130.78 \text{ kg}$$

$$T_0 = \frac{T_1 + T_2}{2} = \frac{217.3 \times 130.78}{2} = 174.04 \text{ kg}$$

$$L_0 = 2C + \frac{\pi}{2}(D_1 + D_2) + \frac{(D_2 - D_1)^2}{4C}$$

$$= 2 \times 5000 + \frac{\pi}{2}(300 + 960) + \frac{(960 - 300)^2}{4 \times 5000} = 11999.98 \text{ mm}^2$$

$$\triangle L = \frac{T_0 L_0}{AE} = \frac{174.04 \times 11999.98}{1528 \times 15} = 91.12 \text{ mm}$$

실제 벨트 길이는

$$L = L_0 - \triangle L = 11999.98 - 91.12 = 11908.86 \text{ mm}$$

11.1.2 벨트 풀리(belt pulley)

평벨트 풀리는 보통 주철제이나, 고속용으로는 경합금 강판제, 목제 등이 있다. 주철제 벨트 풀리는 림(rim), 보스(boss), 암(arm)으로 구성되어 있으며 소형인 경우에는 일체형으로 만드나 대형인 경우에는 분할형으로 만들기도 한다. 바깥 둘레면의 모양은 그림 11-9에서 3형, 4형과 같이 평탄형도 있으나, 벨트가 벗겨지지 않도록 1형, 2형과 같이 가운데를 일정량의 높임(crown)을 둔 풀리가 있다. KS B1402에서 규정한 바와 같이 풀리의 각부 치수는 그림 11-9와 같다.

(1) 림에 대하여

림의 폭: $B = 1.1b + 10$ mm

림의 두께: $S = \dfrac{D}{200} + 2$ mm(평면의 경우)

$S = \dfrac{D}{300} + 2$ mm(최소 3 mm) - 크라운이 있는 경우

크라운 높이: $h = \left(\dfrac{1}{50} \sim \dfrac{1}{100}\right)B$

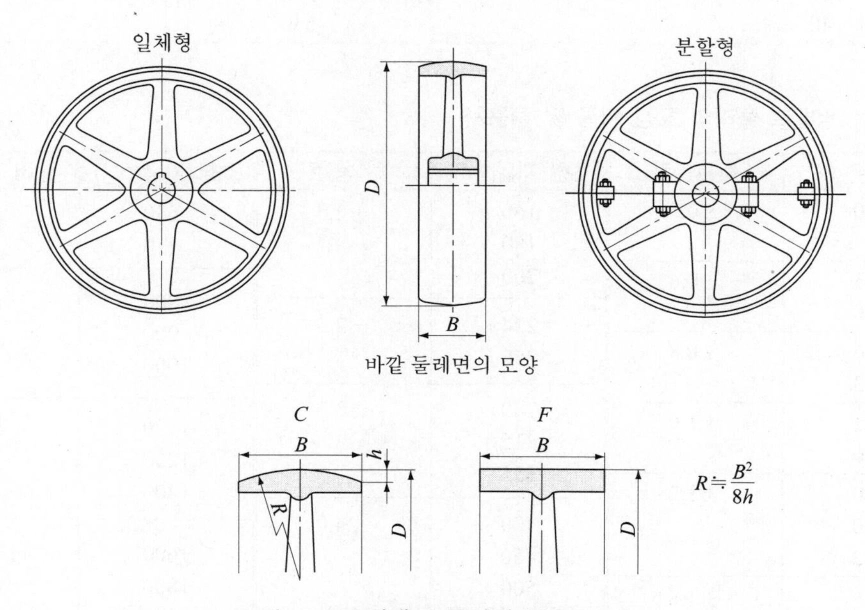

그림 11-9 평벨트 풀리의 구조 보기

크라운 h를 KS에서 표 11-10과 같이 규정하고 있다. 고속회전을 하는 벨트 풀리에서 원심력 때문에 림에 인장응력이 생긴다. 그 크기 σ_t (kg/cm^2)은 림을 간단한 원링이라 생각하고 림 재료의 단위 부피마다의 무게를 γ(kg/cm^3), 림의 원주속도 v(m/s), $g = 9.8$ m/s^2 라고 하면

$$\sigma_t = 100\gamma \frac{v^2}{g} \ (\text{kg/cm}^2) \tag{11-22}$$

| 표 11-8 | 평벨트 풀리의 호칭 폭 및 허용차

(단위 : mm)

호칭 폭 (B)	허 용 차	호칭 폭 (B)	허 용 차
20 25 32 40 50 63 71	±1	160 180 200 224 250 280	±2
80 90 100 112 125 140	±1.5	315 355 400 450 500 560 630	±3

| 표 11-9 | 평벨트 풀리의 호칭 지름 및 허용차

(단위 : mm)

호칭 지름 (D)	허 용 차	호칭 지름 (D)	허 용 차	호칭 지름 (D)	허 용 차
40	±0.5	160 180 200	±2.0	630 710	±5.0
45 50	±0.6	224 250	±2.5	800 900 1000	±6.3
56 63	±0.8	280 315 355	±3.2	1120 1250 1400	±8.0
71 80	±1.0	400 450 500	±4.0	1600 1800 2000	±10.0
90 100 112	±1.2	560	±5.0		
125 140	±1.6				

|표 11-10| 크라운

a) 평벨트 풀리의 호칭 지름(40~355 mm까지)

(단위 : mm)

호칭 지름 (D)	크 라 운 (h)*	호칭 지름 (D)	크 라 운 (h)*
40~112	0.3	200, 224	0.6
125, 140	0.4	250, 280	0.8
160, 180	0.5	315, 355	1.0

b) 평벨트 풀리의 호칭 지름(400 mm 이상)

(단위 : mm)

호칭 폭 (B)	125 이하	140 160	180 200	224 250	280 315	355	400 이상
호칭 지름 (D)	크라운 (h)*						
400	1	1.2	1.2	1.2	1.2	1.2	1.2
450	1	1.2	1.2	1.2	1.2	1.2	1.2
500	1	1.5	1.5	1.5	1.5	1.5	1.5
560	1	1.5	1.5	1.5	1.5	1.5	1.5
630	1	1.5	2	2	2	2	2
710	1	1.5	2	2	2	2	2
800	1	1.5	2	2.5	2.5	2.5	2.5
900	1	1.5	2	2.5	2.5	2.5	2.5
1000	1	1.5	2	2.5	3	3	3
1120	1.2	1.5	2	2.5	3	3	3.5
1250	1.2	1.5	2	2.5	3	3.5	4
1400	1.5	2	2.5	3	3.5	4	4
1600	1.5	2	2.5	3	3.5	4	5
1800	2	2.5	3	3.5	4	5	5
2000	2	2.5	3	3.5	4	5	6

주 (*) 수직축에 쓰이는 평벨트 풀리의 크라운은 위 표보다 크게 하는 것이 좋다.

(2) 보스에 대하여

- 보스의 길이 : $L = B[B = (1.2 \sim 1.5)d$ 의 경우]

  $L = 0.7B[B > 1.5d$ 의 경우]

  $L_1 = (0.4 \sim 0.5)d$ (보스가 긴 경우 내부 중앙부에 홈을 판다.)

- 보스의 바깥지름 : $d_b = \dfrac{5}{3}d + 10\ \text{mm}$

(3) 암에 대하여

암은 주조응력에 의한 변형을 고려하여 곡선형으로 하기도 하였으나, 원심력에 의한 굽힘작용이 크므로 최근에는 직선형으로 사용하고 있다.

암의 수 $n = \left(\dfrac{1}{3} \sim \dfrac{1}{6}\right)\sqrt{D}$ 이며, 그 수는 표 11-11과 같다. 암의 크기는 보스에 고정된 암을 외팔보로 보고, 그림 11-10에서 모멘트를 $\dfrac{n}{3}$ 개의 암으로 지지한다고 가정하여 계산한다.

| 표 11-11 | 암의 수

벨트 풀리의 지름(mm)	암의 수
100 이하	원판
100～200	3, 4
200～400	4, 5, 6
400 이상	6, 8, 12

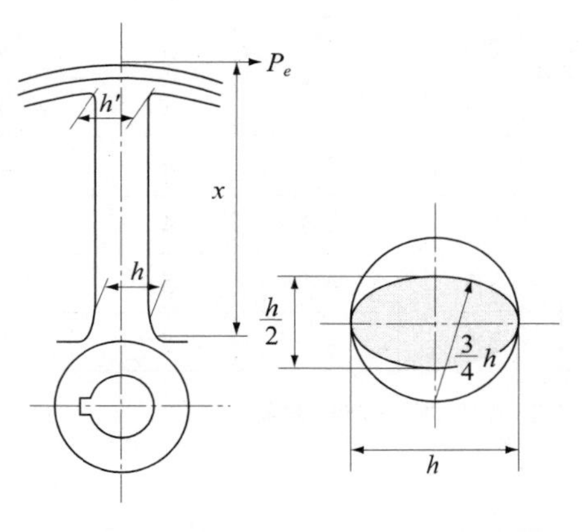

(a) 암의 단면계산　　(b) 암의 단면

그림 11-10

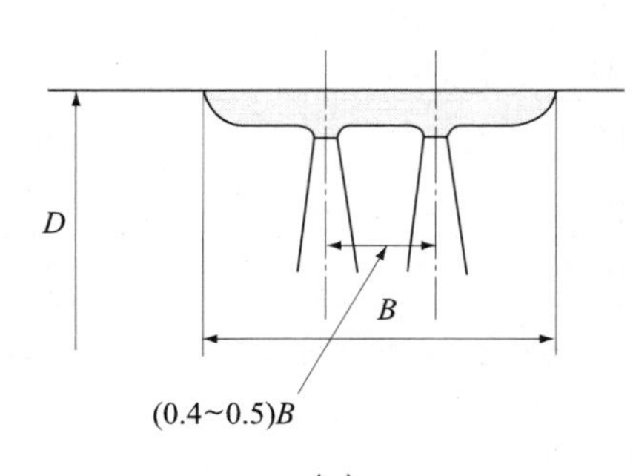

(c)

그림 11-11 2줄 암

P_e : 유효장력(kg)

x : 보스의 접촉부에서 외주까지의 거리(mm)

σ_b : 허용 굽힘응력(kg/mm^2), 주철의 경우 1.5~3(kg/mm^2)

Z : 암의 단면계수(mm^2)

타원의 단면계수 $Z = \dfrac{\pi h^3}{64}$(타원의 단면의 넓이는 진원의 1/2이므로)

$$M = P_e x = \frac{n}{3}\sigma_b \frac{\pi h^3}{64}$$

$$h = \sqrt[3]{\frac{192 P_e x}{\pi n \sigma_b}} \tag{11-23}$$

림의 접촉부의 암의 폭(긴 지름)을 h'라고 하면 암은 $h : h' = 5 : 4$의 테이퍼로 한다.

벨트 풀리 폭이 작은 것은 암을 1줄로 하지만 $B > 0.1D + 250$ mm 또는 $B > 400$ mm 이면 암은 2줄로 한다.

11.2 단차(stepped pulley)

속도비를 단계적으로 변화시키는 장치로 원추 풀리를 이용할 수 있다. 원추 풀리를 사용하면 연속적으로 속도비를 바꿔주는 이점이 있다.

그러나 벨트는 풀리의 지름이 큰 쪽으로 올라가는 경향이 있으므로 벨트가 손상되기 쉽기 때문에 이것을 방지하는 장치가 필요하다. 벨트폭이 크면 벨트 가장자리 부분에는 풀리와 미끄럼이 발생하므로 큰 동력전달에 부적당하여 일반적으로 많이 사용하지 않는다.

이 결함을 보완하기 위하여 지름이 다른 몇 개의 풀리를 조합하여 회전수를 단계적으로 변화시킬 수 있는 장치를 사용하는데, 이를 단차(stepped pulley)라 부른다.

피동축 각단의 회전 속도열은 등차 속도열, 대수 속도열, 등비 속도열을 사용할 수 있는데, 속도변화율이 일정한 등비 속도열을 일반적으로 많이 이용한다.

- $D_1, D_2 \cdots\cdots, D_n$: 원동측의 각단 지름
- $d_1, d_2 \cdots\cdots, d_n$: 종동측의 각단 지름

- n_1, n_2 ⋯⋯, n_n : 종동측의 각단의 회전속도(rpm)
- N: 원동측의 회전속도(rpm)

종동측의 회전속도를 등비 수열로 배열하여 그 공비를 ϕ라 하면

$$\phi = \frac{n_2}{n_1} = \frac{n_3}{n_2} = \frac{n_4}{n_3} = \cdots\cdots = \frac{n_n}{n_{n-1}}$$

$$n_2 = \phi n_1,\ n_3 = \phi n_2 = \phi^2 n_1,\ \cdots,\ n_n = \phi n_{n-1} = \phi^{n-1} n_1$$

$$\phi = \sqrt[n-1]{\frac{n_n}{n_1}} \tag{11-24}$$

따라서 공비 ϕ는 종동축의 최소, 최대 회전속도와 단수 n으로부터 구할 수 있다.

$$\frac{n_1}{N} = \frac{D_1}{d_1},\ \frac{n_2}{N} = \frac{D_2}{d_2},\ \cdots\cdots\ \frac{n_n}{N} = \frac{D_n}{d_n}$$

$$\frac{n_2}{N} = \phi\frac{n_1}{N},\ \frac{n_3}{N} = \phi^2\frac{n_1}{N},\ \cdots\cdots\ \frac{n_n}{N} = \phi^{n-1}\frac{n_1}{N}\ \text{이므로}$$

$$D_n = \phi^{n-1}\frac{D_1}{d_1}d_n \tag{11-25}$$

십자걸기의 경우에는

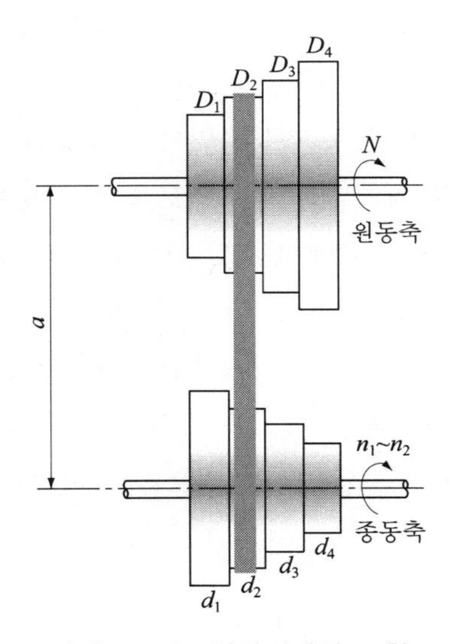

그림 11-12 단차끼리의 조합

$$D_1 + d_1 = D_2 + d_2 = D_3 + d_3 = \cdots\cdots\ D_n + d_n \tag{11-26}$$

식 (11-25)와 식 (11-26)으로부터

$$d_n = \frac{D_1 + d_1}{1 + \phi^{n-1}\dfrac{D_1}{d_1}}$$

$$D_n = D_1 + d_1 - d_n \tag{11-27}$$

따라서 1단의 벨트 풀리의 지름과 공비를 알면 각단의 벨트 풀리의 지름을 구할 수 있다.

예제 11-3 축간거리가 1.8 m이고, 원동축의 회전속도가 120 rpm, 종동축의 회전속도가 최고 300 rpm, 최저 60 rpm이 되도록 단차를 평행걸기에 대하여 각각 설계하라. 단, 원동단차 중의 최소 풀리의 지름을 100 mm으로 하고, 최고 $\frac{1}{2}$ PS의 동력을 전달하는 것으로 한다.

풀이 평행걸기의 경우 공비를 구하면

$$\phi = \sqrt[n-1]{\frac{n_4}{n_1}} = \sqrt[4-1]{\frac{300}{60}} = 1.71$$

그러므로 회전속도 $n_1 \sim n_4$는

$$n_1 = 60\ \text{rpm},\ \ n_2 = \phi n_1 = 1.71 \times 60 = 102.6\,(\text{rpm})$$

$$n_3 = \phi^2 n_1 = 1.71^2 \times 60 = 175.4\,(\text{rpm})$$

$$n_4 = \phi^3 n_1 = 1.71^3 \times 60 = 300\,(\text{rpm})$$

그림 11-12에서 벨트가 $D_1 \sim d_1$에 걸려 있을 때 속도비가 최대로 되므로, D_1을 최소로 하면 된다. $D_1 = 100$ mm 이므로

$$d_1 = D_1 \frac{N}{n_1} = 100 \times \frac{120}{60} = 200\,(\text{mm})$$

벨트 길이 L은

$$L = 2 \times 1800 + \frac{\pi}{2}(100 + 200) + \frac{(200 - 100)^2}{4 \times 1800} = 4072.4\,(\text{mm})$$

2단 풀리의 지름은

$$\frac{D_2}{d_2} = \frac{n_2}{N} = \frac{102.6}{120} \tag{1}$$

$$4072.4 = 2 \times 1800 + \frac{\pi}{2}(D_2 + d_2) + \frac{(d_2 - D_2)^2}{4 \times 1800} \tag{2}$$

식 (1), (2)를 연립하면

$$D_2 = 138.7 \text{ mm}, \ d_2 = 162.2 \text{ mm}$$

3단 풀리의 지름은

$$\frac{D_3}{d_3} = \frac{n_3}{N} = \frac{175.4}{120} \tag{3}$$

$$4072.4 = 2 \times 1800 + \frac{\pi}{2}(D_3 + d_3) + \frac{(d_3 - D_3)^2}{4 \times 1800} \tag{4}$$

(3), (4)로부터

$$D_3 = 178.5 \text{ mm}, \ d_3 = 122.1 \text{ mm}$$

4단 풀리의 지름은

$$\frac{D_4}{d_4} = \frac{n_4}{N} = \frac{300}{120} \tag{5}$$

$$4072.4 = 2 \times 1800 + \frac{\pi}{2}(D_4 + d_4) + \frac{(d_4 - D_4)^2}{4 \times 1800} \tag{6}$$

(4), (5)로부터 $D_4 = 214.3$ mm, $d_4 = 85.7$ mm을 얻는다.

접촉각

$$\theta = 180° - 2\sin^{-1}\frac{20 - 10}{2 \times 1800} = 180° - 2\sin^{-1}0.028$$

$$= 180° - 2 \times 1.5° = 177°$$

11.3 V벨트 전동

단면이 사다리꼴인 고무 벨트로 풀리의 V형 홈에 끼워져 쐐기작용으로 발생한 큰 마찰력으로 동력을 전달하는 장치이다.

벨트가 풀리의 둘레를 따라 굽을 때 벨트의 안쪽의 폭이 넓어지므로 사면에 더욱 밀착하기 때문에 큰 마찰력을 얻을 수 있다. 접촉각이 작더라도 미끄럼이 생기지 않으므로 축간거리가 짧고 속비가 큰 경우에 사용된다. 이음매가 없으므로 정숙한 운전을 할 수 있고 충격을 완화할 수 있으며, 초기 장력이 작아 베어링에 가해지는 힘이 작아지는 특징이 있다.

11.3.1 구조

V벨트를 풀리에 걸 때 바깥쪽은 늘어나고 안쪽은 줄어들기 때문에 이 부분은 고무층으로 한다. 신축이 없는 중앙 부분은 신장이 적은 심체를 사용하고 외피는 고무를 입힌 면포(綿布)를 사용한다.

중앙 부분은 항장체(抗張體)로서 동력 전달의 주체를 이루는 부분으로 강력인견(强力人絹)로프 합성섬유(合成纖維)로프를 그림 11-13과 같이 사용하고 있다.

항장체가 여러층인 경우는 다층식이라 하고 굵은 항장체가 한 줄로 되어 있는 경우는 단층식이라 하는데, 단층식은 굴곡성이 좋고 신장이 적으므로 축간거리가 짧은 기계, 고속 회전충격이 적은 연속 운전용으로 사용하고 있다. 다층식은 강력 인견 코드를 사용하며 인장강도가 크고 탄성도 있으므로 동력이 큰 기계의 충격을 수반하는 기계에 이용된다.

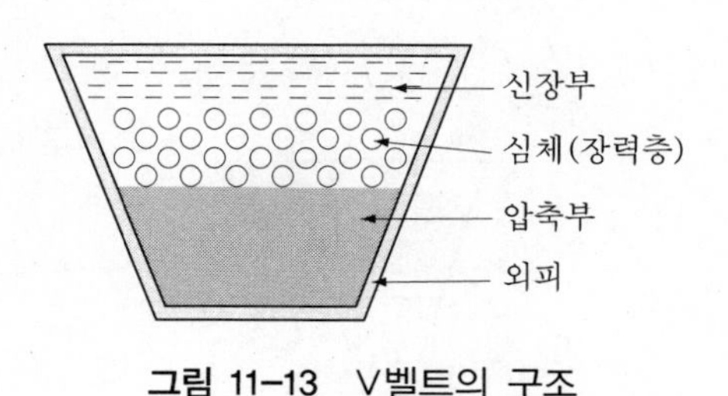

그림 11-13 V벨트의 구조

11.3.2 종류 및 치수

V벨트의 종류는 KS 규격에서 M, A, B, C, D, E형의 6종류가 규정되어 있으며 동력전달용으로 M형을 제외한 5종류가 주로 사용된다. 표 11-12는 각종 V벨트의 치수와 강도를 표시한 것이다.

V벨트는 이음매가 없으므로 길이를 조절할 수가 없어 표준 치수로 여러 가지 길이의 것이 규정되어 있다. V벨트 길이는 두께의 중앙부를 통과하는 원주길이(유효 둘레길이)로 표시하며 표 11-15와 같다. 표에서 호칭번호는 유효 둘레길이를 인치로 표시한 것이다.

11.3.3 V벨트 풀리(V-belt pulley or sheave)

V벨트 풀리는 평벨트 풀리 림면에 홈이 파인 것 이외는 평벨트 풀리와 같다. 일반적으로 재료는 주철제이나 고속용으로는 주강을 사용하기도 한다. V벨트의 각은 설계 시 안전을

| 표 11-12 | V벨트의 치수 및 강도

형별	b_t (mm)	h (mm)	인장강도(kg)	허용장력(kg)	단면의 넓이(mm^2)
M	10.0	5.5	100 이상	10	–
A	12.5	9.0	180 이상	18	83
B	16.5	11.0	300 이상	30	137.5
C	22.0	14.0	500 이상	50	236.7
D	31.5	19.0	1000 이상	100	467.1
E	38.0	25.5	1500 이상	150	732.3

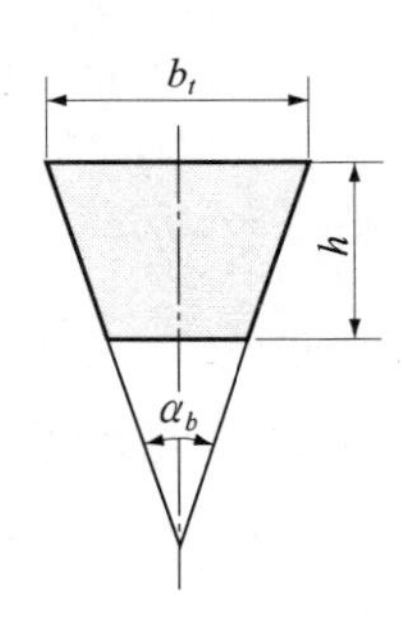

V 벨트의 단면 치수

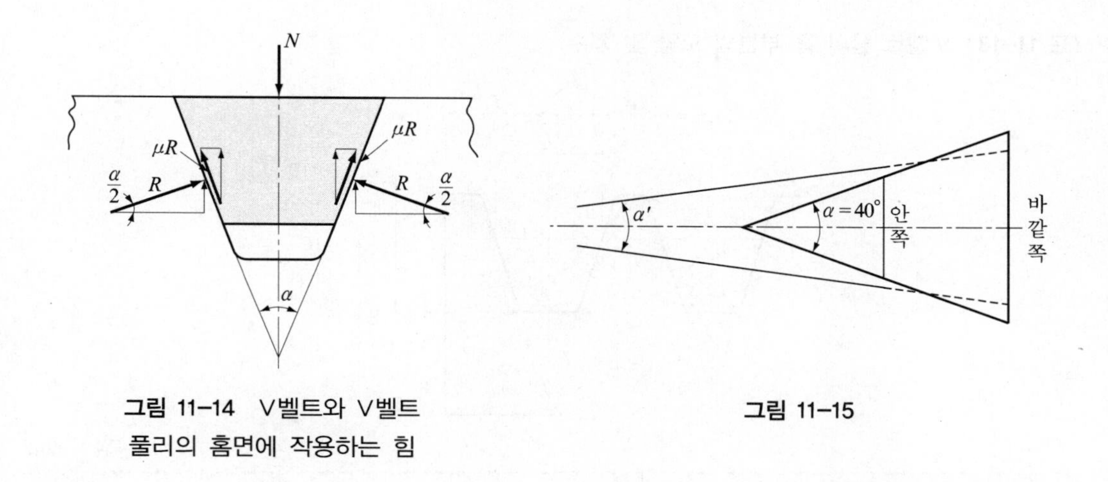

그림 11-14 V벨트와 V벨트 풀리의 홈면에 작용하는 힘

그림 11-15

고려하여 40°로 모두 규정하여 설계치로 사용하고 있으나, 그림 11-15에서 보는 바와 같이 V벨트가 풀리의 홈을 따라 굽으면 바깥쪽은 폭이 좁아지고 안쪽은 폭이 늘어나서 양측면이 이루는 벨트의 각 α'는 40°보다 작아지므로 접촉부의 압력이 불균일하게 되어 벨트가 손상되기 쉽다. 전동효율에 영향을 주므로 V벨트 풀리 홈의 측면은 매끈하게 다듬질 되어야 한다. V벨트 풀리는 지름의 크기에 따라 벨트의 변형상태가 달라지므로 지름에 대응하여 V벨트 풀리 홈의 각을 작게 하여야 한다. 표 11-13은 V벨트 풀리의 모양과 치수를 표시한 것이다.

V벨트 풀리 홈의 각은 V벨트의 자립조건을 고려하여 주철제 풀리의 경우 35~39°를 사용한다. 자립조건은 다음과 같이 표시한다.

그림 11-14에서 자립조건은

$$2\mu R\cos\frac{\alpha}{2} \ge 2R\sin\frac{\alpha}{2}$$

$$\mu \ge \frac{\sin\frac{\alpha}{2}}{\cos\frac{\alpha}{2}} = \tan\frac{\alpha}{2}$$

$\alpha = 39°$, $\alpha = 36°$, $\alpha = 35°$의 경우 $\tan\frac{\alpha}{2}$의 값은 (=0.354, 0.324, 0.32)이고 주철제의 마찰계수 $\mu = (0.3 \sim 0.4)$이므로 표 11-13의 홈의 각은 안전하다.

| 표 11-13 | V벨트 풀리 홈 부분의 모양 및 치수

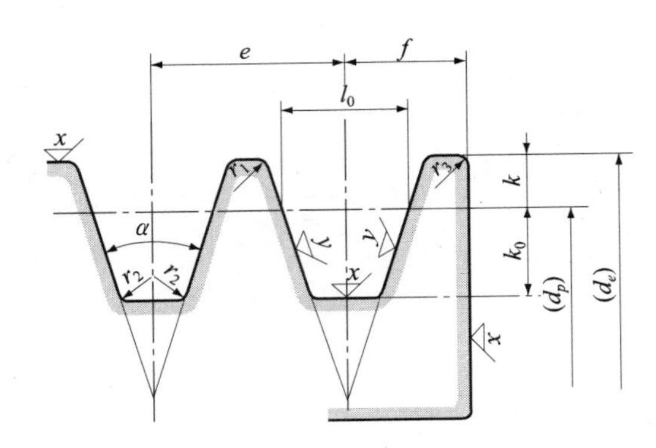

(단위 : mm)

벨트의 종류	호칭 지름	$\alpha(°)$	l_0	k	k_0	e	f	r_1	r_2	r_3	V벨트의 두께(참고)
M	50 이상 71 이하 71 초과 90 이하 90 초과	34 36 38	8.0	2.7	6.3	—[(1)]	9.5	0.2~ 0.5	0.5~ 1.0	1~2	5.5
A	71 이상 100 이하 100 초과 125 이하 125 초과	34 36 38	9.2	4.5	8.0	15.0	10.0	0.2~ 0.5	0.5~ 1.0	1~2	9
B	125 이상 169 이하 169 초과 200 이하 200 초과	34 36 38	12.5	5.5	9.5	19.0	12.5	0.2~ 0.5	0.5~ 1.0	1~2	11
C	200 이상 250 이하 250 초과 315 이하 315 초과	34 36 38	16.9	7.0	12.0	25.5	17.0	0.2~ 0.5	1.0~ 1.6	2~3	14
D	355 이상 450 이하 450 초과	36 38	24.6	9.5	15.5	37.0	24.0	0.2~ 0.5	1.6~ 2.0	3~4	19
E	500 이상 630 이하 630 초과	36 38	28.7	12.7	19.3	44.5	29.0	0.2~ 0.5	1.6~ 2.0	4~5	25.5

주 (1) M형은 원칙적으로 한 줄만 걸친다.

11.3.4 전달동력

V벨트와 V벨트 풀리는 쐐기작용에 의해 끼워진다. 벨트의 장력에 의하여 벨트를 홈 속으로 밀어붙이는 힘을 N이라 하면, 그림 11-14와 같이 힘은 작용하게 된다.

|표 11-14| $\mu' = \dfrac{\mu}{\sin\dfrac{\alpha}{2} + \mu\cos\dfrac{\alpha}{2}}$ 의 값

α(°)	μ				
	0.20	0.25	0.30	0.35	0.40
34	0.41	0.47	0.52	0.56	0.59
35	0.41	0.46	0.51	0.55	0.59
36	0.40	0.46	0.50	0.55	0.58
37	0.39	0.45	0.50	0.54	0.57
38	0.39	0.44	0.49	0.53	0.57
39	0.38	0.44	0.49	0.53	0.56
40	0.38	0.43	0.48	0.52	0.56

$$R = \frac{N}{2\left(\sin\dfrac{\alpha}{2} + \mu\cos\dfrac{\alpha}{2}\right)}$$

$$P_e = 2\mu R = \frac{\mu}{\sin\dfrac{\alpha}{2} + \mu\cos\dfrac{\alpha}{2}} N = \mu' N$$

$$\mu' = \frac{\mu}{\sin\dfrac{\alpha}{2} + \mu\cos\dfrac{\alpha}{2}}$$

V벨트 전동에서 모든 계산식은 μ 대신 μ'를 사용하게 된다.

V벨트 전동에서 전달동력 H(PS)는 V벨트의 개수를 z라 할 때

$$H = \frac{z T_2 v}{75} \cdot \frac{e^{\mu\theta} - 1}{e^{\mu\theta}} \tag{11-28}$$

원심력을 고려할 때

$$H = \frac{zv}{75}\left(T_2 - \frac{wv^2}{g}\right) \cdot \frac{e^{\mu\theta} - 1}{e^{\mu\theta}} \tag{11-29}$$

|표 11-15| V벨트의 유효 둘레길이

호칭 번호	길이(유효둘레)					허용차	호칭 번호	길이(유효둘레)					허용차
	A	B	C	D	E			A	B	C	D	E	
17	432	–	–	–	–	±13	53	1346	1346	–	–	–	±24
18	457	–	–	–	–	±13	54	1372	1372	1372	–	–	±24
19	483	–	–	–	–	±13	55	1397	1397	1397	–	–	±24
20	508	–	–	–	–	±16	56	1422	1422	–	–	–	±24
21	533	–	–	–	–	±16	57	1448	1448	–	–	–	±24
22	560	–	–	–	–	±16	58	1473	1473	1473	–	–	±24
23	584	–	–	–	–	±16	59	1499	1499	–	–	–	±24
24	610	–	–	–	–	±18	60	1524	1524	1524	–	–	±24
25	635	635	–	–	–	±18	61	1549	1549	–	–	–	±24
26	660	660	–	–	–	±18	62	1575	1575	1575	–	–	±24
27	686	686	–	–	–	±18	63	1600	1600	–	–	–	±24
28	711	711	–	–	–	±18	64	1626	1626	–	–	–	±24
29	737	737	–	–	–	±18	65	1651	1651	1651	–	–	±24
30	762	762	–	–	–	±20	66	1676	1676	–	–	–	±24
31	787	787	–	–	–	±20	67	1702	1702	–	–	–	±24
32	813	813	–	–	–	±20	68	1727	1727	1727	–	–	±24
33	838	838	–	–	–	±20	69	1753	1753	–	–	–	±24
34	864	864	–	–	–	±20	70	1778	1778	1778	–	–	±24
35	889	889	–	–	–	±20	71	1803	1803	–	–	–	±24
36	914	914	–	–	–	±22	72	1829	1829	1829	–	–	±24
37	940	940	–	–	–	±22	73	1854	1854	–	–	–	±24
38	965	965	–	–	–	±22	74	1880	1880	–	–	–	±24
39	991	991	–	–	–	±22	75	1905	1905	1905	–	–	±26
40	1016	1016	1016	–	–	±22	76	1930	1930	–	–	–	±26
41	1041	1041	–	–	–	±22	77	1956	1956	–	–	–	±26
42	1067	1067	1067	–	–	±22	78	1981	1981	1981	–	–	±26
43	1092	1092	–	–	–	±22	79	2007	2007	–	–	–	±26
44	1118	1118	–	–	–	±22	80	2032	2032	2032	–	–	±26
45	1143	1143	1143	–	–	±22	81	2057	2057	–	–	–	±26
46	1168	1168	–	–	–	±22	82	2083	2083	2083	–	–	±26
47	1194	1191	–	–	–	±22	83	2108	2108	–	–	–	±26
48	1219	1219	1219	–	–	±24	84	2134	2134	–	–	–	±26
49	1245	1245	–	–	–	±24	85	2159	2159	2159	–	–	±26
50	1270	1270	1270	–	–	±24	86	2184	2184	–	–	–	±26
51	1295	1295	–	–	–	±24	87	2210	2210	–	–	–	±26
52	1321	1321	1321	–	–	±24	88	2235	2235	2235	–	–	±26

|표 11-15| V벨트의 유효 둘레길이 (계속)

호칭번호	길이(유효둘레)					허용차	호칭번호	길이(유효둘레)					허용차
	A	B	C	D	E			A	B	C	D	E	
89	2261	2261	–	–	–	±26	148	–	3759	3759	–	–	±36
90	2286	2286	2286	2286	–	±26	150	3810	3810	3810	3810	–	±38
91	2311	2311	–	–	–	±26	155	3937	3937	3937	3937	–	±38
92	2337	2337	2337	–	–	±26	160	4064	4064	4064	4064	–	±40
93	2362	2362	–	–	–	±26	165	4191	4191	4191	4191	–	±40
94	2388	2388	–	–	–	±26	170	4318	4318	4318	4318	–	±45
95	2413	2413	2413	2413	–	±28	175	–	4445	4445	4445	–	±45
96	2438	2438	–	–	–	±28	180	4572	4572	4572	4572	4572	±45
97	2464	2464	–	–	–	±28	185	–	4699	4699	4699	–	±45
98	2489	2489	2489	–	–	±28	190	–	4826	4826	4826	–	±45
99	2515	2515	–	–	–	±28	195	–	4953	4953	–	–	±45
100	2540	2540	2540	2540	–	±28	200	–	5080	5080	5080	–	±50
102	2591	2591	–	–	–	±28	205	–	–	5207	–	–	±50
105	2667	2667	2667	2667	–	±28	210	–	5334	5334	5334	5334	±50
108	2743	2743	–	–	–	±28	215	–	–	5461	–	–	±50
110	2794	2794	2794	2794	–	±30	220	–	–	5588	5588	–	±50
112	2845	2845	2845	–	–	±30	225	–	–	5715	–	–	±50
115	2921	2921	2921	2921	–	±30	230	–	–	5842	5842	–	±50
118	2997	2997	2997	–	–	±30	240	–	–	6096	6096	6096	±55
120	3048	3048	3048	3048	–	±32	250	–	–	6350	6350	–	±55
122	3099	3099	3099	–	–	±32	260	–	–	6604	6604	–	±55
125	3175	3175	3175	3175	–	±32	270	–	–	6858	6585	6858	±60
128	3251	3251	3251	–	–	±34	280	–	–	–	7112	–	±60
130	3302	3302	3302	3302	–	±34	300	–	–	–	7620	7620	±70
132	–	3353	3353	–	–	±34	310	–	–	–	7874	–	±70
135	3429	3429	3429	3429	–	±34	330	–	–	–	8382	8382	±70
138	–	3505	3505	–	–	±34	360	–	–	–	9144	9144	±80
140	3556	3556	3556	3556	–	±36	390	–	–	–	–	9906	±80
142	–	3607	3607	–	–	±36	420	–	–	–	–	10668	±80
145	3683	3683	3683	3683	–	±36							

11.3.5 V벨트 전동장치의 설계

V벨트의 전동장치를 설계할 때는 전달동력에 따라 V벨트의 형을 선정하고, 그 V벨트의 1개가 전달할 수 있는 전달동력을 식 (11-28)과 식 (11-29)에 의해 구한 다음, 필요한 V벨

트의 개수를 결정한다. 또 원동축의 회전속도를 고려하여 V벨트의 지름과 각부 치수를 구한 다음, 근사적인 V벨트 길이를 계산한 후 이에 가까운 호칭번호의 벨트를 선정하고 중심거리를 수정한다.

표 11-16은 전달동력과 V벨트의 종류와의 관계를 표시한 것으로 V벨트형의 선정기준이 된다. V벨트형이 결정되면 표 11-17에서 V벨트 최소 풀리의 최소 지름을 선정한다. V벨트 1개의 전달동력을 표 11-18에서 구할 수 있다.

표 11-18은 V벨트 1개의 전달동력 H_0(PS)가 접촉각이 180°, 부하 수정계수가 1.00인 경우의 값을 표시한 것으로 접촉각 수정계수를 k_1, 부하 수정계수를 k_2라 하면, V벨트 1개의 전달동력은 $H_0 \times k_1 \times k_2$가 된다.

표 11-19는 접촉각 수정계수의 값을, 표 11-20은 부하 수정계수의 값을 표시한 값이다.

필요한 V벨트의 개수 z는 전달해야 할 동력을 H라 할 때

$$z = \frac{H}{H_0 \times k_1 \times k_2} \tag{11-30}$$

|표 11-16| V벨트의 선정기준

전달동력	V벨트의 속도(m/s)		
	10 이하	10~17	17 이상
2 이하	A	A	A
2~5	B	B	A 또는 B
5~10	B 또는 C	B	B
10~25	C	B 또는 C	B 또는 C
25~50	C 또는 D	C	C
50~100	D	C 또는 D	C 또는 D
100~150	E	D	D
150 이상	E	E	E

|표 11-17| V벨트 풀리의 최소 지름

형 별	최소 피치 지름(mm)
A	65
B	120
C	180
D	300
E	480

|표 11-18| V벨트 1개의 최대 전달동력

속도 v (m/s)	접촉각 $\theta=180°$의 경우					속도 v (m/s)	접촉각 $\theta=180°$의 경우				
	A	B	C	D	E		A	B	C	D	E
5.0	0.9	1.2	3.0	5.5	7.5	13.0	2.2	2.8	6.7	12.9	17.5
5.5	1.0	1.3	3.2	6.0	8.2	13.5	2.2	2.9	6.9	13.3	18.0
6.0	1.0	1.4	3.4	6.5	8.9	14.0	2.3	3.0	7.1	13.7	18.5
6.5	1.1	1.5	3.6	7.0	9.6	14.5	2.3	3.1	7.3	14.1	19.0
7.0	1.2	1.6	3.8	7.5	10.3	15.0	2.4	3.2	7.5	14.5	19.5
7.5	1.3	1.7	4.0	8.0	11.0	15.5	2.5	3.3	7.7	14.8	20.0
8.0	1.4	1.8	4.3	8.4	11.6	16.0	2.5	3.4	7.9	15.1	20.5
8.5	1.5	1.9	4.6	8.8	12.2	16.5	2.5	3.5	8.1	15.4	21.0
9.0	1.6	2.1	4.9	9.2	12.8	17.0	2.6	3.6	8.3	15.7	21.4
9.5	1.6	2.2	5.2	9.6	13.4	17.5	2.6	3.7	8.5	16.0	21.8
10.0	1.7	2.3	5.5	10.0	14.0	18.0	2.7	3.8	8.6	16.3	22.2
10.5	1.8	2.4	5.7	10.5	14.6	18.5	2.7	3.9	8.7	16.6	22.6
11.0	1.9	2.5	5.9	11.0	15.2	19.0	2.8	4.0	8.8	16.9	23.0
11.5	1.9	2.6	6.1	11.5	15.8	19.5	2.8	4.1	8.9	17.2	23.3
12.0	2.0	2.7	6.3	12.0	16.4	20.0	2.8	4.2	9.0	17.5	23.5
12.5	2.1	2.8	6.5	12.5	17.0						

|표 11-19| 접촉각 수정계수 k_1의 값

각도 θ	180	176	172	170	168	164	160	156	153	150	145	140	137	135	130	128	125	123	120	115	100	90
k_1	1.00	0.99	0.98	0.98	0.97	0.96	0.96	0.95	0.95	0.94	0.93	0.92	0.91	0.90	0.89	0.89	0.88	0.87	0.86	0.85	0.74	0.69

|표 11-20| 부하 수정계수 k_2의 값

기계의 종류 또는 하중 상태	k_2
송풍기, 원심펌프, 발전기, 컨베이어, 엘리베이터, 교반기, 인쇄기, 그 밖에 하중 변화가 적고 완만한 것	1.0
공작기계, 세탁기계, 면조기계 등 약간 충격이 있는 것	0.9
왕복압축기	0.85
제지기, 제재기, 제빙기	0.80
분쇄기, 전단기, 광산기계, 제분기, 원심분리기	0.75
방적기계, 광산기계 기동하중 100~150 %의 것	0.72
방적기계, 광산기계 기동하중 150~200 %의 것	0.64
방적기계, 광산기계 기동하중 200~250 %의 것	0.50

벨트의 길이(유효 둘레길이)

$$L = 2C + \frac{\pi}{2}(D_{p_1} + D_{p_2}) + \frac{(D_{p_2} - D_{p_1})^2}{4C} \tag{11-31}$$

식 (11-31)로부터 유효 벨트 길이를 계산한 다음, 표 11-15로부터 계산된 벨트 길이에 가장 가까운 규격 길이를 선정하고, 다음 근사식에 의하여 축간거리를 계산한다.

식 (11-31)을 변형하면

$$L - \frac{\pi}{2}(D_{p_1} + D_{p_2}) = 2C + \frac{(D_{p_2} - D_{p_1})^2}{4C}$$

$$K = \frac{1}{2}\left[L - \frac{\pi}{2}(D_{p1} + D_{p2})\right]$$

양변에 C를 곱하여 2차 방정식을 만든 다음 축간거리 C를 구하면

$$C = \frac{K}{2}\left(1 + \sqrt{1 - \frac{(D_{p_2} - D_{p_1})^2}{2K^2}}\right) \tag{11-32}$$

식 (11-32)를 이항정리하여 2번째 항까지 취하면 다음과 같은 근사식을 얻게 된다.

$$C \fallingdotseq K\left[1 - \frac{(D_{p_2} - D_{p_1})}{8K^2}\right] \tag{11-33}$$

예제 11-4 벨트의 속도가 10 m/s일 때 A형 V벨트 1개의 전달동력은 얼마인가? 또 속도가 25 m/s로 되었을 때는 어떻게 되는가? 단, $\theta = 140°$, 마찰계수 $\mu = 0.3$, A형의 허용인장력은 15 kg으로 한다.

풀이 $v = 10\ \mathrm{m/s}$ 이하일 때는 원심력을 무시하므로

$$\mu' = \frac{\mu}{\sin 20° + \mu\cos 20°} = \frac{0.3}{0.342 + 0.3 \times 0.9396} = 0.481$$

$$e^{\mu'\theta} = e^{0.481 \times 140 \times 0.0175} = 3.25$$

$$H_p = \frac{T_t v}{75} \cdot \frac{e^{\mu'\theta} - 1}{e^{\mu'\theta}} = \frac{15 \times 10}{75} \times \frac{3.25 - 1}{3.25} = 1.38\ \mathrm{PS}$$

$v = 25\ \mathrm{m/s}$ 일 때 원심력을 고려하여야 한다. 따라서 표 11-12로부터 A형 V

벨트의 단면의 넓이 $A = 83\ \text{mm}^2$이고 고무의 비중은 1.2이므로 벨트의 길이 1 m에 대한 무게는

$$w = 0.83 \times 100 \times 1.2 \times \frac{1}{1000} = 0.1(\text{kg/m})$$

$$\frac{wv^2}{g} = \frac{0.1 \times 25^2}{9.8} = 6.4\ \text{kg}$$

$$H_p = \left(T_t - \frac{wv^2}{g}\right)\frac{v}{75}\frac{e^{\mu'\theta} - 1}{e^{\mu'\theta}}$$

$$= (15 - 6.4) \times \frac{25}{75} \times \frac{3.25 - 1}{3.25} = 2\ \text{PS}$$

예제 11-5 출력 30 kW, 회전속도 1000 rpm의 모터에 의하여 300 rpm의 분쇄기를 운전하려 한다. 축간거리를 1.5 m로 할 때 V벨트의 형, 개수, 길이를 구하라. 단, $\mu = 0.3$으로 한다.

풀이 30 kW를 PS단위로 고치면

$$H_P = \frac{30 \times 102}{75} = 40.8\ \text{PS}$$

표 11-16에서 C형을 선택하고 표 11-17에서 $D_{P1} = 180\ \text{mm}$로 하면 D_{P2}는

$$D_{P2} = D_{P1} \times \frac{n_1}{n_2} = 180 \times \frac{1000}{300} = 600\ \text{mm}$$

$$v = \frac{\pi D_{P1} n_1}{1000 \times 60} = \frac{\pi \times 180 \times 1000}{1000 \times 60} = 9.42\ \text{m/s}$$

따라서 원심력은 고려하지 않아도 된다.

$$\theta = 180° - 2\sin^{-1}\frac{D_2 - D_1}{2C}$$

$$= 180° - 2\sin^{-1}\frac{600 - 180}{2 \times 1500} = 163.9°$$

상당 마찰계수는

$$\mu' = \frac{\mu}{\sin\dfrac{\alpha}{2} + \mu\cos\dfrac{\alpha}{2}} = \frac{0.3}{\sin 20° + \mu\cos 20°} = 0.48$$

$$e^{163.9 \times 0.48 \times 0.0175} = 3.96$$

C형 V벨트의 허용장력은 40 kg이므로 C형 V벨트의 1개의 전달동력은

$$H = \frac{v}{102} T_t \frac{e^{\mu'\theta} - 1}{e^{\mu'\theta}}$$

$$= \frac{9.42 \times 40}{102} \times \frac{3.96 - 1}{3.96} = 2.76 \text{ kW}$$

접촉각은 이미 계산되었으므로 표 11-20으로부터 부하 수정계수는

$$k_2 = 0.7$$

30 kW를 전달하는데 필요한 V벨트의 가닥수는

$$z = \frac{30}{2.62 \times 0.7} = 16$$

벨트 길이는

$$L = 2 \times 1500 + \frac{\pi}{2} \times (180 + 600) + \frac{(600 - 180)^2}{4 \times 1500}$$

$$= 4254 \text{ mm}$$

유효길이는 표 11-15로부터 4318 mm(호칭번호 170)를 선정하여 축간거리를 계산하면

$$K = \frac{1}{2}\left[L_0 - \frac{\pi}{2}(D_{P1} + D_{P2})\right] = \frac{1}{2}\left[4318 - \frac{\pi}{2}(180 + 600)\right]$$

$$= 1540.85$$

$$C = K\left[1 - \frac{(D_{p2} - D_{p1})^2}{8K^2}\right]$$

$$= 1540.85 \times \left[1 - \frac{(600 - 180)^2}{8 \times 1540.85^2}\right] = 1526.5(\text{mm})$$

예제 11-6 5 PS, 1000 rpm의 모터에 의해 300 rpm의 왕복형 공기압축기를 운전하려 한다. 축간거리를 500 mm로 할 때 V벨트의 형, 가닥수, 길이를 구하라.

풀이 표 11-16에서 B형을 택하고 표 11-17에서 $D_{P1} = 150$ mm를 선택하면 D_2는

$$D_{P2} = D_{P1} \times \frac{n_1}{n_2} = \frac{150 \times 1000}{300} = 500 \text{ mm}$$

$$v = \frac{\pi D_{P1} n_1}{1000 \times 60} = \frac{\pi \times 150 \times 1000}{1000 \times 60} = 7.85 \text{ m/s}$$

$$\theta = 180° - 2\sin^{-1}\frac{500-150}{2 \times 500} = 140°$$

표 11-19로부터 $v = 7.85$ m/s일 때 B형 V벨트 1개의 전달동력 H_p(PS)는 보간법에 의하여

$$H_p = 1.77 \text{ PS}$$

표 11-19로부터 접촉각이 140°일 때 접촉각 수정계수는

$$k_1 = 0.89$$

표 11-20으로부터 부하 수정계수는

$$k_2 = 0.85$$

따라서 V벨트의 개수는

$$z = \frac{H}{H_p \times k_1 \times k_2} = \frac{5}{1.77 \times 0.89 \times 0.85} = 3.73 \fallingdotseq 4$$

벨트의 길이는

$$L = 2C + \frac{\pi}{2}(D_{P1} + D_{P2}) + \frac{(D_{P2} - D_{P1})^2}{4C}$$

$$= 2 \times 500 + \frac{\pi}{2}(500 + 150) + \frac{(500-150)^2}{4 \times 500} = 2081 \text{ mm}$$

따라서 표 11-15에서 $L = 2083$ mm(호칭번호 82)를 선택한다.

11.4 로프 전동

로프 전동장치는 목면, 마, 강선 등으로 만든 로프를 홈이 있는 바퀴에 걸어 동력을 전달하는 장치로 이에 사용하는 바퀴를 로프 풀리(rope pulley) 또는 시브(sheave)라 한다. 로프 전동은 벨트 전동에 비해 여러 개의 로프를 걸 수 있으므로 비교적 큰 동력을 전달 할 수 있다. 벨트 전동에서 축간거리가 긴 경우는 벗겨지거나 펄럭거리는(flapping) 현상이 일어

나기 쉬우나 로프는 상당한 장거리 전동도 가능하다.

또 로프는 폭이 작으므로 1개의 원동 풀리에서 여러 개의 종동 풀리에 회전을 전달하는 데 매우 편리하다. 또한 양축이 평행하지 않고 어느 정도의 각도를 유지해도 동력을 전달할 수 있다. 단점으로 로프는 벨트보다 수명이 짧고 이음이 곤란하다는 것이다. 로프의 전동효율은 영국식의 경우는 80~90 %이고, 미국식의 경우는 90~95 % 정도로 로프의 수와 속도가 증가함에 따라 전동효율은 감소한다.

11.4.1 로프

로프는 면 로프(cotton rope), 마 로프(hemp rope), 마닐라 로프(manila rope) 등의 섬유 로프와 와이어 로프(wire rope)가 있다.

전동용으로는 면 로프, 마 로프가 사용되며 와이어 로프는 중량 운반용으로 사용하고 있다.

로프의 단면은 원형이지만 요철이 다소 있으므로 그 굵기는 외접원의 바깥지름으로 표시한다. 이들 로프는 KS에서 여러 종류로 규정하고 있다.

(1) 섬유 로프

면 로프나 마 로프와 같은 섬유 로프는 섬유로 만든 꼰실로 꼬아서 작은 밧줄(straud)을 만들고, 그 작은 밧줄을 그림 11-16과 같이 3개, 4개의 밧줄을 꼬아서 로프로 한다.

4꼬임은 중심에 별도로 심선(center core)을 넣는다.

4꼬임 쪽이 3꼬임 쪽보다 접촉넓이가 크다. 보통 꼰실은 왼쪽 꼬임, 작은 밧줄은 오른쪽 꼬임, 로프는 오른쪽 꼬임으로 한다. 전동용 로프의 굵기는 25~50 mm가 사용되고 굵은 로프 1개를 사용하는 것보다 가는 것을 여러 개 사용하는 것이 좋다.

면 로프는 매우 유연하므로 잘 굽어지므로 작은 로프 풀리에 걸어서 사용할 수 있으나, 습기에 약하므로 옥외에서 사용하는 경우에는 수명이 짧다. 이에 반하여 마 로프는 옥외용

(a) 3꼬임 로프

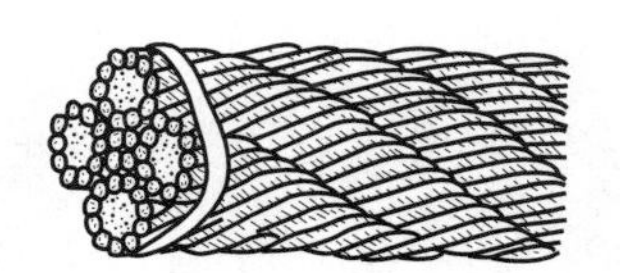

(b) 4꼬임 로프

그림 11-16 섬유 로프

으로 적합하다. 사용장력은 외접원의 단위 넓이에 대하여 면 로프는 8~10 kg/cm^2, 마 로프는 8~15 kg/cm^{2}이다.

(2) 와이어 로프

와이어 로프는 양질의 강선(이것을 소선이라 한다)을 열처리하여 몇 번의 다이(die)를 통과 시켜서 필요한 크기로 한 다음 아연도금한 것을 여러 개 꼬아서 작은 밧줄을 만들고, 표 11-21과 같이 보통 작은 밧줄 6개를 꼬아서 로프를 만든다. 그리고 중심에는 마계의 코어(core)를 넣는다.

|표 11-21| 와이어 로프의 단면 및 구조(KS D 3514)

호 칭	7개선 6 꼬임	12개선 6 꼬임	19개선 6 꼬임	24개선 6 꼬임
구성기호	6×7	6×12	6×19	6×24
단 면	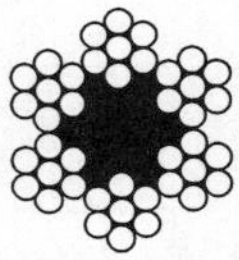	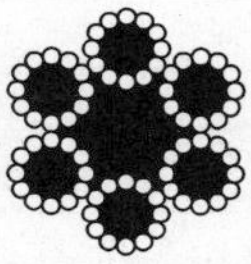		
호 칭	30개선 6 꼬임	37개선 6 꼬임	61개선 6 꼬임	실형 19개선 6 꼬임
구성기호	6×30	6×37	6×61	6×S (19)
단 면				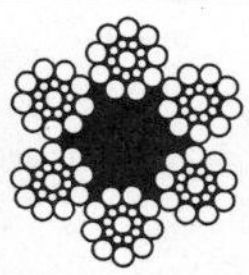
호 칭	실형 19개선 6 꼬임 로프심 들어감	워링톤형 19개선 6 꼬임	워링톤형 19개선 6 꼬임 로프심 들어감	필러형 25개선 6 꼬임
구성기호	IWRC 6×S (19)	6×W (19)	IWRC 6×W (19)	6×Fi (25)
단 면	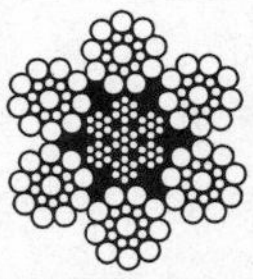			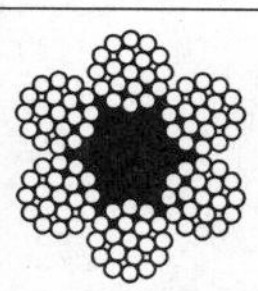
호 칭	필러형 25개선 6 꼬임 로프심 들어감	워링톤 실형 26개선 6 꼬임	워링톤 실형 26개선 6 꼬임 로프심 들어감	필러형 29개선 6 꼬임
구성기호	IWRC 6×Fi (25)	6×WS (26)	IWRC 6×WS (26)	6×Fi (29)
단 면		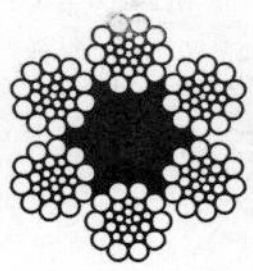	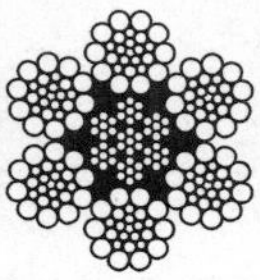	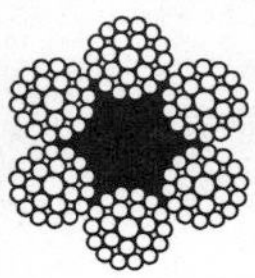

|표 11-21| 와이어 로프의 단면 및 구조(KS D 3514) (계속)

호 칭	필러형 29개선 6 꼬임 로프심 들어감	워링톤 실형 31개선 6 꼬임	워링톤 실형 31개선 6 꼬임 로프심 들어감	워링톤 실형 36개선 6 꼬임
구성기호	IWRC 6×Fi (29)	6×WS (31)	IWRC 6×WS (31)	6×WS (36)
단 면		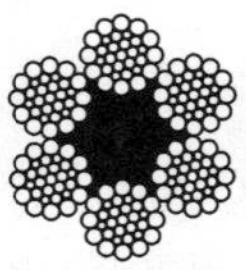	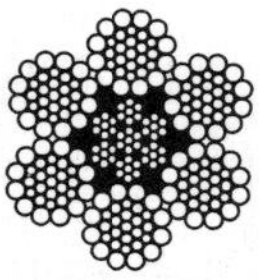	
호 칭	워링톤 실형 36개선 6 꼬임 로프심 들어감	워링톤 실형 41개선 6 꼬임	워링톤 실형 41개선 6 꼬임 로프심 들어감	세미실형 37개선 6 꼬임
구성기호	IWRC 6×WS (36)	6×WS (41)	IWRC 6×WS (41)	6×SeS (37)
단 면				
호 칭	세미실형 37개선 6 꼬임 로프심 들어감	실형 19개선 8 꼬임	워링톤 형 19개선 8 꼬임	필러형 25개선 8 꼬임
구성기호	IWRC 6×SeS (37)	8×S (19)	8×W (19)	8×Fi (25)
단 면	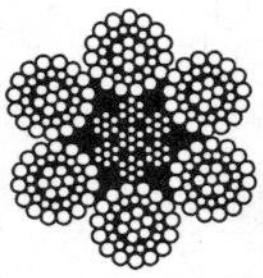	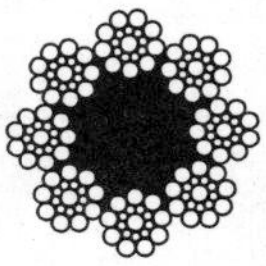		
호 칭	헤르쿨레스형 7개선 18 꼬임	헤르쿨레스형 7개선 19 꼬임	나플렉스형 7개선 34 꼬임	나플렉스형 7개선 35 꼬임
구성기호	18×7	19×7	34×7	35×7
단 면	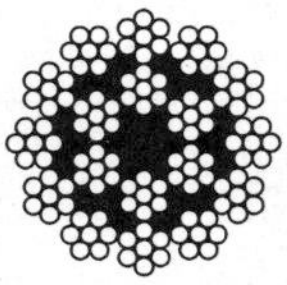	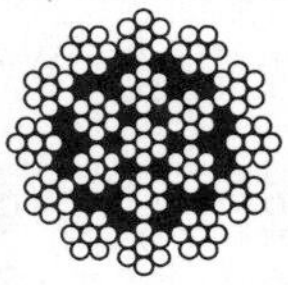	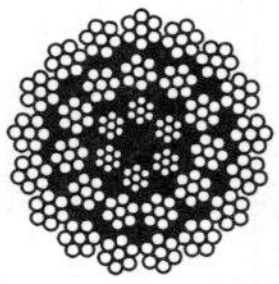	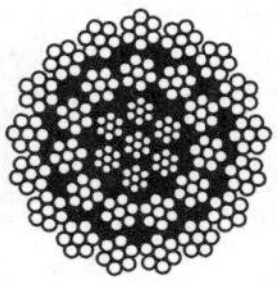
호 칭	플랫형 둥근선 삼각심 7개선 6 꼬임	플랫형 둥근형 삼각심 24개선 6 꼬임		
구성기호	6×F [(3×2+3)+7]	6×F [(3×2+3)+12+12]		
단 면	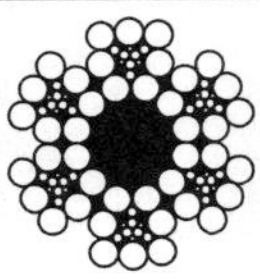	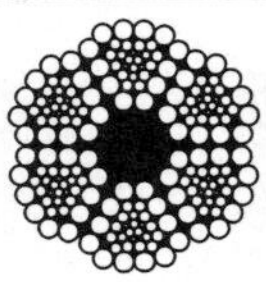		

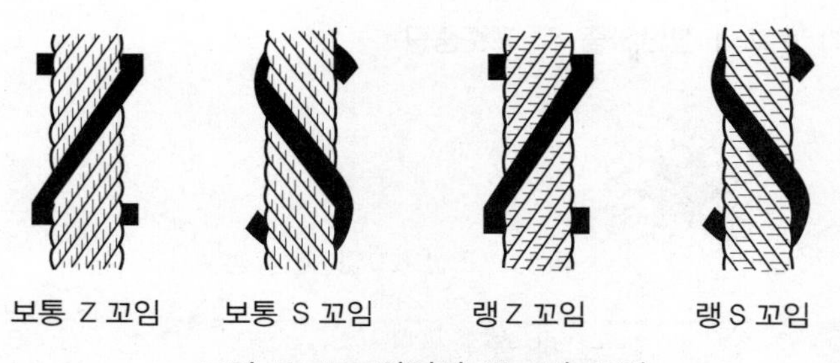

그림 11-17 와이어 로프의 꼬임

같은 굵기의 로프라도 가는 강선을 여러 개 사용한 것이 유연성이 풍부하다. 와이어 로프에도 왼쪽 꼬임과 오른쪽 꼬임이 구별되며 작은 밧줄과 와이어 로프가 꼬임이 반대인 것을 보통꼬임(common lay, regular lay), 같은 방향의 꼬임을 랭꼬임(Lang's lay)이라고 한다. KS에서는 왼쪽, 오른쪽 꼬임만으로 틀리기 쉬우므로 그림 11-17과 같이 Z 꼬임, S 꼬임으로 구분하고 있다.

보통꼬임은 랭꼬임에 비하여 소선(wire)의 꼬임의 경사가 급하기 때문에 접촉넓이가 적고, 소선의 마멸이 빠르지만, 엉켜 풀리지 않으므로 취급하기 쉽다. 랭꼬임은 경사가 완만하므로 접촉넓이가 크고, 마멸에 의한 손상이 적기 때문에 내구성이 높고, 유연성도 보통꼬임보다 좋으나, 엉켜 풀리기 쉬우므로 취급에 주의하여야 한다.

일반적으로 Z 꼬임이 많이 사용된다. 전동용 와이어 로프의 지름은 9～30 mm정도이며, 이 로프를 연결할 때는 로프 끝을 약간 풀어서 양단을 꼬아서 이으므로 큰 기술이 필요하며 연결 부분이 굵어지는 결점이 있다.

소선의 인장강도에 의한 와이어 로프의 구분은 표 11-22와 같다. 와이어 로프의 인장강도는 소선의 인장강도의 합계보다 10～20 % 적다. 또 사용하중 인장강도의 1/5～1/10 정도로 한다. 표 11-23, 표 11-24에 주요한 와이어 로프의 절단하중과 중량을 표시한다.

|표 11-22| 소선의 표준 인장강도에 의한 구분

종 별	엘리베이터종	도금종(1종)	2종	3종
소선의 표준인장강도(kg/mm^2)	135	150	165	180

| 표 11-23 | 1호(6×7) 로프의 절단하중 및 표준중량

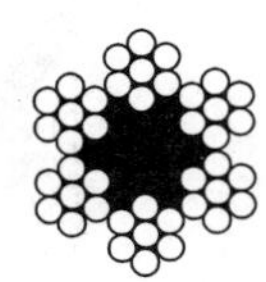

구성 : 7소선 6꼬임 중심 섬유

절 단 하 중 t				표준중량 (kg/m)
주요한 용도별	동삭	윈치 · 삭도		
꼬는 방법	보통 Z	랭 Z 또는 S		
도금의 유무	유	무		
종별 / 로프의 지름(mm)	1종	2종	3종	
3.15	0.53	0.60	0.66	0.037
4	0.85	0.97	1.06	0.059
5	1.34	1.52	1.65	0.093
6.3	2.12	2.41	2.62	0.147
8	3.42	3.88	4.23	0.237
9	4.33	4.91	5.35	0.300
10	5.34	6.06	6.61	0.371
11.2	6.70	7.60	8.29	0.465
12.5	8.34	9.47	10.3	0.579
14	10.5	11.9	13.0	0.727
16	13.7	15.5	16.9	0.950
18	17.3	19.6	21.4	1.20
20	21.4	24.2	26.4	1.48
22.4	26.8	30.4	33.2	1.86
(24)		(34.9)	(38.1)	(2.14)
25	33.4	37.9	41.3	2.32
(26)		(41.0)	(44.7)	(2.51)
28	41.9	47.5	51.8	2.91
30	48.1	54.5	59.5	3.34
31.5	53.0	60.1	65.5	3.68
(32)		(62.1)	(67.7)	(3.80)
33.5	59.9	68.0	74.2	4.16
(34)		(70.1)	(76.4)	(4.29)
35.5	67.3	76.4		4.67
(36)		(78.5)		(4.81)
37.5	75.1			5.21
40	85.5			5.93

|표 11-24| 3호(6×19) 로프의 절단하중 및 표준중량

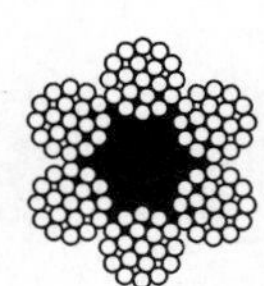

구성 : 19소선 6꼬임 중심 섬유

절 단 하 중 t					표준중량 (kg/m)
주요한 용도별	정삭·동삭	윈치·삭도			
꼬는 방법	보통 Z	랭 Z 또는 S			
도금의 유무	유	무			
종별 / 로프의 지름(mm)	1종	2종	3종 보통	3종 랭	
4	0.81	0.88	0.94	0.96	0.058
5	1.27	1.38	1.46	1.50	0.091
6.3	2.01	2.18	2.33	2.38	0.144
8	3.24	3.52	3.75	3.84	0.233
9	4.11	4.46	4.74	4.86	0.295
10	5.07	5.50	5.86	6.00	0.364
11.2	6.36	6.90	7.35	7.53	0.457
(12)	(7.30)				(0.524)
12.5	7.92	8.59	9.15	9.38	0.569
14	9.93	10.8	11.5	11.8	0.713
16	13.0	14.1	15.0	15.4	0.932
18	16.4	17.8	19.0	19.4	1.18
20	20.3	22.0	23.4	24.0	1.46
22.4	25.4	27.6	29.4	30.1	1.83
(24)	(29.2)	(31.7)		(34.6)	(2.10)
25	31.7	34.4	36.6	37.5	2.28
(26)	(34.3)	(37.2)		(40.6)	(2.46)
28	39.7	43.1	45.9	47.0	2.85
30	45.6	49.5	52.7	54.0	3.28
31.5	50.3	54.6	58.1	59.5	3.61
(32)	(51.9)	(56.3)		(61.4)	(3.73)
33.5	56.9	61.7	65.7	67.3	4.08
(34)		(63.6)		(69.4)	(4.21)
35.5	63.9	69.3	73.8	75.6	4.59
(36)		(71.3)		(77.8)	(4.72)
37.5	71.3	77.3	82.4	84.4	5.12
(38)		(79.4)		(86.6)	(5.26)
40	81.1	88.0	93.7	96.0	5.82
42.5	91.5	99.3	106	108	6.57
45	103	111	119	122	7.37
47.5	114	124	132	135	8.21
50	127	138	146	150	9.10

|표 11-25| 4호(6×24) 로프의 절단하중 및 표준 중량

구성: 24소선 6꼬임 중심 및 작은 밧줄 중심 섬유

	절 단 하 중 t		표준중량 (kg/m)
주요한 용도별	정삭 · 동삭	기중기, 윈치, 삭도	
꼬는 방법	보통 Z	보통, Z 또는 S	
도금의 유무	유	무	
종별 / 로프의 지름(mm)	1종	2종	
8	2.97	3.21	0.212
9	3.75	4.06	0.269
10	4.64	5.02	0.332
11.2	5.82	6.24	0.416
(12)	(6.68)		(0.478)
12.5	7.25	7.84	0.519
14	9.09	9.83	0.651
16	11.9	12.8	0.850
18	15.0	16.2	1.08
20	18.5	20.1	1.33
22.4	23.3	25.2	1.67
(24)	(26.7)		(1.91)
25	29.0	31.3	2.08
(26)	(31.4)		(2.24)
28	36.4	39.3	2.60
30	41.8	45.1	2.99
31.5	46.0	49.8	3.29
(32)	(47.5)		(3.40)
33.5	52.1	56.3	3.73
35.5	58.5	63.2	4.18
37.5	65.2	70.5	4.67
40	74.2	80.2	5.31
42.5	83.8	90.6	6.00
45	94.0	102	6.72
47.5	105	113	7.49
50	117	125	8.30
53	130	141	9.33
56	145	157	10.4
60	167	180	12.0
63	184	199	13.2

|표 11-26| 6호(6×37) 로프의 절단하중 및 표준중량

구성 : 37소선 6꼬임 중심 섬유

	절 단 하 중 t			표준중량 (kg/m)
주요한 용도별	동삭	윈치·삭도		
꼬는 방법	보통 Z	랭 Z 또는 S		
도금의 유무	유	무		
종별 / 로프의 지름(mm)	1종	2종	3종	
8	3.19	3.46	3.69	0.230
9	4.04	4.38	4.67	0.291
10	4.99	5.41	5.76	0.359
11.2	6.26	6.79	7.23	0.451
(12)	(7.19)			(0.517)
12.5	7.80	8.45	9.00	0.561
14	9.81	10.6	11.3	0.704
16	12.8	13.8	14.7	0.920
18	16.2	17.5	18.7	1.16
20	19.9	21.6	23.0	1.44
22.4	25.0	27.1	28.9	1.80
(24)	(28.7)			(2.07)
25	31.2	33.8	36.0	2.25
(26)	(33.7)			(2.43)
28	39.0	42.4	45.2	2.82
30	44.8	48.7	51.8	3.23
31.5	49.5	53.7	57.2	3.57
(32)	(51.1)			(3.68)
33.5	56.0	60.7	64.6	4.03
35.5	62.9	68.2	72.6	4.53
37.5	70.2	76.1	81.0	5.05
40	79.7	86.6	92.2	5.75
42.5	90.1	97.7	104	6.49
45	101	110	117	7.28
47.5	113	122	130	8.11
50	125	135	144	8.98
53	140	152	162	10.1
56	156	170	181	11.3
60	179	195	207	12.9
63	198	215	229	14.3

11.4.2 로프 풀리

(1) 섬유 로프의 경우

로프 풀리의 홈의 모양은 그림 11-18과 같이 V형이며, 로프가 홈 속에 쐐기 모양으로 끼워져서 홈의 양쪽 사면에 접촉하도록 하여 생긴 마찰력으로 동력을 전달하는 것으로 로프는 홈의 바닥에 접촉하지 않도록 한다.

홈의 각도 2α는 보통 45°나 60°로 한다. 홈의 내측면은 매끈하게 다듬질하지 않으면 로프의 수명이 짧아진다. 로프 풀리의 피치원의 지름은 보통 감겨진 로프의 지름에 비하여 너무 작으면 로프를 손상시키므로, 로프 풀리의 지름을 D, 로프의 지름을 d라고 할 때

면 로프 : $D > 30d$

마 로프 : $D > 40d$

로 하여야 한다. 로프 풀리의 재료는 주로 주철 또는 주강을 사용한다.

(2) 와이어 로프의 경우

와이어 로프는 로프를 1개 또는 2개 사용하므로 홈도 와이어의 개수와 동일하다. 홈의 모양은 마멸을 적게 하기 위하여 그림 11-19와 같이 홈의 밑면에 접촉하지 않도록 되어 있고, 홈의 바닥은 둥글게 되어 있으며 그 반지름은 로프의 반지름의 약 1.07배 정도이다. 접촉각은 120°로 로프 둘레의 1/3을 지지할 수 있게 되어 있다.

마찰을 크게 하기 위하여 홈바닥에 나무나, 경질고무, 가죽 등을 끼워 사용한다. 로프 풀리의 지름은 로프가 풀리에 감길 때 소선의 굽힘응력이 작게 되도록 크게 한다.

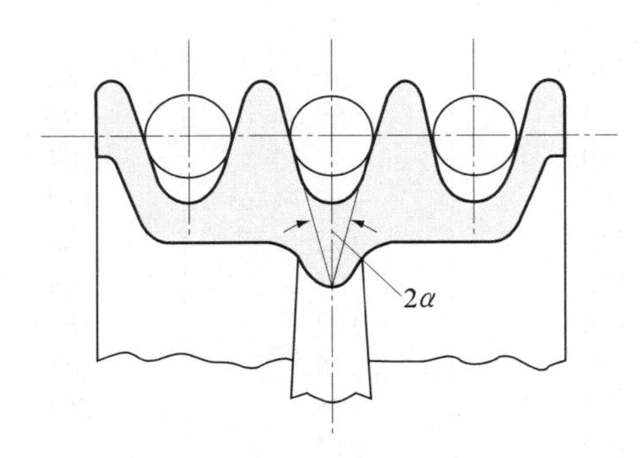

그림 11-18 로프 풀리

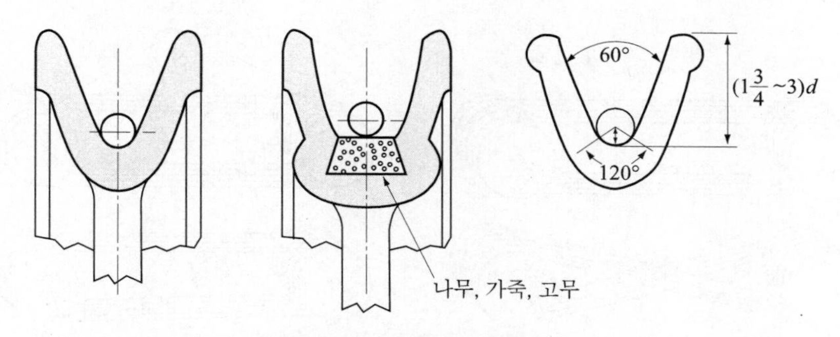

그림 11-19 와이어 로프 풀리

보통 로프 풀리의 지름은 소선의 지름의 500배 정도로 한다. 로프 풀리의 지름을 D, 와이어 로프의 지름을 d라 할 때 표 11-27과 같다.

로프 풀리의 재료는 주철 또는 주강을 사용하며 강판용접을 한 것도 있다.

|표 11-27|

로프의 구성기호	D/d
6×7	70 이상 최소 56
6×19	42 이상 최소 34
6×24	34 이상 최소 28
6×37	30 이상 최소 24

(3) 로프 거는 방법

면 로프나 마 로프로 큰 동력을 전달할 때에는 굵은 로프 1개를 사용하는 것보다 가는 로프 여러 개를 연이어 걸어서 사용하는 것이 좋다.

로프를 거는 방법으로 다음과 같은 2종류가 있다.

① 단독식(multiple system or English system)

② 연속식(continuous system or American system)

1) 단독식 또는 영국식

그림 11-20과 같이 여러 개의 고리모양의 로프를 평행하게 연이어서 거는 방법으로서 설비비가 싸고 한 두 개의 로프가 절단되어도 전동을 계속할 수 있다. 그림 11-22와 같이

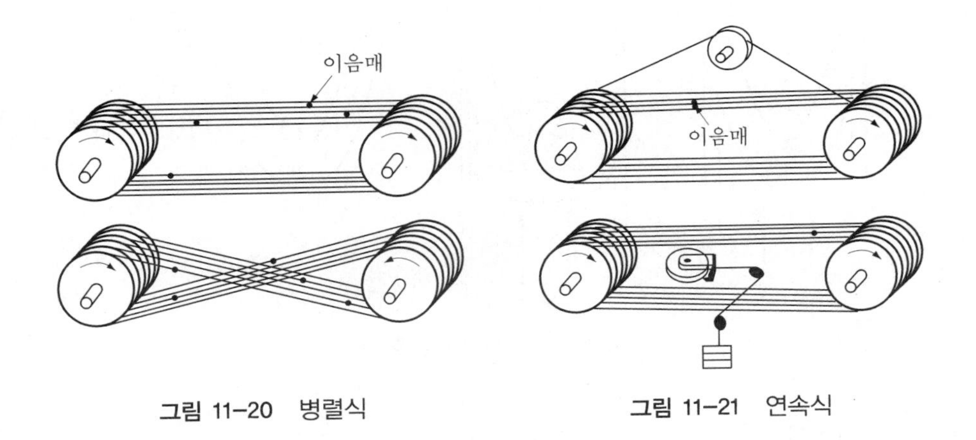

그림 11-20 병렬식 그림 11-21 연속식

1개의 구동 풀리에서 몇 개의 피동 풀리에 동력을 전달하는 것이 용이하다.

그러나 모든 로프를 같은 길이, 같은 장력으로 하기가 곤란하므로 초기 장력이 큰 로프가 하중을 담당하고 헐거운 로프는 놀게 된다는 것과 각 로프의 장력이 달라지면 로프의 속도도 달라져서 미끄럼이 생기는 것과 이음매가 많아 진동이 있다는 것 등의 결점이 있다.

2) 연속식 또는 미국식

그림 11-21과 같이 1개의 긴 로프를 구동 풀리와 피동 풀리에 몇 번 감아걸고 긴장축을

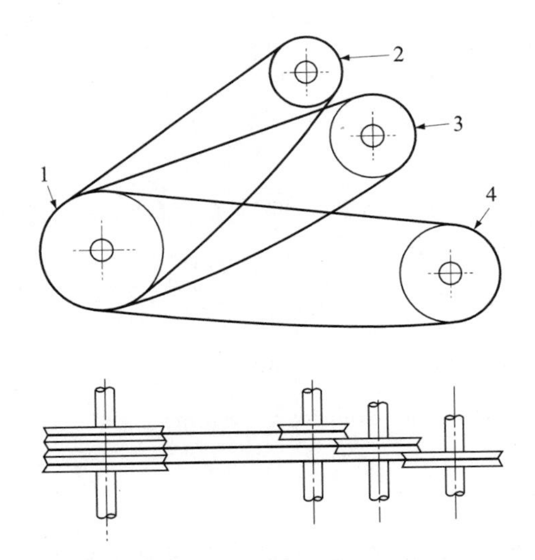

그림 11-22 여러 개의 종동풀리를 구동하는 로프 풀리

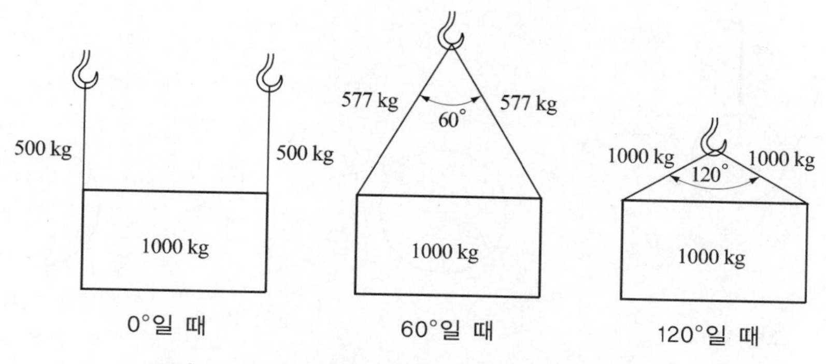

그림 11-23 달아매기 각도에 의한 장력의 변화

통하여 로프의 양단을 연결하는 방법으로서 이음매가 1개로 영국식보다 진동이 적고 장력이 전체적으로 평균화되고 긴장차의 위치를 조절함으로써 초기 장력을 간단히 조절할 수 있다는 이점이 있으나, 절단되면 전동이 정지되며 설비비가 다소 고가라는 결점이 있다.

로프를 사용하여 중량물을 달아올리는 경우, 로프에 생기는 장력은 같은 중량을 달아매도 이것을 달아올릴 때의 로프의 각도에 따라 다르다. 그림 11-23은 이 보기이다.

이것으로 알 수 있는 바와 같이 긴 로프를 사용하여 로프의 달아매기 각도를 작게 하는 편이 로프에 생기는 하중의 부담이 적어진다. 표 11-28은 로프의 달아매기 각도에 따라 로프에 생기는 장력의 변화를 표시한 것이다.

표 11-28 달아매기 각도와 로프에 생기는 장력(1000 kg의 하중에 대하여)

로프의 달아 매기 각도(°)	장력(kg)	로프의 달아 매기 각도(°)	장력(kg)	로프의 달아 매기 각도(°)	장력(kg)
0	500	60	577	130	1183
10	502	70	610	140	1462
20	508	80	653	150	1932
30	518	90	707	160	2880
40	532	100	778	170	2734
45	541	110	872	180	∞
50	552	120	1000		

(4) 전달동력

면 로프, 마 로프에 의한 전동에 있어서는 쐐기작용을 이용하여 큰 마찰력을 일으켜서 동력을 전달하는 것이므로 홈에서의 힘의 관계는 그림 11-24와 같이 되며, 이것은 V벨트

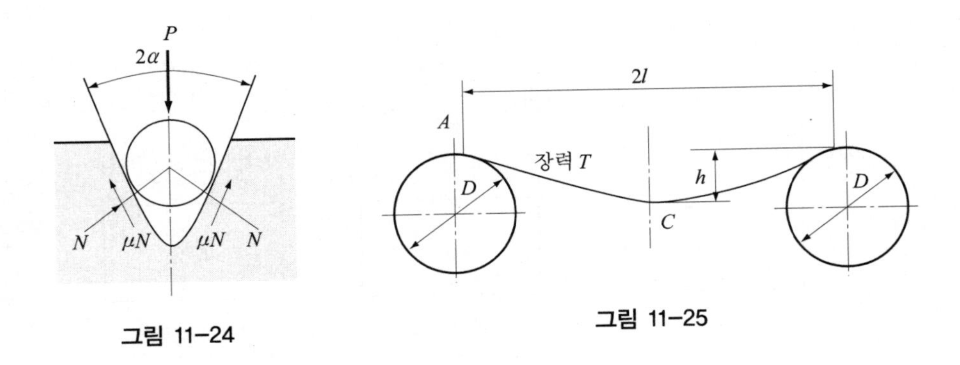

그림 11-24

그림 11-25

전동과 같다. 따라서 V벨트의 경우와 마찬가지로 마찰계수 μ 대신에

$$\mu' = \frac{\mu}{\sin\alpha + \mu\cos\alpha}$$

를 사용하면 평벨트의 모든 관계식을 그대로 사용할 수 있다.

면 로프 또는 마 로프와 주철제 로프 풀리 사이의 마찰계수는 대략 $\mu = 0.1 \sim 0.3$ 정도이다.

홈의 각도를 $2\alpha = 45°$로 하여 μ의 여러 값에 대한 상당마찰계수 μ'를 구하면 표 11-29와 같다.

와이어 로프의 경우에는 홈의 바닥에서 접촉하므로 전달동력을 구하면 평벨트의 식을 그대로 사용하면 된다. 다만, 마찰계수 μ는 대략 표 11-30과 같은 값을 갖는다.

로프 풀리의 초기 장력은 벨트의 경우와 마찬가지로 축간거리를 조절하거나, 긴장차를

표 11-29

μ	0.10	0.15	0.20	0.25	0.30
μ'	0.21	0.29	0.35	0.40	0.45

표 11-30 와이어 로프와 로프 풀리와의 μ

로프 풀리의 종류	건조	그리스 바름
금속제 로프 풀리	0.17	0.07
홈바닥 목재 매움	0.24	0.14
홈바닥 가죽 매움	0.50	0.20

사용하므로서 얻을 수 있다. 수평방향의 전동이고 축간거리가 긴 경우에는 로프의 자중으로 인하여 저절로 상당한 초기 장력이 주어진다.

로프를 2개의 로프 풀리에 걸었을 때 저절로 처지는 모양은 현수선(catenary)이 되지만, 근사적으로 포물선이라 가정하여 계산한다.

그림 11-25에서 $2l$: 지점 사이의 거리(근사적으로 $2l$를 축간거리로 간주해도 좋다)
h : 처짐량, w : 로프의 단위 길이의 무게라고 하면 자중에 의하여 로프에 생기는 장력 T는

$$T \fallingdotseq \frac{wl^2}{2h} + wh \tag{11-34}$$

또 두 지점 사이의 로프의 길이 L은

$$L \fallingdotseq 2l\left(1 + \frac{2}{3} \cdot \frac{h^2}{l^2}\right) \tag{11-35}$$

따라서 로프 풀리의 온길이는 아래쪽도 같은 모양으로 처진다고 하고 속도비를 1 : 1로 하면 $2L + \pi D$로서 계산할 수 있다.

예제 11-7 로프 풀리의 지름이 각각 1150 mm, 2550 mm, 축간거리는 9 m이다. 풀리가 400 rpm으로 400 PS의 동력을 사용하면 로프의 크기 및 개수를 구하라. 단, 홈의 각도는 45°이다.

풀이 접촉각 θ는

$$\theta = 180° - 2\sin^{-1}\left(\frac{D_2 - D_1}{2C}\right) = 180° - 2\sin^{-1}\left(\frac{2550 - 1150}{2 \times 9000}\right)$$
$$\fallingdotseq 180° - 2 \times 4.5 = 171°$$

로프의 지름 d는 $D > 30d$로부터

$$d < \frac{D}{30} = \frac{1150}{30} \fallingdotseq 38.3 \text{ mm}$$

섬유 로프의 지름에 대한 규격으로부터 $d = 38$ mm로 결정한다.

섬유 로프의 지름의 종류는 다음과 같다.

마찰계수 $\mu = 0.2$라고 가정하면 $\mu' = 0.35$가 된다.

로프의 속도 v는

$$v = \frac{\pi D_1 n_1}{1000 \times 60} = \frac{\pi \times 750 \times 200}{1000 \times 60} = 24.1 \text{ m/s}$$

$$e^{\theta\mu'} = 2.84$$

면 로프의 인장강도를 $\sigma_t = 9 \text{ kg/cm}^2$로 잡으면, 긴장 측의 장력 T_1은

$$T_1 = \frac{75H}{v} \cdot \frac{e^{\theta\mu'}}{e^{\theta\mu'} - 1} = \frac{75 \times 400}{24.1} \times \frac{2.84}{1.84} = 1921 \text{ kg}$$

로프의 개수를 z라고 하면

$$z = \frac{T_1}{\frac{\pi}{4} d^2 \sigma_t} = \frac{1921 \times 4}{\pi \times 3.8^2 \times 9} = 18.8$$

따라서 약간의 여유를 고려하여, $d = 38 \text{ mm}$의 로프 20개를 사용하기로 한다.

예제 11-8 로프 전동장치에 의하여 7.4 kW의 200 rpm의 동력을 750 mm의 로프 풀리로 속비 1 : 1인 종동차에 전달하기 위하여 3호(6×9)인 와이어 로프 1개를 사용하고자 한다. 로프의 크기를 결정하라. 단, 홈바닥에는 가죽을 끼우고 로프에는 약간의 그리스를 바른 것으로 한다.

풀이

$$v = \frac{\pi D_1 n_1}{1000 \times 60} = \frac{\pi \times 760 \times 200}{1000 \times 60} = 7.85 \text{ m/s}$$

$D_1 = D_2 = 750 \text{ mm}$이므로 접촉각 $\theta = 180°$이다. 로프에는 그리스를 발랐고, 홈바닥에는 가죽이 끼워져 있으므로 표 11-30으로부터 $\mu = 0.2$로 잡는다.

$$e^{\mu\theta} = 1.873$$

$$H = \frac{T_1 v}{102} \cdot \frac{e^{\theta\mu} - 1}{e^{\theta\mu}} \text{(kW)}$$

$$T_1 = \frac{102H}{v} \cdot \frac{e^{\mu\theta}}{e^{\mu\theta} - 1} = 206 \text{ kg}$$

안전계수를 10이라고 하면 절단하중 T_B는

$$T_B = 206 \times 10 = 2060 \text{ kg}$$

이것에 적합한 3호(6×19)의 로프의 크기는 표 11-24로부터 $\phi 6.3$(2종 또는 3종) 또는 $\phi 8$로 할 수 있다.

11.5 체인 전동

강판으로 만든 링크판을 핀으로 연결 결합한 체인을 2개의 체인 휠(chain wheel)또는 스프로킷(sprocket)의 이에 물리도록 감아 걸어서 동력을 전달하는 방법을 체인 전동이라 한다.

체인 전동장치는 벨트나 로프 전동과 같이 마찰에 의한 전동이 아니고 기어와 같이 이가 있는 스프로킷에 체인을 감아 걸어서 전동하므로, 미끄럼이 없이 일정한 속비를 얻을 수 있으며 비교적 큰 속비와 큰 동력 전달에 적합하다.

벨트 전동과 같이 초기 장력은 필요없으므로 정지하고 있을 때 장력이 작용하지 않으며, 베어링에도 작용하중 이외의 하중은 작용하지 않으므로 전동효율이 높다. 또한 접촉각은 120° 이상이면 되므로 축간거리를 짧게 할 수 있는 장점이 있다. 장거리(4 m 이상)의 전동이나 고속(10 m/s 이상)의 전동은 곤란하며 또 2축은 반드시 평행하여야 한다는 단점이 있다. 진동이나 소음을 일으키기 쉽고 오래 사용하면 마멸되어 진동이나 소음은 더욱 심하다.

11.5.1 체인의 종류

체인의 종류는 다음과 같이 운반용 체인과 전동용 체인으로 나눈다.

① 코일 체인(coil chain)

② 디태처블 체인(detachable chain)

③ 폐절 체인(closed joint chain)

④ 블록 체인(block chain)

⑤ 롤러 체인(roller chain)

⑥ 사일런트 체인(silent chain)

11.5.2 전동용 체인

전동용 체인에는 블록 체인(block chain), 롤러 체인(roller chain), 사일런트 체인(silent chain)의 3가지가 있는데 롤러 체인과 사일런트 체인이 가장 많이 사용된다.

(1) 블록 체인

그림 11-26과 같이 안경 모양의 블록과 플레이트(plate) 링크를 핀으로 연결한 체인으로 모두 강철로 만들어지며 4~4.5 m/s 이하의 저속용으로 마찰 부분이 많아 경하중용으로 사용하고 있다.

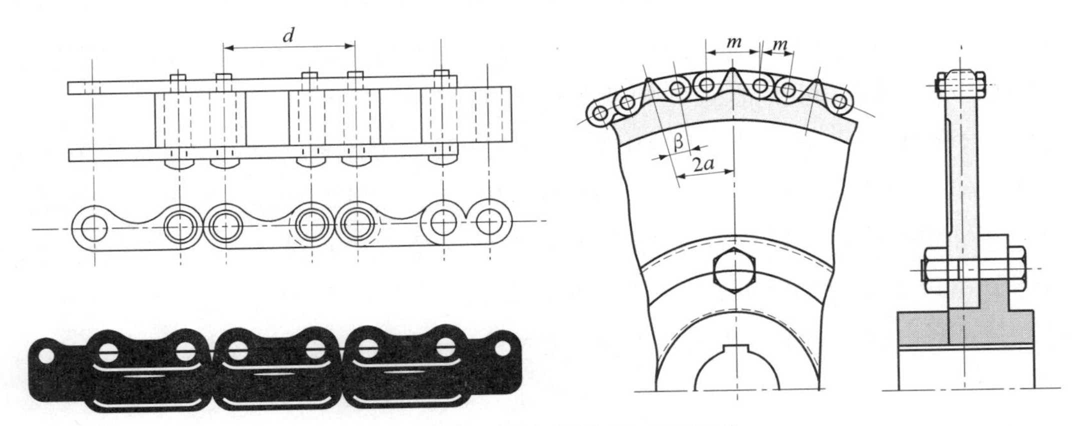

그림 11-26 블록 체인 및 스프로킷

(2) 롤러 체인

롤러 체인은 그림 11-27과 같이 롤러 링크(roller link)와 핀 링크(pin link)를 교대로 연속적으로 연결한 것이다. 롤러 링크는 2개의 강재 롤러 링크판(roller link plate)에 2개의 부시(bush)를 고정하고 롤러를 끼운 것이다.

핀 링크는 2개의 핀 링크판(pin link plate)에 2개의 핀을 고정한 것이다.

체인의 양단을 이을 때에는 그림 11-28과 같이 탈착 가능한 핀을 부착한 이음 링크를 사

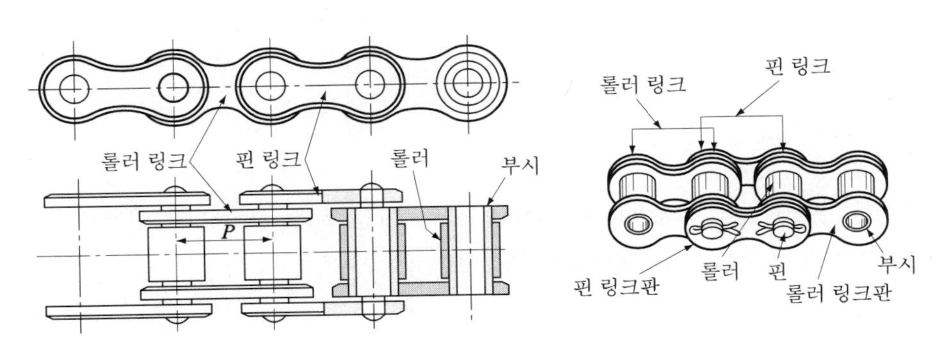

그림 11-27 롤러 체인의 구성

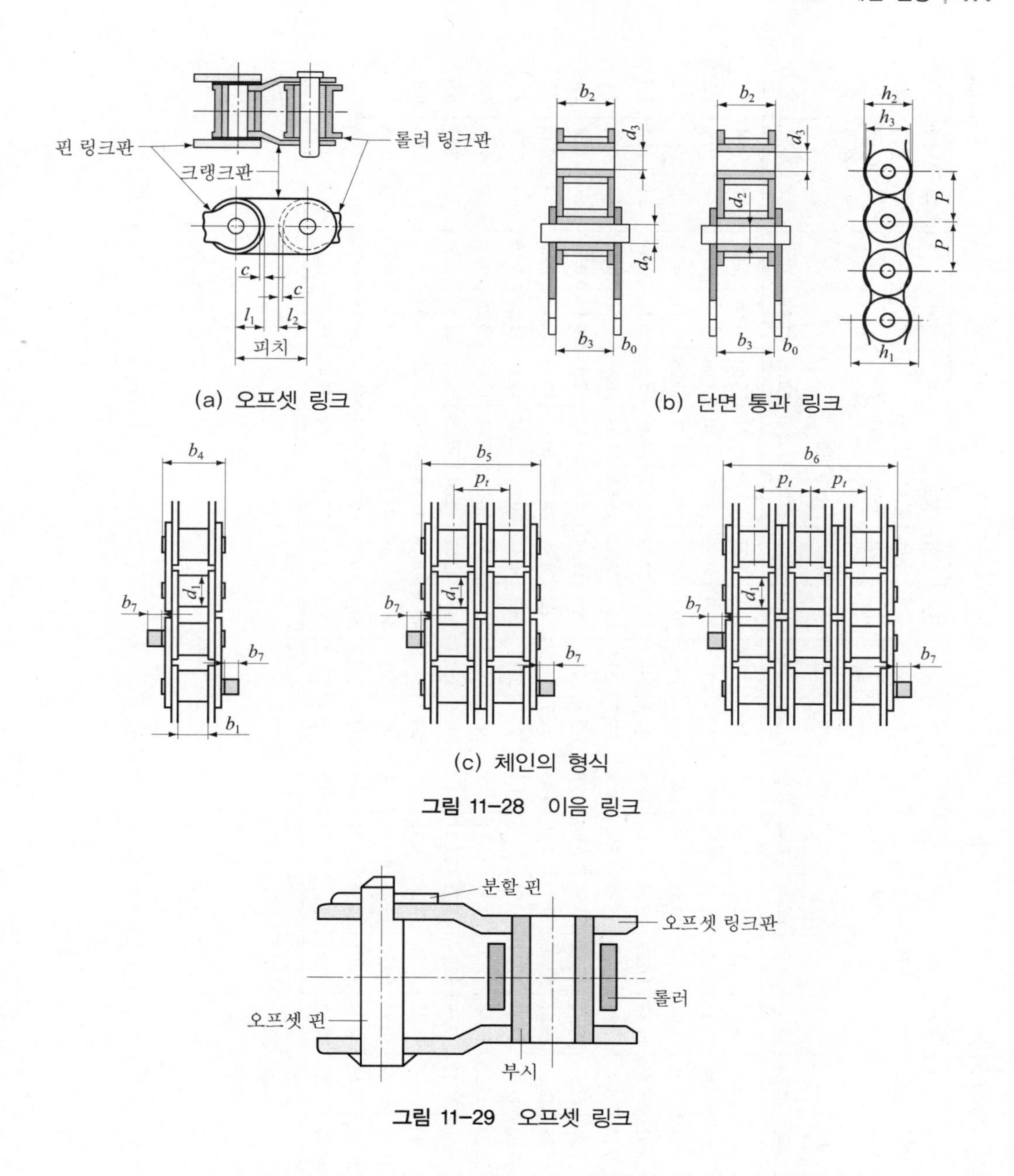

(a) 오프셋 링크

(b) 단면 통과 링크

(c) 체인의 형식

그림 11-28 이음 링크

그림 11-29 오프셋 링크

용한다. 만일 링크 수가 홀수인 경우에는 롤러 링크와 롤러 링크가 만나게 되므로 이음부에 그림 11-29와 같은 오프셋 링크(offset link)를 사용한다.

표 11-31은 KS 규격에 규정되어 있는 전동용 롤러 체인의 각부 치수와 강도를 표시한 것이다. 또한 강력한 전동에는 2열, 3열 등의 체인을 긴 편으로 연결한 다열 롤러 체인이

|표 11-31| A 계 롤러 체인의 치수

(단위 : mm)

호칭 번호		피치 p (기준값)	롤러 바깥 지름 d_1 (최대)	롤러 링크 안 폭 b_1 (최소)	롤러 링크 바깥 폭 b_2 (최대)	핀 링크 안 폭 b_3 (최소)	핀 바깥 지름 d_2 (최대)	부시 안 지름 d_3 (최소)	핀 길이			핀 길이 b_c (최대)	체인 통로 깊이 h_1 (최소)	롤러 링크판 높이 h_2 (최대)	핀 링크판 높이 h_3 (최대)	오프셋 링크			체결을 위한 추가 폭 b_7 (최대)	횡단 핀 P_t (다줄의 경우) (기준값)	판의 두께 b_0 (참고)
1종	2종								1줄 b_4 (최대)	2줄 b_5 (최대)	3줄 b_6 (최대)					l_1 (최소)	l_2 (최소)	C			
25	04C	6.35	3.3	3.1	4.8	4.86	2.31	2.33	9.1	15.5	21.8	7.1	6.27	6.02	5.21	2.64	3.06	0.08	2.5	6.4	0.75
35	06C	9.525	5.08	4.68	7.47	7.52	3.59	3.61	13.2	23.4	33.5	9.9	9.30	9.05	7.80	3.96	4.60	0.08	3.3	10.1	1.25
41	085	12.7	7.77	6.25	9.07	9.12	3.58	3.63	14	–	–	9	10.17	9.91	9.91	5.28	6.1	0.08	2	–	1.25
40	08A	12.7	7.92	7.85	11.18	11.23	3.98	4	17.8	32.3	46.7	12.8	12.33	12.07	10.41	5.28	6.1	0.08	3.9	14.4	1.5
50	10A	15.875	10.16	9.4	13.84	13.89	5.09	5.12	21.8	39.3	57.9	15	15.35	15.09	13.04	6.6	7.62	0.1	4.1	18.1	2
60	12A	19.05	11.91	12.57	17.75	17.81	5.96	5.98	26.9	49.8	72.6	18.1	18.34	18.08	15.62	7.9	9.14	0.1	4.6	22.8	2.4
80	16A	25.4	15.88	15.75	22.61	22.66	7.94	7.96	33.5	62.7	91.9	22.2	24.39	24.13	20.83	10.54	12.19	0.13	5.4	29.3	3.2
100	20A	31.75	19.05	18.9	27.46	27.51	9.54	9.56	41.1	77	113	26.7	30.48	30.18	26.04	13.16	15.24	0.15	6.1	35.8	4
120	24A	38.1	22.23	25.22	35.46	35.51	11.11	11.14	50.8	96.3	141.7	32	36.55	36.2	31.24	15.8	18.26	0.18	6.6	45.4	4.8
140	28A	44.45	25.4	25.22	37.19	37.24	12.71	12.74	54.9	103.6	152.4	34.9	42.67	42.24	36.45	18.42	21.31	0.2	7.4	48.9	5.6
160	32A	50.8	28.58	31.55	45.21	45.26	14.29	14.31	65.5	124.2	182.9	40.7	48.74	48.26	41.66	21.03	24.33	0.2	7.9	58.5	6.4
180	36A	57.15	35.71	35.48	50.85	50.98	17.46	17.49	73.9	140	206	46.1	54.86	54.31	46.86	23.65	27.36	0.2	9.1	65.8	7.1
200	40A	63.5	39.68	37.85	54.89	54.94	19.85	19.87	80.3	151.9	223.5	50.4	60.93	60.33	52.07	26.24	30.35	0.2	10.2	71.6	8
240	48A	76.2	47.63	47.35	67.82	67.87	23.81	23.84	95.5	183.4	271.3	58.3	73.13	72.39	62.48	31.4	36.4	0.2	10.5	87.8	9.5

|표 11-32| B계 롤러 체인의 치수

(단위 : mm)

호칭 번호	피치 p	롤러 바깥 지름 d_1	롤러 링크 안 폭 b_1	롤러 링크 바깥 폭 b_2	핀 링크 안 폭 b_3	핀 바깥 지름 d_2	부시 안 지름 d_3	핀 길이			핀 길이 b_c	체인 통로 깊이 h_1	롤러 링크판 높이 h_2	핀 링크판 높이 h_3	오프셋 링크			체결을 위한 추가 폭 b_7	횡단 핀 P_t (다줄의 경우)	판의 두께 b_0	
								b_4*	b_5	b_6					l_1	l_2	C			핀 링크판	롤러 링크판
	(기준값)	(최대)	(최소)	(최대)	(최소)	(최대)	(최소)	(최대)	(최대)	(최대)	(최대)	(최소)	(최대)	(최대)	(최소)	(최소)		(최대)	(기준값)	(참고)	(참고)
0.5B	8	5	3	4.77	4.9	2.31	2.36	8.6	14.3	19.9	7.4	7.37	7.11	7.11	3.71	3.71	0.08	3.1	5.64	0.75	0.75
0.6B	9.525	6.35	5.72	8.53	8.66	3.28	3.33	13.5	23.8	34	10.1	8.52	8.26	8.26	4.32	4.32	0.08	3.31	10.24	1	1.3
081	12.7	7.75	3.3	5.8	5.93	3.66	3.68	10.2	–	–	6.6	10.17	9.91	9.91	5.36	5.36	0.08	1.51	–	1	1
083	12.7	7.75	4.88	7.9	8.03	4.09	4.14	12.9	–	–	8	10.56	10.3	10.3	5.36	5.36	0.08	1.51	–	1.3	1.3
084	12.7	7.75	4.88	8.8	8.93	4.09	4.14	14.8	–	–	8.9	11.41	11.15	11.15	5.77	5.77	0.08	1.51	–	1.5	1.9
08B	12.7	8.51	7.75	11.3	11.43	4.45	4.5	17	31	44.9	12.4	12.07	11.81	10.92	5.66	6.12	0.08	3.91	13.92	1.5	1.5
10B	15.875	10.16	9.65	13.28	13.41	5.08	5.13	19.6	36.2	52.8	13.9	14.99	14.73	13.72	7.11	7.62	0.1	4.11	16.59	1.5	1.5
12B	19.05	12.07	11.68	15.62	15.75	5.72	5.77	22.7	42.2	61.7	16	16.39	16.13	16.13	8.33	8.33	0.1	4.61	19.46	1.7	1.8
16B	25.4	15.88	17.02	25.45	25.58	8.28	8.33	36.1	68	99.9	23.5	21.34	21.08	21.08	11.15	11.15	0.13	5.41	31.88	3.2	4
20B	31.75	19.05	19.56	29.01	29.14	10.19	10.24	43.2	79.7	116.1	27.7	26.68	26.42	26.42	13.89	13.89	0.15	6.11	36.45	3.5	4.5
24B	38.1	25.4	25.4	37.92	38.05	14.63	14.68	53.4	101.8	150.2	33.3	33.73	33.4	33.4	17.55	17.55	0.18	6.61	48.36	5.2	6
28B	44.45	27.94	30.99	46.58	46.71	15.9	15.95	65.1	124.7	184.3	40	37.46	37.08	37.08	19.51	19.51	0.2	7.41	59.56	6.3	7.5
32B	50.8	29.21	30.99	45.57	45.7	17.81	17.86	67.4	126	184.5	41.6	42.72	42.29	42.29	22.2	22.2	0.2	7.9	58.55	6.3	7
40B	63.5	39.37	38.1	55.75	55.88	22.89	22.94	82.6	154.9	227.2	51.5	53.49	52.96	52.96	27.76	27.76	0.2	10.2	72.29	8	8.5
48B	76.2	48.26	45.72	70.56	70.69	29.24	29.29	99.1	190.4	281.6	60.1	64.52	63.88	63.88	33.45	33.45	0.2	10.5	91.21	10	12.1
56B	88.9	53.98	53.34	81.33	81.46	34.32	34.37	114.6	221.2	–	69	78.64	77.85	77.85	40.61	40.61	0.2	11.7	106.6	12.3	13.6
64B	101.6	63.5	60.96	92.02	92.15	39.4	39.45	130.9	250.8	–	78.5	91.08	90.17	90.17	47.07	47.07	0.2	13	119.89	13.6	15.2
72B	114.3	72.39	68.58	103.81	103.94	44.48	44.53	147.4	283.7	–	88	104.67	103.63	103.63	53.37	53.37	0.2	14.3	136.27	15.7	17.4

주 (*) 다줄 롤러 체인의 핀 길이는 $b_4 + p_t \times$ (체인의 줄 수 − 1) 로 구한다.

사용되며 이때 그림과 같이 중간판이 끼워진다.

(3) 스프로킷

스프로킷은 강 또는 강인 주철로 만들며 롤러 체인용 스프로킷의 치형은 KS B 1408에서 S치형 및 U치형의 2종류로 규정하고 있다. 치형 곡선은 그림 11-30과 같이 3개의 원호 AB, BC, DE와 직선부 CD로 되어 있으며 S형은 AA'가 없고 U형은 $AA'=U$값이 있다.

1) 스프로킷의 치형 곡선 각부 치수

$$ac = 0.8D_R \qquad ab = 1.4D_R \qquad ab//ee$$

$$\angle\alpha = 35° + \frac{60°}{z} \qquad \angle\beta = 18° - \frac{56°}{z}$$

$$E = 1.3025D_R + 0.038$$

$$F = D_R\left\{0.8\cos\left(18° - \frac{56°}{z}\right) + 1.4\cos\left(17° - \frac{64°}{z}\right) - 1.3025\right\} - 0.038$$

$$K = 1.4D_R\cos\frac{180°}{z}, \quad V = 1.4D_R\sin\frac{180°}{z}$$

$$U = 0.07(p - D_R)0.051, \quad R = \frac{1}{2}(1.005D_R) + 0.076$$

$$P_t = P\left(1 + \frac{D_s - D_r}{D_P}\right)$$

D_r : 롤러의 바깥지름, D_P : 피치원 지름, $D_s = 2R$ P : 체인 피치,
P_t : 치형 피치, z : 잇수

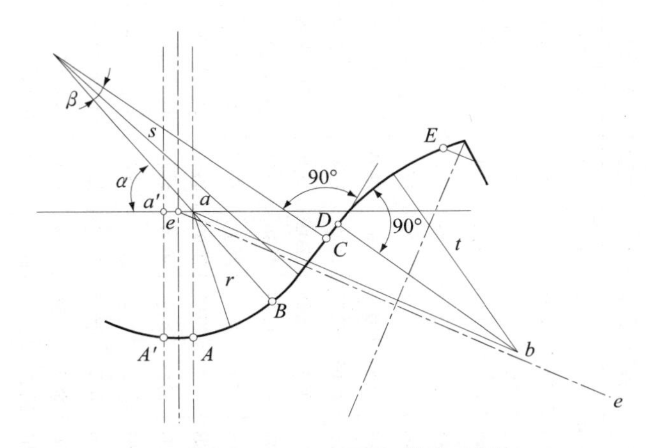

그림 11-30 스프로킷 휠의 치형

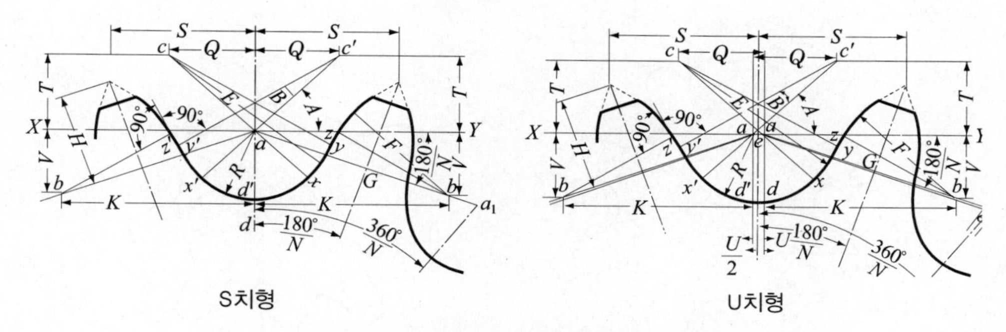

그림 11-31 스프로킷 휠의 여러 가지 치수

$$Q = 0.8D_R\cos\left(35° + \frac{60°}{z}\right)$$

$$T = 0.8D_R\sin\left(35° + \frac{60°}{z}\right)$$

$$H = \sqrt{F^2 - \left(1.4D_r - \frac{P_t}{2} + \frac{u}{2}\cos 180°/N\right)^2} + \frac{U}{2}\sin 180°/N$$

(S 치형은 $U = 0$로 한다)

※ 치선이 뾰족할 때의 바깥지름; $P_t \cot 180°N + 2H$

2) 스프로킷의 각부 치수

스프로킷 잇수는 보통 10～70개의 범위가 사용되고 있는데, 잇수가 적으면 원활한 운전을 할 수 없고 진동이 발생하고 체인의 수명이 단축된다. 그러므로 잇수는 그림 11-33과 같이 굴곡각이 17개 이하에서 급격히 증가하므로 17개 이상이 바람직하나 저속의 경우는 6개까지 사용된다. 마멸을 균일하게 하려면 스프로킷 잇수를 홀수 개로 하여 체인과 접촉하는 잇수가 많아지게 한다.

스프로킷 치부는 체인과 물고 돌 때 충격력을 받고 롤러와의 접촉에 의하여 심한 마멸이 생겨 내마모성과 인성이 필요하므로 치부의 재료는 표면경화 처리를 하고 재료 내부는 인성을 부여한다.

일반적으로 작은 스프로킷은 단조강을 사용하고 큰 스프로킷은 주철을 사용한다.

① 피치원의 지름과 바깥지름

체인 전동에서는 진동을 수반하므로 잇수와 피치원의 지름이 비례하는 상태로 설계할 수 없으므로, 즉 최소 스프로킷의 잇수는 17개 이상이 되어야 하므로 체인의 피치와 굴곡각의 관계는 다음과 같이 결정한다.

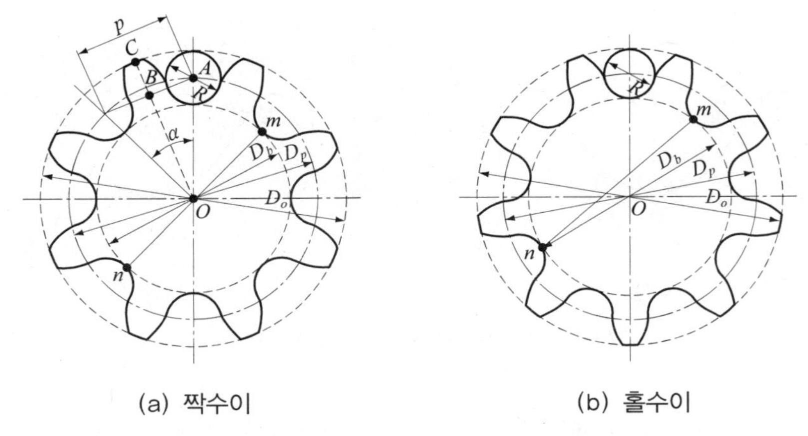

그림 11-32 스프로킷 휠의 피치원의 지름 D

체인을 스프로킷 휠에 감아걸 때 체인의 각 핀의 중심을 통과하는 원을 스프로킷 휠의 피치원이라 한다. 체인의 피치를 p, 롤러의 지름을 R, 잇수를 Z, 피치원의 지름을 D_p 라 하면 그림 11-32에서 구할 수 있다.

$$\alpha = \frac{2\pi}{Z} \text{(굴곡각)}$$

$$OA = \frac{AB}{\sin\frac{\alpha}{2}} = \frac{\frac{p}{2}}{\sin\frac{\pi}{Z}}$$

$$D_p = \frac{p}{\sin\frac{\pi}{Z}} = \frac{p}{\sin\frac{180°}{Z}} \tag{11-36}$$

바깥지름 D_0는 $BC = h = 0.3p$ 라 하면

$$D_0 = 2(OB + h) = 2\left(\frac{AB}{\tan\frac{\alpha}{2}} + 0.3p\right)$$

$$= 2\left(\frac{p}{2}\cdot\cot\frac{\pi}{Z} + 0.3p\right) = p\left(0.6 + \cot\frac{\pi}{Z}\right) = p\left(0.6 + \cot\frac{180°}{Z}\right) \tag{11-37}$$

② 이 뿌리원의 지름 D_b

$$D_b = D_p - R$$

이 뿌리 간의 거리 D_c

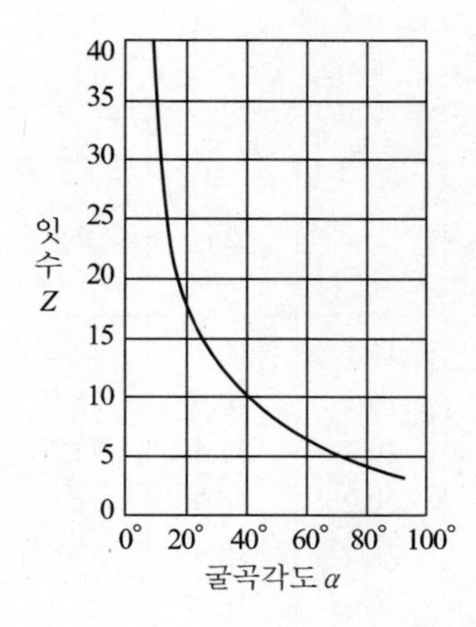

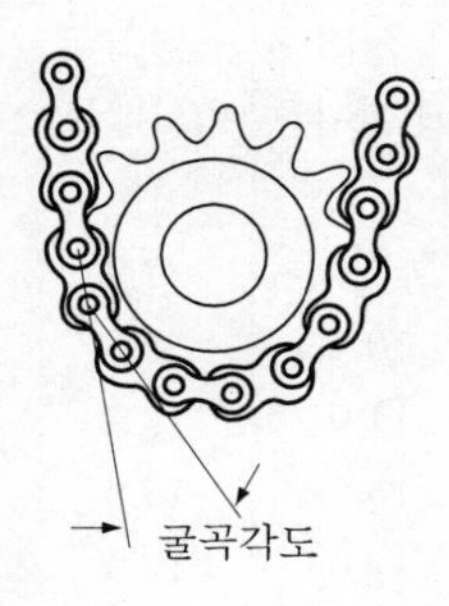

그림 11-33

잇수가 짝수인 경우 $D_c = D_b$

잇수가 홀수인 경우 $D_c = D_p \cos\dfrac{\pi}{2z} - R = \dfrac{p}{2\sin\dfrac{\pi}{2z}} - R$

$$= \frac{p}{2\sin\dfrac{180°}{2z}} - R \tag{11-38}$$

③ 돌기(boss)의 지름 D_B

$$D_B = p\left(\cot\frac{180°}{Z} - 1\right) - 0.76 \tag{11-39}$$

이 폭은 다음과 같이 정하고 있다(W는 롤러 링크 내폭(mm)이다).

- $b = 0.93\,W - 0.15$ mm(1열의 경우)
- $b = 0.90\,W - 0.15$ mm(2~3열의 경우)
- $b = 0.88\,W - 0.15$ mm(4~5열 이상)
- $b = 0.86\,W - 0.15$ mm(6열 이상)

표 11-33은 이 폭의 치수표를 표시한다.

|표 11-33| 이 폭의 치수표

체인 호칭번호	각 열(列)						이 폭: b		
	피치 P	롤러 바깥지름 R	롤러 링크내폭 W	h	r	$2q$	1열	2열 3열	4열 이상
40	12.70	7.94	7.9	5.6	11.1	16.1	7.2	7.0	6.4
50	15.88	10.16	9.5	7.1	14.3	20.6	8.7	8.4	7.8
60	19.05	11.91	12.7	8.7	16.7	23.6	11.6	11.2	10.6
80	25.40	15.88	15.8	11.5	22.2	30.9	14.6	14.0	13.2
100	31.75	19.05	19.0	13.9	26.2	38.5	17.5	17.0	16.0
120	38.10	22.23	25.4	16.3	30.2	45.7	23.4	22.6	21.4
140	44.45	25.40	25.4	19.0	34.9	54.9	23.4	22.6	21.4
160	50.80	28.58	31.7	21.4	38.9	63.2	29.4	28.4	27.0
200	63.50	39.69	38.1	23.0	57.2	77.0	35.3	34.0	32.4

체인 호칭번호	가로피치 C 2열 이상	온 이 폭: B 2열·3열			4열 이상					
		B_2	B_3	S	B_2	B_3	B_4	B_5	B_6	S
40	14.4	21.4	35.8	7.4	20.8	35.2	46.6	64.0	78.4	8.0
50	18.1	26.5	44.6	9.7	25.9	44.0	62.1	80.2	98.3	10.3
60	22.8	34.0	56.8	11.6	33.4	56.2	79.0	101.8	124.6	12.2
80	29.3	43.3	72.6	15.3	42.5	71.8	101.1	130.4	159.7	16.1
100	35.8	52.8	88.6	18.8	51.8	87.6	123.4	159.2	195.0	19.8
120	45.4	68.0	113.4	22.8	66.8	112.2	157.6	203.0	248.4	24.0
140	48.9	71.5	120.4	26.3	70.3	119.2	168.1	217.0	265.9	27.5
160	58.5	86.9	145.4	30.1	85.5	144.0	202.5	261.0	319.5	31.5
200	71.6	105.6	177.2	37.6	104.0	175.6	247.2	318.3	390.4	39.2

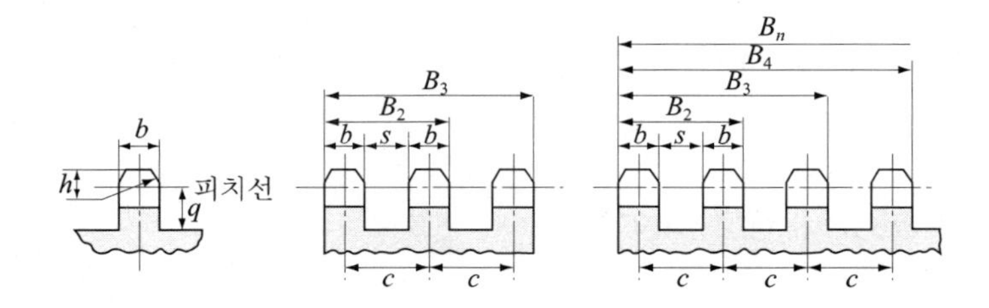

11.5.3 사일런트 체인 및 스프로킷

(1) 사일런트 체인

사일런트 체인은 롤러 체인의 결함인 마멸 때문에 늘어나서 생긴 소음과 진동, 스프로킷으로부터 벗겨지는 등의 결함을 보완하기 위해 고안된 체인으로, 규격이 따로 없어서 보통 ASA 규격에 따라 치수를 정하고 있다.

사일런트 체인은 그림 11-34의 (a)와 같은 링크판을 여러 개 겹쳐서 (c)와 같이 핀으로 연결한 것이며, 링크판의 양단 사면이 스프로킷의 이에 밀착해서 전동하므로 소음이 거의 없다. 폭 B는 전달력에 의하여 결정하나 대략 피치의 2~8배 정도이다. 이 체인은 운전 중 옆으로 이동하여 벗겨지는 우려가 있으므로 그림 11-34의 (b)와 같이 평탄한 안내 링크판(guide link plate)을 체인의 양 바깥쪽에 끼우거나(side guide type chain), 중앙에 끼워서(center guide type chain) 이것을 방지한다.

중앙에 링크판을 끼우는 경우에는 스프로킷의 중앙에 홈을 마련하여야 한다.

그림 11-34(a)에서 β는 링크판의 면각(face angle)이라 부르고 보통 52°, 60°, 70°, 80°가 사용되며, 피치가 클수록 굴곡각이 작아야 되고, 밀착력은 커야 되므로 작은 각도를 사용한다. 링크판의 연결 방법으로는 레이놀즈형(Renold type)과 모스형(Morse type)의 2종류가 있다.

표 11-34는 사일런트 체인의 치수 및 강도를 표시한 것이다.

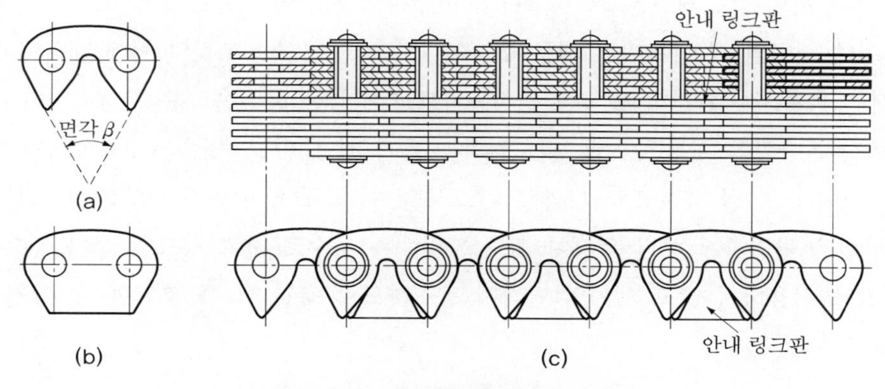

그림 11-34 사일런트 체인의 규격도

| 표 11-34 | 사일런트 체인의 규격 치수

피치		링크판 (mm)		핀의 지름 (mm)	라이너 (부시) 두께 (mm)	와 셔 (mm)		면 각
(in)	(mm)	길이	두께			지름	두께	
3/8	9.52	17.25	1.52	2.77	0.71	6.35	1.52	60°, 70° 및 80°
1/2	12.70	22.27	1.52	3.17	1.02	7.24	1.52	52° 및 60°
5/8	15.87	27.48	1.52	4.75	1.27	9.25	1.52	52° 및 60°
3/4	19.05	32.94	1.52	4.75	1.25	10.46	1.52	52°, 60° 및 70°
1	25.40	43.61	1.52	6.35	1.52	12.70	2.03	52°
1 1/4	31.75	54.02	3.04	8.71	2.03	15.87	2.03	52°
1 1/2	38.10	74.69	3.04	11.10	2.03	19.05	2.03	60° 및 52°
2	50.80	86.00	3.04	14.27	2.03	22.22	2.03	52°

(2) 사일런트 체인의 스프로킷

사일런트 체인의 스프로킷은 그림 11-35와 같이 스프로킷의 이의 양쪽은 직선이며, 하나 넘어선 이의 측면에 면각이 β인 링크판의 측면이 밀착하도록 되어 있으므로 접촉넓이가 크다. 하나의 이의 양측면이 이루는 각 ϕ는 잇수를 z라고 할 때 다음 관계가 있다.

$$\phi = \beta - \frac{4\pi}{z} \tag{11-40}$$

이와 같이 사일런트 체인은 그 링크판의 바깥쪽의 사면이 스프로킷의 이의 사면에 밀착하는 것이며 체인의 피치가 마멸 때문에 늘어나도 체인은 스프로킷의 이에 대하여 약간 바깥쪽에서 접촉할 뿐, 완전히 밀착해서 전동하므로 정숙한 운전을 계속할 수 있다.

스프로킷의 바깥쪽 지름은 보통 피치원의 지름과 같게 하고, 잇수는 $\beta = 52°$일 때 17~120개로 하여 β가 클 때는 15~11개로 감소시킬 수 있으나, 일반적으로 17개 이상으로 한다. 또 마멸을 균일하게 하기 위하여 되도록 잇수는 홀수로 하고 링크의 수는 짝수여야 오프셋 링크를 사용하지 않고 체인의 탈착이 용이하므로 축간거리를 조정할 수 있게 하여야 한다.

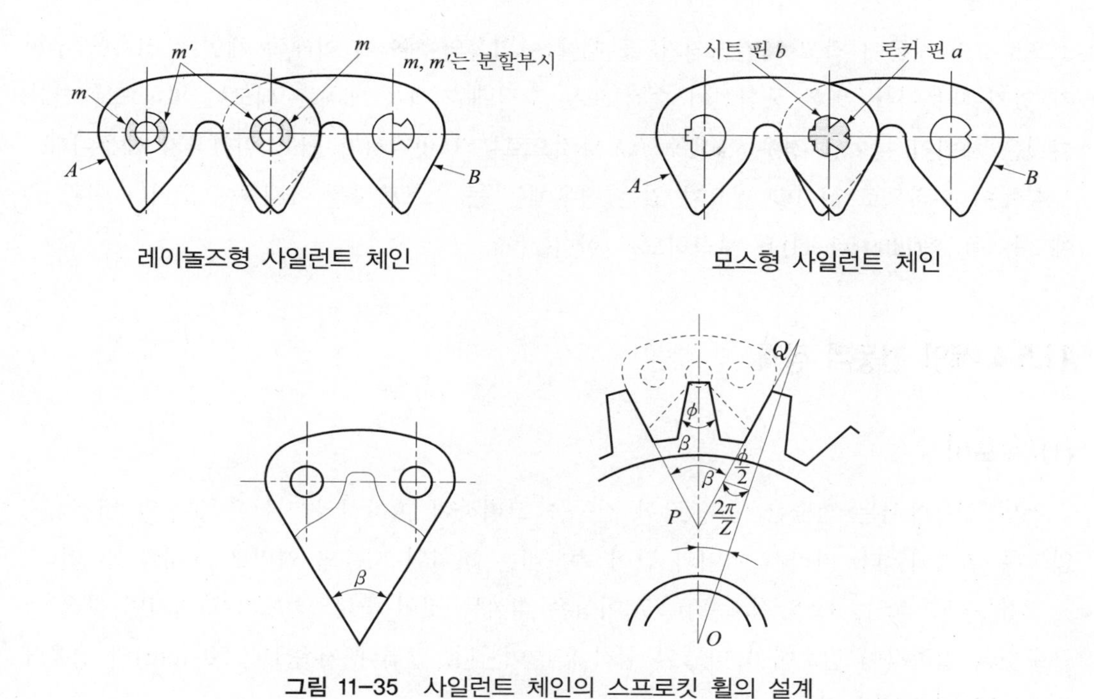

그림 11-35 사일런트 체인의 스프로킷 휠의 설계

(3) 스프로킷의 배치

스프로킷의 배치는 롤러 체인, 사일런트 체인 다같이 양 스프로킷 중심을 잇는 선을 수평으로 하거나 수평선과 이루는 각이 60° 이내로 하는 것이 바람직하다. 수평으로 할 때에는 벨트 전동의 경우와 반대로 긴장 측을 위로 이완 측을 아래로 한다.

이완 측을 위로 하면 체인이 그 자중으로 처져서 스프로킷으로부터 이탈하기 어렵고 또

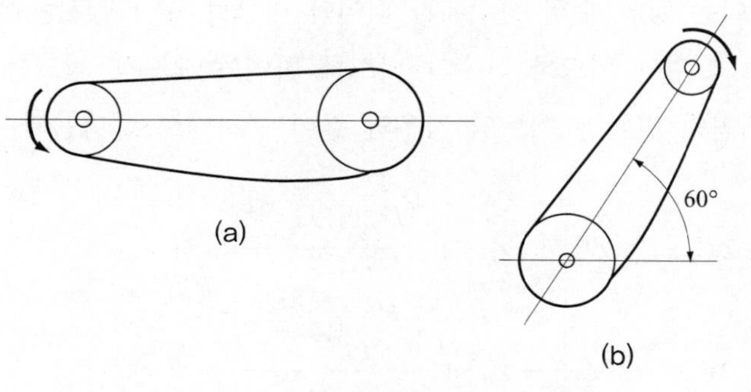

그림 11-36

스프로킷의 지름이 작고 축간거리가 클 때에는 위쪽의 체인이 아래쪽 체인에 접촉할 우려가 있기 때문이다. 또한 중심선이 수직 또는 수직에 가까운 배치는 되도록 피하도록 한다. 이것은 체인이 늘어난 경우 아래쪽 스프로킷으로부터 벗겨지기 쉽고 위험하기 때문이다.

부득이 수직으로 설치할 필요가 있는 경우에는 큰 스프로킷을 아래쪽에 두거나 이완 측에 아이들 휠(idle wheel)을 부착하도록 한다.

11.5.4 체인 전동의 설계

(1) 속도비

체인 전동에서는 전술한 바와 같이 진동을 고려하여 피치원의 지름은 잇수와 비례하지 않도록 설계되었다. 따라서 기어와 같이 속도비는 피치원 지름의 역비로 표시할 수 없다.

보통 속도비 i는 1 : 5 정도로 1 : 7 이상은 피하는 것이 좋다. 속도비가 커지면 작은 스프로킷의 접촉각이 감소하여 마멸이 심하게 일어난다. 그러나 저속(10~50 rpm)의 경우에는 1 : 10 정도까지 가능하다.

n_A, n_B : 양 스프로킷의 회전속도(rpm)

Z_A, Z_B : 양 스프로킷의 잇수라고 하면 속도비 i는 다음과 같다.

$$i = \frac{n_B}{n_A} = \frac{Z_A}{Z_B} \tag{11-41}$$

(2) 체인의 길이

실제 체인의 길이는 링크 수의 정수배가 되어야 하므로 축간거리는 어느 정도 조정할 수 있도록 하고, 링크의 수는 되도록 짝수가 되도록 하여야 오프셋 링크를 사용하지 않고 탈착이 용이하다. 체인의 길이는 벨트의 경우와 같이 근사적으로 다음과 같이 표시한다.

$$\begin{aligned} L_0 &= 2C + \frac{\pi}{2}(D_{P_1} + D_{P_2}) + \frac{(D_{P_2} - D_{P_1})^2}{4C} \\ &= 2C + \frac{\pi m}{2}(Z_1 + Z_2) + \frac{\left(\frac{P}{\pi}\right)^2 (Z_2 - Z_1)^2}{4C} \end{aligned} \tag{11-42}$$

L : 링크의 수, p : 피치, c : 축간거리, Z_1, Z_2 : 스프로킷의 잇수

$$L = \frac{2C}{p} + \frac{1}{2}(z_1 + z_2) + \frac{p\left(\frac{z_2 - z_1}{2\pi}\right)^2}{C} \tag{11-43}$$

$$= \frac{2C}{p} + \frac{1}{2}(z_1 + z_2) + \frac{0.0257p}{C}(z_2 - z_1)^2 \tag{11-44}$$

체인의 선택에 따라 축간거리를 조정하여야 하므로 식 (11-43)을 2차방정식으로 변형하여 풀면 축간거리를 나타내는 식은 다음과 같다.

$$C = \frac{L - \frac{z_1 + z_2}{2} + \sqrt{\left(L - \frac{z_1 + z_2}{2}\right)^2 - 8\left(\frac{z_2 - z_1}{2\pi}\right)^2}}{4} p \tag{11-45}$$

(3) 체인의 속도

체인의 속도 v_m은 p(mm)를 피치, n(rpm)을 스프로킷의 회전속도, Z를 스프로킷의 잇수라고 할 때, 스프로킷의 1회전마다 z개의 링크가 이송되므로

$$v_m = \frac{npz}{60 \times 1000}(\mathrm{m/s}) \tag{11-46}$$

이 속도는 평균 속도이며 실제는 그림 11-37과 같이 정다각형의 풀리에 벨트를 감은 상태가 되며, 정다각형의 정점으로 진입할 때 속도는 최대가 되고 변에 따라 진입할 때 속도는 최소가 된다. 즉, 피치원 지름을 D_p(mm), 회전속도 n(rpm)이라고 할 때

$$v_{\max} = \frac{\pi D_p n}{60 \times 1000}(\mathrm{m/s})$$

$$v_{\min} = \frac{\pi D_p n}{1000 \times 60} \cdot \cos\frac{\alpha}{2}(\mathrm{m/s})$$

가 되어 체인의 속도는 이 사이에서 주기적으로 변동하는 것이다. 이 경우의 속도변동률 ε은

$$\varepsilon = \frac{v_{\max} - v_{\min}}{v_{\max}} \times 100(\%)$$

$$= \left(1 - \cos\frac{\alpha}{2}\right) \times 100(\%) \tag{11-47}$$

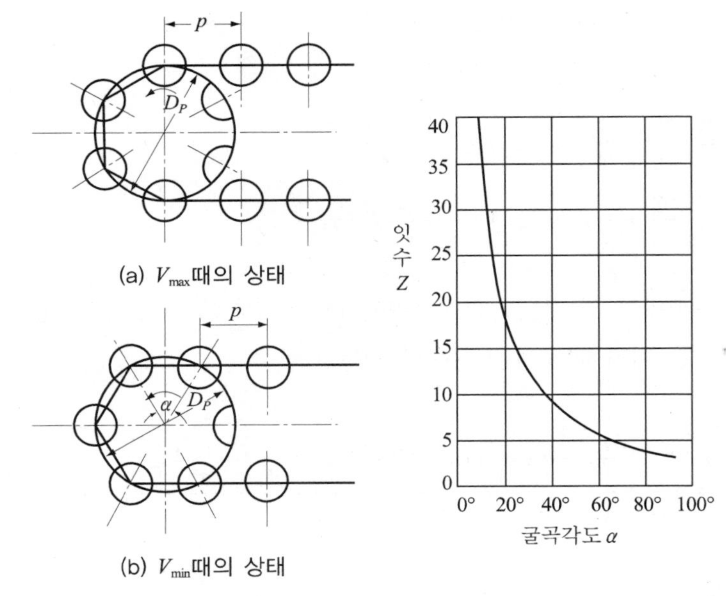

그림 11-37　체인의 속도

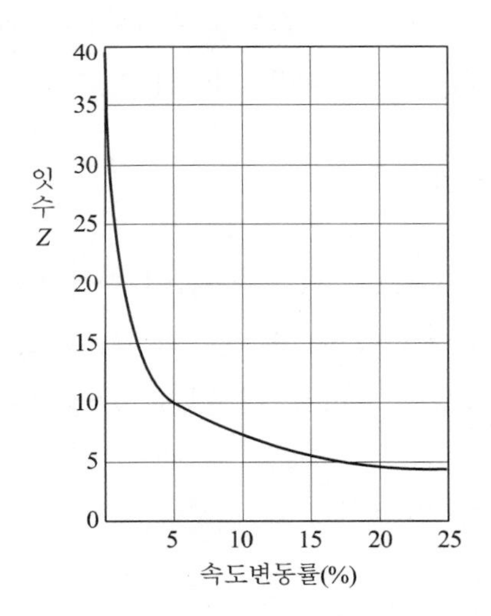

그림 11-38　속도변동률

위 식에서 스프로킷의 지름을 되도록 크게 하고 피치를 작게 함으로써(즉, 잇수를 많게 한다) 이 변동은 무시할 수 있는 정도로 할 수 있다.

가장 적당한 체인의 속도는 롤러 체인에서는 2~3 m/s까지, 사일런트 체인에서 4~6 m/s 정도이다. 위 식의 잇수 Z와 속도변동률 ε과의 관계를 도시하면 그림 11-38과 같이 된다.

이 경우에도 잇수 17 이상에서는 변동률은 적으나 그 이하가 되면 급격하게 증가한다.

따라서 체인의 속도가 어느 속도 이상인 경우 잇수가 적으면 굴곡각, 속도변동률이 다같이 크게 되어 마멸을 촉진시키고 진동을 일으키므로, 수명을 고려할 때 잇수 17개 이하의 스프로킷은 되도록 사용하지 않는 것이 좋다. 체인 스프로킷의 회전속도가 크게 되면 체인이 스프로킷에 물릴 때의 충격에 의하여 수명이 짧아지므로 회전속도에 제한을 두고 있다.

표 11-35는 잇수에 대하여 적당한 최고 회전속도를 표시한 것이다.

(4) 전달동력

체인 전동에서 초기 장력은 주지 않고, 축간거리가 비교적 짧아 자중에 의한 장력도 무시할 수 있으며, 이완 측 장력은 0이라고 생각할 수 있으므로 긴장 측의 장력이 바로 유효

| 표 11-35 | 최고 회전속도(rpm)

호칭번호 No.	40	50	60	80	100	120	140	160	200
p : 피치 (mm) / 잇수	12.70	15.88	19.05	25.40	31.75	38.10	44.45	50.80	63.50
14	2200	1580	1250	790	550	430	320	275	210
15	2400	1720	1370	860	600	470	350	300	230
16	2500	1860	1420	930	650	480	380	320	235
17	2600	1900	1450	950	670	500	400	330	240
18	2800	2030	1615	1015	730	565	415	355	260
19	2860	2060	1630	1030	750	580	430	365	270
20	2890	2090	1645	1045	770	595	445	375	280
21	2920	2120	1660	1060	790	610	450	385	285
22	2950	2150	1670	1075	810	625	455	390	290
23	2980	2180	1690	1090	830	640	465	396	295
24	3000	2200	1700	1100	850	650	470	400	300
25	3080	2230	1710	1100	850	650	475	400	295
30	3070	2220	1720	1100	840	645	470	395	290
35	2920	2130	1620	1050	760	600	440	375	275
40	2870	1960	1480	990	695	550	400	350	255
45	2550	1720	1350						
50	2200	1540							
55	1600	1300							
60	1400	1040							

장력이 된다.

$$H = \frac{Pv_m}{75}(\mathrm{PS}), \quad H_k = \frac{pv_m}{102}(\mathrm{kW}) \tag{11-48}$$

P : 유효장력 또는 긴장 측의 장력(kg), v_m : 체인의 평균 속도(m/s), H : 전달동력(PS)(kW)

유효장력 P의 결정은 체인의 파단강도와 안전계수 S로 정해지며, 안전계수 S의 값은 속도가 빠를수록 큰 값을 선택하나 보통 S의 값은 다음과 같다.

롤러 체인 $S = 5 \sim 20$
사일런트 체인 $S = 30 \sim 50$

다음에 체인 번호와 잇수가 정해지면 표 11-36에 의하여 최대 보스 지름과 최대 축지름을 결정할 수 있으므로 소정의 축지름 구멍을 스프로킷에 가공할 수 있다.

|표 11-36| 스프로킷의 최대 보스 지름 및 최대 축지름

(단위 : mm)

체인 번호	40		50		60		80		100		120		140		160		200	
피치	12.70		15.88		19.50		25.40		31.75		38.10		44.45		50.80		63.50	
잇수	최대 보스 지름	최대 축 지름	최대 보스 지름	최대 축 지름	최대 보스 지름	최대 축 지름	최대 보스 지름	최대 축 지름	최대 보스 지름	최대 축 지름	최대 보스 지름	최대 축 지름	최대 보스 지름	최대 축 지름	최대 보스 지름	최대 축 지름	최대 보스 지름	최대 축 지름
13	39	22	49	30	60	39	80	52	100	67	120	80	138	93	158	108	198	137
14	43	26	54	33	66	43	88	58	110	74	132	89	152	103	174	119	219	152
15	47	29	59	37	72	48	96	63	120	80	144	97	166	113	190	130	239	166
16	51	31	64	41	78	50	104	69	130	87	156	106	181	124	206	142	260	181
17	55	34	69	46	84	55	112	76	140	94	169	115	195	134	223	155	280	197
18	59	37	74	49	90	59	120	80	151	102	181	124	209	144	239	166	300	211
19	63	41	79	51	96	63	128	86	161	109	193	133	223	155	255	179	320	228
20	67	44	84	55	103	69	137	93	171	117	205	141	237	165	271	190	341	242
21	72	48	90	59	109	73	145	97	181	124	217	150	252	177	287	201	361	258
22	76	50	95	62	115	78	153	104	191	131	229	159	266	186	304	215	381	272
23	80	52	100	66	121	80	161	109	201	139	241	168	280	198	320	228	401	288
24	84	55	105	70	127	85	169	115	211	145	254	178	294	207	336	236	422	299
25	88	58	110	71	133	90	177	121	212	154	266	186	308	218	352	250	442	316

(5) 체인의 급유

체인 전동장치는 되도록 먼지가 붙지 않도록 사용하는 것이 좋으며, 이 밖에 적합한 급유를 함으로써 더욱 수명을 연장시킬 수 있다. 급유방법으로는 체인속도가 1 m/s 이하의 경우에는 브러시(brush)나 주유기로 체인에 기름을 바르는 정도라도 좋다. 1 m/s 이상의 속도에서는 기름단지를 설치하여 기름방울이 체인 위에 떨어지도록 한다.

체인의 속도가 3 m/s 이상의 고속에서는 기름통(oil sump)을 설치하여 체인 스프로킷의 일부가 항상 기름속을 통과하도록 한다.

예제 11-9 3.7 kW의 동력을 전달하는 체인 전동장치를 설계하라. 구동축의 회전속도 $n_1 = 900$ rpm, 피동축의 회전속도 $n_2 = 300$ rpm, 축간거리 $c = 600$ mm, 안전계수를 16으로 한다. 하중은 때때로 50 % 정도를 초과하는 것으로 한다.

풀이 먼저 구동 스프로킷의 잇수를 $Z_1 = 17$로 가정한다.

No. 40 체인을 사용한다고 하면 표 11-31로부터 $p = 12.7$ mm, $n_1 = 900$ rpm 이므로 평균 속도는

$$v_m = \frac{n_1 p Z_1}{1000 \times 60} = \frac{900 \times 12.7 \times 17}{1000 \times 60} = 3.24\,(\text{m/s})$$

전달력 P는

$$P = \frac{102H}{v_m} = \frac{102 \times 3.7}{3.24} = 116\,(\text{kg})$$

50 %를 초과하는 최대 하중

$$P_{\max} = 116 \times 1.5 = 174\,(\text{kg})$$

No. 40의 체인의 파단하중은 표 11-31로부터 1420 kg이므로

$$\text{안전계수 } S = \frac{1420}{174} = 8.2$$

No. 50 체인을 사용하면 $p = 15.88$ mm 이므로

$$v_m = \frac{n_1 p Z_1}{1000 \times 60} = \frac{900 \times 15.88 \times 17}{1000 \times 60} = 4.05\,(\text{m/s})$$

$$P_{max} = \frac{102H}{v_m} \times 1.5 = \frac{120 \times 3.7}{4.05} \times 1.5 = 140(\text{kg})$$

No. 50 체인의 파단하중은 2210 kg이므로 안전계수는

$$S = \frac{2210}{140} = 15.8$$

No. 60 체인을 사용하면 $p = 19.05$ mm이므로

$$v_m = \frac{n_1 p Z_1}{1000 \times 60} = \frac{900 \times 19.05 \times 17}{1000 \times 60} = 4.86\,(\text{m/s})$$

$$P_{max} = \frac{102H}{v_m} \times 1.5 = \frac{102 \times 3.7}{4.86} \times 1.5 = 116.5\,(\text{kg})$$

No. 60 체인의 파단하중은 3200 kg이므로 안전계수

$$S = \frac{3200}{116.5} = 27.5$$

이상의 결과로부터 No. 60의 체인은 안전계수가 과다하고, No. 50의 체인은 안전계수가 충분하지 않으므로, No. 40의 체인 2열을 사용하면 체인의 속도가 그다지 크지 않으며 안전계수도 $8.2 \times 2 = 16.4$가 되어 요구조건을 만족시킨다.

피동 스프로킷의 잇수 Z_2

$$Z_2 = Z_1 \times \frac{n_1}{n_2} = 17 \times \frac{900}{300} = 51\text{개}$$

구동 스프로킷의 피치원의 지름은

$$D_{p_1} = \frac{p}{\sin\frac{180}{Z_1}} = \frac{12.7}{\sin\frac{180°}{17}} = \frac{12.7}{0.1838} = 69.1 \text{ mm}$$

바깥지름은

$$D_{o_1} = p\left(0.6 + \cot\frac{180°}{Z_1}\right) = 12.7 \times \left(0.6 + \cot\frac{180°}{17}\right)$$

$$= 12.7 \times (0.6 + 5.348) = 75.34 \text{ mm}$$

이 뿌리원의 지름

$$D_{b_1} = D_{p_1} - R = 69.1 - 7.94 = 61.16 \text{ mm}$$

피동 스프로킷의 피치원 지름은

$$D_{p_2} = \frac{p}{\sin\dfrac{180°}{Z_2}} = \frac{12.7}{\sin\dfrac{180°}{51}} = \frac{12.7}{0.0616} = 206.17$$

바깥지름

$$D_{o_2} = p\left(0.6 + \frac{\cot 180°}{Z_2}\right) = 12.7 \times \left(0.6 + \cot\frac{180°}{51}\right)$$

$$= 12.7 \times (0.6 + 16.215) = 213.55 \text{ mm}$$

이 뿌리원의 지름

$$D_{b_2} = D_{P_2} - R = 206.17 - 7.94 = 198.23 \text{ mm}$$

표 11-32에서 No. 40의 체인이 2열인 경우

가로 피치 $c = 14.4$ mm

이 폭 $B_2 = 21.4$ mm

체인의 링크 수 L은

$$L = \frac{2C}{p} + \frac{1}{2}(Z_1 + Z_2) + \frac{0.0257p}{C}(Z_2 - Z_1)^2$$

$$= \frac{2 \times 600}{12.7} + \frac{1}{2}(17 + 51) + \frac{0.025 \times 12.7}{600}(51 - 17)^2$$

$$= 94.5 + 34 + 0.63 = 129.13 \fallingdotseq 130\text{개}$$

따라서 체인의 길이를 mm로 표시하면

$$L_O = L.P = 130 \times 12.7 = 1651 \text{ mm}$$

축간거리를 조정하면

$$C = \frac{L - \dfrac{Z_1 + Z_2}{2} + \sqrt{\left(L - \dfrac{Z_1 + Z_2}{2}\right)^2 - 8\,\dfrac{(Z_2 - Z_1)^2}{2\pi}}}{4} \times P$$

$$= \frac{130 - \dfrac{17+51}{2} + \sqrt{\left(130 - \dfrac{17+51}{2}\right)^2 - 8\left(\dfrac{51-17}{2\pi}\right)^2}}{4} \times 12.7$$

$$= \frac{190.77 \times 12.7}{4} = 605.7\,(\mathrm{mm})$$

로 조정한다.

예제 11-10 No. 40 롤러 체인으로 2.4 kW의 동력을 전달할 때 안전계수를 15 이상으로 유지하기 위하여 체인의 속도는 어느 범위로 하면 되는가?

풀이 40의 체인의 파단하중 1420 kg이므로

$$p = \frac{1420}{15} = 94.67\ \mathrm{kg}$$

$$v_m = \frac{102H}{p} = \frac{102 \times 2.4}{94.67} = 2.586\ \mathrm{m/s}$$

$p \le 94.67$ kg이면 $v_m \ge 2.586$ m/s 이므로 체인의 속도는 항상 2.586 m/s 이상으로 유지할 필요가 있다.

연습문제

1. 회전속도 350 rpm 풀리의 지름 $D_1 = 450$ mm의 원동 풀리로부터 축간거리 $c = 4$ m인 종동 풀리 지름 $D_2 = 650$ mm에 평행걸기에서 평 벨트의 치수 및 길이를 구하라.

2. 1겹 가죽 벨트로 운전되는 5 PS의 제재기계가 있다. 풀리의 지름 100 mm, 회전속도 360 rpm 접촉각 135°, 마찰계수 0.25, 벨트의 인장강도 200 kg/cm^2, 안전계수 12, 이음효율은 80 %로 하고 필요한 벨트의 폭을 결정하라.

3. 폭 $b = 203$ mm의 2겹 벨트(두께 $t = 8$ mm)로 지름 650 mm, 회전속도 600 rpm의 벨트 풀리를 운전할 때 마찰계수 $\mu = 0.2$, 접촉각 $\theta = 165°$라고 하면 전달할 수 있는 동력은 얼마인가? 단, 이음효율 $\eta = 80\%$, 벨트의 허용 인장응력 $\sigma = 20$ kg/cm^{2}로 한다.

4. 평행걸기로 폭 140 mm, 두께 5 mm, 허용응력이 0.2 kg/mm^{2}인 가죽 벨트를 사용할 때 몇 마력까지 사용 가능한가? 단, 구동 풀리의 지름 150 mm, 회전속도 400 rpm, 속도비는 1 : 4, 축간거리 5 m, 이음효율 80 %, 마찰계수 0.2로 한다.

5. 7.5 PS, 250 rpm, 풀리의 지름이 450 mm로 평고무 벨트를 사용하여 펌프를 운전하려 한다. 벨트의 폭 및 풀리의 폭을 결정하라.

6. 5 PS, 1500 rpm, 지름 125 mm의 벨트 풀리가 부착되어 있는 모터가 있다. 평행걸기로 지름 500 mm의 벨트 풀리를 부착한 전동축을 운전하는데 4겹의 고무 벨트를 사용할 때 적당한 폭을 결정하라. 단, 축간거리 3 m, 마찰계수 $\mu = 0.3$, 이음효율은 65 %이다.

7. 회전속도 1150 rpm, 동력 5 PS의 모터로 지름 150 mm의 벨트 풀리로부터 두께 5 mm의 1겹 가죽 벨트를 사용하여 회전을 전달하려고 한다. 가죽 벨트는 접착제 이음으로 하고 접촉각 130°, 마찰계수 0.2로 하여 필요한 벨트의 폭을 결정하라.

8. 지름이 각각 100 mm, 500 mm인 주철제 벨트 풀리에 1겹 가죽 벨트를 사용하여 2.5 PS의 동력을 전달하고자 한다. 축간거리 2 m, 작은 풀리의 회전속도 1200 rpm

일 때 유효장력, 벨트의 폭, 베어링에 걸리는 하중을 구하라. 단, $\mu = 0.2$, $\sigma_a = 0.2$ kg/mm^{2}이다.

9. 축간거리 5 m, 지름이 각각 400 mm, 450 mm인 주철제 벨트 풀리를 평행걸기의 가죽 벨트로 35 PS의 동력을 전달하려고 한다. 벨트의 속도 900 mm/min일 때의 벨트의 폭과 풀리의 폭을 결정하라. 단, 이음효율은 90 %이며, $\mu = 0.2 \sim 0.3$, $\sigma_a = 0.2$ kg/mm^{2}이다.

10. 3 PS, 1800 rpm의 모터로부터 평행걸기의 가죽 벨트로 360 rpm의 공작기계를 운전하려 한다. 축간거리를 1 m로 할 때 벨트의 치수, 벨트의 길이, 초기 장력을 주기 위한 벨트를 줄이는 양, 벨트 풀리의 치수를 결정하라.

11. 원동축의 회전속도가 100 rpm, 종동축의 회전속도가 최고 300 rpm, 최소 75 rpm, 축간거리 2 m일 때 평행걸기에 의한 3단 단차의 각단의 지름을 결정하라. 단, 주축의 최소 지름은 90 mm이다.

12. 구동축의 회전속도가 100 rpm일 때 단차를 사용하여 피동축의 회전속도를 25 rpm, 50 rpm, 75 rpm, 100 rpm으로 변속시키려 한다. 전달동력은 1/4 PS이고, 축간거리를 2 m라 할 때 엇걸기와 평행걸기에 대하여 이 변속장치에 필요한 벨트 및 단차의 치수를 결정하라. 단, 단차의 최소 지름은 120 mm로 한다.

13. 축간거리가 2 m이고, 원동차의 회전속도가 250 rpm, 종동차의 회전속도가 최대 500 rpm 최소 100 rpm이 되도록 4단의 평행걸기 단차를 설계하라. 단, 최고 3 PS의 동력을 전달하는 것으로 한다.

14. 원동축의 회전속도 150 rpm 종동축의 회전속도를 최고와 최저의 비를 4라 할 때 엇걸기의 4단 단차를 설계하라. 단, 원동 풀리와 종동 풀리의 모양은 같은 모양으로 하고 최대 지름을 280 mm로 한다.

15. 벨트의 속도 $v = 25$ m/s일 때의 D형 V벨트 1개의 전달동력을 계산하라. 단, 접촉각 135°, 마찰계수는 0.4로 한다.

16. 6개의 D형 V벨트를 사용하여 전동할 때 접촉각 160°, 부하 수정계수 0.7, 벨트의 속도 1350 m/min라고 하면 전달할 수 있는 최대 동력은 얼마인가?

17. 35 PS의 방직기계가 있다. E형 V벨트를 사용하여 운전할 때, 벨트의 속도 10 m/s, 접촉각 140°라면 필요한 V벨트의 개수는 몇 개인가?

18. 회전속도 1100 rpm의 모터로부터 V벨트로 운전되는 10 PS, 110 rpm의 공기압축기가 있다. V벨트 풀리의 지름을 150 mm, 1500 mm, 축간거리가 1000 mm라 하고 C형 V벨트를 사용하면 몇 개가 필요한가? 또 D형 V벨트의 개수는 몇 개인가?

19. 1300 rpm, 20 PS의 전동기로부터 V벨트로 250 rpm의 공기압축기를 운전하려 한다. V벨트의 형, 개수를 결정하라. 단, 축간거리는 1.7 m이다.

20. 출력이 3 kW, 1440 rpm의 전동기에 의하여 공작기계에 300 rpm의 회전을 전달하는 경우 축간거리를 570 mm로 하고, 적합한 V벨트 전동장치를 설계하라.

21. 6 PS의 동력을 회전속도 1200 rpm에서 1/4로 감속하여 공작기계에 전달할 때의 V벨트의 형, 개수 및 길이를 결정하라. 단, 축간거리는 450 mm, 마찰계수 0.25, 허용인장응력 0.18 kg/mm^2, 약간의 충격이 있는 것으로 간주한다.

22. 출력 50 PS, 회전속도 1000 rpm의 모터에 의하여 300 rpm의 공작기계를 운전하려 한다. 축간거리가 1.5 m 마찰계수를 0.3으로 하고 이에 사용하는 V벨트 전동장치를 설계하라.

23. V벨트에 의하여 운전되는 20 PS, 400 rpm의 공기 압축기가 있다. 모터 축의 벨트 풀리는 지름이 120 mm, 회전속도가 1150 rpm이고 축간거리는 큰쪽 벨트 풀리의 지름과 같다고 할 때 V벨트의 형, 개수, 길이를 결정하라.

24. 다음 조건에 의한 V벨트 전동장치를 설계하라. 모터의 출력 25 PS, 회전속도 1150 rpm, 축간거리 700 mm 이내, 425 rpm의 송풍기를 운전한다.

25. 3 PS, 1800 rpm의 모터에 의하여 360 rpm으로 운전되는 공작기계를 V벨트로 전동

하려고 한다. 이 전동장치의 필요 치수를 결정하라. 단, 축간거리는 양 V벨트 풀리 사이에 작은 풀리의 지름만큼 여유가 생기게 하고 다음을 계산하라.

① V벨트의 형, 길이 및 개수

② V벨트 풀리의 바깥지름, 피치원의 지름, 홈의 모양 및 치수

③ 축간거리

26. 10 PS, 250 rpm의 동력을 지름 80 cm인 로프 풀리로서 동일한 회전속도의 종동축에 전달하기 위하여 1호 (6×7)의 와이어 로프 1개를 사용할 때 필요한 로프의 크기를 결정하라. 단, 홈 바닥에 목재를 끼운다.

27. 지름이 20 mm인 3호 3종의 와이어 로프를 사용하여 500 PS를 전달할 때 와이어 로프를 몇 개 사용하면 되겠는가? 단, 마찰계수는 0.2, 접촉각은 180°, 로프의 속도는 10 m/s, 안전계수는 10, 이음효율은 70 %이다.

28. 지름이 1000 mm, 회전속도가 400 rpm인 원동 로프 풀리에 지름 14 mm인 1호 1종 와이어 로프를 5개 사용할 때, 전달할 수 있는 동력은 몇 PS인가? 단, 마찰계수는 0.2, 속도비 1 : 1, 안전계수는 10, 이음효율은 70 %로 한다.

29. No. 100의 롤러 체인 스프로킷에서 잇수가 40일 때 피치원의 지름 및 바깥지름을 구하라.

30. No. 60의 롤러 체인을 잇수 40, 회전속도 200 rpm인 스프로킷에 사용했을 때, 전달할 수 있는 동력은 얼마인가? 단, 안전계수는 15로 한다.

31. No. 50의 롤러 체인으로 4 PS로 동력을 전달할 때 안전계수를 15 이상으로 하기 위해서는 체인의 평균 속도는 어떤 범위로 하면 되는가?

32. 5.5 kW의 동력을 회전속도 750 rpm인 원동축으로부터 축간거리 820 mm, 회전속도 250 rpm인 종동축에 전달하고자 한다. 롤러 체인을 사용하고, 체인의 평균 속도 3 m/s, 안전계수를 15로 하여, 체인 번호, 체인의 길이, 양 스프로킷의 피치원의 지름, 바깥지름 및 잇수를 결정하라.

33. 6 PS의 동력을 전달하는 다음과 같은 롤러 체인 전동장치를 설계하라. 원동축의 회전속도 1000 rpm, 종동축의 회전속도 250 rpm, 축간거리 750 mm, 안전계수 15, 하중은 때때로 50 % 초과하는 것으로 한다.

34. No. 50의 롤러 체인을 잇수 18, 60, 축간거리 730 mm인 스프로킷에 감아걸 때 필요한 체인의 길이를 구하라. 또 작은 스프로킷이 600 rpm으로 회전할 때 전달동력을 구하라. 단, 안전계수는 15로 한다.

35. No. 120의 단열 롤러 체인을 원동 스프로킷의 회전속도 50 rpm, 잇수 25, 종동 스프로킷의 잇수는 30, 축간거리 1200 mm인 체인 전동장치에 사용할 때 양 스프로킷의 피치원의 지름 바깥지름 이 뿌리원의 지름, 이 폭, 체인의 길이 및 전달동력을 구하라.

12 브레이크

브레이크는 마찰을 이용하여 회전축의 속도를 조정하거나 정지시키는 데 사용하는 장치로서, 회전축의 운동에너지를 마찰에 의한 열 에너지로 변환해서 흡수하여 회전을 저하시키거나 정지시키는 것이다. 이와 같은 마찰 브레이크(friction brake)의 구조는 마찰력을 발생시키는 작동 부분과 이것에 힘을 가하는 조작 부분으로 되어 있다. 조작 부분에 작용시키는 조작력은 인력, 스프링의 힘, 공기력, 유압력, 원심력, 전자력 등이 있다.

12.1 블록 브레이크(block brake)

블록 브레이크는 회전하는 브레이크(brake drum)에 1~2개의 블록을 브레이크 레버로 밀어붙여 회전을 정지시키는 장치이다.

12.1.1 단식 블록 브레이크(single block brake)

드럼 회전축 또는 베어링에 굽힘력이 작용하므로 작은 제동력을 필요로 하는 경우에 사용하며 그림 12-1과 같다.

그림에서 제동 토크 T는

$$T = \mu P_n r = P \times \frac{d}{2} \tag{12-1}$$

$d = 2r$: 브레이크 드럼의 지름, P : 제동력(braking force)

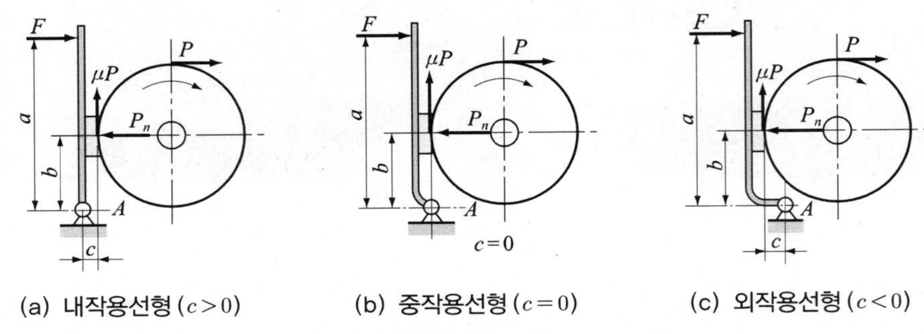

(a) 내작용선형 ($c>0$) (b) 중작용선형 ($c=0$) (c) 외작용선형 ($c<0$)

그림 12-1 단식 블록 브레이크의 형식

P_n : 브레이크 드럼과 브레이크 블록 사이의 전체 제동력(즉, 블록을 드럼에 밀어붙이는 힘)
μ : 블록과 드럼 사이의 마찰계수, F: 브레이크 레버의 끝에 작용시키는 힘(조작력)
a, b, c : 브레이크 레버의 치수

조작력 F는 블록과 일체로 되어 있는 브레이크 레버의 평형 조건으로부터 그림 12-1(a)의 경우

• 우회전의 경우

$$F \cdot a - P_n b - \mu P_n \cdot c = 0$$

$$F = \frac{P_n(b + \mu c)}{a} \tag{12-2}$$

• 좌회전의 경우

$$F \cdot a - P_n \cdot b + \mu P_n \cdot c = 0$$

$$F = \frac{P_n(b - \mu c)}{a} \tag{12-3}$$

그림 12-1(b)에서 $c = 0$이므로 회전 방향에 관계없이 제동효과는 일정하다.

$$F \cdot a - P_n \cdot b = 0$$

$$\therefore\ F = P_n \cdot \frac{b}{a} \tag{12-4}$$

그림 12-1(c)의 경우

• 우회전의 경우

$$F \cdot a - P_n \cdot b + \mu P_n \cdot c = 0$$

$$\therefore\ F = \frac{P_n(b - \mu c)}{a} \tag{12-5}$$

• 좌회전의 경우

$$F \cdot a - P_n \cdot b - \mu P_n \cdot c = 0$$

$$\therefore\ F = \frac{P_n(b + \mu c)}{a} \tag{12-6}$$

그림 (a) 및 (c)는 축의 회전 방향에 따라 F는 $\dfrac{P_n \cdot \mu c}{a}$ 만큼 증감하나, 일반적으로 c는 b의 $\dfrac{1}{5}$ 정도, μ는 0.1~0.6 정도로서 F의 변화는 2~12 %이므로 실용상의 지장은 없다.

그러나 $b - \mu c \le 0$일 때, 즉 c가 b에 대하여 상당히 커지게 되면 $F \le 0$이 되어 자동적으로 브레이크가 걸리게 된다. 따라서 이러한 경우는 축회전을 제어하는 브레이크로서 사용할 수 없다.

마찰면의 제동력을 크게 하기 위하여 그림 12-2와 같이 드럼에 V형 홈을 판 장치가 있다.

그림에서 P_n에 의하여 마찰면에 생기는 수직력을 N이라 하면

$$2N = \frac{P_n}{\sin\alpha + \mu\cos\alpha}$$

제동력 $f \le 2\mu N$이므로

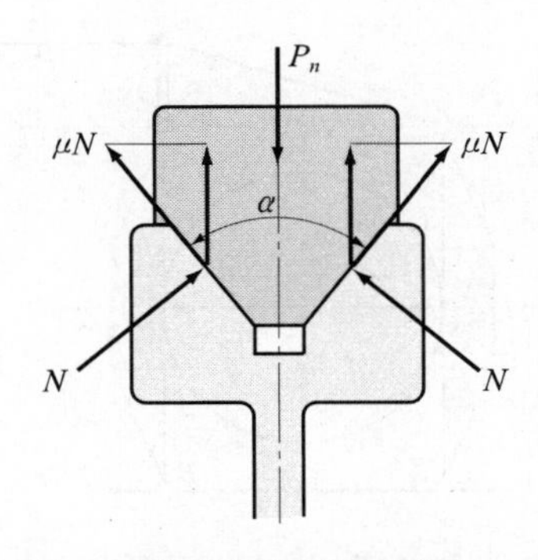

그림 12-2 쐐기형의 단식 블록 브레이크

$$\mu' = \frac{\mu}{\sin\alpha + \mu\cos\alpha}$$

라고 하면

$$f \leq \frac{\mu P_n}{\sin\alpha + \mu\cos\alpha}$$

$$\text{제동력 } f \leq \mu' P_n \tag{12-7}$$

위 식에서 α가 작을수록 큰 제동력을 얻을 수 있으나, α를 너무 작게 하면 블록의 쐐기가 홈에 세게 끼워지므로 보통 $2\alpha \geq 45°$로 한다.

12.1.2 복식 블록 브레이크(double block brake)

그림 12-3과 같이 축에 대하여 2개의 블록을 설치하여 드럼 양쪽에서 밀어붙이므로 베어링과 축에 굽힘 모멘트가 작용하지 않는다. 이 브레이크 장치는 전동 윈치나 기중기(crane) 등에 많이 사용되는 것으로서 제동력은 스프링 또는 추(weight)에 의하여 주어진다. 제동을 풀 때는 전자석이 많이 사용된다.

제동 토크 T는 그림 12-3에서 F를 스프링의 힘, Y를 전자석의 힘이라고 하면, 지점 A 둘레의 모멘트의 평형으로부터

$$F \cdot a = P_n \cdot b$$

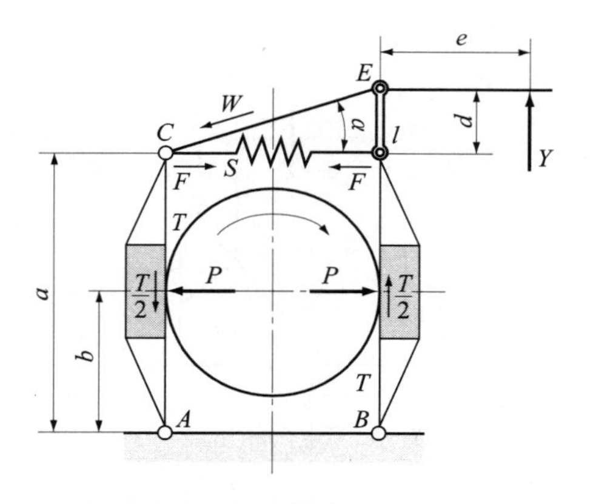

그림 12-3 복식 블록 브레이크

$$\therefore\ F = \frac{P_n \cdot b}{a}$$

지점 E 둘레의 모멘트 평형 0으로부터

$$F \cdot d = Y \cdot e$$

$$\therefore\ Y = \frac{F \cdot d}{e}$$

따라서

$$Y = \frac{P_n bd}{ae},\ P_n = \frac{Yae}{bd}$$

제동력 $P \le 2\mu P_n$ 이므로 $P \le 2\mu Y \cdot \frac{ae}{bd}$ 로 표시된다.

12.1.3 내확 브레이크(internal expansion brake)

내확 브레이크는 그림 12-4와 같이 2개의 브레이크 슈(brake shoe)가 브레이크 휠(brake wheel)의 안쪽에 있으며 바깥쪽으로 확장되어 브레이크 휠에 접촉하므로서 회전축을 제동하는 장치이다. 브레이크 슈를 확장하려면 그림과 같이 캠을 사용하거나, 유압장치를 사용한다. 마찰면이 안쪽에 있으므로 먼지가 부착되는 일이 적고, 브레이크 바깥면으로 열의 발산작용이 잘 된다. 이 형식은 자동차용으로 많이 사용된다.

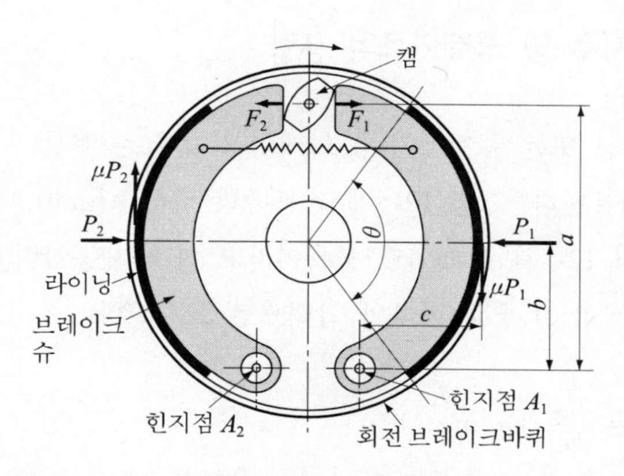

그림 12-4 캠에 의한 내확 브레이크의 단면도

F_1, F_2 : 브레크 슈를 미는 힘, P_1, P_2 : 마찰면에 작용하는 수직력

a, b, c : 브레이크 슈의 치수, 제동력 $P = \mu P_1 + \mu P_2$

F_1, F_2는 브레이크 슈 지점 둘레의 모멘트의 평형조건으로부터 구할 수 있다.

• 우회전의 경우

$$F_1 = \frac{P_1(b - \mu c)}{a}$$
$$F_2 = \frac{P_2(b + \mu c)}{a} \tag{12-8}$$

• 좌회전의 경우

$$F_1 = \frac{P_1(b + \mu c)}{a}$$
$$F_2 = \frac{P_2(b - \mu c)}{a} \tag{12-9}$$

우회전의 경우는 μP_1은 오른쪽 브레이크 슈를 더욱 밀어서 벌리는 작용을 하고 μP_2는 왼쪽의 브레이크 슈를 안쪽으로 밀어서 되돌리는 작용하므로 오른쪽 브레이크 슈에 의한 제동작용이 왼쪽보다 크게 한다.

좌회전의 경우는 반대가 된다. 접촉각 θ는 $\mu < 0.4$인 경우는 $\theta < 90°$이고 $\mu < 0.2$의 경우는 $\theta < 120°$ 정도로 잡는다.

12.1.4 브레이크의 치수 및 브레이크의 용량

브레이크 드럼은 주철 또는 주강제이며, 브레이크 블록은 주철, 주강, 목재 등에 석면직물, 가죽 등을 붙여 사용한다. 그림 12-5에서 블록의 폭을 b(mm), 길이를 e(mm), 드럼의 반지름을 r(mm), 그림 12-5를 브레이크 블록이라고 하면 제동압력(braking pressure) p는 블록의 투사넓이(마찰넓이 $A = be$)마다의 압력으로 표시된다.

$$p = \frac{P_n}{A} = \frac{P_n}{be} \,(\mathrm{kg/mm^2}) \tag{12-10}$$

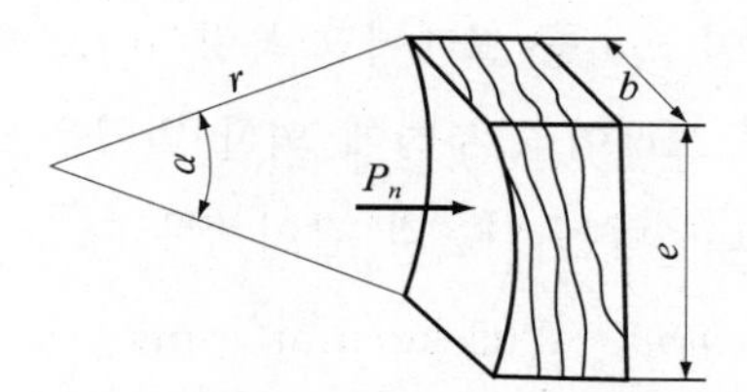

그림 12-5 브레이크 블록

접촉 중심각은 $\alpha = 50 \sim 70°$로 잡는다. 이것으로 $e/d(2r)$와의 관계를 구할 수 있다. e의 값이 d에 대하여 작을수록 압력은 균일하게 된다.

표 12-1은 브레이크 재료의 마찰계수와 허용 제동압력을 표시한 것이다.

브레이크 블록의 치수를 결정하려면 발생하는 마찰열의 방산을 고려하여야 한다. 마찰열은 블록의 투사넓이의 마찰일로 인하여 발생하므로 단위 시간마다의 마찰일량, 제동마력 H(PS)는

$$H = \frac{Pv}{75} = \frac{\mu P_n v}{75} = \frac{\mu p v A}{75}(\mathrm{PS}) \tag{12-11}$$

P : 제동력(kg), v : 브레이크 드럼의 원주속도(m/s)

따라서 마찰면의 단위넓이에 대해서

$$\frac{75H}{A} = \frac{\mu P_n v}{A} = \mu p v\,(\mathrm{kg/mm^2 \cdot m/s})$$

|표 12-1| 브레이크 재료의 마찰계수 μ의 값

재 료	허용 제동압력 q_a (kg/cm^2)	마찰계수 μ	사용조건
주 철	10 이하	0.1~0.2 0.08~0.12	건 조 윤 활
강철대		0.15~0.20 0.10~0.15	건 조 윤 활
연 강		0.15	건 조

재 료	허용 제동압력 q_a (kg/cm^2)	마찰계수 μ	사용조건
연 철	4~8 2~3	0.18	건 조
놋 쇠		0.1~0.2	건조유욕
청 동		0.1~0.2	건조유욕
목 재		0.15~0.25	소량의 기름
파이버		0.05~0.10	건조유욕
가 죽		0.25~0.30	건조윤활
석면직물		0.35~0.60	건 조

만큼의 열이 발생하게 된다. 이 μpv를 브레이크 용량이라고 하며, 이 값을 어느 한도 이내로 제한할 필요가 있다. 보통 브레이크 부하에 의한 발열을 고려하여 브레이크 드럼은 자연냉각된다고 할 때 브레이크 용량은 다음과 같이 잡는다.

- 사용 정도가 심한 경우: $\mu pv < 0.06\ \text{kg/mm}^2 \cdot \text{ms}$
- 사용 정도가 심하지 않은 경우: $\mu pv < 0.1\ \text{kg/mm}^2 \cdot \text{m/s}$
- 방열 상태가 좋고 사용 상태가 심하지 않을 때: $\mu pv < 0.3\ \text{kg/mm}^2 \cdot \text{m/s}$

다음에 브레이크 레버 끝단에 작용시키는 힘, 조작력 F는 수동의 경우 보통 10~15 kg, 최대 20 kg 정도이고, 레버의 치수 b/a의 치수는 보통 1/3~1/6이며, 최소 1/10 정도로 한다.

브레이크를 걸지 않을 때 블록과 드럼 사이의 최대 간격은 2~3 mm로 한다.

예제 12-1 그림 12-6과 같이 드럼축에 20000 mm · kg의 토크가 작용하고 있다. 마찰계수가 0.2일 때 이 장치를 제동할 수 있는 조작력 F를 구하라.

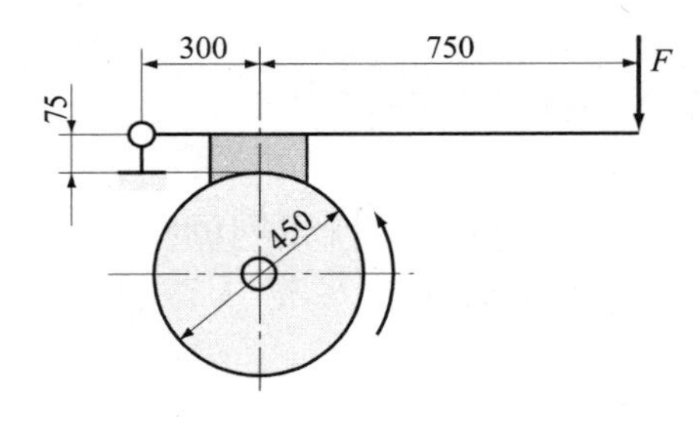

그림 12-6

풀이

$$P = \frac{2T}{d} = \frac{2 \times 20000}{450} = 88.89\ \text{kg}$$

$$P_n = \frac{P}{\mu} = \frac{88.89}{0.2} = 444.4\ \text{kg}$$

우회전의 경우

$$F = \frac{P_n(b - \mu c)}{a} = \frac{444.4(300 - 0.2 \times 75)}{1050}$$

$$\fallingdotseq 120\ \text{kg}$$

좌회전의 경우

$$F = \frac{P_n(b+\mu c)}{a} = \frac{444.4(300+0.2\times 75)}{1050}$$
$$\fallingdotseq 134 \text{ kg}$$

예제 12-2 그림 12-1(a)와 같은 단식 블록 브레이크에서 $a = 800$ mm, $b = 80$ mm, $c = 30$ mm, $d = 450$ mm, $F = 15$ kg일 때 제동 토크는 얼마인가? 또 마찰계수는 0.3이고 허용압력이 2 kg/cm^{2}인 경우 블록의 치수를 결정하라.

풀이 • 좌회전의 경우

$$\text{제동력 } P = \frac{\mu a F}{b-\mu c} = \frac{0.3\times 800\times 15}{080-0.3\times 30} = 50.7\,(\text{kg})$$

$$\text{제동 토크 } T = P\cdot\frac{D}{2} = 50.7\times\frac{450}{2} = 11407.5\,(\text{kg}\cdot\text{mm})$$

• 우회전의 경우

$$P = \frac{\mu a F}{b+\mu c} = \frac{0.3\times 800\times 15}{80+0.3\times 30} = 40.5\,(\text{kg})$$

$$\text{제동 토크 } T = P\cdot\frac{D}{2} = 40.5\times\frac{450}{2} = 9112.5\,(\text{kg}\cdot\text{mm})$$

좌회전시에 제동력과 제동 토크가 크다. P_n도 좌회전 시가 크므로

$$P_n = \frac{P}{\mu} = \frac{50.7}{0.3} = 169\,(\text{kg})$$

$$\text{마찰넓이 } A = \frac{P_n}{p} = \frac{169}{0.02} = 8450\,(\text{mm}^2)$$

그림 12-5에서 $\alpha = 50°$로 잡으면 $r\alpha \fallingdotseq e$

$$\text{블록의 길이 } e = 225\times\frac{50\pi}{180} \fallingdotseq 196(\text{mm})$$

$$\text{블록의 폭 } b = \frac{A}{e} = \frac{8450}{196} \fallingdotseq 43.1(\text{mm})$$

블록의 길이 e는 $e < 0.5d$의 범위 내에 있으므로 적당하다.

예제 12-3 그림 12-7과 같은 단식 블록 브레이크로서 하중 W의 자유낙하를 막으려면 하중 W는 최대 몇 kg까지 허용되는가? 단, $\mu = 0.2$이다.

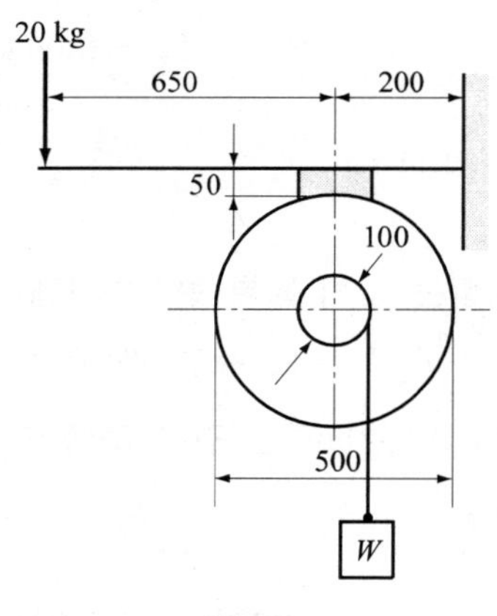

그림 12-7

풀이 우회전하는 경우 제동력 P를 구하면

$$P = \frac{\mu a F}{b - \mu c} = \frac{0.2 \times 850 \times 20}{200 - 0.2 \times 50} \fallingdotseq 18 \text{ kg}$$

제동 토크

$$T = P \cdot \frac{D}{2} = 18 \times \frac{500}{2} = 4500 \, (\text{kg} \cdot \text{mm})$$

$$4500 = W \times \frac{100}{2}$$

$$W = \frac{4500 \times 2}{100} = 90 \, (\text{kg})$$

12.2 밴드 브레이크(band brake)

밴드 브레이크는 브레이크 드럼에 띠철을 감고, 이 밴드에 장력을 주어 밴드와 드럼 사이의 마찰에 의하여 제동작용을 하는 것이다. 마찰력을 크게 하기 위하여 밴드 안쪽에는 나무토막, 가죽, 석면, 직물 등을 라이닝한다. 브레이크 레버에 밴드를 연결하는 부착 부위에 따라 그림 12-8과 같이 여러 종류가 있다.

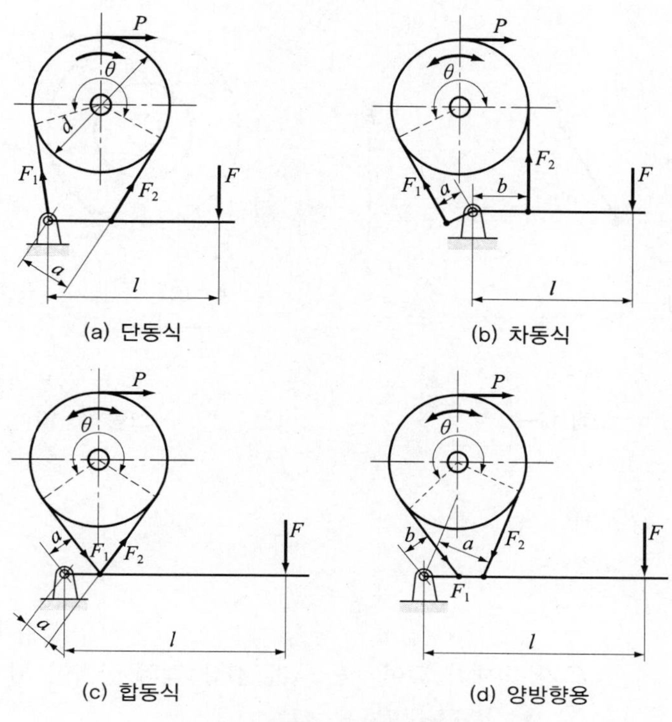

그림 12-8 밴드 브레이크의 제동력

12.2.1 단식 밴드 브레이크

그림 12-8(a)에 있어서 $P = \dfrac{T}{r}$: 브레이크 드럼에 대한 제동력, θ : 밴드와 브레이크 드럼과의 접촉각 F_1, F_2 : 밴드 양끝의 장력, μ : 밴드와 브레이크 드럼 사이의 마찰계수라고 하면, 장력 F_1과 F_2의 관계는 벨트의 경우와 같으며 우회전의 경우 F_1이 긴장 측의 장력이 되므로 $F_1 = F_2 e^{\mu\theta}$ 제동력은 $P_e = F_1 - F_2$이므로

$$F_1 = \frac{e^{\mu\theta} P_e}{e^{\mu\theta} - 1}$$

$$F_2 = \frac{P_e}{e^{\mu\theta} - 1}$$

브레이크 레버의 지점에 관한 힘의 모멘트의 평행조건으로부터(그림 12-9 참조) 우회전의 경우

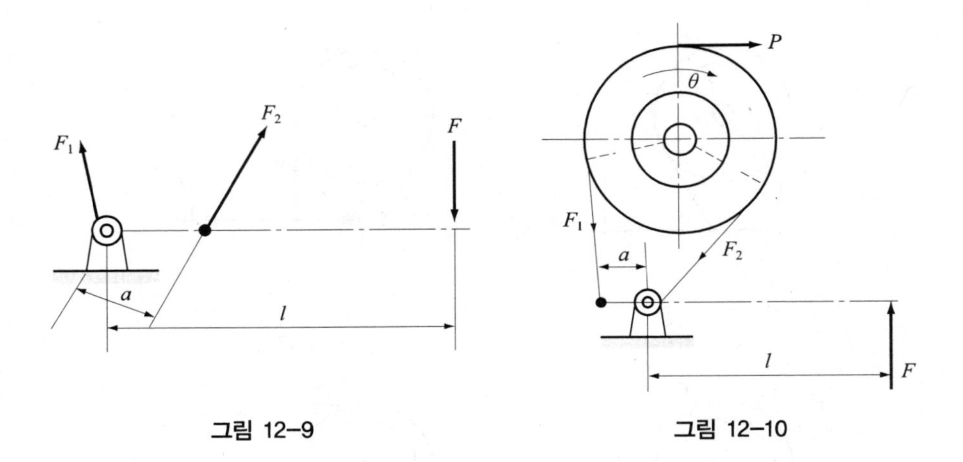

그림 12-9　　　　그림 12-10

$$Fl - aF_2 = 0$$

$$F = \frac{aP_e}{l(e^{\mu\theta} - 1)} \tag{12-12a}$$

좌회전의 경우는 F_1과 F_2가 반대가 되며, 즉 F_2가 긴장 측의 장력이 되므로

$$F = \frac{ae^{\mu\theta}P_e}{l(e^{\mu\theta} - 1)} \tag{12-12b}$$

이상과 같이 제동력을 얻기 위해서는 조작력 F의 값을 $e^{\mu\theta}$ 배하여야 한다.

그러므로 조작력을 적게 하려면 밴드의 긴장 측을 고정 지점에 연결하고 이완 측을 레버에 연결하여야 한다. 이 형식의 밴드 브레이크에서 레버에 연결하는 위치를 그림 12-10과 같이 달리하면 우회전의 경우 F_1이 긴장 측의 장력이 되고 또 조작력 F의 방향도 반대가 된다.

$$F = \frac{ae^{\mu\theta}P_e}{l(e^{\mu\theta} - 1)} \tag{12-13a}$$

좌회전의 경우는 F_1과 F_2가 반대가 되므로

$$F = \frac{aP_e}{l(e^{\mu\theta} - 1)} \tag{12-13b}$$

12.2.2 차동 밴드 브레이크(differential band brake)

그림 12-8(b)에서 우회전의 경우

$$F_1 > F_2, \quad P = F_1 - F_2$$

브레이크 레버의 평형조건으로부터

$$Fl = F_2 b - F_1 a$$

$$F = \frac{P_e (b - ae^{\mu\theta})}{l(e^{\mu\theta} - 1)} \tag{12-14a}$$

로 된다. F와 b와 $ae^{\mu\theta}$와의 차에 따라 변화하므로 이것을 차동 브레이크라고 부른다. 그러나, $b \leq ae^{\mu\theta}$가 되면 $F \leq 0$이 되어 자결 브레이크(self locking brake)가 되므로 축의 회전속도를 제어하는 브레이크로는 사용할 수 없다. 좌회전의 경우는 F_1과 F_2가 반대가 되므로

$$F = \frac{P_e (be^{\mu\theta} - a)}{l(e^{\mu\theta} - 1)} \tag{12-14b}$$

로 된다. 이 경우 $be^{\mu\theta} \leq a$가 되면 $F \leq 0$가 되어 자결 브레이크가 된다.

12.2.3 합동 밴드 브레이크

그림 12-8(c)에서 우회전의 경우

$$F_1 > F_2 \qquad P_e = F_1 - F_2$$

브레이크 레버의 평형조건으로부터

$$Fl = F_2 a + F_1 b$$

$$F = \frac{P_e (a + be^{\mu\theta})}{l(e^{\mu\theta} - 1)} \tag{12-15a}$$

F는 a와 $be^{\mu\theta}$와의 합에 의하여 변화하므로 이것을 합동 밴드 브레이크라고 부른다.

좌회전의 경우

$$F = \frac{P_e(ae^{\mu\theta} + b)}{l(e^{\mu\theta} - 1)} \tag{12-15b}$$

12.2.4 양방향 회전축용 밴드 브레이크

전술한 각 밴드 브레이크는 회전 방향에 따라 조작력이 변하므로 회전방향이 일정한 하역 기계 등에 이용된다. 그림 12-8(d)에서 브레이크 레버의 평형조건으로부터 좌우회전의 경우

$$Fl = F_2 a + F_1 a$$

$$F = \frac{a(e^{\mu\theta} + 1)}{l(e^{\mu\theta} - 1)} \cdot P_e \tag{12-16}$$

로 되어 회전 방향이 반대가 되어도 F는 변하지 않는다.

이 형식은 12-2-3항의 브레이크에서 $a = b$로 잡으면 같은 결과를 얻게 되므로 합동 밴드 브레이크의 일종이라고 볼 수 있다.

12.2.5 제동마력 및 밴드의 치수

(1) 제동마력

지금, 밴드의 폭 b(mm) 임의점의 밴드의 길이를 $dx = rd\theta$(mm), 이 점의 장력을 F(kg), 접촉압력을 p(kg/mm^2)이라고 하면, 그림 12-11(b)에서의 힘의 평형조건으로부터

$$pbdx = 2F\sin\frac{d\theta}{2} \fallingdotseq Fd\theta$$

$$= \frac{Fdx}{r}$$

$$p = \frac{F}{br}$$

그러므로 F가 F_1일 때 최대가 되고, F_2일 때 최소가 된다.

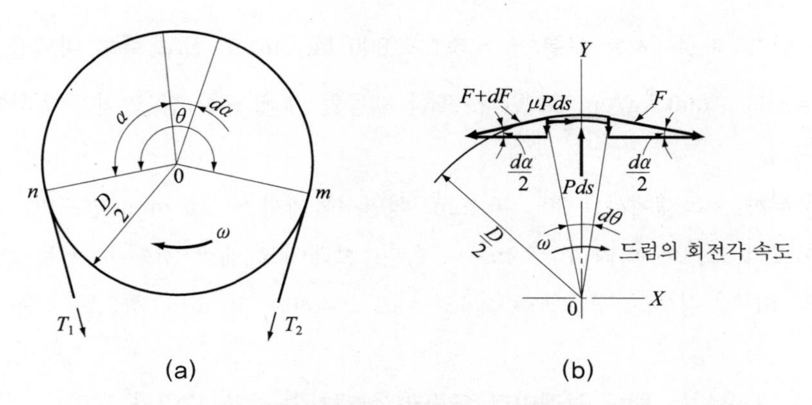

그림 12-11 밴드의 미소부분에 작용하는 힘

$$p_{\max} = \frac{F_1}{br} = \frac{Pe^{\mu\theta}}{br(e^{\mu\theta}-1)}$$

$$p_{\min} = \frac{F_2}{br} = \frac{P}{br(e^{\mu\theta}-1)}$$

따라서 평균 접촉압력이 $p_m = \dfrac{p_{\max}+p_{\min}}{2}$ 이라고 하면 제동력 P는 접촉호의 전길이를 l이라고 할 때, $P = \mu blp_m$이 된다. 그러므로 제동마력 H(PS)는 드럼의 원주속도를 v (m/s)라고 할 때,

$$H = \frac{Pv}{75} = \frac{\mu blp_m v}{75} \tag{12-17}$$

여기서 p_m은 블록 브레이크의 경우에 준하고 마찰계수 μ는 띠철의 경우 $\mu = 0.15 \sim 0.2$, 나무토막을 라이닝한 경우 $\mu = 0.25 \sim 0.3$ 정도이다. 또 $l = \theta r$에 있어서 θ는 $\theta = (1 \sim 1.5)\pi$ 정도로 하는 것이 보통이다.

(2) 밴드의 치수

밴드의 폭은 보통 $b \le 150$ mm로 하고, 밴드의 두께 t는 허용 인장응력을 $\sigma_t\,(\text{kg/mm}^2)$ 라고 하면

$$t = \frac{F_1}{\sigma_t b}$$

로 구할 수 있다. 띠철에서는 보통 $\sigma_t = 600 \sim 800$ kg/cm^{2}로 잡고 특히 마멸을 고려할 경우에는 $\sigma_t = 500 \sim 600$ kg/cm^{2}로 한다. 또한 제동할 때 필요한 힘을 얻기 위하여 $t = 2 \sim 4$ mm로 한다.

라이닝의 두께는 목재에서는 30~40 mm, 석면직물에서 5~10 mm, 밴드와 드럼과의 틈새는 브레이크의 크기에 따라 1~5 mm로 한다. 브레이크 레버 치수 a, b는 밴드 접촉이 드럼 원주의 70 % 정도인 경우 $b = (2.5 \sim 3)a$, $a = 30 \sim 50$ mm 정도로 하는 것이 보통이다.

일반적으로 사용되는 밴드 브레이크 드럼의 설계치수는 표 12-2와 같다.

| 표 12-2 | 밴드 브레이크의 설계치수

(단위 : mm)

브레이크 드럼의 지름 d	250	300	350	400	450	500
브레이크 드럼의 폭 b_0	50	60	70	80	100	120
브레이크 밴드의 폭 b	40	50	60	70	80	100
브레이크 밴드의 두께 t	2	3	3	4	4	4

예제 12-4 브레이크 드럼축에 30000 kg · mm의 토크가 작용하는 그림과 같은 밴드 브레이크에서 드럼축의 좌회전을 멈추기 위하여 브레이크 레버에 주는 힘 F의 크기를 구하라. 단, 드럼의 지름 350 mm, 접촉각 270°, 레버의 길이 $l = 750$ mm, $a = 50$ mm, 마찰계수 $\mu = 0.3$이다.

풀이

$$P = \frac{2T}{d} = \frac{2 \times 30000}{350} = 171.4 \text{ kg}$$

좌회전이므로

$$F = \frac{a}{l} \cdot \frac{e^{\mu\theta}1}{e^{\mu\theta} - 1} \cdot P_e$$

$$e^{\mu\theta} = e^{270 \times 0.3 \times 0.0175} = 4.11$$

$$F = \frac{50}{750} \times \frac{4.11}{4.11 - 1} \times 171.4 = 15.1 \text{ kg}$$

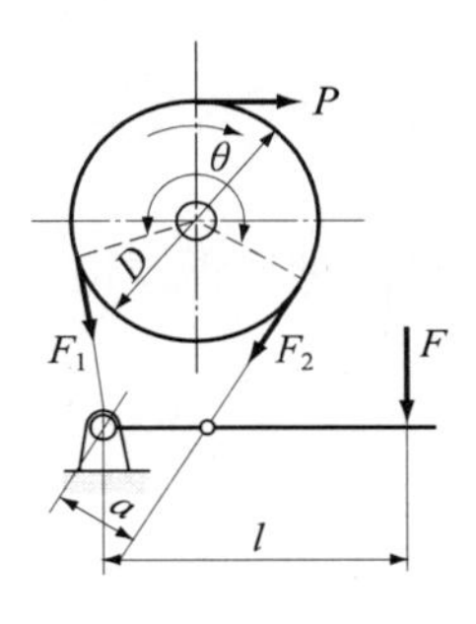

그림 12-12

예제 12-5 그림과 같은 브레이크에서 최대 제동 토크를 구하라. 단, 브레이크 레버의 끝에 가하는 힘 $F = 20$ kg, $e^{\mu\theta} = 3$, $D = 320$, $\theta = 210°$, $a = 200$, $b = 80$, $l = 400$ 이다.

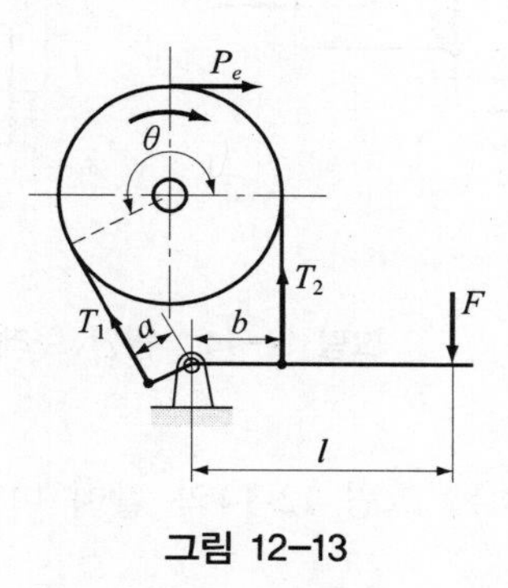

그림 12-13

풀이 $F = \dfrac{P_e(b - ae^{\mu\theta})}{l(e^{\mu\theta} - 1)}$ 에서

$$P_e = \frac{Fl(e^{\mu\theta} - 1)}{b - ae^{\mu\theta}} = \frac{20 \times 400 \times (3-1)}{80 - 200 \times 3}$$

$$= 30.8 \text{ kg}$$

$$T = P_e \frac{D}{2} = 30.8 \times \frac{320}{2} = 4928 \text{ kg} \cdot \text{mm}$$

12.3 축압 브레이크

축방향으로 스러스트를 주어 마찰력으로 제동하는 장치이다.

12.3.1 원판 브레이크(disc brake)

그림 12-14는 가장 간단한 축압 브레이크의 보기로서 원판 브레이크를 도시한 것이다.

제동 토크

$$T = \mu P_t r = P_r \qquad (12\text{-}18)$$

$$P = \mu P_t$$

P_t : 축방향의 스러스트, D : 원판의 평균 지름$(= 2r)$, P : 평균 반지름에서의 제동력

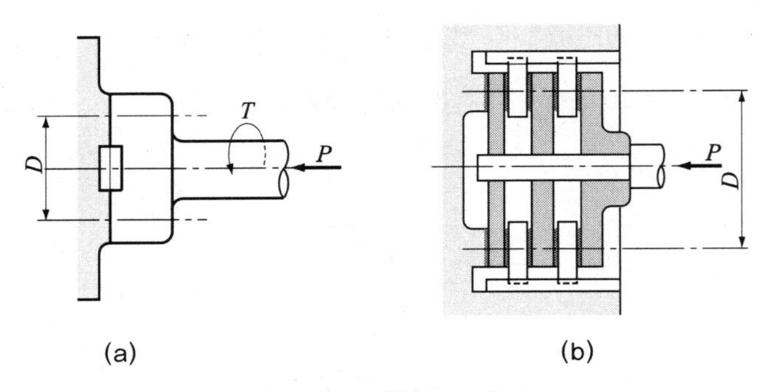

그림 12-14 원판 브레이크

제동 토크를 하기 위해서는 그림 12-14와 같이 마찰면의 수(z)를 증가시키면 된다.

$$P = \mu z P_t \tag{12-19}$$

원판은 강 또는 청동재로 하고, 제동력을 크게 하기 위하여 직물을 라이닝하는 수도 있다. 마찰면을 기름으로 윤활할 때는 $\mu = 0.05 \sim 0.03$, 건조 상태에서는 $\mu = 0.1$ 정도로 한다.

제동력은 $p = 0.04 \sim 0.08\ \mathrm{kg/mm^2}$(강과 청동), $p = 0.02 \sim 0.03\ \mathrm{kg/mm^2}$(강과 직물), 브레이크 용량은 $\mu pv = 0.1 \sim 0.3\ \mathrm{kg/mm^2 \cdot m/s}$로 한다.

12.3.2 원추 브레이크(cone brake)

그림 12-15는 원추 브레이크를 도시한 것이다. 스러스트에 의하여 원추면에 생기는 마찰력으로 제동하는 것이다.

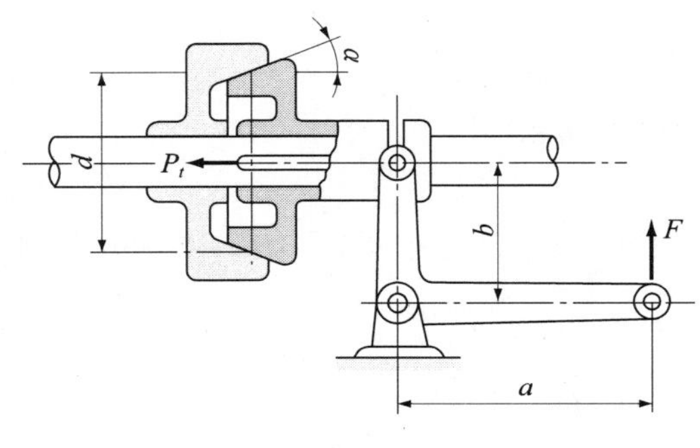

그림 12-15

T: 제동 토크, F: 브레이크 레버의 조작력, P_t : 축방향의 스러스트, N: 원추면에 수직으로 작용하는 힘, 2α : 원추각, d : 원추 평균 지름, a, b : 브레이크 레버의 치수이라고 하면

$$\text{제동력 } P = \mu N \text{ 또는 } P = \frac{2T}{d}$$

$$\text{스러스트 } P_t = N(\sin\alpha + \mu\cos\alpha)$$

$$\text{조작력 } F = P_t \frac{b}{a}$$

$$F = P \cdot \frac{b}{a} \cdot \frac{\sin\alpha + \mu\cos\alpha}{\mu}$$

$$F = \frac{2T}{d} \cdot \frac{b}{a} \cdot \frac{\sin\alpha + \mu\cos\alpha}{\mu} (\text{kg}) \quad (12\text{-}20)$$

보통 $\alpha = 10 \sim 20°$, μ 는 주철에서 0.18, 나무토막을 붙인 것은 0.2~0.25 정도로 하고 제동압력 p 는 접촉면의 폭을 c 라 할 때

$$p = \frac{N}{\pi dc} = \frac{P_t}{\pi dc(\sin\alpha + \mu\cos\alpha)} (\text{kg/mm}^2) \quad (12\text{-}21)$$

12.4 자동하중 브레이크(automatic load brake)

윈치(winch)나 크레인(crane) 등에서 하중을 권상시킬 때 브레이크 작용을 하지 않고 클러치로서 작용하며, 하중을 권하시킬 때는 브레이크로서 작용하여 하중의 속도를 조정하거나 정지시키는 데 사용하는 것이 자동하중 브레이크이다.

12.4.1 웜 브레이크(worm brake)

그림 12-16은 웜축 끝에 만들어진 외원추 a 를 하중에 의한 스러스트로 내원추 b 에 밀어붙여 브레이크 작용을 하는 구조이다. b 는 조정 볼트 d 에 의하여 눌려 있다. b 의 바깥 둘레에는 래칫 휠(ratchet wheel)이 붙어 있고 이것에 폴(pawl)이 걸려 있다. 하중을 권상시킬 때는 모터에 의하여 웜 휠이 회전하게 되어 웜축은 왼쪽으로 스러스트를 받아 a 를 b 에 압

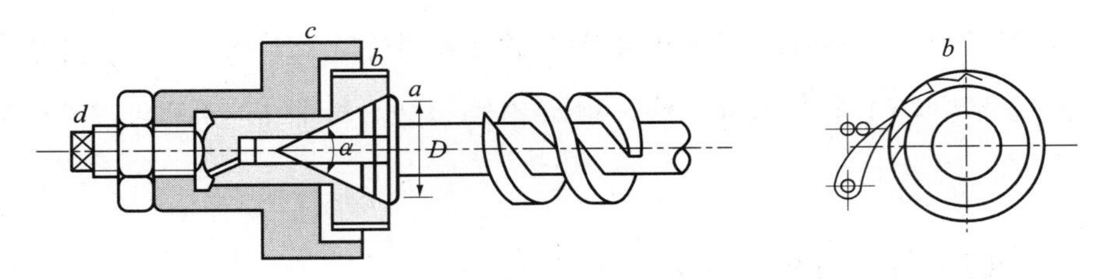

그림 12-16 웜 브레이크의 설명도

착시켜 일체가 되어 회전한다. 이때 폴은 래칫 휠에 걸리지 않고 자유로이 회전한다. 웜축이 회전을 멈추면 폴은 래칫 휠에 걸리고 축은 a, b 사이의 마찰에 의하여 제동되고 하중을 정지시킨 채로 지지한다. 권하시킬 때는 이 제동력을 이겨서 모터에 의하여 웜축을 역전시키면 a, b는 서로 떨어지고 브레이크는 풀리게 되는 것이다.

P : 웜축 방향의 스러스트, r_2 : 웜의 피치원의 반지름, μ : 마찰계수(a와 b 사이의)
θ : 웜의 리드각(rad), ρ : 웜의 마찰각(rad), α : 원추각(rad), D : 원추 브레이크의 평균 지름(mm)이라고 하면 하중 권상 시의 토크

$$T_1 = Pr_2 \tan(\theta + \rho)(\text{kg} \cdot \text{mm})$$

하중 권하 시의 토크

$$T_2 = \frac{\mu PD}{2} \Big/ \left(\sin\frac{\alpha}{2} - \mu\cos\frac{\alpha}{2}\right) - Pr_2 \tan(\theta - e)(\text{kg} \cdot \text{mm})$$

12.4.2 나사 브레이크(screw brake)

웜 대신에 나사를 이용한 것으로 하중을 권상시킬 때 기어 a를 돌리면 나사에 의하여 b에 밀착하여 a, b, c는 일체로 되어 회전한다. 이때 래칫 휠 b는 폴에 대하여 미끄러지고 원판 c는 축에 키로서 고정되어 있으므로 축은 회전하여 하중을 권상시킨다. 하중을 권하시킬 때는 래칫 휠은 폴에 걸리고, a를 반대방향으로 돌리므로 나사에 의하여 a는 오른쪽으로 움직이고 a, b 사이의 틈새가 생겨 c는 하중에 의하여 회전한다. 다음에 이 축의 회전은 가속되어 a의 회전보다 빨라지면 나사에 의하여 a, b, c는 접촉하여 마찰력이 생기며, c의 회전이 늦어진다.

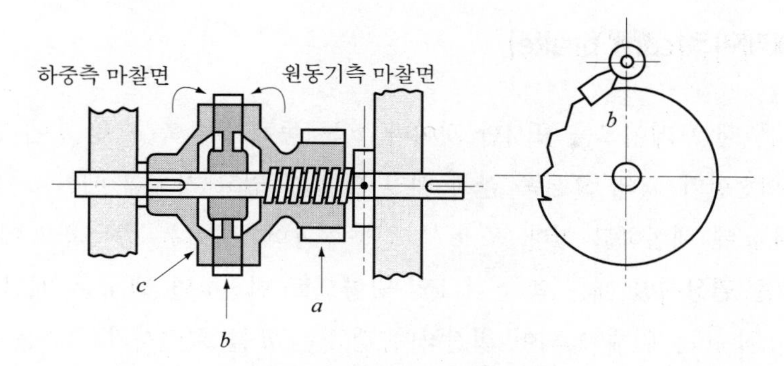

그림 12-17 나사 브레이크

이와 같이 축의 회전속도는 기어 a의 회전속도와 동일하게 된다.

Q : 하중에 의한 기어 a의 피치원 주위에 걸리는 힘, r_1 : 기어 a의 피치원의 반지름, P : 스러스트(kg), r_2 : 나사의 평균 반지름(mm), n_1, n_2 : 마찰면의 수(원동기측 및 하중측)(그림 12-22에서 $n_1 = n_2 = 1$이다), r_3 : 마찰면의 평균 지름(mm), μ : 마찰계수, θ : 나사의 리드각(rad), ρ : 나사의 마찰각(rad)이라 하면 권상 시 토크는

$$T_1 = Qr_1 = P\left[n_1 \mu r_3 + r_2 \tan(\theta + \rho)\right] \text{(kg} \cdot \text{mm)}$$

압착력이 충분히 작용하여 하중이 자유낙하하지 않는 조건은

$$n_1 \mu r_3 \geq r_2 \tan(\theta + \rho)$$

하중 권하 시의 필요한 토크는

$$T_2 = P\left[n_2 \mu r_3 - r_2 \tan(\theta + \rho)\right] \text{(kg} \cdot \text{mm)}$$

하중의 가속도가 클 때에는 관성력으로서 $-W\dfrac{\alpha}{g}$(α : 하중 가속도, g : 중력 가속도, W: 하중의 무게)를 고려하여 계산하여야 한다.

12.4.3 캠 브레이크(cam brake)

그림 12-18은 캠 브레이크를 표시한 것이다. a는 동체이며 축 g 및 h에 헐겁게 끼워져서 자유로이 회전한다. a의 오른쪽 끝에 래칫 휠 b가 있고 청동제 베인 d는 e에 핀으로 부착되어 동체 a에 내접하고 있다. 또 e는 원동축 g에, 캠 c는 종동축 h에 키에 고정되어 있다. 하중을 권상시킬 때는 축 g가 1의 방향으로 회전하면 캠 c는 베인 d를 동체 a에 밀어붙여 g와 a는 일체가 되어 회전하며 캠 c는 h를 회전시켜 하중을 감아올린다.

이때 폴은 래칫 휠 위에서 미끄러진다. 권하시킬 때는 g가 2의 방향으로 회전하여 캠 c가 베인 d를 풀어주므로 축 g의 회전에 따라 축 h가 회전한다. 이때 동체 a는 폴에 의하여 고정되어 하중의 자유낙하를 방지하면서 하강한다.

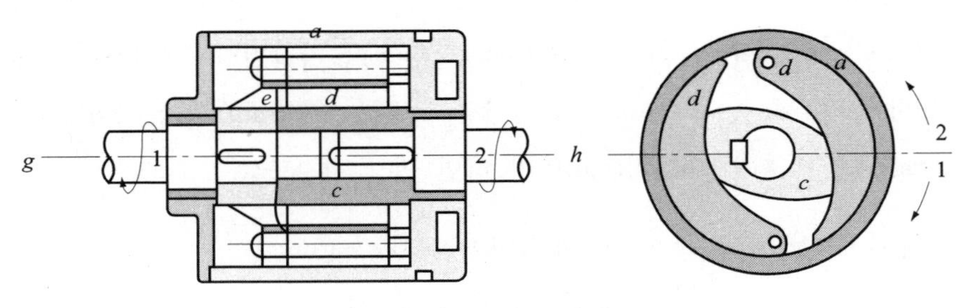

그림 12-18 캠 브레이크

12.4.4 원심 브레이크(centrifugal brake)

그림 12-19와 같이 구조의 것으로서, 감아내리기 속도를 자동적으로 일정하게 하기 위하여 사용되는 감아걸기용 브레이크이다. 케이스 a는 브레이크 드럼에 해당되는 것으로서 고정되어 있다.

b는 원심력에 의하여 작동하는 브레이크 슈이다. 감아내릴 때 축이 회전하면 b도 회전하며, b는 어느 일정한 회전속도에 이르기까지는 스프링 c에 의하여 안쪽으로 당겨져 있으나, 하중의 낙하속도가 증가하여 b의 원심력이 스프링의 인장력보다 커지면 회전핀을 축으로 하여 바깥쪽으로 벌여져 케이스 a에 안쪽에 밀착하여 마찰력이 생기므로 축을 제동하게 된다. 속도가 감소되면 b는 스프링의 힘으로 안쪽으로 되돌려지고 따라서 제동력이 감소되어 하중의 낙하속도는 증가한다.

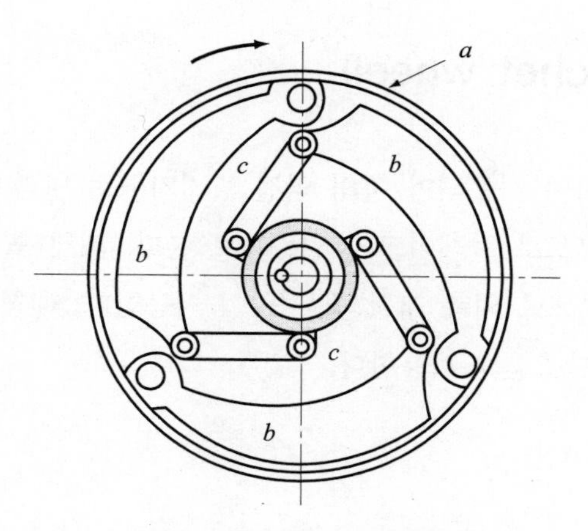

그림 12-19 원심 브레이크

이와 같은 작용은 반복하면서 하중을 안전하게 강하시킬 수 있다. 감아올릴 때는 속도는 그다지 빠르지 않으므로 제동작용은 걸리지 않는다.

12.4.5 전자기 브레이크(electro-magnetic brake)

그림 12-20은 그 일례이며, 브레이크의 조작력은 스프링의 힘이지만 전자석에 의하여 스프링의 힘을 완화시켜 브레이크를 푸는 것이다. 정전이 될 경우에는 자동적으로 브레이크가 작용하게 되므로 윈치, 크레인, 엘리베이터 등에 사용한다.

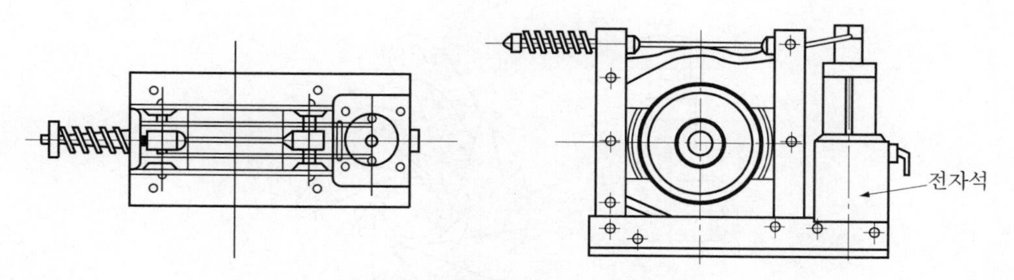

그림 12-20 전자기 브레이크

12.5 래칫 휠(ratchet wheel)

래칫 휠은 폴과 조합하여 사용되며 축의 역전 방지기구로 널리 사용되나 브레이크의 일부로 병용되는 일이 많으므로 브레이크의 일종으로 본다. 래칫 휠은 외측 래칫 휠과 내측 래칫 휠이 있으나 일반적으로 외측 래칫 휠을 많이 사용한다. 래칫 휠의 재료는 보통 주철, 주강, 단조강이며 폴은 단조강을 사용한다.

12.5.1 외부 래칫 휠

그림 12-21과 같이 래칫 휠의 바깥쪽에 이를 가진 것을 외측 래칫 휠이라 한다. A는 래칫 휠, B는 폴이며, 래칫 휠이 화살표 방향으로 회전하는 것을 허용하고, 역전을 방지하는 장치이다. 이의 각도 α는 마찰각 ρ보다 크게 하여 폴이 이 뿌리에 확실하게 미끄러져 떨어지게 한다.

예컨대 $\mu = 0.15 \sim 0.2$이라 하고 $\rho = \tan^{-1}\mu$ 값은 $8°30' \sim 11°20'$이 되므로 α의 값은 평균 15°로 잡고 있다. 그림에서 폴축의 중심 m에서 래칫 휠의 외접원에 그은 접선의 접점 n에 있어서 폴이 래칫 휠에 걸리도록 하면 접선방향에 있을 때 폴이 받는 힘 P는 최소가 된다. 이 모양은 그림과 같이 이가 확실히 걸리고 하중에 견딜 수 있도록 다음 계산식으로 결정한다.

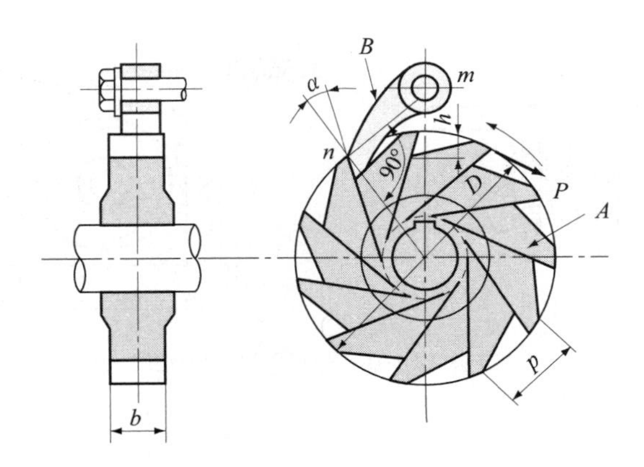

그림 12-21 래칫 휠과 폴

$$P = \frac{2T}{D} = \frac{2\pi T}{zp} \tag{12-22}$$

$$f = \frac{P}{bh}(\text{kg/mm}^2) \tag{12-23}$$

P : 폴에 걸리는 힘(kg), T : 래칫 휠에 걸리는 토크(kg · mm)
z : 래칫 휠 잇수, p : 래칫 휠의 이의 피치(mm), h : 이의 높이,
D : 래칫 휠의 외접원의 지름(mm), b : 래칫 휠의 폭, f : 이에 걸리는 면압력(kg/mm^2)

단, $f = 0.5 \sim 1\ \text{kg/mm}^2$(주철), $f = 1.5 \sim 3\ \text{kg/mm}^2$(주강, 단조강)

이의 강도를 굽힘에 대하여 조사하면 그림 12-22에서 M : 이 뿌리의 굽힘 모멘트(kg · mm), σ_a : 허용 굽힘응력(kg/mm^2), e : 이 뿌리 두께(mm), c : 이 끝의 두께(mm)라고 하면

$$M = Ph = \frac{be^2}{6}\sigma_a \tag{12-24}$$

보통 $h = 0.3p$, $e = 0.5p$, $c = 0.25p$로 잡으므로 이것을 위 식에 대입하면

$$0.35pP = \frac{bp^2}{24}\sigma_a$$

위 식과 식 (12-22)로부터 $\phi = \dfrac{b}{p}$라고 두고 정리하면

$$p = 3.75\sqrt[3]{\frac{T}{z\sigma_a\phi}} \tag{12-25}$$

ϕ는 이 폭계수로서 보통 주철에서 0.5～1, 주강, 단조강에서 0.3～0.5 정도로 한다. 지금 $\phi = 0.5$, 즉 $b = 0.5p$로 잡으면 위 식은 다음과 같이 된다.

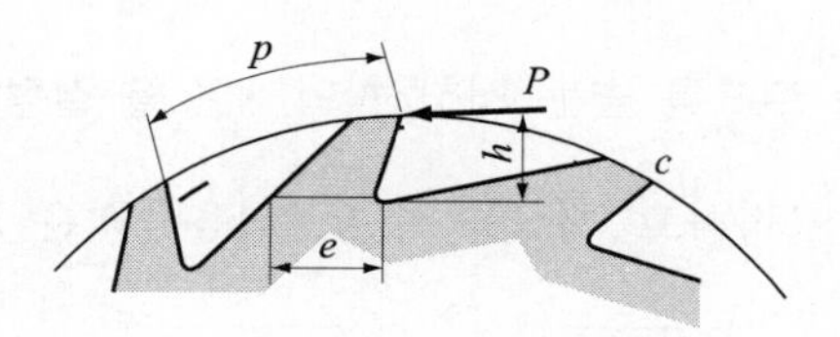

그림 12-22 래칫 휠의 설계

$$p = 4.74\sqrt[3]{\frac{T}{z\sigma_a}} \tag{12-26}$$

허용응력 σ_a는 주철에서 2~3 kg/mm^{2}로 한다. 래칫 휠의 지름을 크게 하면 같은 토크에 대해 피치 p는 작게 되나, 원주속도가 증가하면 충격력이 증가하므로 $a = 6 \sim 25$ 정도로 잡는다.

12.5.2 내측 래칫 휠

그림 12-23과 같이 래칫 휠의 내측에 이를 가진 것으로서 소형으로 된다. 이것은 장소를 잡지 않아서 편리하나, 폴을 래칫 휠의 이 끝 원의 접선상에 놓을 수 없으므로 접선과 이루는 각 $\alpha = 60°$로 하고, 이의 모양은 마찰각 $\rho = 14 \sim 17°$만큼 반지름 방향으로부터 경사시킨다. 일반적으로 잇수 $z = 16 \sim 30$, 이의 높이 $h = 15 \sim 30$ mm로 한다. 내측 래칫 휠에서는 외측 래칫 휠의 계산식의 e값이 p로 된다. 즉, $e = p$로 하여 계산하면

$$p = 2.37\sqrt[3]{\frac{T}{z\sigma_a \phi}} \tag{12-27}$$

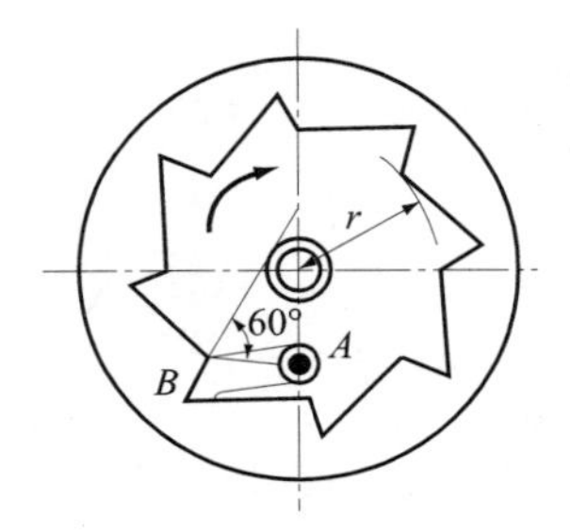

그림 12-23 내측 래칫 휠

예제 12-6 150000 kg · mm 토크를 받는 래칫 휠의 치수를 결정하라.

풀이 잇수 $z = 15$로 가정하고 재료는 주강, 허용응력은 $\sigma_a = 5$ kg/mm^{2}로 하면

$$p = 4.74\sqrt[3]{\frac{T}{z\sigma_a}} = 4.74\sqrt[3]{\frac{150000}{15 \times 5}} \fallingdotseq 60\,(\text{mm})$$

모듈

$$m = \frac{p}{\pi} = \frac{60}{3.14} = 19.1$$

여기서 $m = 19$는 약간 과대하므로 잇수를 $z = 25$로 가정하면 원주 피치

$$p = 4.74\sqrt[3]{\frac{150000}{25 \times 5}} \fallingdotseq 51\,(\mathrm{mm})$$

$$m = \frac{p}{\pi} = \frac{51}{3.14} = 16.2$$

그러므로 $m = 16$으로 잡으면

원주 피치 $p = \pi m = 3.14 \times 16 = 50$

외접원 지름 $D = Zm = 25 \times 16 = 400\,(\mathrm{mm})$

이의 높이 $h = 0.35p = 0.35 \times 50 = 17.5 \fallingdotseq 18\,(\mathrm{mm})$

이 끝 두께 $c = 0.25p = 0.25 \times 50 = 12.5 \fallingdotseq 13\,(\mathrm{mm})$

이 뿌리 두께 $e = 0.5p = 0.5 \times 50 = 25\,(\mathrm{mm})$

이 폭 $b = 0.5p = 0.5 \times 50 = 25\,(\mathrm{mm})$

다음에 이에 작용하는 면압력을 검토하면 이에 걸리는 힘

$$P = \frac{2T}{D} = \frac{2 \times 150000}{400} = 750\,(\mathrm{kg})$$

이므로 면압력 f는

$$f = \frac{P}{bh} = \frac{750}{25 \times 18} = 1.67\,(\mathrm{kg/mm^2})$$

주철의 경우 $f = 1.5 \sim 3\ \mathrm{kg/mm^2}$이므로 강도는 안전하다.

연습문제

1. 마찰계수가 $\mu = 0.2$인 경우 제동 토크를 13000 kg · mm가 되게 하려면 그림 12-24에서 조작력 F는 얼마인가?

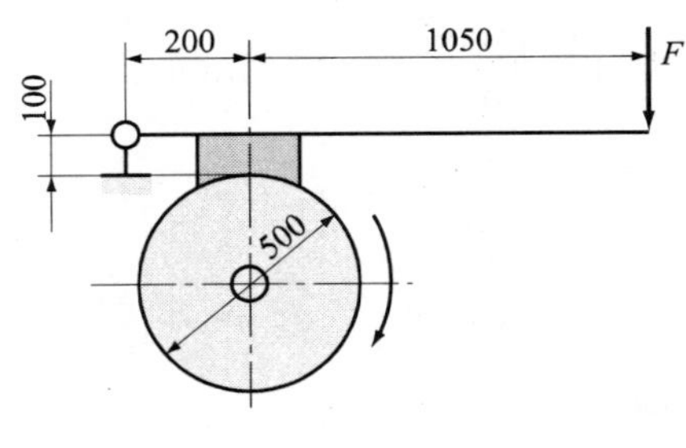

그림 12-24

2. 그림 12-1(c)의 단식 블록 브레이크($a = 720$ mm, $b = 120$ mm, $c = 300$ mm, $\mu = 0.2$, $d = 300$ mm)가 있다. 브레이크 레버 끝에 힘 $F = 15$ kg을 작용시킬 때의 제동력 P 및 제동 토크 T를 구하라.

3. 위의 문제에서 브레이크 드럼은 주철제, 브레이크 블록은 석면 몰드제로 하였을 때 블록의 크기를 결정하라. 단, 허용면압력은 2 kg/cm^2이다.

4. 그림 12-1(a) 단식 블록 브레이크에 의하여 5000 kg · mm의 제동 토크를 얻으려면 브레이크 레버의 조작력은 얼마가 필요한가? 단, $a = 800$ mm, $b = 150$ mm, $c = 45$ mm, $d = 400$ mm, $\mu = 0.2$이다.

5. 그림 12-1(c)의 단식 블록 브레이크를 사용하여 축동력 2 PS, 회전속도 200 rpm인 브레이크 드럼을 제동하는 데 필요한 브레이크 레버의 길이 a를 결정하라.
단, $b = 250$ mm, $c = 180$ mm, $\mu = 0.35$, 드럼의 지름 $d = 500$ mm, 조작력 $F = 20$ kg으로 한다.

6. 그림 12-25와 같은 단식 블록 브레이크로서 중량물 W의 자연낙하를 막으려면 W는 최대 얼마까지 허용할 수 있는가? 단, 마찰계수 $\mu = 0.25$로 한다.

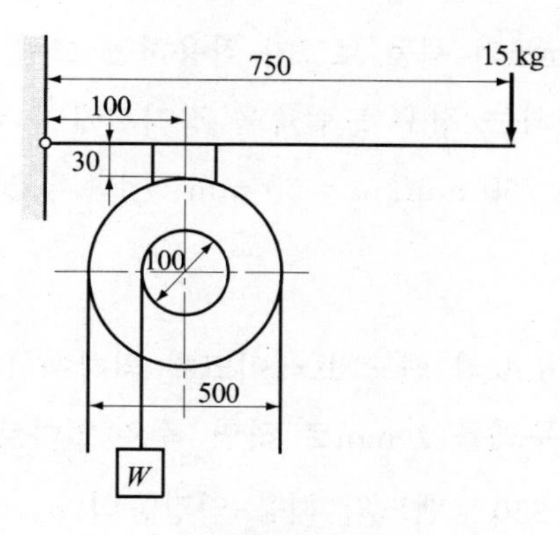

그림 12-25

7. 그림 12-3의 복식 블록 브레이크에서 코일 스프링을 사용하여 5.3 PS의 동력을 전달하는 축에 브레이크를 걸어서 이 동력을 흡수하고자 한다. 필요한 스프링의 힘은 얼마인가? 단, 브레이크 드럼의 회전속도 $n = 300$ rpm, $a = 560$ mm, $b = 280$ mm, $d = 400$ mm, $\mu = 0.3$로 한다. 또 브레이크 용량을 4 kg/cm^2 · m/s 이하로 하려면 마찰계수의 크기는 얼마로 하면 되겠는가?

8. 그림 12-1(c)와 같은 단식 블록 브레이크에서 드럼의 지름 $d = 200$ mm, $\mu = 0.2$, 조작력 $F = 20$ kg, $c = 40$ mm일 때 제동 토크 $T = 2500$ kg · mm을 얻으려면 브레이크 레버의 치수 a 및 b를 얼마로 하면 되는가?

9. 그림 12-26과 같은 내확 브레이크에 의하여 10 PS, 500 rpm의 동력을 제동한다. 유압 실린더의 안지름을 20 mm로 할 때 필요한 유압을 구하라(유압으로 브레이크 슈를 밀어버리므로 $F_1 = F_2$로 한다). 단, $d = 150$ mm, $\mu = 0.35$, $l_1 = 110$ mm, $l_2 = 55$ mm, $l_3 = 51$ mm

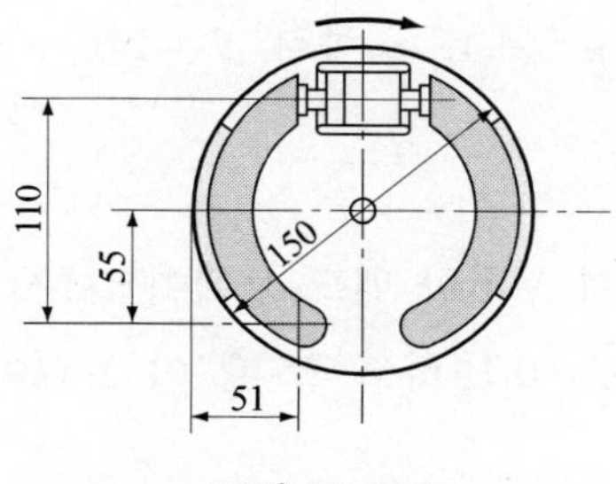

그림 12-26

10. 드럼축에 35000 kg · mm의 제동 토크가 작용하는 그림 12-10과 같은 밴드 브레이크에서 드럼축이 좌회전하는 경우 드럼축을 정지시키기 위한 조작력 F를 구하라. 단, 마찰계수 $\mu = 0.3$, $l = 750$ mm, $a = 50$ mm, 접촉각 270°, 드럼의 지름은 375 mm이다.

11. 드럼의 지름 $d = 300$ mm의 밴드 브레이크에 의하여 10000 kg · cm의 제동 토크를 얻고자 한다. 밴드의 두께를 2 mm로 하면 폭은 얼마로 하면 되는가? 단, 마찰계수 $\mu = 0.35$, 접촉각 $\theta = 250°$ 밴드의 허용 인장응력 $\sigma_a = 8$ kg/mm^{2}으로 한다.

12. 그림 12-27과 같은 밴드 브레이크에 의하여 얻을 수 있는 최대 제동 토크를 구하라. 밴드에는 석면직물을 라이닝하였으며 마찰계수 $\mu = 0.4$로 한다.

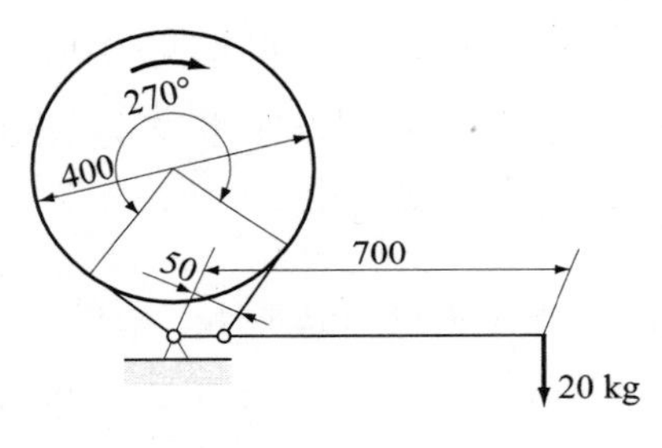

그림 12-27

13. 위 문제에서 밴드의 두께 $t = 3$ mm일 때 밴드의 폭을 구하라. 단, 밴드의 허용인장응력은 $\sigma_a = 7.5$ kg/mm^{2}로 한다.

14. 브레이크 드럼의 지름 $d = 500$ mm인 밴드 브레이크에 있어서 밴드의 두께 $t = 3$ mm, 폭 $b = 100$ mm일 때 얻을 수 있는 최대 토크를 구하라. 단, 밴드 브레이크와 드럼 사이의 마찰계수 $\mu = 0.4$, 접촉각 $\theta = 270°$, 밴드의 허용 인장응력 $\sigma_a = 8$ kg/mm^{2}로 한다.

15. 그림 12-28과 같은 풀리에 부착한 밴드 브레이크에서 밴드는 드럼 원주의 60 %만큼 감겨져 있고, 마찰계수 $\mu = 0.15$라고 할 때 이 브레이크로 제동할 수 있는 하중 W를 구하라.

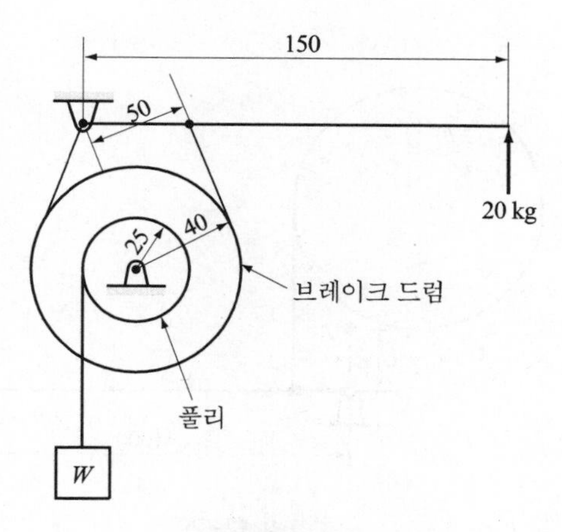

그림 12-28

16. 그림 12-8(a)의 밴드 브레이크에 의하여 얻을 수 있는 최대 토크를 구하라. 단, $d = 450$ mm, $\theta = 240°$, $a = 50$ mm, $l = 700$ mm, $\mu = 0.45$이다.

17. 그림 12-8(b)의 밴드 브레이크에서 5040 kg · cm의 제동 토크를 발생시키기 위한 조작력 F를 구하라. 단, $d = 280$ mm, $a = 50$ mm, $b = 125$ mm, $\mu = 0.2$, $\theta = 240°$, $l = 600$ mm이다(우회전 시).

18. 그림 12-8(a)와 같은 밴드 브레이크에 의하여 $H = 4.2$ PS, $n = 100$ rpm의 동력을 제동하고자 한다.

$a = 140$ mm, $d = 400$ mm, $F = 40$ kg으로 할 때의 브레이크 레버의 유효길이 및 밴드의 주요치수를 구하라. 단, 밴드의 두께는 1 mm의 강판으로서 석면직물로 라이닝하며 $\mu = 0.3$, 접촉각은 216°, 밴드의 허용 인장응력은 $\sigma_a = 8$ kg/mm^{2}이다. 단, 드럼이 우회전하는 경우이다.

19. 그림 12-29와 같은 밴드 브레이크에서 제동력이 200 kg, $\mu = 0.2$, $\theta = 270°$일 때 조작력 F를 구하라.

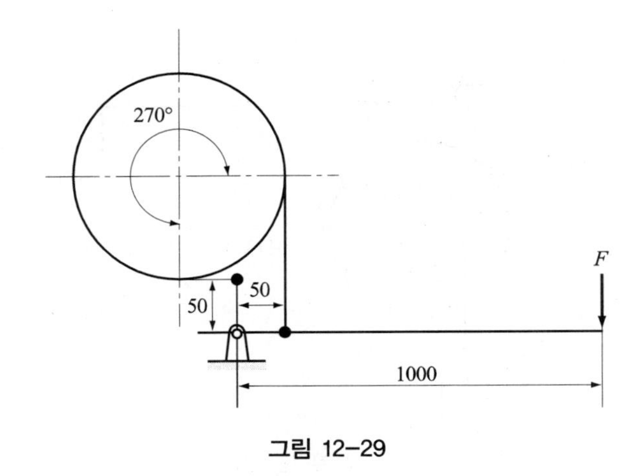

그림 12-29

20. 그림 12-14(a)와 같은 원판 브레이크에 축향으로 1톤의 힘을 주었을 때, 제동할 수 있는 동력을 구하라. 단, 축의 회전속도는 50 rpm이고 $\mu = 0.3$, 마찰면의 평균 지름 $D = 80\ \mathrm{mm}$로 한다.

21. 회전속도 200 rpm으로 1.2 PS의 동력을 전달하는 회전축을 원추 브레이크로 제동하고자 한다. 원추각은 40°, 마찰계수는 0.2, 허용 접촉압력은 2 kg/mm^2, 평균 지름은 12 cm라고 할 때 축 스러스트 및 마찰면의 폭을 구하라.

22. 25000 kg · mm의 토크를 받는 강철제 외측 래칫 휠의 면압력을 구하라. 단, 잇수는 12, 허용응력은 2 kg/mm^{2}이다.

23. 1000 kg · cm의 토크를 받는 강철제 래칫 휠을 설계하라. 단, 잇수 16, 허용응력 0.15 kg/mm^2, 면압력 2 kg/mm^{2}로 한다.

13 스프링(spring)

외부로부터 에너지를 받아서 발생하는 저항 에너지를 이용하여 기계요소로서 힘의 측정, 충격력 흡수, 진동, 압력 등을 흡수하는 기계요소를 스프링이라 한다. 즉, 탄성에너지를 흡수 또는 축적하는 특성을 부여한 기계요소이다. 예를 들면 시계태엽에 에너지 저장, 장난감 자동차의 수동식 작동, 철도차량의 하중지지, 밸브 스프링, 항공기의 착륙장치, 승강기의 완충장치, 클러치 등에 사용된다.

13.1 스프링의 종류

13.1.1 재료에 따른 종류

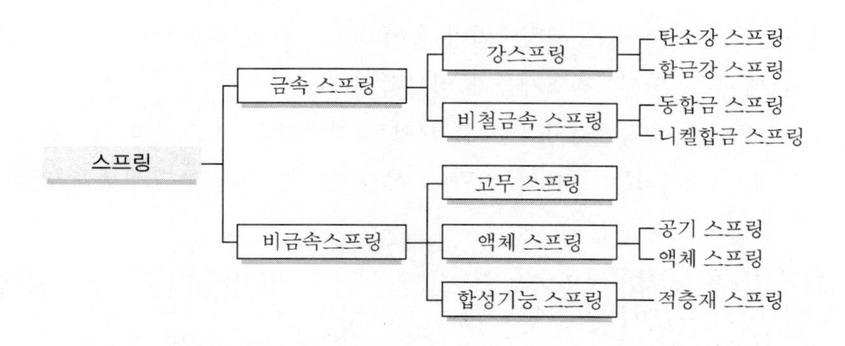

13.1.2 형상에 따른 종류

① 코일 스프링(coil spring)
② 겹판 스프링(leaf spring)
③ 토션 바(torsion bar)
④ 스파이럴 스프링(spiral spring)
⑤ 링 스프링(ring spring)
⑥ 벌류트 스프링(volute spring)
⑦ 박판 스프링(plate spring)
⑧ 접시 스프링(dish spring)
⑨ 스프링 와셔(spring washer)
⑩ 스냅 링(snap ring)

13.1.3 용도에 따른 분류

① 완충 스프링(buffer spring) : 진동, 충격에너지 흡수 및 감쇄
② 가압 스프링(compression spring) : 항상 압력을 가하는 목적으로 쓴다.
③ 측정용 스프링(measuring spring)
④ 동력 스프링(dynamic spring)

위에서 설명한 겹판 스프링은 세팅방법이 용이하고 에너지 흡수력이 크고 구조용 부재로서의 기능도 함께 갖고 있다. 제조가공이 비교적 쉽다.

• 토션 바 : 스프링의 축적에너지가 크고 모양도 간단하다. 스프링의 특성인 $p = k\delta$ 에도 잘 적용되며 고정시키는 부분의 가공이 복잡하므로 겹판 스프링보다 값이 비싼 편

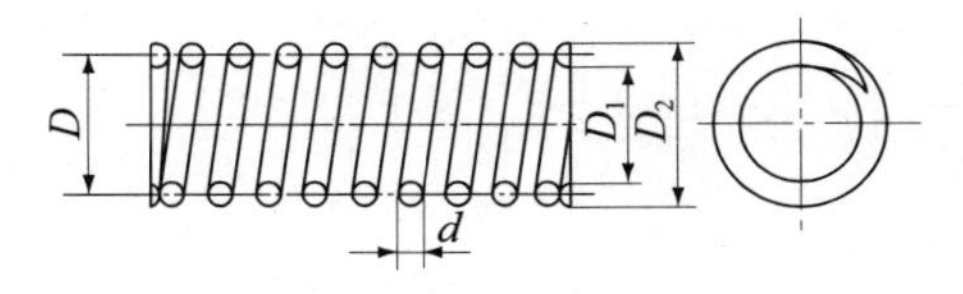

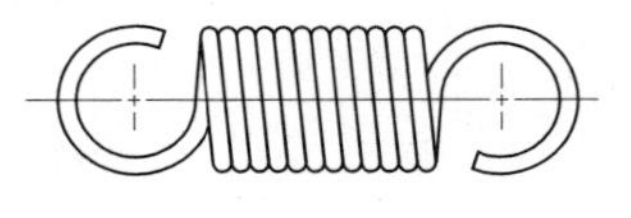
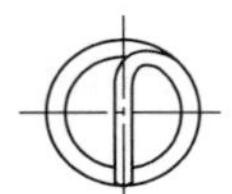
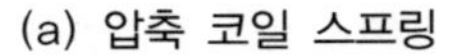
(a) 압축 코일 스프링 (b) 인장 코일 스프링

그림 13-1

이다.

- **스파이럴 스프링**: 제한된 장소에 비교적 큰 에너지를 저장할 수 있다. 에너지의 흡수량과 감쇠량이 큰 스프링이다.
- **벌류트 스프링**: 태엽 스프링을 축방향으로 늘려서 주로 압축력을 받는 곳에 사용된다. 실용 예는 오토바이 차체의 완충용으로 쓰인다. 비선형 특성을 갖고 있다.
- **링 스프링**: 제한된 공간에서 큰 에너지 흡수가 가능하고 감쇠가능하다. 따라서 철도 차량 연결기의 완충용에 채택된다.
- **접시 스프링**: 하중 방향의 비교적 작은 공간에도 큰 하중용량을 갖고 비선형 특성의 이용도 가능하다. 자유 상태에서 원추의 높이와 판의 두께의 비를 적당히 선택함으로써 이용한도가 넓다.

코일 스프링의 끝 부분의 형상도 여러 가지로 분류되며 그 용도에 따라 선택하여 사용한다.

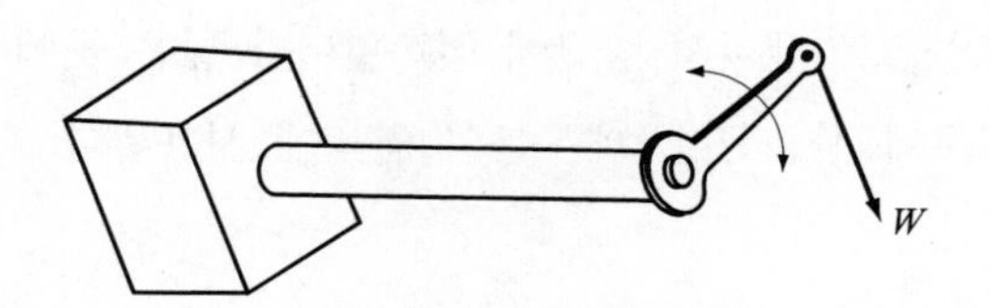

그림 13-2 비틀림막대

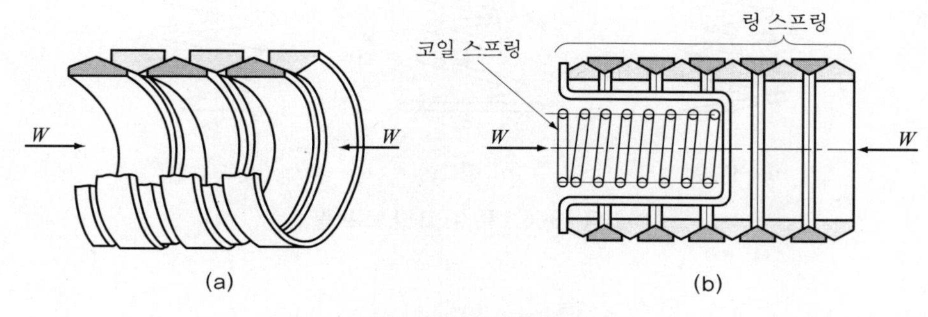

그림 13-3 링 스프링

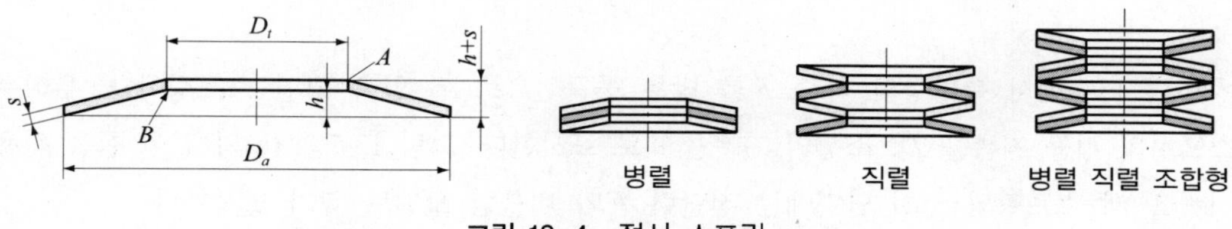

그림 13-4 접시 스프링

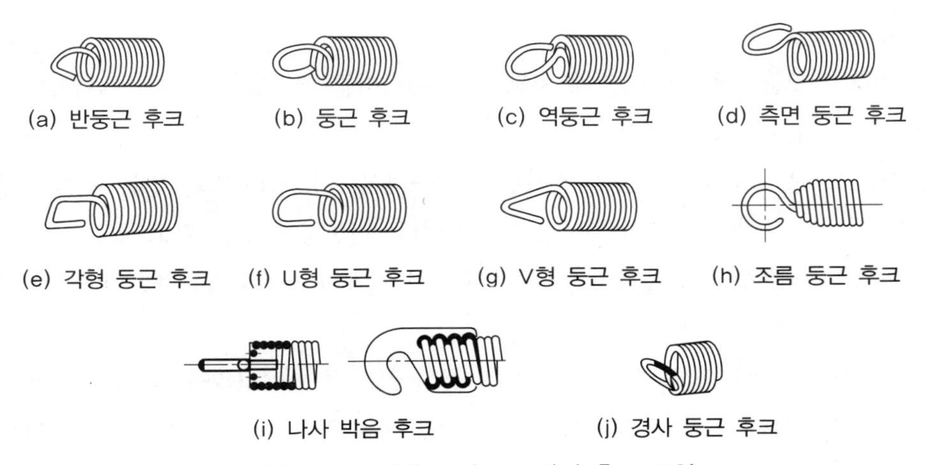

그림 13-5 인장 코일 스프링의 후크 모양

그 외 특수 스프링으로서 원뿔형, 즉 손전등의 내부에 배터리와 접촉되는 뒷두점에 사용된다. 장고형은 장고 모양으로 생겨서 양단에 접촉넓이가 넓은 곳에 사용한다. 드럼형은 양용의 접촉부가 좁은 경우에 사용된다. 대부분이 압축에 사용된다.

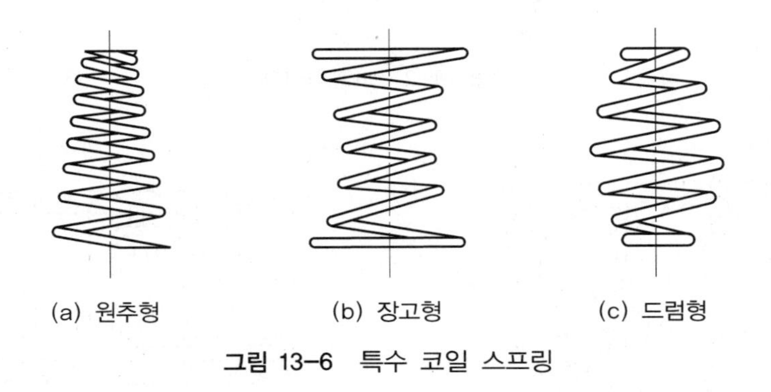

그림 13-6 특수 코일 스프링

13.2 헬리컬 스프링의 응력

그림 13-7에서 축방향의 하중 F를 받는 둥근선으로 된 압축 코일 스프링이다. 우리는 스프링의 평균 지름을 D, 소선의 지름을 d로 표시한다. 그림 13-7의 (a)와 같이 힘을 작용시켰을 때 스프링의 소선 단면에는 전단력 F와 비틀림 모멘트 T가 발생한다.

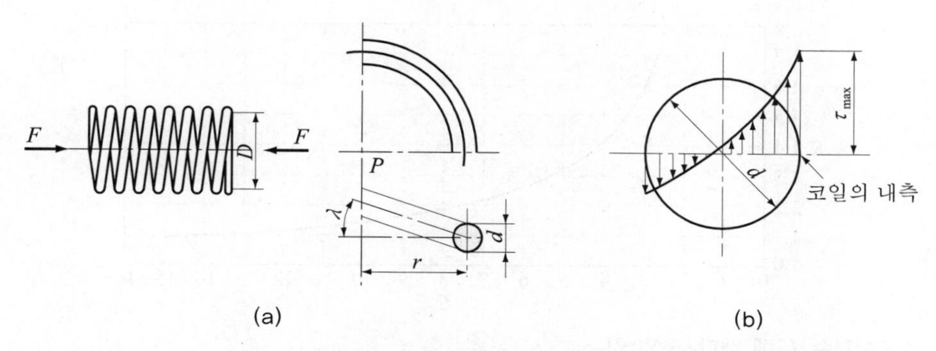

그림 13-7 압축 코일 스프링(a), 코일 스프링 단면의 응력분포상태(b)

$$\tau_{\max} = \frac{Tr}{I_P} + \frac{F}{A} \tag{13-1}$$

여기서 $\frac{Tr}{I_P}$는 비틀림 공식이다.

$$T = FD/2,\ r = d/2,\ I_p = \pi d^4/32$$

그리고 $A = \pi d^2/4$로 주면

$$\tau = \frac{8FD}{\pi d^3} + \frac{4F}{\pi d^2} \tag{13-2}$$

이 방정식에서 최대 전단응력을 나타내는 첨자는 불필요하여 생략했다.

스프링 정수 C는 다음과 같이 정의한다.

$$C = \frac{D}{d} \tag{13-3}$$

이 방정식으로 식 (13-2)를 정리하면

$$\tau = \frac{8FD}{\pi d^3}\left(1 + \frac{0.5}{C}\right) \tag{13-4}$$

K를 $(1 + 0.5/C)$로 나타내면 전단력 τ는

$$\tau = K\frac{8FD}{\pi d^3} \tag{13-5}$$

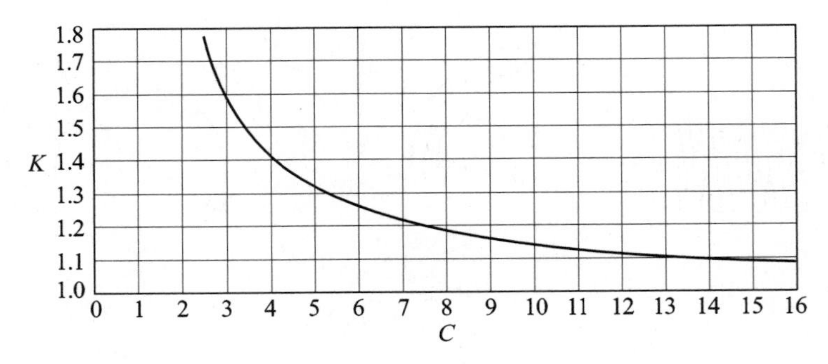

스프링지수 C에 대한 K의 값

D/d	4.0	4.25	4.5	4.75	5.0	5.25	5.5	6.0	6.5	7.0	7.5	8.0	8.5	9.0
K	1.39	1.36	1.34	1.32	1.30	1.28	1.27	1.24	1.22	1.20	1.18	1.17	1.16	1.15

그림 13-8 Wahl의 응력수정계수

여기서 K는 응력수정계수라 한다. 이 상수는 그림 13-8에 나타낸다. 대부분의 스프링에 대하여 C는 6에서 12의 범위에서 적용된다. 방정식 13-5는 일반적인 경우이고 정하중 동하중에 대하여 응용된다. 이것은 소선에 최대 전단응력이 주어지고 그 응력은 스프링의 내면에 발생한다.

많은 학자들이 응력의 방정식을 다음과 같이 나타낸다.

$$\tau = K\frac{8FD}{\pi d^3} \tag{13-6}$$

여기서 K는 왈의 수정계수(Wahl correction factor)라 한다. 이 정수는 전달동력과 곡률을 포함해서 나타낸다. 이것은 C만의 함수로 나타낸다. 그림 13-9와 같이 소선의 곡률에서 스프링의 내면의 응력이 증가한다. 그러나 스프링의 외부에서는 감소한다. K의 값은 다음과 같이 쓴다.

$$K = \frac{4C-1}{4C-4} + \frac{0.615}{C} \tag{13-7}$$

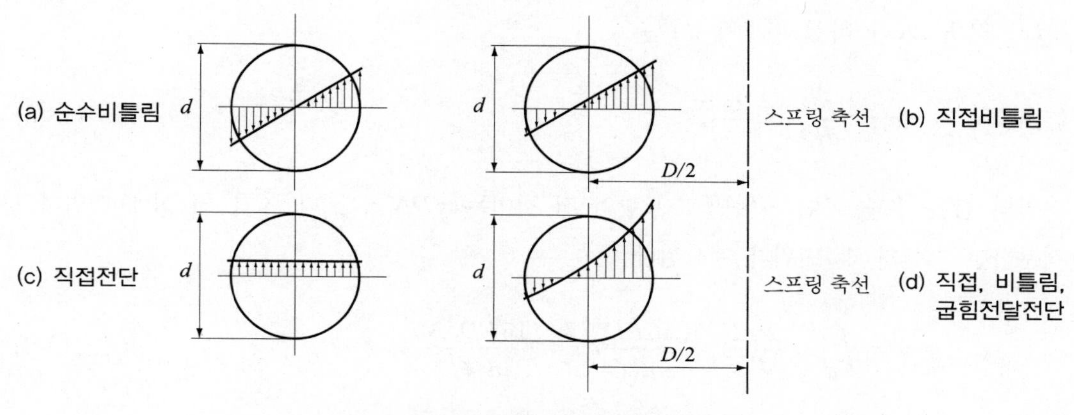

그림 13-9 헬리컬 스프링의 응력분포

13.3 코일 스프링의 굽힘

코일 스프링의 굽힘에 대한 방정식의 해는 인접한 두 개의 단면에 의하여 형성된 미소 부분에 의하여 고려한다. 그림 13-10에서 길이 d_x, 소선의 지름을 d라 하자. 직선 ab에 대하여 고려한다. 비틀림이 발생하면 γ만큼 비틀려 ac가 되고 비틀림에 대한 후크의 법칙(Hooke's law)으로 표현하면

$$\gamma = \frac{\tau}{G} = \frac{8FD}{\pi d^3 G}$$

여기서 τ는 방정식 13-6으로부터 얻어지고 Wahl의 수정 계수의 값을 사용한다. 길이 bc는

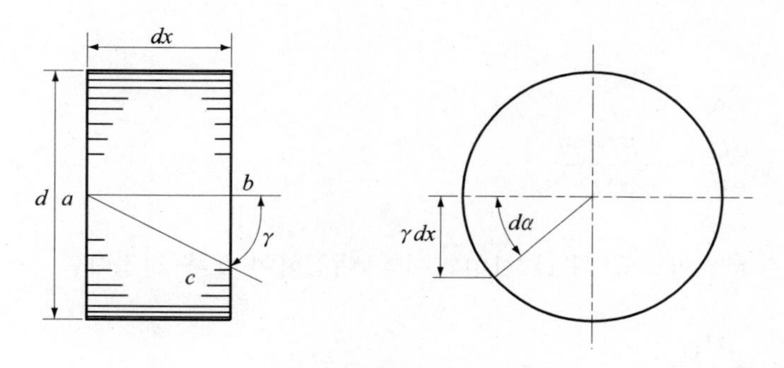

그림 13-10

γdx, 각도 $d\alpha$라 하면 미소각 $d\alpha$는

$$d\alpha = \frac{\gamma dx}{d/2} = \frac{2\gamma dx}{d} \tag{13-8}$$

코일의 감은 수를 N이라 하면 스프링의 전 길이는 πDN가 된다. γ를 위 식에 대입하고 적분하면 소선의 각 변위가 계산된다.

$$\alpha = \int_0^{\pi DN} \frac{2\gamma}{d} dx = \frac{16FD}{\pi d^4 G} dx = \frac{16FD^2 N}{d^4 G} \tag{13-9}$$

하중 F가 $D/2$의 길이에서 작용되면 비틀림의 처짐은

$$\delta = \alpha \frac{D}{2} = \frac{8FD^3 N}{d^4 G} \tag{13-10}$$

변형량 δ는 스트레인 에너지 방정식에 의하여 얻어진다. 비틀림에 대한 스트레인 에너지 방정식은

$$U = \frac{T^2 l}{2GZ} \tag{13-11}$$

$$\tau = K \frac{8FD}{\pi d^3}$$

위 식에 $T = FD/2$, $l = \pi DN$, $I_P = \frac{\pi d^4}{32}$를 대입하면

$$U = \frac{4F^2 D^3 N}{d^4 G} \tag{13-12}$$

이고, 처짐은

$$\delta = \frac{\partial U}{\partial F} = \frac{8FD^3 N}{d^4 G} \tag{13-13}$$

스프링 상수 $k = F/\delta$이므로 식 (13-10)의 δ를 대입하여 k를 결정하면

$$k = \frac{d^4 G}{8D^3 N} \tag{13-14}$$

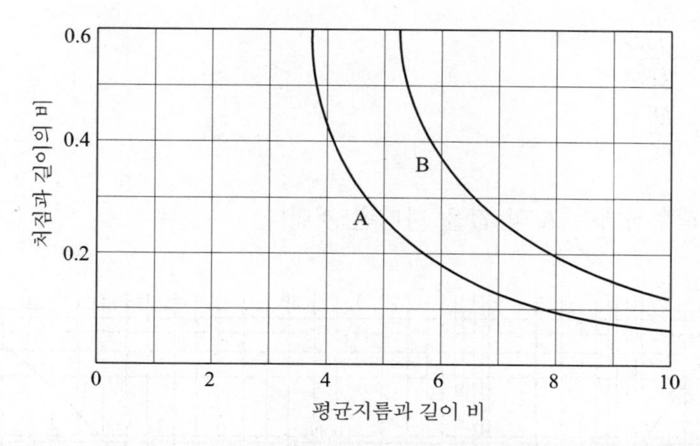

그림 13-11 처짐과 길이의 비와 평균 지름과 길이 비(A는 한쪽 끝 부분이 압축을 받는 스프링, B는 양쪽 끝에서 평면에 나란하게 압축을 받는 스프링)

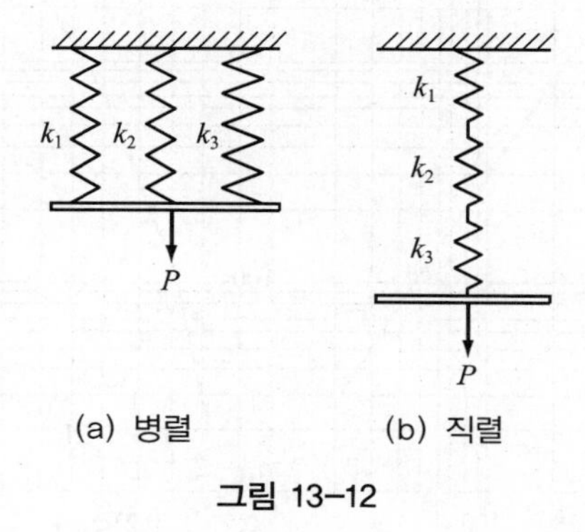

그림 13-12

이 값은 인장 코일 스프링, 압축 코일 스프링 어느 곳에나 사용된다. 지름보다 4배 이상 긴 코일 스프링은 좌굴현상이 일어난다. 그림 13-11은 버크링이 발생하는지 안하는지를 나타낸다.

그림 13-12는 스프링의 조합 방식을 나타낸 것으로 그 특성은 식 (13-15)와 같다.

$$\text{병렬}: \ K = k_1 + k_2 + k_3$$
$$\text{직렬}: \ \frac{1}{K} = \frac{1}{k_1} + \frac{1}{k_2} + \frac{1}{k_3} \tag{13-15}$$

하중, 처짐, 코일 평균 지름 및 전단응력을 주고 소선의 지름과 유효감김수를 구하는 방법으로서 식 (13-16) 및 그림 13-13을 사용하는 것이 있다.

$$KC^3 = \tau \frac{\pi D^2}{8P}$$

$$n = \frac{GD\delta}{8C^4P} \tag{13-16}$$

$$d = \frac{D}{C}$$

표 13-1은 응력수정계수 K의 값을 나타낸 것이다.

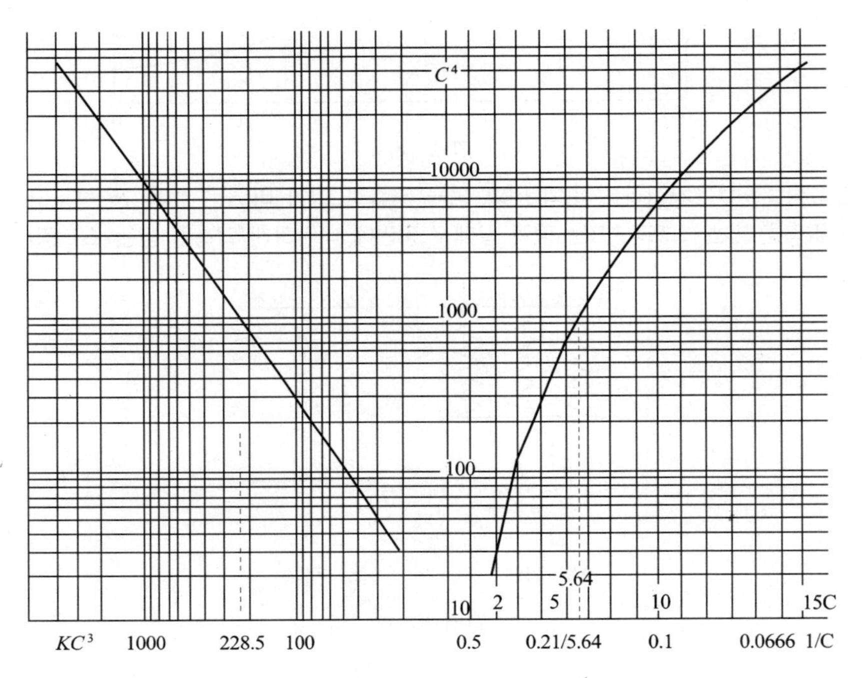

그림 13-13 KC^3에서 C^4, C^4에서 C(또는 $\frac{1}{C}$)를 구하는 도표

| 표 13-1 | 원통 코일 스프링의 응력수정계수 K, K'

D/d 또는 D/a	K	K'	D/d 또는 D/a	K	K'
2.0	2.0	1.8	6.0	1.24	1.22
2.5	1.70	1.63	6.5	1.22	1.20
3.0	1.58	1.50	7.0	1.20	1.19
3.5	1.47	1.40	7.5	1.18	1.18
4.0	1.39	1.34	8.0	1.17	1.16
4.5	1.34	1.29	9.0	1.15	1.15
5.0	1.30	1.26	10.0	1.14	1.14
5.5	1.27	1.24	11.0	1.12	1.12

비고 K는 원형단면, K'는 정4각형단면(a는 1변의 길이)

13.4 인장 코일 스프링(extension spring)

인장 스프링은 스프링의 몸체로부터 물체를 지지하여 힘을 전달한다. 그림 13-14는 인장 코일 스프링의 끝 부분의 종류를 나타낸다. 후크부를 가진 스프링의 설계는 응력집중효과를 고려하여야 한다.

그림 13-15(a)에서 스프링의 응력집중 현상은 후크부의 설계에 고려하여야 하며 응력집중계수는 다음과 같이 결정한다.

$$K = \frac{r_0}{r_1} \tag{13-17}$$

그림 13-15(b)는 코일의 지름을 감소시키기 위하여 개량 설계한 것이고 응력집중을 소거하지는 않았다. 코일 지름 감소는 짧은 모멘트 암(moment arm)을 갖기 때문에 낮은 응력에 사용된다.

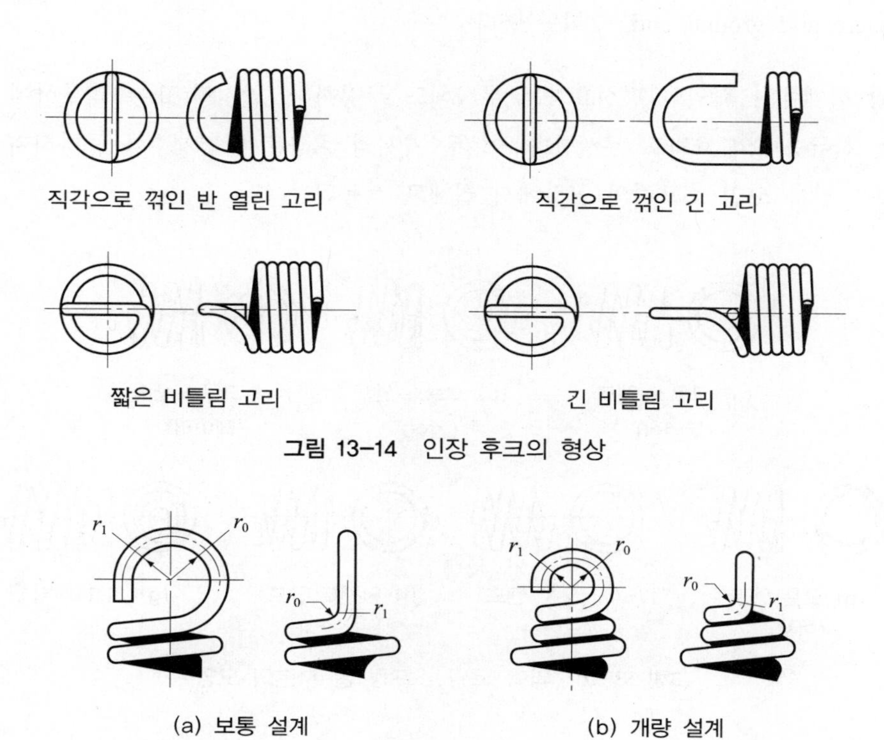

그림 13-14 인장 후크의 형상

그림 13-15

13.5 압축 코일 스프링(compression spring)

코일 스프링의 끝 부분의 형상에 따라 그림 13-16과 같이 분류한다.

① 평면 끝(plain end)

② 평면 끝에 자리형(plain end, ground)

③ 직각 끝(square end)

④ 직각 끝에 자리형(square and ground end)

끝 부분의 형상은 스프링의 각 끝에서 무효권수가 있다. 유효권수와 무효권수의 합이 총 권수에 해당된다. 다음의 각 경우에 총 감은 수에서 빼야 할 권선수를 나타낸다.

① plain end : 1/2을 뺀다.

② plain and ground end : 1회를 뺀다.

③ square end : 1회를 뺀다.

④ square and ground end : 2회를 뺀다.

스프링 설계에서 좌권의 편심효과는 무시해도 무방하다. 열처리 또는 과부하에 의하여 발생하는 잔류응력의 효과도 무시한다. 이 두 가지의 효과는 안전계수를 증가시켜 계산한다. 이것은 압축 코일 스프링의 공장에서 실제로 적용된다.

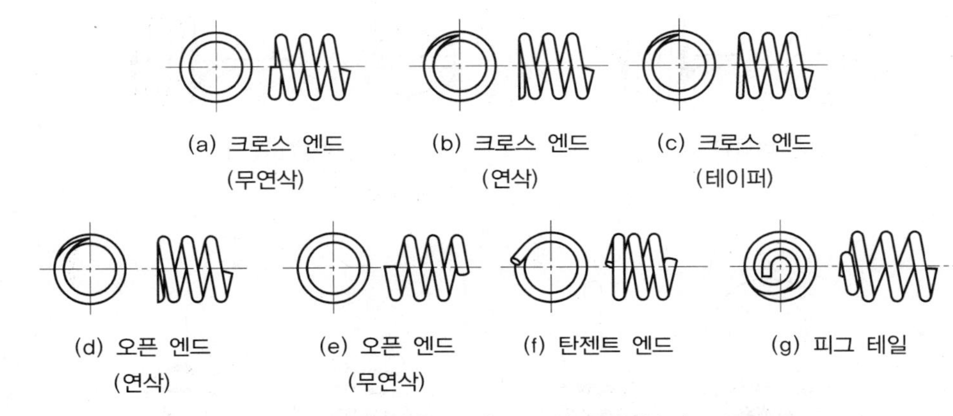

그림 13-16 압축 코일 스프링 끝 부분의 모양

13.6 스프링의 재료

스프링은 냉간가공과 열간가공에 의하여 각각 만들어지고 재료의 규격에 따라 다르며 일반적으로 예열은 $D/d < 4$에서는 사용치 않는다. 스프링을 감을 때 굽힘에 따라 잔류응력이 유발되나 비틀림 사용응력에 따라 작용한다. 고온에서 사용되는 스프링은 피로변형이 크게 되므로 그 온도에 견딜 수 있는 재료를 선택해야 한다.

또 스프링이 반복하중을 받고 그 위에 부식되는 경우에는 그 상승적인 효과로 약하게 되어 내구한도는 작게 된다. 이런 경우에 내식재료를 사용하고 표면처리도 행한다. 표면처리에는 도금, 플라스틱 코팅, 몰리브덴 침탄 합금 등이 있다. 또 서징(surging)을 방지하려면 스프링의 고유진동수를 가해지는 진원의 최대 진동수의 8배 이상으로 한다.

예제 13-1 압축 코일 스프링에 있어서 하중 $P = 40$ kg의 경우 휨 δ을 구하라. 단, 코일의 평균 지름 $D = 35$ mm, 소선의 지름 $d = 6$ mm, 유효권수$= 10$이라 하고 재료는 경강선(SW)을 사용하는 것으로 한다.

풀이

$$G = 8 \times 10^3 \text{ kg/mm}^2$$

$$\delta = \frac{8nD^3P}{Gd^4} = \frac{8 \times 10 \times 35^3 \times 40}{8 \times 10^3 \times 6^4} = 13.23 \text{ mm}$$

예제 13-2 하중 $W = 600$ kg, 휨 $\delta = 75$ mm, $D = 120$ mm, $\tau = 45$ kg/mm^{2}이라 하고 유효권수 n을 구하라. 단, 재료는 스프링강(SUP4)이다.

풀이

$$KC^3 = \tau \frac{\pi D^2}{8W} = \frac{45 \times 3.14 \times 120^2}{8 \times 600} = 423.9$$

표에서 C를 구하면 $C = 5.61$

$$d = \frac{D}{C} = \frac{120}{5.61} = 21.39 \left(C = \frac{D}{d} = \frac{100}{18} = 5.6 \right)$$

그리고 $G = 8000$ kg/mm^{2}이라 하면

$$n = \frac{\delta DG}{8C^4W} = \frac{8000 \times 120 \times 75}{8 \times 5.6^4 \times 600} = 15.26$$

예제 13-3 소재의 지름 3.5 mm, 코일의 평균 지름 40 mm, 유효권수 10의 코일 스프링의 스프링 정수 k를 구하라. 단, 소재의 횡탄성계수는 8000 kg/mm^2이라 한다.
또 이 스프링에 0.8 kg의 하중을 작용시킬 때의 휨 및 소재에 생기는 전단응력을 구하라.

풀이

$$k = \frac{W}{\delta} = \frac{d^4 G}{64Nr^3} = \frac{3.5^4 \times 8000}{64 \times 10 \times 20^3} = 0.23$$

$W = 0.8$ kg의 하중을 작용시킬 때의 휨은

$$\delta = \frac{W}{k} = \frac{0.8}{0.23} = 3.5 \text{ mm}$$

$\dfrac{D}{d}$의 값은 상당히 크므로 $K=1$이라 하면

$$\tau = \frac{16\,Wr}{\pi d^3} = \frac{16 \times 0.8 \times 20}{\pi \times 3.5^3} = 1.9 \text{ kg/mm}^2$$

예제 13-4 $W = 300$ kg, $\delta = 28$ mm, $D = 60$ mm, $\tau = 50\ \text{kg/mm}^2$, $G = 8000\ \text{kg/mm}^2$의 압축 코일 스프링의 유효권수 n을 구하라.

풀이

$$KC^3 = \tau \frac{\pi D^2}{8\,W} = \frac{50 \times 3.14 \times 60^2}{8 \times 300} = 235.6$$

도표에서 $C^4 = 1000$, $C = 5.64$

따라서 $d = \dfrac{D}{C} = \dfrac{60}{5.64} = 10.6$

따라서 $d = 11 \quad \therefore\ C = \dfrac{D}{d} = \dfrac{50}{11} = 4.55$

$$n = \frac{\delta DG}{8C^4 W} = \frac{8000 \times 60 \times 28}{8 \times 4.55^4 \times 300} = 13.06$$

13.7 피로하중

스프링은 피로하중(fatigue loading)을 받을 때까지 사용할 수 있도록 제작한다. 예를 들면 패드록 스프링(padlock spring) 또는 토글 스위치 스프링(toggle switch spring)에 대하

여 수천번의 수명 횟수가 현장에 사용하려는 횟수보다 작다. 그러나 자동차 엔진의 벨브 스프링은 실수없이 사용하려는 횟수는 무수히 많은 수명 횟수에 견디어야 한다. 그래서 수명은 제한없이 사용할 수 있도록 설계하게 된다.

축이나 다른 많은 기계의 기계요소들의 경우에는 각종 응력에 견디도록 피로하중이 일반적으로 정해져 있다. 한편 헬리컬 스프링(helical spring)은 압축이나 인장 두 가지를 같이 사용하지는 않는다. 실제로 이들은 어떤 예비하중에 주어진 채로 조립된다. 이것은 사용하중이 증가되기 때문이다. 그림 13-17에서 응력과 시간 도표에서 헬리컬 스프링에 대한 일반 상태를 나타낸다.

최악의 조건은 이들이 예비하중 없이 작용될 때, 즉 $\tau_{\min} = 0$일 때이다.

스프링의 피로파괴의 해석 또는 스프링의 피로에 대한 견딜 수 있는 하중에 대한 설계에 있어서 이것은 전단응력계수 k_s의 응용에 적당하다. k_s는 평균 전단응력 τ_m과 진폭전단응력(the stress amplitude) τ_a의 복합전단 응력계수이다. 이것이 적용되는 것은 k_s가 앞에서 논한 응력집중계수와는 서로 같지 않다. 그러나 코일 내부에서 전단응력을 계산하는데 편리하게 사용한다. 따라서

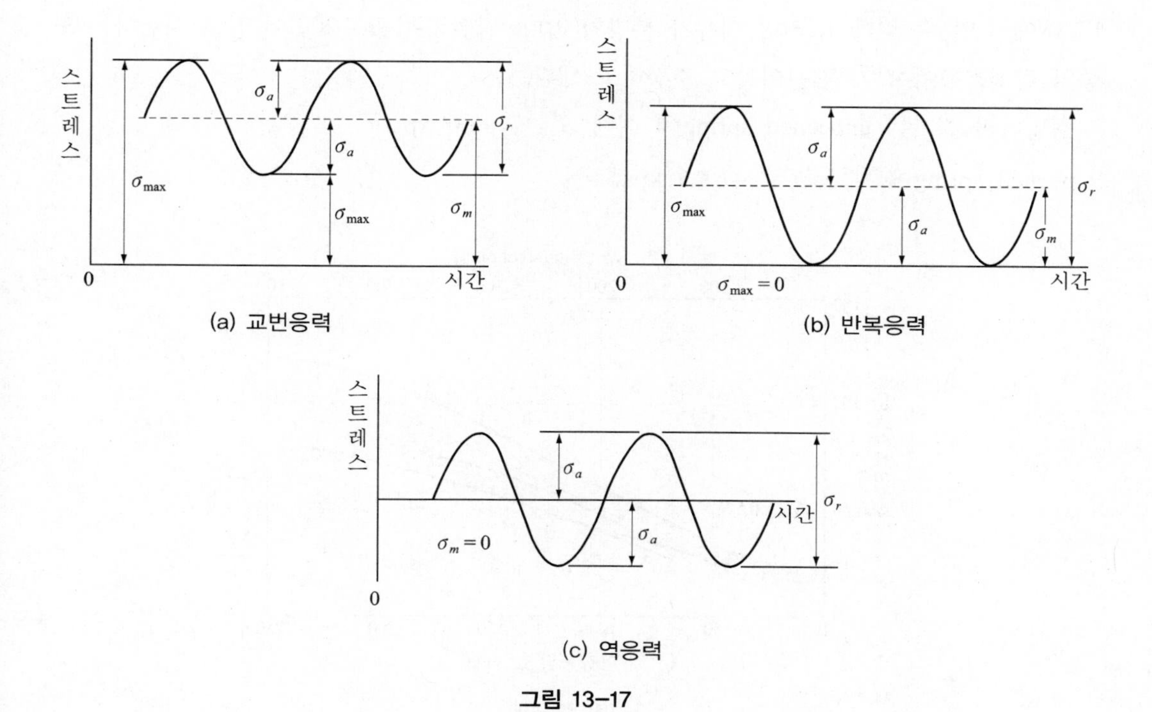

(a) 교번응력

(b) 반복응력

(c) 역응력

그림 13–17

$$F_a = \frac{F_{max} - F_{min}}{2} \tag{13-18}$$

$$F_m = \frac{F_{max} + F_{min}}{2} \tag{13-19}$$

그림 13-17에서 축방향의 하중 F가 작용할 때와 같은 경우의 설명이다. 그리고 응력은

$$\tau_a = k_s \frac{8F_a D}{\pi d^3} \tag{13-20}$$

$$\tau_m = k_s \frac{8F_m D}{\pi d^3} \tag{13-21}$$

근래의 연구 중에서 노치감도가 종래에 생각해 오던 것보다 더 높다는 발표가 있다. 한층 더 나아가 대부분의 지식은 교번비틀림보다 반대로 굽힘하여 얻어낸다.

가장 정통한 스프링강의 비틀림 내구한도에 대한 데이터는 짐멀리(Zimmerli)에 의해 보고됐다. 그는 실제의 규격, 재료 인장강도가 10 mm 이하의 스프링강의 내구한도(infinite life only)에 영향을 받지 않는다고 깜짝 놀랄 만한 보고를 했다.

우리는 고인장 강도(high tensile strength)에서 내구한도가 수준밖에 있다는 것을 그림 13-18에서 알 수 있다. 그러나 이유가 분명치 않다. 짐멀리는 표준표면이 같고 시험하는 도중의 탄성흐름이 같기 때문이라고 주장하고 있다.

짐멀리의 결과는 unpeened spring에 대해 $S'_{se} = 45.0$ kpsi

peened spring에 대해 $S'_{se} = 67.5$ kpsi.

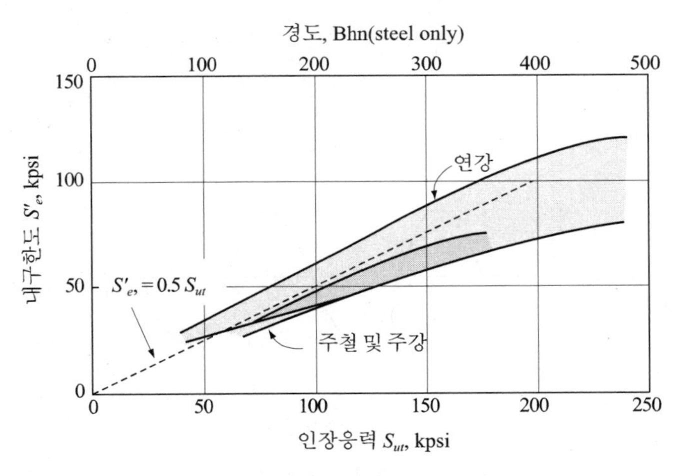

그림 13-18

이 결과는 피아노선, 탄소 밸브 스프링선, 크롬 바나디움 밸브 스프링선, 크롬-실리콘 밸브 스프링선 등에 대하여 근거가 확실하다.

13.8 헬리컬 비틀림 스프링

13.8.1 비틀림 스프링의 굽힘

그림 13-19에서 비틀림 스프링은 문에 사용하는 힌지, 자동차 출발기 등 비틀림을 필요로하는 곳에 사용된다. 이것들도 압축 또는 인장 스프링과 같은 방법으로 감는다. 그러나 스프링의 끝 부분 형상은 힘을 전달할 수 있도록 만든다.

비틀림 스프링은 굽힘 모멘트 $M = Fr$ 을 받고 와이어에 공칭응력(normal stress)이 작용한다. 스프링을 감는 사이에 잔류응력(residual stress)은 사용 중에 발생하는 사용응력(working stress)과 같은 방향으로 발생한다.

이들 잔류응력은 사용응력에 대응하여 스프링을 더 강하게 해 주는데 사용되며 이것을 스프링을 감기 위하여 발생하는 힘이 있다는 것을 증명한다. 사용응력(working stress)에 대항하는 잔류응력 때문에 비틀림 스프링은 소선의 항복강도(yield strength)와 같거나 초과해서 사용할 수 있도록 설계한다.

굽힘응력은 굽힘보의 이론에 따라 전개하고 이것은

$$\sigma = K \frac{Mc}{r} \tag{13-22}$$

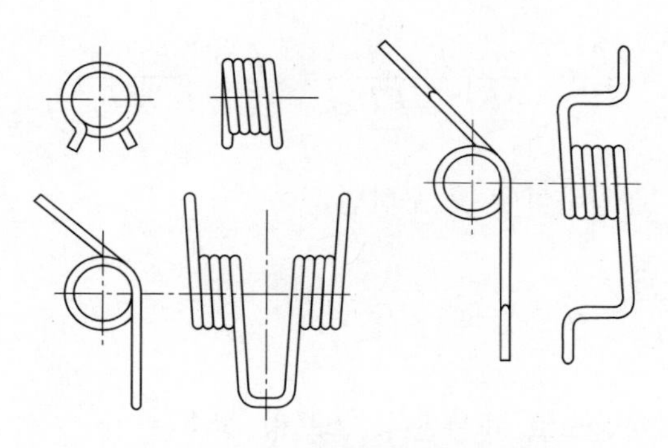

그림 13-19 비틀림 코일 스프링

여기서 K는 응력집중계수이고 강도감소계수와 같이 취급한다. K의 값은 소선의 형상에 따라 정해지며 또는 코일의 내외부 발생응력과는 무관하다. 와알(Wahl)은 K를 해석적으로 전개했다.

$$K_i = \frac{4C^2 - C - 1}{4C(C-1)} \qquad K_0 = \frac{4C^2 + C - 1}{4C(C+1)} \tag{13-23}$$

여기서 C는 스프링 상수를 뜻한다. 굽힘 모멘트 $M = Fr$, 단면계수 $I = \pi d^2/32$를 식 (13-22)에 대입하면

$$\sigma = K\frac{32Fr}{\pi d^3} \tag{13-24}$$

둥근철사 비틀림 스프링의 굽힘응력이 주어진다.

13.8.2 비틀림 스프링의 처짐(deflection)

굽힘에서 스트레인 에너지(strain energy)는

$$U = \int \frac{M^2 dx}{2EI} \tag{13-25}$$

비틀림 스프링에 대한 $M = Fr$이며 적분은 스프링 소선의 전장에 대하여 적용한다. 힘 F는 $r\theta$의 거리에 따라 처짐이 생긴다. θ는 스프링의 총 비틀림 각이다. 카스틸리아노의 정리(Castigliano's theorem)를 적용하면

$$r\theta = \frac{\partial U}{\partial F} = \int_0^{\pi DN} \frac{\partial}{\partial F}\left(\frac{F^2 r^2 dx}{2EI}\right) = \int_0^{\pi DN} \frac{Er^2 dx}{EI} \tag{13-26}$$

위 식에 $I = \pi d^4/64$를 대입하여 θ를 구하면

$$\theta = \frac{64FrDN}{d^4 E} \tag{13-27}$$

θ는 각변형량으로서 라디안으로 표시된다. 스프링 상수는

$$K = \frac{Fr}{\theta} = \frac{d^4E}{64DN} \tag{13-28}$$

스프링 처짐은 감아올리기 위하여 필요한 비틀림을 고려하여 2π를 곱하면

$$K' = \frac{d^4E}{10.2DN} \tag{13-29}$$

이 처짐방정식은 소선의 곡률 없이 고려한 방정식이며 10.2의 상수는 증가한다.

$$K' = \frac{d^4E}{10.8DN} \tag{13-30}$$

13.9 접시 스프링(belleville spring)

그림 13-20에 나타난 단면도는 원추모양의 접시 스프링이다. 이 책에서는 이 접시 스프링의 특성을 수학적으로 전개하지는 않겠으나 이 스프링에는 상당한 특성이 있다는 것을 알아야 한다. 상하 방향으로 하중이 작용하며 좁은 공간에 비교적 큰 부하용량을 가지고

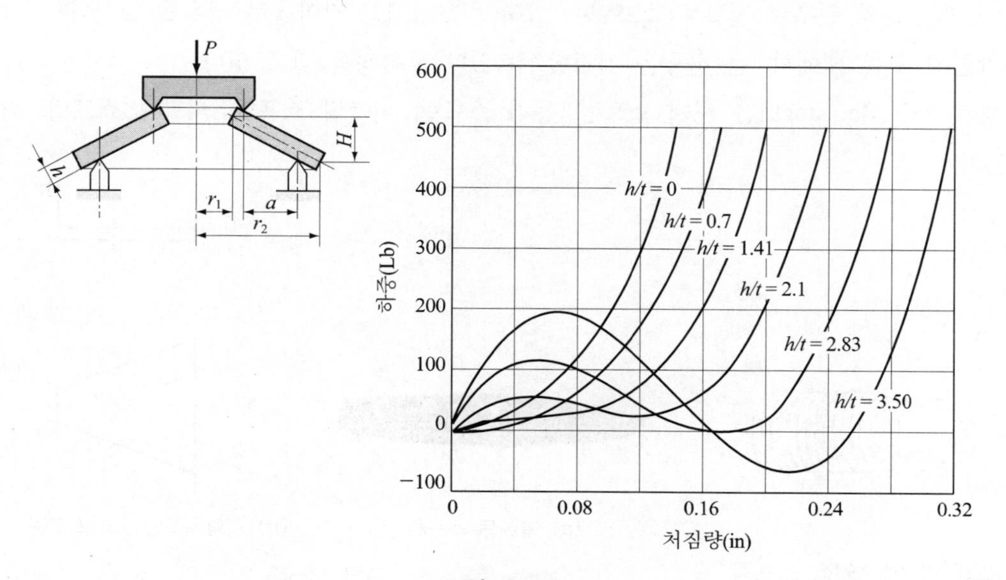

그림 13-20

있으며 자유 상태에서의 원추의 높이와 판자 두께의 비를 적당하게 선정하여, 이용한도가 넓은 비선형 스프링 특성이 용이하게 얻어지는 특성이 있다.

13.10 기타 스프링(miscellaneous spring)

인장 스프링(extension spring)은 그림 13-21과 같이 말아서 만들어지며 평평하게 말지 않고, 일정한 힘에 견디도록 늘여 놓는다. 이름하여 콘스탄트 포스 스프링(constant force spring)이라고도 한다. 이것은 스프링 상수(spring rate)가 0이다. 이 값은 Load-deflection curves for Belleville spring(Courtesy of Associated Spring Corporation) (+) 또는 (−)의 율로서 제작하고 있다. 벌류트 스프링(volute spring)은 폭이 넓고 얇은 띠 또는 평철을 평평하게 감은 것이며 내부에 코일 모양으로 감겨 있다. 이것은 높이 올라가도 같은 폭으로 감겨 있다. 강도는 띠의 폭에 따라 정해진다. 압축 코일 스프링은 지지되는 부분과 접촉하도록 되어 있고 처짐이 증가하면 코일의 작용권수는 작아진다. 그림 13-22(a)와 같은 벌류트 스프링은 둥근 철사로서는 얻을 수 없는 특징을 갖고 있다.

원추형 스프링(conical spring)은 이름이 뜻한대로 코일 스프링이 원추모양으로 감겨져 있다. 대부분의 원추형 벌류트 스프링은 압축 스프링이고 감아올린 경우를 말한다.

제한된 지름 내에서, 큰 하중을 지지할 수 있다는 특징을 갖고 있다.

플랫 스톡(flat stock)은 시계 스프링, 동력 스프링, 비틀림 스프링, 외팔보 스프링, 헤어

(a) 벌류트 스프링 (b) 사다리꼴단면의 스프링

그림 13-21 인장 스프링

그림 13-22

스프링(hair spring) 등 스프링의 여러 가지 용도에 따라 쓰인다. 작용에 따라서 퓨즈 클립 릴레이 스프링, 스프링 와셔, 스냅링, 리테이너 등 여러 가지로 분류되어 사용한다.

균일한 단면을 가진 외팔보 스프링의 응력은

$$\sigma = \frac{M}{Z} = \frac{Fx}{Z} \tag{13-31}$$

Z가 일정하다면 응력은 x의 거리에 비례한다. 그러나 Z가 일정해야 할 이유가 없다. 예를 들면 그림 13-22(b)와 같은 스프링을 설계한다면, h가 일정하고, 폭 b는 변한다고 하자. 직각단면에서 $Z = bh^2/6$이므로 위 식에서

$bh^2/6 = \dfrac{Fx}{\sigma}$ 또는 $b = 6Fx/h^2\sigma$가 된다.

따라서 폭 b_2에서

$$b\sigma = \frac{6Fl}{h^2\sigma} \tag{13-32}$$

그러나 이 수직 스프링의 처짐을 얻기가 더 어렵다. 왜냐하면 단면계수가 변하기 때문이다. 가장 빠른 해는 단일함수로 고려하여 계산할 수 있거나 또는 기하학적 방법으로 해석할 수 있다.

13.11 헬리컬 스프링의 임계진동수

코일 스프링은 코일 위에 매우 빠른 왕복운동이 부과되는 경우에 자주 사용된다. 예를 들면 자동차의 밸브 스프링 같은 경우이다. 이러한 경우에 설계자가 확실히 해야 할 것은 스프링의 물리학적 차원이 스프링에 작용하는 힘에 대한 진동수와 고유진동수와 같지 않다는 것이다. 왈(Wahl)은 헬리컬 스프링의 임계진동수를

$$f = \frac{m}{2}\sqrt{\frac{Kg}{W}} \tag{13-33}$$

스프링의 무게는

$$W = AL\rho = \frac{\pi d^2}{4}(\pi DN)(\rho) = \frac{\pi^2 d^2 DN\rho}{4} \tag{13-34}$$

여기서 ρ는 소선의 밀도이다.

13.12 판 스프링

13.12.1 겹판 스프링의 계산

그림 13-23과 같은 하나의 모재를 적당히 지지하여 스프링으로 한 것을 (평)판 스프링 (leaf spring, plate spring)이라고 한다. 이에는 외팔보형과 양단지지보형이 있다. 그림 13-23(a)에서 단면이 폭 B, 두께 h인 직사각형이라면 재료역학의 공식을 사용하여

$$\sigma = \frac{6Pl}{Bh^2}$$
$$\delta = \frac{4Pl^3}{EBh^3} \tag{13-35}$$

σ : 고정단의 표면에 생기는 최대 수직응력, 즉 최대 굽힘응력, δ : 자유단의 최대 처짐

이 외팔보를 두께를 일정하게 하고 폭을 변화시켜서 균일강도의 보로 하면 그림 13-24 (a)와 같이 이등변삼각형의 평판 스프링으로 된다. 이 삼각판 스프링에서의 응력과 처짐은 재료역학의 공식에 의하면 응력은 온 길이에 걸쳐서 균일하고 그 값은

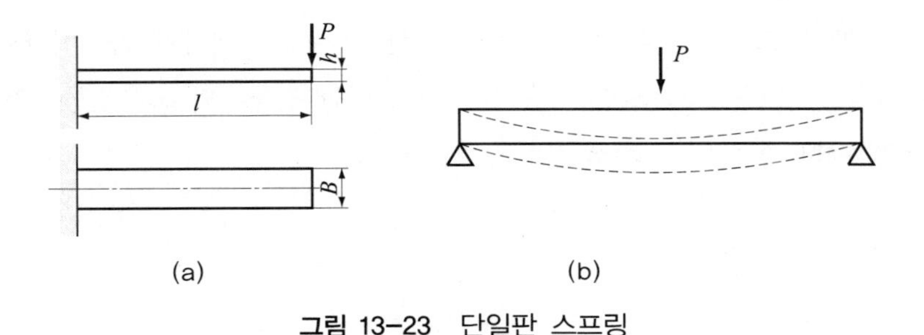

그림 13-23 단일판 스프링

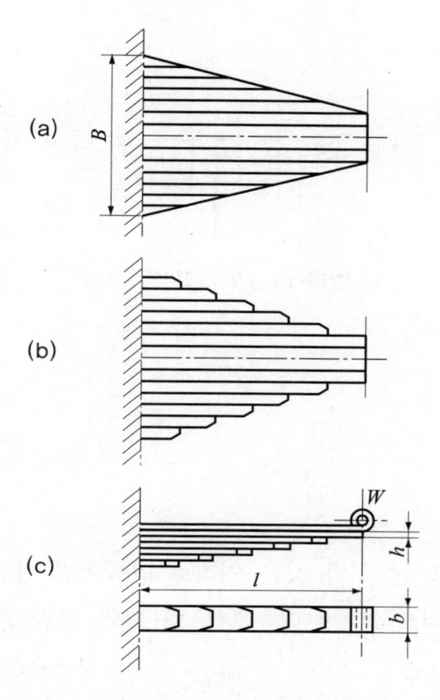

그림 13-24 겹판 스프링의 전개도

$$\sigma = \frac{6Pl}{Bh^2} \tag{13-36}$$

처짐은

$$\delta = \frac{6Pl^3}{EBh^3} \tag{13-37}$$

로 된다. 이 경우의 처짐은 균일단면보의 처짐에 비하여 크므로 같은 하중에 의하여 저장되는 강성에너지도 커지며 스프링으로서 매우 적합하다.

그러나 이 모양은 두께에 비하여 고정단의 폭이 넓어서 실제로 사용하는 데 불편하므로 그림 13-24(c)와 같이 몇 장으로 분할하여 겹치면 같은 효과를 가지는 균일강도의 보로 만들어진다. 이것이 겹판 스프링이다.

그림 13-24(c)를 특히 외팔보형 겹판 스프링이라 한다. 이 경우에 겹치는 판의 폭을 b, 판의 장수를 n 이라 하면 $B = nb$ 이므로 외팔보형 겹판 스프링의 응력 σ 및 처짐 δ는 이 값을 식 (13-35) 및 식 (13-36)에 대입하여

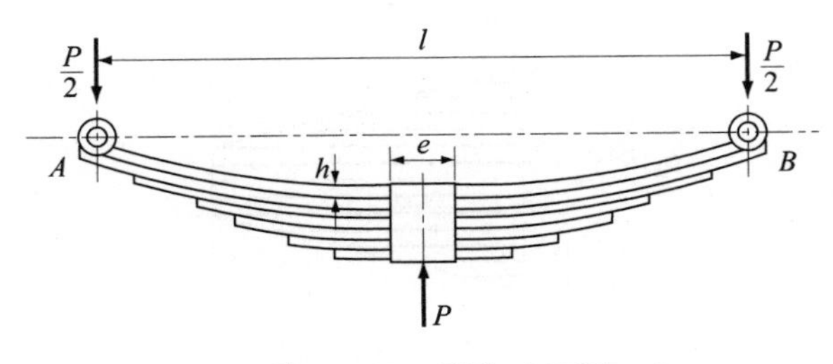

그림 13-25 겹판 스프링

$$\sigma = \frac{6Pl}{nbh^2} \tag{13-38}$$

$$\delta = \frac{6Pl^3}{nbh^3E}$$

로 된다. 다음에 그림 13-25는 위와 같은 원리로 만들어진 양단지지보형 겹판 스프링이며 보통 이것을 겹판 스프링이라고 부른다. 그림 13-25의 겹판 스프링을 밴드의 중심선으로 절단하면 절단된 겹판 스프링은 길이 $\frac{l}{2}$, 하중 $\frac{P}{2}$인 외팔보형 겹판 스프링과 마찬가지이므로 이 경우의 응력 및 처짐의 식은 식 (13-37)에 l 대신 $\frac{l}{2}$을 P 대신 $\frac{P}{2}$를 대입하면 다음과 같이 구해진다. 즉

$$\sigma = \frac{3}{2} \cdot \frac{Pl}{nbh^2} \tag{13-39}$$

$$\delta = \frac{3}{8} \cdot \frac{Pl^3}{nbh^3E}$$

여기서 l은 겹판 스프링의 스팬, P는 겹판 스프링의 중앙에 작용하는 집중하중이다. 위 식에서 스팬 l에 대하여는 각 판이 따로따로 놀지 않도록 중앙에 밴드(band buckle)로 조였기 때문에 스팬으로서 유효하게 작용하는 길이는 양지점 사이의 거리보다 작을 것이다. 실제로 밴드가 스팬에 주는 영향은 밴드의 강성, 밴드를 죄는 방법 등에도 관계가 있으나, 밴드의 폭이 가장 영향이 크다. 그러므로 밴드부에 헐거움이 없을 때 다음과 같은 유효 스팬을 사용한다. 즉

$$l_1 \fallingdotseq l - 0.5e \tag{13-40}$$

여기서 l_1 : 유효 스팬, l : 겹판 스프링의 스팬, e : 밴드의 폭

또한, 위의 식은 판 사이의 마찰을 고려하지 않은 경우이며, 실제의 겹판 스프링에서는 처질때 판과 판 사이에 마찰력이 작용하여, 이 마찰력은 하중에 대한 저항이 되어 하중을 가할 때에는 마찰이 없는 경우보다 많은 힘이 필요하고 하중을 제거할 때에는 그 반대가 된다. 따라서 마찰력을 고려할 때 겹판 스프링의 처짐은 다음의 δ_1, δ_2 와 같이 변화한다(실험식). 즉

- 하중을 가할 때의 처짐

$$\delta_1 = \frac{5(1-\mu)}{5+\mu}\delta \tag{13-41}$$

- 하중을 제거할 때의 처짐

$$\delta_2 = \frac{5(1+\mu)}{5+\mu}\delta$$

여기서 δ : 마찰이 없을 때의 처짐, μ : 마찰계수(=0.14~0.20)

각 판의 두께와 그 판이 수가 다를 때에는 식 (13-37) 또는 식 (13-38)의 σ 의 식 중 nh^2 대신에 $h_1/(n_1 h_1^3 + n_2 h_2^3 + \cdots\cdots)$를, δ 의 식 중 nh^3 대신에 $(n_1 h_1^3 + n_2 h_2^3 + \cdots\cdots)$를 대입하면 된다. 여기서 h_1, h_2, $\cdots\cdots$: 각 판의 두께(h_1은 모판의 두께), n_1, n_2, $\cdots\cdots$: 판 두께 h_1, h_2, $\cdots\cdots$ 의 판의 장수이다.

또 겹판 스프링의 판의 수 n 중 n' 장이 선 길이판의 경우에는

$$\delta = \frac{3}{8}\left\{\frac{2}{2-(n'/n)}\right\}\frac{Pl^3}{nbh^3E} \tag{13-42}$$

에 대하여 최대 처짐을 구할 수 있다.

표 13-2는 철도차륜에 쓰이는 스프링용 탄소강재의 허용응력을 표시한 것이다. 또 표 13-4는 스프링 재료의 세로강성계수 E 의 값을, 표 13-3은 스프링 판의 표준 치수를 표시한 것이다.

|표 13-2| 차륜용 겹판 스프링용 탄소강제(SPS 3)의 허용응력

σ kg/mm²	기관차	객차, 대차, 전차
최대 허용응력	40	45
표준 허용응력	35	40
실험응력	70	70

|표 13-3| 겹판 스프링의 스프링판의 단면치수

(단위 : mm)

반 타 원 식		타 원 스 프 링				1/4 타원 스프링	
b	*h*	*b*	*h*	*b*	*h*	*b*	*h*
75	10 11	45	5 6	90	8 9 10 11	45	5 6
		50	6 7 8		13	50	7 8
90	10 11 13	60	6 7 8	100	10 11 13 16	65	7 8
		65	6 7 8 9 10			70	7 8 9 10
100	10 11 13	70	7 5 9 10 11	115	10 11 13 16		11
				125	16 20	80	8 9 10 11
125	13 16	80	7 8 9 10	150	25 30	90	9 10 11
			11 13	180	30	100	10 11 12

|표 13-4| 횡탄성계수 G의 값

재 료	기 호	G의 값 (kg/mm²)
스프링강선	SUP	8×10^3
경강선	SW	8×10^3
피아노선	SWP	8×10^3
스테인리스강선 (SUS27, 32, 40)	SUS	7.5×10^3
황동선	BSW	4×10^3
양백선	NSWS	4×10^3
인청동선	PBW	4.5×10^3
베릴륨동선	BeCuW	5×10^3

예제 13-5 강제의 외팔보형 겹판 스프링이 있다. 판의 수는 6이고, 각각의 폭은 50 mm, 두께는 9 mm이다. 스프링의 길이를 600 mm, 하중을 70 kg으로 할 때, 최대 처짐과 최대 응력을 구하라.

풀이 P : 하중, n : 판의 수, b : 판의 폭, h : 판의 두께, l : 스프링의 길이라고 하면 식 (13-38)으로부터 최대 응력 σ는

$$\sigma = \frac{6Pl}{nbh^2} = \frac{6\times 70\times 600}{6\times 50\times 9^2} = 10.38\,(\text{kg/mm}^2)$$

최대 처짐 δ는 $E = 2.1\times 10^4$ kg/mm^{2}이라고 하면

$$\delta = \frac{6Pl^3}{nbh^3E} = \frac{6\times 70\times 600^3}{6\times 50\times 9^3\times 2.1\times 10^4} \fallingdotseq 19.75\,(\text{mm})$$

예제 13-6 폭 75 mm, 두께 10 mm의 스프링강을 사용하여 최대 하중 200 kg일 때의 처짐이 50 mm가 되는 겹판 스프링을 만든다. 스팬 및 판의 수를 결정하라. 단, 허용 굽힘응력을 48 kg/mm^2, 세로 탄성계수를 2×10^4 kg/mm^{2}로 한다.

풀이 식 (13-38)의 두 식을 조합하면 $\delta = \dfrac{\sigma l^2}{4hE}$이 되므로 이 식으로부터 스팬 l을 구하면

$$l = \sqrt{\frac{4hE\delta}{\sigma}} = \sqrt{\frac{4\times 10\times 2\times 10^4\times 50}{48}} = 913(\text{mm})$$

식 (13-38)의 σ의 식으로부터 $\sigma \leq 48$ kg/mm^{2}이 되게끔 판의 수 n을 구하면

$$n = \frac{3Pl}{2bh^2\sigma} = \frac{3\times 2000\times 913}{2\times 75\times 10^2\times 48} = 7.6$$

그러므로 $n = 8$로 하여 스팬 l을 수정하고 다음에 응력을 검토한 후에 결정한다.
식 (13-38)의 δ의 식으로부터

$$l = \sqrt[3]{\frac{8nbh^3E\delta}{3P}} = \sqrt[3]{\frac{8\times 8\times 75\times 10^3\times 2\times 10^4\times 50}{3\times 2000}} = 928\,(\text{mm})$$

다음에 응력을 검토하면 식 (13-38) 또는 앞의 식에서

$$\sigma = \frac{4hE\delta}{l^2} = \frac{4\times 10\times 2\times 10^4\times 50}{928^2} = 46.4\,(\text{kg/mm}^2) < 48\,(\text{kg/mm}^2)$$

이 되어 조건을 만족하므로 스팬은 928 mm, 판의 수는 8로 결정한다.

연습문제

1. 70 kg의 하중을 받고 휨이 16 mm 생기는 코일 스프링의 $D=15$ mm, $d=4$ mm, $G=0.84\times10^4$ kg/mm^{2}일 때 유효권수 n은 얼마인가?

2. 코일 스프링에 40 kg의 하중을 걸었더니 그 처짐이 6.5 cm이었다. 이 스프링의 스프링 상수는 얼마인가?

3. 직렬로 합성된 스프링 장치에서 40 mm의 처짐이 생겼다. 각 스프링의 스프링 상수는 $k_1=40$ kg/cm, $k_2=3$ kg/cm일 때 작용하중 W는 얼마인가?

4. 압축 코일 스프링에서 $W=40$ kg인 경우에 처짐은 얼마인가? 단, 코일의 평균 지름 $D=55$ mm, 소선의 지름 $d=5$ mm, 유효권수 10, 재료는 경강선이다. $G=8000$ kg/mm^2

5. 어떤 코일 스프링에서 스프링 소재의 지름만을 1/2배로 하여 다시 만들면 동일 축 하중에 의하여 소재 내에 발생하는 최대 전단응력은 몇 배가 되는가? 단, $K=1$로 한다.

6. 하중이 300 kg일 때 처짐 25 mm, 평균 코일 지름 55 mm이고 그때의 응력이 40 kg/mm^{2}인 원통 코일 스프링을 설계하라. 단, $C^4=1010$, $C=5.64$이다.

7. 겹판 스프링의 스팬 $l=1600$ mm, 스프링의 폭 $b=100$ mm, 동체의 폭 100 mm, 판의 두께 $h=12$ mm, 판수를 4매로 한다. 이때 하중 1톤이 작용한다면, 휨 및 응력은 얼마인가? 단, $E=2.1\times10^4$ kg/mm^{2}이다.

8. 지름이 6 mm 강선으로 코일의 평균 지름 80 mm에 밀착하여 감은 코일 스프링에 하중 1 kg에 대하여 5 mm만큼 늘어나게 하기 위하여 그 철사 길이는 얼마인가? 또 스프링의 유효권수는 얼마인가? 단, 재료의 가로탄성계수 $G=8.5\times10^3$ kg/mm^{2}이다.

9. 스팬의 길이 $2l = 1000$ mm, 하중 $2w = 1600$ kg, $n = 14$, $b = 85$ mm, $h = 6$ mm, 밴드의 폭 $2\mu = 100$ mm의 겹판 스프링의 처짐, 굽힘응력을 계산하라. 단, $E = 2.1 \times 10^4$ kg/mm^{2}이라 한다.

10. 문제 9에서 판 사이의 마찰계수가 0.25라 할 때 처짐은 얼마인가?

찾아보기

ㄱ

ㄴ

ㄷ

ㄹ

ㅇ

ㅈ

ㅊ

ㅎ

기계요소설계

초판 인쇄 | 2023년 2월 15일
초판 발행 | 2023년 2월 20일

지은이 | 유 진 규

펴낸이 | 조 승 식
펴낸곳 | (주)도서출판 북스힐

등 록 | 1998년 7월 28일 제22-457호
주 소 | 서울시 강북구 한천로 153길 17
전 화 | (02) 994-0071
팩 스 | (02) 994-0073

홈페이지 | www.bookshill.com
이메일 | bookshill@bookshill.com

정가 30,000원

ISBN 979-11-5971-494-8

Published by bookshill, Inc. Printed in Korea.